新 화재조사총론

최 진 만

도서 A/S 안내

당사에서 발행하는 모든 도서는 독자와 저자 그리고 출판사가 삼위일체가 되어
보다 좋은 책을 만들어 나갑니다.

독자 여러분들의 건설적 충고와 혹시 발견되는 오탈자 또는 편집, 디자인 및 인쇄,
제본 등에 대하여 좋은 의견을 주시면 저자와 협의하여 신속히 수정 보완하여
내용 좋은 책이 되도록 최선을 다하겠습니다.

채택된 의견과 오자, 탈자, 오답을 제보해 주신 독자 중 선정된 분에게는 기념품을
증정하여 드리고 있습니다. (당사 홈페이지 공지사항 참조)

구입 후 14일 이내에 발견된 부록 등의 파손은 무상 교환해 드립니다.

저자 e-mail : choiij@gg.go.kr
본서 기획자 e-mail : coh@cyber.co.kr(최옥현)
도서출판 성안당 e-mail : cyber@cyber.co.kr
홈페이지 : http://www.cyber.co.kr
전화 : 031)955-0511
독자상담실 : 080)544-0511

머리말 The Fire investigation introduction

　전통적 의미의 소방은 화재진압을 통해 국민의 고귀한 생명과 재산을 지켜내는 것에 중점을 두었으나, 과학과 기술의 발달에 힘입은 현대의 소방은 화재조사 분야까지 포괄하는 전문영역으로 확대되어 성장을 거듭하고 있습니다. 국민들의 요구 또한 화재발생의 과학적이고 합리적인 원인조사 결과를 갈망하고 있는 현실임을 감안하면 화재조사에 대한 관심은 앞으로도 더욱 높아질 것입니다.

　화재조사는 화재현상을 관찰하여 발화원 및 연소확대에 이르게 된 화재해석을 이끌어내야 하는 것으로 폭넓은 공학적 지식과 다양한 현장경험이 요구되는 분야인데 그동안 일반적인 이론으로는 접근에 한계가 많았던 것이 사실입니다. 무엇보다 현장상황을 적절하게 묘사한 자료의 부족은 담당 실무자들이 항상 아쉬워했던 부분임을 절감하여 미력하나마 도움을 주고자 이 책을 발간하게 되었습니다.

　이 책은 필자가 다년간 화재현장을 누비며 수집한 자료와 전국의 동료 소방관들이 보유하고 있는 자료를 협조받아 엮었으며, 누구나 화재조사 전문가로서 쉽게 입문할 수 있도록 400여 장의 사진을 수록하여 이해도를 높이고자 하였습니다. 특히 소방과 경찰의 화재조사관들을 비롯하여 보험업계, 손해사정인 등 실무를 담당하고 있는 분들이 현장에서 응용할 수 있도록 하였으며, 향후 화재조사관을 꿈꾸며 학업에 힘쓰고 있는 분들에게도 도움이 될 수 있도록 내용을 구성하였습니다.

　그러나 학문적 지식의 한계로 인해 미처 담아내지 못한 부분이 있을 수 있으므로 끊임없는 지적과 제언(提言)을 해 주시기 바라며, 미흡한 부분은 향후 보완작업을 통해 지속적으로 수정해 나가도록 하겠습니다.

　이 책이 나오기까지 뜨거운 열정 하나로 아낌없이 도움을 주신 동료 소방관들에게 거듭 감사를 드리며 흔쾌히 출판을 허락해 주신 성안당 관계자 분께도 감사인사를 드립니다.

최진만

Contents

Part 01 화재역학

Part 02 화재조사 관련 법률

Part 03 화재조사 총론

C·o·n·t·e·n·t·s

Part 04 원인분석론

화재역학

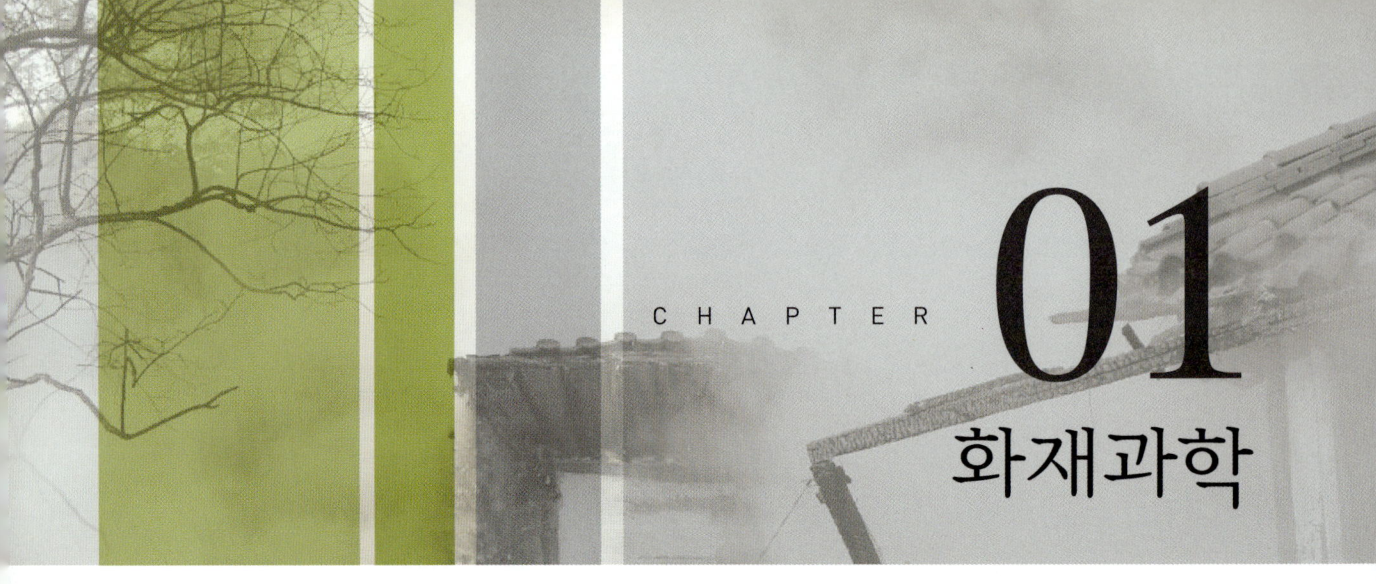

화재과학

The Fire investigation introduction

Step 01 불과 화재

　인류가 언제부터 불을 사용했는지는 명확하게 기록으로 알려진 바 없으나 대체적으로 불을 사용하기 시작한 최초의 시기를 구석기시대로 보고 있으며, 이로 인해 인류의 생활은 커다란 변혁을 맞게 되었다. 강가나 들판을 떠돌며 지내던 이동 채집생활에서 벗어나 정착생활이 가능해졌으며, 난방은 물론 음식을 익혀 먹거나 어둠을 밝히는 도구로 활용하는 방법을 알게 된 것이다.

　불의 사용은 무엇보다 인류중심의 사회화를 촉진시켰는데 불을 중심으로 농경문화가 이루어지고 음식을 담는 토기류가 발달하게 되었으며 집단생활을 이루게 하는 등 문화 발달적 측면에 혁혁한 영향을 끼쳤다. 철저하게 자연의 법칙에 순응할 수밖에 없었던 원시인들이 불을 발견하게 된 것은 화산폭발이나 낙뢰 또는 돌풍에 의한 나뭇가지의 마찰열 등으로 인해 산불이 발생하는 등의 우연한 결과로 얻은 것으로 알려져 있다. 불이란 것은 한번 발화하게 되면 용이하게 착화되기도 하지만 꺼지지 않도록 관리하는 것도 어려워 약간만 주의를 기울이지 않으면 당장에 소멸해 버리는 특성을 지니고 있다. 따라서 불을 온전하게 보존하기 위한 방법을 강구하게 되었고 이를 위해 이동생활보다는 집단으로 군락생활을 하는 것과 불로 몸을 보호하는 것이 자연의 위험으로부터 유리함을 터득하게 되었다.

　그렇다면 불이란 무엇인가?

　불은 실생활에서 화재라는 용어와 혼용되어 사용되고 있으나 엄밀하게 말하면 양자는 그 의미가 구별되고 있다. 불이란 물질이 산소와 화합하여 높은 온도로 빛과 열을 내면서 타는 연소현상으로 화재를 이르는 말이라고도 한다. 그러나 우리는 라이터 불이나 촛불, 가스레인지 불꽃 등을 화재라고 하지 않는다. 더욱이 용광로의 화염이나 불꽃놀이 축제 때 폭죽에서 발생하는 불꽃을 화재라고 하지 않는다. 불은 연소현상의 일종으로 물질이 타면서 물리적·화학적으로 변종(變種)을 일으키는 작용이며, 화재는 불을 촉매로 인간에게 피해를 끼치는 재난이라고 설명할 수 있다. 결국 불은 자기 자신은 변하지 않으면서 다른 물질의 화학반응을 일으키는 것이며, 불을 이용한 재난발생의 결과가 화재인 것이다. 불은 과거 '훼(燬)'라는 말로 표현되기도 하였는데 이 역시 불을 의미하는 것이다. 화재가 발생하면 일반사람들은 '불이야'라고 외치는데 다급한 마음에 주변사람들에게 도움을 요청하기 위한 표현일 뿐 여기서 실제 의미는 화재를 이르는 말로 우리는 종종 일상생활에서 불과 화재를 혼용하여 사용하고 있다. 화재는 문자 그대로 불로 인한 재앙인 것이다.

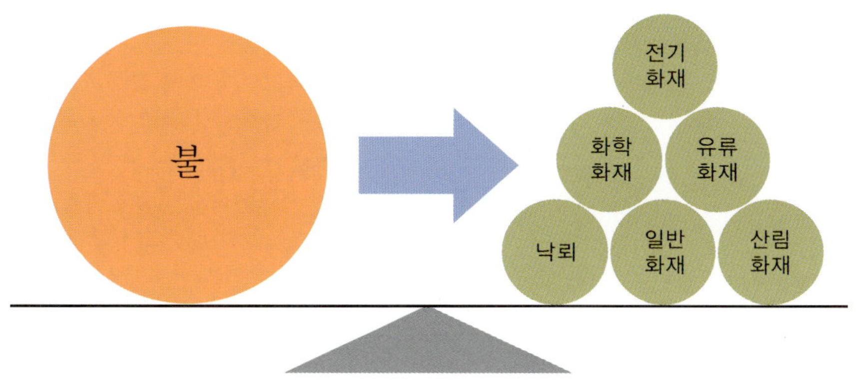

〈그림 1-1〉 불을 촉매로 발생하는 화재의 종류

한편 학문적으로 화재는 여러 가지로 정의되고 있는데 불의 의미로 쓰이는 연소현상을 중심으로 보면 "빛과 열을 발생하는 산화 발열현상"으로 정의될 수 있고, 형법상으로는 불을 놓아 매개물에 독립하여 연소되는 것(독립 연소설)으로 정의되기도 한다. 민사상으로는 고의 또는 중과실로 인하여 타인에게 손실을 입히는 화재를 불법행위의 요건에 해당하는 화재로 보고 있다. 여기서 불법행위는 사회 일반적인 불법행위 요건보다 엄격하게 해석하고 있다.

연소란 물질이 불에 타는 현상으로 반응열이 크고 그 결과로서 빛과 열을 수반하는 급격한 산화반응이다. 화재는 연소반응을 전제로 일정한 성립요소를 필요로 하고 있는데, 화재의 3요소는 다음과 같다.

1 화재의 3요소

❶ 사람의 의도에 반하거나 고의에 의하여 발생할 것
❷ 소화의 필요가 있는 연소현상일 것
❸ 소화시설 또는 이와 동등의 효과가 있는 물건을 사용할 필요가 있을 것

이상 3가지 요소가 모두 포함된 것이 화재이다. 이 가운데 어느 한 가지라도 해당되지 않는 다면 화재가 아닌 것으로 보고 있다. 그러나 폭발의 경우에는 ❷와 ❸의 유무에 관계없이 화재로 본다.

우리나라 소방기관의 공식적인 화재 정의 및 미국과 일본의 정의를 살펴보면 다음과 같다.

〔표 1-1〕 화재의 정의에 대한 규정

구 분	내 용
국내 규정	화재조사 및 보고 규정(제2조 제1호) 화재란 사람의 의도에 반하거나 고의에 의해 발생하는 연소현상으로서 소화시설 등을 사용하여 소화할 필요가 있는 것을 말한다.
미국	National Fire Incident Reporting System 실무서 화재란 파괴적이고 통제되지 않는 가연성 고체·액체·기체의 연소를 말하며 폭발을 포함한다. 단, 폭발의 결과로서 화재를 발생시킨 경우를 제외하고 다음의 경우는 화재로 취급하지 아니한다. • 번개 또는 전기의 일시적 방출 • 내부연소가 아닌 내부압력에 의한 스팀보일러·온수탱크·기타 압력용기의 파열 • 탄약 또는 기타의 폭발물질의 폭발 • 선박, 항공기 또는 기타 교통수단의 사고 • 괴열상태
일본	화재보고 취급요령(제1 총칙 2) 화재란 인간의 의도에 반하여 발생 혹은 확대되거나 방화에 의하여 발생되어 소화의 필요가 있는 연소현상으로서 이것을 소화하기 위하여 소화시설 또는 이것과 같은 정도의 효과가 있는 것의 이용을 필요로 하는 것 또는 인간의 의도에 반하여 발생 또는 확대된 폭발현상을 말한다.

❷ 화재에 폭발을 포함하는 이유

폭발이 발생한 후에 화재로 확산될 확률을 명쾌하게 단언하기 어렵지만 화재를 동반하는 경우가 많은 것 또한 사실이다. 폭발도 일종의 연소현상으로 주변에 가연물의 배열상태와 수량, 가스-공기와의 혼합조성 비율이 폭발의 적정 범위에 있다면 점화원에 의해 손쉽게 착화에 이를 수 있다. 피해범위도 광범위하여 순간적으로 많은 사상자를 발생시키거나 구조물을 파괴하여 파편 잔해가 멀리까지 비산하는데, 폭발의 파괴력 정도에 따라 그 피해는 예측을 불허한다. 폭발은 짧은 순간에 이루어지지만 2차 피해가 예측되어 소화의 필요성이 없더라도 소방기관에서 출동하여 피해확산 방지와 현장수습 활동을 통해 사상자를 구호하는 등 재난수습 활동을 전개하고 있는 현실을 볼 때 분해폭발, 분진폭발 등 화학적 변화를 동반한 폭발은 화재의 범주에 포함시킬 필요가 있다.

　　그러나 연소현상이 없는 보일러 내압조의 파열과 같은 물리적인 파열은 폭발화재로 취급하지 않는다.

Step 02 화재의 위험성

　　화재는 불을 촉매로 활성화되어 통제하기 어려운 연소과정으로 발전하는 것이기 때문에 피해양상에 대한 예측이 곤란하다. 이러한 돌발성은 짧은 시간에 이루어지기 때문에 항상 효과적인 대응전략 마련이 필요하며, 이에 대한 연구는 오랜 시간을 두고 지속적으로 이루어져 오고 있다. 불은 에너지조건을 갖춘 연료의 연소과정으로 이해되고 있지만 화재위험성은 불과 연기에 대한 것으로 요약할 수 있다. 불은 사람을 당황스럽게 하지만 연기는 공포감과 농연, 흡입에 따른 고통, 패닉상태 등을 유발시켜 이성적인 행동감각을 상실케 하는 위력까지 지니고 있다.

　　연기는 화재에 의해 직접 생성되는 뜨거운 부력 상승작용을 힘으로 하는데 외부바람과 공기의 이동에 영향을 받기도 하며 물질이 연소하면서 팽창된 열에 의해 농도를 달리하기도 한다. 이러한 연기는 건물내부 자연적 부력에 의한 압력차이로 발생하는 연돌효과(Stack Effect)까지 확대되어 발화지점보다는 상층에서 사상자를 다수 유발시키므로 화재실이 아니더라도 건물에 수용된 사람들에게 각별한 주의가 필요하다. 예외는 있지만 거의 모든 화재는 연기를 발생시킨다고 할 수 있다. 연기란 탄화수소계열의 물질이 연소할 때 발생하는 생성물로 고체 또는 액체상의 작은 입자가 분무형태로 확산되거나 공기 중에 부유하는 것이다. 연기 중 미립자의 크기는 대략 $0.01 \sim 10\,\mu m$ 정도로 알려져 있으며 연기 자체가 뜨거운 고온을 지니고 있어 연기입자를 포함한 열기류 전체를 뜻하는 경우가 있다.

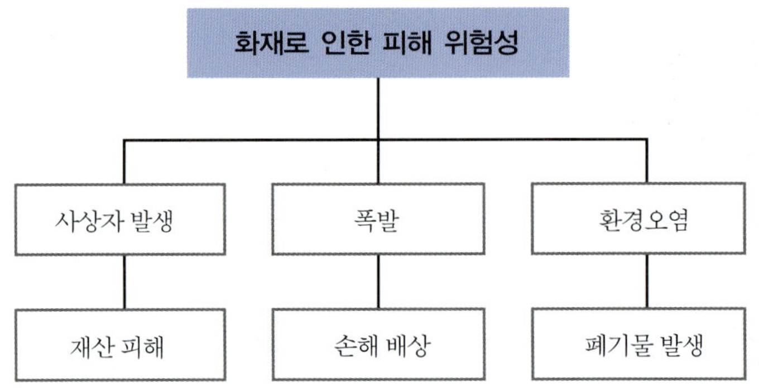

〈그림 1-2〉 화재로 발생하는 피해 위험인자

화재의 위험성은 인간에게 치명적인 연기에 있으나 열로 인한 피해 가혹도도 크게 차지하고 있다. 장시간 열에 노출된 구조물은 붕괴될 수 있고 증대된 복사열은 발화지점으로부터 멀리 떨어져 있는 물질도 빠르게 연소시킬 수 있는 잠재력을 가지고 있다. 우리의 생활주변에 있는 거의 모든 가연물은 탄화-수소계열의 석유류 제품이 주종을 이루고 있어 착화가 용이하며 일단 주변 가연물로 착화되면 전소에 이르는 경우가 많아 화재진압 측면에서도 어려움이 따른다. 불을 상대로 현장활동을 하는 소방관들도 종종 화염에 고립되어 부상을 당하거나 위급한 상황을 맞는 경우가 있는데 불의 의외성에서 야기되는 사고의 결과이다.

화재로 인해 야기되는 피해는 종종 뜻하지 않은 제3의 피해자를 양산한다. 최근에는 개인의 재산권 보호차원에서의 법적 다툼이 증대하고 있어 화재발생으로 인한 보호장치로 화재보험 가입, 방화경계구역의 강화, 불연재의 사용 등 자구책이 강조되고 있다. 화재는 자신의 재산피해뿐만 아니라 유해가스로 인한 대기오염과 불에 탄 가연물이 소화수와 혼합되어 일으키는 토양오염 등의 환경오염을 발생시키고, 환경적 미관을 크게 손상시켜 사회비용부담의 증가를 유발하는 등의 문제가 있음을 유념할 필요가 있다.

쉬어가기　　화재의 위험성

40대 가정주부인 B씨는 저녁 11시경 고무타이어가 타는 메케한 냄새가 창문을 통해 들어오는 것을 느끼고 밖을 내다보니 B씨의 주택 창문 바로 아래 있는 9인승 승합차에서 불길이 치솟고 있었다. B씨는 순간 당황하였으나 본인 가족의 차량도 아니었고 화재가 그다지 크게 번지지 않을 것으로 판단하여 침착하게 119로 신고를 하였다.

신고를 접수받은 관할 소방대는 10분이 채 안돼서 현장에 도착하였는데 그동안에 불길은 B씨의 창문에 설치된 커튼으로 옮겨 붙어 이미 주택은 화염으로 가득 차 있었다. 화재는 30여 분만에 일단락되었지만 B씨는 물론 잠을 자고 있던 B씨의 시아버지와 2명의 아들 등 4명은 주택에서 탈출하지 못하고 사망하고 말았다.

B씨가 119에 신고를 하기 위해 뒤돌아 선 순간 차량에서 확산된 불길은 급속히 B씨의 창문을 덮치며 순식간에 주택을 감싸고 돈 것이었다. 화재는 항상 섣부른 속단과 예측을 허용하지 않는다.

Step 03 화재의 분류

현행 화재의 분류체계는 가연물별, 대상별, 원인별, 소손정도별 등 크게 4가지로 분류하고 있다. 화재진압 및 화재조사 관점에서 주로 사용하고 있는 분류는 원인별 또는 소손정도별에 착안하여 화재예방과 진압대책을 강구하는 데 활용하고 있으며, 일반적으로는 가연물질의 종류와 성상에 따라 구분하고 있는 가연물별 분류가 범용적으로 쓰이고 있다. 선진국을 비롯한 대부분의 나라에서 공통적으로 사용하고 있는 소화기의 적응성 정도를 나타내는 색깔도 가연물질별 화재의 색상을 의미하는 것으로 널리 채택되어 사용되고 있다. 〈그림 1-3〉은 화재의 분류체계를 나타낸 것이다.

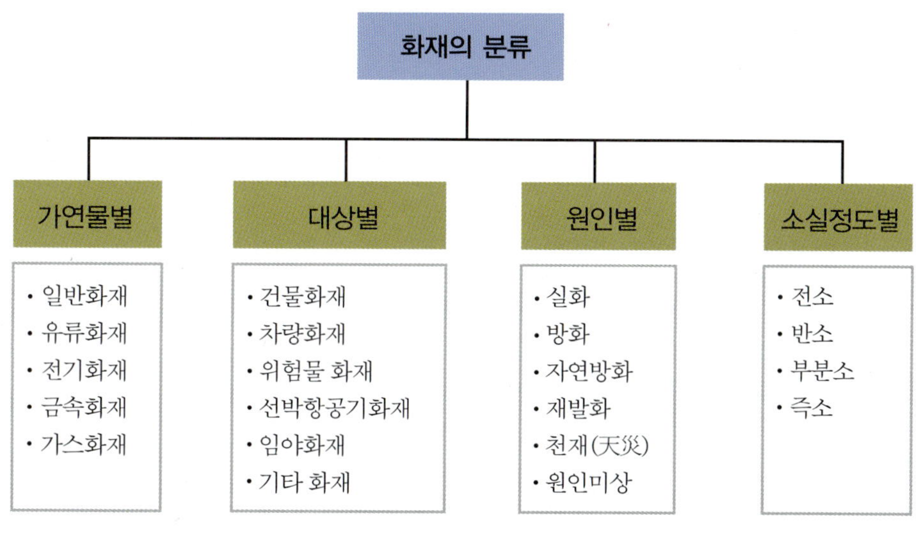

〈그림 1-3〉 **화재의 분류체계**

1 가연물별 분류

(1) 일반화재(A급-백색)

연소 후 재를 남기는 일반화재를 일컫는다. 목재를 비롯한 섬유류, 종이, 석탄, 고무 등이 있으며 합성고분자 소재인 폴리프로필렌, 폴리우레탄, 폴리에틸렌, 폴리아크릴 등이 있다. 가장 일반적인 화재이므로 물을 이용한 냉각소화방법이 가장 효과가 크다. 일반 주택에서 발생하고 있는 화재는 거의 일반화재의 성격을 지니고 있으며, 화재발생에서도 가장 큰 비중을 차지하고 있다.

(2) 유류화재(B급-황색)

유류화재는 대기압 상온에서 액체상태로 존재하는 인화성 액체가 대부분인 가연물이다. 연소 후 재를 남기지 않으며 작은 점화원에도 착화가 용이하고 발열량이 우수하여 취급상 각별한 주의를 필요로 한다. 소화방법으로는 포소화약제를 이용한 질식소화방법이 가장 효과적이나 알코올, 아세톤과 같이 수용성 액체는 내알코올형포가 적응성이 있다.

(3) 전기화재(C급-청색)

전기화재란 전기시설물인 배전반, 분전반, 옥내배선, 배선용 차단기, 콘센트 등 전기시설물에서 발생한 화재뿐만 아니라 전기를 에너지원으로 사용하는 냉장고, TV, 형광등, 컴퓨터 등 전기적 기기에서 발생한 화재를 총칭한다. 전기적 요인에 의한 화재는 활선(活線)상태에서 발화된 것으로 물을 사용한 소화 시 안전사고의 우려가 있어 반드시 적응성 있는 소화약제를 사용하여야 한다.

(4) 금속화재(D급-무색)

칼륨, 나트륨, 마그네슘분, 알루미늄분 등 가연성 금속류가 연소하는 화재이다. 특히 공기 중에 분말상태로 부유하고 있을 경우 위험성이 크고 폭발적인 연소를 일으킬 수 있다. 물과 접촉하면 폭발력이 강한 수소가 발생하므로 물이나 강화액 등 수계(水系) 소화약제의 사용을 금한다.

(5) 가스화재(E급)

대기압 상온에서 기체상태로 존재하는 가연물로 액화석유가스(LPG), 액화천연가스(LNG), 부탄 등과 압축가스, 용해가스 등이 있다. 가스의 특성은 누설되더라도 눈에 보이지 않아 일단 점화되면 폭발적 연소를 일으켜 대단히 위험하다. 누출된 가스는 충분히 환기를 시켜야 하며 가장 널리 사용하고 있는 LPG 용기는 40℃ 이하의 서늘한 장소에 보관하여야 한다.

보충학습 — 식용유화재(K급 화재, Kitchen Fire)

식용유화재 시 소화방법은 야채(배추, 상추 등)를 식용유의 유면에 덮어 소화하는 특이성 때문에 최근 국제적으로 식용유화재의 분류를 재검토하여 왔으며 NFPA에서는 식용유화재를 K급 화재로 분류하고 있다. 식용유는 인화점과 발화점의 온도차가 적고 발화점이 비점 이하이며 유온이 상승하면 바로 발화점 이상이 되기 때문에 유면상의 화염을 제거하여도 곧 재발화하기도 한다. 마요네즈를 뿌려 소화하기도 하는데 이는 마요네즈에 함유되어 있는 달걀 노른자의 레시틴성분이 식용유와 혼합되면 에멀션효과가 발생하기 때문이다.

❷ 대상별 분류

(1) 건물화재

건축, 구조물 및 그 수용물이 소손된 화재를 말한다. 건축물은 토지에 정착한 공작물 중에 지붕 및 기둥, 벽을 가진 것으로, 거주 또는 관람을 위한 공작물과 지하 혹은 고가의 공작물에 설치한 사무소, 점포, 상가 등이 포함된다. 구조물이란 토지 위나 아래에 인공적으로 고정시켜 만든 시설물을 말하며, 수용물이란 기둥, 벽 등의 구획을 중심선으로 둘러싸인 부분에 수용된 물건 또는 그것과 일체화하여 있는 물건을 말한다.

(2) 차량화재

차량화재는 자동차, 철도차량 및 피견인 차량 또는 그 적재물이 소손된 화재이다. 육상에서 운송을 목적으로 운행하는 도로 및 궤도상의 모든 차량과 농업용 트랙터, 경운기, 이앙기가 포함되며 철도차량으로서 선로를 운행할 목적으로 제작된 동력차·객차·화물차 및 특수차 등도 이에 해당된다.

(3) 위험물화재

위험물 제조소 등과 가스의 제조·저장·취급 시설 등이 소손된 화재를 말한다. 탱크의 누설, 유류나 가스배관의 이탈 등에 기인할 수 있으며 위험물 및 가스의 저장용량이 대규모인 경우가 많다.

위험물 제조소의 보유공지에 있는 차량에서 발화되어 제조소 전체로 화재가 확산되었을 경우 통념상 피해액이 큰 위험물화재로 본다.

(4) 선박·항공기화재

선박·항공기 및 그 적재물이 소손된 화재를 말한다. 선박이란 수상 또는 수중에서 항해용으로 사용되거나 사용될 수 있는 배를 말한다. 항공기는 사람의 탑승, 화물 운송 등 항공 용도로 사용되는 비행기, 회전익 항공기, 비행선 등을 말한다. 선박이나 항공기 자체가 연소되지 않았더라도 그 안에 적재되어 있던 가연물이 화재로 연소되었다면 선박이나 항공기 화재로 구분한다.

(5) 임야화재

산과 숲, 들과 접한 야산, 수목, 잡초, 경작물 등이 화재로 소손된 것이다. 산과 숲이 포함되어 있어 산불화재라고도 한다. 논과 밭에서 경작하는 벼, 고추, 배추 등 농산물들도 모두 포함하고 있다.

(6) 기타 화재

거리의 가로등, 전신주, 쓰레기, 산업폐기물 화재 등이 있다.

③ 원인별 분류

(1) 실화

일반인이 통상 지켜야 할 주의의무를 다하지 못한 결과 소홀함에 기인한 것을 말한다. 작위(作爲)에 의한 경우도 있으나 부작위(不作爲)에 의한 경우도 있다. 법규적으로는 과실 여부에 따라 중실화와 경실화로 구분되고 있다.

(2) 방화

일반건조물, 일반물건에 불을 놓아 인적·물적 피해를 발생시키는 고의적 작위(作爲)행위를 말한다. 다분히 의도된 행위이므로 반사회적 공공 위험죄로 처벌하고 있다.

(3) 자연발화

물과 습기 또는 공기 중에서 물질 스스로 화학반응을 일으켜 물질 자신이 발열하여 연소하는 현상이다. 자연발화성 물질은 발화점이 낮고 공기 중에 산화되는 것으로 산화열, 분해열, 흡착열 등에 기인한다.

(4) 재발화(Rekindling Fire)

화재진압 후 다시 화재가 개시된 경우이다. 완전한 소화가 이루어진 경우라도 퇴적물 깊숙이 남아 있던 열에 발화되는 경우가 있으며 불꽃연소로 발전하는 것이다.

(5) 천재(天災)

낙뢰, 지진, 해일 등 자연적 재해로 화재가 발생한 경우이다. 낙뢰 등 자연재해로 인한 화재는 발생시기와 방향 등을 예측하기 어렵다.

(6) 원인 미상

원인을 알 수 없거나 원인을 발견하지 못한 경우를 말한다.

④ 소실정도별 분류

　화재의 양상은 가연물의 배열상태와 구조, 재질, 형태에 따라 천차만별로 차이가 있다. 가연물의 표면적에 대한 연소속도와 연소시간이 같더라도 석유류제품과 목재, 종이의 발열량에 차이가 있어 발화에서부터 최성기에 이르는 형태는 각각 특성을 달리하는데 이러한 결과는 현장에 남아 있는 소실 정도를 파악하여 피해를 산정하고 있다. 소실형태는 연소된 면적을 기준으로 전소, 반소, 부분소의 3종류로 구분되며, 피해액 산정의 기초자료로 활용되기도 한다.

　즉소는 화재발생 즉시 소화된 화재를 의미하는데 소방대가 도착하기 전에 관계자 등에 의해 소화되었거나 소방대가 현장에 도착 즉시 물을 사용하지 않고도 손쉽게 진압된 화재 등을 포함하고 있다. 현행 규정은 즉소화재를 부분소의 범주에 포함시켜 삭제하였다.

〔표 1-2〕 소실정도에 따른 화재의 분류

소실정도		내 용
전소	70% 이상	건물의 70% 이상(입체면적에 대한 비율을 말한다.) 소실되었거나 그 미만이라도 잔존부분을 보수하여 재사용이 불가능한 것
반소	30% 이상 70% 미만	건물의 30% 이상 70% 미만이 소실된 것
부분소	30% 미만	전소 및 반소 화재에 해당되지 아니하는 것

Step 01 연소론

1 연소의 정의

연소란 물질이 산소와 적절히 혼합된 상태에 있을 때 열에너지에 의해 발화 또는 인화에 이르러 불이라는 가시광선상태의 화염을 발하는 것이다. 즉 연소방식은 가연성 물질과 산소와의 혼합계에 있어서의 산화반응에 따른 발열량이 그 계로부터 방출되는 열량을 능가함으로써 그 계의 온도가 상승하여 발생되는 열방사선 파장의 강도가 빛으로써 육안으로 감지하게 된 것이며 화염을 수반하는 현상이라고 할 수 있다. 그러나 많은 물질이 산소와 결합하여 산화 또는 발열한다고 하여 연소현상은 아니다. 철(Fe)은 산소와 결합하여 산화철(Fe_2O_3)을 생성하지만 연소라고 하지 않으며, 전선이 열을 받아 발열하여도 산화작용이 아니므로 연소라고 하지 않는다. 연소는 가연물에 산소와 점화에너지가 하나의 시스템을 구성하여 이루어지는 반응이다.

2 연소의 3요소

연소는 가연물, 점화원, 산소공급원의 3가지 조건이 만족되어야만 정상적인 연소로서 화학반응을 유지할 수 있다. 여기에 순조로운 연쇄반응이 추가로 진행될 때 연소의 4요소라고 설명하고 있다.

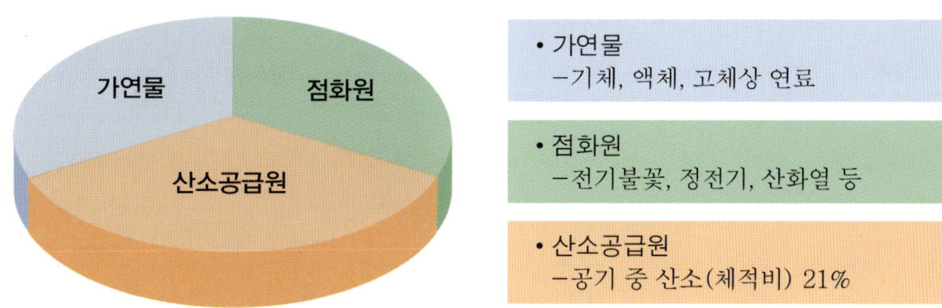

〈그림 1-4〉 연소의 3요소

연소의 4요소 가운데 어느 한 요소라도 제거하면 연소반응은 일어나지 않는다. 이미 발화가 되었더라도 어느 한 요소를 제거함으로써 화재는 더 이상 지속되지 않는 것이다. 연쇄반응은 반응 생성물의 하나가 다시 반응물로 작용하여 생성과 소멸을 거듭하는 작용으로서 이 반응이 없으면 화재는 확대되지 않는다.

(1) 가연물

쉽게 불에 탈 수 있다는 의미로 이연성(易燃性) 물질이라고도 하며 고체, 액체, 기체 가연물로 구분되고 있다. 물질은 보통 목재, 섬유, 고무, 플라스틱 등 유기화합물이 대부분인데 철이나 알루미늄 등도 산화하기 쉬운 분체상태가 되면 가연물이 될 수 있다. 탄화수소계열의 물질은 복잡한 분자구조로 이루어져 있을 뿐만 아니라 형상과 특성도 제각각 고유의 물성치를 지니고 있다. 그러나 일단 열에 가열되면 용이하게 열분해를 일으키며 열량도 증가하여 주변으로 연소확산이 촉진되는데 목재와 같은 경우 단면적이 클수록 반응열도 커져서 지속적인 연소가 이루어지는 것이다. 가연물은 일단 산소와 화합할 수 있어야 하며 산회되기 쉬운 것이어야 하는데 가연물에 대한 일반적인 연소조건은 다음과 같다.

■ 가연물의 조건

❶ 산소와 친화력이 좋고 표면적이 클 것
❷ 산화되기 쉽고 반응열이 클 것
❸ 열전도율이 적을 것
❹ 연쇄반응이 일어나는 물질일 것
❺ 활성화 에너지가 작을 것

그러나 모든 물질이 가연물로 연소하는 것은 아니다. 산화반응이지만 발열반응이 아닌 흡열반응을 하는 것은 가연물이 될 수 없으며 주기율표 0족 원소는 불활성 기체로 분류되어 반응하지 않는다. 또한 산화반응이 이미 완결된 물질도 더 이상 산소와 결합하지 않으므로 연소가 일어나지 않는다. CO_2는 거의 모든 화재 시에 연소생성물로 발생하는데 무색, 무취, 불연성가스이며 비조연성 성질 때문에 소화약제로도 쓰이고 있다.

반면 CO는 물에 녹기 어렵고 공기 중에 점화시키면 청색불꽃을 내면서 연소하기 때문에 산소와 반응할 수 있는 가연성 기체로 분류된다. CO는 폭발범위가 12.5~74%로 크고 발화온도가 608.9℃로 독성가스이며, 화재현장에서 많은 사상자를 발생시킨다. 혈액 중에 헤모글로빈(Hemoglobin)은 산소보다 CO와의 친화력이 200배 이상 좋아 일산화탄소 중독이 일어나기도 하는데 화재진압을 하는 소방관을 괴롭히는 역기능적 요소로 작용하기도 한다.

② 가연물이 될 수 없는 조건

구 분	종 류
흡열반응 물질	NO, N_2O, NO_2, NO_3 등
불활성 기체(0족 원소)	He, Ne, Ar, Kr, Xe, Rn

(2) 점화원

점화원이란 가연물이 산소와의 연소범위 내에서 물질이 불에 타기 위한 최소한의 열에너지를 말한다. 실부에서는 섬화원 또는 발화원(發火原), 착화원(着火原), 화원(火原) 등으로 부르고 있는데 모두 최초 발화에 이르게 된 점화에너지를 말한다. 화재의 개시는 대기압 상온에서 가연물에 열에너지가 주어짐으로써 비로소 화재로 성립하게 된다. 점화에너지는 물질에 따라 그 값이 다르지만 에너지의 온도가 클수록 연소범위가 넓어지고 위험성이 증대된다. 일반적으로 점화원의 종류는 기계적, 전기적, 화학적 점화원 3가지로 구분하고 있다.

〔표 1-3〕 점화원의 종류

구 분	종 류
기계적 점화원	나화(裸火), 고온표면, 단열압축, 충격·마찰 등
전기적 점화원	저항가열, 유도가열, 유전가열, 아크가열, 정전기 등
화학적 점화원	연소열, 분해열, 용해열, 자연발화(발효열)

① 기계적 점화원

❶ **나화(裸火)** : 나화란 문자 의미대로 벗겨진 불꽃을 말한다. 기계적 조작에 의해 만들어지는 라이터 불과 가스레인지 불, 토치램프의 점화 등은 모두 나화상태의 불꽃이다. 공기의 공급량에 따라 불꽃의 세기에 차이가 있을 뿐 화재를 발생시키는 대표적인 점화원이다.

❷ **고온표면** : 온도가 높은 보일러 연도(煙道)의 고온부에 가연물이 접촉되거나 적열상태로 빨갛게 달궈진 난로 표면, 용융된 금속의 열팽창, 소각로의 가열된 몸체 등은 고온으로 점화원이 될 수 있다.

❸ **단열압축** : 밀폐된 공간에서 외부와 열 교환이 없는 상태로 기체를 압축하면 발생하는 열이다. 냉장고나 에어컨의 냉동장치는 내장된 프레온가스를 압축하는 것이며 디젤엔진은 압축에 의해 폭발연소하는 것이다.

❹ **충격·마찰** : 마찰열은 두 물체를 마찰시키면 운동에너지가 열에너지로 변환되어 발생하는 열을 말하며 기계 회전축의 마찰, 컨베이어 회전에 따른 벨트 사이의 열, 자동차 브레이크 패드의 마찰열 등이 있다.

② 전기적 점화원

전기적 원인에 기인한 점화원은 매우 다양한 형태로 나타난다. 전기기기는 물론 접속기구, 배선 등은 통전상태가 유지되고 발화할 수 있는 여건만 구비되면 발열작용 및 자기작용에 의해 화재로 발전할 수 있다. 일반적으로 전기적 열원은 열효율이 좋고 2,000℃ 이상의 높은 온도를 발생시킬 능력을 가지고 있다. 전기에너지가 일어날 수 있는 종류는 다음과 같다.

❶ **저항가열** : 도체에 전류가 흐르면 도체 내부에 전류 흐름을 방해하는 현상이 있는데 이를 전기저항이라고 한다. 이때 도체 내부에서 전류의 흐름을 방해하는 에너지가 열로 변환되는데 백열전구에서 열이 발생하는 것은 전구 내의 필라멘트의 저항에 기인하며 다리미는 운모나 주석으로 된 바닥 안쪽의 니크롬선에 저항열로 발생한다. 저항열을 이용한 전열기구로는 전기다리미, 모발건조기, 전기장판 등이 있다.

❷ **유도가열** : 도체 주위에 변화하는 자장이 존재하면 전위차가 발생하고 이 전위차로 인해 전류의 흐름이 일어난다. 이러한 전자유도현상을 이용한 것이 유도가열이다. 전자조리기는 조리기구 자체가 발열하는 것이 아니라 조리기구를 담은 용기의 바닥면이 발열하는 것인데 전자조리기 내부의 자력선이 조리용 냄비의 바닥을 통과할 때 전자유도작용에 의한 와전류가 발생하여 냄비의 바닥면이 가열되는 것이다.

❸ **유전가열** : 물질을 구성하고 있는 각각의 분자는 불규칙적인 (+)와 (−) 극성을 지니고 있는데 전기장을 가하면 (+)와 (−)는 교번적으로 분자들끼리 서로 충돌하면서 마찰열을 발생시킨다. 여기서 발생한 열이 유전가열이다. 대표적인 유전가열방식으로는 가정용 전자레인지가 있다.

❹ **아크(Arc)가열** : 아크는 보통 전류가 흐르는 회로의 나이프스위치에 의하여 또는 우발적인 접촉에 의해 또는 접점이 느슨하여 전류가 끊길 때 발생한다. 아크의 온도는 매우 높기 때문에 거기서 방출된 열이 주위의 가연성 혹은 인화성 물질을 점화시킬 수 있다.

⑤ **정전기** : 정전기 혹은 마찰전기란 두 물질이 접촉하였다가 떨어질 때 그 물질 표면에 축적되는 전하를 말한다. 만약 접지되지 않으면 그 물체에는 충분한 양의 전하량이 축적되어 스파크방전이 일어난다.

⑥ **낙뢰에 의한 열** : 낙뢰 또는 벼락은 구름에 축적된 전하가 다른 구름이나 지상과 같은 반대전하에 대한 급격한 방전현상이다. 낙뢰는 보통 산악지대에서 나무나 돌같이 저항이 큰 물질에서 대량의 열을 발생시킨다.

③ 화학적 점화원

① **연소열** : 연소열은 어떤 물질이 완전히 산화되는 과정에서 발생하는 열을 말하며 탄소가 산소와 결합하여 이산화탄소가 생성되는 경우가 대표적이다. 열의 총량은 물질에 따라 다르게 나타난다.

② **분해열** : 둘 이상의 화합물이 분해할 때 발생하는 열을 분해열이라 한다. 분해열을 발생시키는 물질에는 폭약, 아세틸렌, 산화에틸렌 등이 있다. 분해열은 분해될 때 많은 열을 외부로 방출하기 때문에 위험성이 높다.

③ **용해열** : 어떤 물질이 액체에 용해될 때 방출되는 열을 말한다. 화학물질을 다루는 실험실에서 일반적으로 취급하며 기체 · 액체 또는 고체가 다른 기체 · 액체 또는 고체와 혼합되어 용해될 때 발생하여 맹렬하게 반응할 수 있다.

④ **자연발열** : 자연발열이라 함은 어떤 물질이 외부로부터 열의 공급을 받지 아니하고 온도가 상승하는 현상이다. 자연발열에 의하여 물질의 온도가 발화점 이상이 되면 자연발화하는데 기름에 젖어있는 섬유류 또는 건초더미 등에서 열축적으로 발효되면 발화할 수 있다.

(3) 산소공급원

가연물이 점화원과 결합하면 열과 빛을 생성하는 산화작용이 동반되는데 이 산화작용은 산소가 필수적이다. 산소는 공기 중 5분의 1 정도를 차지하고 있는데 체적비로 21%(중량비 23%)를 차지하고 있다. 대기 중의 공기는 모든 생명체가 살아가는 데 절대적인 존재로 공기가 희박하면 호흡곤란과 경련이 일어나듯이 가연성 물질이 연소하는 데도 지배적인 역할을 담당한다. 그러나 가연물 자체가 산소를 함유하고 있어 외부의 산소공급 없이도 자체 지니고 있는 산소를 소비하면서 연소하는 경우와 자기 자신은 불연성이지만 자신의 내부에 산소를 포함하고 있어 다른 물질을 산화시키는 경우가 있다. 산소공급원으로 공기, 지연성 가스, 산화제, 자기반응성(연소성) 물질 등이 있다.

❶ 공기의 조성

구 분	질소(N)	산소(O)	아르곤(Ar)	이산화탄소(CO_2)
V%	78.03	20.99	0.95	0.03

❷ 지연성가스 : 조연성 가스라고도 하며 산소, 염소, 아산화질소 등이 있다.

❸ 산화제 : 산화제는 제1류 위험물, 제6류 위험물 및 오존 등으로서 분자 내 다량의 산소를 함유하고 있는 물질이다.

❹ 자기반응성 물질 : 연소에 필요한 산소공급원을 자체 함유하고 있는 물질로서 니트로글리세린, 니트로셀룰로오스, TNT 등 제5류 위험물이 자기반응성 물질에 해당된다.

❸ 연소의 종류 및 특성

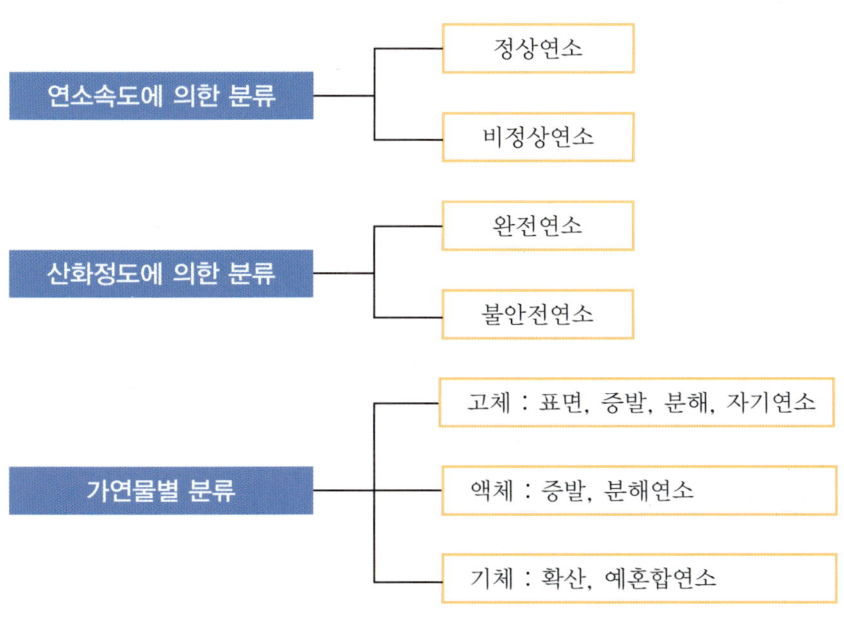

〈그림 1-5〉 **연소의 종류**

연소의 형태는 크게 불꽃연소(Flaming Combustion)와 작열연소(Glowing Combustion)의 두 가지 형태로 분류된다. 불꽃연소는 연료의 표면에서 화염을 발생시켜 표면화재라고도 한다. 불꽃연소는 고체, 액체, 기체 등 모든 연료에서 발생할 수 있는 현상이며 연소속도가 매우 빠르고 단위시간당 방출열량이 크다. 발생된 불꽃은 3분의 2 정도가 연소가스의 가열에 소모되고 3분의 1은 주변 복사열로 방출된다. 정상상태에서는 발생되는 열량과 주위로 잃어버리는 열량이 시간적으로 같으나 발생되는 열량이 더 많아지면 화세가 강해지고 반대로 주위로 방출되는 열량이 많아지면 화세는 약해진다. 작열연소는 연료의 표면에서 화염이 발생하지 않고 작열하면서 연소하는 것으로 화재의 양상은 심부화재이다. 불꽃연소가 고에너지 화재라면 작열연소는 저에너지 화재로 고비점의 액체생성물과 타르가 응축되어 안개상의 연기가 발생하는데 톱밥류, 담배, 이불이나 솜 등이 불꽃 없이 연소하는 경우이다.

연소의 형태는 이외에도 연소속도 및 산화정도에 따라 구분하기도 하며 가연물별로 분류하기도 한다.

(1) 연소속도에 의한 분류

❶ 정상연소 : 연소에 필요한 산소가 원활하게 공급되고 연소 시의 기상조건이 비교적 양호할 때 정상적으로 진행되는 연소를 말한다. 연소장치나 연소기기에서 연료-공기와의 혼합비가 균형을 이루고 열효율도 높아 연소가 일어나는 곳의 열의 발생속도와 방산속도가 서로 균형을 이루고 있는 것이다. 따라서 화염의 위치와 모양 등이 연소가 계속되는 동안 변하지 않는다.

❷ 비정상연소 : 연소에 필요한 공기의 공급이 불충분하거나 산소의 공급이 과잉되어 정상적으로 연소가 이루어지지 않고 이상현상이 발생되어 연소속도가 일정하게 진행되지 않는 연소를 말한다. 때로는 폭발의 경우와 같이 연소가 격렬하게 일어나는데 이는 열의 발생속도가 방산속도를 능가하는 경우이다.

(2) 산화정도에 의한 분류

❶ 완전연소 : 연료 및 산소의 공급이 충만하여 연소가 활발하게 이루어지고 물질이 완전산화되어 이산화탄소 등의 연소생성물이 발생하는 연소

❷ 불완전연소 : 가연물에 산소의 공급이 충분하지 못하여 연소온도가 낮고 완전히 산화하지 못함으로써 일산화탄소 등의 연소생성물이 발생하는 연소

(3) 가연물별 분류

1 고체 가연물

❶ 표면연소(Surface Combustion) : 가연물이 연소할 때 열분해와 가연성 증기의 발생과정을 거치지 않고 고체 표면에서 산소와 반응하여 연소하는 현상이다. 발염을 동반하지 않기

때문에 무염연소라고도 한다. 숯, 코크스, 목탄, 마그네슘 등의 연소가 표면연소에 해당하는데 불꽃 없이 산소의 공급이나 가연물의 표면적에 의해 연소가 좌우되므로 직접연소라고도 하며 연소속도는 비교적 느린 편이다. 숯이나 석탄에 불을 붙이면 불꽃 없이 장시간 연소하는 것은 목재의 건류과정에서 다양한 유기화합물들이 증발 또는 열분해하여 방출됨으로써 대부분 탄소성분만 남아있기 때문이다.

❷ **증발연소(Evaporation Combustion)** : 증발연소란 물질 자체가 연소하는 것이 아니라 물질 표면에서 발생한 가연성 증기가 산소와 결합하여 연소하는 현상이다. 고체가연물로는 유황, 나프탈렌 등이 있으며, 양초를 가열하면 고상의 파라핀이 액상으로 변화된 후 기화하는데 증기가 공기와 결합하여 연소하는 예에 속한다. 증발연소는 대부분의 액체연료에서도 흔히 발생하는데 가솔린, 알코올, 석유 등이 증발연소 한다.

❸ **분해연소(Decomposition Combustion)** : 가연물이 연소할 때 열분해하여 가연성 가스가 생성되면 공기와 혼합되어 연소하는 현상이다. 열분해에 의해 가연성 가스의 농도가 연소한계에 도달하면 활발하게 연소가 진행되고 그렇지 않을 경우에는 열분해에 그쳐 연소 충분조건을 이루지 못하게 된다. 목재, 석탄, 종이, 합성수지류 등은 분해연소를 하는 물질로 일산화탄소, 탄화수소, 메탄 등 가연성 가스를 생성한다.

❹ **자기연소(Self Combustion)** : 질산에스테르류, 셀룰로이드류, 니트로화합물 등 제5류 위험물은 가연성이면서 자체 산소를 함유하고 있어 점화원에 의해 분해되어 가연성 기체와 산소를 발생시키므로 공기 중의 산소를 필요로 하지 않고 연소한다. 이러한 연소를 자기연소 또는 내부연소라고 한다. 자기연소는 산화반응이 매우 빨라서 폭발적으로 연소한다.

❷ 액체 가연물

❶ **증발연소(Evaporation Combustion)** : 액체연료인 가솔린, 알코올이나 에테르 등에 열을 가하면 액체 표면의 가연성 증기가 증발하여 연소되는 현상이다. 액체연료는 액상으로 반응하는 경우는 거의 없으며 증발된 가연성 증기가 산소와 결합하여 연소한다. 액체 표면적이 클수록 증발량이 많아지고 연소속도도 그만큼 빨라지게 된다. 석유류에서 증발연소가 발생하면 액면과 화염 사이에 이격 간격을 볼 수 있는데 이것이 바로 가연성 증기의 층이다.

❷ **분해연소(Decomposition Combustion)** : 중유나 벙커C유, 타르 등과 같이 비휘발성 액체 또는 끓는점이 높은 가연성 액체의 연소 시 먼저 열분해된 가스가 연소하는 현상이다.

❸ 기체 가연물

❶ **확산연소** : 가연성 가스와 공기를 미리 혼합하지 않고 산소를 가스의 확산에 의해 주위에 있는 공기에서 공급받아 혼합연소하는 것을 확산연소라고 한다. 확산연소는 연소류와 공기류의 경계에서 확산과 혼합이 생겨 연소 가능한 혼합비가 된 곳에서부터 연소하기 때

문에 불균질 연소라고도 한다. 메탄, 프로판 등과 같은 가연성 가스가 버너에서 공기 중으로 유출되어 연소하는 경우 가연성 가스와 공기가 서로 확산에 의해 혼합되어 화염을 형성하며 연소하는 것이다.

❷ **예혼합연소** : 확산연소가 연료와 연소용 공기를 별도로 공급하는 방식이라면, 예혼합연소는 연료와 연소용 공기를 미리 혼합하여 버너나 연소실로 공급하는 연소방식이다. 미리 연료와 공기가 혼합되어 있어 연료와 공기의 혼합비가 일정하며 동일한 연소가 이루어지므로 균질연소라고도 한다. 산소용접 시 가연성 가스와 공기를 미리 적당하게 혼합하여 연소시키는 경우가 있다.

Step 02 ｜ 열전달 방식

화재의 확산은 연소의 경계면이 주변의 타지 않은 가연물로 이동하는 것으로 화염의 세기와 가연물의 양, 건물구조, 기상조건 등에 따라 다양한 형태로 나타난다. 가연물이 많더라도 열에너지가 부족하면 불완전연소되며, 가연물이 적더라도 연료-공기의 적절한 혼합으로 연소범위가 조성되면 작은 열원으로도 손쉽게 연소가 촉진된다. 불을 사용하는 과정에서 열전달은 가장 큰 문제가 되고 있다. 기본적으로 불은 사람의 눈으로 식별이 가능한 가시광선 형태로 활성화되어 직접 측정이 가능하기도 하지만 관찰이 곤란한 측면도 가지고 있다. 화재진압과정에서 충분한 소화활동이 이루어졌더라도 퇴적물 깊숙이 잠열(潛熱)이 잠재된 경우 가열시간이 경과하고 퇴적층 사이로 공기의 유입이 원활하게 진행되면 스스로 타기 시작하는 발화온도에 이르러 재발화를 일으키기도 하는 것이다.

열전달은 어떤 물체의 온도가 높은 부분과 낮은 부분이 존재할 때 시간이 흐름에 따라 온도가 높은 부분에서 낮은 부분으로 열이 이동하여 결국에는 같은 온도가 되는데 이러한 현상은 고체, 액체, 기체에 상관없이 자연계에 존재하는 모든 물질에서 일어나는 현상이다. 여기서 물체의 온도가 다른 부분보다 높다는 것은 그 부분의 분자운동이 다른 곳보다 매우 활발하다는 것이며, 이러한 열전달 방식은 전도, 대류, 복사의 3가지 형태로 설명할 수 있다.

❶ 전도(Conduction)

물질의 이동 없이 열이 뜨거운 부분에서 차가운 부분으로 이동하는 현상을 말한다. 물체를 가열하면 열에 의해 분자의 운동이 활발해진다. 이때 활성화된 분자들 간의 움직임은 또 다른 분자에게 영향을 주어 결국에는 모든 분자들이 움직이게 되는데 물질에 따라 분자구조가 조밀할 경우 불규칙적인 분자운동은 더욱 빨라지게 된다. 전도율은 고체와 관련된 열전달로서 물질의 고유 특성치마다 빠르거나 늦기도 하며, 화재의 대부분은 전도열로 인해 발생된다.

전도의 例

❶ 금속 젓가락을 잡고 반대편 쪽에 라이터 불을 가열하였더니 전체가 뜨거워졌다.

❷ 철재 방화문에 용접작업을 하니까 문틀이 뜨거워졌다.

❸ 방바닥이 너무 뜨거워서 발에 화상을 입었다.

〔표 1-4〕 **물질별 열전도율**

물 질	열전도율(W/m. ℃X10²)	물 질	열전도율(W/m. ℃X10²)
은	4.12	탄소강	0.58
구리	3.17	유리	0.008
알루미늄	1.95	목재	0.001
크롬	0.96	콘크리트	0.016
니켈	0.84	공기	0.0003
철	0.79	물	0.06

❷ 대류(Convection)

대류는 액체나 기체와 같은 유체를 매개체로 하는 것으로 유체의 온도변화에 따른 밀도 차이로 인해 열흐름이 전달되는 방식이다. 고체 표면 또는 액체나 기체가 유동로 내부에 흐를 때 유체와 고체 표면 사이에서 열전달이 발생한다. 이때 온도가 높아지면서 그 부분의 유체는 팽창에 의해 밀도가 작아져서 위로 상승하게 되고 낮은 온도의 유체가 대신 그 부분으로 흘러 들어오는데 이러한 과정이 반복되면서 열기류가 확산되는 것이다. 물이 담긴 비커(Beaker)에 톱밥을 넣고 가열하면 바닥면의 톱밥이 미세하게 움직이는 것을 확인할 수 있는데, 물이 끓으면 물 분자의 운동이 격렬해져 따뜻한 물이 위로 상승하고 차가운 물이 그 부분을 차지하면서 순환하는 과정은 바로 대류현상에 의한 것이다.

대류의 例

❶ 온도가 높은 방에 에어컨을 작동시켰더니 실내가 금방 시원해졌다.

❷ 화재현장에서 창문을 파괴하니까 뜨거운 열기가 급격히 분출되었다.

❸ 가마솥에 밥을 다하고 나서 밥 위에 고구마를 넣었더니 20분 만에 익었다.

❸ 복사(Radiation)

복사란 가열된 물체가 지속적으로 열을 방사할 때 중간 매질 없이 서로 떨어져 있는 물체 사이에 빛과 같은 열에너지가 전자기파의 형태로 열전달하는 것을 의미한다. 대류와 마찬가지로 시각적으로 식별이 어렵지만 일정시간 물체에서 방사된 열에 의해 어느 순간 열에너지로 변한다.

복사의 例
❶ 가스레인지 주변에 있던 정수기 플라스틱 외함이 화염 접촉 없이 녹았다.
❷ 대규모 산불현장에서 너무 뜨거워 소방관이 멀리 떨어져 소화활동을 했다.
❸ 난로 주변에 서 있다가 나일론 점퍼가 쭈그러들었다.

❹ 전도 · 대류 · 복사의 역학관계

열전달의 실체는 열을 방출하는 조건과 상태에 달렸다. 대부분의 화재가 전도에 기인하고 있다면 대류와 복사는 2차적인 문제로 볼 수 있다. 실제로 화염이 형성되면 그 주변으로 대류와 복사가 동시에 일어나는데 그 크기와 양은 화염에 의해 좌우되기도 한다. 대류와 복사에 의한 복합적인 열전달은 화염보다 빠른 속도로 전파되는데 고층건물 화재 시 1층에서 발화되었다고 가정할 때 뜨거운 고온은 부력상승작용에 의해 최고층까지 손쉽게 도달한다. 이때 기체의 속도가 높으면 높을수록 대류의 전달속도는 빨라지고 더욱 커지는데 화재현장에서 발화층보다 위에 있는 층에서 다수의 사상자가 발생하는 주요 이유가 되기도 한다. 중간에 매질 없이 열전달이 이루어지는 복사는 가장 빠른 열전달 형태로 연소되지 않은 물체의 온도변화 없이 복사체의 절대온도를 2배로 하면 두 물체 간의 복사열 증가는 16배가 되는 것으로 알려져 있다 (Stefan—Boltzmann's law).

화재현장에서 발견되는 "V" 또는 "U" 형태의 형태기하학적 연소흔적은 대류에 의해 좌우되는 경향이 크지만 전도 · 대류 · 복사는 불이라는 하나의 시스템 안에서 생성되는 것으로 삼각편대를 이루고 있다. 〈그림 1-6〉은 전도 및 대류, 복사의 역학관계를 설명한 것이다. 열전도가 우수한 냄비용기에 열이 집적되어 금속이 가열되면 내부에 담겨진 물분자의 운동에너지가 활발하게 촉진되고 뜨거운 물과 차가운 물의 순환이 반복되면서 열교란을 일으킴으로써 주변으로 열복사선을 방출하게 된다. 열공급이 계속되는 동안 대류는 지속되며 복사열은 화재가 주변으로 확산될 수 있는 지배적인 요인으로 작용하게 된다. 실무에서 화재현장의 소방관들이 화점보다는 인접한 연소물에 물을 주수하여 연소저지선을 먼저 구축하는 것은 대류와 복사열의 확산 방지를 위한 진압 기술적 성격을 담고 있다. 연소의 경계면이 이동하는 화염확산과 건물 내 · 외부 부력에 의한 압력차이, 연기 이동에 필요한 힘 등은 전도 · 대류 · 복사의 복합적 에너지가 밑바탕을 이루고 있는 것으로 열전달 속도는 전도<대류<복사의 순으로 복사열이 가장 빠르다.

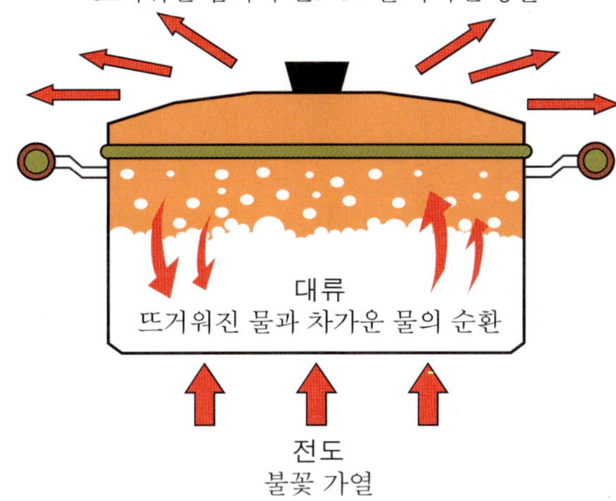

〈그림 1-6〉 전도 · 대류 · 복사 관계

　　열전달 방식 3가지 메커니즘의 이해는 화재현장 조사 시 매우 유용하게 쓰일 수 있다. 가연물의 연료–공기 조성 비율이 적당히 혼합된 상태에서 점화원에 의해 연소가 개시되면 산화제(대기에 있는 산소가 대부분) 대부분이 소모되고 연소의 지속 여부를 좌우하게 된다. 대류는 주변 산화제의 비중에 따라 크거나 작게 또는 내부 압력변화에 영향을 받는 기류의 변화로 해석되며 벽면과 천장에 남겨진 연기응축물의 형태로 흔적을 찾아볼 수 있다. 완전연소된 부분의 콘크리트와 벽돌 등은 장력이 저하되어 다른 인접지역보다 밝은 색을 띠며 그렇지 않은 부분은 미연소가스가 부착된 형태로 남게 되어 열이 확산된 경로를 확인할 수 있을 뿐만 아니라 유체의 흐름을 밝혀내는 중요한 단서로 작용한다. 화재 원인을 밝혀내기에 앞서 열이 본격적으로 확산된 열기류흐름을 읽어내는 안목은 화재의 성격을 구분짓는 중요한 척도로 작용한다.

03 연소생성물

연소생성물은 열과 화염, 연소가스, 연기를 말하는 것으로 거의 대부분의 화재 시 발생하는 반응물이다. 열과 화염은 시각적으로 확인이 가능한 측면이 많지만 열방출률이 증가하면 연소 확산되는 형태가 매우 유동적이고, 주변에 사람이 있을 경우 호흡량이 증대되며, 직접 접촉하지 않더라도 인체의 화상을 초래하는 위험성을 띠고 있다.

연소생성물의 위험성에 있어 연소가스나 연기가 차지하고 비중이 높은데, 화재현장에서 많은 사상자는 실제로 이로 인한 것으로 나타나고 있다. 선진 외국의 경우 주택용 화재경보기를 연기감지기로 대체하고 있음은 열보다 연기의 확산이 빠르다는 점에 착안한 것이다. 연기감지기는 열감지기보다 화재를 40초 이상 빠르게 감지하는 것으로 나타나 이를 통해 독성가스의 위협으로부터 벗어나고자 하는 시도가 활발하게 이루어지고 있다. 여기서는 연소생성물 중 가장 큰 비중을 차지하고 있는 연소가스와 연기에 대하여 설명하고자 한다.

Step 01 연소가스의 종류 및 특성

1 연소가스의 정의

가연물이 연소현상에 의해 기체상태로 대기 중에 부유하는 가스이며 온도가 냉각되었을 때 검은색의 그을음이나 타르 형태로 남는 것을 말한다. 연소가스의 양과 종류는 물질의 성분에 따라 다르며 산소의 공급량과 연소온도에 따라 다르게 나타난다. 연소생성물은 불완전연소 시에 공기부족에 의해 많이 발생하지만 화재가 최성기에 이르게 되면 가장 강한 독성가스가 발생하는 것으로 보고되고 있다.

② 연소가스의 위험성

연소가스의 위험성은 소량의 흡입만으로도 인체에 치명적인 손상을 초래한다는 데 있다. 더구나 연소과정에서 발생하고 있는 대다수는 독성가스이며 뜨거운 기체상태로 전면적으로 확산되는 특성이 있기 때문에 짧은 호흡으로 흡입하더라도 기도와 호흡기에 열상을 동반하기 쉽다. 피난자의 다수는 열에 의한 피해보다는 연소가스의 흡입으로 인해 발생하는데 발화장소와 관계없는 화장실, 욕실, 계단 등에서 독성가스 질식으로 미처 대피하지 못한 경우가 화재현장에서 비일비재하게 발생하기도 한다. 독성가스는 검거나 짙은 색을 지니고 있어 1차적으로 시각적인 장애를 유발한다. 심한 경우에는 한치 앞도 내다볼 수 없게 되고 이로 인해 방향감각을 상실하여 피난구를 바로 앞에 두고도 죽음에 이르는 안타까운 경우가 있다.

시각적인 장애는 사람의 심리를 극도로 위축시켜 공포심에 빠져들게 만들고 평소에 하지 않던 비이성적인 행동을 유발시키기도 한다. 또한 연소가스 흡입에 따른 생리적 장애로 호흡곤란과 신체의 경직현상 등이 발생하여 3자에 의해 구조가 되더라도 한 동안 정상생활을 유지하기 곤란하게 된다. 화재현장에서 공기호흡기를 갖춘 소방관들도 시각적인 장애와 심리적인 공포를 느끼고 있어 극도의 한계조건에서 오는 외상후 스트레스 증후군(PTSD)에 시달리기도 하는데 독성가스로 인한 전형적인 피해형태의 한 부류이다.

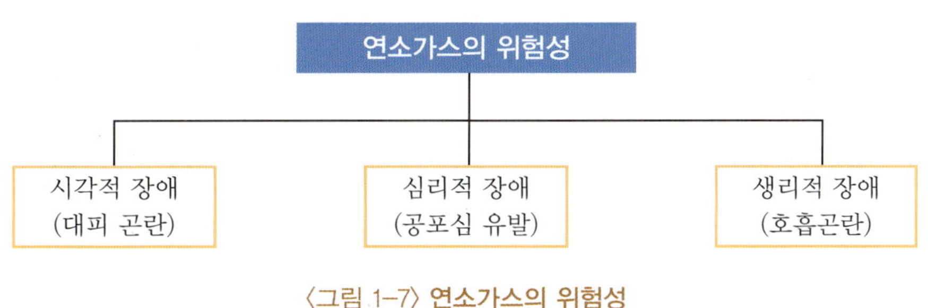

<그림 1-7> 연소가스의 위험성

③ 연소가스의 종류

물질이 연소할 때 발생하는 연소가스의 종류는 대단히 광범위하여 일률적으로 설명하기에는 한계가 있다. 합성고분자 물질의 구성은 화학적 결합형태가 복잡하고 여러 종류의 화합물이 복합된 형태로 존재하기 때문에 더욱 유해한데 천연재료인 목재만 하더라도 열분해과정에서 200여 종 이상의 연소가스가 발생하는 것으로 알려져 있다. 연소가스에는 많은 종류의 지방족 또는 방향족 탄화수소가 포함되어 있는데 연소된 부유분진 중에는 방향족 탄화수소만 200~400여 종류나 존재하며 폴리염화비닐(PVC)에는 약 70여 가지 이상의 독성가스가 발생하는 것으로 알려져 있다. 이처럼 다양한 종류의 유독가스는 연소 시 거의 동시에 발생하므로 정확한 연소원리를 규명하는 것은 매우 어려운 일이다. 보통은 불완전연소에 따른 일산화탄소가 가장 큰 위험요인이 되고 있으나 시안화수소, 아크롤레인, 포름알데히드 등도 비교적 강한 독성가스이며, 이러한 연소가스는 건축재료, 의류, 내장재 등에서 뿜어져 나오는 2차 분해생성물로 수용물의 종류와 양에 따라 다양한 형태로 생성된다.

(1) 일산화탄소(CO, Carbon Monoxide)

가스의 대명사라고 할 만큼 화재현장에서 많이 발생하는 가스이며 300℃ 이상의 열분해 시 발생한다. 산소가 부족할 경우 불완전연소로 많이 발생하는데 일산화탄소의 발생량은 산소량이 완전연소 시 화학양론의 4분의 1일 때 가장 많이 발생하고, 일반적인 경우 발생농도는 5% 이상이며, 공기와 혼합된 가스는 점화원에 의해 광범위한 영역에서 용이하게 폭발한다. 분자량이 28로 공기(분자량 29)보다 가볍고 물에 녹기 어렵지만 공기 중에서 연소하면 청색불꽃을 내고 타면서 이산화탄소가 된다.

(2) 이산화탄소(CO_2, Carbon Dioxide)

물질의 완전연소 시 생성되는 가스로 호흡속도를 증가시키고 독성가스의 흡입을 증대시키기도 한다. 질식효과가 우수해 소화약제로도 쓰이는데, 소화약제가 분사된 구역에 있다가 머리가 아프거나 어지럼증이 나타나는 것은 뇌에 순환되는 산소의 양이 적어졌기 때문으로 호흡곤란 또는 질식상태에 이르게 된다. 이산화탄소의 농도가 증가하면 산소의 농도는 감소하므로 이산화탄소가 공기 중에 20% 정도만 있으면 단시간에 사망에 이를 수 있다. 인체에 대한 허용농도는 5,000ppm이다.

〔표 1-5〕 일산화탄소와 이산화탄소의 주요 성상

구 분	일산화탄소(CO)	이산화탄소(CO_2)
성상	• 무색, 무미, 무취 가연성 기체 • 산화제 접촉 시 연소 또는 폭발함 • 폭발범위 : 12.5~74% • 녹는점 : −205℃ • 발화온도 : 608.9℃ • 비중 : 0.97(공기보다 가볍다) • 헤모글로빈과 반응하여 카복시헤모글로빈 생성, 친화력은 산소보다 270~300배 강하다.	• 무색, 무취, 불연성 · 비조연성 가스 • 기체(탄산가스), 고체(dry-ice) • 공기 중에 약 0.03% 정도 함유 • 승화점 : −78.5℃ • 비중 : 1.53(공기보다 무겁다) • 20℃에서 50기압으로 압축하면 액체가 된다.

(3) 암모니아(NH_3)

암모니아는 질소와 수소로 이루어진 화합물이다. 상온에서 눈, 코, 인후 및 폐에 큰 자극을 주는 유독성 가스로 흡입 시 점액질과 기도조직에 심한 손상을 초래한다. 타는 듯한 느낌, 기침, 숨 가쁨 등을 초래하며 냉동창고의 냉매제로 쓰이고 있어 화재 시 누출될 경우 특히 주의를 요한다. 증기는 기체에서 비중이 0.6, 발화점 651℃이며, 폭발범위는 15~28%이다. 액체상태로 1l가 누설되었을 경우 약 800l의 가스로 기화되며, 독성의 허용농도는 50ppm이다.

(4) 염화수소(HCL)

상온에서 자극적인 냄새가 나는 무색 기체로 녹는점은 −114℃이며 끓는점은 −85℃, 비중은 기체인 경우 1.268, 액체인 경우 1.265이다. 물에 잘 녹는 성질이 있어 부피로 500배, 무게로는 100g의 물에 81.31g 녹는다. 공업적으로 염소와 수소를 반응시켜 만들기도 하며 염소가 함유된 유기물에서 발생하는 경우가 많다. 폴리염화비닐(PVC) 연소 시 발생하는 가스로 대표되며 자극성이 아주 강하기 때문에 눈과 호흡기에 영향을 미친다.

(5) 아황산가스(SO_2)

이산화황이라고도 하며 유황이 함유된 물질이 연소할 때 발생한다. 분자량이 64로 공기보다 무겁고 무색이며, 자극성 냄새가 있다. 녹는점은 −75.5℃, 끓는점은 −10℃이며, 독성이 강해 공기 중에 0.003% 이상이 되면 식물이 죽고 0.012% 이상이 되면 인체에 치명적인 손상을 초래한다.

화재로 발생하는 아황산가스는 대기상에도 큰 피해를 준다. 1952년 영국 런던에서는 7일간 계속된 높은 습도와 정체된 기단으로 인한 스모그가 발생하여 호흡장애와 질식으로 약 4천 명 이상의 사망자가 발생하였다. 이 '런던 스모그 사건'은 바로 아황산가스에 의한 대기오염 피해 사건으로 알려져 있다.

(6) 아크롤레인($CH_2=CHCH$)

무색의 액체로 자극성 냄새가 있고 점막에 손상을 주는 것으로 아크릴알데히드라고도 한다. 석유제품 또는 유지류 등이 탈 때 발생하고 맹독성이기 때문에 1ppm 정도의 농도만 있어도 견디기 힘들며 10ppm 이상에서는 대다수 사망에 이르게 된다.

(7) 포스겐($COCl_2$)

사염화탄소로 알려진 물질로 특유의 냄새가 나는 무색 액체이다. 분자량 153.82, 녹는점은 −22.86℃이고 비중은 1.542로 공기보다 무겁다. 포스겐가스는 2차 세계대전 당시 독일군이 유태인 대량학살에 사용했을 만큼 살상력이 크다. 이 가스는 인체 피부를 목표로 하는데 피부에 닿았을 때 수포와 물집이 생기며, 포스겐 속의 화학물질과 세포 속의 물이 반응하여 몸속에서 염산을 만들어 대부분 사망에 이르게 하는 것으로 알려져 있다.

(8)시안화수소(HCN)

청산가스로 널리 알려진 물질로 상온에서 무색이며, 수용성의 액체로 비중 0.69, 증기밀도 0.9, 인화점 −17.8℃, 발화점 537℃이다. 폭발범위는 6~41%이며 휘발성 액체로 고열물체, 불꽃 등에 의해 연소한다. 나일론, 폴리아크릴니트릴 등 여러 가지 질소가 함유된 고분자물질을 연소시키면 일산화탄소에 비해 오히려 독성이 큰 것으로 나타나기도 한다. 특히 수분이 2% 이상 포함되어 있거나 알칼리 등이 포함되어 있으면 폭발할 우려가 크다.

(9) 질소산화물(NO, NO₂)

질소산화물은 일산화질소와 이산화질소를 포함한 총칭으로 NOx라고도 한다. 일산화질소는 연소 시 가연물 중의 질소분자 또는 공기 중의 질소와 산소가 반응하여 발생한다. 이산화질소는 일산화질소가 공기 중의 산소와 2차적으로 반응하여 생긴다. 질소산화물은 보통 직물류, 셀룰로오스, 셀룰로이드 등과 같은 질소를 함유한 고분자물질에서 많이 발생하며 특히 공기가 충분하여 완전연소에 가까운 상태가 되면 발생할 확률이 크다.

(10) 포름알데히드(HCHO)

자극성 냄새가 있는 무색의 기체로 액체에 대한 비중이 0.815, 녹는점은 −92℃, 발화온도는 300℃이다. 모든 유기화합물에서 발생할 수 있지만 물질의 분자구조에 따라 발생량은 차이가 있다. 폴리에틸렌, 폴리프로필렌, 셀룰로오스 등에서 많이 발생하며 강한 산화제 및 알칼리 물질과 접촉하면 연소가 개시된다.

Step 02 | 연기의 생성과 이동

연기란 물질이 연소할 때 공기 중에 부유하고 있는 고체·액체 미립자 및 가스의 복잡한 혼합물로 설명할 수 있다. 고체 또는 액체상 미립자는 가연성 가스에서 유리된 탄소입자와 검댕 상태의 매연, 미연소물질의 응축액, 물방울 입자 등이 공기 중에 부유하거나 확산되어 있는 상태를 말한다. 좁은 의미로는 연소되는 물질로부터 눈으로 식별이 가능한 가시성 휘발생성물이라고도 한다. 연기 중의 미립자 크기는 보통 0.01~10㎛ 정도이며 연기는 모든 화재에서 발생한다고 할 수 있다. 연기의 발생은 피난자의 가시도를 떨어뜨리고 피난상 장애요소로 작용하기 때문에 항상 문제가 되고 있다. 화재로 인해 연소가 개시되면 실내의 산소가 점차 소비되고 그 농도는 시간이 경과하면서 매우 희박해지기 마련이다. 산소가 한꺼번에 많은 양이 소비되지는 않지만 서서히 산소결핍상태에 이르게 되고 물질이 불완전연소 하면 유독가스와 연기의 양이 증가하여 피난자의 신경세포 활동을 저하시켜 재생불능 상태에 이르게까지 하는 것이다. 일반적으로 산소의 농도가 15% 이하이거나 일산화탄소가 50ppm 이상, 시안화수소가 10ppm 이상인 경우에는 치명적이며 의식불명 상태에 도달하게 된다.

❶ 연기의 생성

연기는 화재의 성격에 따라 그리고 연소시간에 따라 그 종류가 매우 다양한 것으로 나타난다. 또한 재료의 열분해 성질에 따라서도 다양하게 나타나는데 탄소수가 많은 연료는 심한 흑연을 동반하는 경우가 많고, 액체계의 연기는 특유의 냄새와 독성을 지니고 있는 것이 많다.

연료분자가 화염 중에서 탈수소와 동시에 중합을 반복하면서 탄소가 많은 물질을 배출하고 이것이 화염 밖으로 나와서 성장하는 것이 그을음이다. 화염 속에서 탄소고분자는 입경이 대략 300Å 정도의 구형이며 그 수가 적거나 공기공급이 많은 상황에서는 화염 내부에서 산화 소실되므로 밖으로 나오지 못한다. 그러나 탄소를 많이 포함한 물질은 생성되는 유리탄소량이 많아 산화하지 못하므로 화염 밖으로 배출된다. 액체 또는 고체 미립자계에서 연기가 문제되는 것은 연기로 인한 피난곤란과 소화에 종사하는 소방관의 활동장애, 질식 등 생리적인 영향과 시계불량으로 행동범위가 좁아지는 등의 악영향을 미치기 때문이다. 이러한 연기는 화재 시 뜨거운 열 기류(열 기운)로 인해 형성되는데 대체로 다음과 같이 3가지로 설명하고 있다.

❶ 연소 중인 물체에 의하여 발산되는 뜨거운 증기와 가스
❷ 미연소 분해물과 응결체
❸ 솟아오르는 화염기둥에 휩싸이거나 가열된 공기의 양

대부분의 화재를 둘러싸고 있으며, 연기라고 불리는 열 기류는 이상 3가지가 잘 혼합되어 이루어지는 것으로 가스, 증기 및 분산된 고체 입자들로 구성되어 있다.

화재에서 고체 가연물의 연소는 대개 인접한 연소물에 의해 그 고체 가연물의 가열을 수반하며 이때 뜨거운 가연성 증기가 주변으로 확산된다. 이 증기는 형성된 불 위의 화염으로 뜨거운 연기의 가스가 솟아나는데 화염과 가스의 밀도는 차가운 주변 공기보다 낮기 때문에 위쪽으로 상방향 운동을 일으킨다. 그 결과 주변의 공기는 상승하는 유체의 흐름에 휩싸여 그 가스와 섞이게 되는 것이다.

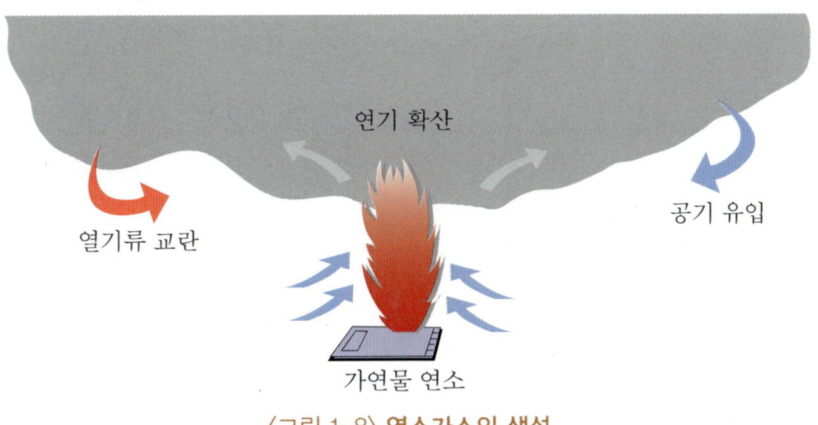

〈그림 1-8〉 **연소가스의 생성**

상승공기의 일부는 연소되는 연료에 의해 가스의 연소에 필요한 산소를 공급하여 화염이 지속적으로 생기게 된다. 그러나 화염의 온도가 그리 높지 않고 그 속에 산소가 완전히 혼입되지 않는다면 이 가스는 불완전하여 연기의 그을음을 형성하는 고체 입자들로 남게 된다. 상승하는 뜨거운 가스의 기둥은 소용돌이치거나 와류를 형성하기 때문에 연료가스를 연소시키는 것보다 더 많은 공기를 함유하고 있으며, 주변의 공기가 이미 가열되어 있고 연소과정에서 생기는 뜨거운 연기와 잘 혼합되어 있으므로 화염과 불은 불가분의 관계를 형성한다. 한 연구에 의하면 화재로 상승되는 전체 공기량에 비하여 연료가스의 양은 비교적 적기 때문에 화재로 인한 연기의 생성률은 대략 뜨거운 가스와 화염의 상승기둥에 의하여 휘말려 올라가는 비율과 같은 것으로 측정되었는데 공기가 휘말려 올라가는 비율은 다음 요소에 의한 것으로 나타나고 있다.

❶ 불의 둘레
❷ 불에 의한 방출열
❸ 불 위에 있는 뜨거운 가스기둥의 실질적 높이(바닥으로부터 천장 아래에서 형성되는 연기와 뜨거운 가스층의 하부까지의 거리)

❷ 연기와 보행속도

연기의 속도는 수평방향으로 약 0.5m/sec 정도로 인간이 보행속도(1~1.2m/sec)보다 늦다. 그러나 계단실 등에서의 수직방향은 화재 초기상태의 연기일지라도 1.5m/sec 정도로서 상당히 빠른 속도를 가지고 있다. 이것은 동일 층에서 화재가 발생한 경우 수평방향을 통한 대피가 가장 효과적이며 직상층을 통한 대피는 불가피한 경우를 제외하고는 권장할 만한 사항이 아님을 의미하는 것이기도 하다.

연기 속의 보행속도는 복도와 실내의 밝기, 건물 내의 숙지도 외에 연기 농도와 연기가 눈을 자극하는 정도에 따라 좌우된다. 실험에 의하면 무자극성 연기 속에서 보행속도는 연기 농도에 거의 반비례하여 늦어지는 데 반해 자극성이 강한 연기 속에서는 연기 농도가 어느 정도 이상이면 보행속도가 급격하게 저하되는 것으로 측정되었다. 특히 발밑과 벽면이 보이지 않을 정도가 되면 보행속도가 현저하게 늦어져 불특정 다수자가 운집한 곳에서는 정신적 공황(Panic)상태에 빠질 위험이 크다. 따라서 피난 시에는 어느 정도 빛이 필요하다. 정전상태로 연기가 있더라도 건물 내부 피난동선에 익숙한 유도자(건물내 관계자 및 종업원 등)가 있는 경우에는 극히 사소한 조명 빛(1 Lux 정도)만 있어도 피난상 장애가 줄어드는 것으로 나타났다.

❸ 연기의 이동

화재에 의해 발생한 연기는 화재 초기에 피난행동과 소화활동에 커다란 장애가 되기 때문에 그 이동현상과 타 지역으로의 확대상황을 충분하게 파악해 둘 필요가 있다. 출화지점에서

발생한 연기는 열분해 가스류와 함께 먼저 실내 천장에 도달하고 점차 증가한 열기류가 응축되어 천장 상부에 층류를 이루어 사방으로 확대되어 간다. 열기류가 벽면과 접촉하면 하강하기 시작하여 결국에는 실내 전체가 열과 연기로 충만하게 된다. 이때 실내 한쪽으로 개구부가 있다면 상부에 있던 열기류는 또 다른 구역(옥외)으로 확대되는 것이다. 유출되는 열기류 하부 쪽으로는 또 다른 공기가 유입되면서 연소가 지속되고 종국에는 실내공간 전체에 연기층이 두꺼워져 연기농도와 실내온도가 지속적으로 상승한다.

연기를 이동시키는 힘은 굴뚝효과와 부력, 팽창, 바람 그리고 공기조화시스템(HVAC)으로 설명할 수 있다.

(1) 굴뚝효과(Stack effect)

고층건물 내부의 온도가 건물 외부 바깥쪽 온도보다 더 높고, 밀도가 낮을 때 건물 내의 공기는 중력(重力) 반대방향의 힘인 부력을 받아 계단, 벽, 승강기 등을 통해 상층으로 이동하는데 이를 굴뚝효과라고 한다. 건물 바깥쪽의 온도가 빌딩 내의 온도보다 높을 때에는 건물 내에서 공기가 하향으로 이동하며 이러한 공기흐름은 역굴뚝효과라고 한다. 굴뚝효과나 역굴뚝효과는 밀도나 온도 차이에 의한 압력차에 기인한다. 일반적으로 굴뚝효과는 고층건물에서 종종 발생하며 다른 층으로의 연기이동을 수월하게 한다.

(2) 부력(浮力, Buoyancy)

화재에 의해 생성된 높은 온도의 연기는 밀도의 감소에 따른 부력을 지니고 있다. 연기는 화재구역과 그 주위 지역 사이의 압력차에 의한 부력에 의해 이동한다. 화재구역의 천장에 누출 통로가 있는 경우 이 압력차에 의한 부력은 화재가 발생한 층으로부터 그 위층까지 화재를 이동시킬 수 있다. 또한 이 압력은 연기를 화재구역의 출입구 주위나 벽의 누출 부위를 통해 연기를 이동시키는데 화염으로부터 연기가 이동할 때 온도강하는 열전달과 희석작용에 기인하기도 한다. 그러므로 부력효과는 화염으로부터 거리가 멀어질수록 감소하게 된다.

(3) 팽창(膨脹, Expansion)

부력과 더불어 화재에 의해 방출되는 에너지는 팽창에 의한 공기이동을 유발시킨다. 한 개의 개구부가 존재하더라도 화재구역에 있어서 건물 내의 찬 공기는 화재구역 안으로 이동하며 뜨거운 연기는 화재구역 밖으로 배출된다. 일반적으로 건물 내 발화지점 주변에는 열려 있는 문이나 창문이 존재하며 화재구역에서 개구부 사이의 압력차는 무시된다.

(4) 바람(Wind)

많은 경우 바람은 건물 내에서 연기를 이동시키는 큰 힘으로 작용한다. 바람의 영향은 기밀하지 못한 건물이나 창, 출입구가 많은 빌딩 등에서 더욱 중요하다. 만일 창문이 화재구역에서 바람부는 반대방향에 위치한다면 바람에 의한 부압에 의해 연기는 화재구역으로부터 배출되므로 건물 내의 연기이동을 크게 감소시킬 수 있다. 그러나 만약 깨어진 창문이 바람부는 방향에 있다면 화재가 발생한 층에서 다른 층으로 빠르게 확산되며 이동하게 된다. 이 경우 건물 내 근무자나 화재진압을 하는 소방관 모두를 위험하게 만들 수 있다. 바람에 의한 압력은 상대적으로 커서 건물 내의 공기 흐름을 쉽게 주도할 수 있다. 따라서 화재가 진행 중인 곳에서 창문을 파괴하는 것은 큰 피해를 초래할 수 있다.

(5) 공기조화시스템(Heating Ventilation Air Conditioning)

HVAC시스템은 종종 고층건물 화재 시 연기를 전달하는 역할을 한다. 화재 초기단계에서 화재검출에 도움을 주기도 하는데 사람들이 있는 공간으로 연기를 전달함으로써 사람들이 발빠르게 대처할 수 있는 시간을 주기도 한다. 그러나 화재가 상당히 진행할 경우 HVAC시스템은 화재구역으로 공기를 제공하여 연소를 촉진시키고 이 연기를 다른 지역으로 전달하여 건물 내 모든 사람들을 위협하기도 한다. 이러한 이유로 화재 발생 시 HVAC시스템은 그 기능이 정지되도록 해야 한다.

Step 03 인간의 피난행동 특성

화재발생은 사람의 과실에 기인하는 측면이 대부분인 것으로 나타나고 있다. 담뱃불의 취급 부주의, 가스난로나 가스레인지 등 화기취급상 부주의, 전기기구의 취급 부주의 등 작은 부주의로 인해 재산상의 손실은 물론 자칫 인명피해로 이어지는 화재가 우리의 주변에서 늘 반복적으로 일어나고 있다.

화재와 관련된 인간의 행동특성은 열과 연기에 대한 거부반응으로 설명할 수 있다. 의도된 것이든 의도하지 않은 것이든 간에 인간의 심리는 경계 또는 위험상황으로부터 탈출이라는 현실도피를 꾀하고 있는 것이다. 화재가 발생하면 우선 안전하다고 판단되는 방향으로 즉시 이동하려는 본능이 선행되는데 여기에는 개인의 체력정도와 화재에 대한 훈련의 숙련 정도가 큰 비중을 차지한다. 피난자가 건물 내부 사정을 잘 알고 있고 적절한 훈련을 받은 경우라면 쉽게 대피할 수 있지만, 집단 내부의 주변행동들 즉, 대중 앞에 누군가 나서서 피난방법을 제시하거나 습관적으로 출입구 쪽으로 달려가게 되면 내부 사정을 모르고 있는 다수의 대중은 그를 따라 맹목적으로 행동하게 된다. 다수의 대중이 모인 장소에서 대부분의 사상자가 노약자, 어린이, 여자 순으로 나타나는 것은 일거에 한쪽으로 탈출하려는 급박한 군중심리가 빚어낸 결과로 서로 먼저 나가려고 몸부림치다가 일어난 사고이다.

지금까지 알려진 인간의 행동특성에 대한 연구는 생존자들의 증언과 목격자 진술, 화재진압에 참여한 소방관의 인명구조 발생경위 등을 참작하여 진행되어 왔는데 주요 특성을 살펴보면 다음과 같다.

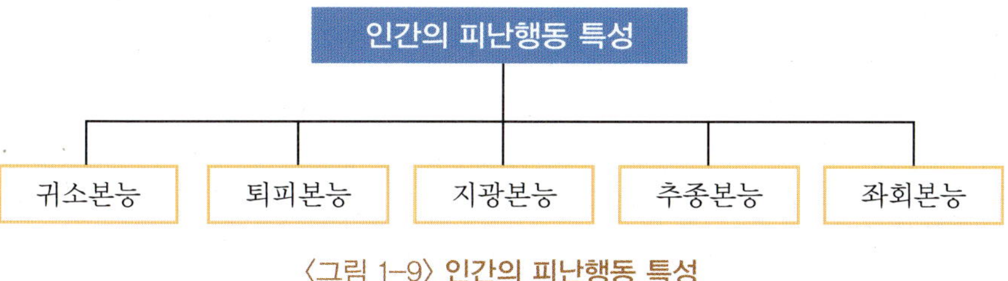

〈그림 1-9〉 인간의 피난행동 특성

1 귀소본능(歸巢本能)

화재와 같이 급박한 상황이 전개되면 피난자는 이성적인 생각과 행동을 통제할 능력을 상실하여 평소와 다른 행동양상을 보이게 된다. 또한 평상시에는 상상하기 힘든 일을 하기도 하는데 두꺼운 유리창을 주먹으로 한 번에 파괴한다든지 고층건물에서 뛰어내리는 등의 돌출행동이 그것이다. 귀소본능은 이처럼 무의식적으로 행동하는 경향을 지니고 있다. 평상시 사용하던 출입구와 보행동선을 따라 움직이는 것으로 내부 사정을 잘 알고 있는 사람들의 특성에서도 많이 나타난다. 그러나 간혹 무사히 피난했음에도 불구하고 다시 건물 안으로 뛰어 들어가려는 경향도 나타난다. 이러한 행동은 건물 안에 어린이나 노약자 등 자신과 관련된 사람이 아직 내부에 있다는 사실을 밖으로 탈출한 후 알게 되었거나 현금, 귀금속류 등을 미처 들고 나오지 못한 것을 깨닫게 되었을 때 나타난다. 소방관이나 경찰관 등 현장을 통제하는 전문요원이 없다면 이러한 사람은 다시 화염 속으로 뛰어들게 되며 이러한 경우 다시 빠져나오지 못하고 치명적인 사상을 당하고 만다.

쉬어가기 — 들어가면 안 되는데...(귀소본능)

주부 B씨는 아침 식사 후 설거지를 하고 있었는데 아이들이 놀고 있는 방에서 "불이야"라는 소리가 나서 달려가 보니 아이들 책상 아래서 불길이 솟고 있었다. B씨는 급히 아이들을 밖으로 내보내고 화장실로 달려가 바가지에 물을 담아서 방안에 물을 뿌렸으나 불길은 이미 책상 주변에 있는 공책과 아이들 침대로 옮겨 붙었고 메케한 연기가 방을 가득 메웠다. 주부 B씨는 필사적으로 불을 끄려 하였지만 유독가스에 견디다 못해 뛰쳐나왔다.
그러나 잠시 후 무슨 이유였는지 B씨는 다시 집안으로 들어갔는데 소방대가 도착했을 때 B씨는 집안에서 밖으로 나오다가 현관 입구에서 쓰러진 채 발견되었다. B씨의 치마폭에서는 금반지 등 귀금속과 현금 그리고 몇 개의 저금통장이 담겨 있었다.

② 퇴피본능(退避本能)

화재로 발생한 화염과 열 그리고 연기를 피해 발화지점으로부터 멀리 피하려는 본능이다. 화재 초기에는 몇몇 사람들이 힘을 합쳐서 화세를 제압하려고 하지만 일단 활성화된 불길이 걷잡을 수 없게 확산되면 뿔뿔이 흩어지는 행동으로 나타난다. 만약 퇴로가 차단되었다면 감당하기 어려운 공포가 엄습하여 온도가 낮고 비교적 오염이 적은 공간인 책상 밑, 화장실, 창문 주변으로 몸을 낮게 움츠리는 행동을 보인다. 이러한 장소는 화재현장에서 가정용 애완동물인 강아지나 고양이 등이 질식상태로 발견되기도 하는 곳으로 열과 연기가 가장 늦게 전파된 곳이라는 추론을 가능케 해주는 요인이기도 하다.

③ 지광본능(指光本能)

사람의 신경계는 보고, 느끼고, 듣고, 맡아보고, 생각하는 등의 능력이 우수한 것으로 알려져 있다. 이 가운데 사람이 가장 답답해하고 공포를 느끼는 신경계는 한치 앞도 내다볼 수 없는 암흑공간에서 오는 두려움이다. 화재가 지속적으로 발전하면 건물 내부 정전사태가 일어나고 동시에 검은 흑연이 공간 전체를 잠식하여 피난자의 방향감각 상실을 불러오게 된다. 이때 어느 한 곳에서 조그만 불빛이라도 발견되면 방향성 없이 피난자가 쫓아가려는 본능이다. 최근에는 개인 휴대폰의 발달로 어두운 곳에서 휴대폰 불빛을 이용한 피난방법이 이용되기도 하는데 이또한 지광본능의 유형이다.

> **쉬어가기**　현장에서 확인되는 지광본능
>
> 새벽 3시경 복합건물 3층 만화방에서 화재가 발생하였는데 만화방에서 탈출한 5명의 손님들이 4층 복도 끝에서 서로 뒤엉킨 채로 사망을 하였다. 그곳은 피난구가 있는 곳도 아니었으며 5명 모두가 서로 알고 지내는 사이도 아닌 것으로 조사가 되었는데 왜 그곳에서 사망했을까?
>
> 소방의 화재조사관은 주변을 둘러본 후 그 원인을 밝혀냈다.
>
> 4층 복도 끝은 유리창으로 되어 있었는데 유리창 밖으로 커다란 가로등이 있다는 점에 주목하였다. 새벽녘 컴컴한 건물 안에서 보면 유리창을 통해 들어오는 가로등 불빛 때문에 마치 피난구처럼 인식되어 누구나 그쪽으로 달려갈 수밖에 없었다는 것이다.

④ 추종본능(追從本能)

　집단행동의 특성 가운데 주장이나 생각이 분명한 사람이 앞장을 서게 되면 다수의 추종자들이 생기게 마련이다. 화재와 관련하여 이러한 집단특성은 구성원들끼리 잘 알고 있거나 또는 서로 모르는 사이의 집단이거나 행동에 큰 차이가 없다. 일단 화재사고는 생명을 담보로 불과 맞서야 하는 생존경쟁이기 때문이다. 굳이 말을 하지 않더라도 피난구를 향해 탈출하려고 최초에 행동을 옮긴 사람이 있다면 무의식 속에 부화뇌동(附和雷同)하려는 집단행동 본능이 나타나기도 한다. 추종본능의 위험성은 많은 인원이 한곳으로 집중하는 경향이 있어 화재로 인한 피해보다는 무질서에서 오는 짓밟힘, 넘어짐, 깨어짐 등의 피해가 막심하게 나타나고 있다. 대중이 모여 있는 장소에서 앞서가던 한 사람이 넘어지게 되면 뒤따르던 많은 인원도 한꺼번에 넘어짐으로써 사고가 대형화하기 쉽다. 나이가 어릴수록 단순하여 추종자를 쫓아가려는 이러한 행동반응이 크게 나타난다.

　화재실에 사람이 없는데도 불구하고 확인되지 않은 불확실한 정보를 가지고 소방관들을 곤경에 빠뜨리는 경우도 있다. 화재현장에서 관계자가 화재실 안에 사람이 있을 것 같다고 증언한 경우 대부분의 소방관들은 위험을 무릅쓰고 화재실 안으로 진입하여 생사확인을 감행하는데 이는 화재현장에 난무하는 온갖 억측을 확인하려는 추종본능의 범주에 속한다.

쉬어가기　11명이 압사당한 사고

2005년 10월, ##시 공설운동장에서 가요콘서트가 개최되기로 예정되어 있었다. 그러나 개최 당일 2만여 명이란 대규모 관람객이 운집하였음에도 불구하고 출입문은 1개만 개방할 예정이어서 모든 관람객이 한쪽으로 몰려 있을 수밖에 없는 상황이 되어 버렸다. 결국 끊임없이 몰려드는 인원에 철재 출입문이 휘고 있었으며 문이 채 1미터도 열리기 전에 사람들이 봇물 터지듯이 운동장 안으로 밀려들었다. 이때 앞에 있던 할머니 한 분이 몇 걸음 걷지도 못하고 넘어지자 사람들이 겹겹이 넘어지기 시작하였다.

이날 사고로 11명이 압사를 당하고 90여 명이 부상을 입었다. 생존자인 한 여고생의 증언에 의하면 "내 위 아래로 7~8명이 쌓여 있었는데 숨을 쉴 수가 없었다. 이렇게 죽는구나 생각했다."라고 하였다.

5 좌회본능(左回本能)

표현대로 좌측으로 돌아가려는 행동특성이다. 우리가 일상생활에서 느끼지 못하는 부분이지만 운동회 때 트랙을 달리는 방향과 스케이트를 타고 빙판을 도는 방향 등은 모두 시계 반대방향인 좌측으로 돌고 있다. 이러한 이유는 사람의 심장이 왼쪽에 있기 때문이라는 설과 오른손잡이들이 많기 때문이라는 설 등이 있으나 확실하게 증명된 바는 아직까지 없다. 그러나 복도에서 사람끼리 마주친 경우 별 생각없이 좌측통행 또는 좌회전하려는 행동특성은 화재 시 행동에도 자연스럽게 영향을 미치는 것으로 나타나고 있다.

보충학습 | 패닉(Panic)현상

패닉현상은 화재현장에서 일어나는 극심한 혼란상황을 나타내는 말로 사용하는데, 패닉의 원인으로는 연기에 의한 시계제한, 유독가스에 의한 호흡장애, 외부단절에 의한 고립감 등을 들수 있다. 패닉현상이 발생하면 화염과 연기에 대한 공포감으로 발화의 반대방향으로 이동하기도 하며, 화재 시 최초 행동자를 따라 전체가 맹목적으로 움직이는 현상을 초래하여 많은 희생자가 발생하기도 한다. 패닉현상은 소방관에게 발생하기도 하는데 고온의 열기와 유독가스, 산소결핍 등으로 판단력이 저하되면 위험한 상황을 맞기도 한다.

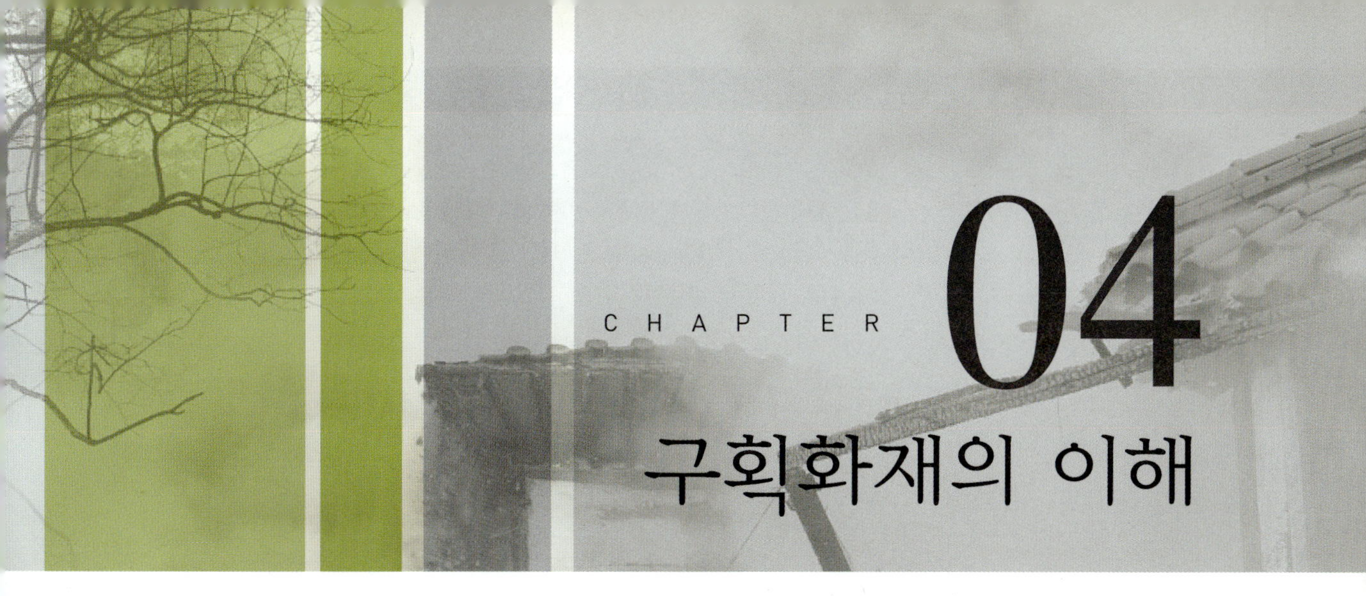

　구획화재(Compartment Fire)란 건물 내부에 구획된 공간에서 발생한 화재를 총칭한다. 가령 주택 내부구조가 방과 거실, 주방, 화장실 등으로 구획되어 있더라도 하나의 주택이란 공간에 존재한다면 구획화재의 적용을 받는다. 또한 복합건물은 다수의 관계자에게 사용권이 있더라도 역시 구획화재에 해당한다고 볼 수 있다. 화재가 성장하는 배경에는 발화원과 화염확산, 연소속도 등이 크게 작용하는데 아주 작은 화재라도 구획된 공간의 동선과 물건 배열상태 등에 따라 연기와 열기류는 영향을 받게 되며 이에 따라 똑같은 주택화재일지라도 그 성상은 매우 다양한 형태로 나타난다. 구획화재의 올바른 이해는 화재가 성장하게 된 배경과 요소, 인명피해 발생경위, 그리고 불완전연소에 이르게 되었다면 그 전환요인 등에 대해 보다 쉽게 응용할 수 있는 방법에 대하여 가깝게 접근할 수 있게 된다.

Step 01 ㅣ 불꽃의 생성

　가연물이 연소할 때 생성되는 열을 고온의 가스기둥(Plume) 또는 화염 및 연기기둥이라고도 한다. 불꽃의 생성은 타고 있는 가연물의 밑바닥 부근에서 차가운 공기를 유입시키고 차가운 공기는 또다시 고온 공기에 휩싸여 바닥 위의 불꽃으로 모아진다. 이러한 반응은 가연물이 완전히 연소될 때까지 반복적으로 진행되며 주변에 또 다른 가연물이 있다면 복사열에 의해 주변으로 용이하게 연소확산이 증대될 것이다.

　고온의 열기류는 구획된 공간의 천장과 벽에 의해 제한을 받기 전까지 수직적으로 계속 상승한다. 열기류가 계속 상승하여 천장과 부딪히면 연기층과 가스층이 두껍게 형성되며 이 열기류는 주변 공기보다 온도가 높기 때문에 가스의 상향력에 의해 상승기류가 지속되는 것이다.

불꽃이 생성되어 주변으로 확산되는 연소가스의 부양성은 열에너지가 형성된 수직면 위에 집중되어 발화지점보다는 출화부에서 열의 활동영역이 매우 빠르고 왕성해짐을 나타낸다. 수직방향으로 분해가스가 확산되면서 빠르게 상승하고 옆면과 밑면으로는 완만하게 진행되는데 이것은 대류의 영향력 때문이며, 비율적으로 수평으로 1, 상방향 20, 하방향 0.3으로 나타난다. 상방향 대비 하방향을 보면 비율적으로 66.7배 이상 빠르게 상방향으로 불꽃이 빨리 확산된다는 것을 의미함을 알 수 있다.

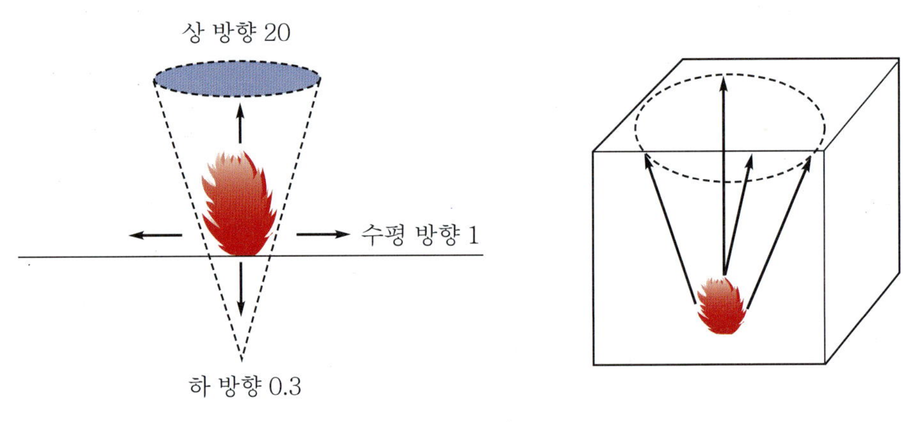

〈그림 1-10〉 **연소속도 비율**

연소속도의 비율은 이처럼 상방향으로 급속하게 전파되는데 가스레인지 불꽃에 가연물이 착화된 경우 초당 20cm 이상 위쪽으로 확산된다는 실험보고도 있다. 플라스틱 쓰레기통이 연소된 경우를 살펴보면 연소속도의 비율을 좀 더 구체적으로 확인할 수 있다. 담뱃불이나 촛불 등을 이용하여 쓰레기통 속의 휴지조각에 착화시킬 경우 시간이 경과하면서 플라스틱 외함이 용융되며 주변으로 열을 방출하지만 쓰레기통 바닥면의 잔해는 휴지조각 또는 플라스틱의 용융된 찌꺼기 등이 응고된 상태로 남아 있게 된다. 위쪽 방향으로 66.7배 이상 열기가 확산되는 동안 하방으로 미치는 열의 힘은 매우 미약함을 상대적으로 관찰할 수 있는 것이다.

보충학습　플라스틱 쓰레기통 바닥면이 타지 않고 남는 이유

플라스틱 쓰레기통에서 화재가 발생하는 대다수의 이유는 담배꽁초 취급 부주의에서 비롯되고 있다.
플라스틱 쓰레기통에서 발화되어 구획된 공간 전체로 불이 번지더라도 쓰레기통의 바닥면은 남아있는데 주요 이유는 첫째, 연소속도의 비율에 기인한다. 하방향의 연소속도가 상방향보다 상대적으로 66.7배 늦기 때문에 열의 이동이 늦고 둘째, 바닥면에 남겨진 탄화물의 퇴적으로 산소유입이 차단되거나 극히 적게 유입되어 불완전연소에 가까운 연소반응을 보이기 때문이다.

한편 천장면과 접촉한 불꽃은 공기가 지속적으로 유입됨에 따라 넘실거리며(와류 영향) 순식간에 천장면을 가로질러 멀리 확산될 수 있는데 발화지점보다 천장면이 넓게 많이 손상되는 이유가 여기에 있는 것이다.

⟨그림 1-11⟩ 발화지점 위 천장면에 형성된 연소형태

보충학습 ┃ 천장면이 화재발생 시 가장 먼저 손상받는 이유

화재에 의해 뜨거워진 고온층은 계속 성장하면서 화염을 왜곡시키고 불안정한 상태의 난류화염으로 변해 열교란을 일으킨다. 열에 의해 물질이 연소하면 뜨거운 열기류가 형성되며 뜨거워진 기체는 팽창되어 부력 상승작용에 의해 공간을 따라서 전면적으로 확산하게 된다. 부력은 밀도 차이에 의해 유체가 상승하는 힘으로 천장면을 따라 구석구석 전면적으로 빠르게 확산되는 특징이 있다. 천장면이 열에 의해 가장 먼저 손상 받는 이유가 바로 이 때문이다. 난류화염으로 성장하게 되면 연소물의 연소속도, 연기 배출량, 개구부의 크기, 화재하중 등 복합적 요인이 작용하여 최성기에 이르게 된다.

Step 02 ┃ 화염의 전파

화재가 성장한다는 것은 발화원의 증대를 말하는 경우도 있으나, 넓은 의미에서 발화지점 주변 가연물로의 연소 확산되는 화염의 전파를 주로 나타낸다. 쉽게 표현하자면 얼마나 빠른 속도로 화염이 옮겨갈 수 있는가 하는 말로 대신할 수 있다. 구획화재의 특징은 방화와 같이 특별한 경우를 제외하면 가연성 고체에서 발화가 일어나는 경우가 가장 많다. 대표적으로 음식물 조리중에 일어나는 화재와 전열기기, 전기배선, 담뱃불 등 고체 가연물에서의 발화가 문제된다. 고체 가연물에 대한 환경적 인자로는 대기의 조성상태, 대기압의 조절과 통제가 관건이 되는 경우가 있다. 물과 습기의 체류상태나 건조도 등은 가연물이 연소되는 증발 영역에 영향을 끼치는데 평소보다 물기의 농도가 많다면 발화는 쉽게 일어나지 않을 것이며 발화가 되더라도 그 힘이 미미하여 곧 소화될 가능성이 클 것이다. 물리적인 인자로는 발화원의 초기 온도와 착화물의 두께, 부피, 열전도도 등에 의해 크게 좌우될 것이다.

화염의 전파는 발화된 에너지가 미연소된 구역을 향해 점진적 또는 급진적으로 돌진해 가는 과정이라고 인식할 수 있으며 돌진과정에서 발생하는 화학적 연료의 조성문제와 물리적·환경적 인자들이 연소에 도움을 주거나 방해하는 요인으로 작용한다고 인식할 수 있다.

화재조사와 관련된 것으로 화염의 전파는 발화지점을 축소시키는 문제와 관련이 깊다. 구획화재의 특성은 내장재의 성능, 방화구획의 확정, 수직 통로 등 건물 단면에 따라 화재가 발생한 곳만 연소하도록 최소화시키는 것이 최선이지만 기밀성이 취약한 건물이나 목조주택, 가건물 등은 옥외 출화할 가능성이 매우 높다. 설령 내화조나 벽돌조 구조의 건물일지라도 창문이 개방되어 있거나 너무 조밀한 구조로 밀집되어 있다면 비화할 가능성이 크게 잠재되어 있다고 볼 수 있다. 주택밀집지역이나 비닐하우스단지 같이 단위면적이 넓고 협소한 구역에서는 발화지점보다 주변에 더 큰 피해를 낳는 결과를 초래하기 한다.

〈그림 1-12〉는 발화지점으로부터 확산된 화염의 전파형태를 나타낸 것이다. 화염면의 앞에 존재하고 있는 미연소의 가연성 혼합기가 이미 연소에 의하여 발생한 연소가스의 열팽창 때문에 전방으로 밀려나므로 화염은 이동하고 있는 미연소의 가연성 혼합기 속을 전파하는 것으로 알려지고 있다.

화염 전파는 횡방향보다 종방향으로 빠르게 확산되며 종의 방향성은 상승연소와 하강연소로 구분된다. 예를 들어 건물 2층에서 발화된 경우 화염은 계단, 벽면, 출입문 등을 통해 1층의 공기를 오염시키고 열팽장의 승가에 따라 1층과 2층에 대한 선년석인 화재양상을 일으키게 된다. 화염의 확산은 개구부를 통해 외부 공기의 유입과 내부 공기의 유출현상이 반복적으로 진행되는 과정으로, 이웃한 건물이 가까이 있다면 손쉽게 연소확산을 초래한다.

화염의 전파는 곧 연소의 이동경로를 알려주는 지표이며 발화지점을 규명하는 토대로 쓰인다. 내·외부 연소형태를 정확하게 읽어내는 능력과 화재조사과정의 원인규명 절차는 화염의 경계면이 이동된 흔적과 미연소된 부분과의 상관관계를 판별하여 논리구성을 엮어내는 과정에 있으며, 화재조사의 성패를 좌우할 만큼 비중이 높다 할 것이다.

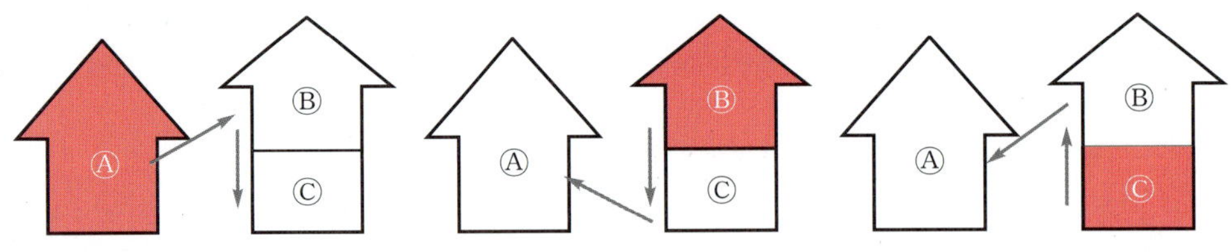

〈그림 1-12〉 발화지점으로부터 화염의 전파형태

Step 03 화재의 성장단계

화재의 성장단계에 대한 논의는 화재진압뿐만 아니라 화재가 종료된 후 연소경위를 파악하는 데 매우 중요한 이론이다. 화재의 성장배경과 사상자가 발생하게 된 이유, 자동화재탐지설비 등 소방시설의 작동과 감지기의 동작 여부, 인접 건물로 연소 확산되었다면 어떤 요인이 작용하였는지 등 화재로 빚어진 모든 결과에 대한 분석은 화재의 성장단계에 대한 이해로 귀결되는 것이다.

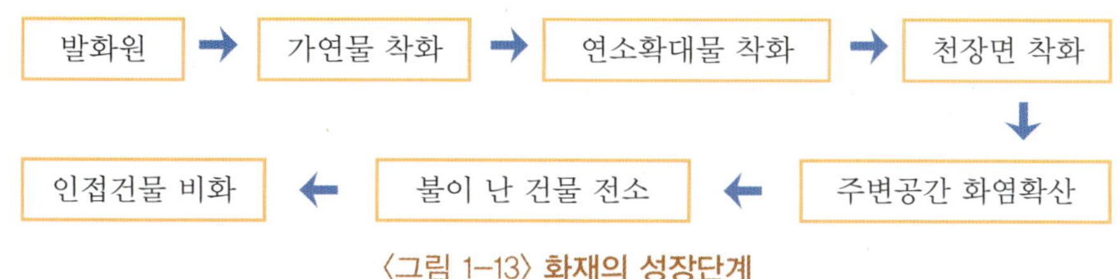

〈그림 1-13〉 화재의 성장단계

화재의 성장단계는 가연물에 불이 착화된 후 수직으로 위치한 주변 가연물로 열면이 확산되면서 본격적으로 개시된다. 실내에서 화재가 시작되었을 때 이것이 본격적인 화재로 발전하는가의 여부는 수직 입상재를 거쳐서 수평면의 천장으로 전이되는가로 결정된다. 이 단계에서 열에너지가 증폭되지 않는다면 화재는 더 이상 진전되지 않는다. 주요 실내 내장재로는 가구류와 칸막이, 내장재, 커튼 등이 있다. 실내에서 성장한 열기류가 천장까지 확산되고 창문이나 출입구를 통해 열과 연기가 분출되는 상태를 보통 출화라고 하며, 이 시점에서 화재는 완전성장단계로 접어들게 되어 소화가 곤란해진다.

구획화재의 진행단계는 발화기, 성장기, 최성기, 감쇠기로 구분할 수 있으며, 단계별 특징은 다음과 같다.

1 발화기

화재는 초기에 구획된 공간의 영향을 받지 않는다. 즉 자유공간이든 밀폐공간이든 열에너지의 크기에 의해 발화가 개시되는 것으로 가연물의 성격이 발화를 좌우한다. 담뱃불과 같이 훈소가 진행되다가 발염하는 것은 열이 가연물에 착화될 만큼 일정시간이 소요될 것이며 목재나 고무류 등은 종이, 옷감류 등 섬유제품보다 발화가 늦게 진행될 것이다. 발화기에는 화원(火原)의 종류와 가연물의 종류, 재질, 형태에 따라 다르게 나타난다.

2 성장기

화재가 성장기로 접어들면 발화된 물체뿐만 아니라 다른 물체로 화염이 전파되는 국면을 맞는다. 화염이 수직상승하다가 천장에 의해 제한을 받게 되면 뜨거운 흐름은 수평으로 굴절되고 점차 하강하기 시작한다. 이때 소방시설이 설치되어 있다면 스프링클러설비나 감지기가 작동되기 시작하는 시점이기도 하다. 천장열기층(Ceiling Jet Layer)은 차즘 두터워지며 부력의 영향으로 천장면 아래 얇은 층을 형성하여 비교적 빠른 가스의 흐름형태를 보인다. 실내 복사열은 계속 증가하고 유독가스와 검은 연기로 가득 차게 된다. 플래시오버의 징후가 생겨 가연물의 전 표면적이 뜨거워지며 빠른 속도로 최성기에 이르게 되는 과정이다. 환기조건과 연료조건에 따라 화재양상이 달라지지만 이 시기에는 연료에 의존하는 측면이 크다.

③ 최성기

이 시기에는 화염이 완전히 실내를 감싸고돌아 건물 전체가 불에 노출되는 과정이다. 출입구와 창문, 배기 팬, 등 개구부를 통해 불길이 맹위를 떨치고 건물이 부분적으로 도괴되거나 균열이 일어나기도 한다. 실내에 있는 모든 가연물은 완전연소에 이를 정도로 물체마다 지니고 있는 최고의 연소 잠재력을 발휘하는 상태로 표현된다. 공기 공급량에 따라 환기지배를 받는 경향이 크지만 그렇지 않은 경우도 있다. 그러나 이 시기에는 실내에 있는 산소를 거의 소비시키고 외부로부터 유입된 공기의 영향을 받아 환기지배화재의 양상이 나타난다.

④ 감쇠기

모든 가연물의 평균온도 또는 실내온도가 최고값으로부터 80% 이하까지 떨어진 이후의 단계이다. 대부분의 가연성 가스와 휘발분은 급격하게 감소되고 더 이상 연소할 수 있는 물체를 남기지 않기도 한다. 하강속도는 잠재된 실내온도에 따라 다르게 나타난다.

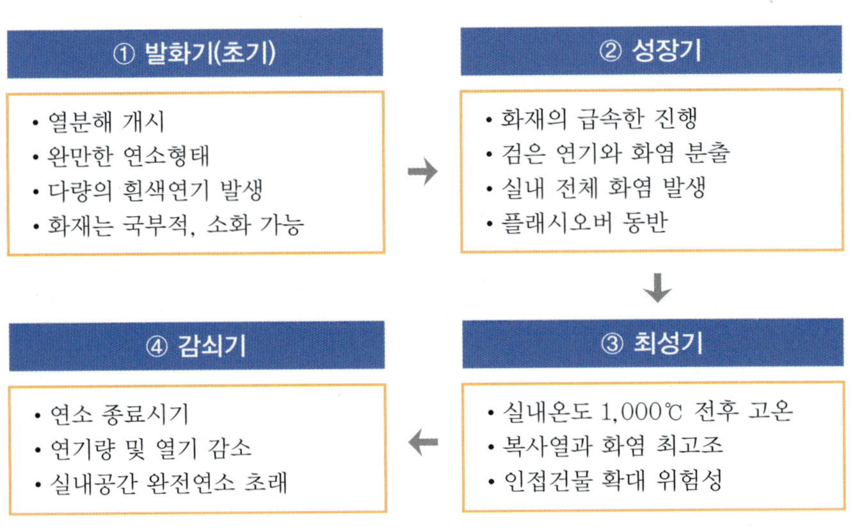

〈그림 1-14〉 단계별 화재의 성상

Step 04 구획화재의 양상

주택이나 아파트, 창고 등과 같이 제한된 공간에서 발생하는 구획화재는 주어진 공간에 산소가 모두 소비될 때까지 끊임없이 연소가 진행된다. 그러나 실내의 산소농도가 18% 이하로 한계산소지수 이하로 떨어지면 연소는 중단된다. 화재현장에서 실내에 연기만 자욱한 상태로 가연물이 별로 탄 게 없는 상태로 확인되거나 가연물의 전체 표면적이 검은 연기로 오염되었으나 탄화심도가 얕은 것으로 나타났다면 산소조건과 에너지조건 중 어느 한 요소가 불충분한 결과로 빚어진 사례로 판단해도 무방하다.

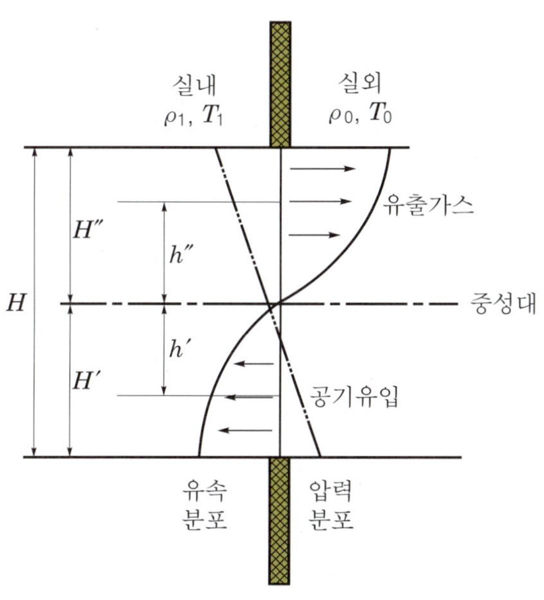

〈그림 1-15〉 구획화재 시 실내·외 기압차 분포

구획화재 시 화염은 바닥 위 또는 벽면 등에서 발화가 일어나면 그곳을 중심으로 뜨거운 기류가 형성되고 벽의 상부나 천장면에 착화하며 구획 전체로 확산하여 발전한다. 이 시점에서 실내 천장 상부에는 고온가스가 집중적으로 쌓이게 되며 온도가 상승하므로 열복사선이 바닥면까지 다다르게 되면 구획된 전역에 화재가 발생하게 된다. 〈그림 1-15〉에서 보는 바와 같이 구획에서 화재가 일어나면 유입되는 공기의 양과 유출되는 가스의 중심부에 중성대(Neutral Zone)가 형성되며 하단부는 상단부보다 압력이 낮게 나타난다. 환기량은 개구부의 크기와 높이에 비례하는데 다음과 같은 식으로 요약될 수 있다.

$$환기량 = A\sqrt{h}$$
$$V_{\text{in}} = [2gh' (\rho_0 - \rho_1)/\rho_0]^{1/2}$$
$$V_{\text{out}} = [2gh'' ((\rho_0 - \rho_1)/\rho_1]^{1/2}$$

여기서, V_{in} : 유입속도, V_{out} : 유출속도,

ρ_o : 실외 기체밀도, ρ_1 : 실내 기체밀도,

$h'\,h''$: 중성대와 거리, g : 중력가속도

1 환기지배형 화재

화재는 연소의 3요소와 연쇄반응이 동시다발적으로 한 시스템 안에서 이루어진다. 이때 화재의 성장은 공급되는 산소와 연료에 의해 지배를 받는데, 화재하중이 크고 환기량이 적은 경우 연소속도는 완만하게 진행된다. 초기 화재는 주어진 공간의 연료와 산소가 좌우하게 되므로 미연소물질이 많고 일산화탄소가 발생하며 연료는 자유롭게 연소하지 않는데, 이처럼 공기의 공급 여부가 화재의 성패를 좌우하는 경우를 환기지배형 화재라고 부른다.

보통 주택이나 공장, 사무실 등 밀폐된 구역에서 발생하는 화재가 주류를 이루고 있다.

2 연료지배형 화재

연료지배형 화재는 화세가 성장하여 개구부가 파괴되고 일부공기가 자유롭게 유입될 때 가연물은 발화온도에 쉽게 도달하여 대기상에서 물질이 연소하는 것처럼 활발하게 진행된다. 보통 차량화재나 자유공간에서 연소하는 들불, 산불화재 등이 연료지배형 화재에 속한다.

3 환기지배형과 연료지배형 화재의 구분

환기지배형과 연료지배형의 분류는 연소과정에서 공기 또는 연료 가운데 어느 것에 의해 좌우되는가를 판단하는 기준이 된다. 환기지배형은 연소속도와 시간이 환기에 의해 좌우되며 연료지배형은 연료의 표면적에 의해 좌우된다. 보통 지속시간이 짧고 환기지배형에 비해 온도가 낮다.

〔표 1-6〕 환기지배형과 연료지배형 화재 구분

환기지배형 화재	연료지배형 화재
공기공급이 좌우	가연물이 좌우
개구부가 작다 (환기량이 적다)	개구부가 크다 (환기량이 많다)
불완전연소에 가깝다 (CO발생)	완전연소 촉진
주택이나 창고 등 구획화재	차량화재, 산불화재 등

Step 05 화재관련 주요 현상

① 플래시오버(Flashover)

제한된 공간에서 가연성 재료의 전 표면적이 불로 덮치는 현상이다. 성장기와 최성기 사이에서 발생하며 열과 가연성 가스가 농축된 상태로 일순간에 발화온도에 이르게 되면 폭발적으로 연소하기 때문에 순발연소라고도 한다. 바닥에서 천장까지 고온을 유지하고 있으며 모든 가연물에 발염착화가 거의 동시에 일어나기 때문에 내부에 사람이 존재할 경우 생존하기 어렵다. 화재실험을 통하여 통상 플래시오버는 5~10분 사이에 발생하는 것으로 확인되었으며 열기가 뜨겁고 두터우며 진한 연기가 아래에 쌓여 있는 경우와 가연성 증기의 방출이 문틈이나 유리창을 통해 식별되는 것 등은 플래시오버 발생의 징후라고 볼 수 있다. 플래시오버가 발생할 때 실내의 순간압력은 높으며 산소농도는 가연물의 연소에 대부분을 소비하여 낮은 상태가 된다. 또한 유리창이나 출입문 등이 일부 개방된 조건이라면 그 틈새를 통해 뜨거운 열과 농축된 연기가 일시에 뿜어져 나오기도 한다. 내부에서 증폭된 화염은 ISO 방화시험용어(ISO 3261)에 의하면 평균온도는 500℃ 전후이며 산소농도는 10% 이하인 것으로 알려져 있다.

플래시오버의 발생 징후
❶ 실내의 조건이 현저하게 자유연소의 단계에 있는 경우
❷ 열 때문에 소방대원이 낮은 자세를 유지할 수밖에 없는 경우
❸ 실내에 과도한 열이 축적되어 있는 경우
❹ 열기가 느껴지면서 두텁고 뜨거운 연기가 아래로 쌓이는 경우

보충학습 | 화재는 최초 5분이 좌우한다

20평 실내공간에서 담뱃불로 화재실험을 한 결과 3분 만에 1,000℃에 육박하고 유독가스와 검은 연기가 공간을 뒤덮었으며 8분 만에 플래시오버현상과 함께 최성기에 이르러 전소를 초래하였다.
지하실 화재실험결과에서도 단 3분 만에 실내온도가 1,000℃에 육박하고 5분 경과 시 플래시오버현상이 일어났으며 7분 만에 최성기에 이르렀는데 사방이 꽉 막힌 상태로 고온의 기류가 급속하게 확대된 결과로 풀이되었다.

② 백드래프트(Backdraft, 역화)

실내가 충분히 가열된 상태로 다량의 가연성 가스가 축적되었을 때 산소가 유입됨으로써 연소가스가 순간적으로 발화하는 현상이다.

역류가 특히 위험한 이유는 전혀 예측할 수 없다는 점에 있다. 주로 연기만 자욱하게 일어날 때 발생하는 현상으로 그 치명적인 공격을 예측하기가 거의 불가능하다.

이 예측불허의 상황은 산소가 부족한 상태에서 일어난다. 문과 창문이 굳게 닫힌 공간에서 불이 나면 순환되는 양보다 더 빨리 산소가 연소된다. 산소가 부족하면 불꽃은 작아지지만 연기가 나기 시작하면 방 안은 온통 가연성 연기와 뜨거운 가스로 가득 차 또 다른 연료로 변한다. 신선한 산소만 갖춰진다면 조건은 완비되는 셈이다. 이때 소방관이 문이나 창문을 열게 되면 가공할 힘의 폭발이 일어난다. 실내로 유입된 산소는 가스와 뒤섞이면서 불덩어리를 만들어낸다. 내부가스가 급속도로 팽창되면 가스는 초당 15m, 1,100℃로 입구를 통해 폭발한 불덩어리를 끌어당기는 엄청난 바람으로 변하게 된다. 그 와중에 내부에 있는 모든 내장재들과 가연물들은 파괴되는 것이다. 화재현장에서 소방관들이 가장 두려워하는 것도 이 순간의 역류현상이다.

백드래프트 현상은 일산화탄소의 농도가 12.5 ~ 74.2%인 범위에서 온도가 600℃ 이상일 때 새로운 공기가 유입됨으로써 발생하는 것으로 알려져 있다. 지하실, 창고, 선박 등과 같이 밀폐된 조건에서 가연성 가스가 다량으로 체류하다가 발생하며 연기폭발이라고도 한다. 연기가 농축된 상태라면 급격하게 발생하기 때문에 화재진압에 나선 소방관들의 안전도 보장하기 어렵다. 미국에서는 이 현상을 소방관 살인현상이라고도 말하고 있다. 플래시오버가 열에 의해 좌우된다면 백드래프트는 산소에 의해 좌우된다. 가연물에서 생성되는 일산화탄소는 그 자체가 가연성 가스로 연소가 가능하기 때문에 백드래프트의 조건만 갖춰진다면 발화하게 되는데 발화온도는 609℃ 정도이다.

백드래프트의 발생 징후

① 연기가 균열된 틈이나 삭은 구멍을 통하여 빠져 나오고 압력 차이로 인해 공기가 내부로 빨려 들어가는 듯한 특이한 소리가 들리는 경우

② 화염은 보이지 않지만 창문이나 출입구가 뜨거운 경우

③ 유리창 안쪽으로 타르와 유사한 기름성분의 물질이 흘러내리는 경우

④ 창문을 통해 보았을 때 건물 안의 연기가 소용돌이 치고 있는 경우

⑤ 산소공급이 감소된 상태로 약화된 불꽃이 관찰되는 경우

③ 롤오버(Rollover)

〈그림 1-16〉 롤오버현상에 의해 형성된 상층부와 하층부의 경계선

롤오버는 화재 초기단계에서 발생한 가연성 가스가 산소와 혼합된 상태로 천장부분에 집적될 때 발생하는 것으로 뜨거운 가스와 실내 공기압의 차이 때문에 발생하는 현상이다. 부력 상승작용에 의해 발생한 힘은 천장면을 따라 굴러가면서 전면적으로 구석구석 확산되는 특징을 가지고 있다. 가연성 가스가 발화온도에 도달하여 발화하면 불의 선단부는 급속한 속도로 화염을 형성하면서 천장면을 가로질러 상층부를 오염시킨다. 이는 화재초기에 대피자 또는 소방관들에게 낮은 자세를 권유하는 이유가 된다. 가연성 가스를 품고 있는 열과 연기류의 확산으로 이해되며, 화염보다 멀리 퍼지는 성질 때문에 발화지점보다 먼 곳으로까지 용이하게 전파된다. 롤오버의 확산은 화재초기에 발생하며 오염된 상층부와 오염되지 않은 하층부의 경계선이 뚜렷하기 때문에 연소가 개시된 발화지점을 쉽게 인식할 수 있다.

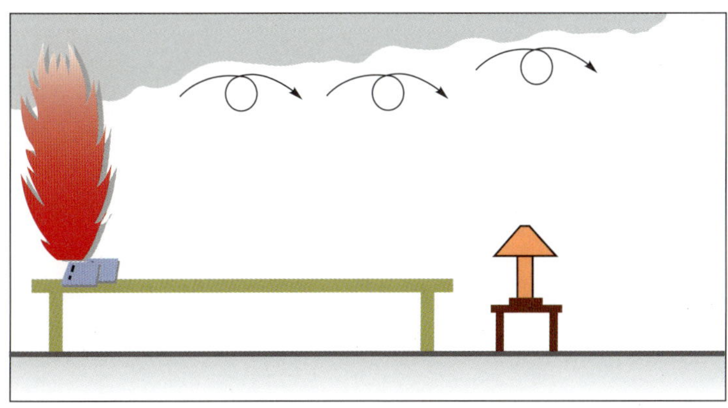

〈그림 1-17〉 롤오버 현상

롤오버 현상은 대류작용에 의한 고온가스의 이동으로 설명할 수 있지만 복사열에 의한 영향은 많지 않다. 가열된 열이 확산되는 비율이 적고 미연소가스가 포함된 가연성 혼합기의 흐름으로 보기 때문이다. 그러나 밀폐된 공간에서는 구획된 벽으로 인해 제약을 받기 때문에 굴절과정에서 천장면에 두터운 가스층을 빠르게 형성하기도 한다.

쉬어가기 — 화재나 재앙을 물리치는 상상의 동물 해치(獬豸)

중국 한나라 때 양부(楊孚)가 지은 '이물지(異物志)'에 의하면 '동북 지방의 땅에 사는 짐승'으로 알려져 있고 신라시대부터 관복에 사용하는 등 일찍이 우리와 연관을 맺어왔다. 그러나 상상 속의 동물이기에 정확한 정설은 없다.

사헌부 관원들이 쓰는 '해치관'이나 해치흉배의 관복 이름 등 관청에서는 해치로 불렀으나 일반민중은 해태로 부르는 것을 선호했다. '치(豸)'자는 중국 음으로는 치(zhi)와 대(dei)가 있는데 이 두 음을 한국 자음의 문헌적·학문적인 측면에서는 '치'로 수용하였으며 일반 민중들은 '태'로 수용했는데 표준국어사전에 의하면 해치는 해태(獬豸)의 원말이라고 한다. 현재 해치는 서울을 상징하는 아이콘으로 사용하고 있다.

화재조사 관련 법률

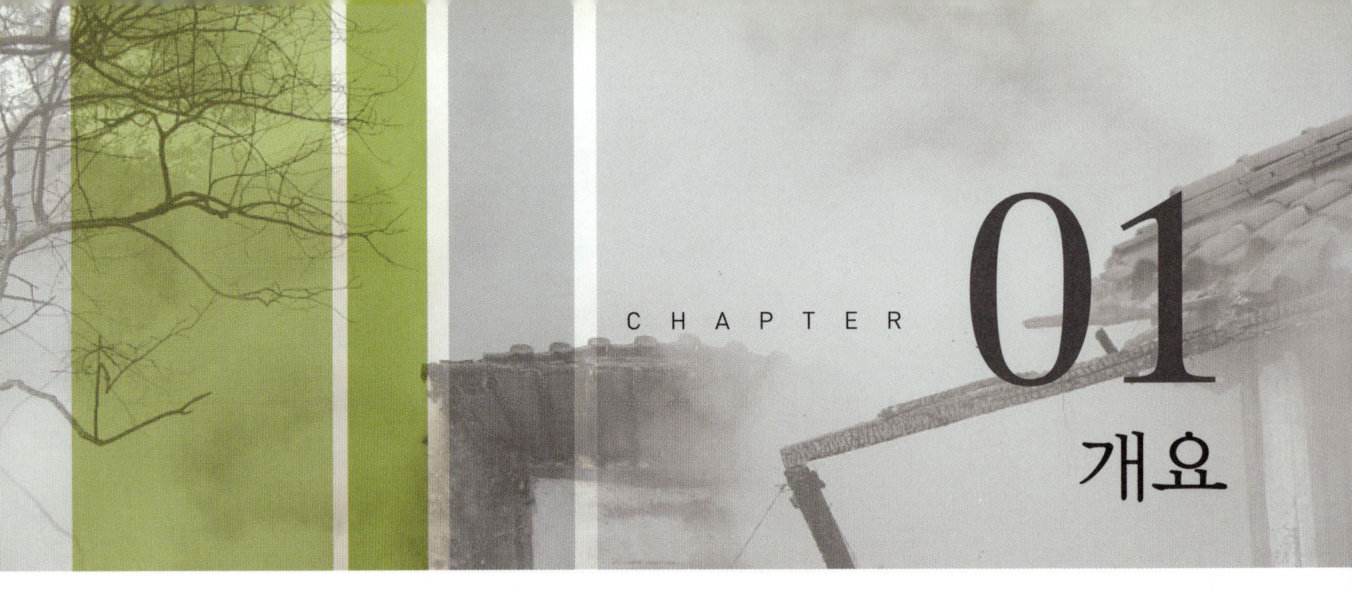

　　화재로 인한 피해는 1차적으로 직접 당사자에게 감당하기 어려운 부담으로 작용하는 경우가 많다. 한평생 일궈 놓은 재산을 송두리째 날려버리거나 자신의 과실로 인해 주변인들에게 피해보상을 해줘야 하는 문제에 봉착하는 등 화재로 야기되는 난제(難題)들 때문에 화재가 발생한 것 이상의 또 다른 고통을 감수해야 하는 후유증이 남는다. 과거에는 이웃 간의 과실은 서로 덮어주거나 어느 정도 이해하는 수준에서 넘어갔지만 최근에는 개인의 사생활 존중 및 사유재산권의 보장이라는 개인에 대한 권리보장이 강화되고 있으며, 메말라가는 세태의 영향 등으로 다툼이 증가하고 있다. 화재를 발생시킨 책임은 경실화의 경우에도 면제는 곤란하기 때문에 일반 국민들도 이제는 화재발생의 책임으로부터 자유롭지 않게 된 것이다.

　　화재조사관련 법률은 책임소재에 따라 형사책임과 민사책임으로 구분하고 있는 형법과 민법이 있고 화재현장에서 조사권을 행사하는 소방기본법이 있으며 제조물의 하자로 인한 경우 피해보상 구제를 위한 제조물책임법 등이 있다. 이러한 다수의 법률은 각기 적용범위를 달리하고 있다는 차이가 있을 뿐 모두 화재가 발생하면 조사절차를 통해 형벌권 구현과 권리 구제 등 적정한 집행이 이루어지도록 하는 것이다.

〈그림 2-1〉 화재관련 법률

　　여기서는 실정법 가운데 실화책임에 관한 법률(실화책임법)과 소방 관련법 그리고 제조물책임법에 대하여 살펴보고자 한다.

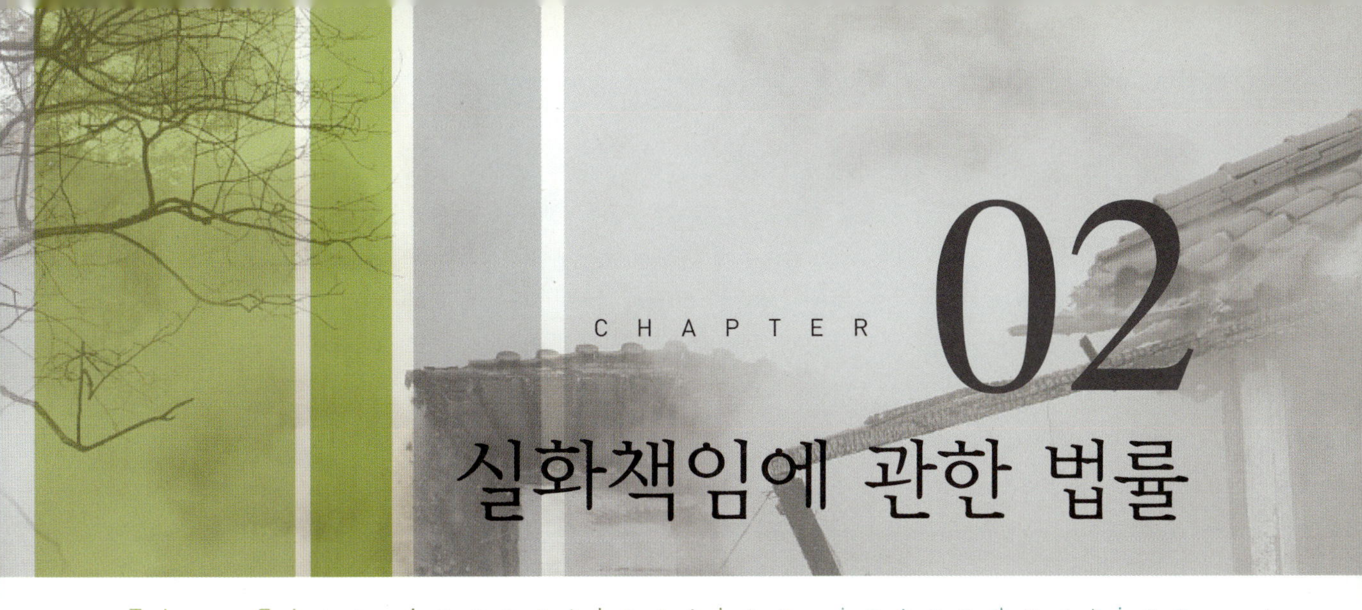

실화책임에 관한 법률

실화책임법 입법 취지

실화책임법은 민법 제750조의 규정 중 화재에 대해 예외규정을 둔 것으로 볼 수 있다.

1961년 4월 28일 제정된 이 법률은 화재사고의 경우 실화자 자신도 화재피해를 당한 당사자로서 자신의 재산복구에도 벅차기 때문에 가혹한 배상책임의 부담으로부터 구제하려는 의도에서 비롯되었다. 우리나라의 민법 제750조는 '고의 또는 과실로 인한 위법행위로 타인에게 손해를 가한 자는 그 손해를 배상할 책임이 있다'라고 규정하여 과실책임주의를 불법행위와 손해배상책임에 관한 기본원칙으로 정하고 있다. 그러나 실화책임법은 실화의 경우 민법 제750조의 적용을 배제시켜 과실책임주의를 수정함으로써 실화피해자의 손해배상청구권을 부정하고 있는 법률이다.

〔표 2-1〕 민법과 실화책임법의 내용

민법 제750조 (불법행위의 내용)	고의 또는 과실로 인한 위법행위로 타인에게 손해를 가한 자는 그 손해를 배상할 책임이 있다.
실화책임에 관한 법률 (1961.4.29. 법률 제607호)	민법 제750조의 규정은 실화의 경우에는 중대한 과실이 있을 때에 한하여 이를 적용한다.

실화책임법이 시행될 당시에는 화재로 인해 피해를 당한 제3자가 보상을 받으려면 화재를 발생시킨 책임 있는 자의 중과실의 입증이 핵심이었다. 여기서 중과실이란 '통상인에게 요구되는 정도의 상당한 주의를 하지 않더라도 약간의 주의만 했더라면 용이하게 위법, 유해한 결과를 예견할 수 있었을 것임에도 이를 간과함으로써 현저하게 주의를 결여한 상태'로 해석하고

있다. 그러나 화재피해자가 이러한 중과실을 입증해 낸다는 것은 사실상 불가능한데 중과실의 판단은 구체적인 사실관계의 확인에서부터 손해배상청구에 이르기까지 복잡한 절차로 인해 피해보상은 현실적으로 어려운 부분이 많았다. 경과실과 중과실에 대한 판단 여부 결정도 쉽지 않을 뿐만 아니라 생계를 접어두고 소송에 매달려야 했기 때문에 중도에 포기하고 피해를 감수하는 경우가 많았던 것이다. 중대한 과실로 인정한 주요 판례를 살펴보면 〔표 2-2〕와 같다.

〔표 2-2〕 중과실로 인한 화재인정 판례

중과실을 인정한 판례	중과실을 인정하지 않은 판례
• 건조주의보가 내려진 상태에서 담뱃불을 완전히 끄지 않은 채 불이 붙기 쉬운 잡초가 있는 곳에 버린 경우(대법94다35107) • 온풍기에서 발생한 1차 화재를 소화기로 진화하고 온풍기 유리창으로 불꽃이 보이지 않자 화재가 진화된 것으로 짐작하고 나간 후 5분만에 2차 화재가 발생한 경우(대법99다39548) • 20년 이상 노후된 옥내배선을 바꾸지 않고 많은 전열기구를 연결시켜 사용해 오다가 합선사고가 많았음에도 전기사용량을 줄이는 등의 조치를 취하지 아니하여 전기합선으로 발화된 경우(서울고법73나1931)	• 목재상에서 평상시 목재를 외벽에 기대두었으나 화재 시 해당 목재를 통해 주변으로 연소확대된 경우(대법95다22887) • 화재위험이 있는지 여부를 사전에 철저히 점검하지 않았다거나 야간 근무자를 세우지 않았다는 이유(대법90다11509) • 화재와 무관한 커튼의 방화성능이 없다는 이유나 수동경보장치가 있는데 자동경보장치가 작동하지 않았다는 이유(대법81다428)

<table><tr><td>Step 02</td><td>실화책임법 헌법불합치</td></tr></table>

❶ 기존 입장

종전의 실화책임법은 경과실에 대한 민사책임을 묻지 않음으로써 과실이 있는 실화자를 지나치게 보호하고 있는 반면에 과실이 없는 피해자를 위한 구제책은 전무하여 법률 집행의 형평성 문제에 대한 많은 비판이 뒤따랐다. 실화책임법이 제정되던 1960년대에는 목조건물이 주류를 이루어 연소확대의 위험성이 높았으나 오늘날 건축물의 구조와 기술공법 등은 당시와 비교가 안 될 정도로 발전하였으며 발달된 소방방재기술, 일반화된 보험제도 등으로 실화책임법의 존치가 더 이상 상당한 근거가 있는 것인지에 대하여 의문이 꼬리를 물었다. 이에 따라 해당 법률에 대한 위헌제청이 이어졌다. 그러나 헌법재판소는 과거의 위헌제청에 대해 "실화자를 지나치게 가혹한 부담으로부터 구제하려는 것이 실화책임에 관한 입법목적이고 현대에 있어서도 경과실로 인한 실화자를 지나치게 가혹한 부담으로부터 구제할 필요는 여전히 존재하므로 입법목적은 정당하다"라는 합헌판결을 내린 것이 종전의 입장이었다. 또한 중대한 과실이 있는 때에 한하여 불법행위 책임을 인정하였다고 하여 헌법에서 보장된 국민의 평등권과 재산권을

침해하고 헌법 전문의 정신에 위반되는 위헌의 규정이라고도 볼 수 없다고 판시를 하였다(대법원 93다13551).

그러나 이러한 입장은 실화책임법 제정 이후 46년 만인 2007년 헌법재판소 전원재판부에 의해 위헌판결이 내려졌다.

② 위헌제청 화재사고

- ① **일 시** : 2003년 6월 15일 03:00경
- ② **장 소** : 부산시 진구 가야동 가야집단공장
- ③ **개 요** : 가야집단공장에 소재한 D화학공장 2층 바닥에 깔린 전선이 합선되면서 화재가 발생하였고 그 불이 인근에 있던 건물로 번져 건물과 사무실 집기, 자재, 공장시설 등에 막대한 피해를 입혔다. 억울하게 피해를 당한 이웃 공장주 9명은 2003년 7월 11일 D화학공장을 상대로 손해배상청구소송을 제기하였다. 소송 진행 도중 경과실로 인한 실화의 경우에는 손해배상청구권을 제한하는 실화책임법이 신청인들의 재산권을 침해한다는 이유를 들어 위헌법률심판 제청을 하였는데 법원이 그 신청을 받아 들여 2004년 8월 31일 이 사건에 대해 위헌법률심판을 제청하게 되었다.

③ 위헌제청 심판 대상

이 사건의 심판 대상은 실화책임에 관한 법률의 위헌 여부이다.

보충학습 | **위헌제청**

해당 법률의 헌법 위배 여부가 일반법원에서 재판의 전제가 되는 경우 법원이 직권으로 또는 당사자의 신청에 의해 헌법재판소에 위헌법률심판을 제청하는 제도

④ 실화책임법 헌법불합치 결정

(1) 합리성, 제한최소성, 법익균형성 위배

불의 특성을 감안하여 화재피해의 확대 여부와 규모는 실화자가 통제하기 어려운 대기의 습도와 바람의 세기 등 여건에 따라 달라지게 된다. 그래서 입법자는 경과실로 인한 실화자를 지나치게 가혹한 손해배상책임으로부터 구제하기 위하여 실화책임법을 제정한 것이지만, 경과실로 인한 실화자의 손해배상책임을 감면하여 조절하는 방법을 택하지 아니하고 실화자의 배

상책임을 전면 부정하여 실화피해자의 손해배상청구권도 부정하는 방법을 택하였다. 따라서 입법목적의 달성에 필요한 정도를 벗어나 지나치게 실화자의 보호에만 치중하고 실화피해자의 보호를 외면한 것이어서 합리적이라고 보기 어렵다.

또한 실화자의 책임을 전부 부정하고 그 손실을 모두 피해자에게 부담시키는 것은 실화피해자의 손해배상청구권을 입법목적상 필요한 최소한도를 과도하게 많이 제한하는 것이다.

게다가 피해자에 대한 보호수단이 전혀 마련되지 않은 상태에서 화재원인, 피해대상의 내용과 범위, 실화자의 배상능력 등 여러 가지 사항을 전혀 고려하지 않는 채 일률적으로 실화자의 손해배상책임과 실화자의 손해배상청구권을 부정하는 것은 실화자 보호의 필요성과 실화피해자 보호의 필요성을 균형 있게 조화시킨 것이라고 보기 어렵다.

(2) 헌법불합치 결정 이유

이와 같은 이유로 실화책임법이 위헌이라고 하더라도 화재와 연소의 특성상 실화자의 책임을 제한할 필요성이 있고 그러한 입법목적을 달성하기 위한 수단으로는 구체적인 사정을 고려하여 실화자의 책임한도를 경감하거나 면제할 수 있도록 하는 방안, 경과실 실화자의 책임을 감면하는 한편 그 피해자를 공적인 보험제도에 의하여 구제하는 방안 등을 생각할 수 있을 것이고 그 방법의 선택은 입법기관의 임무에 속하는 것이다.

따라서 실화책임법에 단순 위헌을 선언하기 보다는 헌법불합치를 선고하여 개선입법을 촉구함이 상당하다고 할 것이다. 다만 실화책임법을 계속 적용할 경우에는 경과실로 인한 실화피해자로서는 아무런 보상을 받지 못하게 되는 위헌적인 상태가 계속되므로 입법자가 실화책임법의 위헌성을 제거하는 개선 입법을 하기 전에도 실화책임법의 적용을 중지시킴이 상당하다.

해당 법률조항의 위헌성을 인정하면서도 위헌 결정에 따른 법적 공백을 최소화하고 사회적 혼란을 막기 위해 법 개정 시점까지 일정기간 해당 조항의 효력을 정지시키는 결정을 말한다.

Step 03 실화책임법 개정 내용

2008년 9월 29일 법무부는 헌법재판소의 헌법불합치 판결에 따라 경과실의 경우에도 실화자가 손해배상책임을 지도록 하는 것을 내용으로 하는 실화책임법 개정안을 공고하였다. 이전에도 여러 차례에 걸쳐 실화피해자에 대한 구제방안이 마련되어야 한다는 목소리가 높았는데 새로이 법률개정안이 마련된 것은 그만큼 국민의 의식이 높아진 결과로 받아들여지고 있다. 권리 위에 잠자는 자는 보호받지 못한다는 논리가 있듯이 자신의 재산권이나 권리가 침해받는 경우가 있다면 현실을 반영한 법령 검토가 이루어져야 함을 보여 준 입법례라고 볼 수 있다.

1 개정 이유

실화의 경우 중대한 과실이 있을 때에만 민법 제750조에 따른 손해배상책임을 지도록 한 규정에 대하여 헌법재판소가 헌법불합치 및 적용중지 결정(헌재 2007.8.30)을 한 취지를 반영하여 경과실의 경우에도 민법 제750조에 따른 손해배상책임을 지도록 하는 한편 민법 제765조와 달리 생계곤란의 요건이 없어도 실화가 경과실로 인한 경우 실화자, 공동불법행위자 등 배상의무자에게 손해배상액의 경감을 청구할 수 있도록 하고 법원은 구체적인 사정을 고려하여 손해배상액을 경감할 수 있도록 하여 실화로 인한 배상의무자에게 전부책임을 지우기 어려운 사정이 있는 경우에 가혹한 손해배상으로부터 배상의무자를 구제하려는 것이다.

2 개정 내용

기존의 법률은 한 개의 조문으로 되어 있었으나 세 개의 조문으로 구체화시켜 과실의 경중(輕重)에 관계없이 실화자에 대한 책임을 명문화하였다. 특히 제2조를 보면 연소(延燒)로 인한 부분에 대해 손해배상청구권을 언급하여 면제는 할 수 없도록 하였다. 개정된 내용은 다음과 같다.

실화책임에 관한 법률[전부 개정 2009.05.08 법률 제9648호]

【제1조】 (목적) 이 법은 실화의 특수성을 고려하여 실화자에게 중대한 과실이 없는 경우 그 손해배상액의 경감에 관한 민법 제765조의 특례를 정함을 목적으로 한다.

> ※ 민법 제765조(배상액의 경감청구)
> ① 본 장의 규정에 의한 배상의무자는 그 손해가 고의 또는 중대한 과실에 의한 것이 아니고 그 배상으로 인하여 배상자의 생계에 중대한 영향을 미치게 될 경우에는 법원에 그 배상액의 경감을 청구할 수 있다.
> ② 법원은 전항의 청구가 있는 때에는 채권자 및 채무자의 경제상태와 손해의 원인 등을 참작하여 그 배상액을 경감할 수 있다.

【제2조】 (적용범위) 이 법은 실화로 인하여 화재가 발생한 경우 연소(延燒)로 인한 부분에 대한 손해배상청구에 한하여 적용한다.

【제3조】 (손해배상액의 경감) ① 실화가 중대한 과실로 인한 것이 아닌 경우 그로 인한 손해의 배상의무자(이하“배상의무자”라 한다)는 법원에 손해배상액의 경감을 청구할 수 있다.

② 법원은 제1항의 청구가 있을 경우에는 다음 각 호의 사정을 고려하여 그 손해배상액을 경감할 수 있다.

1. 화재의 원인과 규모
2. 피해의 대상과 정도
3. 연소(延燒) 및 피해 확대의 원인
4. 피해 확대를 방지하기 위한 실화자의 노력
5. 배상의무자 및 피해자의 경제상태
6. 그 밖에 손해배상액을 결정할 때 고려할 사정

부 칙 〈제9648호, 2009.5.8〉

① (시행일) 이 법은 공포한 날부터 시행한다.
② (적용례) 이 법은 2007년 8월 31일 이후 이 법 시행 전에 발생한 실화에 대하여도 적용한다.

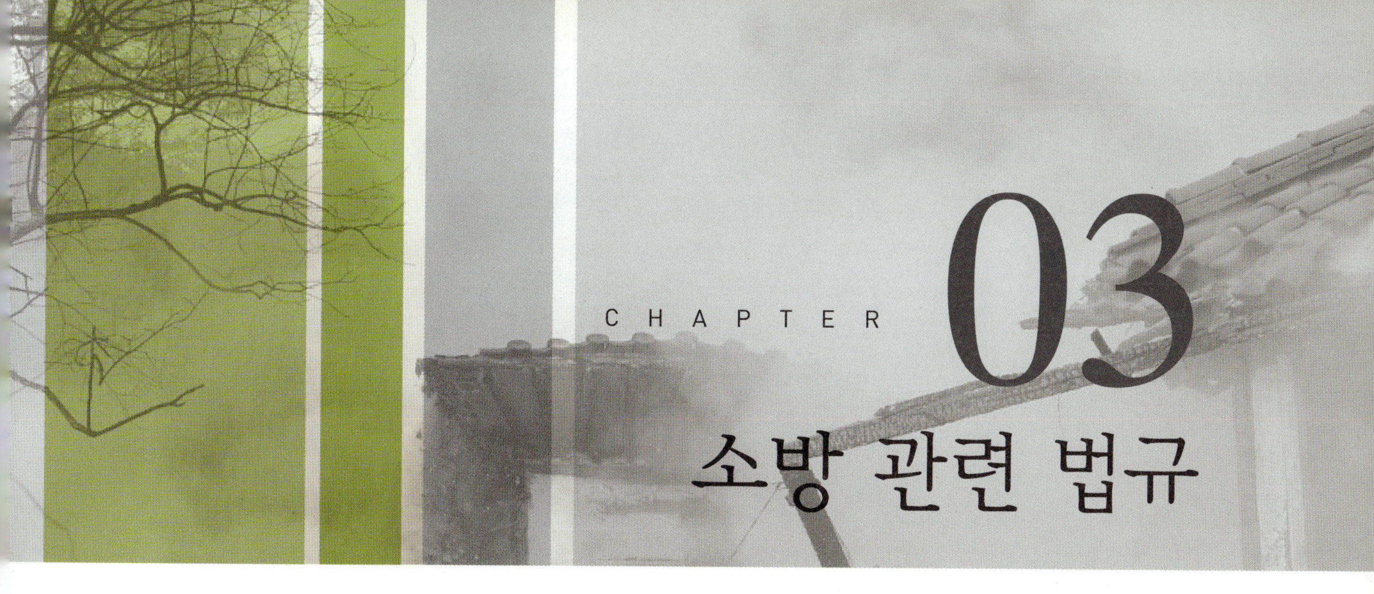

 소방기본법

소방기본법에는 소방에서 화재가 발생한 때부터 조사를 하여야 한다는 것을 명시하고 있다. 화재조사권이 소방에 있음을 언급한 선언적 의미로 해석되며 모든 화재조사활동의 근간을 이룬다. 화재조사관의 현장조사 활동은 법률적 행위이며 출입·조사권한에 따라 강제적인 성격을 지니고 있기도 하다.

총 5개 조항으로 이루어진 소방기본법의 내용은 다음과 같다.

【제29조】(화재의 원인 및 피해조사)

① 소방방재청장·소방본부장 또는 소방서장은 화재가 발생한 때에는 화재의 원인 및 피해 등에 대한 조사(이하 "화재조사"라 한다)를 하여야 한다.
② 제1항의 규정에 따른 화재조사의 방법 및 전담조사반의 운영과 화재조사자의 자격 등 화재조사에 관하여 필요한 사항은 행정안전부령으로 정한다.

▼의미

화재가 발생했을 때 원인조사 및 피해조사를 반드시 하여야 함을 의미하고 있다. 이는 화재진압의무와 함께 동시에 이루어져야 할 사항으로 기속행위이며 강제력을 지니고 있다.
소방의 화재조사행위는 유사 화재를 방지하고 화재진압 및 예방대책 수립의 기초자료로 활용함에 있고 최초 소방대 도착 당시 연소전개 상황과 목격자 확보, 인명피해 발생경위 등 일련의 조사절차는 가장 신속하고 정확하게 할 수 있는 위치에 있으므로 소화활동과 동시에 전개하는 것이 효과적이다. 화재조사행위는 의무인 동시에 책임인 것이다.

또한 조사 시기를 "화재가 발생한 때"로 규정하고 있어 사람의 의도에 반하거나 고의에 의한 연소현상으로 소화의 필요가 있는 것은 모두 대상으로 하고 있다. 따라서 화재 당시 119에 신고되지 않았더라도 뒤늦게 소방서로 접수된 화재는 물론 출동과 동시에 즉소된 화재로 피해가 없더라도 반드시 조사가 이루어져야 한다. 조사행위는 화재가 발생한 대상물의 종류와 관계자의 존재 여부에 상관없이 화재가 발생하였다는 사실만 확인된다면 광범위하게 이루어지는 행위이다.

【제30조】 (출입 · 조사 등)

① 소방방재청장 · 소방본부장 또는 소방서장은 화재조사를 하기 위하여 필요한 때에는 관계인에 대하여 필요한 보고 또는 자료제출을 명하거나 관계공무원으로 하여금 관계장소에 출입하여 화재의 원인과 피해의 상황을 조사하거나 관계인에게 질문하게 할 수 있다.
② 제1항의 규정에 따라 화재조사를 하는 관계공무원은 그 권한을 표시하는 증표를 지니고 이를 관계인에게 내보여야 한다.
③ 제1항의 규정에 따라 화재조사를 하는 관계공무원은 관계인의 정당한 업무를 방해하거나 화재조사를 수행하면서 알게 된 비밀을 다른 사람에게 누설하여서는 아니 된다.

▼의미

화재조사에 필요한 질문권, 자료제출명령권 및 출입조사를 할 수 있는 권한을 부여한 조항이다. 질문권은 발화장소 관계인 및 최초목격자와 진압활동에 참여한 자 등 화재와 관련된 모든 사람이 대상이 될 수 있다. 그러나 질문에 대한 답변을 강제하기 어렵고 임의적 진술을 얻어내도록 하여야 한다. 필요한 보고나 자료제출명령권은 발화장소의 평면도, 소방시설 현황, 위험물 현황, 소방계획서 등 화재조사에 필요한 증빙서류의 제출을 말한다. 보고 또는 자료제출명령 시기는 조사자가 적당한 시기를 선택하여 요구할 수 있으며 이를 거부하거나 허위자료를 제출하였을 때에는 소방기본법 제53조 제2호에 의거하여 200만원 이하의 벌금에 처할 수 있다.

③항은 화재조사를 하는 관계공무원은 관계인의 정당한 업무를 방해하지 않도록 하여 화재 당사자의 권익을 보호하도록 한 것이다. 화재로 피해를 당한 사람의 입장은 불에 탄 물건일지라도 한 개라도 건져내려는 마음이 있는데 화재조사에 영향을 주지 않는 범위라면 관계인의 업무를 배려하는 것이 가능할 것이다.

또한 화재조사 관계공무원의 비밀누설금지 조항을 두어 개인의 사생활 보호 및 프라이버시가 침해받는 일이 없도록 하고 있다. 현장조사를 하다 보면 불가피하게 알게 되는 정보관리

에 유념할 필요가 있음을 시사한 것으로 중립적인 자세를 유지할 필요가 있다. 특히 민사 불개입의 원칙을 철저하게 지켜 불필요한 분쟁에 휘말리게 되는 것을 경계하여야 한다. 관계인의 정당한 업무를 방해하거나 알게 된 비밀을 다른 사람에게 누설할 경우 소방기본법 제52조에 의거하여 300만 원 이하의 벌금에 처해진다.

【제31조】 (수사기관에 체포된 사람에 대한 조사)

소방방재청장 · 소방본부장 또는 소방서장은 수사기관이 방화(放火) 또는 실화(失火)의 혐의가 있어서 이미 피의자를 체포하였거나 증거물을 압수한 때에 화재조사를 위하여 필요한 경우에는 수사에 지장을 주지 아니하는 범위 안에서 그 피의자 또는 압수된 증거물에 대한 조사를 할 수 있다. 이 경우 수사기관은 소방본부장 또는 소방서장의 신속한 화재조사를 위하여 특별한 사유가 없는 한 조사에 협조하여야 한다.

▼의미

방화 또는 실화의 혐의가 있는 모든 화재에 대해 필요한 경우 수사에 지장을 주지 않는 범위 내에서 인적 · 물적 조사를 할 수 있도록 규정한 것이다. 방화 또는 실화에 대해 소방은 물론 수사기관에서 관여하여 공동으로 조사가 진행되는 관계로 양 기관의 협조를 바탕으로 원활하게 조사가 진행되게끔 명문화한 내용이다. 화재현장은 119신고를 통해 소방대가 가장 먼저 도착하는 관계로 관계인 또는 목격자나 피의자 등의 신병확보가 용이하고 연소상황을 바탕으로 발화지점에 대한 신빙성 있는 정보확보가 양호한 측면이 많다. 따라서 발화지점 주변 증거물의 획득도 우선적으로 가능한데 수사기관과 공조(共助)로 대응하는 것이 바람직하다 할 것이다.

【제32조】 (소방공무원과 경찰공무원의 협력 등)

① 소방공무원과 경찰공무원은 화재조사에 있어서 서로 협력하여야 한다.
② 소방본부장 또는 소방서장은 화재조사 결과 방화 또는 실화의 혐의가 있다고 인정하는 때에는 지체없이 관할 경찰서장에게 그 사실을 알리고 필요한 증거를 수집, 보존하여 그 범죄수사에 협력하여야 한다.

▼의미

대부분의 화재는 방화와 실화로 구별하고 있으며 이에 따라 소방과 경찰이 공통적으로 관여하고 있다. 소방과 경찰은 화재조사의 목적은 달리하고 있지만 화재예방 및 범죄수사라는 측면은 국민의 생활안정에 기여한다는 큰 틀에서 볼 때 큰 차이가 없어 화재현장에서 협력을 전제로 한다. 수사기관은 방화와 실화에 대하여 형법 제164조 내지 제176조 규정에 의거하여 형벌권을 집행하는 기관이기 때문에 관련 형사소송법에 정해진 바에 따라 조사를 진행하는 것이며 소방은 효과적인 화재진압대책의 수립과 유사화재의 재발방지를 위해 상호간 협력을 공고히 할 필요가 있는 것이다.

【제33조】 (소방기관과 관계보험회사와의 협력)

소방본부 · 소방서 등 소방기관과 관계보험회사는 화재가 발생한 경우 그 원인 및 피해상황의 조사에 있어서 필요한 사항에 대하여 서로 협력하여야 한다.

▼의미

이 조항은 화재로 인한 재해복구와 인명피해에 관해 적정한 보상을 하게 함으로써 국민의 생활안정에 기여하기 위한 목적이 있다. 관계보험회사는 '화재로 인한 재해보상과 보험가입에 관한 법률'에 의해 업무를 수행하며 경우에 따라서는 손해사정인, 변호사 등이 업무를 위탁받아 행하기도 하는데 원인 및 피해상황에 대해 서로 협력하여야 함을 말한다.

Step 02 | 소방기본법 시행규칙

소방법은 3개의 형태로 구성되어 있으며, 그 중 소방법 시행규칙은 소방기본법에 대한 위임입법으로서 주요 내용은 다음과 같다.

【제11조】 (화재조사의 방법 등)

① 법 제29조 제1항의 규정에 의한 화재조사는 제12조 제4항의 규정에 의한 장비를 활용하여 소화활동과 동시에 실시되어야 한다.
② 화재조사의 종류 및 조사의 범위는 [별표 5]와 같다.

▼의미

화재조사 전담부서가 갖추어야 할 장비(70종)를 명기하여 합리적이고 과학적인 조사가 확립될 수 있도록 하였으며 화재조사의 종류와 범위를 명확하게 하였다.
[별표 5]의 내용은 다음과 같다.

[별표 5]
화재조사의 종류 및 조사의 범위(제11조 제2항 관련)

1. 화재원인조사

종 류	조사범위
가. 발화원인 조사	화재가 발생한 과정, 화재가 발생한 지점 및 불이 붙기 시작한 물질
나. 발견 · 통보 및 초기 소화상황 조사	화재의 발견 · 통보 및 초기소화 등 일련의 과정
다. 연소상황 조사	화재의 연소경로 및 확대원인 등의 상황
라. 피난상황 조사	피난경로, 피난상의 장애요인 등의 상황
마. 소방시설 등 조사	소방시설의 사용 또는 작동 등의 상황

2. 화재피해조사

종 류	조사범위
가. 인명피해조사	(1) 소방활동 중 발생한 사망자 및 부상자 (2) 그 밖에 화재로 인한 사망자 및 부상자
나. 재산피해조사	(1) 열에 의한 탄화, 용융, 파손 등의 피해 (2) 소화활동 중 사용된 물로 인한 피해 (3) 그 밖에 연기, 물품반출, 화재로 인한 폭발 등에 의한 피해

【제12조】 (화재조사전담부서의 설치 · 운영 등)

① 법 제29조 제2항의 규정에 의하여 화재의 원인과 피해조사를 위하여 소방방재청, 시 · 도의 소방본부와 소방서에 화재조사를 전담하는 부서를 설치 · 운영한다.

② 화재조사전담부서의 장은 다음 각 호의 업무를 관장한다.

    1. 화재조사의 총괄 · 조정

    2. 화재조사의 실시

    3. 화재조사의 발전과 조사요원의 능력향상에 관한 사항

    4. 화재조사를 위한 장비의 관리운영에 관한 사항

    5. 그 밖의 화재조사에 관한 사항

③ 화재조사전담부서의 장은 소속 소방공무원 가운데 다음 각 호의 어느 하나에 해당하는 자로서 소방방재청장이 실시하는 화재조사에 관한 시험에 합격한 자로 하여금 화재조사를 실시하도록 하여야 한다. 다만, 화재조사에 관한 시험에 합격한 자가 없는 경우에는 소방공무원 중 「국가기술자격법」에 의한 소방 · 건축 · 가스 · 전기 · 위험물 분야 자격을 취득한 자 또는 소방공무원으로서 화재조사분야에서 1년 이상 근무한

자로 하여금 화재조사를 실시하도록 할 수 있다.

1. 소방교육기관(중앙·지방소방학교 및 시·도에서 설치·운영하는 소방교육대를 말한다. 이하 같다)에서 12주 이상 화재조사에 관한 전문교육을 이수한 자
2. 국립과학수사연구소 또는 외국의 화재조사관련 기관에서 12주 이상 화재조사에 관한 전문교육을 이수한 자

④ 화재조사전담부서에는 [별표 6]의 기준에 의한 장비 및 시설을 갖추어야 한다.

⑤ 소방방재청장·소방본부장 또는 소방서장은 화재조사전담부서에서 근무하는 자의 업무능력 향상을 위하여 국내·외의 소방 또는 안전에 관련된 전문기관에 위탁교육을 실시할 수 있다

⑥ 제2항에 따른 화재전담부서의 운영 및 제3항에 따른 화재조사에 관한 시험의 응시자격, 시험방법, 시험과목, 그 밖에 시험의 시행에 필요한 사항은 소방방재청장이 정한다.

[별표 6]
화재조사전담부서에 갖추어야 할 장비 및 시설(제12조 제4항 관련)

1. 소방본부(기점소방시 포함)

구 분	기재명 및 시설규모
발굴용구(1종 세트)	공구류(니퍼, 펜치, 와이어커터, 드라이버세트, 스패너세트, 망치, 등), 톱(나무, 쇠), 전동 드릴, 전동 그라인더, 다용도 칼, 버니어캘리퍼스, U형자석, 뜰채, 붓, 빗자루, 양동이, 삽, 긁개
기록용 기기(14종)	디지털카메라(DSLR)세트, 비디오카메라세트, 소형 디지털방수카메라, 컬러(포토)프린터, 촬영용 고무매트, TV, VTR, 디지털녹음기, 거리측정기, 초시계, 디지털온도·습도계, 디지털풍향풍속기록계, 정밀저울, 줄자
감식·감정용 기기(13종)	절연저항계, 멀티테스터기, 클램프메타, 정전기측정장치, 누설전류계, 검전기, 복합가스측정기, 가스(유증)검지기, 확대경, 실체현미경, 적외선열상카메라, 접지저항계, 휴대용 디지털현미경
조명기기(5종)	발전기, 이동용 조명기, 손전등, 투광기, 헤드랜턴
안전장비(7종)	보호용 작업복, 보호용 장갑, 안전화, 안전모, 마스크(방진마스크, 방독마스크), 보안경, 안전고리
증거수집장비(6종)	증거물 수집기구세트(핀셋류, 가위류 등), 증거물 보관세트(박스, 봉투, 밀폐용기, 유증수집용 캔 등), 증거물 표지(번호, 화살·○표, 스티커), 증거물 태그, 접자, 라텍스장갑
화재조사차량(1종)	화재조사용 전용차량

보조장비(7종)	노트북컴퓨터, 냉장고, 소화기, 수중펌프, 전선 릴, 이동용 에어컴프레서, 접이식 사다리
추가 권장장비(17종)	가스 크로마토그래피, 고속카메라세트, 화재시뮬레이션시스템, X선촬영기, 금속현미경, 시편절단기, 시편성형기, 시편연마기, 접점저항계, 직류전압전류계, 교류전압전류계, 오실로스코프, 주사전자현미경, 인화점측정기, 발화점측정기, 미량융점측정기, 온도기록계
화재조사분석실	화재조사분석실 구성장비를 유효하게 보존 · 사용할 수 있는 30m² 이상의 실(室)
화재조사분석실 구성장비(8종)	증거물보관함, 시료보관함, 실험작업대, 바이스, 개수대, 초음파세척기, 실험용 초자류(비커, 피펫, 유리병 등), 드라이어

2. 소방서

구 분	기재명 및 시설규모
발굴 용구(1종 세트)	공구류(니퍼, 펜치, 와이어커터, 드라이버세트, 스패너세트, 망치, 등), 톱(나무, 쇠), 전동드릴, 전동그라인더, 다용도 칼, 버니어캘리퍼스, U형자석, 뜰채, 붓, 빗자루, 양동이, 삽, 긁개
기록용 기기(14종)	디지털카메라(DSLR)세트, 비디오카메라세트, 소형 디지털방수카메라, 컬러(포토)프린터, 촬영용 고무매트, TV, VTR, 디지털녹음기, 거리측정기, 초시계, 디지털온도 · 습도계, 디지털풍향풍속기록계, 정밀저울, 줄자
감식용 기기(9종)	절연저항계, 멀티테스터기, 클램프메타, 누설전류계, 검전기, 복합가스측정기, 가스(유증)검지기, 확대경, 실체현미경
조명 기기(5종)	발전기, 이동용 조명기, 손전등, 투광기, 헤드랜턴
안전 장비(7종)	보호용 작업복, 보호용 장갑, 안전화, 안전모, 마스크(방진마스크, 방독마스크), 보안경, 안전고리
증거수집장비(6종)	증거물 수집기구세트(핀셋류, 가위류 등), 증거물 보관세트(박스, 봉투, 밀폐용기, 유증수집용 캔 등), 증거물 표지(번호, 화살 · ○표, 스티커), 증거물 태그, 접자, 라텍스장갑
화재조사차량(1종)	화재조사용 전용차량
보조 장비(7종)	노트북컴퓨터, 냉장고, 소화기, 수중펌프, 전선 릴, 이동용 에어컴프레서, 접이식사다리
추가권장장비(3종)	휴대용 디지털현미경, 화재시뮬레이션시스템, 정전기측정장치
화재조사분석실	화재조사분석실 구성장비를 유효하게 보존 · 사용할 수 있는 20m² 이상의 실(室)
화재조사분석실 구성장비(8종)	증거물보관함, 시료보관함, 실험작업대, 바이스, 개수대, 초음파세척기, 실험용 초자류(비커, 피펫, 유리병 등), 드라이어

비고

1. 거점소방서란 화재발생 빈도와 화재조사의 중요성을 감안하여 시ㆍ도 소방본부장이 권역별로 별도로 지정한 소방서를 말한다.
2. 촬영용 고무매트란 증거물 등을 올려놓고 사진을 촬영하기 위한 격자 표시형 고무매트를 말한다.
3. 화재조사차량은 탑승공간과 장비 적재공간이 구분되어 주요 장비의 적재ㆍ활용이 가능하여야 하며, 차량 내부에 기초 조사사무용 테이블을 설치할 수 있는 차량을 말한다.
4. 추가 권장 장비는 화재조사 및 감식ㆍ감정 등에 유용하게 활용되는 것으로서 보유가 권장되는 장비를 말한다.
5. 화재조사 분석실의 면적은 청사 공간의 효율적 활용을 위하여 불가피한 경우에만 기준 면적의 절반 이상의 면적으로 조정할 수 있다.

▼의미

화재조사 전담부서의 설치와 업무관장 사항을 명확히 하였다. 또한 일정수준 이상의 교육을 이수한 자 또는 자격증 소지자로 하여금 화재조사 업무를 수행할 수 있도록 제도화시켜 법적 기틀을 강화시킨 것으로 풀이되고 있고 전담부서에서 갖추어야 할 시설과 장비를 구분하여 전문적인 운영이 가능하게끔 하였다.

【제13조】 (화재조사에 관한 전문교육 등)

① 제12조 제3항 제1호에 따른 전문교육과정의 교육과목은 [별표 7]과 같으며 교육과목별 교육시간과 실습교육의 방법은 전문교육과정을 운영하는 소방교육기관에서 정한다.
② 소방방재청장은 화재조사에 관한 시험에 합격한 자에게 2년마다 전문보수교육을 실시하여야 한다.
③ 제2항의 규정에 의한 전문보수교육을 받지 아니한 자에 대하여는 전문보수교육을 이수하는 때까지 화재조사를 실시하게 하여서는 아니 된다.

▼의미

화재조사 전문교육과목을 소양ㆍ전문ㆍ실습교육으로 구분하고 시험에 합격한 자로 하여금 2년마다 보수교육을 실시하도록 하여 전문성을 강화하였다.
전문교육을 이수하지 아니한 경우에는 화재조사 업무를 담당하지 못하게 함으로써 주기적인 교육을 통하여 전문 역량이 증대될 수 있도록 배려를 한 것으로 풀이된다.

[별표 7]

화재조사에 관한 전문교육과정의 교육과목(제13조 제1항 관련)

구 분	과 목
소양교육	국정시책, 기초소양, 심리상담기법 등
전문교육	기초화학, 기초전기, 구조물과 화재, 화재조사 관계법령, 화재학, 화재패턴, 화재조사방법론, 보고서작성법, 화재피해액산정, 발화지점판정, 전기화재감식, 화학화재감식, 가스화재감식, 폭발화재감식, 차량화재감식, 미소화원감식, 방화화재감식, 증거물수집보존, 화재모델링, 범죄심리학, 법과학(의학), 방·실화수사, 조사와 법적 문제, 소방시설조사, 촬영기법, 법정 증언기법, 형사소송의 기본절차
실습교육	화재조사실습, 현장실습, 사례연구 및 발표
행정	입교식, 과정소개, 평가, 교육효과측정, 수료식 등

비고 : 전문교육의 경우 교육과목의 본질적인 내용을 훼손하지 않는 필요 최소한의 범위에서 교육과목을 병합·세분·추가·변경하여 운영할 수 있다.

Step 03 화재조사 및 보고규정

화재조사 및 보고규정은 소방방재청 내부 훈령으로 운영되고 있으며 소방 관련 법규를 뒷받침하는 실무 지침서로 쓰이고 있다. 모두 5장으로 구분되어 있고 화재조사의 집행과 처리절차 등 사무 처리에 필요한 사항을 정하고 있다.

화재조사 업무의 연혁은 소방기본법보다 그 뿌리가 깊다. 1950년 3월 당시 내무부령 제10호 "소방조사규정" 제11조에 의거하여 화재발생 일시, 장소, 피해자, 피해액과 원인 등을 조사하도록 함으로써 시작되었고 1958년 3월 11일 법률 제485호로 "소방법"이 제정되면서 비로소 법적 근거를 갖추게 되었다. 이후 1980년 12월 30일 내무부예규 제520호로 "화재보고체제 확립에 관한 지침"이 제정되어 14년 동안 운영되다가 1994년 "화재조사 및 보고규정"이 새로이 제정되면서 종전의 화재보고체제 확립에 관한 지침이 폐지되었고 본격적으로 화재조사 업무에 박차를 가하게 된 것이다.

1 총칙

(1) 용어의 정의

❶ **화재** : 사람의 의도에 반하거나 고의에 의해 발생하는 연소현상으로서 소화시설 등을 사용하여 소화할 필요가 있거나 화학적인 폭발현상을 말한다.

❷ **조사** : 화재원인을 규명하고 화재로 인한 피해를 산정하기 위하여 자료의 수집, 관계자 등에 대한 질문, 현장확인, 감식, 감정 및 실험 등을 하는 일련의 행동을 말한다.

❸ **감식** : 화재원인의 판정을 위하여 전문적인 지식, 기술 및 경험을 활용하여 주로 시각에 의한 종합적인 판단으로 구체적인 사실관계를 명확하게 규명하는 것을 말한다.

❹ **감정** : 화재와 관계되는 물건의 형상, 구조, 재질, 성분, 성질 등 이와 관련된 모든 현상에 대하여 과학적 방법에 의한 필요한 실험을 행하고 그 결과를 근거로 화재원인을 밝히는 자료를 얻는 것을 말한다.

❺ **조사관** : 화재조사 업무를 총괄하는 간부급 소방공무원을 말한다.

❻ **조사자** : 화재조사 업무를 수행하는 소방공무원을 말한다.

❼ **관계자 등** : 소방기본법 제2조 제3호에 의한 관계인과 화재의 발견자, 통보자, 초기 소화자 및 기타 조사 참고인을 말한다.

❽ **발화** : 열원에 의하여 가연물질에 지속적으로 불이 붙는 현상을 말한다.

❾ **발화열원** : 발화의 최초 원인이 된 불꽃 또는 열을 말한다.

❿ **발화지점** : 화재가 발생한 부위를 말한다.

⓫ **발화장소** : 화재가 발생한 장소를 말한다.

⓬ **최초착화물** : 발화열원에 의해 불이 붙고 이 물질을 통해 제어하기 힘든 화세로 발전한 기연물을 말힌다.

⓭ **발화요인** : 발화열원에 의하여 발화로 이어진 연소현상에 영향을 준 인적 · 물적 · 자연적인 요인을 말한다.

⓮ **발화관련 기기** : 발화에 관련된 불꽃 또는 열을 발생시킨 기기 또는 장치나 제품을 말한다.

⓯ **동력원** : 발화관련 기기나 제품을 작동 또는 연소시킬 때 사용되어진 연료 또는 에너지를 말한다.

⓰ **연소확대물** : 연소가 확대되는 데 있어 결정적 영향을 미친 가연물을 말한다.

⓱ **재구입비** : 화재 당시의 피해물과 같거나 비슷한 것을 재건축(설계감리비를 포함한다) 또는 재취득하는 데 필요한 금액을 말한다.

⓲ **내용년수** : 고정자산을 경제적으로 사용할 수 있는 연수를 말한다.

⓳ **손해율** : 피해물의 종류, 손상 상태 및 정도에 따라 피해액을 적정화시키는 일정한 비율을 말한다.

⓴ **잔가율** : 화재 당시에 피해물의 재구입비에 대한 현재가의 비율을 말한다.

㉑ **최종잔가율** : 피해물의 경제적 내용연수가 다한 경우 잔존하는 가치의 재구입비에 대한 비율을 말한다.

㉒ **화재현장** : 화재가 발생하여 소방대 및 관계자 등에 의해 소화활동이 행하여지고 있는 장소를 말한다.

㉓ **상황실** : 소방관서 또는 소방기관에서 화재 · 구조 · 구급 등 각종 소방상황의 접수 · 전파 처리 등의 업무를 행하는 곳을 말한다.

㉔ **소방 · 방화시설** : 소방시설 및 방화시설을 말한다.

2 조사업무의 체계

(1) 조사 책임

대 상	책임 주체
관할구역 내에서 발생한 화재	소방본부장 또는 소방서장
운행 중인 차량, 선박, 항공기화재	소화활동을 행한 장소를 관할하는 소방본부장 또는 소방서장

(2) 화재조사 전담부서의 설치 등

소방본부, 소방서	소방학교	감정 · 시험
전담부서 설치 · 운영	연구부서 설치 · 운영	소방본부(시험 · 분석연구실) 소방서(분석실)

(3) 조사본부의 설치운영

❶ **설치운영권자** : 소방본부장 또는 소방서장

❷ **설치장소** : 소방관서 또는 조사업무 수행에 편리한 곳에 설치

❸ **조사본부장** : 화재조사 업무를 관장하는 과장, 부득이한 경우 별도로 지정

❹ **조사본부장의 책임**
- 조사요원 등의 지휘감독과 화재조사 집행
- 현장보존, 정보관리 및 관계기관에서의 협조
- 기타 조사본부 운영 및 총괄에 관한 사항처리

(4) 조사결과의 대외 발표

조사본부장은 소방행정상 필요한 경우와 외부기관으로부터 조사내용의 발표 요청이 있는 경우에는 특별한 사유가 없는 한 그 내용을 발표한다.

③ 조사업무처리의 기본사항

(1) 조사실시상 총칙

❶ **조사 원칙** : 물적 증거를 통한 과학적인 방법에 의한 합리적인 사실의 규명을 원칙으로 한다.

❷ **관계자 등의 협조** : 관계자 등의 입회하에 현장과 기타 관계있는 장소에 출입하는 것을 원칙으로 한다.

❸ **질문** : 시기, 장소 등을 고려하여 피질문자의 임의진술을 얻도록 하여야 하며 기대나 희망하는 진술내용을 얻기 위하여 상대방에게 암시하는 등의 방법으로 유도하여서는 아니 된다.

(2) 기본사항의 처리

❶ **화재건수의 결정** : 1건의 화재란 1개의 발화점으로부터 확대된 것으로 발화부터 진화까지를 말한다.

  • 동일범이 아닌 각기 다른 사람에 의한 방화, 불장난은 동일 대상물에서 발화했더라도 각각 별건의 화재로 한다.
  • 동일 소방대상물의 발화점이 2개소 이상 있는 다음의 화재는 1건의 화재로 한다.
    − 누전점이 동일한 누전에 의한 화재
    − 지진, 낙뢰 등 자연현상에 의한 다발화재

❷ **관할구역이 2개소 이상 걸친 화재** : 화재범위가 2 이상의 관할구역에 걸친 화재에 대해서는 발화 소방대상물의 소재지를 관할하는 소방서에서 1건의 화재로 한다.

❸ **화재의 유형**

구 분	종 류
① 건축 · 구조물 화재	건축물, 구조물 또는 그 수용물이 소손된 것
② 자동차 · 철도차량 화재	자동차, 철도차량 및 피견인 차량 또는 그 적재물이 소손된 것
③ 위험물 · 가스제조소 등 화재	위험물제조소 등, 가스제조 · 저장 · 취급시설 등이 소손된 것
④ 선박 · 항공기화재	선박, 항공기 또는 그 적재물이 소손된 것
⑤ 임야화재	산림, 야산, 들판의 수목, 잡초, 경작물 등이 소손된 것
⑥ 기타 화재	위의 각 호에 해당되지 않는 화재

※상기 화재가 복합되어 발생한 경우에는 화재의 구분을 화재피해액이 많은 것으로 하며 화재피해액이 같은 경우나 화재피해액이 큰 것으로 구분하는 것이 사회 관념상 적당치 않을 경우에는 발화장소로 화재를 구분한다.

④ **발화일시 결정** : 발화일시의 결정은 관계자의 화재발견상황통보(각지)시간 및 화재발생 건물의 구조, 재질 상태와 화기취급 등의 상황을 종합적으로 검토하여 결정한다. 다만, 각지시간은 소방관서에 최초로 신고된 시점을 말하며 자체진화 등의 사후각지 화재로 그 결정이 곤란한 경우에는 발생시간을 추정할 수 있다.

⑤ **세대수의 산정** : 세대수의 산정은 거주와 생계를 함께 하고 있는 사람들의 집단 또는 하나의 가구를 구성하여 살고 있는 독신자로서 자신의 주거에 사용되는 건물에 대하여 재산권을 행사할 수 있는 사람을 1세대로 한다.

⑥ **소실면적의 산정** : 건물의 소실면적 산정은 소실 바닥면적으로 산정한다. 다만, 화재피해 범위가 건물의 6면 중 2면 이하인 경우에는 6면 중의 피해면적의 합에 5분의 1을 곱한 값을 소실면적으로 한다.

⑦ **사상자 구분** : 사상자는 화재현장에서 사망 또는 부상당한 사람을 말한다. 단, 화재현장에서 부상을 당한 후 72시간 이내에 사망한 경우에는 당해 화재로 인한 사망으로 본다.

⑧ **부상 정도의 구분**
  • 중상 : 3주 이상의 입원치료를 필요로 하는 부상을 말한다.
  • 경상 : 중상 이외의(입원치료를 필요로 하지 않는 것 포함) 부상을 말한다.

④ 현장조사

(1) 소방활동 구역의 설정 및 현장보존

❶ **소방활동 구역의 설정권자** : 소방본부장 또는 서장
❷ 소방활동 구역의 설정은 필요한 최소의 범위로 한다.
❸ 소방활동 구역의 관리는 수사기관과 상호 협조하여야 한다.
❹ 소방활동 구역의 표시는 로프 등으로 범위를 한정하고 경고판을 부착하며 출입을 통제하는 등 현장보존에 최대한 노력하여야 한다.
❺ 본부장 또는 서장은 소화활동 시 현장물건 등의 이동 또는 파괴를 최소화하여 원활한 화재조사활동이 이루어질 수 있도록 현장보존에 노력하여야 한다.

(2) 화재현장의 주간조사

감식 등 화재현장조사는 주간에 실시하는 것을 원칙으로 한다. 다만, 화재 당시 화재대상물에 대한 기본현황 조사, 관계자에 대한 질문조사 또는 본부장이나 서장이 긴급하게 조사할 필요가 있다고 판단한 사항에 대하여는 그러하지 아니하다.

5 화재조사 보고

❶ 조사활동 중 소방본부장 또는 소방서장이 소방방재청장에게 긴급상황보고를 하여야 할 화재는 다음과 같다.

〔표 2-3〕 긴급상황보고 대상화재

대형화재	• 인명피해 : 사망 5명 이상, 사상자 10명 이상 발생 화재 • 재산피해 : 50억원 이상 추정되는 화재
중요화재	• 관공서, 학교, 정부미 도정공장, 문화재, 지하철, 지하구 등 공공건물 및 시설의 화재 • 관광호텔, 고층건물, 지하상가, 시장, 백화점, 대량위험물을 제조 · 저장 · 취급하는 장소, 대형화재취약대상 및 화재경계지구 • 이재민 100명 이상 발생화재
특수화재	• 철도, 항구에 매어둔 외항선, 항공기, 발전소 및 변전소의 화재 • 특수사고, 방화 등 화재원인이 특이하다고 인정되는 화재 • 외국공관 및 그 사택 • 기타 대상이 특수하여 사회적 이목이 집중될 것으로 예상되는 화재

❷ **화재상황 보고** : 화재상황 보고는 최초보고, 중간보고, 최종보고로 구분한다.

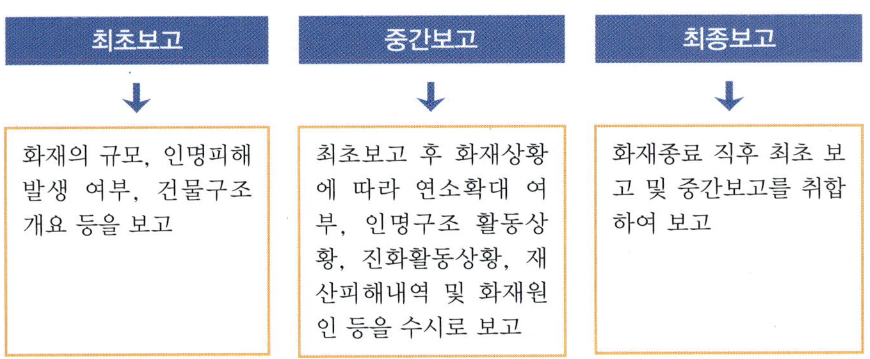

❸ **상황보고 체제와 절차** : 소방본부장 또는 서장은 화재현장 지휘본부를 설치한 경우 속보 체제를 다음과 같이 한다.

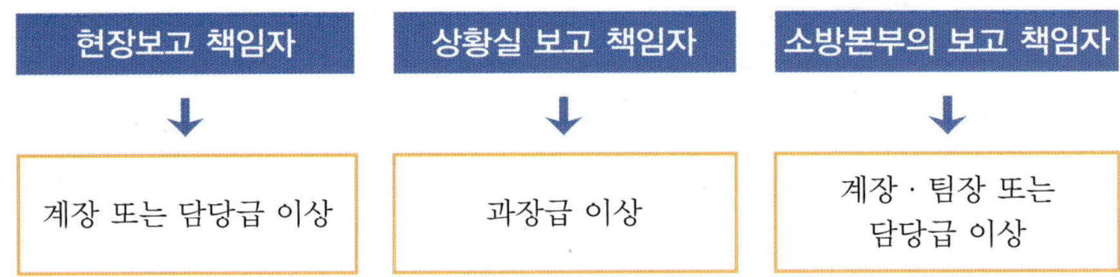

6 화재조사 서류의 작성

(1) 화재조사 서류의 보존

조사서류(사진포함)는 문서로 기록하고 전자기록 등 영구보존방법에 의해 보존하여야 한다.

(2) 화재증명원 발급

❶ 화재증명원의 발급 시 재산피해 및 인명피해에 대하여 기재(조사 중인 경우는 "조사중"으로 기재한다)한다. 다만, 재산피해내역은 금액을 기재하지 아니하며 피해물건만 종류별로 구분하여 기재한다.

❷ 서장은 화재피해자로부터 소방대가 출동하지 아니한 화재장소의 화재증명원 발급요청이 있는 경우 조사관 또는 조사자로 하여금 사후 조사를 실시하게 할 수 있다. 이 경우 민원인이 제출한 화재사후 조사의뢰서의 내용에 따라 발화장소 및 발화지점의 현장이 보존되어 있는 경우에만 조사를 하며 화재현장출동보고서의 작성은 생략할 수 있다.

❸ 민원인으로부터 화재증명원 교부신청을 받은 경우 화재발생장소 관할지역에 관계없이 화재발생장소 관할소방서로부터 화재 사실을 확인받아 화재증명원을 교부할 수 있다. 단, 소방방재청장은 민원인이 행정자치부에서 운영하는 통합전자민원창구(G4C)로 신청 시 소유주 등으로 등재된 자에 대하여 전자민원문서로 발급할 수 있다.

7 건물 동수의 산정

❶ 주요구조부가 하나로 연결되어 있는 것은 1동으로 한다. 다만 건널 복도 등으로 2 이상의 동에 연결되어 있는 것은 그 부분을 절반으로 분리하여 각 동으로 본다.

❷ 건물의 외벽을 이용하여 실을 만들어 헛간, 목욕탕, 작업실, 사무실 및 기타 건물 용도로 사용하고 있는 것은 주건물과 1동으로 본다.

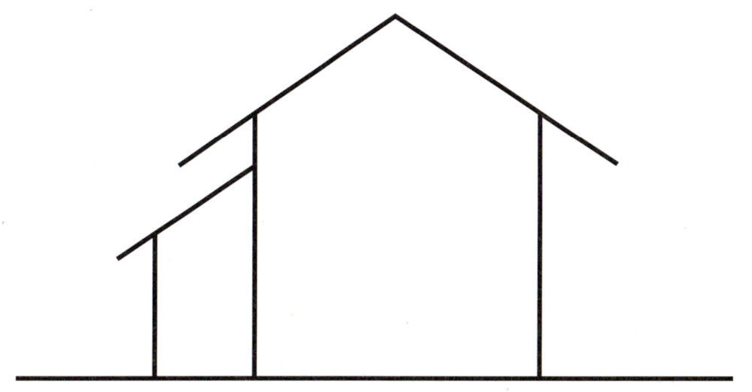

❸ 구조에 관계없이 지붕 및 실이 하나로 연결되어 있는 것은 동일 동으로 본다.

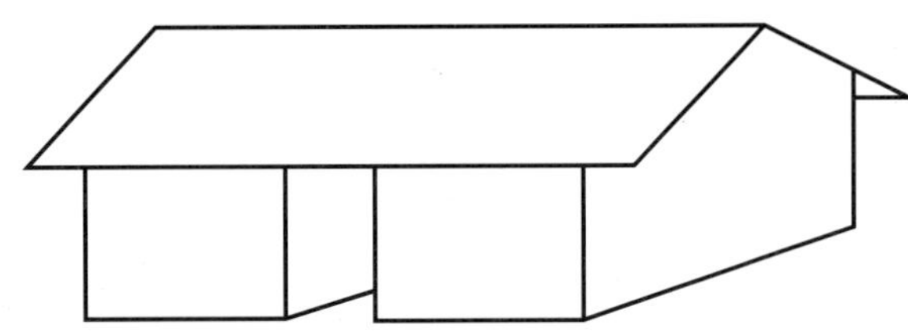

❹ 목조 또는 내화조 건물의 경우 격벽으로 방화구획이 되어 있는 경우도 동일 동으로 한다.

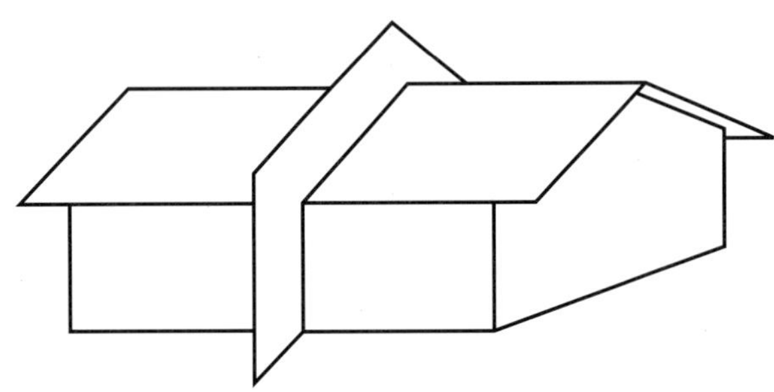

❺ 독립된 건물과 건물 사이에 차광막, 비막이 등의 덮개를 설치하고 그 밑을 통로 등으로 사용하는 경우는 별동으로 한다.
  (예) 작업장과 작업장 사이에 조명유리 등으로 비막이를 설치하여 지붕과 지붕이 연결되어 있는 경우

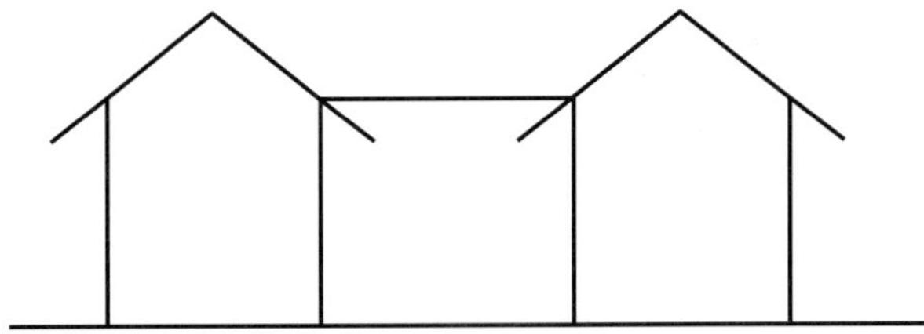

❻ 내화조 건물의 옥상에 목조 또는 방화구조 건물이 별도 설치되어 있는 경우는 별동으로 한다. 다만, 이들 건물이 기능상 하나인 경우(옥내 계단이 있는 경우)는 동일 동으로 한다.

❼ 내화조 건물의 외벽을 이용하여 목조 또는 방화구조건물이 별도 설치되어 있고 건물 내부와 구획되어 있는 경우 별동으로 한다. 다만, 주된 건물에 부착된 건물이 옥내로 출입구가 연결되어 있는 경우와 기계설비 등이 쌍방에 연결되어 있는 경우 등 건물 기능상 하나인 경우는 동일동으로 한다.

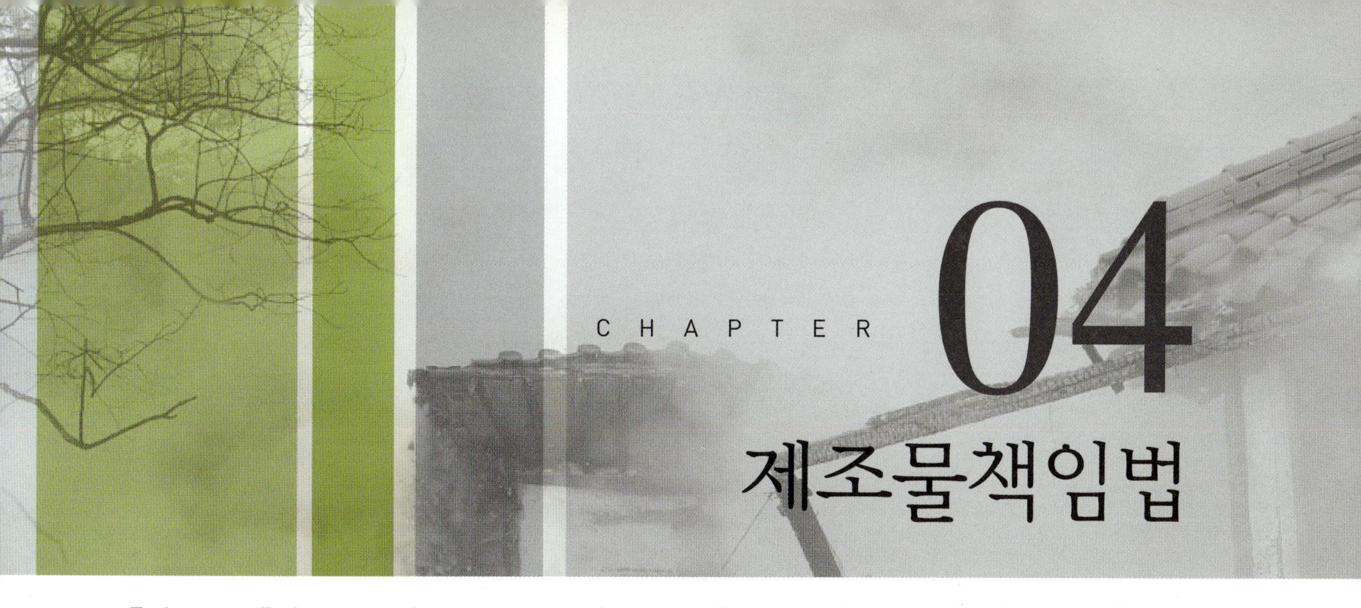

Step 01 개요

　　제조물책임법은 2002년 7월 1일부터 시행되고 있는 법률로 제조물의 결함으로 인해 발생한 손해에 대하여 제조업자 등의 손해배상책임을 규정한 것으로 소비자들의 피해를 구제하고 권익을 강화시킨 법률이라고 할 수 있다.

　　이 법이 발효되기 진작부터 제조물책임법을 입법화시키려는 관심은 오랜 시간을 두고 계속되어 왔는데 1982년 최초로 의원입법안이 국회에서 발의되었고 1994년 행정쇄신위원회에서 입법건의를 하기도 하였다. 이후 1998년 정부에서 100대 국정과제의 하나로 선정을 하였으며 공청회를 거쳐 1998년 12월에 국회를 통과하여, 2002년 7월 1일자로 시행이 되어 오늘에 이르고 있다.

　　이 법이 제정되기 전까지는 제조물의 하자로 발생하는 모든 분쟁의 입증책임이 주로 소비자에게 전가되어 사실상 손해배상을 받는다는 것은 매우 어려운 실정이었다. 사실 누구나 보편적으로 사용하고 있는 생활용품의 대다수는 사용의 편리함을 제공해 주는 반면 많은 사용자들이 현대의 첨단과학기술이 집약된 제품의 성질, 성능 및 그 위험성을 제대로 파악하기란 매우 어렵다. 따라서 제품에 대한 정보와 지식이 부족한 소비자들의 입증책임 부담을 완화시켜 줄 필요성이 증대된 것이다.

　　제조물책임법에 대한 시행은 이미 여러 나라가 운영하고 있는데 미국은 1962년부터 시행하고 있으며 유럽연합은 1988년부터 1994년까지 연합국가 대부분이 이 법을 도입하여 시행하고 있는 상황이다. 또한 문화개방의 후발주자인 중국도 1993년에 도입하였고 일본은 1995년부터 시행하고 있는 법률이다.

　　제조물책임법의 시행은 소비자의 권익을 강화시키는 기능도 있지만 기업의 경쟁력 강화에도 기여하는 측면도 있다. 안전한 제품만이 생존할 수 있다는 논리가 확산되어 기업경영의 최대

경쟁력으로 부각되었으며, 내수시장은 물론 세계 초일류 기업으로 발돋움하기 위한 전제조건은 안전일 수밖에 없다는 것으로 인식이 전환된 것이다.

한편 이 법의 시행은 과학적이고 합리적인 화재조사가 될 수 있도록 더욱 촉구하는 계기가 되기도 하였다. 발화원과 발화지점, 연소확산에 이르게 된 관계가 제조물의 결함에 의한 화재였다면 어떤 상관관계를 띠고 있었는지 규명절차와 논리를 합리적으로 제시하거나 입증하는 수준까지 요구하기에 이른 것이다.

Step 02 제조물책임법 주요내용

1 목적

제조물의 결함으로 인하여 발생한 손해에 대한 제조업자 등의 손해배상책임을 규정함으로써 피해자의 보호를 도모하고 국민생활의 안전향상과 국민경제의 건전한 발전에 기여함을 목적으로 하고 있다.

2 제조물의 결함 유형

제조물책임법 제2조 제2항에서 "결함"이란 제조·설계 또는 표시상의 결함이나 기타 통상적으로 기대할 수 있는 안전성이 결여되어 있는 것을 말한다.

❶ **제조상의 결함** : 제조업자의 제조물에 대한 제조·가공상의 주의의무의 이행 여부에도 불구하고 제조물이 원래 의도한 설계와 다르게 제조·가공됨으로써 안전하지 못하게 된 경우를 말한다.

❷ **설계상의 결함** : 제조업자가 합리적인 대체설계를 채용하였더라면 피해나 위험을 줄이거나 피할 수 있었음에도 대체설계를 채용하지 아니하여 당해 제조물이 안전하지 못하게 된 경우를 말한다.

❸ **표시상의 결함** : 제조업자가 합리적인 설명·지시·경고 기타의 표시를 하였더라면 당해 제조물에 의하여 발생될 수 있는 피해나 위험을 줄이거나 피할 수 있었음에도 이를 하지 아니한 경우를 말한다.

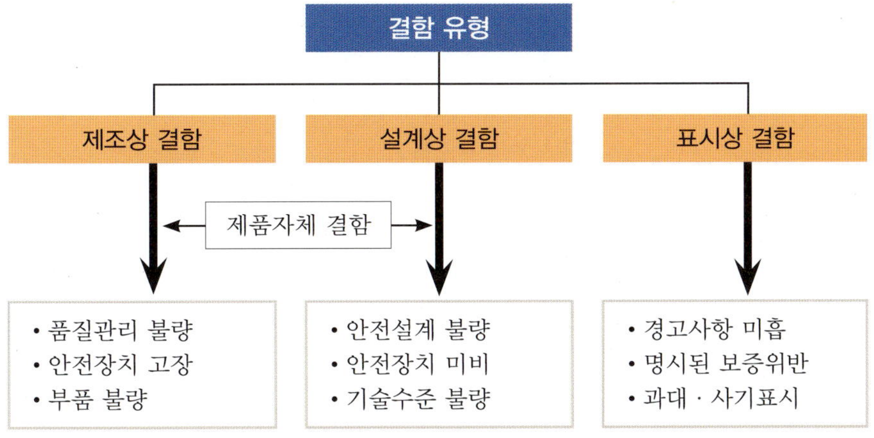

〈그림 2-2〉 제조물책임법 결함 유형

결함에 대한 판단기준은 일반시민이 갖고 있는 객관적인 안정성을 갖추지 않은 경우를 말한다. 즉 소비자가 전문지식이 없더라도 제조물 자체가 합리적이지 않고 그로 인해 사고가 발생한 경우에는 제조물로 인한 결함으로 보고 있다.

③ 손해배상 책임자

제조물의 제조 · 가공 또는 수입업자 〔단, 제조물의 제조업자를 알 수 없는 경우에는 공급(판매 · 대여 등)한 자가 책임을 진다.〕

④ 적용대상

제조 또는 가공된 동산 (부동산의 일부를 구성하는 동산 포함)

※**제조 및 가공의 개념** : 재료에 일정한 "가치의 증가"를 꾀하거나 "위험 증가적 변경"을 내용으로 하는 생산 활동

⑤ 손해배상 범위

제조물의 결함으로 발생한 생명 · 신체 또는 재산의 손해로 인적 · 물적 손해 모두 무제한의 손해를 배상하여야 한다. 다만, 당해 제조물에 대해서만 손해가 발생한 경우에는 면책된다.

〔표 2-4〕 민법과 손해배상책임 요건 비교

구 분	민 법	제조물책임법
손해배상 책임주체	제조업자(불법행위)	제조업자(무과실책임)
손해배상 책임요건	제조자 등의 고의·과실	제조물의 결함
	손해의 발생	손해의 발생
	고의·과실과 손해와의 인과관계	결합과 손해와의 인과관계

※민법상의 손해배상 책임요건인 "가해자의 고의·과실(과실책임)"을 제조물책임법에서는 "제조물의 결함(무과
실책임)"으로 적용

6 면책사유

❶ 제조업자가 당해 제조물을 공급하지 아니한 사실
❷ 제조업자가 당해 제조물을 공급한 때의 과학·기술 수준으로는 결함의 존재를 발견할
  수 없었다는 사실
❸ 제조물의 결함이 제조업자가 당해 제조물을 공급할 당시의 법령이 정하는 기준을 준수
  함으로써 발생한 사실
❹ 원재료 또는 부품의 경우에는 당해 원재료 또는 부품을 사용한 제조물 제조업자의 설계
  또는 제작에 관한 지시로 인하여 결함이 발생하였다는 사실

7 손해배상청구권 소멸시효

피해자 또는 그 법정대리인이 손해배상책임을 지는 자를 안 날로부터 3년간 행사하지 않으
면 소멸하며, 제조업자가 손해를 발생시킨 제조물을 공급한 날로부터 10년 이내 행사하여야 한
다. 다만, 신체에 누적되어 사람의 건강을 해하는 물질에 의하여 발생한 손해 또는 일정한 잠복
기간이 경과한 후에 증상이 나타나는 손해에 대하여는 그 손해가 발생한 날부터 기산한다.

Step 03 주요 국가의 제조물책임법 비교

주요 선진국에서 운영하고 있는 제조물책임법의 내용은 〔표 2-5〕와 같다. 손해배상의 책임
부담 조건을 한결같이 제품결함에 두고 있으며 결함의 조건도 비정상적으로 안정성을 결여한
것을 성립요소로 하고 있다.

〔표 2-5〕 미국 · 유럽연합 · 일본의 PL법 비교

구 분	미국	유럽연합(EU)	일본
책임주체	제조 · 수입 · 판매업자	제조 · 수입 · 공급업자	제조 · 수입업자
책임부담 조건	제품결합	제품결함	제품결함
결함의 조건	비정상적으로 위험한 상태	소비자의 당연 기대 안전성 미비	일반적인 안전성 미비
제조물의 범위	주(州)마다 상이	농 · 축 · 수산물 및 동산	동산(부동산 제외)
법적 근거	각 주(州)의 판례와 법률	EU의 PL법	PL법
제품의 법정책임기간	주(州)마다 상이	유통 개시 후 10년	유통 개시 후 10년

각 국가마다 실정에 맞는 제정법을 바탕으로 운영하고 있고 미국의 경우에는 통일된 연방법은 없으나 각 주(州)마다 판례와 법률을 가지고 운영하고 있다.

제조물책임법의 시행은 세계적으로 제조업자로 하여금 상품을 판매하는 데 그치지 않고 안전을 담보로 한 사후관리까지 보증할 수 있어야 한다는 의미로 해석되고 있고 이에 따라 각 제조사 또는 수입사마다 대응 전담팀을 구성하여 운영하기에 이르고 있다.

Step 04 | 제조물책임법 해설

제조물책임법[제정 2000.1.12 법률 제6109호 재정경제부]

【제1조】 (목적)

이 법은 제조물의 결함으로 인하여 발생한 손해에 대한 제조업자 등의 손해배상책임을 규정함으로써 피해자의 보호를 도모하고 국민생활의 안전향상과 국민경제의 건전한 발전에 기여함을 목적으로 한다.

▼의미

❶ **피해자의 보호** : 제조물의 결함으로 인해 생명, 신체 또는 재산에 손해를 입은 주체는 직접 소비자뿐만 아니라 제조물을 직접 소비하지 않은 제3자도 당해 제조물의 결함에 의해 손해를 입은 경우에 적용된다. 예를 들어 결함있는 차량에 탑승하였다가 사고를 당한 경우 직접 운전자가 아니더라도 피해자로서 보호를 받을 수 있다.

❷ 국민생활의 안전향상과 국민경제의 건전한 발전에 기여 : 안전성에 결함이 있는 제조물로 인하여 국민의 생명·신체 또는 재산상의 위해를 방지함으로써 국민의 안전향상과 건전한 발전이 달성될 것이라는 기대를 담고 있는 것이다.

【제2조】(정의)

이 법에서 사용하는 용어의 정의는 다음과 같다.

① "제조물"이라 함은 다른 동산이나 부동산의 일부를 구성하는 경우를 포함한 제조 또는 가공된 동산을 말한다.

② "결함"이라 함은 당해 제조물에 다음 각목의 1에 해당하는 제조·설계 또는 표시상의 결함이나 기타 통상적으로 기대할 수 있는 안전성이 결여되어 있는 것을 말한다.

    가. "제조상의 결함"이라 함은 제조업자의 제조물에 대한 제조·가공상의 주의의무의 이행 여부에 불구하고 제조물이 원래 의도한 설계와 다르게 제조·가공됨으로써 안전하지 못하게 된 경우를 말한다.

    나. "설계상의 결함"이라 함은 제조업자가 합리적인 대체설계를 채용하였더라면 피해나 위험을 줄이거나 피할 수 있었음에도 대체설계를 채용하지 아니하여 당해 제조물이 안전하지 못하게 된 경우를 말한다.

    다. "표시상의 결함"이라 함은 제조업자가 합리적인 설명·지시·경고 기타의 표시를 하였더라면 당해 제조물에 의하여 발생될 수 있는 피해나 위험을 줄이거나 피할 수 있었음에도 이를 하지 아니한 경우를 말한다.

③ "제조업자"라 함은 다음 각 목의 자를 말한다.

    가. 제조물의 제조·가공 또는 수입을 업으로 하는 자

    나. 제조물에 성명·상호·상표 기타 식별 가능한 기호 등을 사용하여 자신을 가목의 자로 표시한 자 또는 가목의 자로 오인시킬 수 있는 표시를 한 자

▼의미

제조라 함은 제조물의 설계, 가공, 검사, 표시를 포함한 행위로서 일반적으로 원재료를 바탕으로 하여 새로운 물품을 만드는 것을 말한다.

가공이라 함은 동산을 재료로 하여 기계작업을 하거나 수작업 등 공작을 더하는 것으로 그 본질은 유지하면서 새로운 속성을 더하거나 가치를 덧붙이는 것을 말한다. 따라서 본법에 적용되는 제조물이라 함은 제조·가공된 것으로 다음과 같은 요건에 해당하는 것이다.

첫째, 관리가 가능한 유체물과 자연력이어야 한다.

유체물은 사전적 의미로 공간의 일부를 차지하고 사람의 감각에 의하여 지각할 수 있는 형태를 가지는 물건을 말한다. 그러므로 분자가 존재하지 않는 전기, 음향, 광선, 열 등은 무체물이지만 관리가 가능한 상태라면 대상이 된다.

둘째, 동산이어야 한다.

이 법률에서 부동산은 대상으로 하지 않는다. 부동산이라 함은 토지 및 그 정착물을 말하며 동산은 형상이나 성질 따위를 바꾸지 아니하고 옮길 수 있는 재산을 말한다. 토지나 그 위에 고착된 건축물을 제외한 재산으로 돈, 증권, 가재도구류 등이 이에 해당된다. 당해 결함과 발생한 손해와의 사이에 상당인과관계가 있는 경우에는 당해 동산의 제조업자 등은 제조물책임을 부담하게 된다.

셋째, 제조 또는 가공된 동산이어야 한다.

제1차 산업인 농업, 어업, 임업 등에서 제조·가공된 제품과 광업, 제조업, 건설업, 전력, 가스, 수도업 등 2차 산업 생산활동을 통해 제조된 물품 등이 포함된다. 여기서 가공 여부의 판단은 개개의 구체적 사안에 따라 당해 제조물에 덧붙여진 행위를 평가하는 것으로 결정된다.

일반적으로 결함이라 함은 "제조물에서 통상적으로 기대할 수 있는 안전성을 결여하고 있는 것"을 의미하며 간단한 품질의 하자는 대상이 되지 않는다.

❶ **제조상의 결함** : 제조상의 결함이라 함은 제조물이 원래 의도한 설계와 다르게 제조·가공됨으로써 안전하지 못하게 된 경우를 말한다. 설계와 다르게 생산되었다는 의미는 설계도면대로 제품이 생산되지 아니한 경우를 말하는 것으로 제조과정에서 제품에 이물질이 들어간 식품류 또는 차량에 부속품이 누락되어 안전에 중대한 결함이 발생한 경우 등이 제조상의 결함에 해당된다.

❷ **설계상의 결함** : 설계상의 결함은 제조업자가 합리적인 대체설계를 채용하였더라면 피해나 중대한 위험을 피할 수 있었음에도 대체설계를 채용하지 아니하여 당해 제조물이 안전하지 않은 경우를 말한다. 설계도면대로 제품은 생산되었지만 설계 자체가 처음부터 안전하지 아니한 경우를 말하는데 예를 들면 세탁기의 가동 중에 문이 개방되어 안전사고 발생 우려가 있는 경우 설계 자체에서 안전성이 결여된 것이다.

❸ **표시상의 결함** : 표시상의 결함은 제조업자가 합리적인 설명이나 지시, 경고, 기타의 표시를 하였더라면 당해 제조물에 의하여 발생될 수 있는 피해나 위험을 줄이거나 피할 수 있었음에도 이를 표시하지 아니한 경우를 말한다. 제조상의 결함과 설계상의 결함이 제조물 자체의 결함이라고 한다면 표시상의 결함은 제조물 자체에 존재하는 결함이 아니라고 볼 수 있다. 예를 들면 제품의 오·남용으로 발생할 수 있는 안전사고의 경고표시 부착 소홀로 빚어지는 사례가 있을 수 있다. 물기엄금, 화기엄금과 같은 주의나 경고사항 등이 표시되지 않은 경우도 해당되므로 지시·경고상의 결함이라고도 한다.

【제3조】 (제조물책임)

① 제조업자는 제조물의 결함으로 인하여 생명·신체 또는 재산에 손해(당해 제조물에 대해서만 발생한 손해를 제외한다)를 입은 자에게 그 손해를 배상하여야 한다.
② 제조물의 제조업자를 알 수 없는 경우 제조물을 영리목적으로 판매·대여 등의 방법에 의하여 공급한 자는 제조물의 제조업자 또는 제조물을 자신에게 공급한 자를 알거나 알 수 있었음에도 불구하고 상당한 기간 내에 그 제조업자 또는 공급한 자를 피해자 또는 그 법정대리인에게 고지하지 아니한 때에는 제1항의 규정에 의한 손해를 배상하여야 한다.

▼의미

❶ **결함과 손해 사이의 관계** : 제조물의 결함에 기인하여 사고가 발생하였다는 사실 즉, 배상책임이 제조업자 등에 있다는 것을 강조하기 위하여 제품의 결함과 손해발생 간의 상당한 인과관계가 존재하여야 한다.

❷ **입증책임** : 입증책임은 제조업자 등이 당해 제조물로 인한 결함 여부를 입증하여야 하며 손해배상을 청구하는 자는 당해 제조물을 사용함으로써 발생하였다는 요건사실을 입증할 책임이 있는 것으로 해석된다.

❸ **손해배상의 범위** : 제조물로 인해 인명 및 재산피해 등 확대손해가 발생하지 않은 경우 제조물 자체의 손해는 손해배상의 대상으로 하고 있지 않다. 제조물책임법은 제조물이 통상 갖추어야 할 안전성을 결하였을 때 그 위험이 상당하여 소비자 또는 제3자의 생명, 신체, 재산에 대해 확대손해가 발생한 경우에 손해배상책임을 인정하고 있는 것이다. 정신적 손해도 당연히 손해배상의 대상에 포함된다.

【제4조】 (면책사유)

① 제3조의 규정에 의하여 손해배상책임을 지는 자가 다음 각 호의 1에 해당하는 사실을 입증한 경우에는 이 법에 의한 손해배상책임을 면한다.
  1. 제조업자가 당해 제조물을 공급하지 아니한 사실
  2. 제조업자가 당해 제조물을 공급한 때의 과학·기술수준으로는 결함의 존재를 발견할 수 없었다는 사실
  3. 제조물의 결함이 제조업자가 당해 제조물을 공급할 당시의 법령이 정하는 기준을 준수함으로써 발생한 사실
  4. 원재료 또는 부품의 경우에는 당해 원재료 또는 부품을 사용한 제조물 제조업자의 설계 또는 제작에 관한 지시로 인하여 결함이 발생하였다는 사실

② 제3조의 규정에 의하여 손해배상책임을 지는 자가 제조물을 공급한 후에 당해 제조물에 결함이 존재한다는 사실을 알거나 알 수 있었음에도 그 결함에 의한 손해의 발생을 방지하기 위한 적절한 조치를 하지 아니한 때에는 제1항 제2호 내지 제4호의 규정에 의한 면책을 주장할 수 없다.

▼의미

면책사유는 제조업자 등이 제조물책임을 부담하는 경우에 당해 제조업자에게 일종의 항변의 기회를 제공하는 것으로 일정한 사정을 입증하면 배상책임을 면한다는 취지를 담고 있다. 그러나 민법 등 기타 법률에서 발생한 손해배상책임까지 그 효력이 미치는 것은 아니다.

❶ **제조업자가 당해 제조물을 공급하지 아니한 사실** : 판매를 위해 생산은 되었으나 아직 유통되지 않은 결함 있는 제조물에 의해 기업의 고용인 등이 상해를 입은 경우에는 제조업자의 책임은 면책된다. 그러나 제품이 이미 유통되어 사용 중이고 당해 제조물의 결함이 있는 부품 또는 결함이 있는 원료에 의해 피해가 발생한 경우에는 당해 제조업자는 제조물책임을 지게 되며 면책되지 않는다.

❷ **개발위험의 항변(기술수준의 항변)** : 개발위험이라 함은 제품을 유통시킨 시점에서 당시 과학 기술의 수준으로는 제조물에 내재하고 있는 결함을 발견하는 것이 불가능하다는 위험을 말한다. 제조업자에게 개발위험에 대해서까지 책임을 부담시키게 되면 기술개발에 장애가 될 수 있으며 소비자의 실질적인 편리한 이익이 저해될 수 있다는 점에서 당해 결함이 개발위험에 해당된다는 것을 제조업자가 입증한 경우에는 제조업자의 책임을 면하게 하려는 취지이다.

❸ **원재료 또는 부품 제조업자의 항변** : 부품이나 원재료 제조업자의 항변은 제조물책임이 당해 제조물의 결함 존재 여부에 따라 손해배상책임을 인정하는 것인 이상 부품이나 원재료이더라도 결함이 존재한다고 하면 그 제조업자는 손해배상책임을 지게 된다.

❹ **사후개선조치를 소홀히 한 경우의 면책사유 부인** : 제조업자 등이 제조물을 공급한 후에 당해 제조물에 결함이 존재한다는 사실을 알거나 알 수 있었음에도 그 결함에 의한 손해의 발생을 방지하기 위한 적절한 조치를 하지 아니한 때에는 개발위험의 항변이나 구속적 법령기준 준수의 항변 및 부품·원재료 제조업자의 항변 등에 의한 면책을 주장할 수 없다. 이는 제품 출시 후에도 사고발생 우려가 있을 경우를 대비하여 제조업자 등에게 책임을 지운 것으로 제조물을 공급한 자는 사후에도 제조물을 주의 깊게 관찰하고 만약에 결함이 확인되면 즉시 리콜 등의 개선조치를 취하거나 설계의 변경 등의 조치를 취하여 소비자에 대한 안전조치를 취하여야 한다.

【제5조】 (연대책임)

동일한 손해에 대하여 배상할 책임이 있는 자가 2인 이상인 경우에는 연대하여 그 손해를 배상할 책임이 있다.

▼의미

결함 있는 제품의 제조업자 등이 2인 이상일 경우에는 관계자 모두가 연대하여 손해배상책임을 지게 된다. 이러한 연대책임자의 피해자에 대한 손해배상책임은 공동불법행위가 성립하는지 여부에 상관없이 원칙적으로 각각의 책임주체가 피해자에 대하여 자기의 책임원인은 물론 상당인과관계에 있는 모든 손해에 대하여 배상할 의무를 지는 것이다.

【제6조】 (면책특약의 제한)

이 법에 의한 손해배상책임을 배제하거나 제한하는 특약은 무효로 한다. 다만 자신의 영업에 이용하기 위하여 제조물을 공급받은 자가 자신의 영업용 재산에 대하여 발생한 손해에 관하여 그와 같은 특약을 체결한 경우에는 그러하지 아니하다.

▼의미

면책특약의 제한은 제조업자 등과 소비자와의 관계에서 이루어진 사항을 제한하는 데 의의가 있다. 그러나 자신의 영업에 이용하기 위하여 제조물을 공급받은 자가 자신의 영업용 재산에 대하여 발생한 손해에 관하여 그와 같은 특약을 체결한 경우에는 무효로 하지 않는다고 규정하고 있다. 이러한 면책특약을 하더라도 그 효력은 직접거래 상대방인 사업자에게 미칠 뿐이고 제조물을 인도한 모든 자(주로 소비자)에게 미치는 것은 아니므로 예외적으로 면책특약을 인정하고 있다.

【제7조】 (소멸시효 등)

① 이 법에 의한 손해배상의 청구권은 피해자 또는 그 법정대리인이 손해 및 제3조의 규정에 의하여 손해배상책임을 지는 자를 안 날부터 3년간 이를 행사하지 아니하면 시효로 인하여 소멸한다.
② 이 법에 의한 손해배상의 청구권은 제조업자가 손해를 발생시킨 제조물을 공급한 날부터 10년 이내에 이를 행사하여야 한다. 다만, 신체에 누적되어 사람의 건강을 해하는 물질에 의하여 발생한 손해 또는 일정한 잠복기간이 경과한 후에 증상이 나타나는 손해에 대하여는 그 손해가 발생한 날부터 기산한다.

▼의미

본 규정은 제조물책임의 소멸시효와 제척기간을 규정한 것이다. 즉 책임주체마다에 당해 제조물을 인도한 때로부터 10년으로 규정하고 있다. 또한 손해배상책임을 지는 자를 안 날부터 3년간 행사하지 아니하면 시효로 인하여 소멸한다고 하고 있다. 제조물의 결함에 기인하는 손해 중에는 제조물의 사용개시 후 일정한 기간을 경과한 후 예상 외의 확대손해가 발생하는 경우가 있는데 제조물의 통상적인 사용기간을 전제로 제척기간을 적용하면 그 기간의 경과 후에 손해가 발생한 손해에 대해서는 손해배상청구소송을 제기할 수 없게 된다. 따라서 피해자 보호의 관점에서 기산점을 손해가 발생한 때로 규정하고 있다.

【제8조】 (민법의 적용)

제조물의 결함에 의한 손해배상책임에 관하여 이 법에 규정된 것을 제외하고는 민법의 규정에 의한다.

▼의미

본 규정은 민법의 불법행위책임제도의 특칙으로 본법에 특별한 규정이 없는 사항에 대해서는 민법의 규정이 적용되는 것을 명확하게 하고 있다.

부 칙 〈제6109호, 2001. 1. 12〉

① (시행일) 이 법은 2002년 7월 1일부터 시행한다.
② (적용례) 이 법은 이 법 시행 후 제조업자가 최초로 공급한 제조물부터 적용한다.

▼의미

적용례의 규정은 일반적으로 민사법규에 있어서는 행위자에게 의무를 부과하거나 사람의 권리를 제한하거나 하는 것은 소급하여 적용하지 않는다는 것이 원칙이다. 또한 제조물책임으로 인한 귀책근거는 결함이 있는 제조물을 제조 또는 가공한 다음 공급한다는 점에 있으므로 이 법률의 시행 후에 제조업자 등이 최초로 공급한 제조물에 대하여 적용하는 것을 명시적으로 규정하고 있다.

Step 05 | 제조물책임법과 화재조사

1 제조물화재의 특징

제조물로 인한 화재 종류는 전기를 열에너지로 사용하는 제품이 주류를 이루고 있다. TV를 비롯하여 냉장고, 세탁기, 컴퓨터, 전기밥솥, 커피포트 등 우리 생활주변에서 흔히 볼 수 있는 모든 가전제품은 잠재된 화재 위험성을 내포하고 있다고 볼 수 있다. 화재와 관련된 제조물에는 사실 책상, 가방, 쓰레기통, 주방기구 등 부동산 이외의 모든 물건이 대상이 될 수 있으나, 발화원과 직접 관련성이 깊은 것으로는 전기에너지를 사용하는 가전제품이 가장 높은 비중을 차지하고 있다. 이들 제품의 공통점은 열의 이용방식에 따라 약간씩 차이가 있을 뿐 회로소자가 제 기능을 발휘하지 못하거나 노후, 관리 불량, 자의적 분해·수리 등으로 인해 화재의 양상이 천차만별로 나타나고 있는 것이다. 현장조사 결과 나타나고 있는 주요 특징은 다음과 같다.

(1) 관리소홀로 빚어지는 경우가 많다.

제조물 자체의 결함에 기인한 경우도 있지만 관리자의 취급소홀, 무관심 등으로 화재가 많이 발생하는 경향이 있다. 세탁기의 설치장소를 습기가 많은 욕실 구석에 설치하여 회로기판에 물기가 침투하여 절연파괴로 화재가 발생하는 경우와 냉장고 뒤편에 분기된 전기배선이 냉장고 하중에 눌려 단락을 일으키는 경우, TV 위에 꽃병이 쓰러지면서 물이 TV 내부로 쏟아져서 합선을 일으키는 경우 등이 대표적이다.

(2) 분쟁 가능성이 크다.

제품결함으로 인한 화재는 이의제기, 원상복구 요구 및 정신적 손해 등에 대한 소송 등으로 비화될 가능성을 지니고 있다. 제조사와 소비자간 이견이 생기는 부분은 화재가 발생한 초기에 많이 발생하는데 구체적인 조사절차에 앞서 피해자의 입장에서는 조속한 원상복구가 관심사이므로 자연스럽게 빚어지는 일종의 마찰로 볼 수 있다. 제품결함에 의한 것이 입증되면 대부분 제조사와의 화해·조정이 빠르게 진행되지만 고소 또는 진정신청 등으로 비화될 우려가 있다.

(3) 제조물 자체만 연소하는 경향이 짙다.

일반 주택에서 발생하는 제조물화재는 제품 자체만 연소하는 데 그치는 경우가 많다. 그 이유는 제품 속에 내장된 전선이나 반도체 등 회로소자가 발열을 일으키더라도 주변 가연물로 확대될 만큼 열이 성장하지 못하기 때문이다. 제품 외함은 보통 폴리프로필렌(PP) 또는 폴리에틸렌(PE), 에폭시 수지 등 플라스틱류인데 폴리프로필렌의 용융점은 165℃ 전후로 용융이 용이한 반면 불꽃을 일으키며 연소하기란 쉽지 않다. 모든 제품은 내부에서 이상발열이 일어나는 초기 단계에서 연기가 발생하여 화재발견이 쉽지만 사람이 없다면 제품 자체의 멸실을 초래한다.

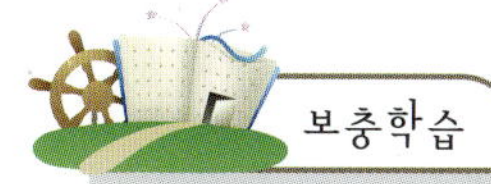

냉장고가 다른 가전제품보다 연소가 잘 되는 이유

화염에 의해 연소되는 제품 중 TV나 컴퓨터, 라디오 등 다른 가전제품과 달리 상대적으로 냉장고는 연소가 빠르게 촉진된다. 왜냐하면 냉장고는 철재 외함과 내부 플라스틱 사이에 우레탄 폼을 주입시켜 단열재로 사용하고 있는데 이 우레탄 폼에 의한 연소 및 착화가 대단히 빠르기 때문이다.

② 제조물화재의 입증절차

제조물에서 화재가 발생하여 제품 자체만 연소하였더라도 원인을 규명하는 절차는 그리 간단하지 않은 문제이다. 왜냐하면 제조물 자체 결함 때문인지 사람의 관리소홀로 일어난 것인지를 판단해야 할 문제가 남기 때문이다. 제조물책임법 시행 이후 가장 쟁점이 되는 부분이기도 하며 문제해결의 관건이 되는 주요 이유가 되기도 한다. 현장에서 확인 가능한 주요 입증절차를 살펴보면 다음과 같다.

(1) 제품을 사용 중이었다는 사실관계 확인

❶ 전원은 정상적인 공급상태에 있었는가
❷ 사용시간은 적정하였는가

(2) 사용 중 동작상태 이상 여부 확인

❶ 과도한 운전이나 무리한 조작은 없었는가
❷ 소음이나 냄새 등 이상징후는 있었는가

(3) 관리상태 확인

❶ 제품은 적정한 장소에서 사용하고 있었는가
❷ 임의적으로 분해 · 조작하거나 수리한 사례는 있었는가

(4) 연소형태 확인

❶ 제품에서 발화되어 주변으로 출화된 흔적 존재 여부
❷ 제품 특성과 다른 가연물이 혼재된 상태는 아니었는가
❸ 제품이 발화될 만한 요건은 갖추고 있었는가

❸ 제조물별 발화형태

제품별로 차이는 있으나 제품 자체에서 발화한 경우에는 내부 회로기판을 통해 출화된 흔적 식별이 가능한 경우가 많은데 사용연수가 경과하게 되면 회로소자인 코일 또는 반도체 소자 등이 접속부와 간격이 들떠 납땜부위를 통해 방전하고 기판에 착화하는 경우가 있다. 습기가 많은 욕실에서 사용하고 있는 비데의 경우에는 습기방지를 위해 회로기판 위를 실리콘으로 마감처리 하고 있는데 회로소자에서 발생한 열이 지속적으로 발생하는 상황에서 사용연수가 경과하면 실리콘 사이로 균열이 일어나 습기의 침투가 용이한 환경에 놓이기도 한다. 냉장고의 경우는 하중에 눌린 전원코드가 절연피복에 손상을 일으켜 단락 출화하는 경우가 있을 수 있다.

제품별로 내부에서 발화되는 공통적인 요소로는 접촉불량에 의한 단락과 사용빈도가 높아짐에 따라 절연열화에 의한 단락현상이 많고 모터를 구동시키는 제품에서는 모터코일에 미소한 손상이 진전되어 층간단락을 일으켜 국부적인 손상을 발생시키는 경우가 있다.

〈그림 2-3〉 **제조물별 연소형태**

제품결함에 기인한 것으로 오인되는 경우도 있는데 대표적인 것으로 반단선 출화 사례가 있다. 오디오나 텔레비전의 전원코드를 콘센트에 반복적으로 넣었다 빼는 과정을 되풀이하거나 코드가 밖으로 삐져나오는 것을 피하기 위해 강제적으로 벽면으로 밀어붙여 전선이 꺽이도록 만들어 출화조건을 형성해주는 경우이다. 반단선이 형성되면 급작스런 출화는 이루어지지 않지만 눈에 보이지 않는 지속적인 불꽃방전이 일어나게 되고 결국에는 절연피복에 착화되어 출화에 이르게 된다. 이러한 경우 제품 자체의 결함이 아님에도 불구하고 화재원인을 제품결함에 의한 것으로 오류를 범할 수 있게 된다.

　　제품 단면의 연소형태만 보고 내부에서 출화된 것인지 외부 화염에 의해 손상된 것인지를 판별해 내기란 쉽지 않은데 제품결함을 입증하려면 내부 회로소자에 대한 출화특이점을 찾아내는 것이 중요하다. 플라스틱 외함이 용융되어 회로소자에 융착되었다 하더라도 콘덴서 등 부품이 터진 형태와 기판에 착화되어 구멍이 생긴 흔적 등이 남기 마련이므로 세심한 관찰이 요구된다.

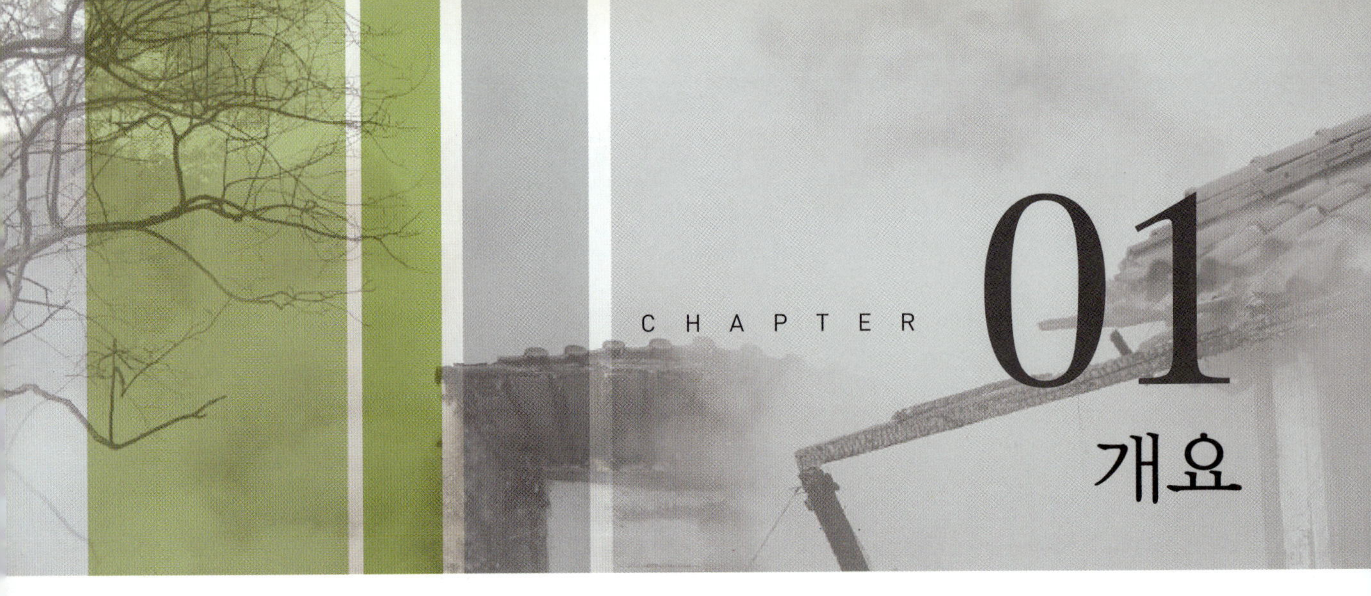

화재조사는 소방기본법에서 정한 법률행위로 화재가 발생하면 소방기관에서 마땅히 수행하여야 할 고유 업무로 화재원인은 물론 연소확대된 경위와 피해내역에 대한 조사를 진행하여야 하는 내용을 담고 있다. 화재조사의 중요성에 대하여 사회적 관심이 높아진 것은 비교적 최근의 일로서 이는 높아진 국민의식의 영향도 있으나 과학의 발달로 발화원에 대한 규명절차가 학문적 또는 실무적으로 가능해진 것도 큰 비중을 차지하고 있다. 과거에는 화재조사에 대한 인식도 낮았을 뿐만 아니라 전문 인력과 장비도 매우 빈곤하여 이론과 실무에 대한 체계 정립이 쉽지 않았던 것이다. 그러나 이제는 하나의 학문분야로 인정받기에 이르렀고 조사방법과 절차에 대한 형식과 틀이 점차 면모를 갖추게 되었다.

Step 01 화재조사 의의

화재조사란 화재원인을 규명하고 화재로 인한 피해를 산정하기 위하여 자료의 수집, 관계자 등에 대한 질문, 현장 확인, 감식, 감정 및 실험 등을 행하는 일련의 과정으로 정의되고 있다.

발화에 이르게 된 주된 요소를 파악하기 위한 현장확인과 자료수집은 조사의 핵심으로 출동단계부터 화재조사가 실시되어야만 하는 당위성을 내포하고 있다. 여기서 말하는 자료수집이란 서류, 도면, 목격자 증언과 탄화된 발화원의 잔해, 연소확대물 등 인적·물적 모든 자료를 포함하고 있다. 자료의 원활한 수집으로 그만큼 조사가 수월해질 수 있으며 현장확인을 통해 개별적인 입증이 가능해진다. 화재조사는 수사적인 면도 띠고 있어 발화 전 상황과 발화 후 상황을 관계자를 입회시켜 질문을 통해 확인하고 과실 여부에 따라 책임소재를 규명짓는 막중

한 역할도 담당하고 있다. 현장조사 시 수시기관과의 협력을 통해 상당부분 방·실화 구분 조사가 공동으로 진행되어야 하는데, 사상자가 발생한 경우라면 발생장소 및 그 배경에 대한 조사가 검사의 지휘하에 이루어지기도 한다. 화재조사의 백미(白眉)는 이 같은 과정에서 획득한 발화원의 잔해에 대해 감식과 감정으로 구체적인 논증(論證)을 최종적으로 이끌어 내는 과정이라고 할 수 있다. 화재원인은 여러 가지가 있을 수 있지만 모두 비슷한 유형의 화재가 반복적으로 되풀이되고 있는 상황에 비추어 볼 때, 화재의 근본을 밝혀 유사화재를 방지하고 범의(犯意)가 있다면 사회 공공의 안전확보라는 측면에서 다루어야 한다.

그러므로 화재조사는 함축적으로 화재원인과 발화부를 결정하는 일련의 과정(Determine Fire Origin and Fire Cause)이라고 표현할 수 있다.

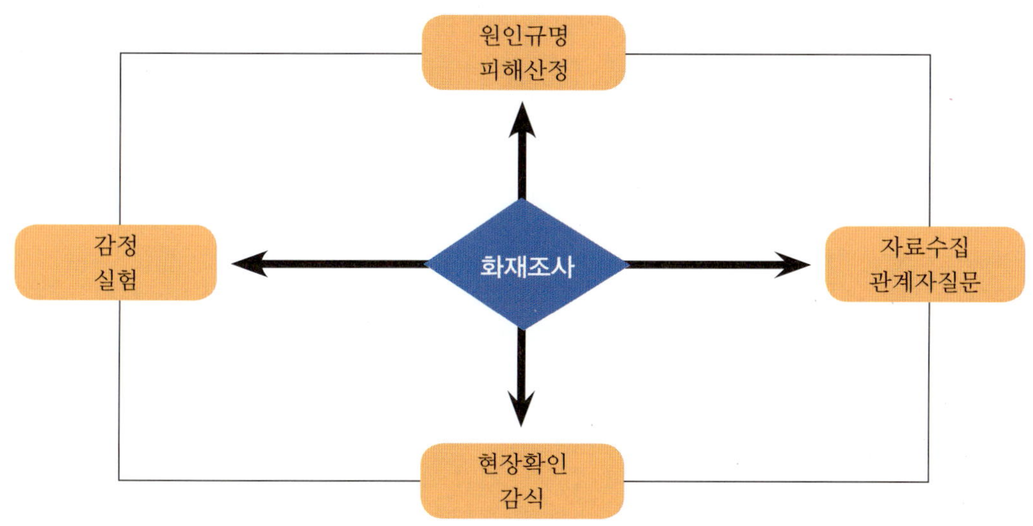

〈그림 3-1〉 화재조사에 포함된 내용

Step 02 화재조사 목적

화재조사는 기관별 조사주체에 따라 그 목적을 달리하고 있다. 먼저 수사기관 입장에서는 화재를 하나의 범죄와 연관지어서 폭넓게 접근하는 경향이 있다. 이는 방·실화의 경중을 가려 형사상 책임소재에 따른 수사를 진행하여야 하는 문제도 있지만 화재를 빙자한 절도, 강도, 폭력 등 타 범죄와 관련된 경우가 많다는 데 연유하는 측면도 있기 때문이다. 조사가 진행되면서 피의자를 확정하고 사건의 진상을 파악하여 기소와 불기소를 결정하는 절차를 통해 공공의 복리증진과 기본적 인권보장 실현을 위한 형사소송법상의 이념을 실현한다는 것을 목적으로 하고 있다.

한편 소방에서는 수사기관의 성격과 달리 유사화재를 예방하고 화재진압 대책 및 손해상황 등에 대한 자료를 통계화하여 널리 행정정책 자료로 활용하는 데 그 뜻을 두고 있다. 그러나 조사과정에서 소방시설을 임의로 작동하지 못하도록 조작하였거나 방화관리 부실에 기인하여 화재가 발생하였다면 이에 따른 사법상 책임이 부차적으로 따르기 때문에 법적 제재가 불가피하게 된다. 화재현장에서의 정보수집은 진압활동과 함께 소방이 가장 빠르기 때문에 화재예방과 손해상황 등에 대한 예방적 정책수립이 가능한데 소방의 화재조사에 대한 주요 목적은 다음과 같다.

❶ 화재에 의한 피해를 알리고 유사화재 방지와 피해경감에 이바지한다.

❷ 출화원인을 규명하고 예방행정 자료로 한다.

❸ 화재확대 및 연소원인을 규명하여 예방 및 진압대책상의 자료로 한다.

❹ 사상자의 발생원인과 방화관리 상황 등을 규명하여 인명구조 및 안전대책의 자료로 한다.

❺ 화재의 발생상황, 원인, 손해 상황 등을 통계화하여 널리 소방정보를 수집하고 행정시책의 자료로 활용한다.

이밖에도 화재피해에 대한 적정한 보상이 가능하게끔 관계기관에 자료를 제공하고 있으며 화재피해로 당장 숙식해결이 곤란한 당사자에게 조속한 주거생활 안정을 위해 긴급 구호품이 제공될 수 있도록 기여도 하고 있다.

화재현장은 전기, 가스 등 관련 사안에 따라 유관기관들도 조사업무를 수행하고 있으며, 보험가입 여부에 따라 보험사들도 보험금 산출 및 과실 여부 조사를 위해 공동으로 현장조사를 실시하고 있는데 기관별 화재조사에 관한 법적 근거와 목적은 〔표 3-1〕과 같다.

〔표 3-1〕 기관별 화재조사의 법적 근거와 목적

조사기관	법적 근거	목 적
소방	소방기본법 제5장 화재의 조사 (제29조~제33조)	소방정책 자료 소방법 위반 조사
경찰	형법 제13장 방화와 실화의 죄 (제164조~제176조)	범죄수사
가스관련 기관	액화석유가스의 안전 및 사업법 제38조 (보고와 조사 등), 제39조의 1(사고의 통보 등)	피해보상
전기관련 기관	전기사업법 제78조(사업) 전기안전에 관한 조사 및 연구	예방과 홍보 전기화재 감정
보험사	화재로 인한 재해보상과 보험가입에 관한 법률 제16조 (안전점검)	보험금 지급

Step 03 화재조사 특징

화재조사 행정은 현장활동을 위주로 진행되는 특징이 있다. 따라서 언제 발생할지 모르는 화재에 대비하여 항상 긴장할 수밖에 없으며 현장상황은 천차만별이기 때문에 화재성격에 따라 장시간이 소요되기도 하며 많은 인력을 필요로 하기도 한다. 따라서 연소상황과 발화지점에 대한 초기정보수집과 발화장소 훼손을 최소화시키기 위한 현장통제가 이루어져야 하는데 기동력 있는 현장성과 신속성이 요구되는 이유이기도 하다. 물리적 증거물은 화재현장에 숨어 있으며 이를 규명하기 위한 것이 화재조사로 표현되는데 주요 특징은 다음과 같다.

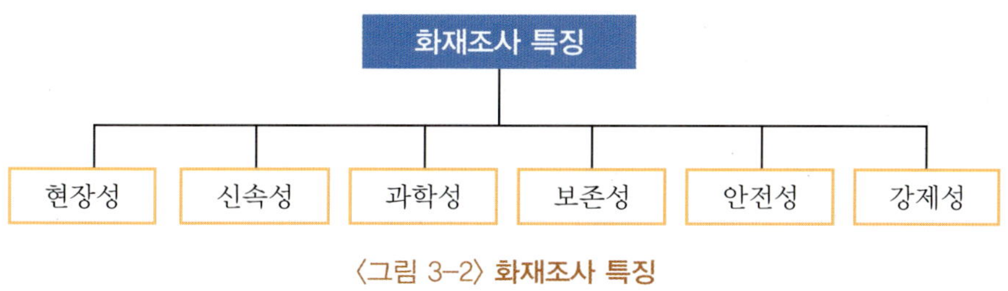

〈그림 3-2〉 화재조사 특징

① 현장성

화재조사에 도움이 되는 정보는 주로 현장에서 얻어진다. 119신고를 받는 순간에서부터 일시, 장소 및 신고자의 신고내용 등이 기록되면서 화재조사가 개시되며 현장 도착 시 진압활동과 병행하여 본격적으로 조사가 개시된다. 최초 발견자, 신고자, 주변 목격자, 초기 소화 종사자 등에 대한 인적 조사가 진행되고 연소상황을 관찰하여 급격한 연소부위나 물건의 연소과정에 대한 물적 조사가 현장에서 이루어진다. 화재가 종료된 후에도 열과 연기의 진행흔적, 소실 또는 훼손된 물품의 위치 및 상태, 기타 연소형태 등을 정밀관찰하고 감식 또는 감정에 필요한 증거물 등을 수집하는 조사활동은 바로 화재현장에서 이루어질 수밖에 없다.

② 신속성

화재조사 활동은 신속성을 유지하여야 한다. 특히 목격자 등 관계인에 대한 진술확보는 화재 초기에 비교적 진실에 가까운 내용이 많기 때문에 신속성이 더욱 필요하다. 관계자나 목격자 등은 시간이 흐르면서 증언번복, 출석요구 기피 등 종종 심경변화를 일으키는 경우가 있으며 보험에 가입된 경우에는 보상을 많이 받기 위하여 피해물품을 부풀리거나 다른 곳으로 물건을 빼돌리는 경우도 있다. 또한 불에 탄 물건들은 빠른 속도로 물성변화를 일으켜 훼손되기 쉬우므로 증거물에 대한 확보 차원에서도 신속성이 유지되어야 한다.

③ 과학성

화재조사는 과학적이고 합리적인 방법에 따라 진행되어야 한다. 과학적이라 함은 보편적 진리나 법칙에 합당하여야 함을 말하고 합리적이란 논리적 원리가 이치에 맞아야 한다는 것이다. 입증되지 않았거나 확인되지 않은 사실에 기초한 조사는 무리한 억측에 불과하며 커다란 오류로 이어질 수 있다.

화재와 폭발의 형태 등에 관한 지식과 경험을 바탕으로 화재현상을 설명하여야 하며 각종 실험·연구자료와 대입시키거나 비교하여 의문의 여지가 남지 않도록 규명하여야 한다. 이러한 절차는 반증(反證)에 대한 대응자료로 활용되기도 한다. 과학성은 체계적이고 전문적인 요소가 밑바탕을 이루어 집행되어야 한다.

④ 보존성

화재조사의 성패 여부는 현장의 보존성에 의존한다. 대부분의 가연물은 화재가 발생하면 물리적·화학적으로 물성치가 변형되거나 소실되지만 발화원과 연소확대 요인, 연소의 방향성 흔적 등을 판별할 수 있는 많은 잔해가 남기 때문에 각별한 관리가 필요하다. 화재가 발생한 다음에 가급적 물건의 반출 등이 없도록 조치하고 특히 무분별하게 사람들이 왕래하지 않도록 통제하여야 한다. 화재현장에 남아 있는 물건은 조사가 종료되기 전까지는 일종의 공공재(公共材)로 다루어져야 하고, 현장보존 여부는 화재원인을 밝혀내는 관건으로 작용한다.

⑤ 안전성

화재현장은 전쟁터를 방불케 하는 재난현장으로 건축물이 붕괴되거나 지붕이 내려앉고 벽이나 담이 무너지기도 한다. 또한 전기가 그대로 살아있거나 가스의 누설이 계속 이어지는 경우도 있으며 눈에 보이지 않는 각종 유해화학물질이 만연되어 있어 안전성이 반드시 확보되어야 한다. 바닥면에 탄화된 퇴적물 사이로 유리조각이나 못 등에 찔리는 피해를 입을 수도 있으며 조사과정에서 천장면 반자나 구조물들이 낙하하는 돌발 상황이 일어날 우려도 있다.

안전사고는 사소한 부분에서 일어나기도 한다. 장갑을 낀 상태로 발굴을 하다가도 부주의로 칼이나 가위에 손가락을 다치기도 하고 기름이 누설된 현장을 걷다가 미끄러져 넘어지는 등 화재현장은 온통 위험요소로 가득하므로 안전사고 발생에 대한 경계심을 염두에 두어야 한다.

쉬어가기	화재조사관들의 안전사고

- A조사관은 운동화를 신은 상태로 바닥면이 젖어 있는 화재현장을 조사하는 과정에서 우연히 벽면에 설치된 전선을 만졌다가 숨이 막힐 정도로 기겁을 하며 쓰러졌다. 원인은 전기의 통전 여부를 확인하지 않

앉기 때문이다.
- B조사관은 방화로 의심되는 현장에서 바닥면에 남아 있는 탄화 잔해물의 유류성분을 채취하기 위해 장갑을 벗고 손가락으로 바닥을 문지르다가 갑자기 비명을 질렀다. 나무가시가 손톱 밑에 꽂혔던 것이다.
- 나이트클럽 신축공사 현장에서 화재가 발생하여 C조사관은 급히 현장으로 달려갔다. 화재는 완전 진화된 상태였으나 안에는 아직도 열기가 남아 있었는데 C조사관은 급한 마음에 내부를 들여다 보려고 진입을 했다가 비명을 지르고 쓰러졌다. C조사관은 못을 밟은 것이었다.

6 강제성

화재조사는 내부적으로 행정조사의 성격을 지니고 있지만 소방기본법에 의한 법률적 행위로 강제성을 지닌다. 화재장소에 대한 필요한 보고와 자료제출명령권 발동으로 조사가 가능하며 방화관리상태 부실, 소화활동 방해 등에 대한 처벌까지도 집행이 가능하다. 그러나 강제성은 필요 최소한도의 범위 안에서 이루어져야 할 것이며 집행과정에서 개인의 인권과 사생활이 침해되는 일이 없도록 보장되어야 한다.

7 프리즘(Prism)식 진행

일단 화재로 인해 피해가 확산되면 관계인들이 바라보는 시각과 주장은 다양한 형태로 현장에서 표출되고 있는데 이러한 사람들의 행태는 빛을 분산시키거나 굴절을 일으키게 되면 여러 빛깔의 가시광선을 생성하는 프리즘에 비교되기도 한다.

단면의 모양이 정삼각형인 프리즘을 통과하는 수많은 파장은 서로 다른 각도로 굴절을 일으키며 분산되는데 이를 바라보는 사람의 시각에서는 온갖 무지개 빛깔로 식별되는 다양성을 보인다. 이와 마찬가지로 화재로 인한 피해자와 가해자 또는 보험사와 배상책임을 지는 자 등은 서로 자신의 입장에서 사태를 해결하려는 경향이 있기 때문에 화재로 인한 전반적인 상황처리 내용을 효과적으로 수집하고 문제해결을 위한 구심점을 확립하여야 한다.

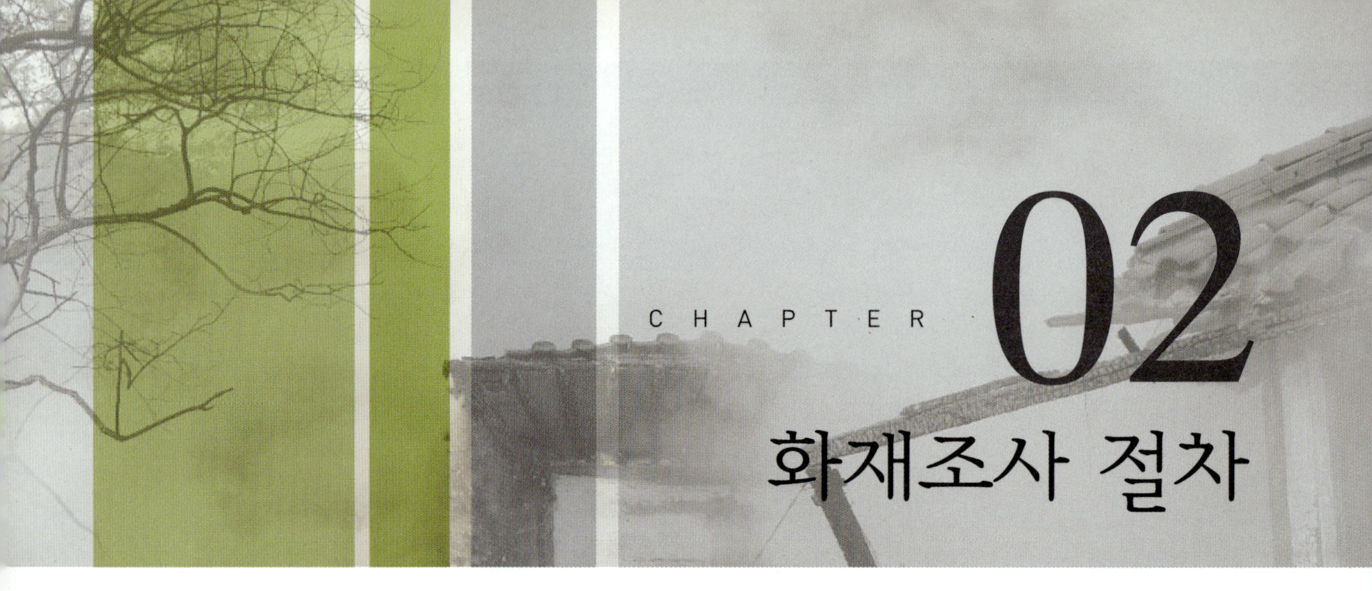

CHAPTER 02

화재조사 절차

The Fire investigation introduction

Step 01 화재조사 절차의 중요성

　화재조사는 화재현장에서 관찰되는 개개의 사실, 즉 최초 목격자의 진술과 소방대의 활동, 소실된 면적 등을 가지고 종합적인 결론을 이끌어내는 과정을 담고 있다. 소화활동과 동시에 시작되는 현장조사는 "사실적 자료 수집을 바탕으로 한 진실 규명"이라는 전제하에 실시되어야 한다. 불확실한 사실 또는 관찰되거나 실험을 통해 입증되지 아니한 가설 설정 등은 부작용을 불러일으킬 수 있다.

　대상물이 동일하더라도 발화원과 구조, 재질, 면적 등에 따라 화재양상은 천차만별이어서 일률적으로 일반 이론을 적용시킬 수 없으며 성급한 가설 설정은 오류를 범하기 쉽다. 발화원의 잔해가 배제된 상황은 더욱 구체성 있는 자료수집이 필요하다. 이러한 경우 대인적 조사에 대한 기초자료 수집과 화염의 유동패턴, 현상학적 가설 정립으로 논증까지 이끌어내는 것이 관건이다. 물리적으로 탄화된 물건의 단면만 가지고 발화지점과 발화원에 대한 접근은 피해야 한다. 종합적으로 드러난 사실 위에 일반적인 법칙을 유도해내는 방법(귀납법)과 보편적 원리에서 왜 화재가 발생했는지를 모든 사실과 비교하는 방법(연역법)을 접목시킨 논리전개가 필요한 것이다. 이러한 이유 때문에 화재조사는 초기조사 행위가 중요하며 화재발생은 기술과 과학을 바탕으로 조사자의 경험칙에 의한 감식활동이 전제된다.

　사실적 자료 수집은 물리적 증거뿐만 아니라 목격자, 관계인에 대한 대인적 조사까지 포함하여 수집한다. 연소진행 상황에만 너무 몰입한다거나 불필요하게 주변의 술렁임 등 동요에 휩싸이는 경우 초기부터 난관에 부딪혀 기초자료 수집을 놓치기 쉽다. 수사기관에서 범죄혐의점을 두고 동시에 조사에 착수한 경우라면 대인적인 부분은 수사기관이 담당하게끔 하고 발화에까지 이르게 된 경과에 대하여 현장조사를 전개할 필요가 있다. 대부분의 화재가 의도된 방화가 아닌 이상 부주의 또는 무관심에서 비롯된 실화가 대부분이지만 관계인조차도 도대체 왜 화재가 발생했는지 의문을 지니는 경우가 많다. 사고분석 과정이 이루어져야 하는 절대적인 필요성은 여기서부터 출발하게 된다.

논리적 가설설정은 반드시 현장에서 획득한 자료를 바탕으로 하거나 있을 법한 자료를 바탕으로 하여야 하며, 존재하지 않고 입증되지 않은 자료를 언급함은 삼가야 한다. 발화원별 추론 전개과정은 확인된 사항에 중점을 두고 간결하게 구성한다.

화재조사 절차의 확립은 최종적으로 유사화재에 대해 재평가와 비교분석으로 논리적 오류를 방지하는 데 기여하여야 하며 화재원인을 명료화시키는 데 이바지하여야 한다.

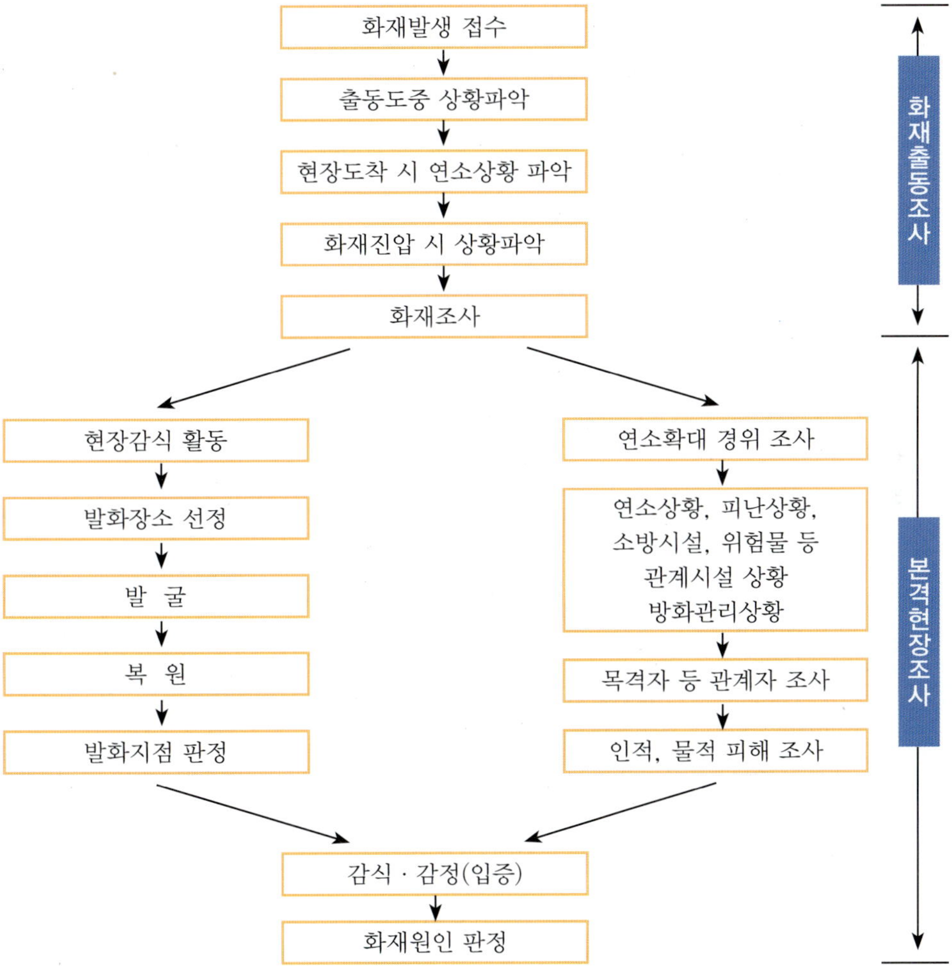

〈그림 3-3〉 화재조사 절차

Step 02 화재조사 준비

　화재는 언제, 어디서, 어떻게 발생할 것인지 거의 예측이 불가능한 사고이다. 따라서 화재조사의 준비단계는 화재만 발생하지 않았을 뿐이지 항상 만반의 태세로 출동할 수 있는 준비가 갖추어져야 한다.

　화재는 대체로 주간보다는 야간에 빈발하기 때문에 사람의 행동에 많은 제약이 따르게 된다. 우선 현장을 전반적으로 들여다 볼 수 있는 시각이 좁아지고 이러한 조건은 행동반경을 넓힐 수 없다는 것으로 조명을 사용하여야 하는 불편함이 가중된다. 이러한 경우 간편한 손전등보다는 밝기가 뛰어난 고휘도의 조명류가 적합하며 발화지점 관찰과 현장상황 기록을 위해 헤드랜턴이 응용되어 사용되기도 한다. 준비단계에서 확인하여야 할 사 항은 이러한 조명류를 비롯하여 필기도구, 발굴장비 등 기본적 물품과, 시시각각 변화하는 연소상황을 올바르게 파악할 수 있는 인적·물적 대비태세가 사전에 준비되어 있는지이다.

1 조사계획 수립

　조사계획에는 인원, 장비 및 현장활동 시 임무분담과 정보수집 등 일련의 표준절차를 사전에 마련해 둘 필요가 있다. 사전계획 수립은 현장에서 일어날 수 있는 혼선을 최소화시킬 수 있고 능동적으로 업무를 이끌어 갈 수 있기 때문이다.

　화재는 연소규모에 따라 다수의 인원을 필요로 하기도 하는데 특히 폭발현장과 같이 피해범위가 광범위한 지역은 방면별로 대처할 수 있는 인력구성이 준비되어 있어야 한다. 폭발의 파괴력은 매우 먼 거리까지 파편조각들이 비산되기 때문에 보통 폭발이 야기된 지점을 기점으로 조사범위를 1.5배 이상 광범위하게 설정할 필요가 있고 면밀하게 조사가 진행될 수 있도록 계획이 마련되어야 한다. 인원구성은 규모가 큰 경우 본부단위로 하고 전기, 가스, 위험물 등 분야별로 세부적인 전문식견이 필요한 경우를 가정하여 현장에 즉시 출동할 수 있는 기관별 지역단위의 인원구성도 고려할 필요성이 있다.

　조사 기자재의 경우 발굴장비를 기본으로 하되 철재 강판 등이 무너져 발굴이 곤란한 경우 불가피하게 중장비를 동원하는 경우도 있으므로 특수장비 동원에 대한 계획까지 포함하여 검토되어야 하고 화재조사는 단일기관이 독자적으로 업무를 수행하는 것이 아닌 경우가 많으므로 관련기관이 포함된 합동조사 절차까지 고려하여 종합적인 계획으로 이어져야 한다. 적절한 조사절차의 사전 수립은 혼선을 방지할 수 있어야 하고 궁극적으로는 화재원인을 밝혀내고 화재예방 대책을 수립하는 데 활용될 수 있어야 한다.

② 인원과 장비의 구성

(1) 조사 인원의 편성

조사인원의 편성은 현장상황에 따라 탄력적으로 운영하여야 한다. 화재규모와 연소범위, 소손된 물건의 퇴적 상황, 발굴범위 등을 고려하여 조사책임자가 판단하여 결정하는데, 사진촬영 담당자를 비롯하여 도면작성자, 발굴인원을 구분하고 너무 한쪽으로 편중되지 않도록 구성인원을 편성한다. 특히 많은 시간을 필요로 하는 발굴과정은 범위가 광범위한 경우에 경계구역을 지정하고 분담하여 조사가 진행될 수 있도록 한다.

(2) 조사장비

화재원인조사를 수행하기 위해 필요한 기자재에는 현장조사에 필요한 발굴용구와 진행상황을 기록하는 기록용 기기, 감식용 기구, 야간에 화염과 피난동선 등을 인식하는 데 용이하게 쓰이는 조명용 기기 등이 있다. 이들 기자재는 화재현장에 적절히 필요한 것을 휴대해야 하지만 특히 감식용 기기에 있어서는 현장에 충분히 사용할 수 있도록 사용취급요령을 숙달시켜야 할 필요가 있다. 레이저 거리측정기는 레이저가 반사된 거리만큼 디지털로 읽어 들여 발화면적을 쉽게 파악할 수 있으며 보이스레코더(Voice recorder)는 경량으로 휴대가 간편하기 때문에 화재현장에서 난무하는 증언 채취에 효과적으로 쓰일 수 있다.

(3) 복장

현장조사에 있어서의 복장은 소손된 탄화물 발굴작업에 적합하며 활동에 지장이 없는 복장으로 준비한다. 또한 깨진 유리나 못 등 날카로운 물질에 찔리지 않도록 절연장화를 착용한다. 복장은 관계자 등이 한눈으로 보아 조사관이라고 알아볼 수 있는 표식이 있는 차림이 바람직하다. 최근에는 발굴복장으로 1회용 방진복을 사용하는 추세에 있는데 오염물질로부터 신체보호가 가능하고 활동적인 면에서 자유롭기 때문에 많이 권장되고 있다.

Step 03 화재출동 중 조사

화재조사는 화재가 발생함과 동시에 신고시간과 발화장소에 대한 위치확인으로 개시된다. 화재의 위험성은 초기에 제압하지 못할 경우 걷잡을 수 없는 피해로 확산되는 데 있기 때문에 소방대가 가장 빠르게 도착해야 함에도 불구하고, 출동 도중에 교통량 증가로 정체가 빚어지기도 하며, 긴급자동차에 대한 운전자들의 미온적인 태도나 공사구간 발생 등으로 차질을 빚는 경우가 있다. 따라서 출동 도중에 발생하는 불가피한 요소도 포함시켜서 출동시간과 현장 도착시간을 연계하여 조사가 이루어져야 한다. 또한 발화장소에 대한 처종과 건물특징이 선행되어 출동 도중에 파악이 이루어져야 한다. 일반주택, 복합건물, 공장, 창고 등 그 쓰임에 따라 화세는 달라질 수 있으며 건물 특징에 따라 내부구조가 돌음계단, 엘리베이터, 피난통로 구조, 소방시설 현황 등이 다양하기 때문에 사전에 작성되어 있는 관리카드의 활용이 중요하다. 소방관들이 현장에서 부상을 당하는 많은 경우는 내부 정보에 어둡기 때문에 벌어지는 경우가 많아서 출동로 상에서 정보를 제공하거나 불가피한 경우 현장도착과 동시에 관계자로부터 건물개요 등 상황을 파악하여 효과적인 화재진압과 조사활동을 돕도록 한다.

화재현장이 가까워지면 외부로 분출되는 화염의 형태와 색깔, 냄새 등 화재와 관련된 연소현상을 통해 화재진압 소요예상시간, 발화지점, 출화개소 등에 대한 개략적인 파악이 가능하도록 대비한다. 사진촬영 및 동영상을 이용한 자료수집은 이 시기에 활용하면 매우 효과적일 수 있다.

〈그림 3-4〉 화재출동 중 연소상황

Step 04 화재현장 도착 시 조사

화재현장에 도착하였음은 본격적인 조사단계로 진입하였음을 의미한다. 화염이 사방으로 출화하기도 하며 이리저리 소화활동에 나선 사람들과 화재피해로 인한 당사자들이 넋을 놓고 있거나 울부짖는 등 아수라장을 이룬다. 이때 주위 분위기에 동요하지 말고 침착하고 냉철한 자세로 조사에 임한다. 화재 출동 중에 확인된 화재정보로부터 연소 확대에 이르기까지 전체 규모를 확인하고 화재발생 최초 발견자, 신고자, 건물관계자 등을 확보하여 화재 관련 정보수집 활동을 하며 화재가 완전히 진화될 때까지 연소상황을 놓치지 않고 조사활동을 기록한다.

❶ 연소상황 조사

❶ 발화건물 및 주변으로 화염이 확산되는 상황과 개구부에서의 연기분출 형태, 지붕과 벽체가 무너지거나 불에 타서 화염이 인접 건물로 확산되는 양상 등을 기록한다.

〈그림 3-5〉 현장 도착 시 연소상황

❷ 발화건물과 주변의 건물상황을 고려해 가면서 발화건물의 구조, 연소방향 및 연소확대된 흔적 등에 대해 파악해 둔다.

〈그림 3-6〉 건물 주변상황

❸ 소화과정이나 대피과정에서 발생할 수 있는 관계자 등에 대한 부상 유무를 파악하고 발생 경위와 신상에 대해 기록한다. 부상이 경미할 경우 현장의 연소상황을 직접 관찰하면서 피난 당시 행동과 목격 상황에 대해 직접 진술을 파악해 두는 것도 매우 효과적일 수 있다.

❹ 화재현장의 전후좌우에서 방위별로 연소과정을 파악한다. 건물을 입체적으로 에워싸고 진압을 하더라도 천장면이 개방되면서 풍향을 타고 인접 건물로 연소확산을 초래할 수도 있으며 건물 한쪽 벽면이 붕괴된 사실을 모르고 접근을 했다가 부상을 초래할 수 있는 위험이 따를 수 있기 때문이다. 진압활동에만 몰두하는 소방관들은 때때로 화재진압 상황에만 주력하려는 경향이 있으므로 조사자는 연소상황에 대한 관찰뿐만 아니라 이러한 방위별로 위험요소의 징후까지 검토하여 정보를 제공하고 기록, 관리하여야 한다. 또한 연소과정에서 발생하는 특이한 소리나 이상한 냄새의 급격한 확산 등을 감지하였을 때는 또 다른 위험을 알려주는 신호일 수 있으므로 이에 대한 대비까지도 염두에 두고 조사를 진행한다.

〈그림 3-7〉 건물 각 방위별 연소형태

❺ 화염에 갇힌 건물의 출입구나 창문, 셔터 등의 개폐 여부와 발화 당시 잠금 상태를 구별해 둔다. 이 과정의 조사는 추후 화재진압에 참여한 소방관들과 관계자들의 증언을 구분하여 확보해 두는 것이 좋다. 불길이 외부로 출화하고 있는 상황에서 소방관이 진압 활동상 불가피하게 파괴하였거나 발화전이나 후에 관계자의 조작에 의해 개폐 여부가 달리 나타날 수 있기 때문이다.

❻ 발화건물의 소재지와 명칭, 그리고 발화지점의 용도, 방화관리자나 책임자의 인적 사항에 대한 기록을 분명하게 재차 확인한다. 화세가 수그러들면서 진정국면에 접어든 단계에서 진행하면 효과적이며 각종 서류와 신분증확인 작업 등으로 오류를 최소화할 수 있도록 한다.

② 사진촬영

(1) 사진촬영의 필요성

화재현장에서의 사진촬영이란 근본적으로 화재가 발생하여 연소 후 형태가 소실되었거나 탄화된 형태 등을 조사자의 시각에서 객관화시켜 2차원적인 평면세계로 표현하는 것이다. 따라서 현장출동에서부터 소화종료 후까지는 물론 본격적인 발굴작업 시 내부 수납물의 형태, 소손상황, 사상자의 발생위치, 연소확산 경로, 발화지점의 위치, 구조, 발화원 등 순차적으로 사진에 담고자 하는 메시지를 포함하고 있어야 한다.

화재가 발화개시 후 일단 주변 가연물에 착화하게 되면 급속한 연소확대로 이어져 대부분의 구조물은 물리적으로 본래의 형태를 잃어버리게 되는데 이러한 경우 조사자의 시각에서 기록(촬영)하고자 하는 피사체를 정확하게 파악하여 의미를 담아야 한다. 즉, 조사자가 찍고자 하는 대상이 중요한 것이 아니라 그 대상을 어떤 식으로 표현할 것인가가 관건이라 할 것이다.

구체적으로는 조사자가 화재현장을 통하여 표현하고자 하는 느낌을 시각적으로 내포하고 있어야 하며 사진기록만으로도 가시적인 조사내용을 담아내어 화재성격을 판단할 수 있어야 하는 것이다.

화재조사의 쟁점사항인 발화원에 대해 실체적 규명을 밝히기 위한 절차는 간단하지가 않다. 철저하게 현장이 보존되어 있더라도 조사·발굴과정에 많은 시간을 필요로 하며 한번 훼손된 현장은 복원 불가함을 염두에 놓고 생각해 볼 때 조사과정의 하나하나가 큰 의미를 지니고 있는 것이다.

결국 조사자의 사진촬영은 화재현장에서 탄화된 구조물 및 소재를 대상으로 카메라란 장비를 이용하여 돌이킬 수 없는 입증자료를 확보하기 위한 표현수단이다. 따라서 사진이라는 사각 프레임 속의 구성방법은 각 상황마다 실황적 식별이 용이하도록 작성되어야 한다.

사진촬영의 핵심은 현장사진의 기록만으로도 화재발생대상물의 전체적인 윤곽을 쉽게 이해할 수 있어야 하며 경우에 따라서는 서술식 전개보다도 한 장의 사진이 내포하고 있는 전달력이 우수할 수 있다. 입체적인 연소형태의 포착과 발화부위 또는 소손된 구조물의 형태에 따라 출입구, 창문, 벽, 기둥, 주요 수납물 등에 대한 확실한 입증자료로서 가치가 높기 때문이다

연소상황에 대한 조사는 출동과 동시에 전개되기 때문에 발화 개시에서부터 입체적 연소확대 과정이 기록되어야 하며 발화대상물에 대한 건축구조, 물품의 반출 여부, 피난행동 개시 등 복잡한 과정은 구조체의 소실로 시간이 지나면서 왜곡될 수 있는 가능성이 높다. 따라서 현장 상황에 대한 실시간 사진촬영으로 증거자료 수집을 각 방면별로 신속하게 확보하여 조사 시 연소확대과정을 무리 없이 확인·입증하여야 하는데 사진촬영의 입증자료로서의 필요성은 다음과 같다.

❶ 정보전달의 신속성, 정확성 및 증거 확보의 우수성
❷ 연소상황, 발굴시 진행상황, 발화원 확보 등 현장식별 보존 가치의 신뢰성
❸ 사법기관의 방화·실화 수사의 기초자료 제공

(2) 화재현장 사진촬영 절차

현장에 도착하여 관계자의 진술을 확보함과 동시에 외부출화형태, 즉 구조물의 형태를 살펴봄으로써 전체적인 연소상황을 관찰하여야 한다. 만약 구조물이 도괴되었다면 붕괴된 방향과 가연물이 소락되었거나 집중되어 있는 부위 등을 살펴야 한다. 현장촬영방법이 발굴과정과 병행하여 귀납적 또는 연역적으로 전개되어야 하는 근본 이유가 여기에 있다.

조사자가 확보하고자 하는 피사체는 다양한 각도에서 선택적으로 자유롭게 촬영할 수 있으나 기본적인 촬영흐름 절차는 다음과 같다.

〔표 3-2〕 사진촬영 기록 절차

현장 전반에 대한 관찰	높은 곳에서 현장 전체를 조망
발화부 주변 현장 촬영	출화개소, 발화지점의 연소 상황
발굴상황 기록	발굴과정에 대한 실시간 기록 유지
발화지역 증거물 촬영	발화원의 잔해 및 증거물 등

1 현장 전반에 대한 관찰

연소중인 상황 또는 진화 후 발굴에 앞서 현장에 대한 전반적인 촬영이 선행되어야 한다. 예를 들면 진화 후 건물의 화재조사 시 건물의 각 방위별로 구조물의 형태를 촬영하되 보통 앞뒤로 출화된 방향성에 착안하여 입체적으로 출입구, 창 등의 개방상태, 출화흔적, 주변건물로 비화된 연소확산 경로 등 외부형태를 폭넓게 촬영하여야 한다. 외부형태에 대한 촬영기록은 사진판독과정에서 더욱 명료하게 확인할 수 있어야 함은 물론이다. 특히 주거시설에 대한 방향성 식별은 발화지점을 축소하는 데 유용하게 활용될 수 있다.

현장 전반에 대한 관찰은 내부조사에 착수하기 전에 높은 곳을 선택하여 현장 전체를 조망할 수 있는 곳을 선택하는 것이 좋다. 외부로부터 중심부로 연소된 현상을 추론해 낼 수 있으며 수납물이 멸실되었거나 이동되었고 변형된 사항 등도 확인이 가능한 경우가 많기 때문이다. 또한 관계자 등에 의해 진술로 확보된 최초 발화지점과 소화활동이 집중적으로 이루어진 예비조사 사항을 참고하여 대입시켜 확인해 보고 사진기록으로 담아 두어야 할 부분을 풍부하게 촬영해 둘 필요가 있다.

⟨그림 3-8⟩ 현장 전반에 대한 사진촬영

연소흔적의 파악은 거시적 관점에서 다수의 현장사진을 요구하기도 한다. 최근의 건축물 구조형태는 미관을 고려하여 다양한 형태로 신축되고 있는데 특히 대형할인매장, 다중이용시설, 복합건물 등의 경우 외부에 노출된 형태만 가지고 각 구획별 층수 및 피난구 등의 인식이 곤란한 경우가 종종 발생하고 있다. 이러한 점을 화재조사 측면에서 들여다보면 현장발굴에 앞서 다양한 각도에서 구조물에 대한 특징을 매듭짓지 않고서 접근한다면 전체적인 화재해석이 엉뚱한 곳으로 치우칠 수가 있다. 도로변에 접해 있는 건물의 경우 가각 정리 및 구획된 부분을 따라서 면적이 큰 건물일수록 많은 사진기록을 남겨 두어야 한다. 이때 건물의 주된 출입구를 기준으로 하여 방향성이 식별되도록 기록하여야 한다.

❶ 사진촬영 초기단계 주의사항
- 각 방위별로 출화의 방향성에 착안하여 구조물의 형태 확인
- 높은 곳에서 전체를 관찰하고 연소확대 상황 관찰
- 발화건물과 인접한 도로, 주변 건물과 경계선 파악

❷ 파노라마 촬영기법

파노라마 촬영이란 1장의 사진 단면에 모든 장면을 담을 수 없을 경우 위아래 또는 좌우로 넓게 단면을 연결시켜 담아내는 기술을 말한다. 고층건물이나 좌우로 차지하고 있는 대단위 공장시설 등은 한 장의 사진으로 모든 모습을 담아내기 어려운데 이때 사진 단면을 여러 장 겹쳐지게 촬영을 한 후 합성을 하기도 하는 작업이다. 면적이 넓은 대상물의 경우 한정된 인화지에 전체 모습을 표현한다는 것은 결코 쉽지 않은 경우가 많다. 따라서 한 장의 사진으로 전체 면을 처리하여 회의 자료나 간단한 보고용으로 쓰기에 적절하고, 일렬로 늘어진 수평상태나 수직상태의 높은 건물을 설명하는 데에도 적합하다. 예를 들면 개방된 공간인 도로상에서 차량화재가 발생하여 수평상태로 여러 대의 자동차가 연소된 경우 도로면 전체를 묶어 현장설명을 담아내는 데 유용하며, 고층건물 전체가 연소된 경우 아래층에서 위층까지 상황 설명하는 데 효과적으로 사용할 수 있다.

〈그림 3-9〉 건물에 대한 파노라마 합성

❸ 파노라마 촬영 시 주의할 점

- 삼각대를 이용하여 카메라를 바닥면에 고정시킨 후 수평을 맞춘다.
- 피사체의 첫 부분에 초점을 맞춘 후 촬영을 한다.
- 카메라 앵글을 돌려가며 피사체가 조금씩 겹치도록 촬영한다.(삼각대를 옮기게 되면 수평이 어긋날 수 있으므로 반드시 카메라 몸체를 이동시킨다.)
- 촬영 후 겹친 부분을 이어가며 수평을 맞춘다.

 +  + 

〈그림 3-10〉 길게 늘어진 수평면에 대한 파노라마 합성

쉬어가기   좋은 사진기록을 남기려면

• 많이 촬영해 본다.

화재현장뿐만 아니라 저녁 노을빛, 아침의 태양, 역동적인 스포츠 모습 등 다양한 형태의 사물을 자신의 시각에서 렌즈에 담아보는 연습을 많이 해본다. 처음에는 의도한 만큼 좋은 피사체를 담기 어렵지만 반복적인 연습과 관심을 기울인다면 짧은 시간에 좋은 사진기록 보유자가 될 수 있다.

• 피사체를 다양한 관점에서 찍어 보는 습관이 필요하다.

화재현장은 한쪽 단면만 보고 모든 연소현상을 설명하는 데 한계가 있다. 방위별로 또는 전체와 부분을 구분하거나 연계시켜 정확하게 구도를 집약시킬 수 있도록 다양한 각도에서 증거를 수집하도록 한다.

야간에 화재현장을 촬영할 때 조명을 비춘 상태로 촬영을 하게 되면 불빛이 비춰진 부분만 유독 밝게 찍혀 나와 대상의 윤곽이 불투명해지는 경우가 있는데 조명을 통해 물체의 초점을 정확하게 잡으면 조명을 끄더라도 좋은 화질을 얻을 수 있는 카메라를 사용하는 것이 좋다.

❷ 발화부 주변 현장 촬영

발화부 주변은 건물의 주요구조부인 벽, 기둥, 바닥, 지붕면을 통하여 연소의 강약식별이 가능한 경우가 많이 남아 있으며 금속류, 목재, 플라스틱 등 내부수납물 등의 탄화형태를 통하여 연소방향성 식별이 가능하다. 발화장소의 외부에서 전체적인 관찰을 한 후 관계자의 진술과 최초 소방대의 진압활동자료를 바탕으로 발화부 주변에 대한 탄화형태를 촬영한다.

탄화가 약한 곳과 강한 곳을 구분하여 촬영하고 국부적으로 강하게 연소된 곳은 세심하게 관찰한 후 촬영에 임한다. 발화부가 2개소 이상에서 이루어져 독립적으로 연소된 경우와 탄화 잔해물을 통한 특이한 냄새가 나는 경우 등은 각별히 소손상황에 유의해가며 촬영을 한다.

발화부로 인식되는 지점에서 도괴된 벽체와 지붕, 내장재의 붕괴형태 등은 사진촬영과 별도로 도면작성을 병행하여 실시할 때 더욱 효과적이다.

〈그림 3-11〉 발화가 개시되어 출화된 연소흔적 형태

❸ 발굴상황 기록

발굴 상황의 전개는 바닥면에 쌓여 있는 퇴적물을 통해 착화물과 연소확대 경로를 명확하게 밝혀낼 수 있는 과정이다. 발굴의 어려움은 퇴적물이 많을수록, 범위가 넓을수록 많은 시간이 필요한데 조급하게 서두르거나 세밀하게 관찰하겠다는 준비가 소홀할 경우 돌이킬 수 없는 미궁에 빠질 수 있다. 훼손되거나 파헤쳐진 현장은 원상복구가 어렵고 신뢰성이 현격하게 떨어지기 때문이다. 따라서 발굴 전 상황과 발굴과정 및 발굴 후 상황에 대한 조사절차가 사진기록으로 남을 수 있도록 병행하여 진행되어야 한다.

발굴 전과 발굴 후의 기록유지는 발화원인과 연소가 진행된 상황설명을 실증적으로 표현하는 데 효과적이며 발굴과정 전반에 대한 모습을 담고 있어야 한다.

〈그림 3-12〉 발화지점의 발굴 전·후 비교

④ 발화지역 증거물 촬영

발화지역에 대한 증거물 촬영은 화재원인 또는 연소확대된 원인을 제공한 실체적 입증자료를 확보하는 것으로 귀결된다. 전기적으로 단락흔의 잔해와 발열기구의 출화흔적 등이 될 수 있으며, 발화지역 주변에서 확인되는 유류용기, 라이터, 최초 착화를 시도한 가연물질의 탄화형태 등으로 확인되는데 발견된 지점을 중심으로 촬영을 하고 발화원 단면에 대한 근접촬영으로 증거물에 대한 형상과 재질을 구체화시킨다.

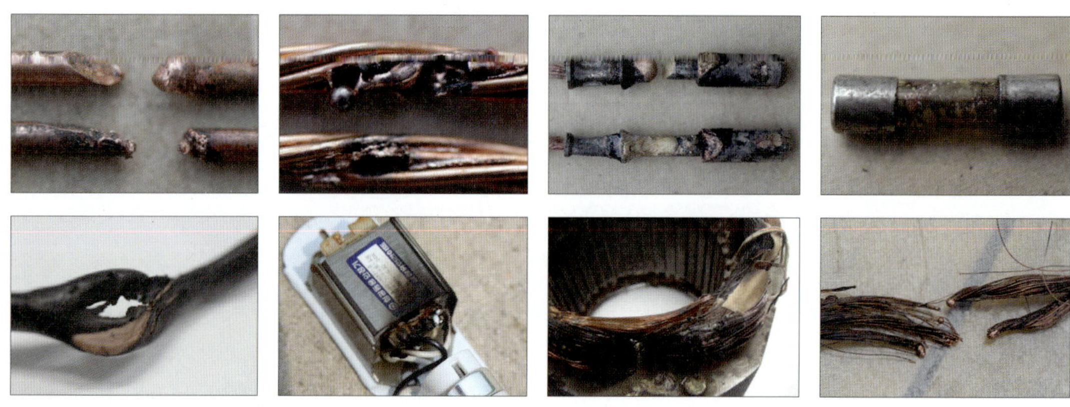

〈그림 3-13〉 발화지역의 증거물 형태

❸ 관계자 등 조사

화재조사는 연소된 화재현장에 대한 대물적 조사가 원칙이지만 보충적으로 대인적 조사가 필요하다. 질문조사는 가능한 한 화재현장에서 바로 이루어지도록 하여 적시에 정확한 정보수집이 이루어지도록 한다. 질문의 목적은 신뢰할 수 있는 유용한 정보를 확보하여 화재원인 또는 연소확대된 경위를 밝힐 수 있도록 직·간접적 자료로 활용하기 위함에 있다. 관계자 등에 대한 조사는 현장에서 구두조사가 주류를 이루고 있지만 화재대상물의 서류나 문서의 열람, 폐쇄회로 카메라 등 영상기록 등도 포함될 수 있다.

화재현장은 전쟁터를 방불케 할 정도로 참혹하게 손상된 경우가 많고 이를 목격한 사람들은 정신적 쇼크(Shock)로 인해 원만한 조사를 진행하기 어려운 경우도 많은데 이러한 경우에는 화재현장으로부터 격리된 장소로 이동하여 마음의 안정을 취할 수 있도록 배려한 다음 요령 있게 진술을 얻어내도록 한다.

대인적 조사는 가급적 현장에 있는 다수의 관계자로부터 정보수집이 필요하고 확인되지 않거나 소문에 의한 내용까지 포함시켜서 광범위하게 정보를 수집하고 차근차근 확인하는 절차를 통해 수집된 정보에 대한 평가가 이루어져야 한다.

면담을 통해 입수한 정보는 그 진위(眞僞)에 관계없이 모두 문서화해 둘 필요성이 있다. 사람 간에 대화는 시간이 흐르게 되면 기억이 흐릿해지거나 내용을 번복함으로써 혼선을 부르기도 하는데 문서화의 방법으로는 대화를 진행하면서 기록하는 방법과 녹음기를 이용한 방법이 있다. 대인적 질문조사가 마무리되면 관계자에게 내용을 보여주거나 구두로 반복설명을 해주면서 서명을 받아놓을 필요가 있는데 이는 자료의 가치로서 신뢰성을 부여하기 위함이다.

(1) 관계자에 대한 정보수집 내용

❶ 관계자 인적사항(주소, 성명, 생년월일, 직업, 연령 등)
❷ 화재발생 대상물의 일반 현황(건축연월일, 관리자 현황, 층별 현황 등)
❸ 발화 당시 행적(소화활동, 대피유도, 물품 반출행위 등)
❹ 연소상황, 피해상황, 물건의 배열상태 등

대인적 조사행위는 보충적 성격을 지니고 있기 때문에 임의적 진술을 얻어내도록 하여야 하지만 너무 진술에만 의존하려는 자세는 경계하여야 한다. 방·실화의 대다수가 인간의 행위가 개입되어 발생한다는 측면에서 보면 자신들의 범의(犯意)나 과실을 축소시키거나 은폐하려는 성질이 있기 때문이다. 관계자 등에 대한 조사에서는 개인의 인권과 사생활 보장되어야 하고 간결한 질문을 통해 정보를 수집하여야 하는데 질문조사 시 주의할 점은 다음과 같다.

(2) 질문조사 시 주의할 점

❶ 개인의 인권과 사생활이 침해받지 않도록 할 것
❷ 어느 한쪽으로 편중된 의사표현을 삼가고 중립적 입장을 취할 것
❸ 질문은 간결하게 하고 많은 이야기를 할 수 있도록 상대방을 배려할 것
❹ 상대방의 감정과 기분을 증폭시키는 질문을 삼갈 것
❺ 어린이나 노약자 등에 대한 질문 시 보호자 또는 후견인의 입회가 가능하도록 하여 신뢰감을 확보할 것

Step 01 화재감식

감식(鑑識, criminal identification)이란 사물의 가치나 진위를 파악하는 것으로 화재조사 부고규정에서는 "화재원인이 판정을 위하여 전문적인 지식, 기술 및 경험을 활용하여 주로 시각에 의한 종합적인 판단으로 구체적인 사실관계를 명확하게 규명하는 것"으로 정의하고 있다.

감식은 사물의 형태를 보고 연소학적으로 발화가능성 및 연소확대된 상관관계를 사실관계에 맞추어 밝혀내는 일련의 과정인 것이다. 사회과학분야 및 자연과학적 분야에 풍부한 전문적 지식을 바탕으로 물질의 상태를 시간적·공간적으로 해석하여 화재현상을 입증해내는 것이며 화재원인을 규명하는 핵심적 내용을 의미하고 있다. 감식은 시각에 의한 종합적인 판단이므로 화재현장을 떠나서 성립하기 어렵다. 물질의 기초 특성과 화재역학에 관한 전문적인 지식을 갖추고 현장을 바라보는 안목이 필요하며 여기에 풍부한 경험적 측면이 가미될 때 비로소 논리적 기반이 성립할 것이다. 감식은 사실의 전후관계를 이론과 경험칙을 활용하여 논증적으로 완성시켜야 한다는 것이다.

이론상 감식과 감정은 상대적으로 구별되고 있다. 감정(鑑定, legal consultation)은 "화재와 관계되는 물건의 형상, 구조, 재질, 성분, 성질 등 이와 관련된 모든 현상에 대하여 과학적 방법에 의한 필요한 실험을 행하고 그 결과를 근거로 화재원인을 밝히는 자료를 얻는 것"으로 정의되어 있다.

감식과 감정활동은 실무상으로도 구분되고 있는데 감식의 내용이 지식과 경험을 토대로 화재현장 전반에 대한 종합적인 판단을 이끌어내는 과정이라면 감정은 사람의 감각으로 육안 식별이 곤란한 현상에 대해 실험·분석 등의 좀 더 과학적인 방법을 도입하여 성분과 재질, 특성치를 밝혀내는 감식의 최종 절차라고 할 수 있다. 감식활동에서 얻어진 자료를 감정과정까지

거쳐 최종적인 결론을 이끌어내는 과정이 일반적인 조사절차이며 감정결과는 감식결과를 더욱 구체화시켜주는 버팀목으로 작용하기도 한다. 그러나 감식결과가 감정으로 연결될 필요가 적고 화재현장에서 바로 명확하게 원인이 밝혀지는 경우도 많기 때문에 둘의 관계는 원칙적으로 불가분의 관계이지만 필요에 따라 감정결과가 생략되기도 한다.

감식의 한계는 발화원의 특성치에 대해 성분, 재질, 결합구조 등을 과학적 방법으로 현장에서 확인하기 어렵다는 점이며, 감정은 화재현장 전반에 대한 사항을 배제한 채 사물의 개별적인 특성에 주력하여 이루어진다는 점에 한계가 있어 서로 보완적 관계를 유지할 수밖에 없다.

〔표 3-3〕 **감식과 감정의 차이점**

감식(鑑識, criminal identification)	감정(鑑定, legal consultation)
• 화재현장 전반에 관한 종합적이고 폭넓은 현장 조사 행위 • 화재현상을 기술적 · 경험적 관점에서 전체적으로 분석 · 파악(거시적)	• 사람의 감각으로 식별 곤란한 작은 현상에 대한 분석 • 전체가 아닌 발화원에 대한 개별적인 특성 포착 · 분석(미시적)

❶ 감식 목적

화재가 발생하면 관계자는 물론 주변 사람들조차 도대체 왜 화재가 발생하였는가 하는 화재원인에 대해 최우선으로 의문을 지니게 된다. 화재진압과정임에도 불구하고 소방관을 붙들고 원인을 물어보는 경우가 많음은 이를 대변하고 있다. 감식은 화재가 확산된 경위와 연소확대물을 통해 발화부를 선정하고 발굴조사를 통해 화재원인과 책임소재 여부를 일단락 짓는 귀납적 조사방법으로 필요시 화재발생에 대한 대외발표를 통해 국민들의 알 권리를 충족시키고 화재예방에 기여하기 위하여 다음과 같은 목적을 가지고 있다.

❶ 화재원인과 연소확산된 상관관계를 규명
❷ 방 · 실화 구분 및 대국민 홍보자료와 데이터 수집
❸ 화재원인에 대한 연구 · 분석 및 화재예방 자료화

❷ 감식 방법

감식 방법은 조사자의 개인적 능력과 경험칙에 의존하는 주관적 요소가 내포되어 있지만 발화에서부터 연소과정에 이르기까지 전 연소과정을 과학적으로 객관화하여 하나의 논리로 완성시켜야 하는 것이다. 따라서 화재원인에 대한 모든 가능성을 열어 놓아야 하며 주관적 선입견을 가급적 경계하고 보고, 느끼고, 확인된 사실 하나하나에 주목하여 접근하려는 지혜와 노력이 필요하다.

증거물이 남지 않는 발화원의 잔해가 배제된 경우 논리적 기반을 더욱 강화시켜야 하는데 담뱃불, 낙뢰, 정전기 등으로 화재가 발생한 경우가 문제가 될 수 있다. 감식 방법은 발화원에 대한 폭넓은 이해를 필요로 하며, 시각 및 후각과 경험칙을 종합하여 다양한 방법으로 조사가 전개되어야 한다.

(1) 시각에 의한 감식

연소가 개시되어 진행되는 상황에서부터 사상자 발견지점, 연기와 불꽃의 출화 방향 등 시시각각 전개되는 모든 상황 판단은 시각적 감식의 전제 요건을 이룬다. 발화장소뿐만 아니라 각 방면별로 돌아가며 건물형태를 확인하고 건물 전체를 조망할 수 있는 안목과 식견이 핵심적 사항이다.

(2) 촉각에 의한 감식

탄화물의 재질, 강도, 성분 등 잔존물에 대한 확인을 촉각으로 느껴 판단하는 방법이다. 탄화수소계열의 석유류 제품은 타거나 녹아서 소실되면 형태를 구분하기 어려운 경우가 있어 직접 손으로 만져서 재질과 형태를 확인하는 경우가 있다. 목재의 탄화심도 측정법은 촉각을 이용한 대표적인 방법이며 물체의 성질에 따라 부스러지거나 깨져버릴 우려가 있으므로 각별한 주의가 필요하다.

인화성 액체의 성상 또는 물과 혼합된 석유류 물질의 점성이나 요할 정도를 촉감으로 판별하기 위한 감식방법으로도 이용되는데 화재현장에 남아 있는 위험물질은 피부와 접촉할 경우 쉽게 화상을 초래하거나 피부손상을 일으키는 물질도 많기 때문에 나무 막대기를 이용하여 점성을 식별하거나 유류채취기 등을 이용하는 방법을 선택하기도 한다.

(3) 후각에 의한 감식

후각에 의한 감식은 주로 화재발생 초기에 활용되는 방식이다. 특히 인화성 물질이 살포된 현장은 화재진압과정에서 냄새 확인이 가능하기 때문에 발화지점과 연소확산된 요인 파악이 용이해진다. 시간이 지나면서 석유류 물질은 빠르게 연소되고 일산화탄소 등 생성된 가스와 희석되거나 증발할 수 있으므로 초기 연소상황 포착이 중요하게 작용한다.

(4) 경험과 실험·연구 응용에 의한 감식

풍부한 현장 경험을 바탕으로 이론과 실무를 접목시켜 사실적 판단을 내리는 방법이다. 이론과 경험 중 어느 것의 비중이 큰 것인지 우선순위를 단언하기 매우 어렵지만 화재현장을 바라보는 안목은 다양한 현장 경험을 통해 축적될 수밖에 없는 것이다. 연기의 발생량과 농도, 화세의 전개방향 등으로 화재의 규모를 직감적으로 읽어낼 줄 아는 것은 경험칙에 의존하는 것이며 이에 따라 화재성격의 판단을 가늠하게 된다.

현장에서 쌓은 경험은 지금까지 알려진 실험결과나 연구 성과물을 대입시켜 응용하기도 하는데 담뱃불이 도시가스나 가솔린을 착화시키지 못하는 것과 다리미에 옷감류가 어지간해서는 착화되지 않는다는 실험결과 등은 좋은 응용사례이다. 경험칙과 입증된 실험·연구결과의 응용은 오류를 최소화할 수 있는 방법이다.

③ 감식 한계

첫째, 가연물질의 탄화, 소실로 잔유물이 거의 남지 않는다는 점이다.

불이 활성화된 상태로 외부로 출화하면 옥내로 유입되는 공기의 양은 더욱 활발하게 촉진되며 주변 건물로 비화할 우려까지 높아지기 마련이다. 풍속이 커지면 연소속도가 가속화되고 화재온도는 1,000℃ 이상까지 상승하여 구조물의 형체가 붕괴되는 위험상황까지 초래한다. 벽과 기둥 그리고 천장이 도괴되면 잔유물은 거의 남지 않게 되고 바닥면만 평면적으로 남게 되어 연소의 방향성이나 구조물의 형태를 가늠하기도 어렵게 되는 경우가 있다. 이러한 상황에 이르게 되면 미로 속을 헤매듯이 조사는 장시간 지속될 수밖에 없게 된다. 대부분의 화재가 추정으로 조사되는 경우는 이러한 연유에 기인한다.

둘째, 소화활동이나 인명구조 등에 의한 파괴, 이동 등으로 현장 상황이 변형된다는 점이다. 화염에 의해 천장면에 착화되면 불가피하게 천장재를 뜯어내야 하며, 물의 침투가 곤란한 지역으로 옮기기 위해 파괴기구를 이용한 파헤침으로 의자, 소파, 탁자 등 집기류의 이동이 따를 수밖에 없다. 연소방지를 위해 물품이 밖으로 던져지는 경우도 있기에 구조물의 형태를 따져 수납물이 있었던 장소와 공간적 분화는 어떻게 되어 있었는지 사전 조사가 필요하다.

셋째, 관계자를 포함하여 외부인의 출입이 잦아지면 현장훼손이 가중되고 도난우려 등으로 현장이 왜곡될 수 있다는 점이다. 화재발생 후 통제선을 설치했다 하더라도 완벽한 현장보존은 현실적으로 어려움이 많다. 관계자가 쓸만한 물품을 추려내기 위해 출입하다 보면 아무 생각 없이 이리저리 물품을 밟고 다니는 경우가 있고 야간에 노숙자가 잠시 머무르는 경우도 있으며 현장 주변에 산재한 물건들을 재활용업자들이 임의로 가져가는 현상도 발생하고 있다. 특히 누군가 화재현장에 몰래 침입하여 절도행각을 벌이거나 발화부 주변을 고의적으로 훼손시킨 경우 물증확보에 어려움이 뒤따르는 것이다.

이처럼 화재현장은 화재가 종료된 후에도 의외의 변수들이 작용할 수 있으므로 섣부른 판단으로 오류를 범할 가능성이 있음을 항상 염두에 두고 조사를 진행하여야 한다.

Step 02 · 발굴조사

발굴(發掘, excavation)은 화재의 발생과 연소확대된 요인에 관한 실황적 상황증거를 시간 대별로 파악하고 화재원인을 일으킨 인자(因子)를 찾아내기 위해 평면적으로 바닥면에 퇴적된 잔해를 파헤치는 조사방식이다.

발화지점은 바닥, 벽, 천장 등 구조물의 어느 곳에서도 발생할 수 있는데 일반적으로 발화지점을 정점으로 열면이 멀리까지 확산되면 열과 접촉된 부분들은 발화지점과 상관없이 연소되어 바닥면으로 쌓이게 된다. 집적된 가연물이 많은 곳일수록 퇴적물이 많을 수밖에 없을 것이며 최종적으로는 내부마감재인 천장면이 도괴될 수 있다. 퇴적된 가연물의 순위는 위에서부터 아래로 순차적으로 발굴을 통해 어느 물체가 가장 먼저 연소되었는지 확인될 수 있으며 발화원과 출화에 이르게 된 연소경로를 명확하게 판정할 수 있는 가능성을 높여 줄 수 있다. 퇴적물의 윗부분은 보통 천장마감재이거나 조명기구류와 벽에 걸려 있던 액자나 거울 등이 발견되고 아랫부분에는 화재 당시 있었던 집기류, 재떨이, 방석 등이 보편적으로 많이 발견된다.

발굴이 선행되지 않은 조사는 신빙성과 객관성이 결여되어 인정받기 어렵다. 발굴은 화재현상에 따라 국부적으로 진행될 수도 있지만 발화된 지역을 확정하면 발화지역 전체에 대한 발굴로 사실관계를 명확하게 할 필요성이 있다.

발굴은 화재규모에 관계없이 반드시 실시되어야 할 필요성이 있으며 화재원인을 밝혀내기 위한 조사의 기본이고 핵심이라 할 수 있다.

쉬어가기 · 정황진술에 의존한 원인조사 미인정 사례

점포에서 화재가 발생하여 전소되는 화재사고가 소송으로 확대되었다. 당시 수사기관은 화재장소에 석유난로가 있었다는 정황에 초점을 두고 수사를 종결하였는데 법원의 판결은 달랐다.
"화재장소에 있던 석유난로는 쓰러지거나 충격을 받게 되면 자동으로 소화되도록 제작된 자동식이었다는 사실을 간과하였으며, 화재 당시 제일 먼저 정전이 되었다는 증인의 진술이 있었는데도 불구하고 전문 감식을 실시하지 않았고 수사의 초점을 특정 원인에 맞춰 작성한 기록은 인정할 수 없다"는 것이었다. 덧붙여서 막연한 정황진술만 가지고 작성한 기록은 의미가 없다고 판단하였다.(인천지법 1987)

① 발굴의 역사성

화재조사 분야에 발굴의 중요성이 부각되기 시작한 것은 비교적 최근의 일로 고고학의 발굴형태와 유사한 점이 많다. 고고학은 지표조사를 통해 유물의 매장 여부를 일차적으로 파악하고 이를 통해 유물의 일부가 확인되면 유적지일 가능성에 무게를 두고 곧이어 시굴조사(발굴)에 착수를 한다. 화재조사와 비교한다면 일종의 발화범위를 한정하고 발굴에 착수하는 과정과 유사하다고 볼 수 있는 것이다. 발굴범위를 확정하면 트렌치(Trench)를 잡게 되는데 이것은 집자리, 우물 터, 창고 등을 용도별로 가정하여 경계범위를 나누는 것으로 정해진 곳에 자리 표시를 하고 토층 아래로 발굴을 하게 된다. 발굴장비는 처음에는 포클레인이나 삽 등 큰 장비나 기구를 사용하지만 유물 가까이 근접하게 되면 호미나 모종삽, 붓 등 조작이 간편하고 유물에 손상이 가지 않도록 섬세한 도구를 사용하고 있다. 화재조사와 차이가 있다면 발굴시간과 인원에서 큰 차이를 보이고 있다. 길게는 2~3년이 소요되며 수십 명의 인원이 동원되어 발굴이 진행되는데 이는 발굴지역이 매우 광범위하기도 하지만 출토된 유물에 대한 분석까지 유추해야 하는 문제가 있기 때문이다. 또한 화재조사는 각종 이해관계가 얽혀 있는 관계자가 있어 분쟁의 소지가 다분하지만 고고학의 발굴은 과거 시대상을 밝혀내는 작업이므로 이해관계자가 없어 분쟁의 소지가 발생할 여지가 없다는 차이가 있다.

화재조사와 유사한 점은 출토된 물적 증거를 대상으로 실증적으로 자료를 추출해낸다는 것과 유물의 형태와 재질, 용도를 검토하여 이성적으로 사건을 재구성한다는 점에 있다. 깨어진 도기류가 출토된 경우 조각난 부분을 원형 그대로 살려내고 어느 시대에 쓰였던 것인지 연대측정을 조사하여 당시 사회상이나 문화수준을 해석해내는 것이다.

〔표 3-4〕 화재조사와 고고학의 비교

구 분	화재조사	고고학
목적	유사 화재예방, 행정시책 활용	유물과 유적을 통한 역사 복원
차이점	단기간, 현재진행형 관계자 간 분쟁소지 잠재	장기간, 과거형 관계자 부존재
유사점	물적 증거 대상, 실증적 자료추출(발굴), 이성적 추리로 사건의 재구성	

고고학의 발굴과정 조사방법은 화재조사와 매우 유사하여 퇴적층의 층위별 구분을 통해 상층과 하층을 비교 구별하고 있는데 만일 한 층에서 문자나 기록이 남아 있는 유물이 출토되었다면 그 밑에 있는 층의 유물은 그 이전의 시기로 판단하여 조사가 전개된다.

퇴적 층위(層位)의 판별은 화재조사에서도 중요한 요소로 취급되어야 한다. 밑에 있는 물건이 연소되지 않았음에도 불구하고 그 위로 연소된 퇴적물이 있었다면 화세가 덮친 부분이 아니었다는 것으로 화재진압과정에서 소방관들에 의해 다른 곳에 있던 연소물들이 파헤쳐져서 이동된 것이거나 퇴적물 자체만 부분적으로 연소된 후 낙하되었을 가능성으로도 예측해 볼 수 있다. 퇴적층이 두껍게 형성되었음은 가연물의 양이 많았음을 의미하기도 하지만 연소촉진이 그만큼 활발했음을 알려주는 증거이기도 하다. 퇴적물에 대한 정밀조사는 가연물별 성질을 용이하게 파악할 수 있으며 인화성 액체와 같은 물질이 옷감류 등에 스며든 상태로 남아 있을 수 있어 채집(採集)이 가능하기도 하다.

〈그림 3-14〉 고고학에서 **퇴적층의 구분형태**

② 발굴의 중요성

발굴의 어려움은 발화지점의 정확한 선정이 관건으로 작용한다. 탄화물이 집적된 곳은 가연물이 많았다는 것을 의미하는 것이지 반드시 발화지점이라고 속단하기 어렵다. 따라서 최초 소방활동과정에 직접 참여한 소방관들의 증언기록이 많은 비중을 차지하며 여기에 최초 목격자 및 주변인들의 증언을 참고하여 발화지점과 연소확대된 구역을 합리적으로 선정하여야 한다. 또한 발굴로 한번 파헤쳐진 장소는 화재 당시 상태로 복원이 어렵다는 점도 있다. 퇴적층위에 대한 세심한 관리가 이루어져야 함은 여기에서 연유하기도 한다.

발굴의 중요성은 화재가 발생한 전·후 관계를 잔유물을 통해 확인이 가능하다는 점에 있다. 막연한 상황설명이나 관계자의 진술에 의존한 조사는 사실성과 거리가 멀고 논리가 미약할 수밖에 없기 때문이다. 눈으로 보고 발굴된 물건을 통해 화재가 발생하게 된 배경을 명확하게 확보할 필요가 큰 것이다.

발굴은 바닥면과 가까워질수록 세심한 관찰과 부드러운 도구를 사용하여야 한다. 왜냐하면 상층부에 있는 퇴적물은 천장재 또는 액자, 깨진 유리조각 등 남아 있는 단면이 비교적 큰 반면에 하층부에 있는 퇴적물은 연소가 초기에 진행된 것으로 대부분 단면이 작아졌거나 조그만 접촉으로도 소실될 우려가 매우 크기 때문이다.

과학적이고 사실에 입각한 합리적인 화재조사 절차의 진행은 발굴이 반드시 전제되어야 한다.

〈그림 3-15〉 발굴로 확인된 유물의 종류

〈그림 3-16〉 지폐의 탄화형태

③ 조사 장비

화재조사에 필요한 기자재는 소방기본법 시행규칙 제12조제4항에 의거하여 발굴용구를 비롯한 79종을 보유하도록 명시되어 있다. 이들 기자재는 화재현장에서 적절하게 필요한 것을 휴대하여야 하지만 특히 발굴용구와 감식용 기기는 현장에서 충분히 사용할 수 있도록 취급요령을 사전에 파악하고 있어야 한다. 용도별 주요 기자재의 구성과 사용방법은 다음과 같다.

(1) 발굴용구(1종 세트)

❶ **공구류**(니퍼, 펜치, 와이어커터, 드라이버세트, 스패너세트, 망치 등)

❷ **전동드릴** : 목재 또는 금속류의 천공(穿孔) 작업에 사용

❸ **전동그라인더** : 회전력을 이용하여 거친 면이나 튀어나온 물체의 면을 깎아내는 기계

❹ **다용도 칼** : 작은 물체를 절단 또는 긁어내거나 깎아내는 데 사용

❺ **버니어캘리퍼스** : 노기스라고도 하며 원형으로 된 물체의 바깥지름 또는 안지름 등을 측정하는 데 사용된다. 본척(本尺)과 본척 위를 이동하는 부척(副尺)으로 되어 있으며 본척의 선단과 부척 사이에 측정물을 끼우고 본척 위의 눈금을 부척을 사용하여 읽는다. 보통 사용되고 있는 것은 본척의 한 눈금이 1mm이고 부척의 눈금은 본척의 19눈금을 20등분한 것이다.

❻ **U형자석** : 용접 슬래그를 채집하거나 사람의 손길이 닿기 어려운 구석진 틈새 등에 있는 금속류를 수집하는 데 사용

❼ **뜰채** : 물이나 액체 속에 담겨진 물건을 건져내는 데 사용

❽ **기타** : 붓, 빗자루, 양동이, 삽, 긁개 등

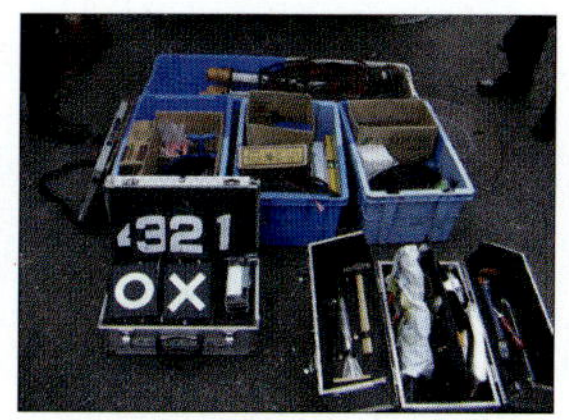
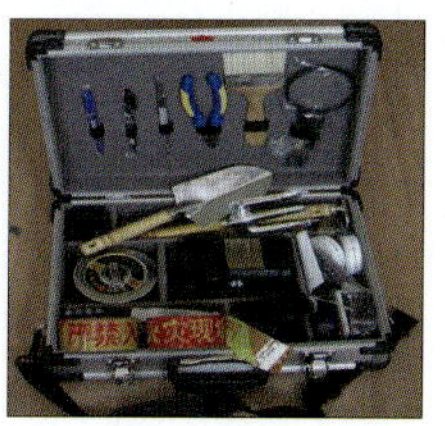

〈그림 3-17〉 발굴장비 및 감식용 기기 세트

(2) 기록용 기기(14종)

❶ 디지털카메라(DSLR)세트, 비디오카메라세트, 소형 디지털방수카메라, 컬러(포토)프린터
❷ **촬영용 고무매트** : 증거물 등을 올려놓고 사진을 촬영하기 위한 격자 표시형 고무매트를 말한다.
❸ TV, VTR, 디지털녹음기, 거리측정기, 초시계, 디지털온도 · 습도계, 디지털풍향풍속기록계, 정밀저울, 줄자

(3) 감식 · 감정용 기기(13종)

❶ **절연저항계** : 주어진 온도와 전압 아래서 절연물의 저항을 측정하는 장치
❷ **멀티테스터기** : 멀티테스터기는 전환 선택 스위치를 돌려서 직류전압, 직류전류, 교류전압 및 저항 등을 하나의 계기로 측정할 수 있는 종합 기능을 가진 계측기를 말한다.
❸ **클램프메타** : 흔히 '후크메타'라고 불리는 장치로 멀티테스터기와 같이 사용된다. 단지 멀티테스터기의 경우 리드선을 사용해서 측정하고자 하는 부분에 직접 접촉해야 하지만 클램프메타의 경우 클램프를 열어서 그 가운데에 측정대상이 오게 한 후 다시 닫으면 되는 것으로 직접 접촉할 필요가 없다. 클램프메타의 원리는 전원이 있는 곳에서는 항상 발생되는 전자기를 이용한 것으로 직접 접촉하지 않아도 되기 때문에 활선상태에서도 비교적 안전하게 측정할 수 있다는 장점을 지니고 있다.
❹ **정전기 측정장치** : 물체 표면에서 발생하는 정전기를 측정하는 장치로 일반 계측기로 측정이 곤란한 기계류나 물체 가까이 접근시켜 디지털자료를 얻어낸다.
❺ **누설전류계** : 일반 전류계보다 정밀하게 전류를 측정할 수 있는 장치로 컴퓨터, 복사기, 팩시밀리, 프린터 등 정류기를 사용하는 기기들에서 발생하는 누설전류를 측정하는 데 이용
❻ **검전기** : 물체의 대전(帶電) 여부나 대전된 전하의 양, 음 등을 조사하는 기구
❼ **복합가스측정기** : LNG 및 LPG의 누설 여부 측정 시 사용되고 있으며 인체에 유해한 황산화물, 질소산화물, 일산화탄소, 이산화탄소 등 여러 종류의 가스를 복합적으로 측정하는 데 사용
❽ **가스(유증)검지기** : 누설된 가스나 유증기의 채취에 사용
❾ **확대경** : 육안으로 자세하게 볼 수 없는 작은 물체의 미세한 부분을 확대하여 관찰하기 위한 볼록(凸)렌즈
❿ **실체현미경** : 두 눈으로 표본의 실체적 관찰을 하는 현미경
⓫ **적외선열상카메라** : 적외선은 가시광선보다 파장이 긴 빛으로 절대 온도가 0℃ 이상인 모든 물체는 이러한 열에 해당하는 적외선을 방사한다. 적외선감지 기술은 이러한 적외선을 전기적 신호로 변환시켜 주는 기술이며 이러한 적외선감지 기술을 이용한 카메라가 적외선열상카메라이다. 적외선열상카메라는 사물 자신이 가지고 있는 온도를 방사하고 이 방사되는 적외선을 감지하여 가시영역의 영상으로 변환시켜 주는 카메라이다.
⓬ **접지저항계** : 접지된 도선의 저항치를 측정하는 데 사용
⓭ **휴대용 디지털현미경** : 몸에 휴대가 간편하게 경량화된 현미경으로 현장에서 직접 작은 물체의 단면을 관찰하는 데 유용하게 쓰인다.

(4) 조명기기(5종)

❶ 발전기, 이동용 조명기, 손전등, 헤드랜턴
❷ **투광기** : 전조등 · 탐조등 · 조명등으로 불리는 것을 통틀어 이르는 말이다. 금속 또는 유리 등으로 만든 포물선 모양의 반사경 초점에 전구를 장치해서 빛을 투사한다.

(5) 안전장비(7종)

보호용작업복, 보호용장갑, 안전화, 안전모, 마스크(방진마스크, 방독마스크), 보안경, 안전고리

(6) 증거수집 장비(7종)

❶ 증거물 수집기구세트(핀셋류, 가위류 등), 증거물 보관세트(박스, 봉투, 밀폐용기, 유증수집용 캔 등), 증거물 표지(번호, 화살 · ○표, 스티커)
❷ **증거물 태그** : 증거물을 채취한 후 용도, 발견지점, 크기 등을 기록하는 증거물 인식표를 말한다.
❸ 접자(접어서 보관하는 자), 라텍스장갑

(7) 화재조사차량(1종)

화재조사용 전용차량

(8) 보조장비(7종)

노트북컴퓨터, 냉장고, 소화기, 수중펌프, 전선 릴, 이동용 에어컴프레서, 접이식 사다리

(9) 추가 권장 장비(17종)

❶ **가스 크로마토그래피** : 휘발성인 무기화합물과 유기화합물을 분리해내어 성분을 검출하는 장치
❷ 고속카메라세트, 화재시뮬레이션시스템, X선 촬영기, 금속현미경, 시편절단기, 시편성형기, 시편연마기, 접점저항계, 직류전압전류계, 교류전압전류계, 오실로스코프, 주사전자현미경, 인화점측정기, 발화점측정기, 미량융점측정기, 온도기록계

(10) 화재조사 분석실 구성장비(8종)

증거물보관함, 시료보관함, 실험작업대, 바이스, 개수대, 초음파세척기, 실험용 초자류(비커, 피펫, 유리병 등), 드라이어

(11) 화재조사분석실

소방본부(거점 소방서 포함)	소방서
화재조사분석실 구성장비를 유효하게 보존·사용할 수 있는 30m² 이상의 실(室)	화재조사분석실 구성장비를 유효하게 보존·사용할 수 있는 20m² 이상의 실(室)

※거점소방서란 화재발생 빈도와 화재조사의 중요성을 감안하여 시·도 소방본부장이 권역별로 별도로 지정한 소방서를 말한다.

4 발굴절차

발굴절차는 발굴범위에 대한 검토로부터 개시된다. 연소된 상황과 관계자의 진술, 소방대의 소화활동 등 상황설명을 종합적으로 망라하여 결정한다. 발굴범위는 너무 좁게 한정시키지 말고 구획별로 나누어 실시하는 것이 효과적이다. 만일 주택 내부구조가 안방과 거실, 주방, 다용도실 등 4개 이상으로 구획되어 있는 상태에서 거실 주변에서 발화된 것으로 범위가 좁혀지면 거실 전체를 발굴범위에 포함시켜 실시하여야 한다. 퇴적물을 통해 거실에 있었던 가연물의 배열상태를 파악하고 발화요인과 배제요인을 넓고 다양한 각도에서 확인할 필요성이 있기 때문이다.

발굴범위를 좁게 한정시키다 보면 발굴지역이 2~3개 이상이 될 수 있고 부분적인 발굴 결과를 놓고 전체적인 연소현상을 설명하기 곤란해질 것이다.

발굴과정은 손길이 닿는 순간부터 훼손이 가중된다는 사실을 염두에 두고 사진촬영과 사실에 대한 메모작성 등 중간계측이 발굴과 병행하여 이루어져야 한다. 중간계측을 하는 이유는 수거물이 발견된 장소와 탄화형태를 더욱 명확하게 하기 위함이며 이 과정이 생략된다면 증거물로서의 가치가 떨어질 수 있다.

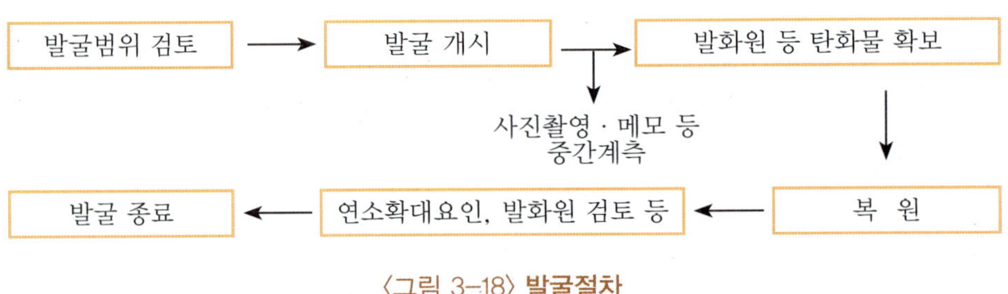

〈그림 3-18〉 **발굴절차**

발굴의 마무리단계는 화재발생 전 상황으로 복원을 하는 데 그 목적이 있다. 복원은 발굴을 통해 확보한 가연물을 화재발생 전 상황으로 가정하여 재현(再現)하는 것이며 이를 통해 착화물에 대한 성질과 연소확대물의 종류를 살펴 발화원과의 관계를 이끌어내는 것이 관건이 된다.

퇴적물이 쌓였다는 의미는 표면으로부터 바닥에 이르기까지 시간의 흐름을 역으로 추적하여 확인하는 과정이므로 중도 포기할 수 없는 중요한 의미를 갖는다.

〈그림 3-19〉 발굴 전 · 후 현장상황

5 발굴요령

❶ 불필요한 낙하물 등을 우선 제거하여 안전을 확보한다.

❷ 무너지거나 붕괴된 벽체, 기둥, 금속재 등 상층부 위에 있는 큰 물체 등을 먼저 제거한다.

❸ 발굴지역의 경계구역을 설정한다.

❹ 삽과 같은 큰 장비는 훼손의 우려가 크므로 가급적 사용을 자제한다.

❺ 상층부에서 하층부로 발굴을 하며 수작업을 원칙으로 한다.

❻ 장롱이나 소파, 침대 등 단면적이 크고 잘 옮기지 않는 물건은 가능한 한 이동시키지 않는다.

❼ 발굴된 물건은 위치가 어긋나지 않도록 주의하며 가급적 옮기지 않는다.

❽ 복원할 필요가 있는 것은 번호 또는 용도별 표식을 붙여서 정리해 둔다.

❾ 기름찌꺼기나 분진덩어리가 있는 부분은 붓이나 빗자루로 가볍게 쓸어내는 방법으로 불순물을 제거한다.

❿ 붓이나 빗자루 등으로 제거가 곤란한 불순물은 걸레나 헝겊에 물을 묻혀 살짝 닦아내는 물세척 방법을 이용한다.

6 복원요령

1. 발굴된 물건의 위치를 명확하게 한다.
2. 형체가 소실되어 배치가 불가능한 것은 끈이나 로프 또는 대용품을 사용하되 대용품이라는 것이 인식되도록 한다.
3. 복원은 현장식별이 가능한 확실한 것만 복원한다.
4. 예측에 의존하거나 불명확한 것은 복원하지 않는다.
5. 수직, 수평관통부의 부재인 목재나 알루미늄 등은 타거나 녹아서 남은 것, 가늘어진 것 등을 관찰하여 일치하는 곳을 맞춘다.
6. 잔존물이 파손되지 않도록 잦은 위치이동은 하지 않는다.
7. 관계인을 입회시켜 복원상황을 확인시킨다.

쉬어가기 　**조선시대 화재조사관 정약용**

1814년 12월 전라남도 나주에서 불륜관계의 남녀가 화재로 사망한 사건이 발생하였다. 목격자에 의하면 지난밤 남자가 어떤 여인을 데리고 땔감 석 단을 가지고 와서 여인을 남의 눈에 띄지 않게 먼저 방 안에 들여보내고 직접 불을 땐 후 깨진 그릇에 불을 모아 방으로 갖고 들어갔는데 다음날 불러도 대답이 없어 안으로 잠겨 있는 고리를 부수고 들어갔더니 두 사람이 서로 껴안고 누워 있었다고 하였다. 현장을 확인한 또 다른 목격자는 남자의 머리는 여자의 오른팔을 베고 있었고 여자의 다리는 남자의 배 위에 걸쳐져 있었는데 남자의 오른발은 불을 담은 그릇 위에 있었고 죽은 지 오래된 것 같았다고 하였으며 깨진 그릇에 담았던 불은 많지 않았고 불이 꺼져 재는 이미 식어 있었다고 하였다. 또 오른발이 비록 불 그릇 위에 걸쳐졌으나 발은 데지 않았고 불 자국은 허리에서부터 다리 위까지 나 있었다고 하였다. 방 구들장을 자세히 살펴보았으나 구멍이 없었고 불이 어디에서 일어났는지 알 수 없었으며 온몸 아래위에 목맨 자국이나 칼에 찔린 자국이 없었다고 하였다. 그리고 피가 흐른 자국이나 흔적도 없었다고 말을 하였다.

이 사건의 조사관은 남녀 관계가 지나쳐 죽는 경우는 간혹 있으나 여자와 함께 죽는다는 것이 의문이라고 했다. 또 남자는 팔을 베고 여자는 발을 걸쳤으며 정상적으로 껴안은 채 죽을 때까지 서로 놓지 않았다는 것이 의문이라고 했다. 특히 방에 있는 가구들은 이상이 없었으며 옷은 탔으나 버선은 오히려 온전했다고 적었다. 조사관은 이들이 한 달 넘게 비워둔 방을 빌려 불을 매우 세게 때자 구들이 달궈져 찌는 듯이 더운 열기가 생겼다고 했다. 그 바람에 악취가 서로 맞닥뜨려 정신이 아찔하고 어지러워지면서 마치 가위 눌린 듯 다시 의식을 회복하지 못했다고 판단했다. 그러면서 깨진 그릇의 조그마한 불씨가 솜옷에 붙으면서 이들의 몸이 밤새 탔을 것이다. 그러므로 병으로 죽었다고 볼 수도 없고 불에 타서 죽었다고 판단할 수도 없으므로 사망 원인을 "찌는 듯한 열기에 의식을 잃고 불에 타 죽었다"고 적었다. 그럼에도 불구하고 발은 비록 불 그릇 아가리에 얹혀 있었으나 불이 버선에 옮겨 붙지 않고 발목과 장딴지를 건너 두 무릎에 먼저 이른 것도 이치에 맞지 않다고 적었다.

조사관은 사망자의 의문사에 대해 충분히 파헤치지 못했음을 자탄하면서 "드물고 이상한 형사 사건"이라고 적었다.

이 사건을 담당한 조사관은 조선시대 후기 실학자로 유명한 정약용 선생이며 그의 저서 '상형추의(祥刑追議)'에 실려 있다.

Step 03 화재패턴

1 화재패턴(Fire Pattern)의 개념

화재패턴이란 화재현장에서 불에 타고 남겨진 탄화잔해물의 형태 및 열과 연기의 영향으로 생긴 물리적인 형상이나 흔적을 시각적으로 식별이 가능한 기학학적 모양을 가리킨다. 화재는 대상물별, 원인별, 연소형태별로 정해져 있지만 화재양상은 천차만별로 발생하고 있다. 용도가 똑같은 주택이더라도 건축물의 구조와 가연물의 배열상태, 개구부의 크기 등이 일정하지 않기 때문에 발화요인이 다를 수 있고 이에 따라 공기의 유동흐름이나 기류도 일정하지 않기 마련이다. 화재를 역으로 추적하는 어려움은 여기서부터 출발하게 된다. 화염의 확산형태를 식별하는 요소는 탄화된 물질 자체를 판별해낼 줄 아는 지식이 전제되지만 열전달 방식인 전도, 대류, 복사가 가연물에 미치는 영향력과 탄화되고 산화되거나 변형, 용해, 변색에 이르게 된 과정을 해석하는 현장감식 능력에 많이 좌우되고 있다.

어떤 형태로든 물질이 연소하면 가연물의 연료량과 시간에 의존하여 각종 반응물질을 생성해낸다. 보통 벽과 천장면에 남겨진 연기응축물의 형상과 화염에 집중적으로 노출된 부분에 여러 가지 화재패턴을 인식할 수 있는데 발화부와 가까운 곳일수록 연기의 색깔은 엷은 색을 띠고 발화부와 먼 지점일수록 불완전연소에 따른 짙은 색깔을 구조물에 남긴다. 화염의 유동패턴은 연기가 확산된 흐름을 읽고 1차적으로 판단하며 발화부를 좁혀감에 따라 최종적인 결론에 도달하게 되는 것이다.

화재패턴을 판별해내려는 것은 발화가 개시된 부분을 좁혀가기 위한 수단으로 응용이 가능하기 때문이며 실제 발화부를 기점으로 하여 여러 가지 화재형태에 대해 확인이 가능한데 열이 집중된 곳과 그렇지 않은 부분은 탄화된 경계선을 통해 쉽게 파악할 수 있다. 벽면과 천장부에 열이 집중된 지점의 탄화경계선은 완만한 곡선 형태로 흔적을 만들어내고 목재나 금속재 등도 탄화되거나 소실된 부분을 통해 화염의 경계면을 유지하고 있는 것이 나타나기 때문이다.

(1) 경계선 및 경계영역

경계선 또는 경계영역은 화재로 인해 다양한 물질이 연소된 결과로 열과 연기 영향의 차이를 정의하는 경계이다. 보통 열처리경계선(Heat Treatment Lines of Demarcation)이라고 부르는데 열에 집중적으로 노출된 곳은 밝은 색을 띠고 화염에서 발생한 연기의 생성영역과 구분된다. 경계선은 화염의 세기와 물질의 연소 특성에 따라 크기를 달리하며 발화지점에서 멀리 화염이 퍼져나갈수록 경계선은 더욱 뚜렷한 형태를 남긴다. 밀폐구역에서 출입구를 통해 화염이 지속적으로 출화한 경우라면 출입구 주변의 벽면과 통로에 남은 열처리경계선을 보고 화염의 지속시간과 세기를 어느 정도 측정할 수 있다.

〈그림 3-20〉 벽면과 출입구에 남겨진 경계선과 경계구역

(2) 표면효과

물질의 특성치가 지니고 있는 효과로 표면이 매끄럽고 부드러운 것보다는 표면이 거칠고 단면이 어두운 색깔을 지닌 물체가 연소하기 쉽다. 대부분의 물질은 연소과정에서 수축을 일으키고 열분해되어 부풀려지는 경향이 있다. 종이나 목재류에서 이러한 특성은 잘 나타나고 있는데 천장에 고온가스가 도달하면 벽지에 일차적으로 착화되어 갈라지거나 너풀거리는 형태로 남게 된다. 천장 속에 남아있는 목재도 화염의 진행방향에 영향을 받아 가열되고 표면은 검은 형태로 변색되는 것이다. 그러나 물체의 표면에 나타난 형태는 화염의 이동경로를 측정하는 데 유용하게 쓰이고 있지만 파괴소방에 의해 뜯겨져 나가거나 파헤쳐진 형태와 구분되어야 한다. 목재의 표면이 탄화하더라도 심재는 상당부분 남기 때문에 화염에 의한 소실부분과 인위적으로 잘려나간 부분은 식별이 가능하기 때문이다.

〈그림 3-21〉 천장면 표면효과

(3) 물질의 변형과 용융

물질의 변형과 용융은 화염의 접촉에 의한 물리적인 변화로 볼 수 있다. 용융은 녹는다는 것을 의미하는 것으로 고체보다 에너지 상태가 더 높고 분자배열이 느슨하며 분자 간의 응력이 약한 액체 상태로 변화하는 것을 말한다. 결정질의 고체는 일정한 온도에 도달하면 갑자기 녹기 시작하며 고체가 전부 녹을 때까지 일정하게 온도를 유지하는 가열곡선을 나타낸다.

　　물질의 용융 결과는 변형으로 나타난다. 탄화수소계열의 물질 가운데 특히 석유류 제품인 플라스틱류는 쉽게 용융되고 변형을 일으켜 형체 자체가 소실되기 쉽다. 또한 납이나 알루미늄, 유리 등도 쉽게 연화(軟化)되고 변형을 일으킨다. 변형된 잔해로 남아 있는 물질은 용융된 부분과 고체 부분 사이에 연화(軟化)된 경계를 남기는데 이를 통해 화재 당시의 온도를 유추해 낼 수 있다.

〔표 3-5〕 주요 플라스틱의 연화온도

종 류	연화온도	종 류	연화온도
경질폴리염화비닐	60~100℃	폴리에틸렌	100~120℃
연질폴리염화비닐	60~120℃	폴리프로필렌	160~170℃
폴리스티렌	70~90℃	폴리카보네이트	200~240℃

　　대부분의 플라스틱은 100℃ 이상을 넘게 되면 연화되기 시작하여 용해되는 성질이 있다. 열가소성 플라스틱은 열에 의해 변형되는 유동성을 가지고 있는 것으로 녹았다가 다시 냉각되면 원래의 성상으로 돌아가는 성질을 지니고 있어 재활용이 가능하다. 열경화성수지는 저분자량의 물질에 경화제를 첨가하여 제조하는 것으로 녹지 않으며 타들어가는 성질을 가지고 있다.

　　현장조사를 하다보면 열가소성수지를 원료로 한 쓰레기통, 식기류 등에서 물리적으로 변형된 잔해를 손쉽게 볼 수 있는데 화재조사 관점에서 볼 때 쓰레기통에서 발화된 경우 재질의 원형을 잃게 되면 남겨진 잔해물을 통하여 내·외부 출화형태를 식별하기란 매우 어렵다. 이런 경우 잔해물의 단면과 주변에 놓여진 가연물의 소실형태를 비교하는 방법과 열적 경과에 의한 주변 착화물과의 관계를 밝혀나가는 것이 중요하다. 열경화성 플라스틱은 내열성, 내약품성 등이 우수하여 사무기기, 전기기기, 자동차 부속 등 널리 쓰이고 있는데 대표적인 것으로 화재현장에서 흔히 볼 수 있는 배선용 차단기가 있다.

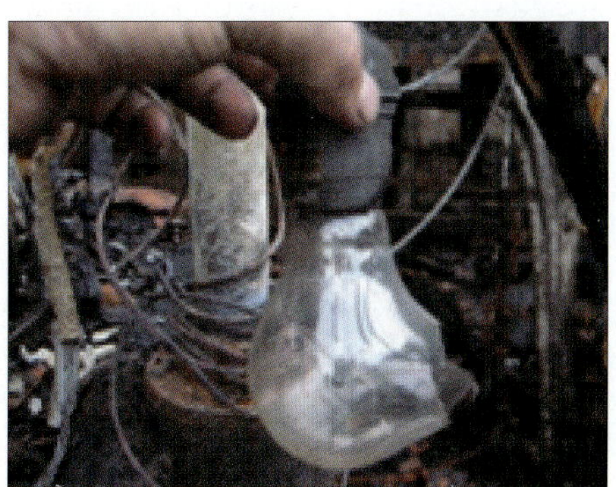

〈그림 3-22〉 물질의 용융과 변형형태

(4) 폭열(爆裂, Spalling)

　폭열이란 화재 시 콘크리트 구조물에 물리적 · 화학적 영향을 주어 파괴되는 현상으로서 여러 요인이 복합적으로 작용하여 나타난다. 폭열에 영향을 미치는 요인으로는 화재의 강도와 화재의 형태, 화재지속시간, 구조물의 형태, 콘크리트의 종류 및 골재의 종류, 화재로 생성된 가스 등의 영향을 받는다.

　내화조 건물이라도 화재가 1시간 이상 지속될 경우 콘크리트의 기밀성이 현저하게 떨어질 수 있는데 콘크리트 사이에 있는 공극은 미세한 수분을 함유하고 있는 공간으로 지속적으로 열에 노출될 경우 수분이 증발되고 급격하게 붕괴를 일으키게 된다. 반대로 공극 구조가 너무 조밀하여 외부로 수증기가 방출되지 못하는 경우에도 물리적으로 파괴된다. 화재에 따른 최대온도가 폭열에 이르는 절대적인 요소로 작용하고 있으나 화재의 최대온도가 300℃까지는 콘크리트의 손상이 거의 없는 것으로 알려져 있다.

　건물의 구조적인 측면에서 보면 보의 단면과 슬래브의 두께가 작을수록 위험하고 구조물의 인공적인 변형이 많을수록 손상이 큰 것으로 보고 있다.

 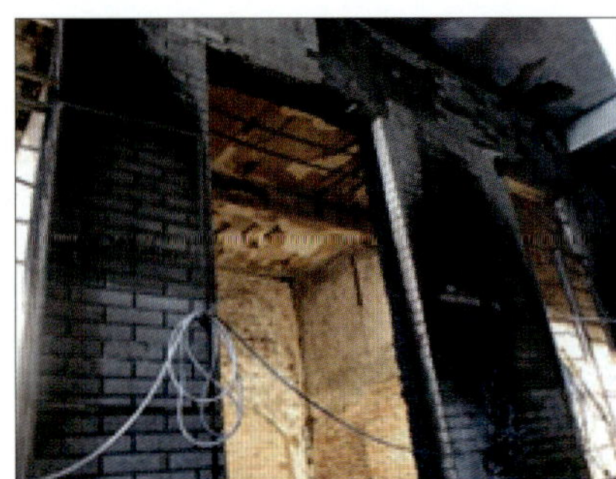

〈그림 3-23〉 콘크리트 구조물의 폭열현상

1 폭열발생 원인

① 흡수율이 큰 골재의 사용
② 내화성이 약한 골재의 사용
③ 콘크리트 내부 함수율이 높을 때
④ 콘크리트의 치밀한 조직으로 화재 시 수증기 배출이 안 될 때

2 화재지속시간과 콘크리트의 파손 관계

화재지속시간	콘크리트 파손 깊이
80분 후(800℃)	0~5mm
90분 후(900℃)	15~25mm
180분 후(1,100℃)	30~50mm

(5) 창문 등 유리의 상태

화염면이 확산되어 유리나 거울에 접촉하더라도 짧은 시간에 반응은 나타나지 않는다. 기상폭발에 의한 압력파가 형성되거나 물리적 파괴작용에 의한 경우 충격지점을 중심으로 방사선 모양의 형태로 갈라지며 압력에 의해 날카로운 잔해물을 남긴다. 반면 열에 의한 물리적 손상은 열유속과 관계가 깊은 것으로 나타나고 있다.

화염면이 증폭되어 실내에 충만하여 주요 물질을 연소시킬 때 벽면과 천장을 통해 굴절된 탄소분진 등이 유리면에 부착되고 복사열 또는 화염의 직접 접촉으로 유리면은 유리창이나 거울을 지지하고 있는 프레임 부분에 물결모양의 균열이 발생하며 시간이 경과하면서 이탈되는 양상이 나타난다. 유리의 취약점은 가장자리부분에 있다. 이러한 현상은 소방활동 시에도 응용되고 있는데 유리의 가장자리 부분부터 파괴하는 방법을 취하면 강화유리도 손쉽게 파괴할 수 있다. 유리의 융점은 1,350~1,500℃로 화재가 최성기에 접어들면 압력 없이 파손을 초래한다.

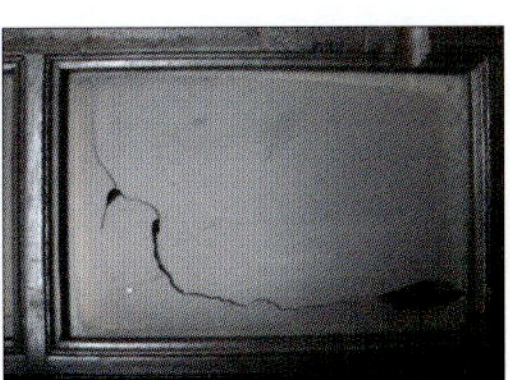

| 그을음 부착 | 균열 발생 | 부분적 깨짐 | 파손 |

〈그림 3-24〉 유리의 파손과정

(6) 목재의 연소성

목재의 수분함량이 15% 이상이면 비교적 고온에 장시간 접촉해도 착화하기 어렵다. 또한 각재와 판재 그리고 환형상태 등 목재의 모양새에 따라 착화시간을 달리한다. 각재나 판재는 원형모양보다 불에 타기 쉽고 빨리 착화된다. 물질은 입자를 잘게 나누게 되면 표면적이 커지기 때문에 공기와의 접촉면적이 넓어 열전도율의 방출이 적어진다. 따라서 잘고 얇은 가연물이 두껍고 큰 쪽보다 더 잘 탈 수 있다. 대단면의 목재는 표면이 착화·연소되더라도 연소되는 부분에 형성되는 탄화층이 차열성을 갖고 있어 표면의 연소가 그 심재에 미칠 때까지는 일정시간이 필요하다. 즉 탄화되지 않은 심재가 내력을 유지하여 건물붕괴나 화재확대를 어느 정도 막을 수 있다. 탄화심도 측정은 남아 있는 부분과 소실된 부분을 비교 측정하여 화재영향분석과 위험도분석 자료로 활용할 수 있다.

〈그림 3-25〉 목재의 균열흔적

목재는 구조의 복잡성, 즉 나무결로 형성된 구조 때문에 연소특성치가 방향에 따라 다르게 나타난다. 나무표면 바로 아래서 발생한 휘발분은 표면을 향한 직각방향보다는 나무결을 타고 쉽게 기화한다. 이러한 현상은 각재로 된 목재 또는 막대기 형태의 나무가 탈 때 타고 있는 나무의 끝부분이나 옹이구멍으로부터 연소가스나 화염의 분출이 나타나는 것으로 쉽게 확인할 수 있다.

〔표 3-6〕 **목재의 발화특성**

온 도	발화특성
100~160℃	목재가열 개시, 수분증발
220~260℃	갈색에서 흑갈색으로 변화, 인화개시
300~350℃	목재의 급격한 분해 시작, H · CO · 탄화수소 등 생성
420~470℃	발화 및 탄화종료
500℃	현저한 촉매활동으로 목탄 생성

목재는 200~250℃ 이상에서 색깔이 변하고 숯이 만들어지고 120℃의 낮은 온도에서도 오랫동안 가열된다면 저온착화할 수 있다. 300℃ 이상이 되면 급속하게 물리적 파괴를 동반한 균열현상이 발생한다. 오랜 시간 열에 노출된 숯의 형태를 보면 작은 알갱이 형태의 목재 균열흔이 표면에서 발생한 것을 확인할 수 있는데 이러한 균열흔은 숯의 깊이가 증가함에 따라 점차 넓어져 거북이 등과 같이 갈라진 형태를 나타낸다. 이러한 형태는 상당한 화재성장을 의미하기도 한다.

(7) 금속류의 특성

일상생활에서 널리 사용되고 있는 금속은 콘크리트와 함께 대표적인 불연재이다. 철(Fe)은 융점이 1,200~1,500℃ 전후이며, 적열상태(600℃정도)가 되면 연성이 증가하고, 900℃ 정도 되면 강도를 잃어버리게 되며, 1,000℃ 이상되면 응력을 버티지 못하고 구조물의 형태를 잃어버리게 된다. 화재강도가 증가하면 수열을 받아 늘어나게 되므로 발화부 측의 반대방향으로 휘어지는 경향이 많이 나타난다. 철이 열과 접촉하게 되면 급속히 강도를 상실하게 되고 산화되어 어두운 붉은 빛 또는 검은색으로 변색된다. 공장이나 창고같이 금속재나 철을 주요구조부로 사용한 건물에서 금속류의 변색범위가 광범위할 경우에는 도괴된 면적이 집중된 지점과 벽면, 기둥재의 산화양상을 들여다보면 초기 연소된 부분을 찾아가는 데 유용하다.

샌드위치패널은 아연도금으로 처리한 강판표면의 사이에 스티로폼을 채워 넣은 것으로 널리 범용성을 지닌 EPS(Expanded Poly Styren)패널이 주종을 이루고 있다. 발화지점과 가까울수록 도금된 표면이 갈라지는 균열흔이 작고 조밀하며 밝은 색으로 산화되고 발화부와 멀어질수록 비교적 크게 갈라지는 형태가 나타난다.

 그러나 장시간 화염에 노출될 경우 패널 자체의 강도상실로 도괴되거나 균열흔이 없어지게 된다. 단열재로 사용되는 스티로폼의 착화성은 매우 뛰어나 건물이 붕괴에 이르게 되면 발화지점을 판단하는 데도 많은 어려움이 따른다. 또한 잔해물을 거의 남기지 않아 패널의 붕괴경로, 잔해물의 연소특성치 등을 가지고 신중하게 판단해야 한다.

〔표 3-7〕 주요 금속의 비중과 용융점

구 분	비 중	용융점(℃)	구 분	비 중	용융점(℃)
알루미늄	2.7	660	구리	8.9	1,083
철	7.8	1,530	스테인리스	7.6	1,520
주석	7.3	232	아연	7.1	420
납	11.4	327	황동	8.8	900~1,050

 알루미늄(Al)은 다른 물체보다 용융점이 낮아 녹는점 660.4℃, 끓는점 2,467℃, 비중은 2.70(20℃)이다. 결정계는 입방정계로 전성·연성이 크고 비중이 작으며 열과 전기의 양도체인데다가 대기 중에서의 내식성이 뛰어나기 때문에 각종 간판, 집기류, 전선류, 도관용 등으로 가공되어 널리 이용되고 있다. 반사율이 높기 때문에 고순도 알루미늄은 광학기기 등의 반사거울로도 이용된다. 항공기·자동차·선박·철도에 전기의 양도체이며 가벼운 점을 이용하여 송전선 등에 사용되기도 한다. 또 식품공업·식기류 등의 분야에서는 내식성과 인체에 해가 없는 점 때문에 사용된다. 그 밖에 페인트, 알루미늄박포장, 건축재료, 원자로재 등 용도가 다양하다. 따라서 화재현장에 널리 산재되어 있기도 하다.

 공기 중에 방치하면 산화물의 피막이 생겨 광택이 없어지지만 내부는 산화되지 않는다. 공기 중에서 녹는점 부근까지 가열하면 백색광을 내면서 연소되어 무광택의 분말상태인 산화알루미늄이 된다. 이때 많은 열이 발생한다.

〈그림 3-26〉 철 구조물의 붕괴 방향성

② 화재패턴(Fire Pattern)의 종류

화재패턴의 연구는 현장에 남아 있는 흔적을 파악하거나 분석하는 데 매우 유용하게 쓰인다. 관찰되는 개개의 사실을 바탕으로 조사하는 귀납적 논리는 화재패턴을 바탕으로 하여 설명하는데 무리가 없다. 과학적 조사방법과 합리적 논증의 확보는 현장에 남아 있는 연소패턴에서 시작한다. 손상패턴은 구조물의 화재강도, 가연물의 양, 환기요소 등 물리적 조건과 열전달 개념(전도, 대류, 복사), 물질의 특성, 연기거동 등 제반요소에 따라 다양하며 화재원인조사의 기초를 이룬다. 외부관찰에 의한 발화거동 분석은 거시적 관점의 전체 관찰이 토대를 이루며 내부손상과 비교하여 가연물의 성질, 출화경로 파악 등에 활용한다.

NFPA 921 Guide에서는 화재패턴을 "화재 후 측정할 수 있거나 시각적인 흔적이 되는 물리적인 영향"으로 정의하고 있는데 화재패턴은 화염이 바닥과 천장, 벽과 같이 건물 주요구조부에 남겨진 형태를 파악하여 발화부에 접근할 수 있는 중요한 요소 가운데 하나로 작용한다. 콘크리트, 샌드위치패널, 벽지로 마감된 경계벽 등에 나타나는 경우가 많고 가연물의 종류에 따라 다양한 형태를 남긴다.

(1) 화살표 모양 패턴(Pointer and arrow pattern)

화살표 모양 패턴은 목재나 알루미늄 등이 타거나 녹아서 일부 소실되는 물체의 단면을 통해 확인되는 연소형태이다. 목재의 경우 수직재로 사용되는 샛기둥과 책상, 의자, 식탁 등에서 찾아볼 수 있는데 의자의 하단부에서 발화가 개시되어 화염의 방향으로 의자가 붕괴되는 과정에서 목재는 화염과 접촉한 부분부터 소실되고 의자 다리 부분의 표면에 남아 있는 잔해는 마치 화살표 형식으로 존재하는 경우가 많다. 따라서 화살표 모양이 짧고 뾰족하거나 격렬하게 탄화된 곳일수록 발화지점과 가깝다는 것을 알게 된다. 화살표 모양 패턴은 수직재에 많이 생기지만 수평면에서도 어렵지 않게 만들어지고 있다. 측면으로 누워 있는 목재가 화염과 접촉하여 생기기도 하지만 종이류가 차곡차곡 쌓여 있는 상태에서 화염과 접촉했을 경우에도 쌓여진 종이결의 측면을 따라서 만들어지기도 한다. 화살표 모양의 잔해물을 살펴 소실된 면적을 유추해낼 때 비로소 화염의 세기와 연소지속시간도 추론이 가능해진다.

〈그림 3-27〉 목재의 하단과 상단부로 형성된 화살표 모양 패턴

(2) 역삼각형 패턴("V" pattern)

연소가스의 부양성은 열에너지가 형성된 수직면 위에 집중되어 발화지점보다는 출화부에서 열의 활동영역이 매우 빠르고 왕성해짐을 알 수 있다. 이 때문에 최초 발화지점 부근보다는 열기류가 확산된 지점의 손상이 더욱 크게 나타날 수 있는데 밑면의 뾰족한 부분의 단면은 작지만 발화점을 의미하고 위로 갈수록 단면이 수평면으로 넓어지는 것은 전형적인 역삼각형 연소형태이다.

주로 벽면과 출입문, 장롱 등 세워진 물체를 통해 인식이 가능하고 천장과 바닥면에는 발생하지 않는다.

역삼각형 연소패턴의 관찰 시 주의할 점은 접염연소에 의해 또 다른 연소패턴의 생성 가능성이다. 예를 들어 최초 발화지점에서 확산된 화염이 불티를 사방으로 비산시키는 과정에서 불티가 다른 곳으로 굴러가 또 다른 역삼각형 연소형태를 만들어내거나 천장에서 확산된 복사열에 의해 천장재가 착화되고 바닥면으로 소락(燒落)하게 되면 또 다른 지점에서 화재패턴을 만들어내는 경우를 생각해 볼 수 있다. 이러한 경우 독립적으로 2개소 이상에서 발화된 것으로 생각한다면 화재패턴 단면에 의존한 잘못된 집착이다. 연소의 기본적 개념인 화재패턴 조사는 연소조건, 가연물의 양, 열분해 과정 등 양적인 조건과 질적인 조건을 보고 성립시킬 필요가 있다.

역삼각형 패턴의 기본은 열기류가 상승하면서 차가운 공기가 인입되고 열과 혼합되어 열기둥이 측면으로 퍼지면서 생성되는 것이다. 기하학적 형태는 연소되는 물질의 열 방출률과 환기조건에 따라 조금씩 차이가 있으며 화염에 대한 제한성이 없는 경우 약 30° 정도의 각을 이룬다.

〈그림 3-28〉 **역삼각형 연소형태**

(3) 역콘형 패턴(Inverted corn pattern)

역삼각형 패턴의 상대적 개념으로 정삼각형 형태로 식별되는 연소형태이며 화재 초기단계에 국부적으로 볼 수 있다. 화재가 미처 주변 가연물에 착화될 만큼 에너지가 없을 때 불완전 성장된 화재 결과로 나타난다. 계단이나 복도 등에 신문지류나 종이뭉치를 쌓아 놓고 자행되는 불장난 등 호기심이 발동하여 저질러진 현장에서 종종 포착되는 연소형태이다. 그러나 잠재된 불씨에 의해 재발화되거나 가연물을 충분하게 부여할 경우가 되면 역삼각형 형태로 전환되어 화재가 확산될 수 있다. 열에너지와 가연물이 충분하지 못해 국부적인 손상을 가져오지만 연소 과정에서 발생한 연기로 인해 실내공간을 전체를 빠르게 오염시키기 때문에 작은 불에도 큰 혼란을 부추기며 대피과정에서 사상자가 발생하는 등 의외의 결과를 부르기도 한다.

한편 역콘형 패턴은 옥내에서 화염이 맹렬하게 출화되었을 때 창문이나 유리창, 출입문 등의 상단부분에서도 식별되고 있다.

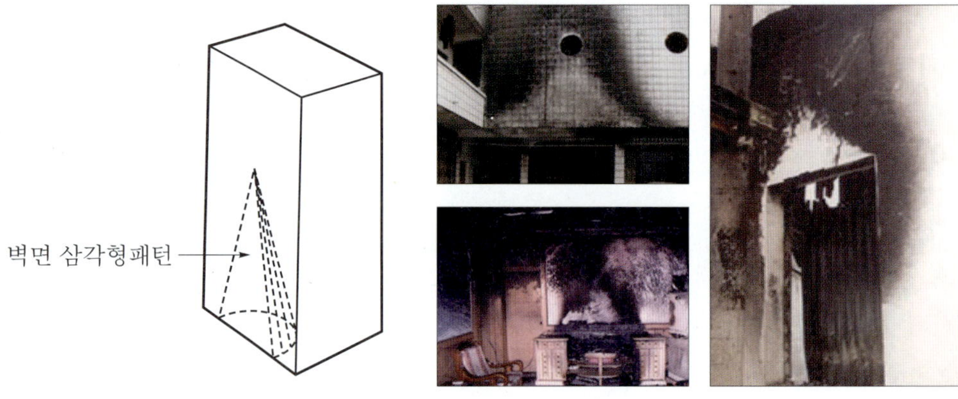

〈그림 3-29〉 역콘형 연소형태

(4) U-형 패턴

역삼각형 연소패턴이 예각에 가까운 형태를 띠는 반면 "U"패턴은 매우 완만하게 굽이진 형태로 나타난다. 발화원이 벽면 가까이 놓인 경우 복사열의 영향으로 벽면을 타고 천장열기층을 만들고 전면적으로 열기류가 퍼지게 된다.

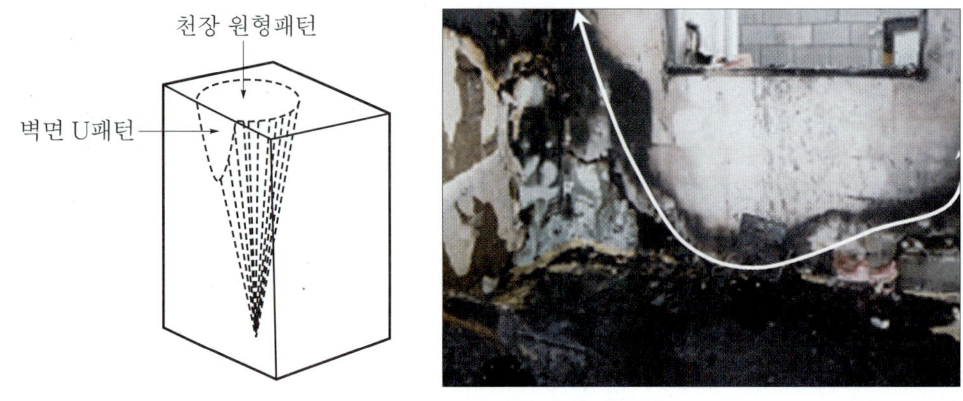

〈그림 3-30〉 U-형 연소형태

근본적으로 역삼각형 패턴과 유사하지만 복사열의 영향을 더욱 크게 받는다는 차이점이 있다. 벽면이나 창문가 쪽에서 식별되는 U형은 V형보다 측면으로 면적이 넓게 확산된 형태를 보이는데 석유난로나 석영관이 내장된 전기히터 등을 벽면 가까이 방치한 경우에서 살펴볼 수 있다. 난로나 히터는 발열체에서 생성된 복사열이 주변을 따듯하게 해주는 기능이 우수하다. 따라서 일단 착화가 이루어지더라도 전열선이 지속적으로 열을 방출하는 한 착화물을 정점으로 화염면이 주변에 높아진 기류와 혼합되어 벽면 같은 입상재를 따라 전면적인 연소가 한 동안 이루어질 수밖에 없다.

(5) 끝이 잘린 원추형태(Ventilation-generated pattern)

이 형태는 수직면과 수평면 양쪽에서 보여주는 3차원의 화재형상이다. 수평면과 수직면에 의해서 화염의 끝이 잘릴 때 나타나는 형상이다. 원추모양의 열확산은 화염의 자연적인 팽창이 생기면 이로 인해 발생하고, 화염이 실의 천장과 같은 수직적으로 이동하는 장애물을 만났을 때 열에너지의 수평적 확산에 의해서도 발생한다. 천장의 열손상은 일반적으로 "끝이 잘린 원추형태"에 기인하는 원형 영역을 지나서 뻗칠 것이다. 끝이 잘린 원추형태의 이론적인 증명은 천장에 나타나는 원형형태의 부분이나 원형뿐만 아니라 변형된 "V"나 "U"형태를 각각 보여준 것이다.

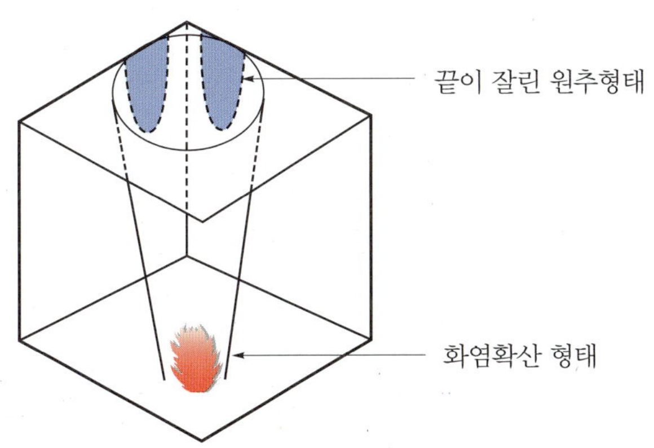

〈그림 3-31〉 끝이 잘린 원추형태

(6) 환기에 의해 생성된 패턴(Ventilation-generated pattern)

화살표 모양 패턴과 V패턴이 가연물의 영향을 받아 형성된 것이라면 환기에 의한 연소패턴은 화재실 내부 공기의 이동결과에 지배적인 영향을 받는다. 연소 초기에는 환기나 연료에 의한 영향이 미미하여 주어진 에너지 조건과 가연물 조건에 따라 연소가 진행되지만 화염이 커지면서 본격적인 환기의 영향을 받게 되면 발화지점으로부터 멀리 떨어진 지점에서 더욱 격렬하게 연소할 수 있게 된다.

특히 지하층이 포함된 고층건물 화재와 같은 경우 급기와 배기가 동시에 한정된 출구를 통해 이루어지므로 연기가 빠르게 충만되며 전 층에 걸쳐 좁은 통로를 따라 화염면이 확산된 경로를 확인할 수 있다.

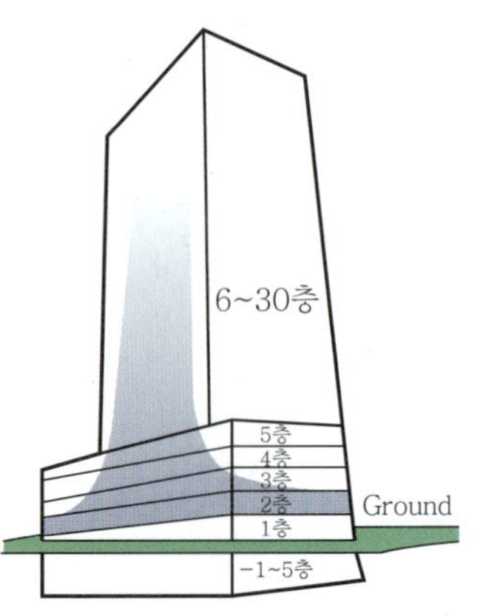

〈그림 3-32〉 환기에 의해 생성된 연소패턴

(7) 고온 가스층에 의해 생성된 패턴(Hot gas layer-generated patterns)

고온 가스층의 복사에너지가 구획실 내 패턴을 형성하며 고온의 가스가 유동하는 공간을 조성한다. 플래시오버 바로 직전에 구획실의 화재가 진압되면서 고온의 가스층에 의한 화재패턴이 연소물 표면에 형성된다. 예를 들어 소파 화재 시에 복사열로 인해 그 표면의 용융과 연소현상이 발생할 수 있으나 소파 밑바닥과 같은 비연소물 표면은 복사에너지로부터 보호된다. 가연물의 표면은 탄화되거나 연소될 수 있으나, 불연성 표면은 변색 또는 변형될 수 있다. 고온의 가스층에 의한 패턴이 평면의 구분선과 명확히 구별되게 생성되고, 이는 가스층의 높이와 이동방향을 나타낸다.

고온 가스층은 초기에 부력상승에 의해 천장면에 집적된다. 그리고 가장 먼저 오염이 이루지게 되고 천장면에서 충돌과 굴절을 일으키며 농축된 열기류는 시간이 갈수록 두터운 열기층이 증대될 것이며 점차 벽면을 따라 하강하게 되는 것이다. 이때 천장면에 고온이 집적된 곳을 Hot Zone으로 구분하고 열기류가 가연물의 전 표면적에 이르기 전에 열기류와 접촉하지 않은 부분을 Clean Zone이라고 하는데 Clean Zone에는 비교적 신선한 산소가 남아있기 때문에 연소의 상승성을 돕는다.

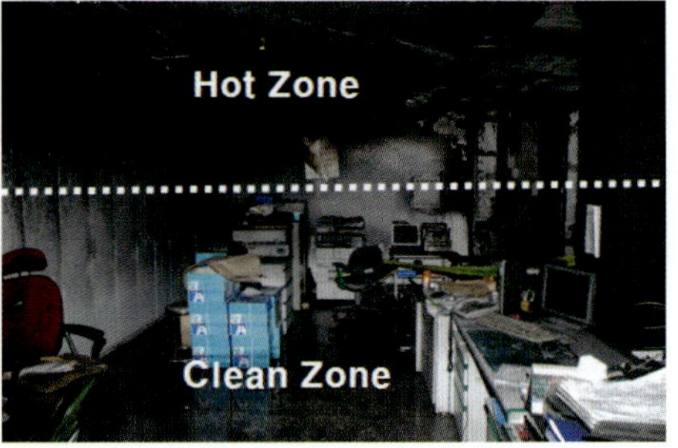

〈그림 3-33〉 고온 가스층에 의해 생성된 연소경계 구역

(8) 완전연소 패턴(Clean-burn patterns)

검댕(soot)과 연기응축물(smoke deposits)이 모두 타버릴 때 직접적인 화염의 접촉에 의해서 불연성 물질의 표면에 생성된다. 완전연소를 초래함으로써 구조물이 붕괴되어 바닥면만 남거나 뼈대만 남기는 경향이 크다. 화재하중이 높고 구조물어 취약할 경우 완전연소에 이르게 되며 수납물의 형체를 알아보기 어렵게 된다. 천장 반자와 선반, 받침대 등이 무너지게 되고 평면적으로 바닥면에 퇴적물이 대량으로 쌓이게 되어 방, 거실, 주방 등 경계벽의 식별이 곤란한 경우도 생긴다.

〈그림 3-34〉 완전연소 패턴

내화조 건물보다는 기밀성이 취약한 가설건축물, 샌드위치패널, 기와조 한식건물에서 많이 발생하고 있으며 재만 남은 형태를 유지하는 경우이다.

구조물이 붕괴되면 연소의 확산성과 흐름의 이동경로를 확인할 수 없게 되므로 전방위적인 조사가 수반된다. 즉, 화재구역 내에서 용도별, 발화요인별, 가연물의 소실 정도 등 광범위한 조사가 진행되어야 하는데 시간과 비용적인 측면에서 부담해야 할 제약이 많이 뒤따르는 단점이 있다.

(9) 수평면의 화재 확산 패턴(Fire penetration of a horizontal surface)

천장, 테이블 상부 및 선반 등의 수평면의 아랫면에서의 형태는 매끄럽지 않은 원형모양으로 나타날 수 있다. 열원이 집중되면 될수록 훨씬 더 원형에 가까운 형태가 나타난다. 원형형태의 부분은 화염이나 고온 가스를 부분적으로 가로막는 표면의 아랫면에 나타날 수 있다. 이는 형태가 생기는 표면의 가장자리가 완전한 원을 나타낼 수 있을 만큼 팽창하지 않을 때나 벽에 근접해 있을 때 발생한다. 원형형태 내부에서 중심은 더 깊게 탄화한 것처럼 더 많은 열 영향이 있었음을 보여준다. 원형형태의 중심 위치 파악으로 조사자는 가장 많이 가열된 발생지점에 대한 신뢰할 수 없는 증거물을 발견할 수도 있다.

수평면의 화재확산 패턴은 연소물 수평면 위에서 아래로 또는 아래에서 위로 화재가 진행되는 것을 의미하며 소실 부분의 측면을 조사하여 원인을 규명해야 한다. 아래나 위로부터 수평면의 관통부는 복사열, 직접적인 화염의 영향 또는 환기의 효과가 있든지 없든지 간에 국한된 지역에서 훈소에 의해 생긴 것이다. 또한 플래시오버 단계에 이르지 아니한 화재 상황에서 연소물의 수평면 위에서 아래로 화재가 진행되었다면 비정상적인 것이다. 아래 방향으로의 관통부는 일반적이지 않은 현상으로 여겨지는데, 열 이동의 자연스러운 현상은 뜨거운 공기는 부력의 작용에 의하여 위로 향하는 것이다. 그러나 구분된 부분에 전반적으로 불이 붙는 경우에는 고온 가스가 바닥에서 작고 산재된 구멍으로 관통하는 결과를 나타낼 수도 있다. 관통부는 또한 폴리우레탄 매트리스, 소파, 의자 등의 가구가 격렬하게 연소함으로써 생길 수도 있다. 붕괴된 바닥이나 지붕 아래서 생기는 화염 또한 바닥 관통부를 만들 수 있다.

조사자는 바닥 또는 테이블 상부에서 연소된 구멍 등의 아래 방향으로의 관통부를 주의 깊게 관찰하고 조사해야 한다. 수평면에서 연소된 구멍이 아래로부터 생겼는지 위로부터 생겼는지는 구멍의 경사면을 비교함으로써 확인할 수 있을 것이다. 면이 구멍을 향하여 위에서부터 아래 방향으로 기울어져 있다면 이는 화재가 위에서부터 발생했다는 것을 나타낸다. 반대로 면이 바닥에서 더 넓고 구멍의 중심을 향하여 위 방향으로 기울어져 있다면 이는 화재가 아래에서부터 발생했다는 것을 나타낸다.

만약 화재가 표면을 통하여 위로 유동하였다면, 관통된 표면의 바닥 부분의 손상도는 윗부분과 비교할 때 훨씬 더 강하다. 화재가 아래 방향으로 유동하였다면 그 반대 형상도 훨씬 더 강하게 나타난다.

(10) 폴다운 패턴(Fall down patterns)

화재조사자는 화재가 진행되는 동안 불이 붙은 또 다른 가연물이 높은 곳에서 낮은 곳으로 떨어지게 되면 그 지점에서 또 다시 다른 구역이나 지점으로 타 올라갈 수 있다는 것을 항상 유념하여야 한다. 밑으로 떨어지는 것은 결국 연소 잔재물이지만 아래로 떨어지는 순간 또 다른 불덩어리로 변해 다른 가연성 물질을 발화시킬 수 있다. 발화개소가 여러 개인 것으로 오인할 수 있으므로 바닥면에 남겨진 흔적과 위에서 떨어진 낙하물의 성분을 구별해 조사를 하여야 한다. 구획실의 사방에 출입구가 있는 조건에서 연소가 되면 외기의 영향을 받아 불꽃과 불티는 사방으로 비산하며 불덩어리가 위에서 떨어진다면 바람이 부는 방향으로 굴러가게 되고 구석진 모서리 부분에서 또 다른 발화가 개시되는 경우를 상정해 볼 수 있다. 폴다운 패턴은 고온층이 천장이나 수직재 등의 위쪽에서 오랜 시간 활성화된 결과로 중력에 의해 아래로 떨어지는 결과로 나타난다.

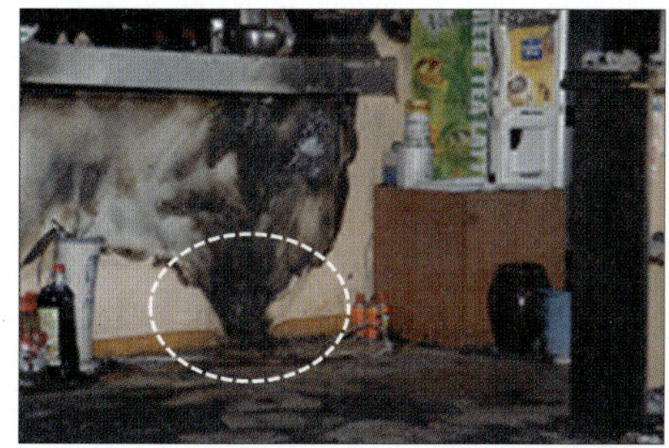 

〈그림 3-35〉 폴다운 연소패턴

(11) 드롭다운 패턴(Drop down patterns)

화재가 바깥쪽으로 진행되면서 복사열 등의 열전달에 의해 화재로부터 멀리 떨어진 가연물에 착화되어 연소물이 바닥에 떨어져 불타는 현상이다. 예를 들면 벽면에 부착된 커튼, 수건걸이, 포스터 등 이들의 물질들이 발화지점과 멀리 떨어진 상태에서 화재에 노출되면 가연물이 바닥에 떨어져 연소한다. 이러한 현상은 구획된 실이 충분히 열에 노출되어 충만된 경우로 착화에 이르지 않더라도 플라스틱인 선풍기의 날개깃이 녹아내리기 직전 찌그러진 형태로도 확인되고 있으며 종이류의 경우 너풀거리는 형태로 벽면에 타다 남은 형태로 식별되기도 하는데 화염이 농축되면 결과적으로 착화에 이르게 된다. 폴다운 패턴은 발화지점으로부터 일정한 거리에 있는 곳에서 농축된 열이 확산됨으로써 파급되는 것이지만 또 다른 발화요인으로 판단할 수 있으므로 드롭다운 효과가 발생하였는지 함께 고려해 보아야 한다.

〈그림 3-36〉 형광등 커버 및 선풍기 날개깃의 용융

(12) 열 그림자 패턴(Heat shadowing patterns)

장애물에 의해서 열원으로부터 그 장애물 뒤에 가려진 가연물까지 열 이동이 차단될 때 발생하는 그림자 형태이다. 열 그림자는 보호구역을 형성한다. 열 그림자와 보호구역은 화재패턴과 경계선에 영향을 미칠 수 있는데 만약에 보호물이 없는 경우라면 화재패턴과 경계선이 장애물에 가려진 가연물 위에 형성될 수 있다.

화재현장에서 조사 시 물체의 이동으로 현장을 복원할 때 매우 혼란스러운 상황이 초래된다. 이때 보호된 구역은 화재 당시 물건의 위치를 파악할 수 있는 중요한 화재패턴이다. 화재당시 물건은 그것이 위치하였던 바닥이나 벽면에 그을음의 부착이나, 탄화, 연소되는 것을 막아주기 때문이다.

예를 들어 바닥에 있던 의자는 그을음이나 복사열로부터 그 의자가 위치하였던 바닥면을 접촉하였던 모양 그대로 보호하기 때문에 화재 이후 의자가 옮겨진다고 하더라도 바닥에 어떠한 물건이 있었음을 증명할 수 있으며 다른 곳으로 옮겨진 의자는 바닥에 그을음이 부착되지 않거나 탄화되지 않은 모양을 보고 맞추어 보면 원래의 위치를 알 수 있다.

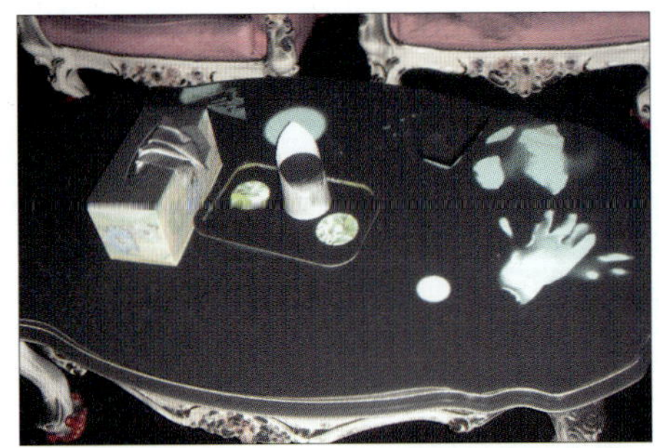

〈그림 3-37〉 **탁자위에 남겨진 열그림자 패턴**

(13) 포어 패턴(Pour Pattern)

인화성 액체가연물이 바닥에 쏟아졌을 때 액체가연물이 쏟아진 부분과 쏟아지지 않은 부분의 탄화경계 흔적을 말한다. 이러한 형태는 화재가 진행되면서 액체가연물이 있는 곳은 다른 곳보다 연소가 강하기 때문에 탄화정도의 강, 약에 의해서 구분된다. 때로는 액체가 자연스럽게 낮은 곳으로 흐른 부드러운 곡선 형태를 나타내기도 하고 쏟아진 모양 그대로 불규칙한 형태를 나타내기도 하지만 연소된 부분과 연소되지 않은 부분에서 뚜렷한 경계선을 나타낸다. 이 형태는 액체가연물의 양에 따라 크기가 달라지기도 하는데 바닥면이 흥건할 정도로 넓게 살포된 경우 장판재를 완전연소시켜 콘크리트 구조물이 드러난 형태와 남아 있는 바닥재를 비교 식별하여 판단하는 경우도 있다. 만약 인화성 액체가 살포된 지역임에도 불구하고 특정부분이 잔존한다면 바닥면 전체로 연소확산되기 전에 그 부분에는 이미 퇴적물이 덮여 있던 것으로 미연소된 구역임을 구분할 수 있다.

〈그림 3-38〉 포어 패턴(Pour Pattern)

(14) 스플래시 패턴(Splash Pattern)

액체가연물이 연소되면서 발생하는 열에 의해 스스로 가열되어 액면(液面)에서 끓으며 주변으로 튄 액체가 미연소 부분에서 국부적으로 점처럼 연소된 흔적이다. 이 패턴은 주변으로 튀어 나간 가연성 방울에 의해 생성되므로 약한 풍향에도 영향을 받는다. 바람이 부는 방향으로는 잘 생기지 않으며 반대 방향으로 비교적 멀리까지 생긴다. 포어 패턴이 가연성 액체를 바닥면에 쏟거나 흘려서 생성된 것이라면 스플래시 패턴은 쏟아진 액체가 연소되면서 2차적으로 주변으로 튀면서 생성된 흔적이다.

〈그림 3-39〉 스플래시 패턴(Splash Pattern)

(15) 고스트마크(Ghost Mark)

콘크리트, 시멘트 바닥에 비닐타일 등이 접착제로 부착되어 있을 때 그 위로 석유류의 액체가연물이 쏟아지고 화재가 발생하면 열과 솔벤트 성분은 타일의 가장자리 부분에서부터 타일을 박리시키며 액체가연물은 타일 사이로 스며들어 부분적으로 접착제를 용해한다.

화재실에 화염에 의한 열기가 가득하게 되면 액체가연물과 접착제의 화합물은 타일의 틈새에서 더욱 격렬하게 연소하게 되고 결과적으로 타일 아래의 바닥에는 바닥재의 틈새모양을 따라 변색이 되고 종종 박리되기도 하는데 이때 바닥에서 보이는 흔적을 고스트마크라고 한다.

연소 후 타일과 타일 사이에 형성되는 탄화흔 또는 얼룩진 형태로 알려져 있으며 열에 의해 박리가 일어나기도 하지만 타일 틈새에 공간이 있을 경우 진압과정에서 물과 접촉에 의해 부풀려져서 뜯겨지거나 갈라져 나가기도 한다.

이 패턴은 다른 패턴과 달리 플래시오버 직전과 같은 강력한 화재열기 속에서 발생한다.

(16) 도넛 패턴(Doughnut Pattern)

거친 고리모양으로 연소된 부분이 덜 연소된 부분을 둘러싸고 있는 "도넛 모양" 형태는 가연성 액체가 웅덩이처럼 고여 있을 경우 발생한다. 고리처럼 보이는 주변부나 얕은 곳에서는 화염이 바닥이나 바닥재를 탄화시키는 반면에 비교적 깊은 중심부는 액체가 증발하면서 증발잠열에 의해 웅덩이 중심부를 냉각시키기 때문에 발생한다. 도넛과 같이 원형 모양을 가지고 있지 않더라도 대부분의 패턴은 유류가 쏟아진 곳의 가장자리 부분이 내측에 비하여 강한 연소흔적을 보이는 것이 일반적이다.

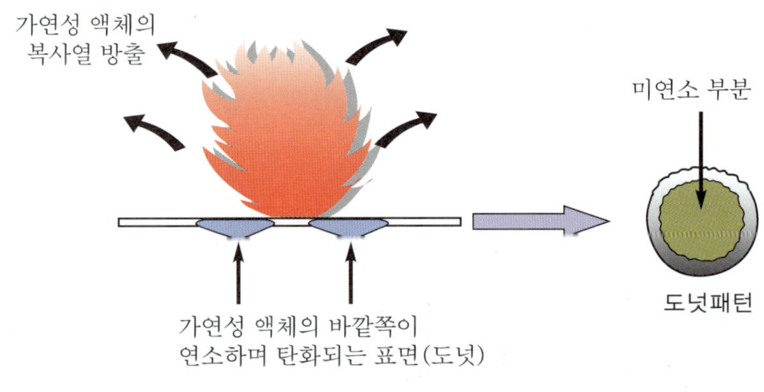

〈그림 3-40〉 **도넛패턴의 단면도 및 평면도**

보충학습　**도넛 패턴이 형성되는 이유**

가연성 액체가 살포된 지역의 중심부는 액체가연물이 증발하면서 증발잠열의 냉각효과에 의해 보호되기 때문에 바깥쪽 부분이 탄화되더라도 안쪽은 연소되지 않고 고리모양의 패턴을 만들어 내는 것이다.

(17) 트레일러(Trailer) 패턴

의도적으로 불을 지르기 위하여 건물 외부 또는 실내 바닥, 책상 윗면, 화장실 등 방화대상물 곳곳에 가솔린이나 시너 등을 뿌려 놓아 가연물이 연소할 때 생성되는 화재패턴을 말하며 지나간 자국 형태로 표현되기도 한다.

화재현장에서 고의적으로 한 장소에서 다른 장소로 연소를 확대시키기 위해 뿌려진 가연물의 흔적으로 반드시 액체가연물의 흔적을 말하는 것은 아니지만 연소촉진이 빠르기 때문에 액체 위험물질을 연소수단으로 널리 사용하고 있다. 트레일러로 사용하는 연료는 연소의 촉매제로 많이 사용하는 시너나 휘발유 및 석유류 등의 액체와 방과 거실 등을 연결하기 위한 도화선, 두루마리 화장지, 신문종이, 휘발유 등에 적신 천, 짚단 및 나무 등의 고체 가연물 또는 이들의 조합이다.

트레일러 방화화재의 경우에 한 지역에서 다른 지역으로 연료가 고의로 살포되거나 늘어진 때에는 화재현장에 나타난 경계선 흔적이 늘어진 형태로 나타나는 것을 볼 수 있다. 이들 자국 형태는 접촉된 바닥을 따라서 발견되거나 구조물 내부의 한 층에서 다른 층으로 옮겨가는 계단을 따라 발견된다. 일반적으로 트레일러 패턴은 연소 구역들 사이에서 발견되는 좁은 패턴이며 대부분 수평면에서 길고 직선적인 형태로 나타난다.

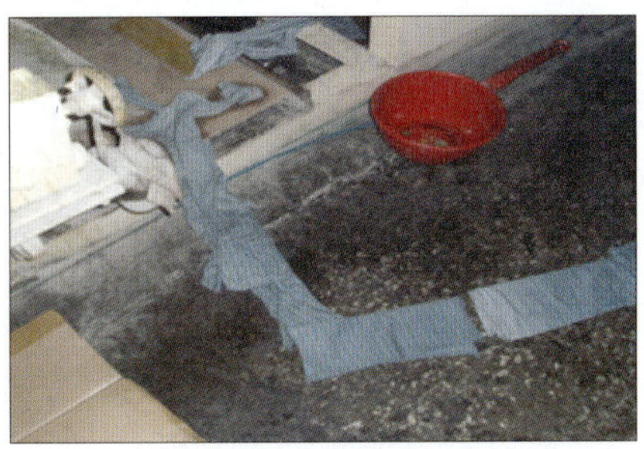

〈그림 3-41〉 섬유류에 인화성 액체를 적신 후 도화선으로 이용한 형태

〈그림 3-42〉 방화현장에서 식별되는 트레일러 패턴

(18) 낮은 연소패턴(Low burn patterns)

낮은 연소패턴은 촉진제를 사용하였거나 그러한 수단을 사용하였을 가능성이 높은 것으로 추정될 때 식별되는 패턴이다.

화재 형태의 가장 낮은 부분은 열원에 근접한 것이 일반적인 특징이다. 통상적으로 화염은 발생지점에서 위쪽 및 바깥쪽으로 타들어가는 경향이 있다. 고온 가스로 만들어진 화염과 공기의 유동에 의해 연소생성물이 팽창하며 주위공기보다 밀도가 낮아 부력이 생기고 체적과 부력의 성장이 가열된 생성물을 위로 들어 올려서 확산시키는 원인이 된다. 따라서 낮은 지점의 소실이 심하고 위쪽으로 상승성이 미약하다면 낮은 연소 지역에 대한 세밀한 확인이 필요하게 되며 발생지점과의 관계를 논리적으로 완성시켜야 한다.

③ 화재패턴 감식 포인트

지금까지 살펴 본 화재패턴은 일반론적인 설명에 불과하며 연소패턴이 남겨진 곳이 반드시 발화지점이라고 단언하기 어렵다. 화재의 의외성은 물질별, 열량별, 구조별로 천차만별이기 때문에 연소형태에 대한 깊은 관찰과 이해가 지속되어야 한다. 각종 연소형태는 발화가 개시되고 연소확산이 이루어지면서 형성되지만 구조물이 붕괴되거나 화재실의 온도가 최대온도에 이르러 물체의 변형이 이루어지고 종국에는 소락되어 완전연소가 촉진되면 화재패턴의 식별이 곤란해지고 발화원인은 미궁 속에 빠질 우려가 있기 때문이다. 또한 화재패턴의 단면에만 의존하려는 선입관을 경계하여야 한다. 만약 담뱃불의 잔해가 있던 지점으로 "V"형태나 역콘 형태의 연소패턴이 남아 있으나 주변의 착화물로 목재만 있었다면 성급하게 발화지점으로 생각할 것이 아니라 다른 요소를 검토해 보아야 할 것이다. 담뱃불은 목재에 착화가 불가능하기 때문에 천장이나 전선관, 급·배기 덕트 등과 같이 수평관통부에서 떨어진 소락물에 의해 또 다른 발화가 이루어질 수 있으며 불티가 비화되어 국부적인 연소형태를 남길 수 있기 때문이다.

인화성 액체로 인해 나타나는 패턴들은 고에너지를 함유하고 있기 때문에 고체 가연물에 비해 잔해를 남기지 않는 특징이 있어 탄화경계선이 모호해지거나 완전히 소실되는 경향이 크다. 따라서 연소된 지역과 미연소된 지역을 구분하여 그 경계를 분명히 하고 연소된 지역에 남아 있는 잔존물을 수거하여 테스트해 볼 필요가 있다.

유류가 연소하게 되면 가연성 증기 자체가 연소하는 것이지만 주변 가연물로 용이하게 착화되기 때문에 육안으로 액체를 식별하기 어렵고, 증발속도가 매우 빠르지만 소하과정에서 독특한 유류의 취향이 남을 수 있고 물 위로 유류 성분이 뜨기 때문에 바닥면의 경사진 구석까지 잔량의 존재 여부를 확인해 볼 필요가 있다. 화재패턴은 고체 또는 액체 연료가 연소하면서 형성되는 흔적으로 LPG, LNG와 같은 기체연소에서는 만들어지지 않는다. 고체나 액체는 발화와 동시에 뜨거워진 주변 공기가 위로 상승하면서 일정시간 연소가 지속되는 과정에 놓여 있다. 반면 기체의 연소는 용기 속에 일정한 양과 압력이 설정된 상태로 보관되어 있기 때문에 어떤 원인에 의해 발화가 개시되면 높은 압력이 화염과 함께 외부로 분출하기에 폭발에 가까운 연소 양상을 지니고 있고, 일산화탄소와 같은 연기생성물이 거의 없기 때문에 구조물에 연소형태를 남길 수 없게 된다.

화재패턴은 연소와 동시에 생성되는 열과 화염 그리고 연기응축물 등의 생성물이 혼합된 형태로 벽과 천장 등에 남겨져 육안으로 식별 가능한 화재흔적이라고 할 수 있다.

〔표 3-8〕 가연물별 연소패턴의 구분

물질의 상태	연소패턴 종류
고체	화살표모양 패턴, V패턴, 역콘형 패턴, U패턴, 끝이 잘린 원추형 패턴, 열 그림자 패턴
액체	포어 패턴, 스플래시 패턴, 고스트 마크, 도넛 패턴, 트레일러 패턴
고체 or 액체	환기에 의해 생성된 패턴, 고온 가스층에 의해 생성된 패턴, 완전연소 패턴, 수평면의 화재확산 패턴, 폴다운 패턴, 드롭다운 패턴, 낮은 연소 패턴

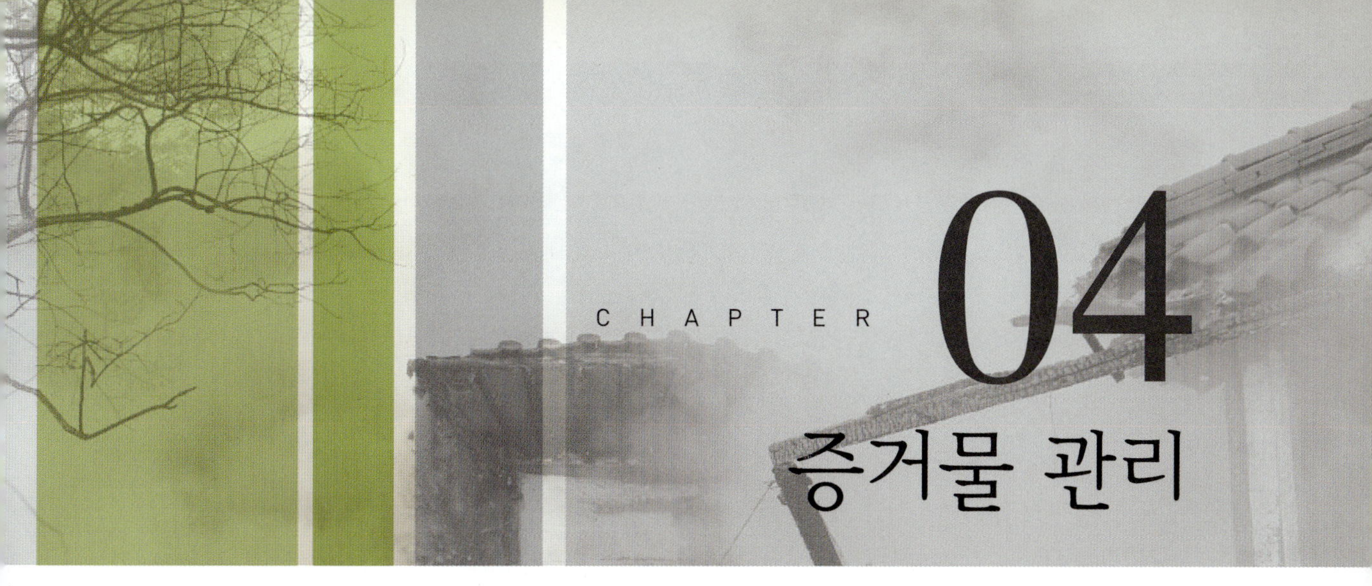

1 증거물의 정의

물증이라고도 하며 검증(檢證)의 대상이 되기 때문에 검증물이라고도 한다. 형사소송법상으로는 그 존재 자체가 증거가 되는 물건 또는 서류를 물증 또는 증거물이라 하고 그 내용이 증거가 되는 증거서류인 서증(書證)과 구별하나, 보통 양자를 합쳐서 물적 증거라고 하여 인적 증거와 구별한다. 민사소송법상으로는 물적 증거 즉, 증거방법으로서의 문서 및 검증물을 증거물이라고 한다.

2 증거물의 조건

증거물의 조건은 증거능력(證據能力)과 증명력(證明力)의 두 가지로 설명할 수 있다. 증거방법으로서 증거조사의 대상이 될 자격 여부를 판단하는 것을 증거능력이라고 하며, 증거자료가 사실 인정에 차지하는 정도는 어느 수준이며 당사자가 주장하는 사실을 인정할 수 있는지하는 문제를 증명력 또는 증거가치라고도 한다.

증거능력은 형사소송법상 증거가 증명의 자료로 이용될 수 있는 법률상의 자격을 말한다. 증거능력이 없는 증거는 사실인정의 자료로서 인정받지 못할 뿐 아니라 법정에 증거로 제출하더라도 불허된다. 이는 증거능력이 없는 증거에 대하여 증거조사를 허용할 경우 법관의 자유심증 형성에 부당한 영향을 줄 가능성이 있기 때문이다. 증거능력은 증거로서의 자격 유무 즉, 증거의 허용성에 관한 문제인데 우리나라 민사소송법에서는 자유심증주의를 채택하고 있기 때문에 증거능력에 제한이 없다는 것이 원칙이다. 다만 증거능력이 인정되는 증거라도 이를 믿을 것인지 여부는 자유심증주의에 의하여 전적으로 법관의 판단에 의존하는 것이다.

화재현장에서 조사관은 관계자로부터 화재가 발생하게 된 원인 또는 경위 등에 대하여 임의적 진술을 얻어내고 있는데 만약 임의성이 배제된 진술이나 고백이라면 당해 사건이 소송으로 확대되더라도 공소장 등은 증거능력이 없다고 인정되고 있다. 여기서 진술은 자백과 비슷한 의미로 사용되기도 하는데 법률적으로 자백이란 자기의 범죄사실의 전부 또는 일부를 인정하는 진술을 말하는 것으로 진술 자체가 증거가 되기 때문에 진술증거라고 하며, 이는 범죄사실을 직접 증명하는 직접증거로 작용한다.

한편 증명력은 증거로서 믿을 만한 실질적인 가치를 부여하거나 법률적인 증거능력을 전제로 하여 그 증거가 신빙성의 정도를 가지고 있는지 판단하는 것으로 증거가치 또는 증거력이라고도 한다.

상대방 몰래 녹음한 증거의 효력

상대방 모르게 당사자 한쪽에서 상대방과의 대화 내용을 녹음한 경우에 관하여 판례를 보면 민사소송법이 자유심증주의를 채택하고 있음을 들어 상대방 모르게 은밀하게 녹음테이프에 녹음을 하였더라도 이것이 위법하게 수집된 증거라는 이유만으로 증거능력이 없다고는 단정할 수 없다고 하였으며(대법원 1981.4.14. 선고 80다 2314판결) 그 채증 여부는 사실심법원의 재량에 속하는 것으로 녹음테이프에 대한 증거 조사는 법관이 검증을 통해 인용 여부를 결정한다는 것이다. 만약 상대방이 녹음절차의 위법성을 따져 주장을 할 경우라도 그 증거능력을 인정할 것인가 여부는 궁극적으로 법관이 판단할 몫이라는 것이다.

Step 02 증거물의 종류

증거물 관리에 대한 관심은 비교적 최근의 일로서 그 중요성이 점차 커지고 있다. 물론 과거에도 화재사건에 대한 증거물 공방문제 때문에 심심찮게 논쟁이 제기되어 왔지만 당시에는 체계적인 연구와 과학적인 조사 기자재 등이 많이 빈약하였고 국민들의 의식도 크게 미치지 못하여 소홀하게 다루어져 온 측면이 강하였다. 그러나 개정된 실화책임에 관한 법률은 과실의 경중에 관계없이 화재를 야기시킨 자 등에게 손해배상책임을 지도록 배상책임의무를 명시함에 따라 소방, 경찰, 보험사, 법률가, 개인 등 화재와 연관이 깊은 자들을 긴장시키기에 충분할 정도로 그 중요성이 증대된 것이다.

증거의 종류는 인적 증거와 물적 증거로 대별할 수 있다. 인적 증거로는 화재현장에서 관계자로부터 얻어낸 진술과 증언이 될 수 있고, 감정인의 감정 소견도 인적 증거로서 비중이 점차 증대되고 있다. 물적 증거로는 조사관들이 현장에서 확보한 발화원의 잔해 또는 연소확대에 기여한 탄화물 등이 될 수 있고, 이에 수반하여 각종 도면류와 사진, 동영상 자료 등도 물적 증거로서 가치를 지니고 있다. 특히 물적 증거는 화재원인 조사에 있어 결정적인 증거가 되기 때문에 형사상으로 방화자에 대한 책임을 추궁할 수 있는 근거로 쓰이며, 민사상으로는 손해배상을 청구할 수 있는 단서로 작용한다. 물적 증거는 돌이킬 수 없는 확실한 증거이지만 인적 증거는 사람의 심리상태나 심경 등으로 시간이 지남에 따라 변화될 수 있는 것이기 때문에 유동적인 증거라고 할 수 있다. 처음에는 사실 그대로 진술을 하다가도 차츰 상황이 정리되면서 주변인들과 이야기를 나누다 보면 책임소재와 손익계산을 따져 있었던 아는 사실도 모른다고 하거나 침묵으로 일관하는 경우를 얼마든지 볼 수 있기 때문이다. 따라서 화재현장에서 무조건 관계자의 진술에만 의존한 인적 증거에만 몰두하다 보면 최후의 법정심문에서 사실의 진위가 뒤바뀌거나 화재원인을 밝혀내고도 법적으로 마무리를 짓지 못하는 사례가 발생하기도 한다.

화재조사는 물리적인 증거의 바탕 위에 대인적 조사를 보충적으로 이루어 화재 전후 관계를 명백히 밝혀내는 것으로 물리적인 증거 확보에 심혈을 기울이되 확보된 인적 증거와의 조화와 균형이 이루어지도록 하여 사실관계의 확보에 주력하여야 한다.

현행 증거의 종류는 다음과 같이 구분하고 있다.

〔표 3-9〕 **증거의 종류**

증거 종류	증거 형태
인적 증거	진술, 증언, 감정인의 소견
물적 증거	물건의 존재나 상태, 증거서류, 도면류, 사진과 동영상 등 영상물류

Step 03 화재증거물수집관리규칙

화재의 성격을 규명하려는 시도와 작업은 현장에 남아 있는 증거물로부터 비롯된다. 증거의 우수성은 돌이킬 수 없는 현장상황을 화재발생 전으로 되돌려 상황 유추가 가능하도록 하며 법정에서 유력한 자료로서 위력을 발휘할 수 있다.

증거물에 대한 상황기록과 수집·포장·보관·이동 등에 대하여 새로이 화재증거물수집관리규칙이 소방방재청 훈령(제209호, 2010. 7. 20.)으로 제정·시행됨으로써 보다 투명하고 명확한 표준절차가 확보되었으며 주요 내용은 다음과 같다.

【제1조】(목적)

이 규칙은 화재 현장에서의 증거물 수집과 사진, 비디오 촬영에 대한 기준 및 이에 따른 자료관리를 위하여 필요한 사항을 규정함을 목적으로 한다.

▼의미

증거물 수집을 비롯한 사진, 비디오 촬영에 대한 기준을 마련함으로써 증거물에 대한 상황 기록을 상세하게 작성할 것과 수집·포장·보관·이동 등 자료관리에 관한 관리방법 등을 구체화하였다. 증거물은 수집 전 과정에 대한 기록이 유지되어야 하며 자료관리를 하기 위한 목적을 지니고 있다.

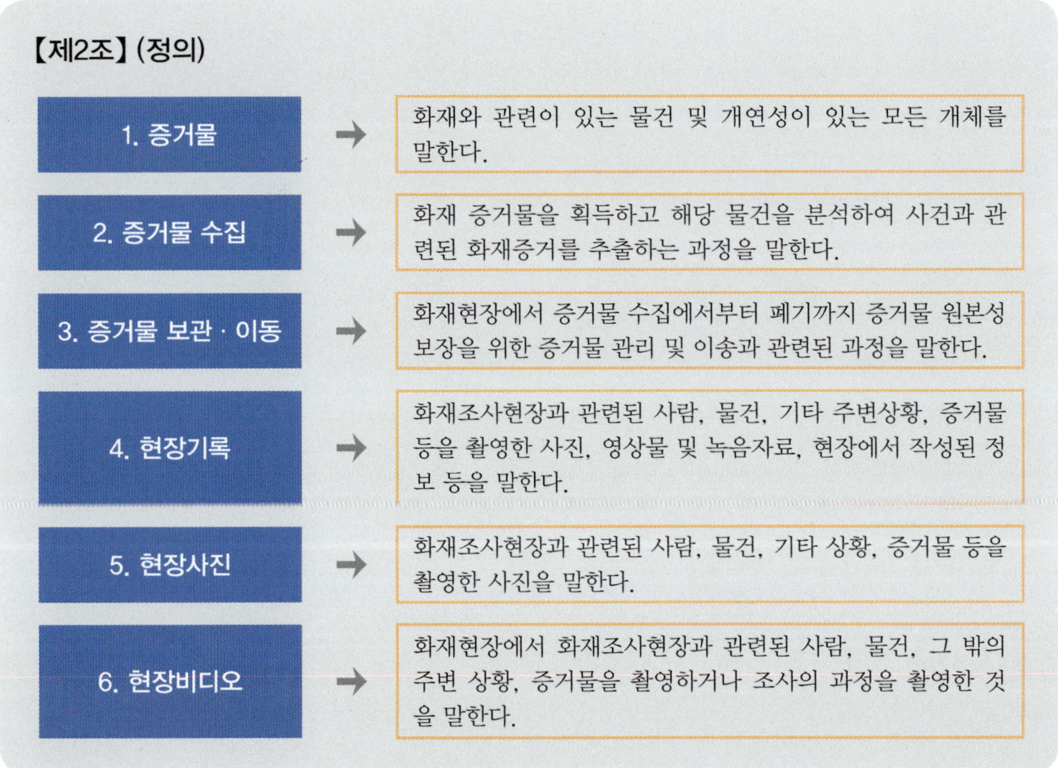

▼의미

증거물에 대한 정의는 화재와 관련이 있는 물건 및 개연성이 있는 모든 개체를 포함하고 있다. 주택이나 공장 등의 부속물로서 옥내배선 및 전등, 콘센트, 소화설비 및 수도 배관류 등은 독립된 건물에 부속된 유형의 개체들이며 난방기기, 라이터, 담뱃불, 섬유류, 신문지 등은 발화원 또는 착화물과 관계된 개체들로 분류할 수 있다.

개체(個體)의 의미에는 비단 물질이나 물건뿐만 아니라 목격자의 증언, 진술, 고백 등이 포함될 수 있으며, 현장에서 발견되는 변사체(變死體) 등도 개체에 해당한다.

【제3조】(증거물의 상황기록)

① 화재조사자는 증거물을 수집(증거물의 채취, 채집 행위 등을 말함)하고자 할 때에는, 증거물을 수집하기 전에 증거물 및 증거물 주위의 상황(연소상황, 설치상황) 등에 대한 기록(도면, 사진촬영)을 남겨야 하며, 증거물을 수집한 후에도 기록을 남겨야 한다.
② 발화원인의 판정에 관계가 있는 개체 또는 부분에 대해서는 증거물과 이격되어 있거나 연소되지 않은 상황이라도 기록을 남겨야 한다.

▼의미

증거물 수집 전·후에 반드시 도면이나 사진촬영 등으로 기록을 하여야 하고 주변상황에 대한 부연설명 등을 기록으로 남겨야 한다. 시간이 흐르게 되면 사람의 기억력에 의존한 자료나 진술은 명확하지 않을뿐더러 사건을 구체화시키기 어렵게 된다. 설령 정확하게 기억해낸다 하더라도 이미 객관성이 상실되어 공인(公認)받기 힘들어 질 수 있기 때문이다. 특히 구조물이 화재로 붕괴되었거나 멸실된 경우라면 면적별, 용도별로 평면도나 단면도를 보충자료로 작성할 필요성이 있으며 증거물이 발견된 지점과 연관시켜 면밀하게 기록을 작성하여야 한다.

증거물의 채집은 특정한 물체나 물건의 단면을 수집하여 화재원인을 밝혀내기 위한 활동으로서 발화원인과 관계가 있다면 연소되지 않은 부분까지 포함시켜 폭넓게 상황기록을 작성하여야 한다. 예를 들어 유류가 살포한 방화현장조사 시 탄화된 구역뿐만 아니라 비록 불에 타지는 않았더라도 유류가 다른 구역에도 살포된 상태로 남아있다면 유류가 뿌려진 구역 전체를 포함하여 연소상황을 기록하여야 할 것이다. 또한 최초 발화지점 외에 또 다른 지점에서 발화기구나 점화도구 등이 발견되었을 경우에도 인위적인 조작이나 의도가 없었는지 확인이 필요할 것이며 발화원 주변의 연소잔해물을 비롯하여 증거물 발견 당시의 형태, 발화지점과의 이격거리, 소손 여부 등에 대한 기록을 작성하여야 한다.

【제4조】(증거물의 수집)

① 증거서류를 수집함에 있어서 원본 영치를 원칙으로 하고, 사본을 수집할 경우 원본과 대조한 다음 원본대조필을 하여야 하며, 원본대조를 할 수 없을 경우 제출자에게 원본과 같음을 확인 후 서명 날인을 받아서 영치하여야 한다.
② 물리적 증거물 수집은 증거물의 증거능력을 유지·보존할 수 있도록 행하며, 이를 위하여 전용 증거물 수집장비(수집도구 및 용기를 말함)를 이용하고, 증거를 수집함에 있어서는 다음 각 호에 따른다.
  1. 현장 수거(채취)물은 별지 제1호 서식에 그 목록을 작성하여야 한다.

2. 증거물의 수집 장비는 증거물의 종류 및 형태에 따라, 적절한 구조의 것이어야 하며, 증거물 수집 시료용기는 별표 1에 따른다.
3. 증거물을 수집할 때는 휘발성이 높은 것에서 낮은 순서로 진행해야 한다.
4. 증거물의 소손 또는 소실 정도가 심하여 증거물의 일부분 또는 전체가 유실될 우려가 있는 경우는 증거물을 밀봉하여야 한다.
5. 증거물이 파손될 우려가 있는 경우에 충격금지 및 취급방법에 대한 주의사항을 증거물의 포장 외측에 적절하게 표기하여야 한다.
6. 증거물 수집 목적이 인화성 액체 성분 분석인 경우에는 인화성 액체 성분의 증발을 막기 위한 조치를 행하여야 한다.
7. 증거물 수집 과정에서는 증거물의 수집자, 수집 일자, 상황 등에 대하여 기록을 남겨야 하며, 기록은 가능한 한 법과학자용 표지 또는 태그를 사용하는 것을 원칙으로 한다.

▼ 의미

증거물 수집은 원본 보관을 원칙으로 하며 사본을 보관할 경우 원본과 대조절차를 거쳐 원본대조필을 날인하여야 한다. 원본을 대조할 수 없을 때에는 제출자에게 구두(口頭)상의 방법 등으로 원본과 동일 여부를 확인한 후 서명을 받아 보관하여야 한다. 또한 증거물은 전용 수집장비를 사용토록 하며 증거물 시료용기의 재질에 따라 사용방법을 달리 하여 취급하여야 한다. 특히 인화성 물질과 같이 휘발성이 있는 물질은 휘발도가 높은 순서에서 낮은 순서 순으로 수집하도록 하여 물질의 증발이나 오염이 확대되지 않도록 하여야 한다.

현장에서 채취한 수거물은 목록으로 기록하여야 하며 목록에는 수거물의 명칭, 수량, 채취 장소 및 채취자와 채취시간을 기록하도록 하였으며 감정기관을 통해 최종 판정 여부까지 기록하도록 함으로써 증거물의 채취과정에서부터 최종 결과에 이르기까지 관리의 공정성과 투명성을 명확하게 하였다.

[별지 제1호 서식]

현 장 수 거 (채 취)물 목 록

연번	수거(채취)물	수량	수거(채취)장소	채취자	채취시간	감정기관	최종결과
1							
2							
3							
4							
5							
6							
7							
8							
9							
10							
11							
12							
13							
14							
15							
16							
17							
18							
19							
20							

관리자(인계자) :　　　　　　　　　　　(인)

년　월　일　인수자 :　　　　　　　　　(인)

210mm×297mm[일반용지 60g/m²(재활용품)]

[별지 제1호 서식]

증거물 시료용기

구 분	용기 내용
공통사항	• 장비와 용기를 포함한 모든 장치는 원래의 목적과 채취할 시료에 적합하여야 한다. • 시료 용기는 시료의 저장과 이동에 사용되는 용기로 적당한 마개를 가지고 있어야 한다. • 시료 용기는 취급할 제품에 의한 용매의 작용에 투과성이 없고 내성을 갖는 재질로 되어 있어야 하며, 정상적인 내부 압력에 견딜 수 있고 시료채취에 필요한 충분한 강도를 가져야 한다.
유리병	• 유리병은 유리 또는 폴리테트라플루오로에틸렌(PTFE)로 된 마개나 내유성의 내부판이 부착된 플라스틱이나 금속의 스크루 마개를 가지고 있어야 한다. • 코르크 마개는 휘발성 액체에 사용하여서는 안 된다. 만일 제품이 빛에 민감하다면 짙은 색깔의 시료병을 사용한다. • 세척 방법은 병의 상태나 이전의 내용물, 시료의 특성 및 시험하고자 하는 방법에 따라 달라진다.
주석 도금 캔(CAN)	• 캔은 사용직전에 검사하여야 하고 새거나 녹슨 경우 폐기한다. • 주석 도금캔(CAN)은 1회 사용 후 반드시 폐기한다.
양철 캔(CAN)	• 양철 캔은 적합한 양철판으로 만들어야 하며, 프레스를 한 이음매 또는 외부 표면에 용매로 송진 용제를 사용하여 납땜을 한 이음매가 있어야 한다. • 양철 캔은 기름에 견딜 수 있는 디스크를 가진 스크루 마개 또는 누르는 금속마개로 밀폐될 수 있으며, 이러한 마개는 한번 사용한 후에는 폐기되어야 한다. • 양철 캔과 그 마개는 청결하고 건조해야 한다. • 사용하기 전에 캔의 상태를 조사해야 하며 누설이나 녹이 발견될 때에는 사용할 수 없다.
시료용기의 마개	• 코르크마개, 고무(클로로프렌 고무는 제외), 마분지, 합성 코르크마개 또는 플라스틱 물질(PTFE는 제외)은 시료와 직접 접촉되어서는 안 된다. • 만일 이런 물질들을 시료 용기의 밀폐에 사용할 때에는 알루미늄이나 주석 호일로 감싸야 한다. • 양철 용기는 돌려 막는 스크루 뚜껑만 아니라 밀어 막는 금속 마개를 갖추어야 한다. • 유리 마개는 병의 목 부분에 공기가 새지 않도록 단단히 막아야 한다.

【제5조】(증거물의 포장)

입수한 증거물을 이송할 때에는 포장을 하고 상세정보를 다음 각 호와 같이 기록하여 부착한다.
1. 수집일시, 증거물번호, 수집장소, 화재조사번호, 수집자, 소방서명, 증거물 내용, 봉인자, 봉인일시 등 상세정보를 별지 제2호 서식에 따라 작성한다.
2. 증거물의 포장은 보호상자를 사용하여 개별 포장함을 원칙으로 한다.

▼의미

증거물의 이송 시에는 포장을 하여야 하며 용기나 봉투, 상자 등 증거물을 담은 보호상자에 수집일시, 증거물 번호, 수집장소 등 일련의 정보를 기재하여 부착시키고 봉인조치를 하여야 한다. 봉인조치는 봉인자가 [별지 제2호 서식]에 따라 내용을 작성하고 도장을 찍거나 서명날인 등의 방법으로 밀봉처리하여 권한없는 자의 임의적 조작이나 훼손 등을 방지하도록 하여야 한다. 또한 증거물 포장은 보호상자를 사용하도록 하고 있어 유리병이나 캔(can) 용기에 담긴 증거물 등도 이송 시에는 보호상자에 넣어 포장을 하여야 하며, 2종류 이상의 물질 또는 물건이 혼합되거나 섞이지 않도록 개별 포장을 하여야 한다.

[별지 제2호 서식]

화 재 증 거 물

수집일시		증거물번호	
수집장소		화재조사번호	
수집자		소방서	
증거물내용			
봉인자		봉인일시	

※ 용기 · 봉투 · 상자의 크기에 따라 제작(별지 제2, 3호 서식을 1장으로 사용가능)

【제6조】(증거물의 보관 · 이동)

① 증거물은 수집 단계부터 검사 및 감정이 완료되어 반환 또는 폐기되는 전 과정에 있어서 화재조사자 또는 이와 동일한 자격 및 권한을 가진 자의 책임하에 행해져야 한다.

② 증거물의 보관 및 이동은 장소 및 방법, 책임자 등이 지정된 상태에서 행해져야 하며, 책임자는 전 과정에 대하여 이를 입증할 수 있도록 다음 사항을 작성하여야 한다.

　1. 증거물 최초상태, 개봉일자, 개봉자

　2. 증거물 발신일자, 발신자

　3. 증거물 수신일자, 수신자

　4. 증거 관리가 변경되었을 때 기타사항 기재

③ 증거물의 보관은 전용실 또는 전용함 등 변형이나 파손될 우려가 없는 장소에 보관해야 하고, 화재조사와 관계없는 자의 접근은 엄격히 통제되어야 하며, 보관관리 이력은 별지 제3호 서식에 따라 작성하여야 한다.

④ 조사가 완료된 증거물의 보관은 관할 소방서장이 보관하여야 한다.

⑤ 증거물의 보존기간은 5년으로 한다. 다만, 소송 등에 관련되어 있는 증거물은 소송이 완료된 시점으로 한다.

⑥ 보존기간이 만료된 증거물에 대해서는 폐기할 수 있다. 다만, 관계자의 반환요청이 있을 때에는 즉시 반환하여야 한다.

▼ 의미

증거물의 수집으로 검사나 감정이 이루어지는 것 또는 사후 관계자에게 증거물을 반환하거나 더 이상 증거물로서 보존할 가치가 없어 폐기시키고자 하는 등 모든 과정에는 화재조사자 또는 이와 동일한 자격 및 권한을 가진 자의 책임 아래 이루어져야 한다. 동일한 자격 및 권한을 가진 자는 화재조사 시 공동으로 현장조사에 참여한 자이거나 증거물관리 책임자로 지정된 자 등이 될 수 있다.

증거물의 보관과 이동은 책임자가 지정된 상태에서 보관장소 및 이동방법이 정해졌을 때 행해지도록 하여 임의적인 보관이나 이동은 할 수 없도록 하였으며, 책임자가 증거물의 최초 상태 확인과 개봉 · 발신 · 수신 및 증거가 변경되었을 경우까지 전 과정에 관여하여 그때마다 기록을 작성하도록 하였다.

증거물의 보관은 변형이나 파손의 우려가 없는 곳에 보관하여야 하므로 별도 구획된 전용공간이 좋으며 수납함이 있거나 진열대 등이 설치되어 있고 직사일광 및 외기로부터 영향을 받지 않는 공간이 좋다. 전용공간 내부에 별도로 전용함을 이용하여 변형, 파손, 분실 등이 발생하지 않도록 하는 방법도 허용될 수 있을 것이다. 증거물이 보관된 장소에는 권한 없는 자의 접근을 봉쇄시켜 불필요한 접촉으로 인한 훼손이나 망실이 추가적으로 발생치 않도록 하여야 하고, 보관관리 이력은 [별지 제3호 서식]에 따라 기록하도록 한다.

조사가 완료된 증거물은 관할 소방서장이 보관하여야 하며 증거의 보존은 화재가 발생한 날로부터 제척기간을 5년으로 기한을 정하여 증거물에 대한 법질서의 안정을 도모한 것으로 풀이되고 있다. 보통 화재로 인한 분쟁이 소송으로 비화되면 3년~4년은 족히 소요되는 측면이 있기도 하지만 화재 당시에는 아무 문제가 없었으나 일정기간이 경과한 후 화재보험 구상권 청구문제, 자율적 쌍방합의 실패, 재조사 요구 등의 문제가 대두될 경우 증거물에 대한 공방이 쟁점으로 되살아날 수 있기 때문이다. 그러나 제척기간이 도래하기 전에 관계자의 반환요구가 있다면 즉시 반환할 수 있도록 하여 개인의 소유권을 보장하여야 한다.

[별지 제3호 서식]

보 관 이 력 관 리

| 최초상태 | ☐ 봉인 | ☐ 기타(Others) | ______ |

| 개봉일자 ______ | 개봉자(소속, 이름) ______ |

| 발신일자 ______ | 발신자(소속, 이름) ______ |
| 수신일자 ______ | 수신자(소속, 이름) ______ |

| 발신일자 ______ | 발신자(소속, 이름) ______ |
| 수신일자 ______ | 수신자(소속, 이름) ______ |

| 발신일자 ______ | 발신자(소속, 이름) ______ |
| 수신일자 ______ | 수신자(소속, 이름) ______ |

| 발신일자 ______ | 발신자(소속, 이름) ______ |
| 수신일자 ______ | 수신자(소속, 이름) ______ |

※ 용기 · 봉투 · 상자의 크기에 따라 제작(별지 제2, 3호 서식을 1장으로 사용가능)

【제7조】 (증거물에 대한 유의사항)

증거물의 수집, 보관 및 이동 등에 대한 취급방법은 증거물이 법정에 제출되는 경우에 증거로서의 가치를 상실하지 않도록 적법한 절차와 수단에 의해 획득할 수 있도록 다음 각 호의 사항을 준수하여야 한다.

   1. 관련 법규 및 지침에 규정된 일반적인 원칙과 절차를 준수한다.
   2. 화재조사에 필요한 증거 수집은 화재피해자의 피해를 최소화하도록 하여야 한다.
   3. 화재증거물은 기술적, 절차적인 수단을 통해 진정성, 무결성이 보존되어야 한다.
   4. 화재증거물을 획득할 때에는 증거물의 오염, 훼손, 변형되지 않도록 적절한 도구를 사용하여야 한다.
   5. 최종적으로 법정에 제출되는 화재증거물의 원본성이 보장되어야 한다.

▼의미

증거물의 수집은 공정성, 신뢰성, 과학성 등 증거로서 가치를 지닐 수 있도록 일반원칙의 준수와 합법적인 절차 아래 증거수집과 보존이 실시되어야 함을 강조한 규정이다. 증거물의 수집은 화재피해자의 생활안정에 기여할 수 있도록 피해를 최소화시키는 범위 안에서 도모하여야 할 것이며 증거로서 결함이 발생하지 않도록 진정성, 무결성이 유지될 수 있도록 보존되어야 한다. 법정에 제출하는 증거물은 위조나 변조 없이 원본성이 보장되어야 한다. 화재조사에서 현장사진의 경우 복사물 또는 인쇄된 출력물이 문제가 될 수 있는데 판례는 녹음테이프를 예로 들어 원본으로부터 복사한 사본일 경우 복사과정에서 편집되는 등 인위적인 개작 없이 원본의 내용 그대로 복사된 사본임이 증명되어야 하며 그러한 증명이 없는 경우에는 그 증거능력을 인정할 수 없다고 하였다(대법원 2002.6.28. 선고2001도6355).

【제8조】 (현장사진 및 비디오촬영)

화재조사요원 등은 화재발생 시 신속히 현장에 가서 화재조사에 필요한 현장사진 및 비디오 촬영을 반드시 하여야 한다.

▼의미

화재조사에 필요한 현장사진과 비디오 촬영은 화재발생과 동시에 가장 빠르고 신속하게 반드시 행해져야 한다. 사진이나 비디오촬영 기록은 사실입증 자료로서 가장 우수한 만큼 반증(反證)에 대한 사실적 자료로서 쓰일 수 있어야 하며, 현장상황을 가장 객관적으로 담아내어 관리될 수 있도록 하여야 한다.

【제9조】 (촬영시 유의사항)

현장사진 및 비디오 촬영시 다음 각 호에 유의하여 촬영하여야 한다.
1. 최초 도착하였을 때의 원상태를 그대로 촬영하고, 화재조사의 진행순서에 따라 촬영
2. 증거물을 촬영할 때는 그 소재와 상태가 명백히 나타나도록 하며, 필요에 따라 구분이 용이하게 번호표 등을 넣어 촬영
3. 화재현장의 특정한 증거물 등을 촬영함에 있어서는 그 길이, 폭 등을 명백히 하기 위하여 측정용 자 또는 대조도구를 사용하여 촬영
4. 화재상황을 추정할 수 있는 다음 각목의 대상물의 형상은 면밀히 관찰 후 자세히 촬영
    가. 사람, 물건, 장소에 부착되어 있는 연소흔적 및 혈흔
    나. 화재와 연관성이 크다고 판단되는 증거물, 피해물품, 유류
5. 현장사진 및 비디오 촬영할 때에는 연소확대 경로 및 증거물 기록에 대한 번호표와 화살표를 표시 후에 촬영하여야 한다.

▼의미

화재현장은 시시각각 다양한 형태로 연소상황이 변화하기 때문에 초기 연소현상을 놓치지 않고 기록해 두는 것이 중요하다. 특히 증거물과 관련하여 증거물이 발견된 장소와 소손상태를 정확하게 포착하여 기록을 유지할 필요가 있다. 담뱃불에 의한 발화형태 기록의 예를 살펴보면 침대 시트 상단 우측 머리맡 부분, 책상과 맞닿아 있던 협탁 상단부 화장지가 있었던 지점 등으로 구체화시켜 기록할 필요가 있다. 또한 증거물 가운데 전선의 끊어진 단면이 여러 개소로 확인될 경우 부하측과 전원측을 먼저 구분짓고 끊어진 부분을 부하측 또는 전원측으로부터 순차적으로 번호를 부여하여 촬영기록이 유지될 수 있도록 하여 혼선을 방지하도록 한다.

증거물이 탄화되어 부피가 축소되었거나 형태 식별이 분명하지 않을 경우에는 길이나 폭, 형상 등을 명백히 하기 위하여 비슷한 크기의 대용품이나 측정용 자 등을 증거물과 나란히 하여 비교 촬영해 두도록 한다.

화재상황을 판단할 수 있는 증거물 가운데 사람이 발견된 위치, 혈흔의 존재유무 파악도 자세히 관찰하여 기록해 둔다. 사람의 발견위치를 통해 자살 또는 탈출시도 흔적 등이 식별될 수 있기도 하며 벽면이나 바닥에 남겨진 혈흔은 범죄와의 관련성 여부를 확인하는 데 중요한 물증이 될 수도 있다.

화재는 보통 하나의 원인이 단초가 되어 발생하는 경우가 많지만 원인규명에 이르기까지 조사절차는 최초착화물과 연소확대물, 사람의 작위적(作爲的), 부작위적(不作爲的) 행위의 개입 등 실타래처럼 얽혀 있는 복합적 요인을 풀어내는 과정이므로 다수의 증거물에 대한 입증이 필요하기 마련이다. 이때 각 증거물마다 번호표 또는 화살표 등으로 명기하여 촬영을 하도록 함으로써 혼선을 방지하고 증거의 가치를 확실하게 해 둘 필요가 있다.

> **【제10조】(현장사진 및 비디오 촬영물 기록 등)**
>
> ① 촬영한 사진으로 증거물과 관련 서류를 작성할 때에는 별지 제4호 서식에 따라 작성하여야 한다.
> ② 현장사진 및 비디오 기록의 작성 · 정리 · 보관과 그 사본의 송부상황 등 기록처리는 별지 서식 제5호에 따라 작성하여야 한다.

▼의미

현장에서 촬영한 사진을 기록으로 남겨 처리할 때 [별지 제4호 서식]에 따라 페이지마다 사진 2장씩을 삽입하여 번호를 부여하고 촬영일시 및 방위표시와 부연설명 등을 기록해 둔다. 보고서에 첨부되는 사진 매수에 대한 기준은 없지만 통상 현장설명이 가능하여야 하며 감정결과물까지 첨부하여 비교적 상세히 하여야 하고 객관적 사실 입증이 충족될 수 있도록 한다.

또한 작성된 현장사진 및 비디오기록물은 [별지 제5호 서식]인 기록관리부에 등록하여 정리 · 보관하여야 한다. 실험이나 감정, 연구, 수사목적 등 기타 사유로 인해 증거물이 다른 장소로 이동할 경우에는 요구기관과 송부일자 등을 관리부에 기재하여 그 이유까지 비고란에 명기하도록 한다.

[별지 제4호 서식]

현 장 및 감 정 사 진

NO1 접수대 및 대기실의 연소흔적	촬영일시	4
○ 바닥 부분이 광범위하게 소실되었음(독립연소)	'10. 0. 0. 24:00	

<table>
<tr><td colspan="4"></td></tr>
<tr><td>NO 2</td><td>건물구조 및 주변여건</td><td>촬영일시</td><td></td></tr>
<tr><td colspan="2">○ 외부로 통하는 2개의 출입문이 폐쇄되어 있었음.
○ 창문 등 모든 개구부에 쇠창살이 설치되었음.</td><td>'10. 0. 0
24:05</td><td></td></tr>
</table>

210mm×297mm[일반용지 60g/㎡(재활용품)]

[별지 제5호 서식]

현장사진 및 비디오 기록관리부

번호	화재대상명	발생 일시	장 소	관계자 (소유자)	촬영자	촬 영 년 월 일	송 부 년 월 일	비 고

210mm×297mm[일반용지 60g/㎡(재활용품)]

【제11조】(기록의 정리 · 보관)

① 촬영담당자가 현장사진과 현장비디오를 촬영하였을 때는 화재발생 연월일 또는 화재접수 연월일 순으로 정리보관하며, 보안 디지털 저장매체에 정리하여 보관하여야 한다. 다만, 디지털카메라 및 디지털비디오카메라로 촬영한 파일은 원본상태로 디지털 저장매체에 정리 보관하여 훼손되지 않도록 주의하여야 한다.

② 촬영담당자가 촬영한 사진파일과 동영상파일은 국가화재정보시스템 화재현장조사서에 첨부하여야 한다.

▼의미

현장에서 촬영한 사진과 비디오는 화재발생 순 또는 화재 접수순으로 순차적 일련번호를 부여하여 보관하는 것이 편리하다. 조사자 또는 관리자 외에는 보안이 유지될 수 있는 저장매체를 이용하는 것이 가장 바람직하지만 원본상태로 정리하여 훼손되지 않도록 보관하는 데 주의를 다하여야 한다. 저장된 파일을 출력물로 제출할 경우를 상정하여 출력된 자료는 저장된 내용과 동일성을 유지하여야 하고 원본이 훼손되지 않았음을 보증할 수 있어야 한다. 보고서에 담겨진 사진파일과 동영상파일은 국가화재정보시스템의 현장조사서에 원본상태로 수록하여 진본성과 객관성, 사실성 등을 뒷받침할 수 있도록 한다.

【제12조】(기록 사본의 송부 및 관리)

소방본부장 또는 소방서장은 현장사진 및 현장비디오 촬영물 중 소방방재청장 또는 소방본부장의 제출요구가 있는 때에는 지체 없이 촬영물과 관련 조사 자료를 디지털 저장매체에 기록하여 송부하여야 하며, 소방본부 및 소방서는 연간 작성된 화재조사 기록과 조사 자료를 국가화재정보시스템 디지털 저장매체에 관리하여야 한다.

▼의미

소방본부장 또는 소방서장은 상급기관인 소방방재청장 및 소방본부장의 보고서 조회, 사실확인 등의 사유로 현장사진과 비디오 촬영물에 대한 자료제출 요구가 있을 경우 지체 없이 디지털 저장매체에 관련 내용을 저장하여 제출하여야 한다. 이때 제출된 자료는 원본과 동일한 진본성이 있어야 하며 촬영 당시 기록 그대로 훼손되지 않은 상태로 송부하여야 한다. 소방본부와 소방서는 연간 발생한 화재에 대해 화재발생종합보고서를 비롯한 화재조사 기록 일체에 대해 국가화재정보시스템에 저장하여야 한다. 이때 국가화재정보시스템에 저장되는 자료는 원본과 동일하여야 한다.

【제13조】 (초상권 및 개인정보 보호)

화재조사자료, 사진 및 비디오 촬영은 사건 피해자의 초상권 및 개인정보보호를 위해 관련 수사 또는 재판 이외의 목적으로 제공하여서는 아니 된다.

▼의미

화재현장에서 획득한 자료나 촬영기록 등은 그 이용과 취급에 있어 피해자에 대한 초상권과 신상정보 등 인권이 침해되지 않고 보호되도록 하여야 한다. 단, 불가피하게 수사를 하기 위한 것과 재판에 관한 사항은 예외 단서로 규정함으로써 공익목적 달성을 위한 정보 제공은 허용할 수 있음을 명시하였다.

현행 공공기관의 개인정보보호에 관한 법률도 개인정보를 수집하는 경우 그 목적을 명확히 하여야 하고 목적에 필요한 최소한의 범위 안에서 적법하고 정당하게 수집하여야 하며 목적 외의 용도로 활용하여서는 아니 된다고 규정하고 있다. 개인정보를 누설하거나 권한 없이 처리하여 타인의 이용에 제공하는 등 부당한 목적으로 사용한 자는 3년 이하의 징역 또는 1천만원 이하의 벌금에 처하도록 하고 있다(공공기관의 개인정보보호에 관한 법률 제23조 제2항).

【제14조】 (재검토기한)

「훈령 · 예규 등의 발령 및 관리에 관한 규정」(대통령훈령 제248호)에 따라 이 훈령 발령 후의 법령이나 현실여건의 변화 등을 검토하여 이 훈령의 폐지, 개정 등의 조치를 하여야 하는 기한은 2013년 7월 19일까지로 한다.

▼의미

증거물과 관련한 법령의 변화 또는 현장사진 및 비디오 기록의 작성 · 정리 · 보관에 대한 규정 등 현실적 변화가 발생할 가능성 등을 감안하여 본 훈령의 재검토 기한을 제정한 날로부터 2013년 7월 19일까지 3년간으로 정하고 있다.

Step 04 | 증거물 처리절차

증거물 처리절차에 대한 신뢰할 수 있고 보증할 수 있는 내용에 대하여 NFPA 921 guide는 수집과 이송, 검사, 보관 처리에 대하여 언급하고 있다. 화재현장은 그 자체가 중요한 증거물로서 소방대는 도착과 동시에 현장보존의 중요함을 인지하고 있어야 하며, 화재진압과정에서 불가피하게 초래되는 물건의 이동과 파괴는 감수하더라도 허가받지 않은 자의 출입을 통제하고 발화 당시의 현장보존에 주력하여 남아 있는 물증의 손상을 최소화시켜야 한다고 강조하고 있다.

현장에 남아 있는 증거물은 수집과 처리과정에 있어 투명하고 신뢰를 얻을 수 있는 방법을 강구하여 다뤄야 하며 관련 전문분야의 연구소나 전문가에게 의뢰하여 최종적인 판정을 얻어내는 데 기여하여야 한다.

화재현장에서 증거물은 잔해가 남아 있기도 하지만 남아 있지 않는 경우도 많아 주관적 판단이 개입될 소지가 많고 수거과정에서 훼손의 우려가 있어 사후 법적 증거자료로 인정받기 어려울 수도 있다. 그러므로 증거의 수집은 사실의 기초 위에 이루어져야 하고 온갖 억측과 논란을 잠재울 수 있는 위력을 지니고 있어야 하는 것이다.

또한 증거물의 수집에서부터 이송, 검사, 보관에 따른 일련의 절차에는 담당하는 사람이 다수 개입되는데 이 과정에서도 증거의 훼손이나 변형이 발생하지 않도록 하여 사실 관계의 전후확인이 왜곡되지 않도록 하여야 한다. 증거물의 수집과정이 올바르게 처리되었더라도 이송이나 검사, 보관과정에서 실수나 관리소홀로 증거가 훼손되거나 망실되는 등 오류를 낳을 수 있기 때문이다. 특히 화재현장에서 수거한 증거물은 대부분 산화되었거나 본래의 성질을 상실한 경우가 많기 때문에 더욱 엄격한 관리를 필요로 한다.

〈그림 3-43〉 증거물의 처리절차

증거물 처리절차의 어려움은 현장에서 당장 무엇인가를 결정해야 하는 사항 때문이 아니라 보다 합리적이고 과학적인 방법으로 연소물질의 성분과 형태를 밝혀낼 필요가 있기 때문이며, 종국적으로는 민·형사상 책임소재와 손해배상과 관련이 깊기 때문에 더욱 신중하게 대처하여야 한다.

1 수집

증거물의 수집은 근본적으로 수집구역과 수집대상의 선정에서 비롯된다. 어떤 물질을 어느 구역에서 추출해 낼 것이지 고민하여야 하는데 증거물 수집을 결정할 수 있는 권한은 화재조사관이 하여야 한다.

수집구역은 연소범위가 넓을수록 광범위해지지만 수집대상은 연소면적과 정비례관계를 갖지 않는다. 발화원인은 한정되어 있기 마련이며 이에 따라 증거물도 정해지기 때문이다. 화재와 관련된 증거물은 화재를 일으킨 물질이나 물체가 되지만 증거물이 없어진 경우에 문제가 될 수 있다. 화재진압이 종료된 시점에서부터 현장조사가 개시되는 시점까지 현장보존이 완벽하

게 이루어져야 하는 이유가 여기에 숨어 있다. 일단 현장보존구역이 설정되면 관계자라 하더라도 자의적인 출입이 제한되어야 하고 공식적인 조사기관도 일정을 사전에 조율하여 함께 대응할 필요가 있다.

증거물의 처리절차 가운데 수집과정이 차지하는 중요성은 매우 높다. 잘못된 수집절차로 물건이 훼손되거나 오염물질이 침투됨으로써 검사과정에서 시료의 판별이 불분명해지거나 불가능할 수도 있기 때문이다. 특히 인화성 액체와 같은 유류를 채집하는 과정은 더욱 신중한 자세가 필요한데 유류가 살포된 지역의 시료를 수거하는 과정에서 그 시료와 동일한 타지 않은 시료를 함께 수거하여야 한다. 이는 제품 자체가 연소하면서 바닥재, 카펫에서 발생하는 연소생성물이 시료에 포함될 경우 다양한 혼합물이 나올 수 있기 때문에 석유화학제품에 따라 발생하는 연소생성물과 비교하여 필터링하기 위함이다.

증거물 수집의 필요성은 화재의 성격에 따라 다양하겠지만 우선 발화원과 관련이 있는 물질 또는 물체의 분석을 통해 화재원인과의 상관관계를 명확하게 하기 위함이다. 최근에는 범죄와 관련성이 없는 경우에도 민사적 책임공방에 따른 분쟁이 증가하는 추세에 놓여 있는데 정확한 원인조사는 발화원의 물질 또는 물체의 위치와 구조 및 재질을 밝혀 화해나 조정을 사전에 이끌어낼 수 있게 한다. 또한 발화원의 증거물이 규명되면 연소확산된 경위 설명이 가능해지며 증거물의 성분과 성질 등 이와 관련된 모든 현상에 대하여 과학적인 방법에 의한 감정 자료를 뒷받침하고 법적 증거자료로 활용할 수 있게 된다.

(1) 화재조사에서 증거물 수집 필요성

❶ 발화원과 관련이 있는 물질 또는 물체의 위치, 구조, 재질 등의 분석
❷ 발화 및 연소확산된 경위 파악 및 발화원의 논증자료 확보
❸ 감식과 감정을 위한 연구자료 및 법적 증거자료 기여

(2) 현장에서 확인되는 증거물

발화원의 잔해는 많은 경우 퇴적물 속에 묻혀 있는 경우가 많지만 국부적인 화재인 경우 손쉽게 인식되는 경우가 있다. 천장 형광등화재 또는 전기 개폐 스위치나 플러그, 콘센트 등의 화재는 비교적 탄화되는 단면이 작기 때문에 식별과 수거가 용이하다. 또한 방화에 쓰인 유류용기는 발화 장소로부터 반경 수백 미터 안에서 발견되는 경우가 많고, 망치를 이용한 유리창과 출입문의 파괴 흔적과 차량 외부 타이어에 종이류를 모아 놓고 불을 지른 흔적 등은 현장에서 즉시 확인이 되는 경우이다.

출입문의 자물쇠가 망치 등에 의해 파괴되어 강제로 개방되거나 유리조각이 깨진 상태로 실내에 모여 있는 경우에는 밖에서 안으로 침입을 시도한 흔적으로 보고 사진촬영과 기록으로 증거를 관리하여야 한다. 혈흔이나 지문, 족적 등은 육안으로 식별할 수도 있는 증거이지만 수거하기 곤란한 흔적이므로 소방의 화재조사 실무에서는 수사기관에게 이첩할 수 있도록 현장보존에 협조하여야 한다.

화재조사관은 증거물 수집을 위해 발화지역을 포함하여 조사구역을 조금 넓게 확보하여 조

사를 할 필요가 있다. 천장이 파괴되거나 목재로 된 벽체가 뜯겨나가고 수납물들이 붕괴되면 다량의 퇴적물들 때문에 잔불을 정리하는 과정에서 파헤침과 이동이 수반될 수밖에 없는데 이 과정에서 옥내에 있던 물건이 밖으로 던져지기도 하며 형체가 파손되어 사건을 재구성하기가 곤란한 직면을 초래할 수도 있기 때문이다.

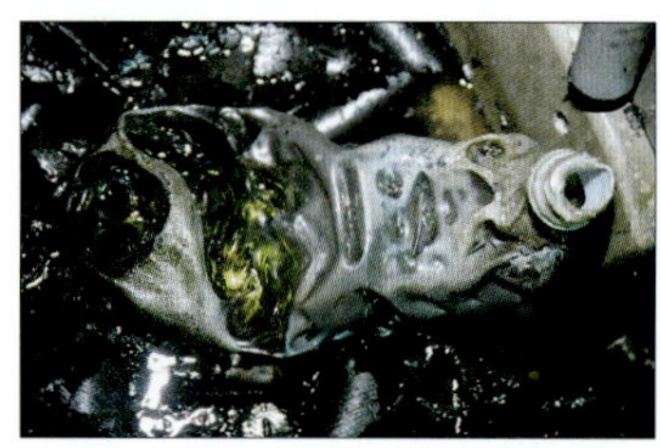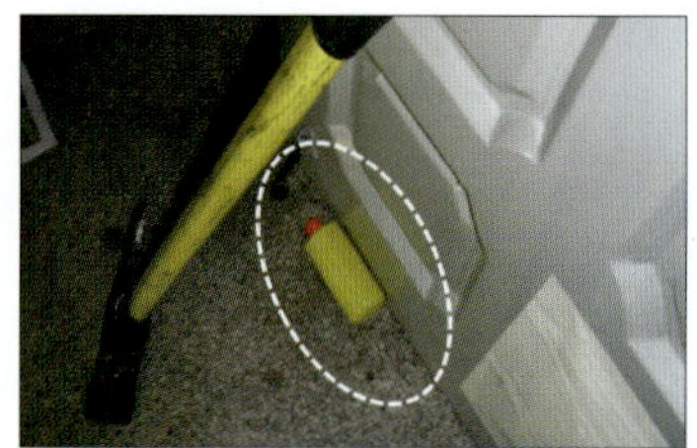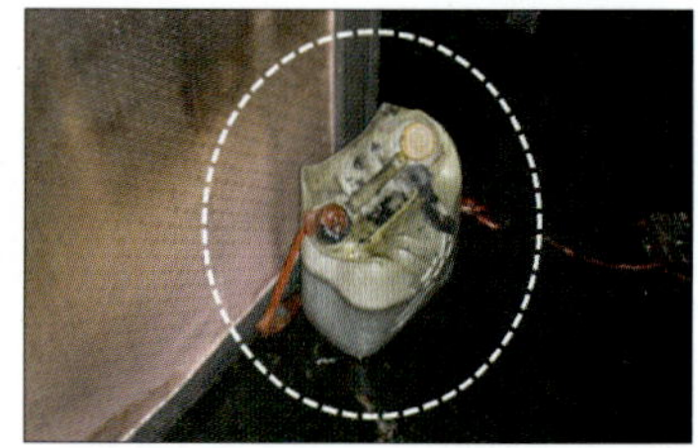

〈그림 3-44〉 현장에서 식별되는 각종 증거물의 형태

유류를 이용한 방화현장을 보면 기름이 물 위에 떠다니는 형태가 종종 목격되며 인화성 물질 자체의 독특한 냄새가 감지되는 경우가 많다. 이러한 현장 증거물들은 화재조사관 보다 앞서 소화활동에 참여한 진압대원들에 의해 발견되기 때문에 진압과정에서부터 보존과 수집을 염두에 두어야 한다. 증거를 수집한다는 관점에서 보면 직사주수에 의한 파괴나 손실, 불필요한 이동은 최대한 경계하여야 할 사안이기 때문이다.

(3) 증거물 오염문제

증거물의 오염은 그것을 수집하는 과정에서 일어나는 문제이다. 증거물은 고체나 액체가 대부분으로 연소과정에서 불에 타거나 증발하여 본래의 특성치를 잃어버린 경우가 많다. 특히 바닥에 다른 퇴적물과 혼합된 상태로 있다면 오염의 심각성은 더욱 크게 나타날 것이다.

고체로 된 물질은 물질 자체가 불에 타거나 용융되고 산화되기도 하지만 다른 물질에 융착되어 하나의 색다른 물체로 발견되기도 한다. 예를 들어 헤어드라이어에서 과열로 발화되어 섬유류에 착화된 후 연소확산되었다면 내부 전열선의 과열이 원인이지만 플라스틱 외함에 융착된 형태로 나타날 것이며 액체인 경우에는 주변 탄화물에 흡습되거나 낮은 곳으로 흘러 들어가 또 다른 물질에 스며들기도 할 것이다. 이러한 경우 무리하게 힘을 주어 떼어내려고 하거나 오염된 장갑을 낀 채로 액체 성분을 다루지 않도록 하여야 한다. 액체 시료의 채취는 액체가 스며든 물질까지 포함시켜 채취하여야 하며 3개소 이상 채취부분을 발췌하여 비교 분석이 가능하도록 조치하여야 한다.

증거물의 오염을 최소화하기 위한 방법은 화재가 개시된 시점으로부터 최대한 빠른 시간 안에 조사를 선행하는 것이다. 열에 손상된 물질은 산화와 부식의 속도가 정상치보다 빠르게 진행되기 때문이며, 인화성 물질의 경우 주변 탄화물로 스며들어 희석되거나 증발이 촉진되기 때문이다.

증거물의 오염이 가중되어 더 이상 신뢰할 수 있는 가치로서의 효력을 유지하지 못한다면 그 시점부터 증거라고 보기 어렵게 된다. 훼손의 우려가 매우 높은 것은 먼저 사진촬영으로 충분하게 자료를 확보한 후 적절한 장소를 선택하여 신중하게 시료를 수집하는 방법을 선정한다.

증거물의 오염은 오손(汚損)을 포함하는 개념으로 사용되기도 한다. 단순히 물체가 더럽혀진 상태를 넘어 손상된 것을 의미하는 오손은 증거물이 가지고 있는 본래의 가치나 진실된 사실을 뒤바꿔 놓을 만큼 위험한 상황을 유발하기도 한다.

오손이 조사자의 의도한 바와 상관없이 실수나 관리부실로 발생한 것이라면 변조(變造)나 조작(造作)과는 구별되어야 한다. 변조는 이미 이루어진 물체 따위를 다른 모양이나 물건으로 바꿔서 만드는 것이며 조작은 어떤 거짓을 사실인 듯 꾸며서 만들어내는 것을 말한다. 증거물이 법정에서 종종 신뢰받는 자료로 인정받지 못하는 사례는 증거수집의 절차에서 오는 문제점도 있지만 변조나 조작의 의혹이 불거지는 경우도 있으므로 세심한 관리와 투명한 절차가 확보되어야 한다.

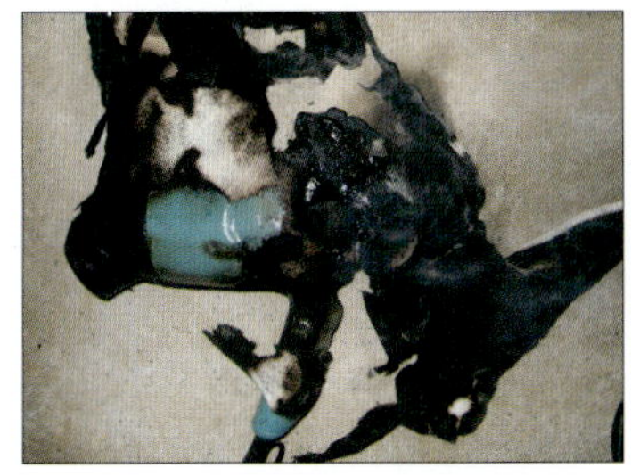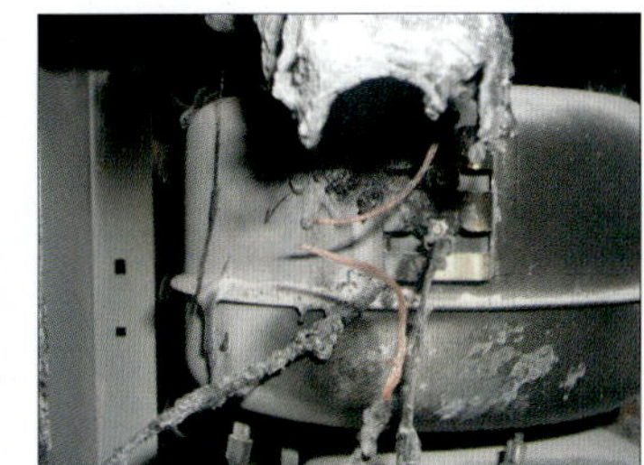

〈그림 3-45〉 헤어드라이어 및 쓰레기통과 모터의 오염 형태

증거물 오염원의 종류
❶ 수집과정에서 조사자의 잘못된 취급
❷ 연소되거나 탄화된 물체와의 이질적 혼합
❸ 퇴적물 또는 소화수 등과 접촉으로 희석, 분리, 멸실 초래
❹ 현장 통제 미흡으로 야기되는 불특정인의 현장출입
❺ 수집 용기의 세척불량, 밀봉조치 미흡 등 용기 관리 부실

(4) 수집용기

수집용기의 사용목적은 수집된 물질의 변화나 오염을 방지하고 물리적 상태와 특성을 원상태로 보존하는 데 있다.

NFPA 921 Guide에서는 액체와 고체물질을 수집하는 용기로 금속 캔, 유리병, 특수증거가방과 플라스틱 가방 등 4가지를 권장하고 있다.

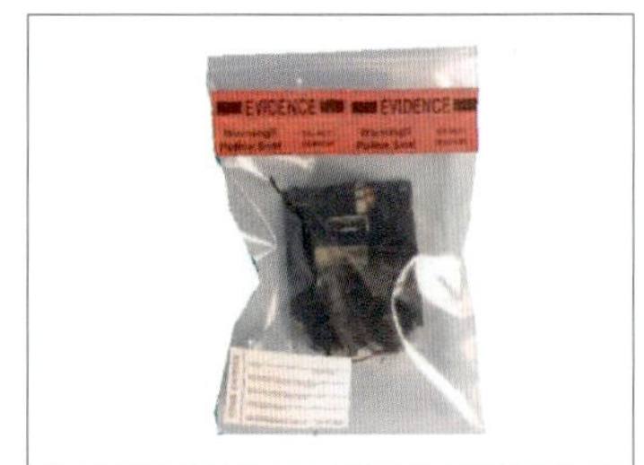

〈그림 3-46〉 여러 유형의 수집용기

이밖에 고체인 경우 조사자들은 종이상자와 같이 정형화된 포장을 권하고 있는데 이는 증거물을 넣더라도 외부 충격으로 인한 2차 파손피해를 최소화하는 데 적합한 방법이기 때문이다.

가연성 또는 인화성 액체를 담는 용기는 내용물의 손실을 막기 위해 뚜껑이나 마개 등으로 견고하게 닫히는 구조로 되어 있어야 한다. 또한 시료는 외부 열로부터 차단되어야 하고 용기의 파손이나 누출 시에도 시료가 새지 않도록 고안된 용기가 사용되어야 한다.

❶ **종이상자** : 가장 일반화되어 있는 수집용기로 고체 물질을 수집 · 보관하는 데 이용되고 있다. 종이상자의 규격은 대 · 중 · 소로 구별하며 증거물의 크기에 따라 이용한다. 증거물을 비닐 팩이나 금속 캔 등에 넣어 1차 밀봉시킨 후 다시 2차로 종이상자에 옮겨 담아 견고하게 보관하는 것이 좋다.
전선류, 차단기류, 모터류 등의 수납에 편리하게 쓰인다.

❷ **금속 캔** : 고체와 액체 시료를 수집할 수 있는 용기이며 유동성이 있는 액체 시료를 수집하는 데 특히 유용한 용기이다. 금속 캔의 가장 큰 장점은 저장과 이동이 편리하다는 점과 어떤 용매에도 투과성이 없고 내성이 있는 재질로 정상적인 압력을 견딜 수 있으며 충분한 강도를 가지고 있다는 점이다.
단점으로는 시료를 넣은 후 용기를 열기 전까지는 안의 내용물을 볼 수 없다는 것과 공기 중에서 산화하면 녹이 슨다는 점이다.
액체 시료를 채울 때에는 검사 또는 검증과정에서 시료 채취를 용이하게 하기 위하여 금속 캔 용적의 2/3 이상을 채워서는 안 된다.
단면적이 금속 캔보다 작은 고체물질과 석유류, 시너, 알코올류 등 액체 시료 수집에 적합하게 쓰인다.

❸ **유리병** : 액체와 고체 시료를 수집하는 데 이용된다. 유리병의 장점은 안에 담겨진 시료를 볼 수 있으며 휘발성 액체의 증발방지 및 오랜 시간을 저장하더라도 증거물의 상태를 악화시키지 않는다는 것이다. 단점으로는 외부 충격에 쉽게 깨질 수 있다는 것과 시료를 대량으로 저장하는 데 용적의 제한이 따른다는 점이다.
대량으로 용액을 수집할 때 유리병의 뚜껑은 아교로 접착된 뚜껑이나 고무로 된 재질을 사용하지 말 것을 권장하고 있는데 아교나 고무재질은 액체의 기화에 의해 녹거나 쉽게 용해되어 성분의 변질을 초래할 수 있기 때문이다.

금속 캔과 마찬가지로 액체로 된 시료를 채울 때에는 검사 또는 검증과정에서 시료 채취를 용이하게 하기 위하여 용적의 2/3 이상을 채워서는 안 된다.

기밀성이 우수하기 때문에 담배꽁초, 담배 갑, 깨진 라이터 등 작은 고체물질과 휘발성이 매우 높은 액체를 보관하는 데 유용하게 쓰인다.

❹ **비닐 백** : 고체 시료를 담을 수 있는 용기로 종이상자와 함께 널리 사용되고 있다. 지퍼백이라고도하며 비닐봉투라고 불리기도 한다. 비닐 백 입구에는 지퍼식으로 밀봉처리할 수 있게 되어 있으나 액체시료를 담는 용기로는 부적합하다. 왜냐하면 비닐은 외부환경에 약하고 쉽게 찢겨지거나 누설될 수 있기 때문이다. 또한 시료가 무겁고 날카로운 것이라면 비닐 표면이 찢어지거나 흠집이 생길 우려가 있다. 비닐 백에 시료를 수거하였다면 종이상자로 2차 포장을 한 뒤에 이송하는 것이 좋다.

❺ **증거물 수집가방** : 고체 및 액체 시료를 구분하여 수집하는 특수가방이다. 저장의 편리함이 가장 우수하며 휘발성 액체의 오염방지 능력이 매우 탁월하다. 일반 가방과 달리 화학적으로 안정된 재질로 만들어졌으며 액체와 고체를 구분하여 보관하는 가방이기 때문에 가방 내부에 있는 용기뚜껑을 열어보지 않고도 증거물을 확인할 수 있다. 특히 수집된 액체 시료가 이동 중에도 흔들리거나 쏟아지지 않도록 홈으로 파여진 케이스에 들어가도록 고안되어 안전성을 높였다. 단점으로는 쉽게 손상되거나 물증 자체의 오염을 야기시키고 충분히 봉인하기 어려운 경향이 있다.

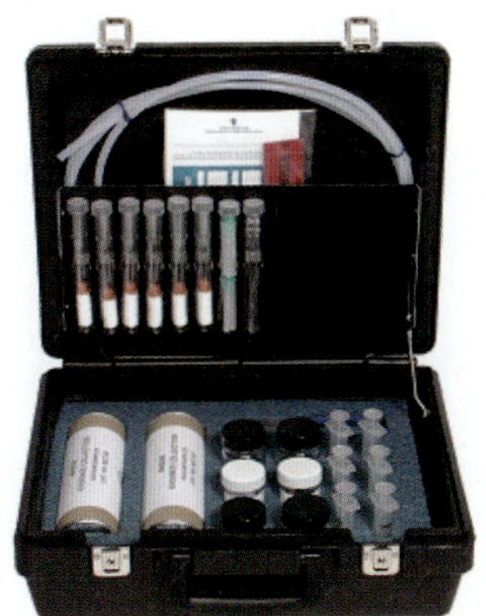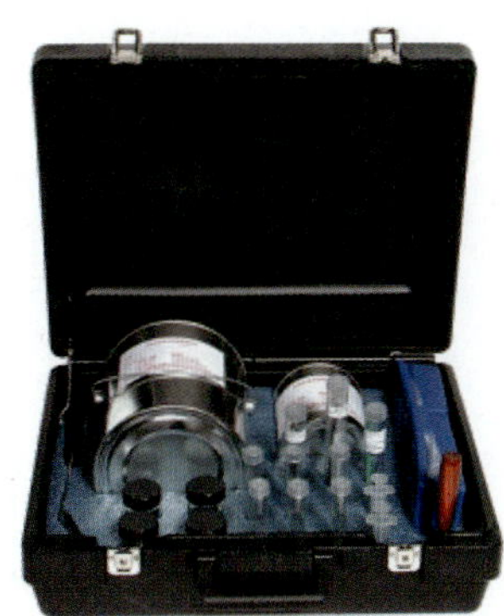

〈그림 3-47〉 증거물 수집가방

가장 많이 사용하고 있는 증거물 수집용기에는 비닐 백과 종이박스가 있는데 고체 시료를 수집하는 데 적합하고 1회용이기 때문에 사용 후 폐기가 간편한 점이 특징이다. 보통 고체 증거물은 비닐 백에 넣은 후 다시 종이박스에 담아서 수집을 하는 방법을 취한다.

금속 캔과 유리병은 종이박스나 비닐 백보다 기밀성이 뛰어나고 장시간 저장이 가능한 장점이 있다.

증거물 수집용기별 장 · 단점은 다음과 같다.

〔표 3-10〕 증거물 수집용기의 구분

구 분	시료 적응성	장 점	단 점
종이상자	고체	비교적 큰 시료를 담을 수 있다.	기밀성이 약하다.
금속 캔	고체, 액체	투과성이 없고 내성있는 재질로 강도가 좋다.	산화하면 녹이 생길 우려
유리병	고체, 액체	증발방지 및 장시간 저장 가능	파손되기 쉽다.
비닐 백	고체	작은 시료 수집에 적합	파손 및 외부 충격에 약하다.
증거물 수집가방	고체, 액체	저장의 편리함 및 오염방지 우수	쉽게 손상되거나 물증 자체 오염 야기

(5) 수집 방법

증거물의 수집은 이동되기 전에 완벽하게 문서화하여야 한다. 수집장소와 발견 당시 형태 등에 관하여 사진이나 도면, 현장노트, 보고서 등으로 문서화하고 수거절차 또한 명확하고 체계적으로 진행하여야 한다. 먼저 수집방법은 오염가능성을 염두에 두고 장갑과 신발, 수거장비 등을 바꾸어 가며 사용하는 등 적절한 조치가 강구되어야 한다. 수거를 담당하는 조사관을 1인으로 한정하는 것은 오염을 최소화하고 신뢰성을 향상시킬 수 있게 한다. 수거한 증거물은 용기에 넣은 후에는 꼬리표(Tag)를 붙이고 수거일시와 장소, 수기 담당자, 수기물의 명칭, 수기한 증거의 외형 등을 묘사한 내용 등을 적어 넣는다.

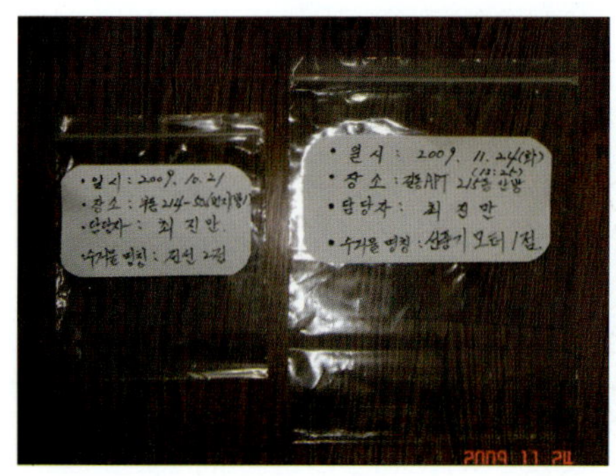
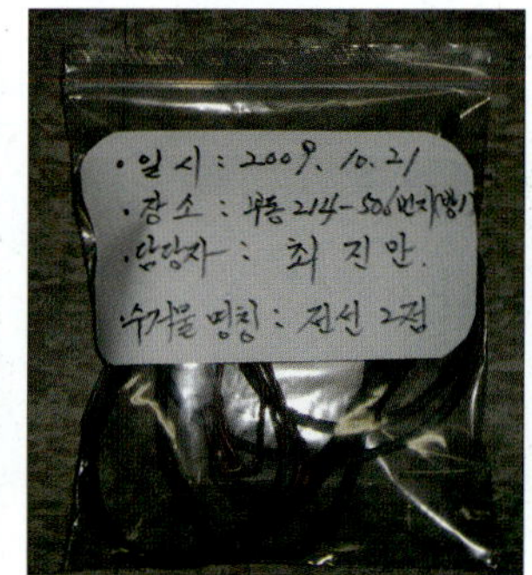
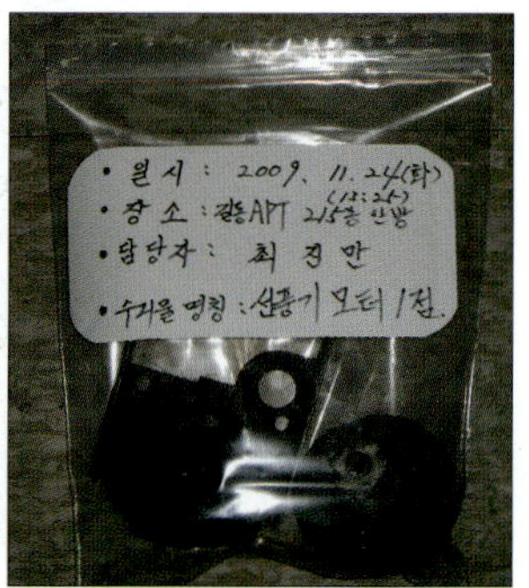

〈그림 3-48〉 비닐 백 꼬리표(Tag)

증거물 수집 기본원칙

❶ 맨손으로 만지지 말고 일회용 장갑을 착용하고 오염을 최소화한다.

❷ 증거물 수집은 가능한 한 빨리 수거하도록 한다.

❸ 액체 시료의 수집은 주변의 흙과 모래 등에 뒤섞여 있는 경우 혼합물과 함께 수거하도록 하며 필요시 비교 시료도 동일한 양을 수거한다.

❹ 증거물의 포장과 번호표 작성은 직접 수거를 담당한 사람이 취급하도록 하여 관리 소재를 분명히 한다.

❺ 사용되는 도구는 깨끗하거나 사용하지 않았던 것을 이용한다.

❻ 오염물질을 강제로 털어내거나 떼어내려고 하지 않도록 한다.

❼ 비닐봉투는 밀봉 후 종이상자에 넣어야 하며 종이상자가 없는 경우에는 2겹 이상으로 포장하여 찢어지지 않도록 한다.

❽ 이질적인 물질은 같은 용기에 넣지 말고 따로 구분하여 수거하여야 한다.

❾ 증발이 용이하고 독성이 있는 물질은 누출되지 않도록 부식성이 없는 견고한 마개를 사용하여야 하며 주의사항 등이 담긴 설명 자료를 첨부하여야 한다.

❿ 관계자 등에게 수거물에 대한 보관증을 교부하고 사후 반려가 가능하다는 것을 고지하여야 한다.(단, 소유권을 포기한 경우 제외)

쉬어가기 | **적법절차에 따르지 아니한 증거물 예외인정 사례**

비리혐의로 조사를 받던 K경찰관이 검사실에 방화를 하였다.

검찰은 방화현장에 있던 일회용 라이터와 주변 야산에서 발견된 복면과 장갑 등에서 K경찰관의 유전자를 확보하여 이를 증거로 기소하였다. 그러나 K경찰관은 라이터는 검사실에서 조사를 받다가 남겨둔 것이고 자신의 동의를 받지 않고 불법적으로 담배꽁초와 모발을 채취해 감정한 유전자 조사결과를 증거로 인정할 수 없다고 주장하였다.

그러나 재판부는 "적법절차를 따르지 않고 수집한 증거는 원칙적으로 유죄 인정의 증거로 삼을 수 없으나 이 원칙이 형사 사법 정의실현에 반하는 결과를 초래하는 경우라면 예외로 둘 수 있다"고 밝혔다.

(6) 물질별 수집 방법

❶ **고체** : 못이나 나사 등으로 취부된 부분은 손의 힘으로 뜯어내거나 발로 차서 뽑아내는 방법을 취해서는 안 된다. 탄화된 목재에 못이나 나사로 취부된 콘센트 박스가 열에 녹아 헐렁하게 남았더라도 드라이버나 니퍼(Nipper)를 이용하여 돌려서 빼내거나 못을 절단하여 조심스럽게 분리하여야 한다. 배선용 차단기나 콘센트 단자는 열경화성 플라스틱으로 탄화되면 조그만 접촉에도 과자가 부서지듯이 쪼개져 나가는 특성이 있으므로 수거하기 전에 번호표를 붙여 사진촬영을 하고 수거한 후에도 사진촬영을 하여 전후관계를 분명하게 한다.

전기배선과 같이 단면은 작지만 길게 늘어진 물체는 쉽게 잘려져 나가거나 끊어질 수 있으며 전원 공급 측과 부하 측의 방향이 달라질 우려가 있으므로 전선의 양쪽 끝에 번호표를 부착시켜 혼선을 방지시키고 배선경로와 방향, 부하 측의 기기류 등을 확인한다.

지하공간은 화재진압과정에서 발생한 소화수의 배수가 곤란하여 종종 물에 잠기게 되는데 진입하기 전에 전원은 차단되어 있는지 확인을 하고 물이 배수된 다음에 증거물을 확보하도록 한다. 물에 젖은 증거물은 부드러운 헝겊이나 섬유류를 이용하여 물기를 제거한 후 용기에 담아 밀봉시킨다.

〈그림 3-49〉 고체 물질의 분류

❷ **액체** : 액체 시료의 선별과정은 고체보다 까다롭고 어렵다. 일단 바닥에 살포된 액체는 급속하게 다른 물질과 혼합되기 때문에 오염되기 쉽고 육안으로 식별이 어려운 문제가 있다. 바닥 틈새와 벽면 틈새를 통해 일부 잔존하는 경우도 있지만 침대나 바닥재 같은 석유화학제품이 연소하면서 발생하는 물질과 혼합될 경우 액체 자체의 성질이 희석되기 때문에 뚜렷한 증거를 채집하는 데 한계를 지니고 있는 것이다. 그러나 즉시 수집이 가능하다면 피펫(Pipette)이나 점안기 등 흡입기구를 사용하고 바닥 틈새나 구석진 부분 등은 살균된 면봉이나 거즈 패드를 이용하여 액체를 흡수하여 수집하기도 한다.

일단 수거한 액체 시료는 증발을 막기 위하여 열로부터 멀리 있어야 하고 뚜껑으로 견고하게 막아서 밀폐시켜야 한다. 또한 누출되지 않아야 하며 가능한 한 빨리 검사가 이루어질 수 있도록 이송을 하여야 한다. 특히 액체 시료 장비는 깨끗하여야 하며 용기의 파손이 되지 않는 재질로 사용하여야 한다.

유류검지기의 사용은 시료를 효과적으로 수집할 수 있는 간편한 방법이 될 수 있다. 유류검지기가 액체 유기화합물과 접촉하면 특성에 따라 노란색과 갈색 등으로 변하면서 유류성분을 알 수 있도록 색상으로 확인이 가능하기 때문에 현장에서 활용도가 높은 방법에 속하고 있다.

인화성 액체는 방화를 저지른 현장에서 증거인멸을 위한 촉진제로 쓰이는 경우가 많고 연소과정 및 소화 후에 빠르게 증발하거나 소멸된다는 점을 염두에 두고 신속하게 수집할 필요가 있다.

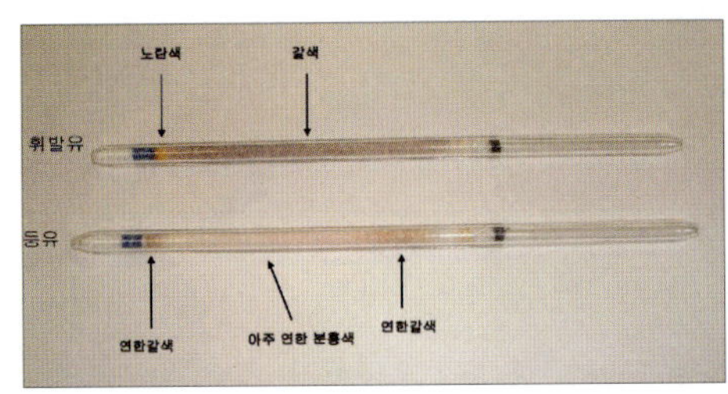

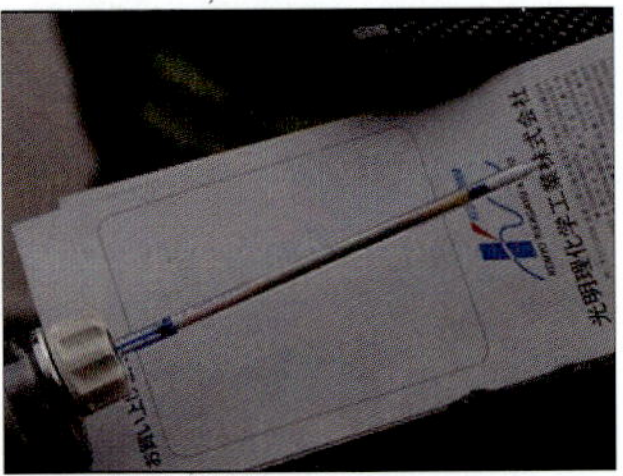

〈그림 3-50〉 현장에서 활용되는 유류검지기의 특성

❸ **기체** : 화재나 폭발에 있어 기체연료가 기폭제로 쓰인 경우에는 가스용기나 배관, 밸브 류 등 잔해 확인이 관건이 되는 경우가 많다. 기체는 용기 안에 일정한 압력을 지닌 상태 로 있다가 일단 외부로 분출되면 대단히 빠른 속도로 기화되는 성질을 보인다. 가스용기 가 화염과 접촉하여 연소되는 과정을 보면 소방관이 고압직사 주수로 방수를 하더라도 용기 내부에서 분출되는 매우 높은 증기압력 때문에 화염과 혼합된 증기압력을 날려버 리기에는 역부족으로 가스가 모두 소비될 때까지 화염을 잡기 어려운 경우가 많다. 이때 는 직접 화세를 제거하기가 곤란하기 때문에 가스압력이 떨어지고 소진될 때까지 용기 주변을 냉각시킴으로써 폭발 방지에 주력하는 수밖에 없다.

화재현장에서 확인되는 기체 용기는 색상을 통해 그 쓰임을 파악할 수 있어야 한다. 일 상생활에서 많이 쓰이는 LPG 용기는 회색이며, 발열량이 우수하여 가정마다 널리 쓰이 고 있으나 기화할 때 용적이 250배로 커지기 때문에 가스가 점화원에 의해 착화되면 격 렬하게 반응하며 유출과 동시에 폭발 우려가 커지게 된다.

〔표 3-11〕 **가스 용기별 색상 구분**

가스 종류	용기 색상	가스 종류	용기 색상
산소	녹색	탄산가스	청색
수소	주황색	암모니아	백색
염소	갈색	아세틸렌	황색
LPG	회색	질소	흑색

일단 기체가 누출되어 폭발이 발생하면 폭발 잔해는 수백 미터까지 날아가기도 하며 용기 가 폭발압력에 의해 찢겨지거나 파열된 상태로 발견되는 경우가 많기 때문에 조사 범위를 확대 하여 증거물을 수집할 필요가 있고 폭발에 의해 파생된 피해 품목까지 수집하여 자료화하여야 한다.

〈그림 3-51〉 **가스용기의 파열 형태**

② 이송 및 보관

현장에서 확보된 증거물은 연구소나 감정기관으로 보내기 위하여 현장조사를 담당한 조사자가 직접 전달하는 인편수송이나 타인에게 부탁하여 처리하는 탁송(託送)절차가 있다.

❶ **인편수송** : 모든 경우에 있어 증거물의 전달은 증거물 수집에 직접 참여한 조사자가 인편으로 전달할 것을 권장한다. 인편수송은 증거물의 손상과 망실을 최소화시킬 수 있다. 또한 증거물이 뒤바뀌는 것과 다른 것으로 착각하여 잘못 전달하는 오류를 방지할 수 있다.

증거물이 다른 기관으로 넘어가기 전까지 모든 책임은 조사자에게 있으며 증거물이 온전하게 보존되도록 하여야 할 책임이 따른다.

연구소나 감정기관으로 증거물을 인계인수할 때 과정은 문서화하여야 한다. 증거물을 인계받는 기관은 증거물을 넘겨주는 자의 소속과 성명, 인수 날짜, 증거품목에 관한 내용이 기재된 서명을 받아야 한다. 이때 증거품을 넘겨주는 조사자는 화재현장에서 증거품을 획득하게 된 배경과 내용을 구두로 보충설명을 해주어 참고가 되도록 협조한다. 이러한 서류는 어느 일방이 작성하는 것이 아니라 양쪽 기관이 대등한 위치에서 서로 작성하여 검토하고 교환하여야 한다.

❷ **탁송** : 거리가 너무 멀거나 예기치 못한 상황이 있을 경우 불가피하게 탁송에 의뢰할 수 있다.

증거물은 상자 안에 넣고 임의적 개봉을 방지하기 위하여 변경 방지용 테이프로 밀봉하고 상자 안에 어떤 물건이 들어 있는지 알아보기 쉽게 표식을 할 수 있다. 이는 물건의 성격을 탁송인도 알아볼 수 있게 함으로써 취급에 각별한 주의를 촉구하고자 하는 것이다. 상자 안에는 화재조사자의 소속과 이름, 주소, 전화번호, 증거물의 세부목록 등이 기재된 서류를 포함시켜야 하며 요구사항을 포함시키는 것도 가능하다. 그러나 모든 물품이 탁송으로 처리 가능한 것이 아니다. 기계적으로 민감한 전자부품이나 배선용 차단기, 온도조절장치 등은 파손의 우려가 있으므로 이송 전에 증거물을 인계받는 기관과 사전에 협의하는 것이 좋다. 또한 폭발성 물질과 발화성 물질, 인화성이 강한 물질 등은 현행 탁송 규정에 제한을 두고 있으므로 다른 적절한 방법이 강구되어야 할 것이다.

보충학습 　**현행 탁송 규정**

우편법 제17조 (우편금제품, 우편물의 용적·중량 및 포장 등)
① 지식경제부장관은 건전한 사회질서를 해하거나 우편물의 안전한 송달을 저해하는 음란물, 폭발물, 총기·도검, 마약류 및 독극물 등으로서 우편에 의한 취급이 부적절하다고 인정되는 물건(이하 "우편금제품"이라 한다)은 이를 정하여 고시한다.

• **우편법상의 금제품** : 폭발성 물질, 발화성 물질, 인화성 물질 등으로 분류하고 있다.

❸ **보관** : 증거물의 보관은 더 이상 필요하지 않을 때까지 가능한 한 최상의 조건에서 관리를 하도록 한다. 창고와 같이 단독 공간에 보관하는 것은 물질별, 종류별로 구분이 가능하도록 하여야 하며 특정인을 관리자로 지정하여 효과적인 관리가 될 수 있도록 도모하여야 한다. 또한 적정한 온도조절로 손실과 오염을 최소화하도록 하고 직사일광 및 열과 습기는 증거물의 열화(劣化)를 촉진시키는 주요인으로 작용을 하므로 증거물의 보관 장소는 건조하고 어두우며 시원한 곳일수록 좋다.

휘발성 물질과 같은 액체는 실온이 높은 곳에 보관하거나 냉동처리를 하는 등 비정상적인 방법으로 관리하지 않도록 주의를 한다. 일반적으로 증거물의 저장온도가 낮을수록 보존이 양호하지만 증거물을 냉동시키는 방법은 시험 결과에 영향을 미치기 때문에 삼가야 한다.

3 검사

수집된 증거물은 일반적으로 연구소나 감정기관 등으로 보내지며 실험 및 검증이 그 곳에서 이루어진다. 증거물에 대한 화학적 조성 분석, 물리적 특성, 작동, 부작동 또는 오작동 등의 판정과 설계가 충분한 것인지 부족한 것인지를 시험하고 검증한다.

감정업무의 처리에 있어 객관성과 신뢰성을 확보하기 위하여 1차 현장에서 증거물을 수집한 조사자는 2차 감정과정에서 참여를 배제시킬 것을 권장한다. 또한 특정한 감정기관에서 현장조사를 1차 실시하였다면 그 기관은 2차 감정에 참여시키지 않도록 하여 주관적인 생각과 선입견이 개입할 수 있는 여지를 차단하여 신뢰성을 높일 수 있도록 한다.

증거물의 검증이나 시험방법 등은 표준화된 시험절차에 따라 실시되어야 한다.

4 증거처리

증거처리는 증거수집만큼 어려운 문제를 안고 있다. 현장에서 조사자에 의해 선택적으로 확보된 증거물이더라도 관계자나 관련기관으로부터 공식적인 승인이 없다면 마음대로 처분할 수 없다. 지금 당장은 필요하지 않더라도 소송으로 비화되었을 때 화재와 관련된 자가 각종 자료를 수집하는 과정에서 증거물의 반환을 요구하거나 확인을 요청할 수 있기 때문이다.

증거물의 소유를 주장하는 자에게 보관증을 발급하였다면 나중에 돌려줄 의무가 있으며 소유권을 포기하겠다는 의사표현이 있으면 반드시 문서로 기록해야 한다.

특히 방화와 같은 형사사건인 경우 사건이 판결로 종결될 때까지 증거를 보관할 필요성은 더욱 높아진다. 심리기간 동안은 제출된 증거인 보고서, 사진, 도면 및 증거물 항목 등은 법원의 기록이 되며 법원에서 보관을 하게 된다.

증거물의 파기(破棄)와 반환(返還)은 상대적으로 구별되고 있다.

증거의 파기 또는 폐기처분은 관련자가 더 이상 필요로 하지 않아서 동의를 한 경우와 사건의 종결, 증거로서 가치를 상실한 경우 등에 실시된다.

증거물의 반환은 소유자의 요구에 의하거나 법원의 반환명령 등에 따라 이루어진다. 이러한 예는 민사소송과 관련된 사건에서도 종종 발생되고 있다. 정당한 사유가 없는 한 증거물은 반환되어야 하며 불필요한 마찰을 최소화시켜야 한다.

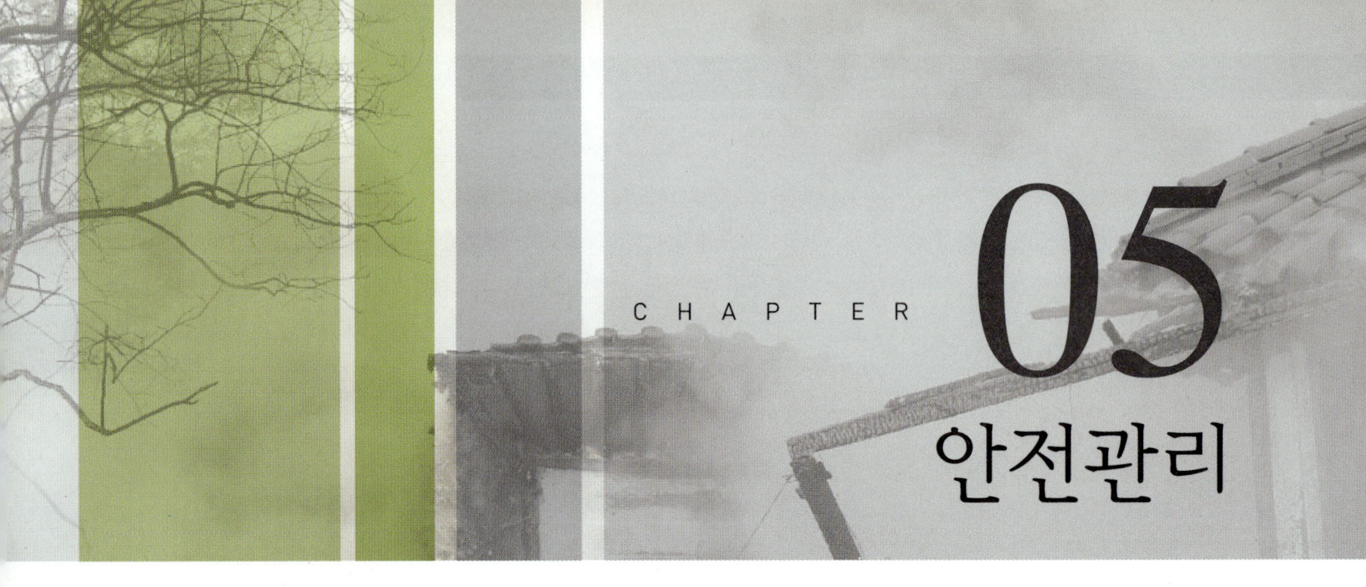

화재현장에서 조사자들이 사상을 당하는 경우는 종종 발생하고 있지만 아직까지 크게 다루어지지 않고 있는 것이 현실이다. 화염과 불길 속을 넘나드는 험한 상황을 생각한다면 불이 꺼진 다음의 현장은 그보다 위험하지 않을 수 있다는 인식과 불에 타서 앙상한 잔해만 남아 있는 곳이 얼마나 위험하겠는가라는 생각을 사람들이 가지기 때문이다.

불보다 위협적인 것이 있다면 현장에 남아 있는 미세한 분진과 유독가스의 잔량이라고 할 수 있다. 불은 뜨거운 에너지가 가연물을 태우다가 소멸해버리면 그만이지만 차가운 공간에 남겨진 미세먼지는 조사자들을 괴롭히는 또 하나의 악조건으로 작용하고 있다. 일단 호흡기를 통해 들어온 가스는 소량이더라도 그 충격이 매우 큰데 연기로 가득 찬 실내에 잠깐 들어갔다가 급히 밖으로 나왔더라도 머리를 쓸듯이 만져보면 시커먼 유독가스의 분진 잔해가 손바닥에 남아 있는 것을 볼 수 있다. 이처럼 눈으로 보이지 않는 미세한 분진과 먼지류는 화재가 진압된 뒤에도 오랜 시간 동안 현장 주변에 잔재하기 때문에 조사자들의 건강을 크게 위협하고 있는 것이다. 화재현장에서 발생되는 산화물에는 일산화탄소와 시안화수소, 질소 산화물, 포름알데히드 등이 포함되어 있다. 이러한 오염물질에 대한 호흡기 노출은 급성 또는 만성의 중독현상을 야기할 수 있다.

또 다른 현장의 위험요소는 물리적인 작용이다. 화재나 폭발로 인해 구조적으로 약해진 건물은 지붕과 천장, 벽이 붕괴되어 내려앉을 수 있고 바닥이 움푹 패여 나가거나 구멍이 생겨 웅덩이가 생김으로써 물이 고여 있을 수도 있다. 깨진 유리조각과 각종 금속류가 바닥에 흩어져 있으며 이동 중에 벽면에 튀어 나와 있는 못이나 앵커볼트(anchor bolt)에 피부가 손상될 수도 있다. 특히 유의할 점은 화재현장이 아수라장이 되었더라도 전기가 통전상태로 유지될 수 있으며 가스의 잔량이 현장에 고여 있을 수 있다는 점이다. 탄화되거나 소실된 물체 사이로 헝클어진 전선 잔해의 부적절한 접지와 설치로 인해 누설전류가 발생하는 경우가 있고, 가스 밸브류가 열에 녹아서 떨어지게 되면 화염이 제거되더라도 남아 있는 가스가 지속적으로 공간으로 분출될 것이다. 이러한 위험성 때문에 현장조사에 앞서 안전조치에 대한 평가가 이루어져야 하는 것이다.

구조물의 안전성 평가가 이루어졌더라도 독단적인 현장조사는 조사자 스스로가 반드시 경계할 사항으로 기억하고 있어야 한다. 왜냐하면 잠재된 안전문제가 상존하기 때문이며 사상을 당하더라도 구출을 받아야 하기 때문이다. 지휘관 또는 주변에 누군가에게도 알리지 않은 채 독자적으로 진입하지 말아야 하며 항상 현장 내부에서는 극도의 주의를 기울여야 한다.

화재조사자의 현장 안전수칙

❶ 단독으로 현장조사를 실시하지 않는다(최소 2인 이상).

❷ 화재가 완전히 진압되기 전까지는 현장 안으로 들어가지 않는다.

❸ 현장조사는 주간에 실시하는 것을 원칙으로 한다.

❹ 최소한의 기본장비인 안전모와 절연장화, 장갑, 마스크 등은 항상 휴대하여야 하며 현장 진입 전에 착용하여야 한다.

❺ 발굴작업 등 심한 육체작업을 하는 경우 적절한 휴식을 병행하여야 한다.

❻ 현장에 진입하기 전에 전기의 차단 여부와 낙하물의 존재 여부를 확인하도록 하여야 한다.

❼ 반창고, 1회용 밴드, 거즈, 솜 등 기본적인 의료장비를 항상 준비하여 적절히 사용할 수 있도록 한다.

❽ 발굴복과 장갑, 마스크 등은 1회 사용 후 폐기하도록 하며 오염방지에 노력을 기울인다.

❾ 바닥에 물이 고여 있는 경우 완전 배수를 실시한 다음 진입하는 방안이 강구되어야 한다.

❿ 확인되지 않은 오염물질을 손으로 직접 만져보거나 냄새를 직접 맡지 않도록 하여야 한다.

⓫ 낙하 우려가 있는 잔해의 제거는 위에서부터 아래로 제거하여야 한다.

⓬ 흔들리거나 기울어진 물체 위로 올라가는 행동은 하지 않아야 한다.

⓭ 탄화된 물건 또는 퇴적물이 쌓여있는 곳을 밟고 지나다니는 것을 삼가며 보행은 지장이 없는 곳을 선택하여야 한다.

⓮ 천장이나 선반 위 같이 높은 곳에 있는 물체의 제거는 보안경을 착용하고 실시하여야 한다.

⓯ 물이 있는 곳에 서 있을 때는 직접 손으로 전기스위치를 조작하지 않아야 하며 검전기 등을 이용하여 전기의 단전 여부를 확인하여야 한다.

⓰ 2층 이상의 현장인 경우 밑으로 떨어지거나 넘어질 수 있는 사각지대가 존재하는지 먼저 파악되어야 한다.

⓱ 균열이 생긴 벽이나 기둥을 손으로 짚거나 몸을 기대지 않도록 하여야 하며 진입 시 안전에 대한 평가가 먼저 이루어지도록 한다.

Step 02 사고발생 요인

사고발생 요인은 산업재해의 기본요인이 되는 4M으로 설명할 수 있다. 즉 인간(Man), 설비(Machine), 작업(Media), 관리(Management)를 말한다.

1 인간(Man)

현장조사를 행하는 것은 사람이며 따라서 조사자가 사고의 요인이 된다는 것이다. 여기에는 심리적 요인과 생리적 요인, 환경적 요인이 작용을 한다.

〔표 3-12〕 **사고발생 요인 분류**

심리적 요인	생리적 요인	환경적 요인
• 장면행동 • 망각 • 주변적 동작 • 생각 • 무의식 행동 • 위험삼각 • 생략행위 • 억측판단	• 피로 • 수면부족 • 알코올 • 질병	• 직장의 인간관계 • 팀워크 • 커뮤니케이션 • 작업환경

(1) 심리적 요인

❶ **장면행동** : 화재현장에서 지붕이 붕괴되기 시작하자 당황하여 뛰어내리다가 연못에 빠진 경우와 요구조자를 구출하는 데 모든 신경을 집중하여 플래시오버 시기가 임박하였음에도 불구하고 엄호주수 없이 화재실로 뛰어든 경우가 장면행동이다. 장면행동이란 인간이 어느 한 방향으로 강한 욕구를 가지고 있을 때 그 방향으로만 직선적으로 행동하는 것이다. 장면행동은 위험을 의식하고 있지 않기 때문에 심각한 사고를 일으킬 가능성이 있다.

❷ **망각** : 망각이란 전에 경험하였거나 학습한 내용의 파악이 일시적 또는 영속적으로 감퇴되거나 상실되는 현상을 말한다.

중요한 조사내용은 문서화하거나 즉시 메모를 해두는 것이 필요하며 메모는 생각이 날 때 즉시 하여야 하는데 나중으로 미루게 되면 잊어버리는 경우가 많게 된다. 예를 들면 발굴용 기자재와 카메라를 점검하려고 꺼내 놓고 조작을 하다가 화재출동이 발생하여 출동을 하였으나 발굴장비만 급히 챙기느라 카메라를 빼 놓고 출동하는 사례, 화재현장 평면도를 현장에서 작성하지 않고 사무실로 돌아온 후 기억에 의존하여 작성하여 불명확하게 작성되는 경우 등이 있다.

❸ **주변적 동작** : 인간이 어떤 일에 골몰하여 정신없이 일을 하다 보면 자세가 거의 고정되게 되고 주위의 상황을 살펴보지 못하게 되는데 이때 갑자기 일어서거나 몸의 방향을 바꾸게 되면서 발생할 수 있는 사고유형을 말한다. 예를 들어 화재원인 조사를 위해 주위를 살피고 있던 조사자가 몸의 방향을 바꾼 순간 마루의 돌기에 이마를 부딪쳐 비틀거리다가 배전반에 손을 접촉하게 된 경우이다.

인간은 스스로 위험한 장소에 있다고 의식하면서도 모든 활동에 대해 의식을 가지고 행동하는 것은 불가능하므로 항상 주의를 기울여야 한다.

❹ **생각(잡념)** : 현장조사를 수행하는 조사자가 현장을 직접 눈으로 보고 있으면서도 생각은 가정이나 금전문제 등에 사로잡혀 있어 올바른 업무수행이 지장을 받는 수가 있다. 이러한 경우 업무에 전념할 수 없게 되어 현장 파악이 제대로 이루어지지 않고, 그렇기 때문에 불안전한 행동으로 연결되어 사고를 일으키는 것이다.

❺ **무의식 행동** : 인간은 의외로 주위 상황을 의식하여 보고 있지 않은 경우를 흔히 볼 수 있는데 화재현장에서 깨진 유리창의 창틀을 손으로 잡거나 발굴용 장비 가운데 무거운 망치를 불안정한 선반 위에 올려놓아 발등 위로 떨어질 수 있는 위험한 행동 등을 별다른 의식 없이 하는 경우이다. 크고 작은 사고의 시발점은 무의식적인 행동에서 촉발되어 돌이킬 수 없는 결과를 부르는 경우가 많다.

❻ **위험감각** : 불안전한 행동을 방지하기 위해서는 "위험하다"라는 판단 기준을 어디에 둘 것인가가 매우 중요한 문제가 될 수 있다. 일반적으로 사람이 높이에 대한 공포감을 느끼는 정도는 7m 정도라고 알려져 있으나 사람마다 갖고 있는 생각은 일정하지 않아서 어떤 사람은 7m가 위험하다고 느끼는 반면에 어떤 사람은 위험하지 않다고 느낄 수 있는데 이러한 경우에 사고가 일어날 가능성이 높다.

위험감각이 저마다 다르다는 것은 이상할 것이 없지만 어디가 위험하고 어디가 안전한가에 관한 판단은 같아야 한다.

❼ **생략행위** : 정해진 기구를 사용하지 않고 적정하지 않은 기구를 급한 대로 사용한다거나 또는 보호장구를 사용하지 않거나 작업순서의 일부를 생략하는 행위 등을 말한다. 화재현장에서 장갑을 착용하지 않고 지붕을 제거하는 작업을 하는 경우와 보호복을 착용하지 않고 발굴을 실시하는 경우 등이다.

생략행위를 하는 경우는 단시간에 작업이 종료될 것으로 예측하고 이루어지는 경우와 정신집중이 느슨해지거나 심신이 피곤할 경우에 이루어질 가능성이 크다.

❽ **억측판단** : 긴급차량 운행 시 정지신호(적신호)를 무시하고 통과하는 경우가 있는데 '상대편 운전자가 긴급자동차의 운행을 인지하고 알아서 양보해 주겠지' 와 같이 자기 주관적인 판단이나 희망적 관측에 기초하여 일단 정지하지 않고 통과하는 행위를 예로 들 수 있다. 억측판단은 대형사고로 확대될 수 있으므로 자신의 입장에서만 편의를 생각하여 희망적인 관측을 하지 않아야 한다.

(2) 생리적 요인

❶ **피로** : 피로에는 정신적인 피로와 육체적인 피로 두 가지가 있다. 정신적 피로는 감정이나 의욕의 움직임에 영향을 주며 육체적 피로와 비교하여 회복이 어려운 것이 특징이다. 피로한 상태에서의 활동은 활동 능률을 저하시키고 생체의 감각적인 기능이 변화로 착각하며 노이로제 등 나쁜 상태로 확대될 우려가 있다.

피로는 시각, 청각, 후각 등 인간의 신체적 기능을 저하시키고 작업 중에는 긴장감을 유발시키며 동시에 작업의 정확성을 떨어뜨린다.

❷ **수면부족** : 수면부족은 인간이 음식을 제대로 섭취하지 못해 영양 불균형을 초래하는 것과 같은 이치이다. 하룻밤 정도 수면을 취하지 않았다고 하여 곧바로 병에 걸린다고 할 수 없지만 질병에 걸리기 쉽고 실수가 증가하며 업무능률의 저하로 사고를 일으킬 가능성이 높아진다.

❸ **알코올(음주)** : 음주가 신체기능을 저하시킨다는 것은 이미 널리 알려져 있는 사실이다. 실험에 따르면 혈액 속에 알코올이 완전히 없어지기까지 소요되는 시간은 알코올 64g(청주 환산 약 360cc)을 마신 경우 대략 8시간 이상 걸린다. 개인의 체력과 음주량, 마시는 방법 등에 따라 차이는 있겠지만 음주는 운동감각을 둔화시키고 판단력을 떨어뜨려 일단 사고를 유발하면 큰 손상을 불러온다.

❹ **질병** : 원칙적으로 신체에 질병이 있는 조사자는 현장조사에 종사하지 못하도록 하는 것이 바람직하지만 현실적으로 어려움이 많이 따르고 있으므로 관리자의 세심한 관심이 필요하다. 조사자 중에는 요통, 고혈압, 심장질환 등을 앓고 있을 수 있는데 그것을 숨기고 현장조사에 임하는 조사자가 있을 수 있기 때문이다. 예를 들어 감기에 걸린 조사자가 마스크를 착용하고 발굴작업을 하다가 불규칙한 호흡이 갑작스럽게 발생하여 통증으로 발전되는 경우가 있다.

(3) 환경적 요인

❶ **직장의 인간관계** : 화재조사자가 혼자서 업무를 수행하는 경우는 거의 없다. 동료들의 화재진압활동을 돕기도 하지만 동료의 도움을 받아서 피난상황과 연소상황 등 정보를 제공받고 2인 이상이 팀을 이루거나 유관기관과 함께 조사를 진행하는 것이다. 따라서 원만한 인간관계와 팀워크가 이루어지지 않았다면 구성원들의 사기는 저하되고 안전의식도 낮아져 독단적인 돌출행동으로 이어질 수 있다. 인간관계가 빈약하면 대화가 단절되고 활발한 토론이 이루어질 수 없기 때문에 위기 상황에서도 남의 어려움을 외면하게 되기도 한다.

사고를 최소화하기 위해서는 평소 편하게 대화하고 상담하며 상대방의 고충을 충분히 경청해 주며 팀워크를 중요시하여야 한다.

❷ **작업환경** : 참혹하게 불타버린 현장을 매일같이 누비며 다니다 보면 본인도 모르는 사이에 작업환경에 무감각하게 노출된다. 현장활동에 따른 기자재의 정리정돈이 습관화되지 않는다면 사고를 부를 수 있게 된다.

② 설비(Machine)

건물이나 시설, 설비 및 기자재 등이 갖춰지지 않거나 결함이 있는 경우 혹은 기능 불량 등이 있을 때에는 사고의 발생 위험성이 높다.

기계류 위에 쌓인 오염물질을 부드러운 붓으로 털어 내야 하는데 손으로 털어내다가 손가락이 찔리는 경우, 이동식 조명기구 발전기의 엔진불량, 루페(Lupe)의 면에 흠집 발생으로 작은 물체 단면적의 식별 곤란, 찢어진 발굴복장 착용으로 인한 신체오염 발생 등은 설비적 결함에 의한 사고의 가능성을 높여주는 경우이다.

장화 밑바닥에는 철판이 내장된 절연장화를 착용하여야 함에도 불구하고 일반 고무장화를 착용하여 발이 못에 찔리는 사고 등도 점검이나 정비가 부족한 데서 기인한 사고유형으로 주의가 촉구되고 있다.

③ 작업(Media)

기상조건이나 현장 부근의 입지조건에 따라 발생하는 사고이다. 발굴조사를 진행할 때 장시간 쪼그려 앉거나 구부정한 자세를 유지함으로써 신체기능이 악화될 수 있고, 보일러실 또는 화장실과 같은 활동공간이 좁은 곳에서 작업을 하는 경우에는 환경이 적절하지 못함으로 사고가 발생할 수 있다.

화재현장이 매우 광범위한 곳으로 화재와 붕괴현상이 어우러져 진행되었을 때는 미세한 콘크리트 분진 가루와 먼지가 주변 공기와 뒤섞여 시야를 좁히고 호흡기로 유해 성분이 흡입되어 작업 기능을 약화시킨다.

④ 관리(Management)

사고의 발생은 안전관리 교육의 미실시와 관리자의 감독 불찰 등 안전관리의 흐름이 원활하지 못함으로써 전개되는 상황이다.

규정이나 매뉴얼이 충분하게 갖추어지지 않고 철저하지 못한 경우와 조사자의 성격과 체력, 특성 등을 제대로 파악하지 않고 배치할 때 관리체제의 불량으로 나타나게 된다. 그러나 아무리 좋은 관리체제를 갖추고 있더라도 그것을 운용하는 직원이 알지 못하거나 하지 않는 상태를 만들게 되면 사고를 막을 수가 없다. 안전관리는 곧 '자기관리'라는 개념으로 이해해야 한다.

 Step 03 외상후 스트레스 장애

1 정의

외상후 스트레스 장애(Post Traumatic Stress Disorder – PTSD)란 중대한 사고를 경험하고 나서 사고의 재경험, 정신적 우환, 신경과민의 3가지 특징적인 증상을 나타내는 특수한 신경증이다. 그러나 스트레스를 받는 사건이라도 사별, 이혼, 질병, 갈등 등 흔히 겪을 수 있는 것은 해당되지 않는다.

외상(Trauma)＋후(Post)＋스트레스＋장애

심각한 외상을 보거나 직접 겪은 후에 나타나는 불안장애

① 비정상적 상황에 대한 정상적 반응
- 충격적이고 힘들었던 경험에 대한 정상인들의 자연스러운 감정적 반응
- 과거 사건과 관련하여 충격과 불안감을 재연하는 것

② 정신병이 아닌 심리적 손상
- 생존자, 목격자, 소방관, 가속 등이 받는 정신적 충격의 효과

〈그림 3-52〉 외상후 스트레스 장애 현상

2 원인

전쟁, 사고, 자연재해, 화재, 폭력 등이 원인이 되며 생명을 위협하는 신체적 · 정신적 · 충격적인 경험을 말한다.

화재조사자들은 화재의 규모가 크고 작음에 상관없이 온갖 현장을 직접 몸으로 접하게 된다. 처참하게 황폐화된 현장을 보는 것은 다반사이며 연기에 질식하거나 불에 타버린 사체를 접하거나 화재현장에서 넋을 놓고 통곡하는 피해자의 안타까운 모습을 체험해야 하는 등 업무 외적인 스트레스에 노출되어 있는 것이다.

한번 뇌리에 박혀버린 온갖 참상은 기억하고 싶지 않지만 반복적으로 떠오르며 머릿속을 맴돌기 때문에 고통스러운 회상에 사로잡히게 된다. 때로는 이러한 회상이 반복되는 횟수가 증가하여 잠을 자기 힘들게 되거나 조그만 자극에도 과민한 반응을 보이며 분노로 표출되기도 한다.

③ 증상

사고의 재경험이 가장 중요한 증상으로 자기가 당한 사건을 연상할 수 있는 사태에 직면하여 죽음이 임박한 것 같은 절박한 느낌에서 공포에 젖는 증상이다. 예컨대 교통사고를 당한 사람은 교통사고 이야기를 듣거나 차에 타게 될 때, 차 사고가 나는 꿈을 꿀 때(악몽 속에서) 공포를 느끼는 증상이 발견된다. 이런 증상 외에도 정서적 불안, 불면증, 집중력 장해, 쉽게 놀라는 증상을 보인다.

화재조사자들은 처참해진 현장을 보고난 후 종종 그 악몽으로 인해 식사를 제대로 하지 못하거나 깊은 잠을 자지 못하고 잠을 설치게 된다.

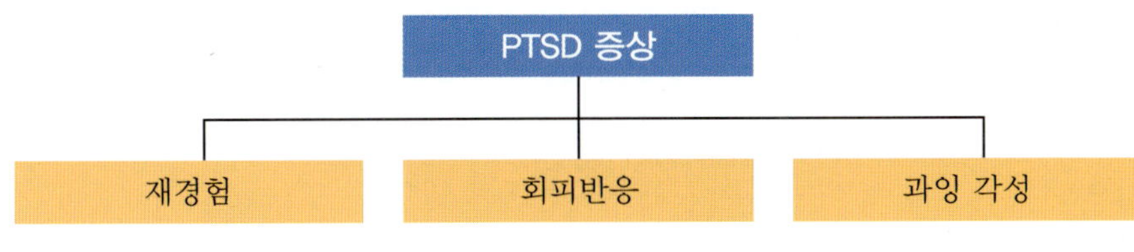

〈그림 3-53〉 PTSD 증상의 분류

(1) 재경험

❶ 사건에 대해 반복적으로 떠오르는 고통스런 회상
❷ 사건에 대한 반복적이고 괴로운 악몽 발현
❸ 마치 외상성 사건이 재발하고 있는 것 같은 행동이나 느낌

(2) 회피반응

❶ 외상과 관련된 생각이나 느낌, 대화를 피한다.
❷ 외상이 회상되는 행동이나 장소, 사람들을 피한다.
❸ 외상의 자극적이고 중요한 부분은 회상할 수 없게 된다.
❹ 중요한 활동에 흥미를 잃거나 참여가 매우 저하되어 있다.
❺ 정서가 불안정하고 제한되어 있다.

(3) 과잉각성

❶ 잠들기가 어렵거나 잠을 지속적으로 자기 어렵다.
❷ 자극에 예민하거나 과민한 상태가 되고 분노의 폭발이 발생한다.

④ 치료

외상후 스트레스 장애는 직업기능을 손상시키고 직업 만족도를 떨어뜨리며 사고 직후에 생길 수도 있으나 수개월이 지나서 생기는 경우도 있다. 일단 발생하면 정신과적인 철저한 치료가 요망되는데 치료를 잘 받으면 빨리 회복되며 치료를 받지 않더라도 시간이 경과하면 회복되는 것이 원칙이다. 경우에 따라서는 수개월 혹은 1~2년이 지나야 회복된다. 그러나 자연치유를 기대하기에는 시간이 많이 걸리기 때문에 외상 징후가 발생하면 초기에 적극적으로 개입하여 외상적 경험을 말할 수 있도록 주변 사람들이 격려해주며, 약물치료를 병행하도록 도와주어야 할 필요가 크다.

(1) 심각한 외상에 노출되었을 때 즉시 조치해 주어야 할 내용

❶ 외상후 불안정한 반응을 보이는 것이 정상적인 반응이라는 것을 이해하도록 도와준다.
❷ 급성 스트레스 반응과 외상후 스트레스 장애에 대해 정보를 제공해준다.
❸ 외상으로 인한 감정에 대하여 가족과 친구들에게 말할 수 있도록 격려해준다.
❹ 가족과 주변의 중요한 사람에게 환자의 감정적 반응을 듣고 참아주는 것이 중요함을 교육시킨다.
❺ 감정적 지지를 제공해준다.
❻ 부적절한 죄책감을 낮추어준다.
❼ 외상에 대한 상담을 받을 수 있도록 연계해준다.
❽ 불면증 해소를 위해 단기간 수면제를 제공한다.

(2) PTSD의 치료방법

❶ **정신 요법(Psycho Therapy)** : 이미 일어난 일을 변경하거나 잊어버릴 수는 없다. 다만 그 사건과 자신의 인생에 대하여 다르게 생각하는 법을 배울 수 있도록 한다. 공포심에 압도되지 않으면서 경험했던 외상성 이야기들을 말할 수 있도록 해야 한다.

❷ **인지적 행동 요법(Cognitive Behavioral Therapy)** : 경험했던 기억에 대하여 덜 고통스럽고 자신을 잘 다스릴 수 있도록 생각하는 법을 배우게 한다.

❸ **집단 요법(Group Therapy)** : 동일하거나 유사한 사건을 경험한 다른 사람들을 만나도록 도와준다. 이 방법은 다른 사람들도 비슷한 생각을 갖고 있다는 사실 때문에 경험한 사건에 대해 말하는 것이 훨씬 수월해진다.

❹ **약물치료** : 항우울제나 진정제 등을 사용한 약물치료를 통해 치유하기도 한다.

5 외상 환자와 대화할 때 면담자의 자세

❶ 피해자들이 겪고 있는 일들을 모두 알고 있다는 식으로 생각하지 말 것

❷ 충격(외상)을 받으면 모두 환자가 된다고 생각하지 말 것

❸ 피해자를 병적 존재로 보지 말 것

❹ 그들의 상태를 질병으로 언급하지 말 것

❺ 이들을 약한 환자나 피해자로 보지 말 것

❻ 그들이 모두 당신과 대화하기를 원한다고 생각하지 말 것

❼ 피해자로 하여금 자신의 상황을 상세히 다시 설명하도록 강요하지 말 것

❽ 부정확한 지식정보를 제공하지 말 것

❾ 노인들을 더 약한 존재로 보지 말 것. 그들은 약점도 가지고 있으나 그들 고유의 장점도 가지고 있음을 유념할 것

❿ 각자에게 맞춤형으로 도움을 주도록 할 것

원인분석론

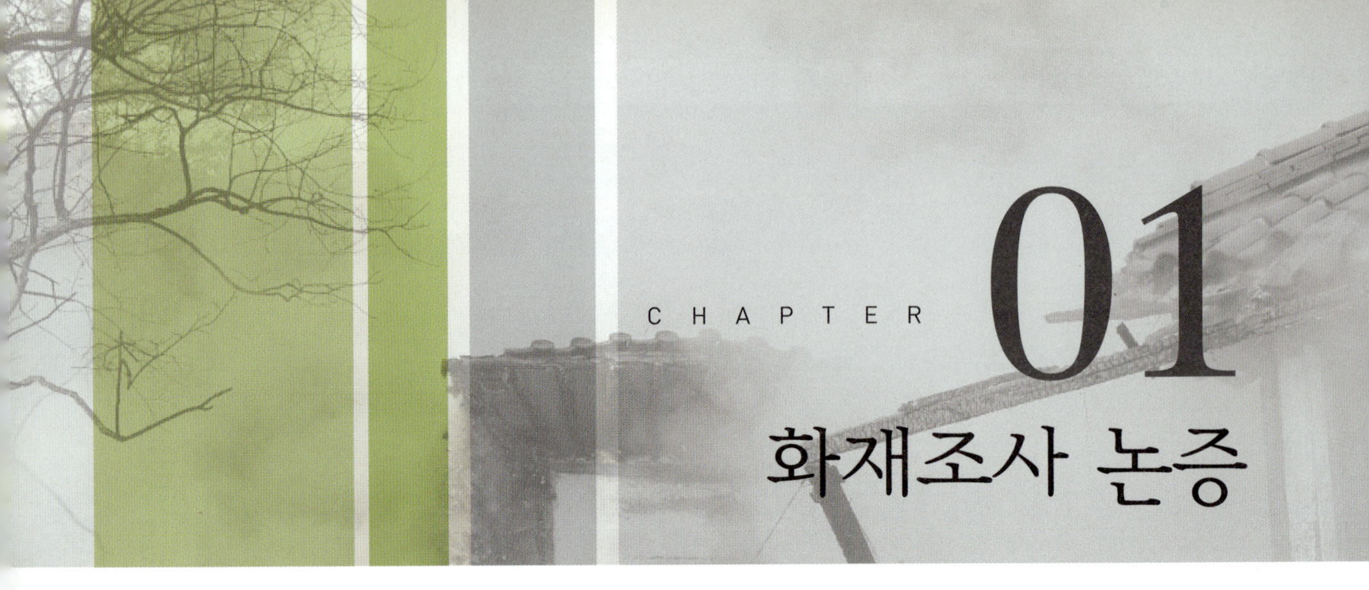

Step 01 ｜ 개요

화재조사의 어려움은 완전히 소실되거나 탄화된 물체를 정확히 판별하여 연소가 확대된 요인은 물돈 발화원이 주변 가연물로 착화에 이르게 된 과정을 입증하거나 논리석으로 규명해내야 하는 데 있다.

연역적 · 귀납적 방법에 의한 합리적인 가설을 설정하고 경험 또는 입증된 데이터 확인, 실험분석 등 화재원인을 판정하는 절차는 생각보다 간단치 않은데, 대부분의 화재를 추정으로 판단할 수밖에 없는 어려움은 의외로 크다.

논증(論證, reasoning)이란 어떤 사실에 대한 옳고 그름을 분명한 이유를 들어 밝히는 것이다. 입증(立證)이라고도 하며, 증명해야 할 판단을 가증명제(可證命題: 提題 · 論題 · 主張 · 定立)라 하고, 그 이유로서 선택되는 판단을 논거(論據)라고 한다. 가증명제 및 논거는 논증의 구성요소이며, 추론의 갖가지 형식으로 구성된다. 이것을 논증의 형식이라 한다. 즉 논증은 논거를 전제로 가증명제를 결론으로 하는 추론형식을 취하나 결론은 이미 주어진다는 점에서 추론과 다르다.

화재조사는 화재가 발생하여 물체가 연소된 현상을 놓고 사실관계의 전후를 밝혀내는 귀납적인 조사방법이 전제되는 경우가 많다. 귀납(歸納, induction)은 개별적인 특수한 사실이나 현상에서 그러한 사례들이 포함되는 일반적인 결론을 이끌어내는 추리방법이다. 곧 귀납은 개개의 구체적인 사실이나 현상에 대한 관찰로서 얻어진 인식을 그 유(類) 전체에 대한 일반적인 인식으로 이끌어가는 절차이며, 인간의 다양한 경험, 실천, 실험 등의 결과를 일반화하는 사고방식인 것이다.

이러한 귀납적 조사절차는 최초 목격자의 진술 등 사전조사 내용과 현장에서 확인된 사실을 대입시켜 하나의 추론으로 성립시킴으로서 발화원이 배제된 방화라든가 불장난, 담뱃불 등의 사실규명도 가능해지는 것이다.

귀납적 추리를 바탕으로 사건을 재구성하는 방식은 발화원과 연소가 이루어진 과정에 대해 확률적 오류를 좁힐 수 있기 때문에 귀납적 논증 또는 귀납적 논리학과 깊은 연관성을 지니고 있다.

Step 02 | 논증의 필요성

연소반응이 개시되면 열, 가스, 연기가 하나의 시스템 속에서 지속적으로 반응한다. 구획화재의 위험성은 내부 가연성 물질의 발열량과 공기에 의존하는 경향이 크기 때문에 화재의 잠재력이 문제가 된다. 초기에 형성된 열은 환기나 연료의 영향을 크게 받지 않지만 연소가 지속되면서 산소부족을 초래하거나 가연물질의 발화등급에 따라 구획 내부온도가 결정되기도 한다. 최근의 구획화재 발생 경향은 건물 각 부분을 불연화하거나 방화성능을 향상시켜 화재가 발생하더라도 화재실 구획 내로 한정시켜 거주자의 피난을 도모하고 있다. 그러나 탄화수소 계열의 합성고분자 물질의 범람으로 발열성이 높을 뿐만 아니라 연소 시 유독가스의 발생으로 농연이 급속히 생성되어 대피가 곤란하거나 경우에 따라서는 사상자가 발생하는 예측불허의 상황으로 전개되기도 한다.

물질이 일부분에서 발화하게 되면 화염의 열은 미연소된 부분으로 전달되고 주위로 확산된다. 본격적으로 화염이 성장하게 되면 내부 수납물은 물론 수직 입상재 등에 전면적인 화재양상을 불러 일으켜 종국에는 구조물이 부분적으로 도괴되거나 붕괴를 초래한다. 이때 현장조사의 어려움은 구조물이 멸실되어 바닥면만 남아 있는 경우라면 어디서부터 조사에 착수하여 추론을 전개할 것인가가 문제가 되는데 다음 사항에 대한 검토가 충분히 이루어져야 한다.

❶ 점화원의 온도가 가연성 물질의 발화점 이상이었는가
❷ 연료 – 공기 혼합물은 연소범위 내에서 존재하였는가
❸ 열이 연료에 전달되는 충분한 시간이 주어졌는가

점화원이 존재하더라도 주변에 있는 가연물질을 착화시킬 만큼 온도가 높지 않았다면 화재가 발생할 가능성은 그만큼 희박해지기 때문에 발화원이 존재하였다는 사실만으로 섣불리 판단을 내려서는 곤란하다. 발화원의 종류가 현장에서 발견되었더라도 화재현상을 뒷받침할 만할 논리를 입증으로 완성시켜 확인해야 하는 것이다. 논증의 필요성은 다음과 같은 내용을 포함하고 있어야 한다.

❶ 화재가 발생하게 된 전후 사실관계를 분명하게 확인하여 발화지점과 화재원인의 맥락을 일치시켜야 한다.
❷ 억측과 오류가 없어야 하며 내용이 구체적이어야 한다.
❸ 입증되지 않았거나 확인되지 않은 사실 여부 등을 재검토한다.

Step 03 연소현상의 논증방법

　논증방법은 현장을 보고 파악한 사실의 기초위에서 이루어져야 한다. 전기의 통전 유무를 확인하지 않은 채 단락흔의 잔해를 발견하고 성급하게 전기화재로 판단하거나 발화지점으로 판단한 곳에서 착화물의 종류와 형태, 성분 등에 대한 검토가 미흡한 상황에서 발화원의 규명에 초점을 두는 경우 등은 자가당착(自家撞着)적 조사가 이루어질 수 있는 위험이 있다.

　현장을 파악하고 접근하는 안목은 발화가 개시된 시점에서부터 출발한다. 화재가 발생하면 관계자의 대부분이 당황하거나 정신을 차리지 못할 정도로 정황파악이 어두워지는 경향이 있지만 조사자까지 이런 분위기에 편승하여 흥분하게 되면 정작 유용한 자료를 초기에 빠뜨리거나 거시적 연소현상을 포착해내지 못하는 경우를 자초하게 된다. 따라서 신빙성 있는 목격자의 진술과 소방대의 진압활동사항 등을 면밀하게 초기부터 관여하여 모든 가능성을 확인해가는 과정이야말로 오류를 줄일 수 있으며, 화재의 전 과정을 구체화시킬 수 있게 되는 것이다.

1 벽면의 연소 및 출화방향 확인

　벽면에 남겨진 연소흔적은 천장에서 발화된 경우를 제외한다면 가장 효과적으로 연소의 방향성과 연기의 흐름을 읽어낼 수 있는 중요한 단서이다. 발화부와 멀어질수록 열기류는 약해지지만 일단 확산된 연기입자는 벽면과 천장에 분진상태로 고착되어 연소된 것처럼 보이기도 한다. 벽면에 그을리거나 탄 것처럼 보이는 연기의 잔해는 연소현상과 구별되어야 하는데, 담뱃불의 취급부주의로 침대 위에 있는 이불만 연소되었더라도 피해액이 과다하게 책정되는 경우는 이불류에서 생성된 연기가 실내 전체를 가득히 오염시킴으로써 파생되는 불가피한 결과인 것이다.

<그림 4-1> 벽면의 연소 및 출화형태

벽면의 연소형태 흔적은 정상적으로 연소할 경우 역삼각형 형태로 확산되어 발화지점보다는 연소가 확산된 상방향 지역으로 넓게 퍼지는 모양을 남기는데 공기의 저항을 받게 되면 바람의 반대방향을 따라서 너울대거나 기울어진 탄화형태를 남기기도 한다.

〈그림 4-2〉 벽면을 따라 천장으로 확산된 출화형태

벽면의 연소형태는 수직방향을 따라 빠르게 치솟지만 천장과 맞닿은 부분에서 열기류가 휘거나 꺾이는 굴절현상이 되풀이되면서 천장면을 따라 흐름이 바뀌게 되고 바닥에서 벽면으로 이어지며 확산된 방향성을 남기게 된다. 화염이 점점 강해지면서 실내공간의 상부에서는 고온가스가 두텁게 집적되고 천장과 벽면의 온도는 꾸준히 상승하게 된다. 실내의 온도가 높아지며 뜨거운 가스는 옥외로 방출되고 신선한 공기는 안으로 또 다시 유입되는데 이때 유입되는 차가운 공기는 위쪽으로 방출되는 유출가스보다 압력이 낮다. 유출되는 가스와 유입되는 공기의 환기량은 개구부의 크기와 높이에 비례하여 나타나는데, 화재현장에서 개구부가 클수록 연소가 급격하게 진행되는 현상은 환기량이 크고 연료조건과 에너지조건이 양호하여 나타나는 결과이다.

〈그림 4-3〉 벽에서 천장면으로 확산된 연소형태

일반적으로 가연물의 연소로 발생하는 가연성 가스는 농도가 일정한 경우에 압력이 상승하면 연소범위가 넓어지게 되는데, 이것은 온도의 상승에 따라 반응속도가 빨라지고, 열의 발생이 커진다는 의미이다.

벽지 또는 페인트류 등으로 마감처리를 한 벽면은 열분해가 일어나면서 크고 작은 균열을 동반하며 탄화가 진행되기도 한다. 콘크리트 구조 벽면은 불연재이지만 그 위에 페인트로 처리된 부분은 연소가 지속되면서 목재의 연소현상과 같이 굵고 잘은 균열흔이 불규칙하게 생성된다. 조밀하게 형성된 균열흔은 화염과 가장 가까운 곳에서 접촉이 일어났음을 의미하며, 크게 잘려나가거나 벌어진 균열흔 사이로 고온가스가 침투하면 수분의 증발이 촉진되고 종국에는 콘크리트 단면이 떨어져 나가는데, 박리면(剝離面)은 거칠거나 오목하게 파여 들어간 형태를 나타내며 박리된 부위는 여기 저기 흩어진 것처럼 산재적(散在的)인 경향을 보인다.

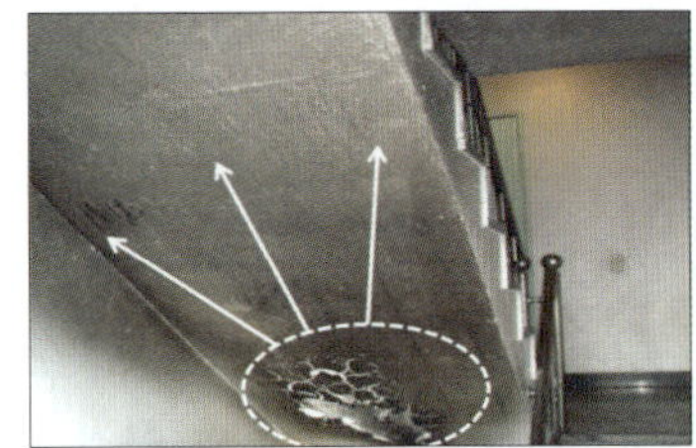

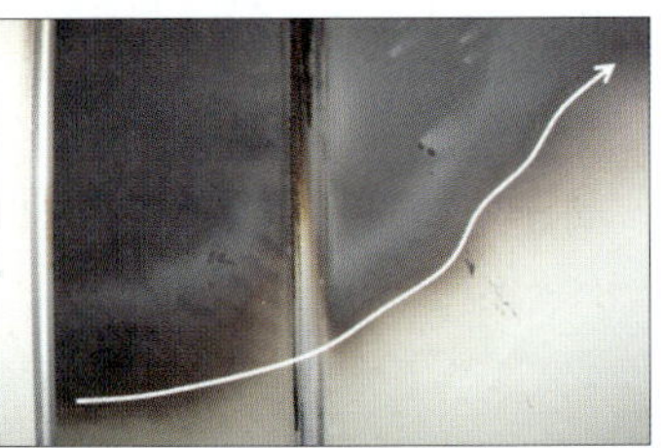

〈그림 4-4〉 벽면을 따라 천장으로 확산된 출화형태

샌드위치 패널의 연소는 독특한 형태로 나타나는데 재질 자체가 열에 취약하고 기밀성이 약하기 때문에 일단 착화가 이루어지면 급속하게 확산되는 단점이 있다. 패널 표면에 화염의 접촉이 이루어지게 되면 내부 심재인 우레탄수지나 스티로폼에 직접 화염이 접촉하지 않더라도 함석 표면에 열이 쉽게 전도됨으로써 심재에 착화가 개시되어 구조물이 붕괴되는 상황에까지 도달하게 된다.

함석표면은 보통 아연으로 도금처리한 후 그 위에 도색을 입힌 것이 대부분으로 연소가 강한 곳일수록 작고 조밀한 균열흔적을 띠고, 흰색에 가깝게 회화(灰化)되며, 발화부와 멀어질수록 균열흔이 크고 본래의 색깔이 점차적으로 퇴색되거나 잃어버리는 경향을 보인다.

샌드위치 패널은 높은 열을 받을수록 강도가 약해지며 수직재로서 자립적인 능력을 상실하게 되는데, 변형된 패널은 원형상태로 되돌아가지 않는 소성변형(塑性變形) 특성을 가지고 있다.

물과 접촉이 이루어지면 빠르게 산화되어 부식이 진행되기도 하며, 건물이 붕괴된 경우라면 연소방향성을 잡기 곤란한 경우가 많기 때문에 상당한 주의가 필요하다.

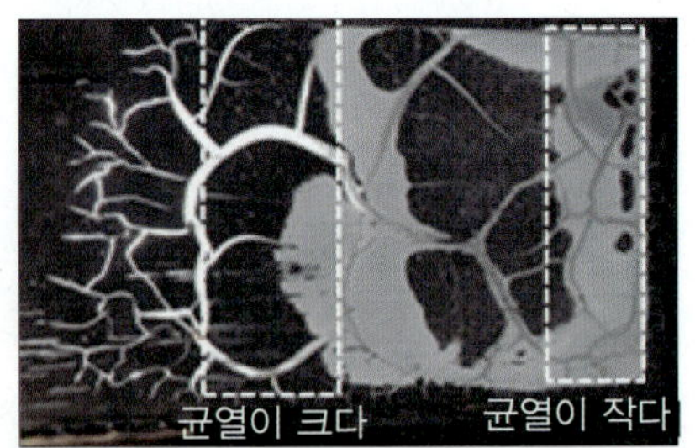

〈그림 4-5〉 샌드위치 패널의 균열흔적

② 천장의 연소 및 출화형태

화재가 발생하면 열에 의해 가장 많이 손상되는 부분은 천장이다. 종이벽지류를 바르거나 펄프찌꺼기와 목재 부스러기 따위를 압축하여 만든 텍스(Tex) 등으로 마감한 천장은 공기의 유동이 없다는 전제하에 가장 뜨거운 열과 연기층이 굴절과 교란을 일으키며 연소를 촉진시킨다.

발화지점을 기준으로 열기류의 확산과 이동경로는 천장면을 따라 확산되기 때문에 천장을 보면 연소방향성 식별이 용이한데, 뜨거워진 공기의 부양성(浮揚性)은 천장과 부딪친 후 수평면을 따라 전면적으로 퍼져 나가면서 확산된다. 착화가 천장에서 이루어지면 가연성 가스의 발생량은 커지고 산소를 급격히 소모시켜 단시간 안에 질식의 위험이 발생하기도 한다. 목재 반자의 탄화흔적은 불규칙적인 형태로 떨어져 나가거나 조그만 충격에도 부서지며, 함석이나 알루미늄 등의 반자는 지면을 향해 휘거나 뒤틀린 형태로 남게 된다. 또한 발화지점과 가까운 곳일수록 균열흔이 깊거나 만곡부(彎曲部)의 각도가 크게 형성되기도 한다.

〈그림 4-6〉 목재 및 금속류 천장 반자의 손상형태

발화부와 가까운 천장은 비교적 밝은 색을 남기게 되며, 천장마감재가 연소되어 소실되었더라도 지속적인 열기류 접촉에 의해 콘크리트 구조물이 드러나게 되어 폭열에 이르기도 한다.

〈그림 4-7〉 천장면의 착화 및 출화형태

천장 내부에서 착화된 경우에는 조기발견이 곤란하기 때문에 조사에 어려움이 따른다. 특히 덕트로 연결된 밀폐식 천장과 석고보드와 텍스 등으로 연결된 벽과 천장의 연결부위는 틈새를 통해 연기가 배출되는데, 연기의 발생량이 많고 시야확보가 곤란한 단점 때문에 연소구역을 쉽게 단정해서는 안 된다.

천장 내부공간은 비교적 면적이 좁고 격자반자 사이로 전기배선 등이 얽혀 있기 때문에 소화수의 침투가 용이하지 않다는 점이 있으나 천장 내부만 연소된 소규모 화재는 내부가 연소되더라도 가연물이 적어 천장 바깥쪽의 가혹도는 크게 영향을 받지 않는 경우가 많다. 그러나 출화에 이르게 되면 천장재의 연소과정에서 밑으로 불티가 낙하하거나 걷잡을 수 없이 미연소된 구역으로 비화되어 화재의 양상은 커지게 된다.

〈그림 4-8〉 천장에서 출화형태

천장면에서 열교란이 일어나면 화염과 직접 접촉없이도 벽지류가 고온 열기류에 의해 뜯겨지거나 부풀려지는 현상이 전개되기도 한다. 이 현상은 발화지점에서 자주 발생하지만 밀폐된 구역에서 고온가스층이 이리저리 확산되면서 천장을 따라 열기류가 이동한 영역을 알려주는 증거로 쓰이기도 한다. 예를 들어 안방에서 어떤 원인에 의해 발화한 경우에 열기류는 1차적으로 안방에서 충분한 에너지로 성장한 다음 천장면을 타고 좀 더 넓은 거실로 출화하게 되는데 이때 안방과 거실이 맞닿아 있는 천장면으로 안방의 좁은 출입구에서 쏟아져 나온 열기류가 지속적으로 열을 전달하게 되어 화염의 직접 접촉 없이 고온가스층에 의해 천장의 탄화가 이루어지고 착화에 이르게 되는 것이다.

천장의 잔해가 남아있는 경우라면 탄화 부풀림 흔적을 통해 화염의 이동방향 측정이 가능하게 되는 것이다.

천장면의 주요 연소특성은 다음과 같다.

❶ 금속재의 만곡부는 지면을 향해 휘거나 뒤틀린 형태를 나타낸다.

❷ 발화부와 가까운 곳은 콘크리트 등 내부노출부가 드러나게 되고 폭열현상을 띤다.

❸ 천장면을 따라 복도나 통로로 출화되고 벽체 등 하단부보다 손상도가 크다.

❹ 발화초기에는 천장 벽지류가 열에 터져 나간 형태로 부풀려지거나 뜯겨진 형태를 보임에 따라 화염의 이동경로 측정이 가능하다.

❺ 천장내부에서 착화된 경우 화재의 발견이 늦기 때문에 바깥쪽보다 안쪽의 소실도가 크게 나타난다.

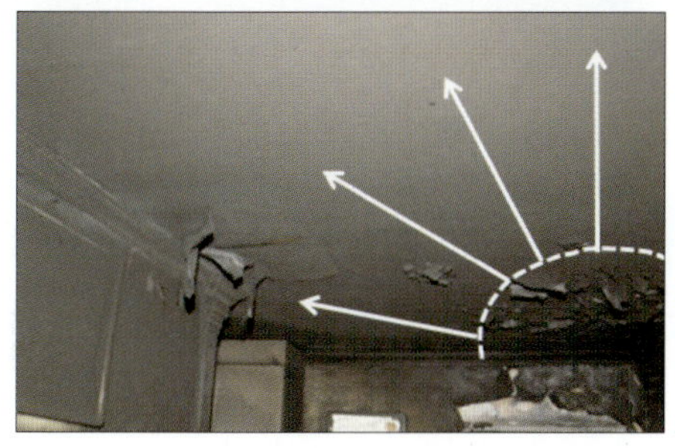
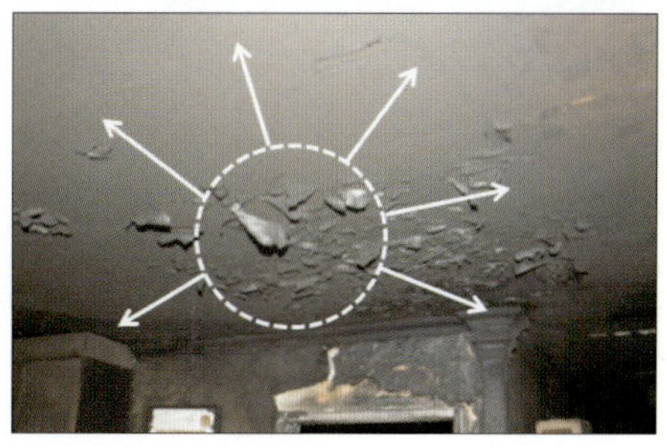

〈그림 4-9〉 천장면의 탄화부풀림 현상 및 연소확산 형태

③ 모서리각 연소형태

두 개의 평면적인 벽면이 만나는 구석진 부분 즉 모서리에 생기는 입체각의 연소형태를 말한다.

이 형태는 두 개의 벽면이 맞닿아 있어 비교적 일직선으로 화염이 상승하는 흔적을 남기는데 화염이 지속적으로 성장한다면 천장과 충돌하면서 좌우측 벽면으로 넓게 퍼지는 연소형태를 보인다.

발화부 판단과 논리구성에 있어서 한쪽 벽면으로 모서리각을 이룬 연소현상이 천장 위쪽으로만 성장한 것으로 인식된다면 최초 발화가 이루어진 지점일 가능성이 있다. 이 연소형태는 화염의 방향이 좌측이든 우측이든 어느 한 방향에서 화염을 타고 이루어진 것이 아니라 마치 부채꼴 모양으로 상호대칭적인 구조를 보이기 때문이다.

벽면 구석에 놓여진 쓰레기통이나 주방에서 가스레인지가 놓여진 한쪽 구석 등에서 발견될 수 있으며 연소흔적의 대칭관계를 면밀하게 관찰하여야 한다.

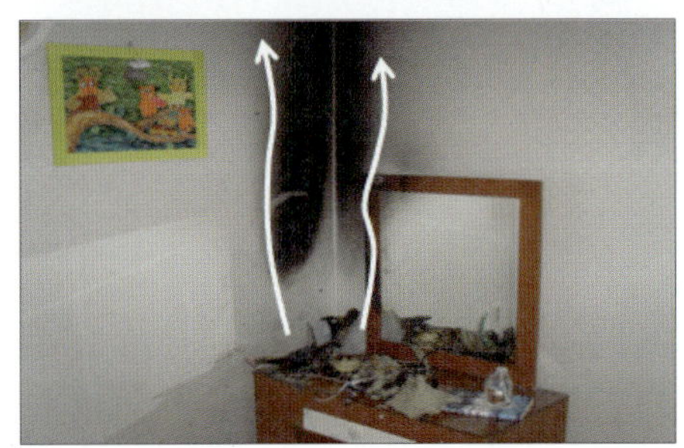

〈그림 4-10〉 **모서리각의 연소형태**

모서리각의 주요 연소형태는 다음과 같다.

❶ 구석진 부분에서 발생하며 연소흔적은 상호대칭적 구조를 이룬다.

❷ 벽면의 구석진 부분 안쪽을 따라 일직선 형태의 연소흔적을 보인다.

❸ 화염이 천장면과 충돌하면서 좌우측으로 넓게 확산되는 흔적을 남긴다.

④ 출입문과 창문의 출화형태

(1) 안쪽에서 바깥쪽으로 출화한 경우

구획된 실(室)의 한 공간에서 다른 곳으로 화염이 이동하거나 확산된 경로는 연소 또는 탄화된 강도의 차이에서 확인할 수 있다. 목재류를 비롯한 수납물들의 열분해가 활발한 곳일수록 화염의 강도가 컸다는 의미이며 여기서 성장한 열기류는 공간적으로 분화(分化)된 면적 전체로 확산되는 형태로 나타난다.

출입문과 출입구 상단 벽면에 남겨진 연기응축물은 발화가 개시된 안쪽 지역의 가혹도가 크며, 집중적으로 열에 노출된 흔적을 보인다. 반면 연소가 확산된 바깥쪽은 연기층이 먼저 유입됨에 따라 골고루 넓게 확산된 형태로 나타난다. 출입문이 닫힌 상태라면 안쪽면과 바깥쪽의 연소형태가 뚜렷하며, 방화문과 같은 철재류는 화염과 접촉한 곳으로 도료류 피막이 벗겨져 나가게 되고, 폭발을 동반한 경우라면 찢어지거나 울퉁불퉁한 형태로 나타나기도 한다. 하나의 실에서 출화된 화염의 이동은 빠른 직진성을 나타내기도 하지만 벽면과 만나게 되면 완만하게 굽이진 형태로 또 다른 구역으로 퍼지면서 확산된다.

〈그림 4-11〉 안에서 밖으로 화염이 출화한 경우 연소흔적

(2) 바깥쪽에서 안쪽으로 출화한 경우

거실 개념의 넓은 공간에서 용도별로 구획된 또 다른 실로 확산된 경우는 출입문의 내외(內外)를 통해 방향성을 판단한다. 출입문을 통해 고온가스층과 화염이 유입된 흔적은 보통 출입문 바깥면에 대각선 모양의 탄화흔을 만들며, 안쪽으로 타고 들어간 형태이다. 이러한 현상은 천장의 고온가스층이 안쪽으로 침투하는 과정에서 차가운 공기층이 하단부에서 유입되면서 뜨거운 고온층과 혼합되고 함께 휩쓸려서 빨려 들어가는 현상 때문이다. 문짝의 탄화가 크지 않다면 표면마감재인 코팅필름 등이 화염과 접촉이 이루어진 방향으로 떨어져 나간 형태로 식별되기도 한다.

대부분 출입문의 구조는 미는 문과 당기는 문으로 구성되어 있는데, 문짝이 완전히 소실되어 방향성을 식별하기 곤란할 때는 손잡이 부분의 도어래치(Door Ratch)와 경첩의 오염 정도를 통해 확인할 수 있다.

래치는 반대방향으로의 움직임을 막는 장치를 의미하는데 출입문의 손잡이를 돌리면 래치가 들어가게 되어 문짝이 열리고 원상태로 복귀하면 래치가 걸려서 문이 닫히는 구조로 되어 있다. 래치에 연기나 그을음이 부착되어 있다면 화재 당시 문이 개방된 상태였다는 증거이므로 내·외부 연소형태의 차이점을 잘 파악하여야 한다. 문을 고정시켜주는 경첩도 마찬가지여서 열과 연기의 접촉으로 인한 연기의 분진 등에 의해 착색되었거나 변색된 형태를 보면 연소방향성 식별이 용이해진다.

〈그림 4-12〉 밖에서 안으로 화염이 유입된 연소형태

(3) 창문의 출화형태

창문 하단부에서 화염이 상승한 경우 개방된 유리창을 통해 화염의 일부가 옥외 출화하면서, 이와 동시에 외부에서 유입되는 공기와 혼합된 화염의 일부는 창문 상단 위로 상승하면서 지속적인 연소현상이 일어나게 된다. 창틀 하단부와 상단부의 연소형태를 살펴보면 하단부의 탄화가 상단보다 큰 것을 확인할 수 있다. 창문을 통해 출화된 화염은 들판이나 야산에서 발생한 화재와 같이 자유공간에서 일어나는 난류화염이 더욱 크게 생성되어 건물이 인접해 있다면 복사열에 의해 손쉽게 비화되기도 한다.

창문 바깥면의 연소형태는 내부 화재하중에 영향을 받아 열유속이 크고 가연물의 양이 많을수록 에너지가 증폭되어 처마 또는 지붕면까지 착화시켜 또 다른 화재양상을 부르기도 한다.

유리는 고체처럼 보이지만 응고점 이하로 냉각시킨 액체의 성질을 가진다. 다만 유리 자체가 탄성을 지니고 있어 압력을 가하면 탄성의 한계까지 버티다가 부서지기 때문에 고체의 물성치를 보이는 것이다. 화재로 유리가 완전히 용융하는 것은 750℃ 정도의 온도에서 이루어지며 녹을 때는 열이 가해진 부분부터 녹기 시작하여 힘을 잃는 방향으로 흐르게 된다.

화재로 인해 유리의 형태 변형에 영향을 미치는 요소로는 가열속도, 단열 정도, 창문틀의 크기와 화염 접촉시간 등과 밀접한 관계가 있다. 일반적으로 폭발현상과 같이 급격한 압력이 동반되지 않는 한 화재로 생성된 압력만으로는 유리창을 파괴시키기에는 불충분하다.

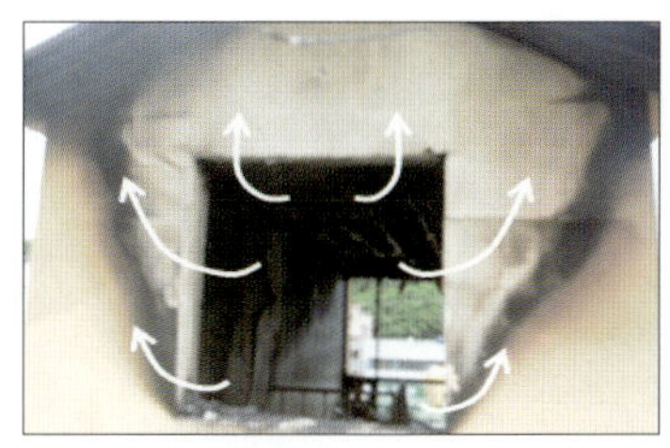

〈그림 4-13〉 유리창을 통한 출화 및 연소형태

⑤ 액상의 연기응축물 생성

화재 종료 후 벽면과 천장에 남겨진 얼룩형태의 액상 연기응축물은 가연물이 연소과정에서 만들어낸 부산물이다. 뜨거워진 고온가스층은 기체운동방정식에 의해 온도가 높을수록 운동에 너지가 활발해지며 부피가 커지는데 연소구역을 벗어나 찬 공기와 만나면 순간적으로 온도가 내려가고 부피가 줄어든다. 그 작아진 부피는 더 이상 기체로 존재하지 못하고 액체화되는 것이다.

대기 중에 부유하는 미립자 가운데 질소화합물이나 산소화합물 등 다양한 유기물질이 액체화되는 미스트(Mist)도 이러한 현상이다. 불꽃과 가까운 곳은 생성되더라도 곧 증발되거나 탄화되지만 발화지역과 멀리 떨어진 구역에서는 천장면에서 확산된 열기층과 대기상의 공기가 혼합되어 벽면에 이슬처럼 맺힌 형태로 식별되거나 점성이 있는 검은 액체인 타르(Tar)와 같이 흘러내린 자국으로 남기도 한다. 화염이 덮치기 이전에 빠르게 확산된 연기의 영향을 지배적으로 받았을 때 생성되기 때문에 연기의 확산경로를 파악하는 데 응용될 수 있다.

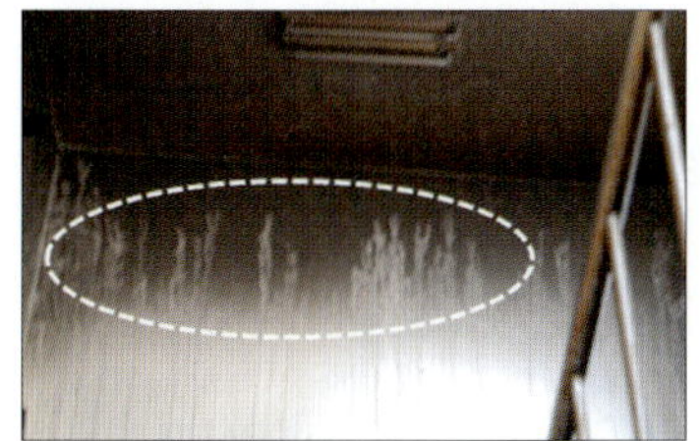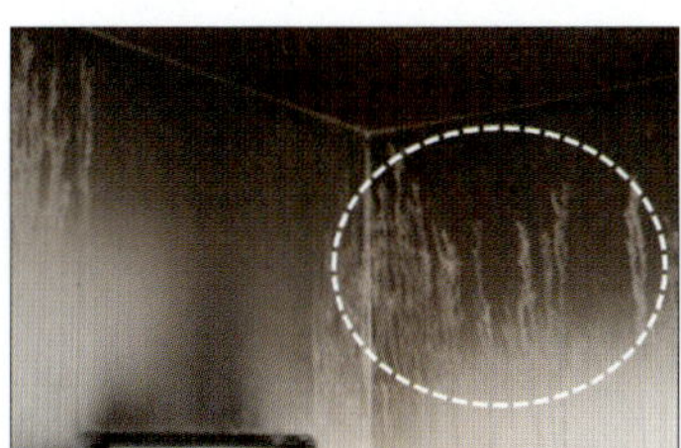

〈그림 4-14〉 벽면에 생성된 액상의 연기응축물

⑥ 천장과 벽면의 박리흔적

일반적으로 콘크리트 구조는 대표적인 내화구조로 취급되고 있고, 적정하게 방화구획이 이루어져 있다면 화재실 이외의 구역으로 연소확산 방지에 기여하고 있다. 그러나 고강도 철근 콘크리트 부재는 수밀성이 높아 화재 시에 콘크리트 내부에서 발생되는 수증기를 외부로 배출시키지 못하여 일정 온도 이상의 고온에서 갑작스럽게 부재 표면이 심한 폭음과 함께 박리 및 탈락하는 폭열(spalling)현상이 일어나 부재의 안전성이 저하되는 단점이 있는 것으로 알려져 있다.

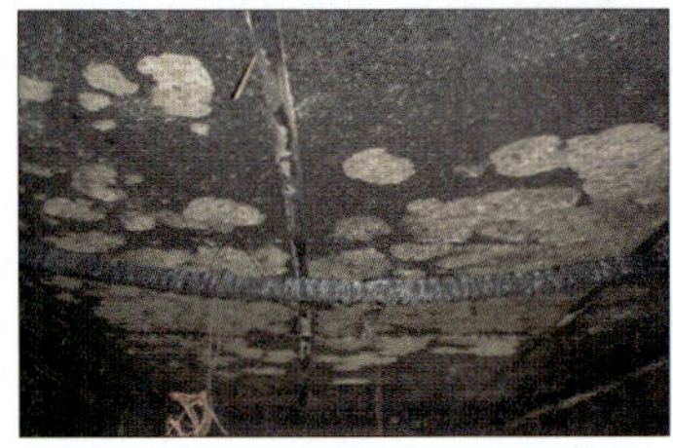

〈그림 4-15〉 천장의 박리흔적

화재로 콘크리트가 박리되기까지는 콘크리트의 압축강도와 내부 습도, 치밀성, 구조물의 크기와 형태, 화재발생 조건 등에 따라 차이를 보이고 있는데, 특히 천장과 벽면의 박리현상을 통해 화재 당시의 연소가 집중된 지점을 추적할 수 있는 자료로 쓰일 수 있다. 박리가 심한 곳일수록 목재 반자의 소손이 심하여 소실된 부분이 많고 콘크리트 속에 내장된 철근 잔해가 열의 영향을 받아서 산화된 형태로 내부형태가 드러나기도 한다. 천장면 전체가 박리된 경우에는 내부 수납물 전체가 완전히 소실되는 경향을 보이며 부분적으로 탈락된 곳은 수분의 함수율에 따라 천차만별로 나타날 수 있는 것으로 이론상 설명되고 있다.

박리(剝離)는 통상 천장과 벽면의 콘크리트가 이탈되는 현상으로 많이 이해하고 있지만 물체가 벗겨져 나가거나 탈락되는 현상도 박리의 범주에 포함된다. 지붕면과 접하고 있는 처마가 화염에 노출되어 마감재가 떨어지거나 벽지가 벗겨지는 현상도 넓은 의미의 박리현상에 속한다.

〈그림 4-16〉 벽면의 박리흔적

그러나 벽면의 박리현상은 천장의 박리현상과 그 속성이 다르다. 천장면은 보통 콘크리트 구조물이 직접 노출된 구조이거나 그 위에 목재로 마감처리를 한 단순구조이기 때문에 열에 쉽게 노출되어 콘크리트 자체가 열에 떨어져 패여 나간 폭열현상에 가까운 반면 벽면의 박리는 벽돌이나 콘크리트 표면 위로 석고보드, 합판, 타일 등으로 처리되어 있어 이러한 이중구조물 등이 손상받는 것이기 때문에 콘크리트가 직접 터지거나 패여 나간 폭열현상과는 구별되어야

한다. 예를 들어 콘크리트 벽과 타일 사이가 화재로 열을 받아 응집력이 저하되어 타일의 박리가 일어나지만 대개 벽면에까지 치명적인 손상이 발생하지는 않는다. 따라서 이들 부자재들이 폭열 발생 이전에 먼저 화재의 영향을 받기 때문에 벽면의 박리는 보통 천장보다 손상도가 크게 나타난다.

7 물체에 가려진 부분의 연소형태

물체에 가려진 부분의 연소형태는 마치 물이 흘러가다가 돌과 나무를 만나게 되면 방향이 달라지거나 계곡에 접어들게 되어 물의 흐름이 뒤바뀌게 되고 소용돌이치며 맴돌다가 유속이 급격히 빨라지는 경우와 비교할 수 있다. 벽에 물체가 가까이 붙어 있는 경우 화염이 물체의 표면 주위를 정상적으로 연소시키며 확산되지만 물체의 뒷면은 열전달의 속도와 시간, 물건의 형태에 따라 불완전연소가 되거나 미연소지역으로 남아 있을 수 있다. 그러나 물체의 표면을 가로질러 또 다른 양상으로 화염이 물체의 위로 상승하며 빠르게 확산되는 형태를 나타내는 경우가 많다. 반면 물체의 뒷면에서 발화된 경우에는 물체와 벽면 사이 좁은 공간에서 연소가 이루어지며, 물체의 단면적만큼 탄화된 형태를 나타내기 때문에 탄화흔적을 통해 물체의 크기와 형태를 가늠할 수 있다.

직사각형 형태로 오염되지 않은 구역은 달력이나 액자 같은 장식물이 걸려 있었던 상태로 열이 확산이 미약하여 미연소 구역으로 남아 있을 수 있고, 탄화된 구역은 물체의 소손 정도와 벽과 천장의 연소형태를 연결시켜 발화지역과 연소확산된 관계를 유추해 낼 수 있다.

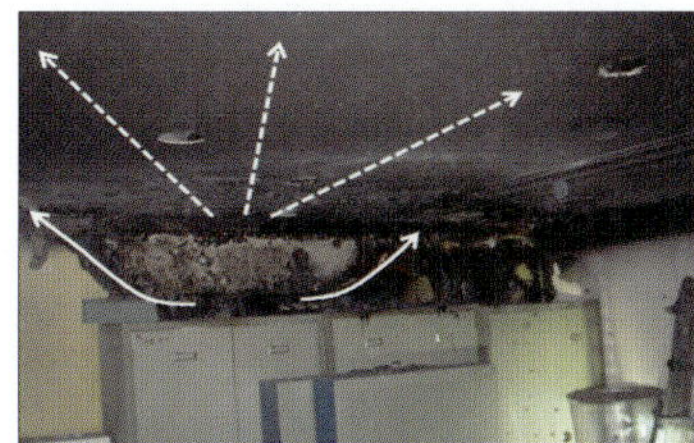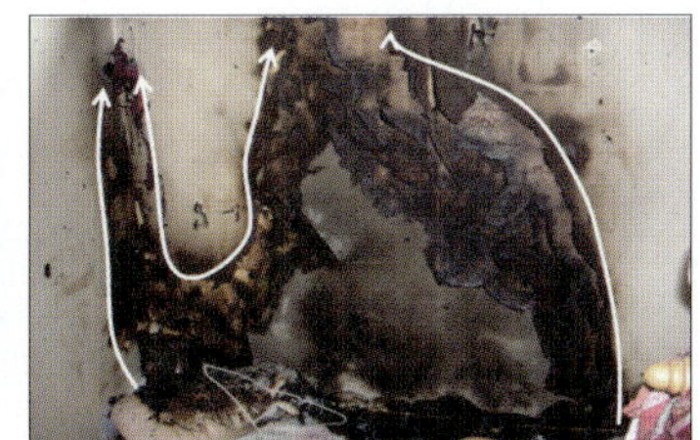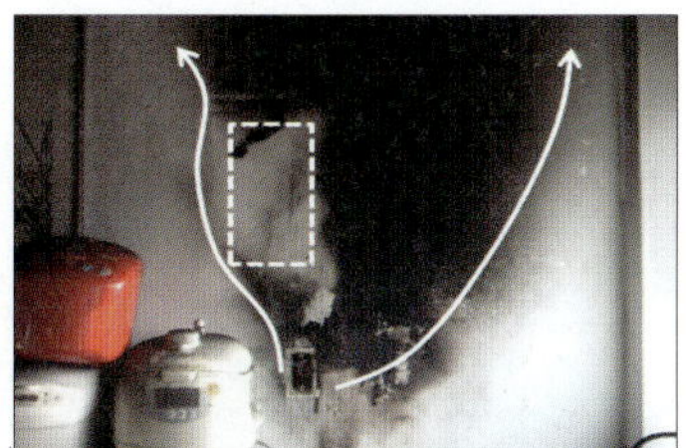

〈그림 4-17〉 물체에 가려진 부분의 연소흔적

〈그림 4-18〉 물체의 단면적만큼 연소된 탄화형태

⑧ 파괴소방 흔적의 구분

　　연소의 진행과정은 가연물의 물리적·화학적 변화를 동반한 파괴를 의미하는 것으로 볼 수 있다. 에너지 조건과 화재하중이 높을수록 파괴력도 커질 것이며, 발화구역에 대한 손상도 크기 때문에 발굴과 원인조사 과정이 어려워지기 마련이다. 특히 자립구조의 수직재일수록 탄화가 촉진되면서 기울어지거나 붕괴되고 또 다른 가연물이 그 위로 쌓이면서 각종 가연물이 혼합되어 뒤섞이게 된다. 이때 두 가지 이상의 물질이 서로 화합하거나 반응을 일으키게 되면 연소양상은 더욱 복잡한 과정을 형성하기도 한다.

　　파괴소방(Fire Destruction)은 이러한 복잡한 현상을 눈앞에 두고 전개되기 때문에 화재로 인한 손상과 파괴소방으로 발생된 훼손인가의 판별이 발화지점 규명에 있어 중요한 요소로 작용한다.

　　천장 표면이 그을린 형태로 파괴되었으나 내부에 있는 목재인 격자 반자가 그을음 등 오염물이 없는 상태로 원형을 유지하고 있다면 소화활동 중에 파생된 파괴소방의 결과일 공산이 매우 크다. 또한 천장에서 출화하였다 하더라도 탄화된 면적과 출화에 이르게 된 연소흔적을 살펴보면 파괴소방 활동에 의한 인위적인 훼손 정도를 파악할 수 있다.

　　파괴소방 활동은 연소가 활발하고 가연물이 많을수록 비례하는 측면이 크다. 화세를 제압하다 보면 점진적으로 안쪽으로 진입하여 활동을 하게 되는데 이때 소화가 종료된 물질을 걷어내거나 위치를 이동시키는 불가피한 과정이 수반되기 때문에 조사활동 시 반드시 원상태로 있었던 상황을 재현시킬 경우에 관계인이 입회나 확인이 요구되기도 한다.

〈그림 4-19〉 파괴소방에 의해 손상된 천장 형태

　　한편 소화수의 압력에 의한 물질의 파헤침과 변형도 파괴소방의 결과로 나타나는데, 벽면에 남아 있는 벽지류가 물과 접촉하여 지면으로 쳐지거나 너울거리는 형태로 붙어 있는 경우가 있다. 이러한 경우 안쪽 면이 오염되지 않았다면 물을 머금은 벽지류의 접착제가 응집력이 저하되어 시간이 경과하면서 일부가 이탈된 형태를 남기는 경우가 있다. 이러한 현상은 연소의 경계면을 어디까지로 볼 것인가를 구분하는 데 적절하게 활용되어야 한다.

　　밀폐된 지하공간은 물의 배수가 원활하지 못할 경우 소화수로 인해 생활 집기류들이 이리저리 떠다닐 수도 있고 책장이나 진열대와 같이 다양한 물건을 수납해 놓은 공간은 구조물이 소실되면서 내부 수납물들이 일거에 쏟아져 버린 상태로 짓밟히거나 묻혀버릴 확률도 있으므로 파괴소방 활동은 필요 최소한도로 실시하는 것이 바람직하다.

〈그림 4-20〉 직사주수에 의한 벽지의 손상 형태

파괴소방의 필요성과 방법

❶ 연소확대 저지를 위한 경계구역을 확보하기 위함이다.

❷ 소화수의 침투가 곤란한 천장 및 퇴적물 등에 재발화를 방지하기 위하여 필요 최소한으로 실시하여야 한다.

❸ 직사주수를 이용한 파괴 또는 도끼나 갈고리 등을 사용하되 현장보존을 염두에 둔 소화 활동 방식으로 행해져야 한다.

9 불완전연소의 특징

불완전연소(不完全燃燒, Incomplete Combustion)는 산소의 공급이 원활하지 않았거나 적정 온도를 유지하지 못했을 경우 가연물이 검은 연기나 그을음을 발생시키며 일산화탄소를 생성하고 완전히 연소되지 못한 결과로 빚어지는 현상이다.

불완전연소의 흔적은 대부분 가연물의 잔재가 남는다는 특징이 있으며, 그 잔해 위로 벽면이나 물체에 검은 연기가 확산되었던 흔적을 국부적으로 확인할 수 있다. 불완전연소가 발생하는 경우는 두 가지로 구분되는데 하나는 가연물이 충분하지 못해 더 이상 연소를 지속하기 곤란하여 스스로 소멸되는 경우이고, 다른 하나는 열에너지 부족에 따른 연소유지 곤란으로 자연소화되는 경우이다. 불완전 연소된 현장조사 방법은 남아 있는 가연물의 잔해를 판별하여 착화 가능한 물질의 종류와 성격을 먼저 규명하고 기록해야 한다. 불완전연소는 자연발화를 일으키는 연소현상에서도 드물게 발생하는데 산화 또는 분해열이나 흡착열 등 축열조건을 만족시켜야 하는 자연발화는 일정시간 동안 섬유류 등에 기름찌꺼기 등이 스며든 상태로 발효되어야 하므로 완전연소조건을 구비하는 데 한계가 있기 때문이다.

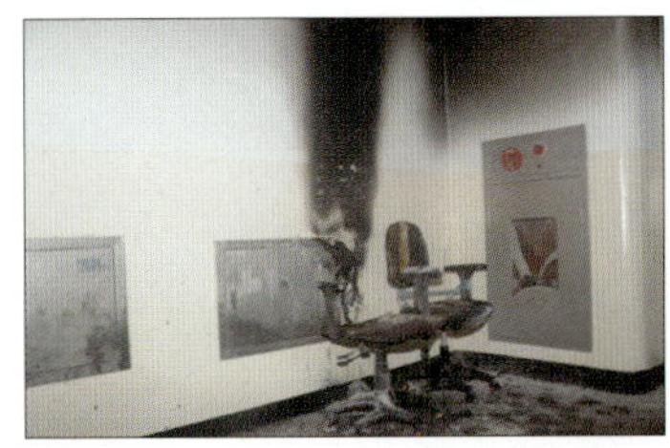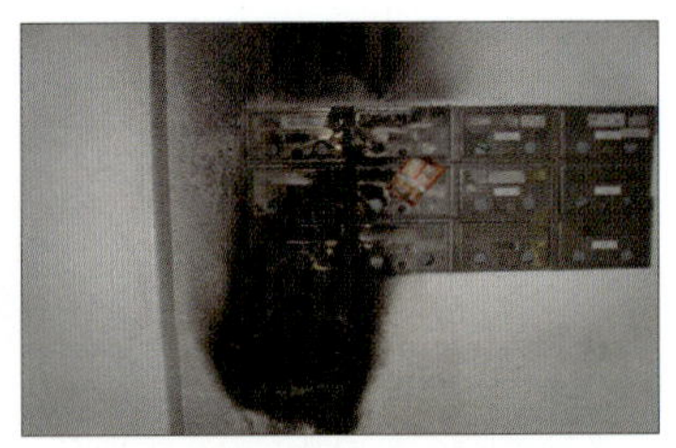

〈그림 4-21〉 발화 즉시 소화된 불완전연소의 형태

　　불완전연소 현상에는 작지만 연소 경계선이 남기 때문에 현장에서 확인이 가능하다. 연소로 인해 일정시간이 경과된 구역은 발화지점과 가까운 곳을 중심으로 밝은 색으로 식별되고 에너지가 더 이상 확산되지 못한 구역은 검은색의 짙은 연기응축물이 벽면에 형상을 남기기 때문에 식별이 가능하다.

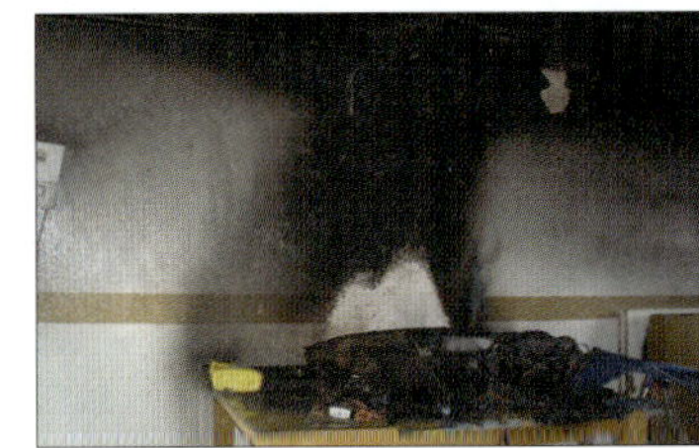

〈그림 4-22〉 일정시간 연소 후 소화된 불완전연소 형태

⑩ 수직 입상재의 연소형태

　　책상, 서랍장, 장롱 등 수직 입상재는 발화가 개시된 지점을 향해 착화되고 도괴되거나 소실되는 경향이 있다. 연소현상과 발화지역을 확정하기 위한 구분은 이처럼 수직 입상재 가운데 물체가 큰 대상을 중심으로 연소형태를 먼저 확인하고 점차 물체가 작은 대상으로 좁혀나가면서 확인하는 것이 효과적이다. 큰 물체는 소실되더라도 중심면적이 크기 때문에 인위적인 작용만 없다면 무너지거나 쓰러질 확률이 작은 물체보다 낮기 때문에 연소방향성 판별에 응용이 가능하기 때문이다. 수직 입상재의 연소형태는 발화지점과 가까운 쪽의 소실보다는 발화지점과 먼 쪽의 소실이 크게 나타난다. 이것은 일단 착화가 개시되면 주변 가연물로 비화가 용이하게 전개됨에 따라 대류와 복사의 영향력이 확대된 결과로 출화부보다는 발화부에서 더욱 에너지가 커지는 형태가 나타나기 때문이다.

　　보통 하단부에서 발화가 개시되었다면 상단부가 크게 소실된 형태로 인식되며, 처음 화염이 접촉한 부분보다 수평면을 통해 화염이 전파된 구역에서 크게 손상된 형태로 잔해를 남긴다.

〈그림 4-23〉 가구류 등 수직 입상재의 연소방향성과 소실형태

수직 입상재의 연소형태 특징 및 관찰 포인트

❶ 장롱과 같이 부피가 큰 물체는 착화 및 소실되더라도 중심면적이 크기 때문에 물리적으로 쓰러지거나 넘어지는 경우가 드물다.

❷ 내력벽 또는 기둥과 같이 구조물과 연접(連接)해 있는 물체는 측면과 뒤 부분 등 한쪽 면이 미연소된 상태로 남는 경우가 있어 연소의 진행방향 파악이 가능해진다.

❸ 문갑이나 장식장, 장롱 등 천장면과 거리가 가까운 물체는 천장 열기층에서 확산된 대류의 영향을 가장 먼저 받기 때문에 물체의 상단부터 열분해가 일어나는 경우가 많다.

❹ 하단부가 원형을 유지하고 있는 상태에서 상단부가 잘려 나가거나 소실된 경우에는 다른 지점에서 발화된 후 연소확대에 기여한 경우이므로 주변에 있는 또 다른 착화물과 구별하여 조사를 하여야 한다.

❺ 물건을 수납하는 수직 입상재에서 직접 발화한 경우에는 내부 수납물의 착화가능성을 확인하여 출화에 이른 연소확대 관계를 확인할 수 있다.

1 발화원 및 최초 착화물과의 상관관계를 추론하는 데 무리가 없을 것

발화지점 부근에 열원이 존재했었다는 사실만 가지고 성급하게 화재원인을 속단하는 결정은 금물이며, 반드시 최초 착화물과의 상관관계를 접목시켜 가연물의 성상과 재질, 착화 난이도 등을 면밀하게 분석하여 유염화원에 이르게 된 배경 또는 연소현상을 해석하는 데 억측이 없어야 한다.

발화원의 잔해가 남는 경우인 전기적 요인 가운데 단락흔이 주방이나 거실과 같이 특정 지점에서 발견되었다 하더라도 이는 화재 당시 전원이 통전상태였다는 것을 의미하는 것이지 반드시 발화원으로 작용한 것이라고 섣불리 단정하기 어렵다. 왜냐하면 발화원으로 결정하기에 앞서 부하 측의 배선상태와 주변 가연물의 배열상태 등 착화 가능한 조건에 있었는지 구체적인 정황파악이 이루어져야 하기 때문이다. 단락흔이 확인되었더라도 주변에 착화 가능한 물리적 · 화학적 요인이 확인되지 않고 연소의 방향성과 관계없이 발견된 경우라면 배제할 수 있을 것이다. 발화원의 잔해를 남기지 않는 담뱃불씨, 향불, 촛불 등에 의한 경우에는 또 다른 각도에서 검토해야 한다. 국부적 · 심부적으로 깊게 타 들어간 흔적이 확인되었는지와 발화에 이르기까지 시간적 요건은 필요충분조건을 만족시키고 있었는지, 관계자의 진술을 통해 사용 여부를 확인하고 시간적 경과를 대입시켜 볼 때 착화와 연소확대에 이르게 된 과정에 무리는 없었는지 검토가 필요하다.

담뱃불은 휘발유와 도시가스에 착화되지 않는데 휘발유의 경우 착화점이 280~300℃이므로 이론상 착화가 가능하지만 담뱃불의 불이 붙어 있는 부분이 시시각각으로 이동하며 담배를 지속적으로 연소시키기 위하여 대부분의 열량을 소비하기 때문에 가솔린의 증기와 접촉하더라도 착화점 이상으로 가열되지 않기 때문에 발화하지 않으며, 도시가스의 경우에도 표면온도가 300℃ 전후인 담뱃불로는 탄화수소의 혼합물인 도시가스를 착화점 이상으로 가열시키기 어려워 발화하지 못한다.

모기향의 경우에도 일단은 열에너지로서 잠재된 힘은 있다고 할 수 있지만 그 에너지가 매우 미약하여 신문지나 화장지류, 면류에는 착화되지 않는다. 더욱이 플라스틱이나 목재류에는 더욱 착화하기 어렵다.

금속을 절단할 때 생성되는 그라인더 불티의 경우도 언뜻 사방으로 비산하는 수 천 개의 불티가 작은 알갱이 형태의 톱밥에 용이하게 착화할 것 같지만 그렇지 않다. 그라인더가 회전하면서 발생하는 마찰열에 의해 파생되는 불티는 순간적으로 고온이지만 에너지가 분산된 형태로 접촉하기 때문에 목재의 찌꺼기인 톱밥류를 착화시켜 발화에 이르는 현상은 발생하지 않는다.

〔표 4-1〕 발화원별 착화 불가능한 물질 분류

발화원의 종류	최초 착화물	착화 구분	
		착화 가능	착화 불가
담뱃불	휘발유, 도시가스	×	○
모기향	신문지, 화장지	×	○
그라인더 불티	톱밥류	×	○
전선 스파크	플라스틱, 목재류	×	○

한편 담뱃불이 휘발유와 도시가스에 착화되지 않지만 조건에 따라 밀폐된 쓰레기통에 구겨진 형태로 화장지가 집적되어 있을 경우 착화가 가능하며 전기난로, 열풍기, 보일러 등은 옷감류와 직접 접촉되거나 이상 발열현상이 발생하면 손쉽게 착화하기도 한다.

〔표 4-2〕 발화원별 착화 가능한 물질 분류

발화원의 종류	최초 착화물	착화 구분	
		착화 가능	착화 불가
담뱃불	쓰레기통 내부 화장지	○	×
연소기구 과열	옷감류 접촉, 이상 발열	○	×
단락, 반단선	노후전선, 먼지류	○	×
동·식물성 식용유	발화점 이상 가열 시	○	×

② 발화원이 잔존하지 않는 경우 소손상황, 발견상황, 발화장소의 환경조건을 종합적으로 고찰하여 발화원인에 타당성이 있을 것

방화와 같이 계획적으로 의도된 범죄행위와 담뱃불과 같은 미소화원, 자연발화, 수렴화재 등은 발화원의 잔해가 잔존하지 않는 경우 발화원인의 입증은 더욱 난관에 부딪치게 된다. 그러나 탄화형태를 구분하여 살펴보면 착화물의 성질과 매개체를 확인하여 논리적 추론이 가능해진다. 즉 미소화원의 경우 축열조건과 착화물의 상태, 시간적 경과 요건 등을 살펴보면 입증이 가능하며, 수렴화재와 자연발화의 경우에도 공기의 유동상태 및 수분, 열의 축적 등 착화물과 환경적 요인을 대입하면 발화원의 잔해가 남지 않더라도 원인규명이 가능하다.

〔표 4-3〕 발화원별 소손 특징 및 발화장소 구분

발화원의 종류	소손 상황	발화가 용이한 환경조건
담뱃불 등 미소화원	심부적 탄화	화장실, 거실, 야산, 흡연 공간 등
자연발화	분해, 산화, 발효흔적	밀폐된 창고, 야적장 등
수렴화재	PET병 등 매개체 존재	베란다, 차량 내부, 비닐하우스 등

③ 화재사례 및 경험과 실험치 등에 비추어 발화가능성에 모순이 없을 것

화재로 건축물이 붕괴되거나 수납물이 모두 소실되더라도 일정한 규칙의 지배를 받는다. 화염은 수평면보다 수직면을 타고 상 방향으로 급상승하려는 성질이 있어 수평면으로의 화염전파는 상대적으로 늦지만 넓게 퍼져 나가는 탄화형태를 나타내는데, 발화부 지점의 역삼각형 탄화형태는 이러한 연소방향성을 판단할 수 있는 흔적을 남기며 벽, 기둥, 가구류 등은 발화지점을 향하여 도괴되거나 소락되기 때문에 발화구역을 한정할 수 있는 증거자료로 쓰일 수 있다. 따라서 연소의 방향성과 관계없이 수평방향 또는 아랫방향으로 연소현상이 현저할 경우에는 어떤 이유에서 남겨진 현상인지 이치에 어긋남이 없도록 규명되어야 한다.

연소현상을 기존의 화재사례와 경험에 따르더라도 입증되지 않았거나 확인되지 않는 경우에는 재현실험을 통해 발화여부를 확인할 필요도 있다. 왜냐하면 화재현상은 일률적으로 설명하는 데 한계가 많기 때문에 똑같은 열원이더라도 연소조건에 따라 발화형태가 다양한 형태로 나타나기 때문이다.

④ 조사된 발화원 이외의 다른 발화원은 배제가 가능할 것

대부분의 화재현장에는 각종 연소기구를 비롯하여 열원으로 작용할 만한 발화원들이 산재해 있으나 연소된 상황으로부터 파악된 객관적 사실과 관계자들의 증언 등에 기초하여 과학적

이고 타당성에 근거한 발화원인을 이끌어내야 한다. 처음부터 모든 발화가능성은 열어 놓고 다각도로 접근하여 조사가 진행되지만 최종적으로는 선택의 여지가 없을 만큼 명확하여야 한다. 2가지 이상의 발화원이 경합하는 경우 문제가 될 수 있지만 착화물의 위치와 형태, 발화원의 탄화 또는 변색형태와 물리적 특성치가 변화된 양상 등을 살펴보면 전·후 관계를 분명하게 구분할 수 있다.

⑤ 발화점으로 추정된 장소의 소손상황에 모순이 없을 것

가연물이 집적된 상태로 상당히 많은 양의 가연물이 연소되었음은 가연물이 많았다는 것일 뿐 반드시 발화지점을 의미하는 것은 아니다. 따라서 화재현장을 읽어낼 때에는 먼저 전체를 조망한 후 많이 탄 곳과 적게 탄 곳을 구분짓고 관계자의 증언 또는 초기 소방대의 소방활동 내역 등을 참고하여 외부 출화가 개시된 지역과 피난로의 방향, 물건의 반출 개소, 층별·용도별 구획 여부 등을 종합적으로 관찰할 줄 아는 지혜와 지식이 있어야 한다. 화재는 발화부보다는 출화부의 화세가 왕성하여 자칫 출화부를 발화부로 오인할 가능성이 있다.

〈그림 4-24〉 발화부보다 출화부에서 화세가 크게 나타나는 연소형태

Step 02 발화부 주변의 일반적인 연소현상

① 발화부를 향해 소락(燒落)되거나 도괴(倒壞)된다.

발화건물의 기둥과 벽, 지붕 등 주요 구조부는 발화부 또는 출화부 방향으로 연소가 촉진되고 소실되는 경향이 있다.

발화부는 화재 초기에 연소가 개시된 근원지로서 장시간에 걸쳐 연소가 계속될 뿐만 아니라 열에 노출된 시간도 가장 길기 때문에 손상도가 크게 나타나기 마련이며, 이곳을 정점으로 붕괴되거나 위험도가 증가하게 된다.

화염의 성장

개구부를 통한 옥외 출화

흙먼지를 일으키며 붕괴

발화부 방향으로 도괴·소실

〈그림 4-25〉 발화 후 연소확대 과정

② 발화부에서 주변으로 확산된 연소형태('V' pattern)가 보인다.

화염은 수직방향의 가연물을 따라 상승하고 수평 또는 아래 방향으로의 연소속도는 상대적으로 대단히 느린 비율로 나타난다. 이것은 입체적인 가연물질의 수직재에 화염이 작용하여 접염연소함으로써 화염이 계속 연소하기 위하여 더워진 공기류의 확산작용과 그 부근에서 일어나는 열기류는 난류경향을 나타내기 때문에 현재 연소가 진행되고 있는 곳의 상방향을 향하여 역삼각형 형태로 연소한다. 그러나 비화에 의해 생성된 또 다른 불덩어리가 구석진 곳으로 굴러 들어가 착화할 경우에도 정삼각형의 연소형태를 만들어 내는 경우가 있기 때문에 발화부가 2개소인 경우로 오판을 범할 수 있으므로 개구부의 수와 크기, 공기의 유동범위와 방향 등을 고려하여 판단할 필요성이 있다.

③ 발화부와 가까울수록 탄화심도(炭火深度, carbonization depth)가 깊다.

목재는 200~250℃ 이상에서 색깔이 변하고 숯이 생성되며 120℃ 정도의 낮은 온도일지라도 오랫동안 가열하면 탄화가 진행되면서 저온착화할 수 있게 된다. 또한 300℃ 이상이 되면

물리적인 구조의 파괴가 급속하게 진행된다. 이러한 현상은 나무결과 직각인 작은 균열흔들을 살펴보면 더욱 판별이 용이한데, 거북이 등 또는 악어 등과 같은 형상을 이용한 나무의 탄화심도 측정을 통해 연소과정의 강약을 구분하는 데 도움이 될 수 있다.

탄화심도를 측정할 때 주의할 점은 남아있는 잔존물의 두께만 단순하게 측정하는 것이 아니라는 점을 인식하여야 한다. 남아있는 잔존물의 두께나 깊이를 측정하고 이를 바탕으로 소실된 단면까지 감안하여 산정하여야 한다. 보통 연소되더라도 붕괴되지 않는 이상 수직재나 수평재의 아래 부분은 원형을 유지하고 있는 경우가 많기 때문에 비교측정이 가능한 경우가 많다.

(1) 탄화심도의 측정방법

❶ 동일한 측정점에서 동일한 압력으로 3회 측정하여 평균치를 산출한다.

❷ 탄화심도 측정기의 계침을 기둥 중심선에서 직각으로 삽입한다.

❸ 평판계침을 사용 시 수직재는 평판면을 수평으로 하고 수평재는 반대로 평판면을 수직으로 삽입한다.

❹ 탄화 및 균열이 발생한 요철부를 측정한다.

❺ 가늘어져 측정이 곤란할 때는 연소되지 않은 부분의 지름을 측정하여 소잔(銷殘) 부분의 지름과 대비차를 산출한다.

❻ 중심부까지 탄화된 것은 원형이 남아있어도 완전 연소된 것으로 본다.

❼ 콘크리트의 박리흔 측정도 전 각 항의 방법에 준하여 측정한다.

(2) 탄화심도에 영향을 주는 요인

❶ 화재 열의 진행속도와 진행경로

❷ 공기조절 효과나 대류여건

❸ 목재의 표면적이나 부피

❹ 나무종류와 함습 상태

❺ 표면처리 형태

④ 목재 표면의 균열흔은 발화부와 가까울수록 잘고 가늘어지는 경향이 있다.

목재표면이 열을 받아 연소할 때는 비교적 굵은 균열흔을 나타내지만 저온상태로 장시간에 걸쳐 연소가 될 때는 목재 내부의 수분이나 가연성 가스가 목재 표면에서 서서히 분출되기 때문에 그 흔적이 잘고 가느다랗게 남게 된다. 이러한 균열흔들은 타고 남은 원형 기둥이나 각재, 판재 등의 소재에서 그 형상을 확인할 수 있다. 아연도금 강판을 사용한 샌드위치 패널의 표면에서도 목재류와 같은 균열흔을 확인할 수 있는데, 도금류가 열에 접촉 후 갈라진 형태의 균열흔은 발화부와 가까울수록 잘고 가늘게 나타나며, 발화부와 멀어질수록 굵은 균열흔을 확인할 수 있다.

목재의 균열흔은 재질과 모양에 따라 상이하며 절대적인 것은 아니지만 대략 다음과 같은 형태를 지니고 있다.

(1) 완소흔(700~800℃)

❶ 목재 표면은 거북 등 모양으로 갈라져서 탄화된다.
❷ 홈은 얕고 사각 또는 삼각형을 형성한다.

(2) 강소흔(900℃)

홈이 깊고 만두모양으로 요철형이 생긴다.

(3) 열소흔(1,100℃)

홈이 가장 깊고 반월형의 모양으로 높아진다. 특히 열소흔은 대규모 건물화재에서 볼 수 있다.

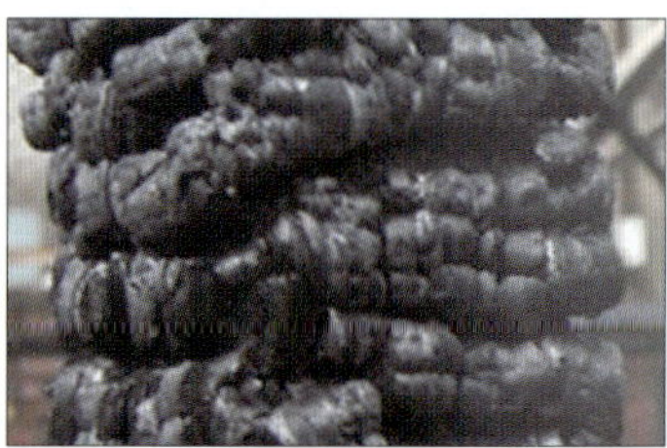

완소흔　　　　　　　강소흔　　　　　　　열소흔

〈그림 4-26〉 **목재의 연소형태**

❺ 발화부는 비교적 밝은 색을 띠며 발화부와 멀어질수록 어두운 빛을 나타낸다.

　　초기 연소가 시작된 부분은 에너지가 작더라도 시간이 경과하면 이곳을 정점으로 하여 주변 가연물로 착화가 이루어지고 뜨거운 가스층이 천장과 벽면, 계단, 경사로 등을 타고 전 구역으로 확산되는 힘이 생성된다. 이러한 힘은 화염과 대류의 힘 또는 유독가스가 처음 생성된 곳에서 뛰쳐나와 미연소된 구역으로 번져가려는 특성으로 나타난다. 초기 연소구역은 합성고분자 물질 등이 연소하면서 일산화탄소와 시안화수소, 황화수소 같은 유독가스에 의해 흑연을 띠고 있지만 주변으로 열이 전파되면서 최초 발화가 개시된 곳은 점차 엷은 회색 또는 흰색과 같이 비교적 밝은 색을 남기고 소멸한다. 이러한 과정은 발화가 일어난 곳에서 식별되는 역삼각형 연소패턴 잔해에서 확인되기도 하며, 전열기기나 담뱃불과 같이 훈소과정이 진행된 곳에서도 나타나고 있다.

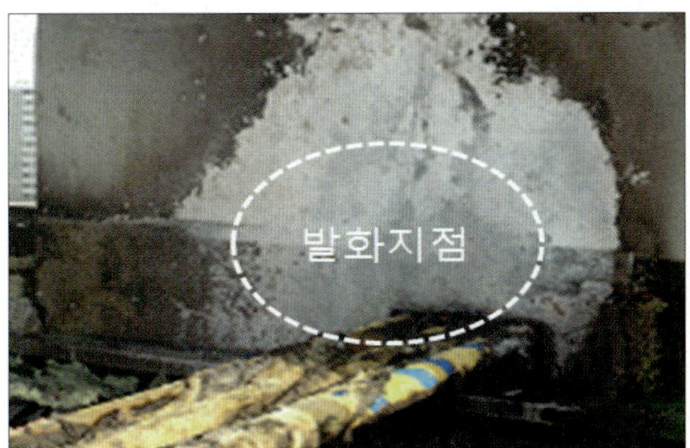

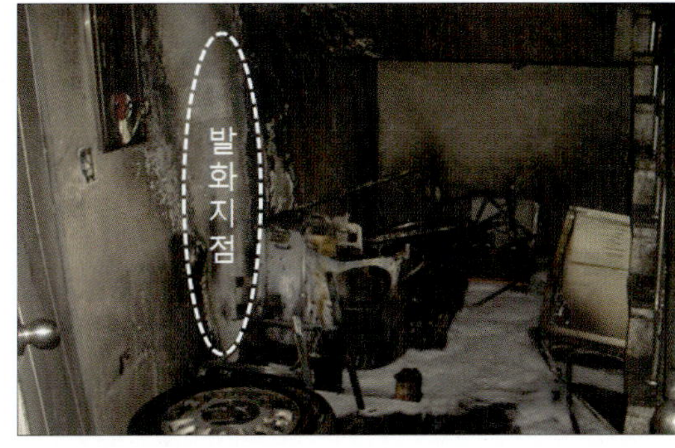

〈그림 4-27〉 밝은 색을 띠고 있는 발화부 주변

Step 03 연소흔적의 구분

1 연소의 강약

연소의 강약 구분은 발화가 촉진된 지점과 가까울수록 화재의 영향을 길게 받는다. 연소의 강약은 각종 조건에 따라 좌우되지만 종국적으로는 연소의 시간, 온도, 에너지, 가연물의 양 등에 의해 결정된다. 각종 고체는 열을 받아 각각 특유의 상태로 변화하여 간다. 변화의 과정에서 소화의 시기도 연소의 강약에 영향을 준다.

연소강약은 모두 비교에 기초하여 판정하여야 한다. 비교하는 대상은 재질, 형상, 상태 등이 거의 같은 조건이어야 한다. 예를 들면 지붕과 벽, 바닥과 벽 등의 조합으로 연소강약을 비교하는 것은 의미가 없다. 비교는 같은 벽끼리, 바닥끼리 등과 같이 조건이 같은 정도의 대상 사이에서 행한다. 또한 연소의 강약은 비교하는 복수의 동종 재질끼리 나타나는 것도 있고 단독으로 한 장의 판자나 기둥의 4면에 나타나는 것도 있다.

연소 정도의 조사는 한 방향에서만 하는 것이 아니라 다방면에서 행해야 한다. 연소강약의 판정을 근거로 하여 화재현장 전체에 있어서 화재가 번져가는 길을 찾아가는 것이 연소방향의 파악이다. 이 방향을 치밀하게 체크하여 연소가 중단된 부분에서 연소가 강한 방향으로 순차적으로 찾아내어 발화가 이루어진 곳 등을 판정한다. 연소강약을 기초로 건물 전체의 연소방향을 상세히 조사하여 귀납적으로 발화개소 등을 판정하는 것이다. 그러나 국부적으로 이 방향과 모순된 부분이 있거나 발화개소에 가까운 쪽에 연소가 약한 경우도 있으므로 연소방향은 각종조건을 고려하여 판정하여야 한다. 즉, 건물구조에 따라서는 발화개소에서 떨어진 부분이 국부적으로 강한 연소를 나타내는 경우가 있으므로 한 국면에 사로잡히지 말고 전체적으로 타서 번져간 것을 파악한다. 특히 연소조건의 파악으로는 창 등의 개구부에 가까운 개소는 연소에 필요한 공기의 공급량이 많으므로 강하게 연소되기 쉽다. 휘발유 등의 유류나 다량의 가연물이 있으면 발화개소에서 떨어져 있어도 그 개소는 강하게 연소되기 쉽다. 또한 소방대의 방수가 늦은 부분은 연소시간이 길어지므로 강한 연소를 나타내기도 한다.

② 균열흔(alligator pattern)

타고 남은 목재의 가스분출구와 탄질부가 형성한 무늬의 모양이 거북이나 악어의 등 모양과 비슷하다 하여 구갑흔이라고도 부르는데, 비교 관찰 시는 목재가 같은 종류여야 판단이 용이하다. 목재의 분해연소로 인해 형성된 가스분출구는 분출구가 깊고 넓어지는 과정에서 탄질부가 떨어져 나가거나 도괴되는 과정에서 탈락되는 경우가 많아 탄화심도 비교측정 방법을 뒷받침하는 정도에 그치는 것이 바람직하다.

균열흔의 파악은 반드시 목재에 국한되지는 않는다. 벽체나 지붕과 같이 불연재료가 열과 접촉하여 붕괴되기까지는 균열과 크랙이 발생하여 주변에 남아있는 구조물과 비교분석이 가능하다.

〈그림 4-28〉 **목재의 균열흔**

③ 용융흔(熔融痕)

발화부 부근은 일반적으로 소훼(燒燬)가 심하며 가구물, 수납재 등이 발화부를 향해 도괴된 후에도 장식물로서 유리나 거울, 알루미늄 제품 등은 쉽게 탈락 또는 용융되는 경향이 있다. 알루미늄이나 이와 유사한 합금물은 화재초기인 약 660℃ 정도에서 용해되며, 이것이 밑바닥으로 떨어져 다른 물체를 덮게 되면 바닥물체가 덜 타거나 질식소화되어 원형으로 잔존하게 되는 경우도 많으므로 바닥에는 인화성 물질이 살포된 경우라도 그 냄새의 일부가 남게 되는 경우가 많이 있다.

한편 유리는 약 250℃에서 균열이 생겨 떨어지고 약 650~750℃에서 물러지며 약 850℃에서 용해되어 흘러서 떨어진다. 유리의 뾰족한 끝은 약 600~650℃에서 끝이 둥글어지므로 유리의 이와 같은 현상은 화재 시 그 유리가 창문에 끼워져 있었음을 판단할 수 있게 한다. 파손된 유리조각이 깨끗하고 불규칙한 때는 약 10분 이내에 강렬한 열을 받은 것이며 매연이 낀 유리조각들은 훈소화재 시와 같이 발연이 심하고 열을 서서히 받았다는 것을 알 수 있다. 석유와 같은 기름류에 의한 것은 깨진 유리의 모양이나 매연의 색도 훈소화재 시의 결과와는 조금씩 다르다. 또 매연이 낀 유리조각에 반점들이 있을 때는 창문에 부착되어 있다가 소화작업 시 파손된 것으로 판단할 수 있다.

파손된 유리가 건물 내부에서 발견된 경우 그 조각이 깨끗하여 직사각형과 비슷한 모양을 하고 있으면 이는 화재 전 이미 어떤 외력에 의해 파손된 것임을 짐작할 수 있다. 왜냐하면 견고한 물체가 유리를 파손한 경우는 그 접촉점을 기점으로 하여 방사상으로 파손되어 사각형이나 삼각형의 조각으로 분산 탈락하기 때문이다. 매연이 낀 유리조각과 매연이 안 낀 유리조각이 동일 장소, 위치에서 발굴되는 경우 매연이 안 낀 유리조각은 화재 초기에 강열한 화염을 받은 것이거나 폭발과 같은 큰 압력을 받은 것으로 판단할 수 있다.

일반적으로 열을 많이 받은 유리조각은 아주 불규칙하고 괴상한 모양으로 남는다. 또 다이너마이트 같은 고성능 폭발물에 의해 파손된 유리는 가느다란 모양으로 파손되고 은빛을 내며 성능이 약한 폭발물의 경우는 그 조각이 크다.

구리나 쇠붙이 등의 금속물은 그 용융점이 높고 특히 쇠붙이(철)는 일반화재에서는 용융현상을 보기 어렵다. 그러나 용흔현상이 있다면 화재원인이 된 직접적인 자료로 검토될 수 있다.

④ 박리흔(spalling)

블록, 벽돌, 콘크리트, 몰탈(Mortar) 등과 같은 시멘트를 재료로 한 건물의 불연성 건재류는 거의가 수분을 함유하고 있으므로 각각 특유한 견고성을 유지하고 있는데, 화재 시 높고 낮은 온도에 오랜 시간 동안 수열됨으로써 재질에 따른 특이한 박리현상이나 변색상태가 나타나게 된다. 즉 강열한 화열을 받을 경우 재질 내의 수분이 단시간 내에 탈수됨으로써 본래 재질의 특성을 상실하고 푸석푸석해져서 연소확대가 진행된 방향의 추적이 가능해지는데, 망치 같은 것으로 두들겨서 떨어져 나가는 상태에 의해서도 확인이 가능하기도 하나 일반적으로 화재의 초기부터 진화 시까지 연소되는 발화부 부근의 구조물들은 자연박리되거나 탈락되는 경우가 많으며, 신축건물일수록 함수량이 많아 잘 나타난다. 박리흔적이 발생할 수 있는 조건은 다음과 같다.

❶ 습기가 많은 신축건물의 콘크리트
❷ 철근, 철망과 콘크리트의 열팽창 차
❸ 콘크리트 혼합의 정도 차
❹ 수열면과 이면부의 온도 차
❺ 마감 처리된 면에 따른 수열 차

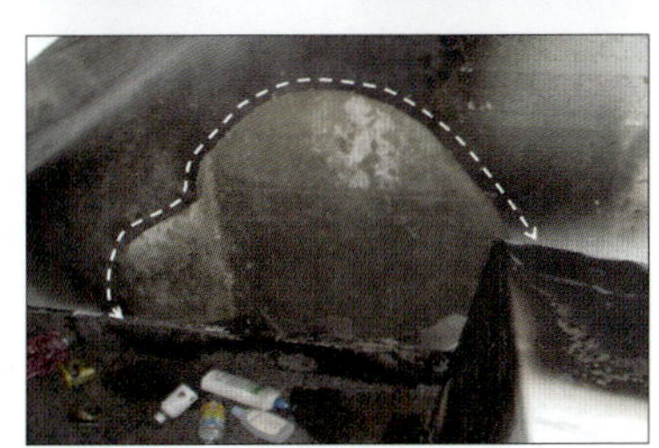

〈그림 4-29〉 **천장과 벽면의 박리형태**

⑤ 발소흔(拔燒痕)

연소는 산소와의 친화력이 좋기 때문에 공기와 접촉면적이 클수록 계단이나 창문 등을 따라 널리 확산하게 되는데, 건축학에서는 이러한 연소의 통로를 개구부라고 한다. 화재에 있어서 구조물의 취약부분인 개구부가 화재 열로 소실, 소훼되면서 화염이 외부로 분출될 때 생긴 연소의 경로 부위를 발소부라고 한다. 발소부에서 나타난 흔적은 외기와 접한 창문 위쪽으로 정삼각형의 연소형태를 남기는데 창문과 가까운 부분일수록 화염과 접촉면이 커지고 기류를 타고 위쪽으로 갈수록 접촉면이 작아지기 때문에 나타나는 연소흔적이다.

⑥ 변색흔(變色痕)

일반화재에서 녹거나 녹지 않는 금속 등 불연재료와 구조물, 내부 마감재로서 콘크리트 몰탈, 철 구조물, 철재 캐비닛, 선반, 기계류, 냉장고 등은 수열 정도에 따라 표면이 변색된다. 벽체에 형성되는 수열흔은 주연(走煙), 주염(走焰), 용융 등과 더불어 변색흔이 나타나게 되는데 배열, 배치 집적물건은 위치나 방향과 수열도에 따라 철판과 도색부분에 역삼각형적인 화열의 진행방향이 남게 된다. 또한 진화 시 소방관 등의 주수로 녹의 색깔 차이가 나는 것도 볼 수 있는 변색상황이다. 대부분의 금속류는 적색으로 변색되는 색상을 보이지만 스테인레스강과 같은 철재류는 표면에 짙은 청색과 같은 특이한 색채가 나타나는데, 이러한 종류의 변색상황으로 화재현장 내의 위치별 수열도와 확대진행방향을 판단할 수 있다.

〈그림 4-30〉 금속의 변색흔 및 샌드위치 패널의 비틀림

⑦ 주연흔(走煙痕, smoke running trace)

화재는 구조재 천장이나 벽에 남겨긴 박리흔과 변색은 물론 화재 진행방향에 따라 주연흔을 남긴다. 훈소화재로서 장시간 발연하다가 범위가 넓어지면서 발염되는 화재나 석유화학제품,

석유류의 기름을 함유한 물건, 석탄, 고무, 셀룰로오스 등과 같은 연소 시에 다량의 흑연(黑煙)이 발생하는 가연물이 다량 집적된, 외관상 밀폐된 내화조 건물 내부에서의 발화부 부근 내의 벽체나 천장은 심한 주연흔을 남기는 것이 상례이다. 그리고 다른 구획으로 연소확대되는 과정에서는 진행되어 가는 쪽의 벽 상측에 주연흔이 생기기도 한다. 즉 가연물이 탈 때 발생하는 그을음 등의 입자가 공간 속을 흘러가며 물체 또는 공간 내 표면에 연기가 접촉해서 남겨 놓은 흔적으로 표현되고 있다.

주연흔이 발생하는 연소물질의 조건

❶ 훈소화재

❷ 석유화학제품, 석유류 등의 기름을 함유한 물질

❸ 석탄, 고무, 셀룰로오스 등과 같이 연소 시 다량의 흑연이 발생하는 가연물

〈그림 4-31〉 벽체에 남겨진 주연흔

⑧ 주염흔(走焰痕)

건물 내부의 집적물과 연소조건에 따라서 건물 내·외벽에 주염흔이 생기느냐 안 생기느냐의 차이가 생긴다. 주염흔은 발연보다 왕성한 화열을 발산하는 가연물이나 연소조건에 따라 내·외벽에 형성되는 수열의 흔적으로서 대개 흰색이나 연한 갈색을 나타내기도 한다. 보통 일반화재에 있어 연기가 줄어들고 불꽃의 양이 커지면서 건물 등 불연성 구조물이나 재질에 흔적을 남기는 것을 말한다. 갈색이나 상아색, 백색을 띠며 박리현상도 나타난다. 주염흔은 처음부터 형성되는 경우보다 주연흔의 형성 이후 나타나는 경우가 대부분이다.

〈그림 4-32〉 갈색과 백색으로 변색된 천장면 주염흔

⑨ 훈소흔(燻燒痕)

발열체가 목재면에 밀착되었을 때 그 발열체의 이면 목재면에서는 훈소흔이 남는다. 목재면의 훈소흔은 장기간에 걸쳐 무염(無焰)연소한 흔적이나 목재의 연결 접합부 부식부 등에 잘 생기고, 출화부 부근에 훈소흔이 남아 있으면 그 부분을 발화부로 판단하여도 무방할 것이다.

연결부나 접합부는 장기간에 걸쳐 먼지 같은 것들이 쌓여 열전도율이 낮아져서 열이 축적되기 쉬우며 여기에 불티나 담배꽁초와 같은 화원(火源)이 떨어지게 되면 용이하게 착화된다. 그리고 연소면적은 서서히 확대되어 가지만 이때는 분해가스의 발생이 활발할 뿐 아니라 그 양도 적어서 전면연소에 이르지 못하고 표면에만 연소를 하는데, 이러한 상태를 훈소했다고 말하고 있으며, 연소범위의 확대방향은 주로 갈라진 틈, 연결이나 접합된 틈 사이를 따라서 진행되며 점차 범위를 넓혀 간다.

목재류의 훈소 형성의 이유는 갈라진 틈, 연결 또는 접합된 틈 사이에 쌓여 있는 먼지 등에 착화 후 공기의 유동이 적기 때문에 외부로 방산되는 열량이 적어 결과적으로 열에너지가 높아지고 가스의 발생이 일시에 증대되는 시기에 발염 연소하게 되는 관계로 훈소흔이 남는 것이다. 이러한 것은 그 부분이 패인 것처럼 소실되는 것이 특징이다.

〈그림 4-33〉 종이와 목재에 남겨진 훈소형태

⑩ 복사흔(輻射痕)

화원건물에서 주변건물이나 수목(樹木) 등 가연물에 열이 발산됨으로써 연소 또는 탄화, 변색흔을 남기는 경우가 많다. 이것은 주염흔을 보는 것과 같이 발화부를 기점으로 하여 점차 그 수열의 정도가 적어지는 것을 볼 수 있다. 복사흔은 열의 직접 접촉이 아니더라도 생성되는 것으로 화세가 왕성한 주변을 중심으로 수 십 미터까지 복사열의 전달로 물체가 본래의 외형적 특성이 소실되는 것으로 나타난다.

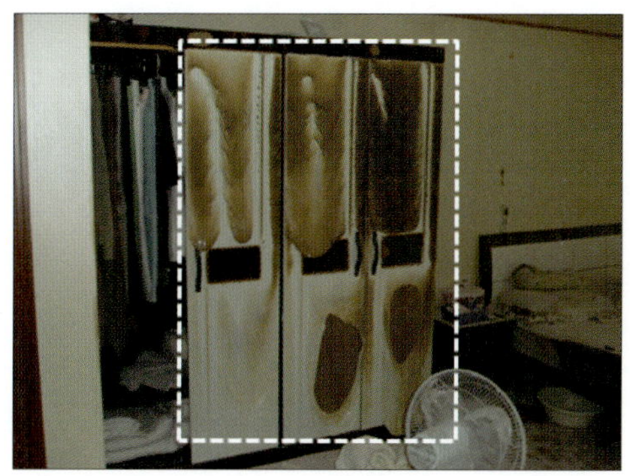

〈그림 4-34〉 복사열에 의해 변색된 식물류와 장롱 표면의 복사흔

Step 04 발화지점과 출화개소의 차이점

① 발화지점

발화란 열원에 의하여 가연물질에 지속적으로 불이 붙는 현상을 말한다. 과거에는 불이 붙는 시점으로 보는 견해도 있었으나 지금은 연소학적 측면으로 볼 때 불이 붙는 현상으로 보는 것에 이견이 없다. 발화지점은 장소적 개념이 아닌 발화가 개시된 특정한 부분이나 위치를 의미하는 것으로 주방에서 발화된 경우라면 씽크대 상단, 식탁 하단, 가스레인지 주변 등으로 표현된다. 장소와 지점은 명확하게 구분되어야 하는데 장소를 지점과 혼동을 일으켜 조사를 하게 되면 발화지점을 구체화시키기 어렵다. 발화지점이 2개소 이상일 경우에도 각각을 분리시켜 표현하여야 한다.

발화지점 판단의 전제조건은 발화가 개시된 구역을 먼저 한정하는 데 있다. 발화가 개시된 후 연소의 강약에 기초한 연소의 흐름과 방향성을 가늠하고 이에 따라 1차 연소가 촉진된 구역과 2차 연소확대된 구역을 구분하여야 한다.

발화지점의 주변 정황과 연소가 전개된 흐름을 면밀하게 관찰하여 포착해냈더라도 발화원의 규명시도는 쉽지 않은 경우가 있다. 이는 발화지점이 너무 광범위하여 발화지점을 축소하기

한계가 있거나 발화원의 잔해가 남지 않았고 연소확대에 이른 전·후 관계가 자연스럽지 않은 경우이다.

한편 발화지점에서 발화원이 발견되었더라도 양자의 관계를 다시 재검토해 보아야 한다. 열원이 발화원으로 작용할 만한 환경적 요건과 시간적 요건 등은 갖추고 있었는지와 최초 착화물과의 관계를 구체화시켜 입증하여야 한다. 발화원은 존재하지만 이에 상응한 착화물이 없거나 발화에 이르게 된 관계를 성립시키지 못한다면 원인은 미궁 속으로 빠질 수밖에 없다.

발화원이 존재하더라도 화재가 성립하기 곤란한 경우
• 등유에 흠뻑 적셔진 화장지가 담뱃불로 인해 착화되었다. • 모기향이 은박지 접시 위에 놓인 상태로 신문지와 접촉되어 발화되었다. • 그라인더 불티에 의해 톱밥류에 착화되었다. • 전기장판 열선 위에 휘발유를 뿌렸더니 바로 착화되어 불길이 솟았다. • 담뱃불을 휘발유가 담겨있는 통 안에 던졌더니 급속하게 불길이 번졌다.

발화원과 발화지점을 구분하는 기준은 다음과 같다.

발화원	발화지점
• 화재가 발생하는 데 직접 기여하였거나 그 자체로부터 발화가 이루어진 것 • 전기 단락흔, 압축열, 담뱃불, 불티 등	• 발화가 중점적으로 이루어지고 연소가 개시된 특정한 부분이나 위치 • 테이블 위, 분전반 인입부, 쓰레기통 내부 등

② 출화개소

출화개소란 발화가 개시된 이후 다른 구역으로 확산되거나 개구부를 통해 화염이 분출한 개소 수를 의미한다. 예를 들어 안방 침대 상단에서 발화가 일어났다면 발화지점은 침대 상단이며 발화장소는 안방으로 한정된다. 그러나 화염이 지속적으로 성장하여 안방 출입구를 통해 거실과 주방 그리고 또 다른 개구부를 통해 화염이 분출했다면 거실과 주방, 개구부 등을 출화개소로 판단하여야 한다. 출화개소 수는 화염이 확산된 구역과 비슷한 의미로도 쓰이는데, 발화지점과 발화구역을 제외한 나머지 공간은 출화개소 또는 연소확대된 구역인 것이다. 따라서 화재원인 규명과 발굴지역을 한정하는 작업은 발화가 최초 개시된 지역을 판단하는 것으로 대단히 중요한 몫을 차지하고 있는 것이다. 출화개소는 창문이나 출입구, 통로와 같이 신선한 산소의 유입이 활발한 곳으로 구석지거나 가연물이 조밀하게 배열된 실내 안쪽보다 연소가 왕성한 현상을 보인다.

출화개소의 판별은 화재가 일어난 대상물의 안쪽에서 판단도 가능하지만 바깥쪽에서 관찰하면 개구부의 크기 및 풍향의 방향과 인접 건물과 이격거리 등을 방위별(方位別)로 살펴 볼 수 있어 출화개소 판단에 오류를 최소화할 수 있다.

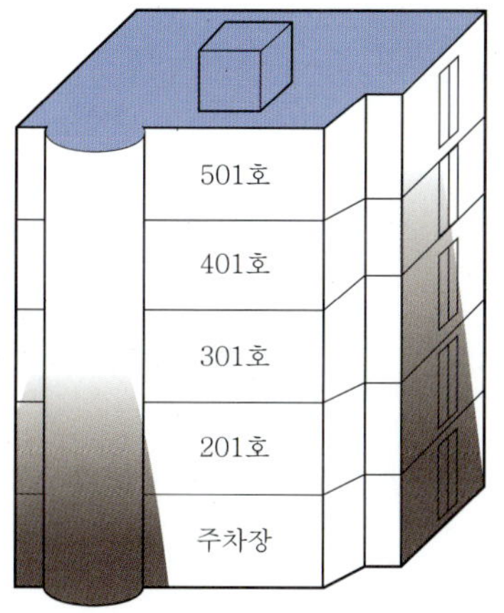

〈그림 4-35〉 건물외부 출화개소

〈그림 4-35〉을 살펴보면 1층 주차장에서 확산된 불길이 직상층 계단과 천장면으로 확산되면서 건물 전면과 우측으로 확산된 연기의 방향과 개구부의 면적을 인식할 수 있다. 화염이 건물 전면의 출입구와 벽면을 휘감아 돌면서 건물 우측의 창문으로 확산되었다면 벽체와 천장을 따라 이동한 주연흔이 발견될 수 있으며 건물 전면의 화재 손상도가 더욱 크게 나타날 수 있다.

또한 건물 전면은 발화층에서 성장한 열기류의 상승작용에 의해 수직으로 뻗치는 에너지가 크게 나타나는 반면 우측 창문은 안쪽에서 수평으로 확산된 연소형태로 나타날 것이다.

두 개의 건물이 맞닿아 있는 경우라면 출화개소뿐만 아니라 발화지점의 경계를 명확하게 하기 위하여 외부 출화형태를 더욱 구체화시켜야 한다. 내화조 또는 콘크리트 구조물은 열의 화염 방향을 따라 판별이 가능하지만 샌드위치 패널조 건물과 같이 열에 취약한 구조물은 일단 착화가 이루어지면 연소가 매우 활발하여 손쉽게 붕괴되는 단점이 있어 내·외부 사이 발화지점과 출화지점의 구분이 곤란한 경우도 많다. 건물 내·외부 간 균열흔과 붕괴된 방향성 및 내부 수납물 등을 전부 비교하여 출화개소를 구분짓고 가능한 한 평면도 또는 입체도 등을 작성하여 필요하다면 근거자료를 명확하게 작성할 필요가 있다.

보충학습　　출화개소 판단 시 유의사항

- 발화지점과 연소확산된 경계구역의 구분
- 건물 내·외부 연소상태를 비교 판단하여 화염의 이동경로 파악
- 출입구의 방향과 창문, 환기구 등 개구부의 수, 공기의 유동 방향 확인
- 붕괴되거나 도괴된 경우 취약요인 확인

③ 발화에서 출화에 이르기까지 연소현상

발화에서 출화에 이르는 과정은 화재의 성장 형태를 의미한다. 화염과 대류의 발생, 고온가스의 이동 등 가연물의 성상에 따라 다소 차이는 있지만 일정한 규칙을 따르고 있다. 구획화재 시 형성되는 연소현상은 다음과 같이 설명할 수 있다.

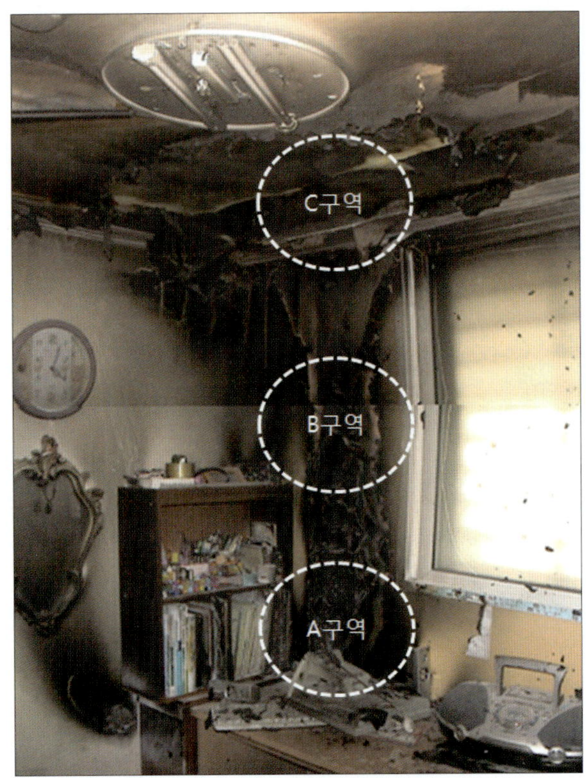

〈그림 4-36〉 발화에서 출화에 이르기까지 연소현상

(1) A구역 : 발화지점

화재가 개시된 발화지점으로 최초 착화물과 열에너지의 힘에 의해 화염의 성장 여부가 크게 좌우된다. 최초 착화물에 불꽃 착화하더라도 열에너지를 유지할 수 없게 되면 곧 소화되지만 최초착화물을 충분히 연소시키게 되면 주변 연소확대물로 또 다른 착화를 일으키며 화염이 상승하게 된다. 발화지점은 꾸준한 연소로 인해 착화물의 잔해가 다수 소실되지만 전기적 단락흔을 비롯하여 담뱃불 등에 의해 깊게 패여 들어간 무염연소흔적 등이 남아있을 수 있다. 발화지점은 불꽃이 차지하는 면적이 크며 넘실거리는 형태로 보통 역삼각형('V' Pattern) 연소형태를 남긴다.

(2) B구역 : 고온가스층

연소되고 있는 물체의 위에서 상승하는 고온가스는 본격적으로 다량의 연기를 발생시킨다. 뜨거워진 가스층은 수직방향으로 뻗쳐나가려고 하며, 이때 차가운 공기가 아래의 측면으로부터 유입되기 때문에 상승하려는 힘은 더욱 탄력을 받아서 고온의 가스기둥을 형성하기도 한다. 장애물이 없을 경우 보통 수직선상의 각도는 대략 15° 정도를 유지하는데, 벽면을 타고 상승할 경우 연소는 더욱 촉진된다. B구역에서 소화행위를 하거나 사람을 구출하다가 사상을 당한 경우라면 뜨거운 고온가스가 호흡기로 흡입된 경우로서 치명적인 기도화상을 당하기도 한다. 벽체에 주연흔과 변색흔을 남기는 구역이지만 탄화형태는 일정하지 않다. 그을음의 입자만 흡착되기도 하며, 벽체 마감재가 고온가스와 접촉하여 부풀려지거나 갈라진 형태로 탄화하기도 한다. 그러나 화염의 지속적인 상승작용과 불꽃의 복사열이 성장하게 되면 소실되고 만다.

(3) C구역 : 화염확산층

화염과 고온가스가 전면적으로 퍼져나가기 때문에 화염과 복사열은 더욱 증대된다. 장애물 없이 상승한 불꽃과 고온가스층은 천장과 부딪치며 사방으로 확산되며, 뜨거운 가스층이 차츰 아래로 내려오면서 차가운 공기와의 접촉으로 인해 대류작용은 매우 활발하게 이루어진다. 연기의 발생량도 점차 커지고 발화지점의 직상부분은 지속적인 화염과의 접촉으로 심하게 손상받은 형태를 남긴다. 발화지점의 판단에 있어 천장부의 소실도가 크게 나타난 곳이 있다면 하단 부분의 가연물을 살펴보고 발화원의 존재여부를 확인해 본다. 화염확산층은 화재손상도가 발화지점보다 수 십 배 크게 나타나는 것이 일반적인 현상이다.

쉬어가기 — **불과 관련된 꿈 해석**

① **누군가의 발에 붙은 불이 자기 집으로 옮겨 붙어 활활 타는 꿈**
꿈속의 그 사람으로 상징되는 사람, 혹은 그 상대방의 권리나 이권 등이 이전되거나 재산이나 유산을 받게 되어 부자가 된다.

② **바람이 불어와 불길이 거세어졌던 꿈**
여러 가지 상황이 유리하게 돌아가 사업이 불처럼 일어나게 된다.

③ **불길을 헤치고 사람이나 동물을 구해내는 꿈**
자신이 속해 있는 곳에서 능력을 인정받게 되고 주위 사람들에게 신임을 한 몸에 받으며 협력자를 만나 고비를 넘기게 된다.

④ **불을 피우는 꿈**
사업이 확 일어나고 재산이 늘어날 암시이다.

⑤ **자기 집에 화재가 나는 바람에 자신이 타 죽는 꿈**
추진하던 일이나 사업이 성공하여 자신이 새롭게 태어날 것을 예시한다.

⑥ **자기가 불길에 휩싸여 활활 타는데도 전혀 뜨겁거나 고통스럽지 않은 꿈**
누군가의 도움으로 사업이 크게 일어나고 집안이 부유해질 것이다.

⑦ **자신이 불을 잡아타고 가는 꿈**
높은 관직에 오르거나 지위, 신분, 명예 등이 크게 오르게 된다.

⑧ **화재로 인하여 화상을 입는 꿈**
행운이 찾아올 징조이다. 또한 지나친 성생활을 경고하는 꿈이다.

⑨ **하늘에서 불덩어리가 떨어지는 것을 보는 꿈**
어떤 혁신적인 일이 생겨서 삶의 방향이나 사업, 추진 중인 일의 방향을 바꾸게 될 것이다.

⑩ **하늘에서 불덩어리가 떨어져 불이 먼 곳으로 확산되는 꿈**
예정에 없던 갑작스럽고 막연한 여행을 하게 된다. 또한 이 여행을 통해 인생에서 새롭고 아름다운 면을 깨닫게 된다.

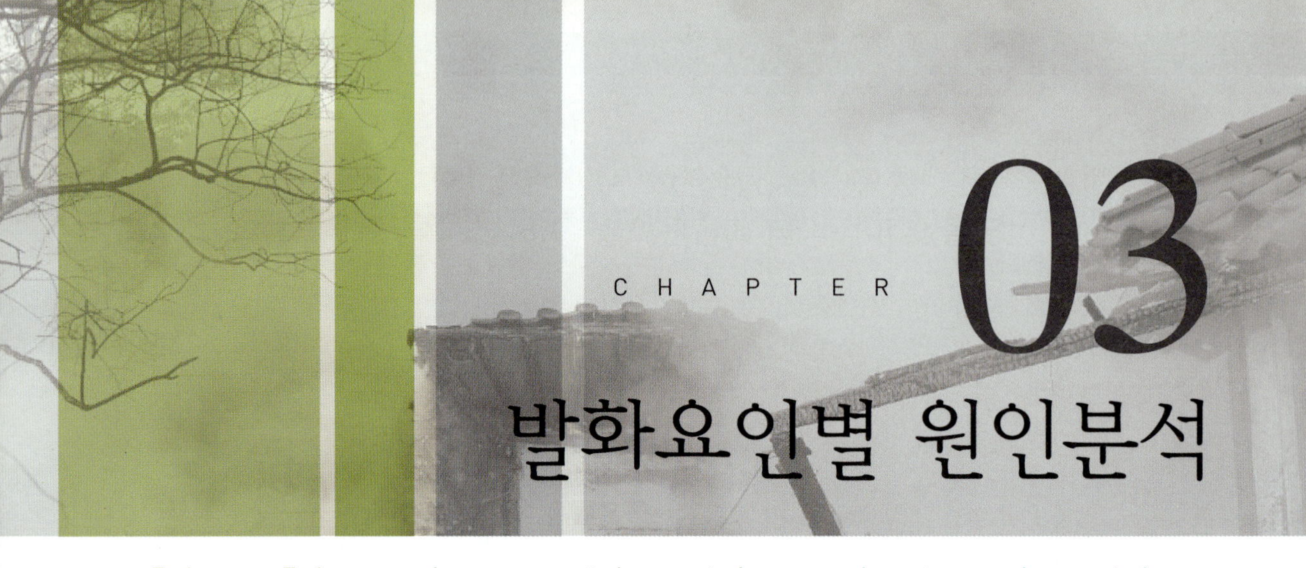

발화요인별 원인분석

Step 01 전기화재조사

1 전기 기초이론

전기는 빛처럼 빠르고 공기처럼 자유로운 무체물이다. 음향이나 향기, 빛과 같이 형태는 없지만 기계나 동력 등을 움직이기 위한 에너지를 만들어 낼 수 있는 것이다. 전기(電氣)의 '電'자는 번개를 뜻하는 '雷'자에서 유래된 것이며 '氣'라는 말에는 눈에 보이지 않는 기운이 존재한다는 뜻이다. 전기의 속도는 1초에 300,000km로 지구를 7.5바퀴나 돌 수 있다.

(1) 전기에너지의 장점

❶ 수송이 편리하고 제어가 쉽다.
❷ 빛이나 열, 동력 등 다른 에너지로 변환이 용이하다.
❸ 소음이나 배기가스 등 공해물질이 발생하지 않는다.

(2) 전기의 3가지 특징

❶ **발열작용** : 전선이나 전열기 등에 전기가 흐르게 되면 열이 발생하는데 이를 이용한 것이 발열작용(exothermic action)이다. 즉 어떤 도체에 일정기간 동안 전류를 흘려주면 도체에 열이 발생하는 것으로 이에 관한 법칙이 줄의 법칙(Joule's law)이다.

❷ **자기작용** : 전기에서 발생한 힘을 이용한 것으로 도선을 감아서 만든 코일에 전류가 흐르면 그 속에서 자계(磁界)가 발생하는데, 이것이 자기작용(magnetic action)이다.

❸ **화학작용** : 이온화 경향이 다른 두 금속(아연, 구리)을 전해액 속에 담그고 각 금속을 도선으로 연결하면 이온화 경향이 큰 쪽(아연)에서 작은 쪽(구리)으로 전자가 이동하게 되어 전기가 만들어지는데 이 원리가 화학작용(chemical action)이다.

〔표 4-4〕 전기의 3가지 특징

발열작용	자기작용	화학작용
백열등, 다리미, 전기장판, 전기밥솥, 가로등 등	발전기, 전동기, 변압기, 냉장고, 선풍기, 세탁기 등	물의 전기분해, 충전지 등

(3) 전기가열의 특징

❶ **높은 온도** : 일반적인 열원에 의해 얻어지는 온도는 1,500℃ 정도가 한도이지만 아크에 의한 가열 또는 피열물 자체에 직접 전류를 통하게 하여 가열하는 경우에는 2,000℃ 이상의 온도를 쉽게 얻을 수 있다.

❷ **내부 가열** : 연료에 의한 가열은 물체의 표면을 가열하는 것으로 열원과 물체 사이의 열저항에 따른 온도차이가 발생하기 때문에 피열물의 내부까지 균일하게 가열하기가 곤란하다. 그러나 전기가열은 직접 통전에 의한 가열뿐만 아니라 유도가열 또는 유전가열의 경우에도 피열물의 내부에 열을 발생시킬 수 있으므로 피열물 자체가 최고온도가 될 수 있다. 또한 온도상승 속도를 빠르게 하면서 균일한 가열이 가능하게 된다.

❸ **열효율** : 전기는 고체연료나 가스가 연소할 때와 같이 열효율이 저하되는 경우가 거의 없으며 미연소가스 발생과 같은 열손실도 없고 밀폐 및 보온이 가능하기 때문에 열효율이 높은 장점이 있다.

❹ **열방사** : 연료를 사용하는 노(盧)에서는 방사열을 임의의 방향으로 향하게 할 수 있다. 반사판 또는 반사경 등을 이용하여 방향성을 제어할 수도 있다.

❺ **온도제어** : 전기장판, 전기다리미, 전기밥솥 등에 내장된 발열체의 배치를 적당하게 조절하거나 배치함으로써 온도를 균일하게 유지시킬 수 있다. 또한 회로의 전류가 일정온도 이상으로 상승하는 것을 방지하거나 조절할 수 있도록 열가변저항기 등이 이용된다.

(4) 전기가열의 종류

❶ **저항 가열** : 도체에 전압을 인가하여 전류가 흐르게 되면 도체 내부에 전류 흐름을 방해하는 현상이 발생하는데 이것을 전기저항이라고 한다. 이때 발생한 열을 줄열(Joule's heat) 또는 저항열이라고 하는데 백열등, 다리미, 전기장판 등 가정용 전열기구의 대부분은 이 가열방식을 사용하고 있다.

보충학습 줄열(Joule's heat)

도체에 전류를 흘렸을 때, 발생하는 열량은 전류의 2승과 도체 저항의 곱에 비례한다.
즉 저항 $R[\Omega]$의 도체에 $I[A]$의 전류가 t초간 흐르게 되면 발생하는 열량 H는 다음 식과 같다.

$$H = I^2R \cdot t \,[J] = 0.24\, I^2R \cdot t \,[cal]$$

여기서, H : 열량, I : 전류, R : 저항, t : 시간

저항 R은 도체의 길이에 비례하고 단면적에 반비례하므로 동종의 도체라 하더라도 길이가 길고 단면적이 적으면 저항이 켜져서 발열량은 증가한다. 일반적으로 전로에 쓰이고 있는 도체의 고유저항은 대단히 적기 때문에 통상의 사용조건에서는 전로로부터 발열량은 적고 온도가 극도로 상승하는 경우는 없다. 다리미의 저항체(니크롬선)에 전류를 흘리면 대단히 높은 열이 발생하지만 코드는 뜨거워지지 않는다. 왜 그럴까? 이것은 니크롬선 쪽이 코드보다 훨씬 저항이 크기 때문이다.

❷ **아크가열** : 진공이나 대기 중 두 전극 사이에 고압의 전압을 가할 경우 방전이 되면서 아크가 발생하는데 이와 같이 아크열을 이용한 방식을 아크가열(Arc heat)이라고 한다. 직접식과 간접식이 있는데 직접식은 도전성 물질에 직접 전류를 흐르게 하여 가열하는 방식이고, 간접식은 도체와 도체 사이를 약간 떨어뜨리게 되면 아크가 발생하는데 그 열을 이용한 것이다. 전극을 너무 많이 띄우면 전기가 아예 흐르지 않지만 그렇다고 너무 붙여버리면 그 힘에 의해 달라붙게 되어 아크가 발생하지 않게 된다. 비가 오는 날 번개도 일종의 아크방전 현상이다.

❸ **유도가열** : 전자유도 현상을 이용한 것이 유도가열(induction heat)이다. 교류 자기장(Magnetic field) 근처에 금속 도체를 놓으면 자력선의 영향으로 도체에 전류가 유도되는데 전자조리기는 유도된 전류가 금속 도체를 가열시켜 밥이나 찌개 등 조리가 가능하도록 만든 제품이다. 전자조리기 내부의 코일이 발생시킨 자력선이 조리용 냄비의 바닥면을 통과할 때 전자유도작용에 의해 맴돌이전류가 발생하여 냄비 바닥면을 가열하는 것이다.

❹ **유전가열** : 절연물질이라고 하더라도 절연능력이 완전하지는 않으므로 절연물질에 누설전류가 흐르게 되며, 이 누설전류에 의해서 가열되는 방식이다. 가정용 전자레인지와 산업용으로는 농수산물의 건조, 가공, 섬유나 합판 등의 가열, 성형 등에 이용되고 있으나 전자파의 누설에 의하여 사용자의 건강과 통신설비 등에 큰 영향을 미치기 때문에 차폐의 필요성이 있다.

〔표 4-5〕 전자레인지에 사용할 수 있는 용기 구분

사용할 수 있는 용기	사용할 수 없는 용기
도자기, 유리용기, 내열용기, 내열성 플라스틱 등	금속용기, 칠기류, 철사, 못, 일반 플라스틱류 등

❺ **전자빔 가열** : 방향성이 좋은 전자의 흐름을 전자빔(electron beam)이라 하며, 전자빔을 이용한 가열을 전자빔 가열(electron beam heat)이라고 한다. 이 방식은 진공 중에서 전기장에 의하여 고속으로 가공된 전자빔을 피열물에 충돌시켜 그 운동에너지를 피열물에 전달함으로써 강력하게 가열할 수 있다. 금속이나 세라믹의 가열, 용해, 용접, 및 가공 등에 이용할 수 있다.

특히 고융점 및 금속박(金屬箔) 재료 등에 용접과 원하는 형태로 가공이 가능하며, 전자빔의 밀도를 자유롭게 조절할 수 있는 장점이 있다.

❻ **적외선 가열** : 적외선의 방사열을 이용한 방식으로 주로 적외선 전구로부터 방사된 적외선을 피열물의 표면에 가열하는 방식이다. 적외선 가열(heat by infrared radiation) 방식은 열원으로부터 피열물이 방사열에 의해 가열되므로 특히 컨베이어 방식으로 조업하는 공장에서 널리 사용되고 있다. 적외선 건조에 사용하는 전구는 방사에너지를 피열물에 집중시키기 위하여 유리구를 특수형으로 하고, 전구의 배면에 알루미늄을 진공 증착하여 반사면으로 만든다. 적외선 가열 방식은 두께가 얇은 재료에 적합하며, 섬유 및 도장 등의 건조에 가장 많이 사용되는데 공기 매체를 필요로 하지 않기 때문에 내부가열이 빠르다.

이 방식의 주요 특징은 신속하고 효율적으로 표면가열이 가능하고, 조작이 간단하고, 온도조절이 용이하며, 설비비가 적고, 구조물의 설치공간을 작게 할 수 있는 장점이 있다.

❼ **초음파 가열** : 피열물에 초음파 진동을 인가하면 물체에 마찰열이 발생하는 것을 이용한 것이 초음파 가열(ultrasonic heat) 방식이다. 산업용으로 쓰이고 있는 초음파 플라스틱 용접기는 이러한 마찰열을 이용하여 플라스틱의 접착 또는 조립과 접합에 널리 쓰이고 있다. 과거에는 플라스틱을 접착제로 붙이면 건조시간이 필요했고 용제의 사용으로 인해 악취가 발생하는 등 작업자의 건강에도 영향을 끼쳤는데 초음파 플라스틱 용접기의 사용으로 이러한 부분이 개선되었다.

초음파 용접의 특징

- 초음파 진동에 의해 표면 피막이나 흡착층이 파괴되므로 전기용접에 비해 표면에 대한 전처리작업이 용이하다.
- 가열이 필요없다.
- 고체상태에서 용접하므로 열에 대한 피용접물의 열적 영향이 적다.
- 가느다란 선 또는 금속 박막의 용접도 가능하다.
- 재질이 다른 금속끼리도 용접이 가능하다.

(5) 전기계산 기본 공식

❶ **옴(ohm)의 법칙** : "도체에 흐르는 전류는 가해진 전압에 비례하고 저항에 반비례한다"는 것으로 저항의 M.K.S 단위로 옴(ohm :〔Ω〕)이 사용된다.

$V=I\times R$〔V〕, $I=\dfrac{V}{R}$〔A〕, $R=\dfrac{V}{I}$〔Ω〕	• 전압 : 전류×저항 ($V=I\times R$〔V〕) • 전류 : 전압/저항 ($I=V/R$〔A〕) • 저항 : 전압/전류 ($R=V/I$〔Ω〕)

◎ **예제 1** 전압 V = 1.5V이고 부하 저항 R = 100Ω일 때 이 회로에 흐르는 전류 I(A)는?

풀이 $I = V/R$ 이므로 1.5/100 = 0.015〔A〕

1〔A〕=1,000〔mA〕 이므로 I = 0.015×1,000〔mA〕 = 15〔mA〕

◎ **예제 2** 220V 전압에서 전기다리미의 소비전력이 400W일 경우 전류와 저항은?

풀이   I = W/V이므로 400/220 = 1.82〔A〕

R = V^2/W이므로 220^2/400 = 121〔Ω〕

❷ **줄의 법칙** : 도체에 흐르는 전류에 의해서 단위시간에 발생하는 열량은 I^2R에 비례한다는 것이 줄의 법칙(Joule's law)이다. 이때 발생하는 열을 줄열이라고 하며, 도체를 통과하는 자유전자가 도체 물질의 입자(원자)와 비탄성충돌을 일으킬 때 발생하는 열에너지가 외부로 방출되는 것이며, 이때 자유전자와 물질입자의 충돌현상은 도체에서 전류의 흐름을 저해하는 저항으로서 작용하게 된다. 결국 도체의 저항값이 존재하는 한 줄열은 반드시 수반되는 것이다.

$H = I^2R \cdot t$〔J〕이며, 1〔J〕=1/4.2〔cal〕= 0.24〔cal〕의 관계가 있으므로 $H = 0.24\,I^2R \cdot t$〔cal〕로도 표시된다.

또한 전압과 전류의 곱인 전력을 줄의 법칙에 적용하면 $P = EI = E^2/R = I^2R$ 〔W〕=〔J/s〕로도 나타낼 수 있다.

◎ **예제 3** 상용전원이 220V인 곳에 100W 전구를 사용한다면 저항값(Ω)은 얼마인가?

풀이 $P=IV=I^2R = V^2$/R〔W〕에서 $R = V^2/P$이므로 220^2/100 = 484〔Ω〕

◎ **예제 4** 어떤 저항 R에 220V의 전압을 가하여 20A의 전류가 1분간 흘렀다면 저항 R에서 발생한 에너지를 열량 H[cal]은 얼마인가?

풀이 $I = V/R$〔A〕에서 $R = V/I$ = 220/20 = 11〔Ω〕

$H = 0.24I^2Rt$이므로 = $0.24\times20^2\times11\times60$ = 63,360〔cal〕

❷ **전력량 구하기** : 전력은 전기가 단위시간에 하는 일의 양, 즉 단위시간에 변환 또는 전송되는 에너지로 정의되며, M.K.S 단위로 와트(watt : 〔W〕)가 사용된다.

1〔W〕는 매초 변환되는 에너지가 1〔J〕일 때의 전력을 말하며, 변환되는 에너지 W〔J〕가 시간적으로 일정할 때 전력(P)은 $P = W/t$ 〔W〕, $P = VI$〔W〕, $W = Pt = VIt$〔J〕

◎ **예제 5** 저항값이 20Ω인 백열전구에 직류전압 100V를 가하였을 때 소비되는 전력(W)은 얼마인가? 또 이 백열전구를 하루 5시간씩 30일간 사용했을 때의 소비 전력량은 얼마인가?

풀이

① $P = V^2/R$이므로 $P = 100^2/20 = 500$〔W〕

② $W = P \times t$ = 〔Wh〕/〔kWh〕 이므로

$W = 500$〔W〕$\times 5$〔시간〕$\times 30$〔일〕$= 75,000$〔Wh〕$= 750$〔kWh〕

◎ **예제 6** 200V, 500W의 전열기를 하루에 1시간씩 30일간 사용한다면 소비된 전력량은 얼마인가?

풀이

사용 전력량 = 소비전력 × 사용시간 × 사용일수이므로

$= 500 \times 1 \times 30 = 15,000$〔W〕$= 15$〔kW〕

◎ **예제 7** 소비전력이 1kW인 전기다리미를 6시간, 0.5kW인 전기밥솥을 4시간, 60W인 백열전구를 6시간 사용하였다. 이때 전체 소비전력량은?

풀이

사용한 전력량 = 소비전력 × 사용시간이므로

$= (1,000 \times 6) + (500 \times 4) + (60 \times 6)$

$= 6,000 + 2,000 + 360 = 8,360$〔W〕$= 8.36$〔kW〕

❷ 전기화재 발생과정

전기화재의 발생과정은 다음과 같이 줄열, 절연파괴, 고장, 사용부적절이 요인이 되어 발생하는 것으로 분류할 수 있다.

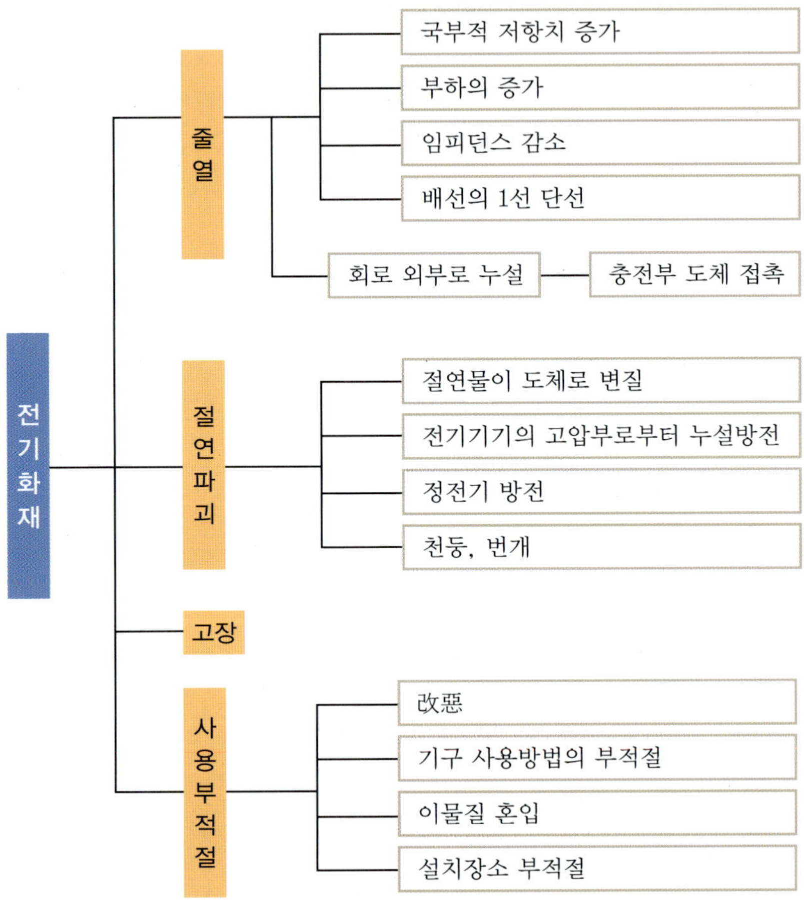

〈그림 4-37〉 전기화재가 발생하기까지 과정

Part 01
Part 02
Part 03
Part 04
Part 05
부록

　국부적으로 저항치가 증가하거나 부하가 증가하게 되면 줄열 또한 증가하게 되어 전기화재로 발전하게 된다. 또한 정상적인 회로를 벗어나 회로 밖으로 누설될 경우에도 다른 충전부의 도체와 접촉을 일으키면 전기화재로 이어질 수 있다.

　절연물이 도체로 변질되는 트래킹 현상이 발생하거나 전기기기의 고압부로부터 누설 방전에 기인하여 절연이 파괴되는 경우에도 전기화재로 확산될 수 있으며, 고장이나 사용자의 부적절한 관리와 사용방법으로 인한 전기화재도 높은 비율로 발생하고 있다.

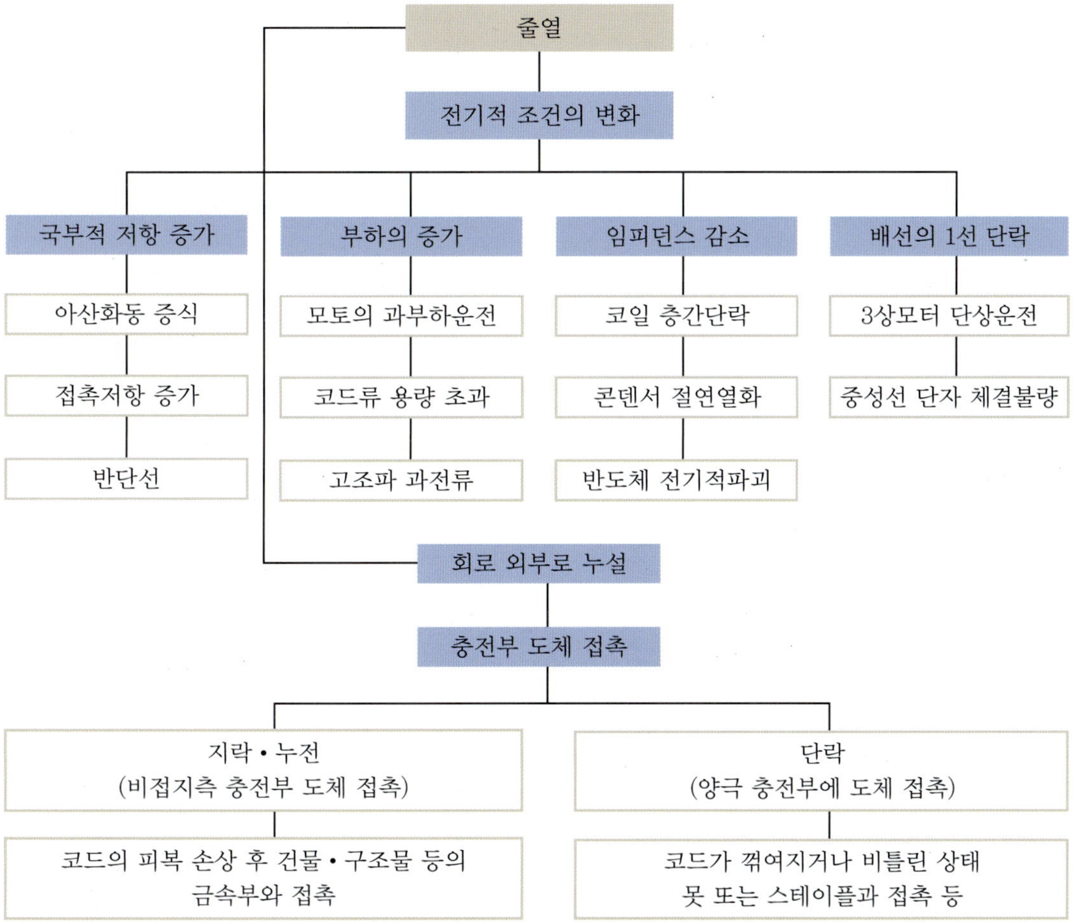

〈그림 4-38〉 줄열에 의한 화재발생 메커니즘

줄열로 인해 화재가 발생하는 경우를 보면 전선의 절연피복에 직접 착화하는 경우도 있지만 일반적으로 먼저 절연피복이 열에 연화(軟化)되고 용융이 진행되면서 종국에는 두 선이 맞닿게 되면서 단락을 일으킨다. 또한 단락 시 발생하는 아크불꽃은 가연성 가스나 기체에 손쉽게 착화하기도 하지만, 순간적으로 구리의 소선이 녹으면서 구형(球形)의 입자가 비산하는데 이 입자가 면(綿)이나 먼지 등 착화하기 쉬운 가연물에 떨어지면 화재로 진전될 수 있다.

❸ 통전입증과 물리적 흔적의 구분

(1) 통전입증(通電立證)

전기화재로 접근하기 위한 선결요건은 통전입증에 달렸다. 발화지점 근처에 전기배선이나 장치가 있다고 하여 화재가 반드시 전기로 인해 유발되었다는 것을 의미하는 것은 아니다. 종종 화염은 발화원과 관계없이 전선의 절연피복을 손상시키거나 발화원으로 오인할 만큼 파괴시킨다는 특성을 유념하여 주위 조건과 상태를 자세히 평가하여 조사해야 한다. 전선 말단에 생성된 단락흔이 화재원인을 입증해 준다고 생각하는 것은 전선 단면에만 의존한 편견일 수 있기 때문이다. 과부하, 합선, 접속부 과열 등은 열이 전선의 최고 허용온도를 초과하거나 절연재가 열화되어 순간적으로 두 개의 도체가 닿아 발화되는 현상이다. 이러한 이유 때문에 발굴조사를 진행하면서 전선이 두 가닥 가운데 하나에서만 단락흔이 인식된다면 전기에 의한 기능성보다는 다른 이유를 검토해 볼 필요가 크다고 보아도 무방하다. 하나의 단선만이 독립적으로 발화를 일으키는 경우는 반단선이나 트래킹 현상과 같이 특별한 경우가 아니면 확률적으로 발화가 어렵기 때문이다. 그러나 반단선이나 트래킹 현상도 한쪽에서 발화가 개시되면 인접한 도체에 급속히 화염이 옮겨가기 때문에 종국에는 두 개의 전선에서 단락흔이 생길 확률이 높아지게 된다.

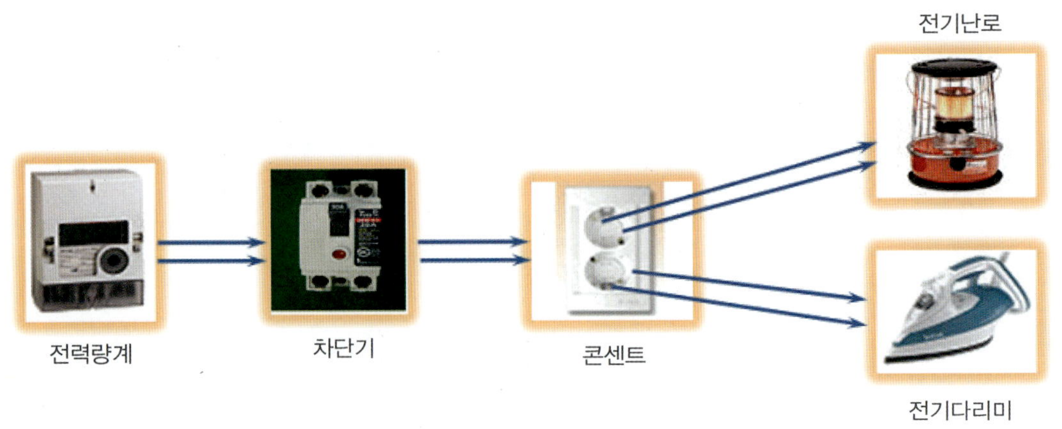

〈그림 4-39〉 옥내 인입전선 계통도

〈그림 4-39〉은 일반적인 옥내 인입배선의 계통도를 보여주고 있다. 통전상태였음을 입증하기 위해서는 전력량계를 거쳐 들어온 분전반의 차단기가 ON상태 또는 트립(Trip)상태로 확인되고 전기난로나 전기다리미의 플러그가 콘센트에 접속된 상태임을 확인하여야 한다. 동시에 전기난로와 다리미가 사용 중이었음을 기기의 상태로 판별해내야 한다.

통전입증 방법은 부하 측으로부터 순차적으로 실시하는 것이 원칙인데 어느 특정한 기기에서 단락흔이 식별되면 화재 당시 그 기기가 있었던 지점만큼 전기가 공급된 것으로 그 지점으로부터 전원측까지의 확인조사는 배제가 가능한 것이다. 주의할 점은 단락흔이 발견되더라도 가장 가까운 가연성 물질을 발화시키기에 충분한 열과 온도가 뒷받침되었는지 논리가 분명하여야 한다. 예를 들면 아크로 발생한 순간 온도는 매우 높지만 그 시간이 매우 짧고 한정되어 있어서 목재와 같은 고체에는 발화가 일어나기 어렵지만 가연성 증기 또는 솜이나 화장지, 분진덩어리 등은 질량에 비해 표면적이 넓기 때문에 상대적으로 발화가 쉽게 일어날 수 있게 된다.

보충학습   통전입증 방법

- 현장조사는 부하 측에서 전원 측으로 순차적으로 확인한다.
- 분전반의 차단기 상태를 확인한다.
- 플러그 및 콘센트 등 접속기구와 배선상태를 확인한다.
- 전열기기를 비롯한 각종 전기기구류의 부하측 상태를 확인한다.

(2) 누전차단기와 배선용 차단기

1 누전차단기(ELB, Earth Leakage Circuit Breaker)

전로 또는 전기기기 내부에서 충전부와 대지 사이의 절연불량이나 아크발생 등으로 대지와 전기적으로 연결되면 정규의 폐회로 이외의 곳으로 전류가 흐르거나 전기기기의 외함 등에 위험한 전압이 걸리게 되며, 이에 접촉하게 되면 감전사고가 일어나게 된다. 또한 직접 활선에 닿아서 감전사고를 일으키는 경우도 있다. 이와 같이 누전사고가 발생했을 때 지락전류에 의한 감전, 화재와 기기의 손상 등을 방지하기 위해 설치하는 것을 누전차단장치라고 하며, 이를 일체화하여 제작한 것을 누전차단기라고 한다.

동작원리에는 전압동작형과 전류동작형이 있는데 국내에서는 전류동작형이 주로 사용되고 있다.

동작시험은 시험버튼으로 하는데 버튼의 색상이 청색 혹은 녹색이면 누전만을 차단하며 과부하 시에는 차단되지 않으며 적색버튼이면 누전과 과부하를 동시에 차단하는 기능을 갖고 있다.

❶ 누전차단기의 성능
- 부하에 적합한 정격전류를 가질 것
- 전로에 적합한 차단용량을 가질 것

- 누전차단기와 접속되어 있는 각각의 전기기구에 대하여 정격 감도전류는 30mA 이하 이며, 동작시간은 0.03초 이내일 것
- 정격 부동작전류가 정격 감도전류의 50% 이상이어야 하고, 이들의 전류치가 가능한 한 작을 것
- 절연저항이 5MΩ 이상일 것

② 누전차단기의 동작 여부를 확인하는 방법
- 전동기계 · 기구를 사용하려는 경우
- 누전차단기가 동작한 후 재투입하려는 경우
- 전로에 누전차단기를 설치한 경우

③ 누전원인
- 가전제품에 의한 누전(세탁기, 냉장고, 정수기, 수족관 등)
- 습기 침투에 의한 누전(결빙, 전기 기구에 습기 유입 등)
- 콘센트에 의한 누전(기구부착 불량, 이물질의 생성 등)
- 선로 이상에 의한 누전(전선의 노후, 절연파괴 등으로 누전점 발생 등)

④ 누전차단기를 설치하지 않아도 되는 경우
- 이중 절연구조의 전기기구
- 비접지 방식의 전로에 접속하여 사용하는 전기기구
- 절연대 위에서 사용하는 전기기구

② 배선용 차단기(No Fuse Breaker)

NFB(No Fuse Breaker)는 배선용차단기(MCCB : Molded Case Circuit Breaker)의 다른 명칭으로서 개폐기구, 트립장치 등을 절연물 용기 내에 일체로 조립한 것으로 통전상태의 전로를 수동 또는 전기 조작에 의해 개폐할 수 있으며, 과부하 및 단로 등의 이상 상태 시 자동적으로 전류를 차단하는 기구를 말한다. 배선용 차단기는 교류 600V 이하 또는 직류 250V 이하의 저압 옥내전로의 보호에 주로 사용되며 소형이고 조작이 안전하며 퓨즈를 끼우는 등의 수고가 없기 때문에 종래의 나이프 스위치와 퓨즈를 결합한 것을 대신하여 널리 사용되고 있다.

배선용 차단기의 절연물은 열경화성 수지로 멜라민 수지류, 에폭시 수지류, 요소 수지류 등을 사용하고 있는데 열경화성 플라스틱은 내열성이 우수하고 화재로 인한 부피의 수축현상이 없어 일정시간 견디는데, 500℃를 전후하여 탄화되기 시작한다. 화재의 최성기를 보통 1,200~1,500℃로 볼 때 차단기 내부의 금속 핀은 강철 합금으로 되어 있고 1,700℃를 전후하여 용융되기 때문에 절연물이 손상되더라도 금속 핀의 위치를 관찰하면 사용 여부를 쉽게 확인할 수 있게 된다.

손잡이가 탄화되면 조그만 접촉에도 쉽게 부스러지거나 조각이 뜯겨 나가게 되지만 금속 핀의 위치는 변형이 없으므로 핀이 안쪽으로 들어가 있으면 ON 상태를 나타내는 것이고 밖으로 튀어 나와 있으면 OFF 상태를 나타내는 것이다.

손잡이를 위로 ON하면 금속 핀이 단자를 누르면서 안쪽으로 들어간다.

손잡이를 아래로 OFF하면 금속 핀이 해제되면서 밖으로 튀어 나온다.

배선용 차단기의 사용목적	누전차단기의 사용목적
• 과부하차단 • 단락차단	• 접지전류차단 • 과부하차단 • 단락차단

〈그림 4-40〉 배선용 차단기의 트립상태

◎ 예제   아래 그림과 같이 주택에 분전반이 설치되어 있을 경우 누전차단기의 용량이 50A/30mA이고 각 배선용 분기 차단기의 사용전류가 30A/30mA라고 할 때, 전기화재가 발생하였으나 분기차단기는 트립(trip)되거나 OFF되지 않고 메인 누전차단기만 트립된 경우 생각해 볼 수 있는 가능성은?(배선용 차단기가 trip 되지 않는 이유에 대한 문제임)

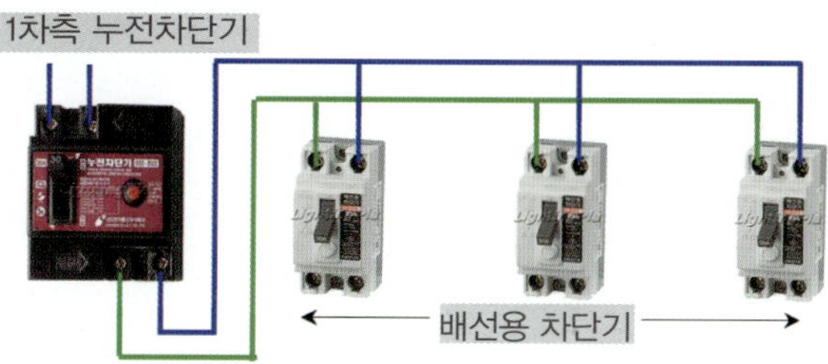

풀이 분기된 각각의 차단기가 30A 이하인 경우 즉, 전기화재를 일으킨 사용전류가 허용전류 이하라고 가정하면(예를 들면 20A) 분기차단기는 떨어지지 않고 메인 누전차단기만 트립(trip)된다. 예를 들어 30A 측 1번 차단기에 15A, 2번 차단기에 20A, 3번 차단기에 20A가 걸리면 30A 차단기의 용량을 넘어서지 않아 트립되지 않지만 각 차단기의 합이 50A를 넘어서기 때문에 메인 차단기에서만 트립이 발생할 수 있다.

(3) 플러그와 콘센트의 손상형태

❶ **플러그 핀** : 플러그는 콘센트와 일체(一體)를 이뤄 사용하는 전기기구에 속한다. 모든 전기기기는 사용방법에 따라 차이가 조금씩 다르지만 플러그 핀이 몸체에 포함되어 있다. 이 금속핀은 콘센트와 한 세트를 이뤄 통전이 이루어질 때 비로소 발열작용이 일어나는데 플러그의 금속핀과 콘센트의 금속 핀받이와의 접촉면은 과열, 불완전접촉, 과부하 등 이상발열 현상 시 뚜렷한 경계면이 형성되는 변색흔을 나타낸다. 플러그와 콘센트는 항상 꽂혀 있는 것이 아니라 용도에 따라 접속과 해제를 수없이 반복하여 사용하기 때문에 체결이 불완전하거나 느슨해지면 눈에 보이지 않는 방전현상이 초기부터 끊임없이 되풀이 되고 시간이 경과하면서 양 단자 간에 불꽃방전에 이르는 발화현상으로 이어지게 된다. 이때 플러그 핀은 출화과정에서 용융되어 금속의 일부가 패이거나 소실된 형태를 보이고 산화되면서 금속 단면이 소실되는 경우도 발생한다.

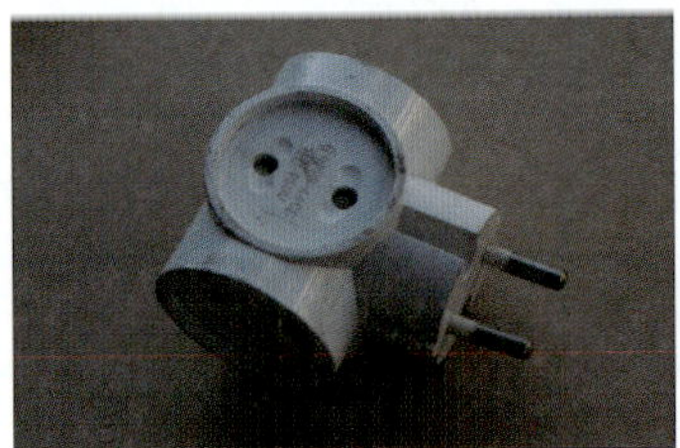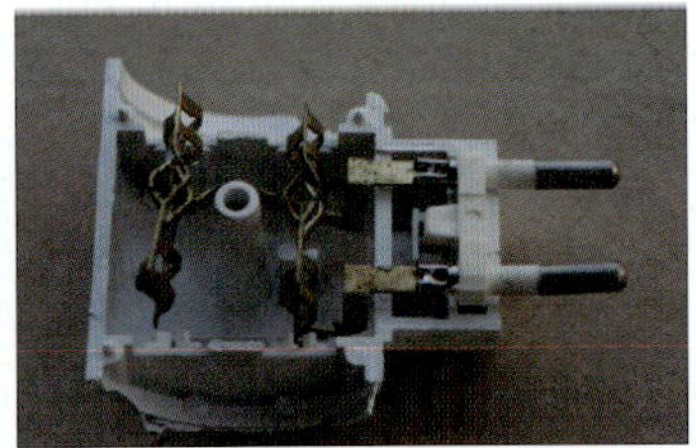

〈그림 4-41〉 **콘센트 일체형 플러그 외함 및 금속 핀 내부 연결구조**

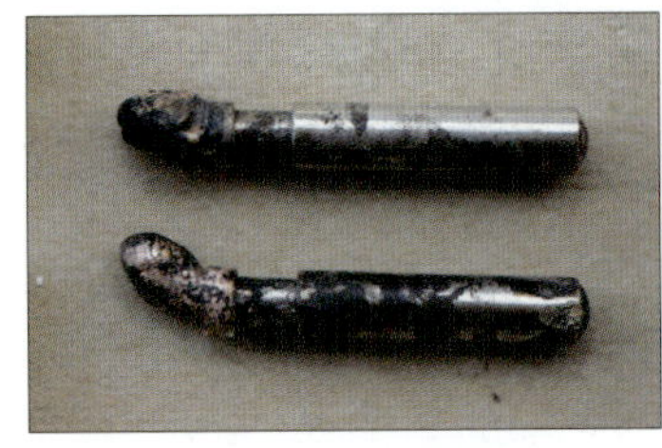

〈그림 4-42〉 **플러그 핀의 변색 및 용융형태**

　　플러그 핀의 변색은 콘센트와 접속된 상태로 순간적인 불꽃방전이 2,000~3,000℃에 이르기 때문에 금속의 일부가 조각난 상태로 이탈되는 것이며, 이때 플러그의 몸체에 짙게 퍼져나간 푸른 빛깔의 색상이 착색되기도 하는데 닦아내더라도 지워지지 않는다. 또한 플러그의 단면이 크지 않기 때문에 수거과정에 세심한 관찰과 주의를 요한다.

〈그림 4-43〉 플러그 핀의 산화 및 용융형태

❷ **콘센트(플러그 핀의 금속받이)** : 콘센트와 플러그의 관계는 전기를 공급하느냐 또는 공급받느냐의 관계로 성립되는데 전기를 흘려 보내주는 배선 상에서 가장 취약한 부분이 접속부분이다. 특히 이러한 부분을 되풀이하여 접속과 해제를 반복하게 되면 헐거워지기도 하고 간극이 넓어지면서 그 사이로 공기가 들어가게 된다. 공기와 콘센트 도체 면과의 접촉은 콘센트 금속면의 산화를 촉진시키고 전기저항을 올라가게 해 주위온도를 상승시킨다. 저항이 올라가면 줄열의 상승을 일으키고 화재로 이어질 공산이 매우 높아지는 것이다.

〈그림 4-44〉 콘센트 접촉면 부분의 용융 및 소실형태

콘센트와 금속받이는 플러그가 접속된 상태였다면 화재가 발생한 이후에도 열림상태로 존속하게 된다. 설령 플러그가 소실되었거나 빠져 나갔더라도 열림상태는 지속되는데 플러그가 꽂혀 있던 상태에서 열을 받으면 콘센트가 지니고 있던 고유의 탄력성을 잃어버리고 복원력이 원상태를 유지할 수 없기 때문이다. 또한 복원력은 잃어버렸지만 화재 당시 플러그가 꽂혀 있었다면 연기 등 오염물이 침투할 공간이 없기 때문에 비교적 깨끗함을 유지하고 있으며 플러그가 빠져 나간 이후에 열을 받게 되면 연기 유입 등으로 오염물질이 남아 있게 된다. 결국 콘센트와 플러그의 사용 여부는 금속받이의 탄성력 등으로 확인할 수 있다.

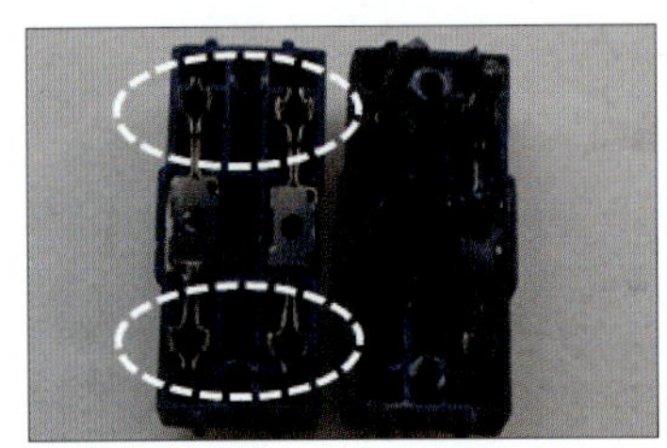

〈그림 4-45〉 콘센트 금속받이의 열림상태(원형 점선)

보충학습 ▌ 플러그와 콘센트의 접속상태로 인한 발화 시 특징

- 플러그 핀이 용융되어 패여 나가거나 잘려나간 흔적이 남는다.
- 불꽃방전 현상에 따라 플러그 핀에 푸른색의 변색흔이 착상되는 경우가 많고 닦아 내더라도 지워지지 않는다.
- 플러그 핀 및 콘센트 금속받이가 괴상형태로 용융되거나 플라스틱 외함이 함몰된 형태로 남는다.
- 콘센트의 금속받이가 열린 상태로 남아 있고 복구되지 않으며, 부분적으로 용융되는 경우가 많다.

(4) 전기적 용융흔의 종류

1 단락의 발생요인

단락(短絡, short circuit)이란 전위차를 갖는 회로상의 두 부분이 피복의 손상 등의 이유로 전기적으로 접촉되는 현상을 말한다. 이때 접점에서는 과량의 전류가 흐르게 되어 발열이 발생하고 그 증상이 확대된 경우 화재로 확산되는 것이다. 단락의 발생요인으로는 다음과 같이 3가지가 있다.

❶ **전선에 외력이 가해져 절연피복 손상** : 장롱, 진열장 등 중량이 무거운 물체에 의한 압박이나 벽체 등에 스테이플러로 전선을 고정할 경우 나타나는 접촉손상, 구부러지거나 꺾여진 곳에서 반복적으로 가해지는 비틀림 또는 굽힘 현상으로 인한 파손, 금속재와 맞닿은 상태에서 절연피복의 열화 촉진 등으로 단락이 진행되는 경우가 있다.

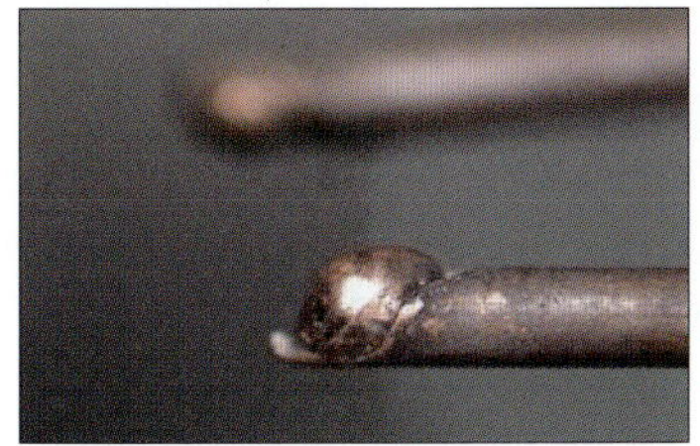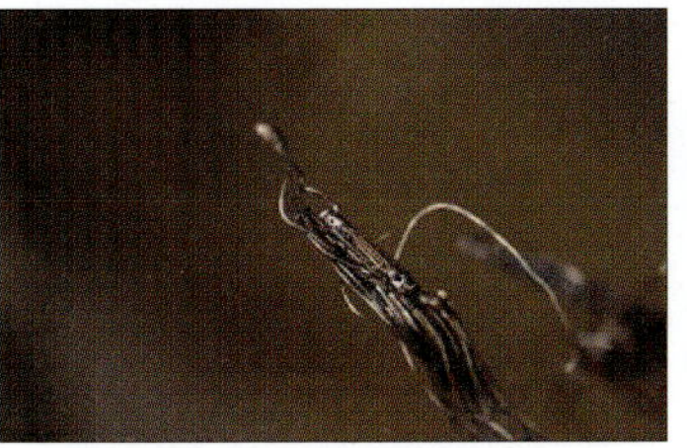

〈그림 4-46〉 전선에 하중이 가해져 발생한 단락흔적

❷ **접촉불량 등 국부발열에 따른 단락** : 연선이나 단선 등 전기배선끼리의 접속이 헐겁거나 비전문가 수리에 의해 배선 접속방법이 엉성하면 배선상호간 기밀성과 견고함이 취약해진다. 빈번한 굴곡에 의해 발생하는 반단선 부분은 전선이 국부적으로 발열하여 배선의 절연성능을 현저하게 저하시키고 단락으로 이어지게 한다.

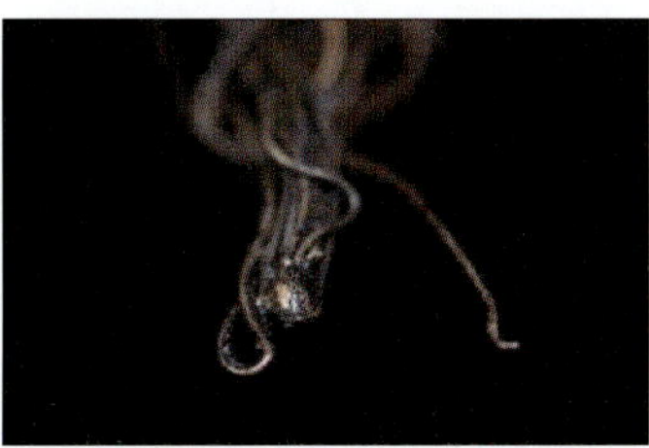

〈그림 4-47〉 접촉불량 등에 기인하여 발생한 연선의 단락흔적

❸ **화재열 등 외부 열에 의한 단락** : 전선에 외력이 가해져 절연피복이 손상되거나 접촉불량 등 국부발열에 따른 단락은 발화와 직접 관계된 현상으로 1차 단락흔으로 구분하고 있으며, 발화 후 통전상태에서 화재열 등에 의한 단락은 2차 단락으로 구분하고 있다.

〈그림 4-48〉 화재발생 후 2차적으로 형성된 단락흔적

보충학습 **'무부하 통전상태'에서의 발화가능성**

전선 피복은 PVC, 가소제, 충전제($CaCo_3$), 안정제 등으로 구성되어 있다. 열이 가해지면 온도에 대한 반응 속도가 가장 빠른 PVC가 먼저 열분해를 시작한다. 전선피복의 열화 진행에 따라 점차 용융·변형하여 원소의 결합에너지보다 열에너지가 커지면 분자구조가 해리(解離, dissociation)하여 가스가 발생한다. 가해지는 열에너지가 결합에너지보다 커지면 결합에너지가 작은 것부터 점차 고리가 끊어지는 것으로 가정하면 다음과 같이 된다.

ⓐ C–Cl 절단 : 우선 C–Cl 절단이 일어나서 Cl_2 가스가 발생된다.

ⓑ C–H 절단 : C–H절단에 의거 H_2O와 HCl이 발생하며, 염화수소는 다음과 같은 반응을 한다.

$$CaCO_3(충전제) + 2HCl = CaCl_2 + H_2O + CO_2$$

이 결과 무기질의 탄산칼슘이 흡습성이 강한 염화칼슘으로 변질된다.

ⓒ C–C 절단 : 온도가 더 올라가면 PVC의 골격 C–C 절단이 시작되어, 온도가 높은 경우에는 그 일부가 산소와 결합하여 CO_2가스가 된다.

즉, 열분해과정에서 발생하는 HCl과 충전제인 $CaCO_3$이 반응하여 흡습성인 $CaCl_2$가 발생하며 $CaCl_2$가 생기면 주변의 수분을 빨아들여 부하가 없는 상태(전압만 걸려있는 상태)에서도 합선되게 된다.

② 용융흔의 종류

통전상태로 배선상에서 화재가 발생하면 단락이 발생하는데, 단락 이후 단선된 부분을 살펴보면 비교적 둥근 망울모양의 용융흔적이 남는다. 단락에 의한 망울형상은 단락 시 온도가 순간적으로 올라가기 때문에 둥근 망울이 매우 반짝거리는 형태로 남겨진다.

전기적 단락이 아닌 상태로 화재열에 의해서도 용융흔은 생기는데, 이를 보통 열흔이라고 하며 상대적으로 광택이 없고 단면이 거칠다.

❶ **1차 단락흔(primary arc mark)** : 1차 단락흔이란 화재가 발생하게 된 원인을 제공한 전기적 용융흔이다. 물리적인 하중에 눌려 절연이 손상된 상태로 출화가 촉진된 것과 전선 열화에 의해 선간 접촉을 일으켜 불꽃방전에 의해 화재로 발전된 경우가 여기에 속한다. 선간 접촉은 순간적으로 높은 열에너지를 방출하지만 무제한적으로 큰 전류가 흐르는 것은 아니기 때문에 단락이 발생하더라도 그것이 발화로 이어지는 경우는 확률적으로 오히려 낮다고 할 수 있다. 그러나 가연성 기체와 중량 대비 공기와의 접촉면적이 상대적으로 넓은 먼지, 분진류, 꽃가루 덩어리 등에는 충분히 착화할 수 있다. 형상이 둥근 망울형태를 지니고 있으며 반짝거리는 광택이 있어 외형상 2차 용융흔과 구별이 가능하고 판별이 되는 경우가 있다.

또한 일반적으로 탄소가 검출되지 않는 경향이 있으며 큰 보이드(Void)가 용융흔 중앙에 생기는 경우가 많다.

❷ **2차 단락흔(secondary arc mark)** : 2차 단락흔은 통전상태에 있던 전선이 화재열에 의해 서로 접촉이 이루어져 단락흔을 발생시키는 경우를 말한다. 통전상태에서 발생하기 때문에 자칫 1차 단락흔으로 오인할 수도 있어 주의를 요하는데 둥근 망울형태를 띠기도 하지만 용융흔에 광택이 없고 물방울이 떨어져 흘러내리듯이 용적(溶滴)상태를 보이기도 한다.

1차흔과 달리 탄소가 검출되는 경우가 많고 일반적으로 미세한 보이드(Void)가 많이 생긴다.

❸ **열흔** : 전기에너지와 관계없이 외부 화재열에 의해 전선상에 나타나는 흔적을 열흔이라고 구분하고 있다.

통전상태에 있지 않은 전선이 열의 영향으로 용융되며 끊어지는 현상으로, 엄밀하게 말하자면 단락이나 단선과도 구별된다.

1차 단락흔	• 화재원인이 된 단락 • 대기의 산소농도가 양호한 상온에서 발생 • 내부적인 열 영향으로 발생, 절연피복에 의해 산소가 차폐된 상태에서 용융 • 형상이 둥글고 광택 있음. • 일반적으로 탄소는 검출되지 않음. • 금속현미경으로 관찰 시 큰 보이드(Void) 생성
2차 단락흔	• 통전상태에서 화재의 열로 인해 절연피복이 소실되어 생기는 단락 • 주변 산소농도가 어느 정도 떨어진 고온의 연소가스 분위기에서 발생 • 광택이 없고 용적상태를 보이는 경우가 많음. • 탄소가 검출되는 경우가 많음. • 외열에 의해 절연피복이 소실된 이후 구리선이 산소 중에 노출된 상태에서 용융 • 미세한 보이드(Void)가 많이 생김.
열흔	• 비통전상태에서 화재열로 용융된 흔적 • 용융된 범위가 넓음. • 가늘고 거친 단면을 보임. • 아래로 처지거나 끊어진 형태

보이드(Void)의 발생 메커니즘

단락과 동시에 대기 중의 산소가 용융흔 등에 흡수되었다가 냉각 시에 다시 가스가 되어 분리될 때 발생한다. 외부 화염에 의한 단락은 주위 온도가 높아 냉각속도가 느리기 때문에 작은 보이드가 용융된 부분 전체에 존재하는 경우가 많다.

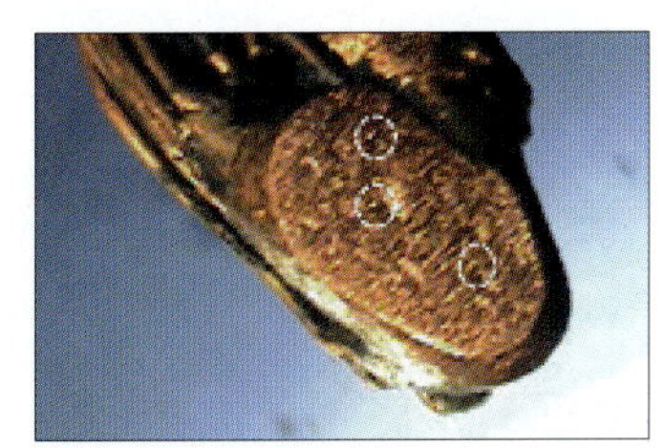

〈그림 4-49〉 전기적 단락흔의 구분

④ 전기화재의 출화형태

(1) 과부하

전선은 절연내력 및 최고 허용온도에 따라 안전하게 전류를 흐르게 할 수 있도록 최대 전류가 정해져 있다. 이것을 허용전류라고 하며, 전선의 물리적인 성질 및 전선의 시설상태에 의하여 값이 결정된다. 전기배선 이외에 전기부품이나 전기기기에서도 지정된 조건하에서 그 부품 및 기기를 사용할 수 있는 한도가 정격으로 정해져 있는데 정격전류, 정격전압 및 정격시간 등의 값을 초과한 경우를 과부하라고 한다.

문어발식 배선 등으로 인한 과부하, 전선이 길다고 하여 묶어 사용하는 행위 등은 전류가 전선의 정격용량 이하로 흘러도 방열불량으로 인해 과부하가 발생하게 한다. 문어발식 배선을 과부하로 오인하는 경우도 있는데 문어발식 접속을 하더라도 전원의 분기차단기 용량을 초과할 수 없기 때문에 문어발식 접속이 곧 과부하라고 단정할 수는 없지만 전기기기의 소비전력을 정확하게 알지 못하는 상황이라면 과부하에 따른 기기의 손상은 물론 화재의 가능성이 높아질 수밖에 없다.

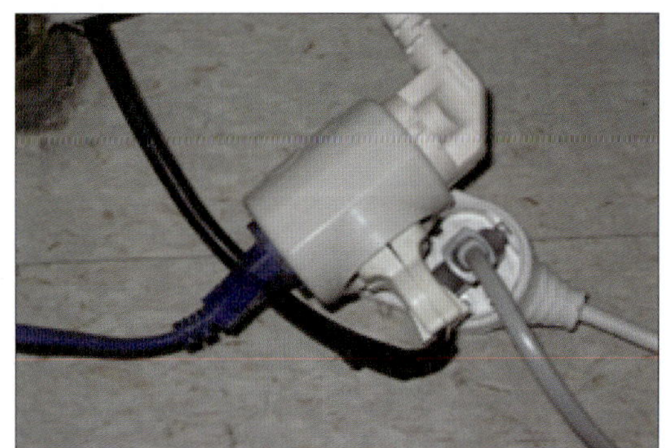 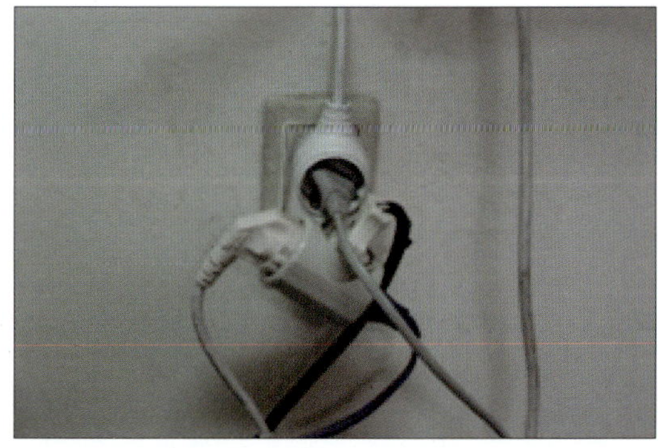

〈그림 4-50〉 **문어발식 콘센트 접속 형태**

그림과 같이 콘센트 리셉터클(receptacle)을 이용하여 4개 이상의 플러그가 접속된 경우 회로의 총 전류크기는 회로에 접속된 각 전기기구 전류크기의 총합이다. 판단해야 할 문제는 전선이 과부하를 유발했는지에 대한 검토이다. 플러그마다 연결되어 있는 총 부하량을 산정해 보아야 하며, 배선상의 허용전류를 따져 보아야 하는 것이다. 허용전류에 미달되는 전선을 사용하였거나 방열조건의 불량, 부하기기의 과다사용 등으로 배선상의 절연이 파괴되면 피복이 녹으면서 구리 동선에 융착되기도 하며, 독특한 단락흔이 생성되기도 한다.

〈그림 4-51〉 과부하에 의한 단락흔 형성 및 배선에 융착된 연선의 형태

1 과부하의 원인

❶ 전선의 과부하 : 전선에 과부하가 걸리는 주된 이유는 사용하는 부하의 총합이 전선의 허용전류를 넘는 경우를 말한다. 또한 허용전류 이하더라도 다음과 같은 경우에는 과부하 상태가 된다.

- 이부자리, 장롱 아래 및 바닥면 단열재 사이에 전선이 깔려있는 경우
- 전류감소계수를 무시한 금속관 배선 및 경질비닐관 배선을 사용한 경우
- 코드를 감거나 말은 상태에서 코드의 허용전류에 가까운 전류를 보낸 경우
- 꼬아 만든 전선의 소선 일부가 단선되어 있는 경우 등

❷ 전기부품 및 기기의 과부하 : 저항기, 다이오드, 반도체, 코일, 콘덴서 등의 전기부품은 일정한 저항 임피던스를 갖고 있다. 이것들의 전기부품이 전기적으로 파괴(임피던스 감소)되면 전류가 증가하여 그 영향이 다른 부품의 정격을 넘는 형태(과부하)로 나타나는 경우가 있다. 또한 전동기를 가지는 기기로서 전동기의 회전이 방해되는(기계적 과부하) 경우와 권선에 정격을 넘는 전류가 흘러 전기적으로 과부하 상태가 되는 경우도 있다.

2 출화기구

전선과 코일의 절연피복, 비닐 및 에나멜(enamel)의 허용온도는 발화온도에 비하면 훨씬 낮기 때문에 허용전류를 조금 넘겨 사용하더라도 즉시 출화하는 경우는 매우 희박하다. 그러나 장시간 이러한 상태가 지속되면 서서히 피복이 열화를 일으켜 마침내 분해가스가 발생하게 되고 선간 단락을 일으켜 출화에 이르게 된다. 과부하에 의한 전선의 출화형태는 단락출화의 형태를 나타내는 것이 대부분이고 단락 발생 이전에 그 개소의 절연물이 탄화되고 있는 경우가 많기 때문에 용융흔 자체를 구별하기 어려운 경우도 있다.

❸ 과부하가 의심되는 경우의 조사 요점

과부하가 의심되는 경우에는 전선의 허용전류와 회로의 통전유무, 부하의 크기, 배선의 연결상태, 코드류의 사용상태 등을 확인한다. 이 가운데 한 개라도 해당하는 것이 있다면 일단 과부하를 의심해볼 필요가 있으며 필요하다면 재현실험을 통해 입증자료를 구체화한다. 기계적 손상이 없는 전선은 보통 국부적으로 손상되는 특징이 있는데 이부자리나 진열장 아래 감아놓은 전선 등 비교적 방열조건이 열악한 곳에서 발생하기 쉽다. 방열조건에 차이가 없을 때는 전체적으로 절연피복이 녹아내리거나 손상을 받으며 배선상에 용융흔을 남기기도 한다.

〔표 4-6〕 과부하 조사 요점

조사 요점	과부하 특징
• 회로의 통전유무 • 허용전류 확인 • 부하의 크기 • 배선연결 상태 • 코드의 상태	• 국부적인 연소 • 방열조건이 안 좋을 때 쉽게 발생 • 전체적으로 배선이 녹아내리거나 용융흔 발생

◎ 예제　아파트에서 화재가 발생하였다. 발굴조사를 통해 확인해 보니 4구형 멀티탭에는 전자레인지(900W)와 다리미(1,500W), 커피포트(950W), 난방용 온풍기(1,100W)가 각각 접속되어 사용 중이었고 멀티탭의 용량은 220V/15A였다. 전기적 원인으로 생각해 볼 수 있는 것은?(현장에서 과부하 판단방법에 대한 문제임)

풀이　900W+1,500W+950W+1,100W = 4,450W이므로 4,450W/220V = 20A로 정격전류값(15A)을 초과하였으므로 과부하의 가능성이 높다.

(2) 반단선(半斷線)

반단선이란 전선의 소선(素線) 중 일부가 절연피복 내에서 단선되고 그 부분에서 단선과 이어짐이 반복되는 상태 또는 완전히 단선되지 않을 정도로 소선의 일부가 남아 있는 상태이다. 반단선 상태에서 지속적으로 통전이 이루어지면 반단선 개소의 저항치가 증가하여 국부적으로 발열량이 커지며 스파크에 의해 전선의 피복 또는 주위 먼지 등에 착화가 이루어진다.

반단선이 생성되는 이유는 다리미, 청소기, 헤어드라이어 등 전기를 소비하는 기기들을 자주 이동하면서 사용하는 과정에서 플러그를 콘센트에 접속과 해제를 반복하는 경우 연선에 기계적으로 반복된 인장력이 작용하여 심선을 구성하고 있는 소선 중의 일부가 단선되는 것이다. 또한 연선을 구성하는 전기 동 재료의 순도가 낮거나 열을 장기간 받게 되면 소선의 연성이 부족하게 되고 작은 외력으로도 부분적인 단선이 발생하게 된다.

특징으로는 통전 시 단선부분에 저항이 증가되어 국부적인 발열이 발생하게 되고, 과부하가 아닌 경우에도 반단선 부분의 열화가 급격하게 진행되어 전선의 단락이나 화재로 이어지게 된다. 일반적으로 소선의 10% 이상이 단선되면 급격하게 단선율이 증가하는 것으로 알려져 있다.

〈그림 4-52〉 이어짐과 끊어짐이 반복된 소선의 반단선 형태

1 출화기구

반단선이 생기더라도 과부하나 누전이 아니기 때문에 배선용 차단기나 누전차단기는 바로 동작하지 않으며 출화에 이르러 본격적으로 절연피복에 착화가 개시되어 두 개의 도선이 단락될 때 비로소 차단기가 작동한다. 따라서 반단선은 무부하 상태에서도 손쉽게 발생할 수 있다. 또한 화재가 발생하기 전이라도 선간 접촉으로 이어짐과 떨어짐이 반복되기 때문에 소선의 일부에서 용융흔이 만들어지기도 한다. 소선의 각 끝에 남겨진 용융흔은 보통 육안으로도 식별이 가능하다.

반단선이 생기는 개소 및 특징
❶ 코드나 플러그의 접속부분으로 굽힘력이 작용하는 부분
❷ 콘센트와 플러그의 접속과 해제가 반복되는 전기기구류의 배선
❸ 용융흔은 큰 덩어리 형태 또는 수 개의 작은 용융흔이 생성

2 반단선이 의심되는 경우의 조사 요점

반단선이 생긴 부분은 부하를 사용하고 있을 때는 물론 절연피복 내부의 흑연화가 진행되어 선간에서 전류가 누설되면 무부하 상태라도 출화한다. 따라서 부하전류가 흐르지 않음에도 불구하고 전선의 단선개소에서 출화흔적이 보이면 반단선에 의한 화재를 충분히 의심할 수 있다.

부하의 상태를 확인하고 출화흔적이 남겨진 곳에 소선의 단락흔과 가연물의 착화관계를 살펴보면 입증이 가능해진다.

(3) 트래킹(Tracking)

트래킹 화재의 대부분은 절연물에 이물질이 개입되어 발생하는 것이다. 즉, 대기 중의 습기가 고이거나 물방울 등이 낙하하여 콘센트나 차단기 등에 자리를 잡을 경우 이러한 현상이 발생할 가능성은 매우 높아진다. 차단기와 같이 서로 다른 이극 도체 간에 소금물이나 분진류 등을 통해 전류가 흐르게 되면 소규모 방전이 일어나는데 이것이 반복되면 차단기의 절연물 표면에 도전 통로(Track)가 형성되어 출화에 이르게 되는데 이 현상이 트래킹(Tracking)이다.

🟧 트래킹 현상이 발생하기 쉬운 환경적 조건

❶ 습기가 많거나 수증기 발생 등으로 결로(結露)가 발생할 우려가 있는 음식물 가공공장, 세탁소 및 옥외 노출된 배전반함 등
❷ 솜 가공, 쓰레기 처리시설 등 분진류가 있는 공장 내부 콘센트 접속부분
❸ 장롱 또는 진열장 등 가구류의 뒤쪽 벽면으로 먼지가 퇴적하기 쉬운 곳
❹ 열대어 등을 기르는 수족관 주변 전원 플러그 접속부분
❺ 온도변화가 심한 냉동창고 주변 컨트롤박스 및 플러그 접속부분

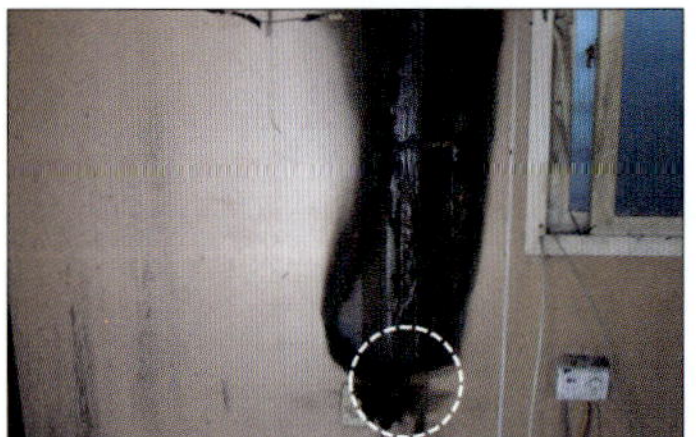

〈그림 4-53〉 각종 전기기구에서 발생한 트래킹 출화흔적

🟧 출화기구

차단기나 플러그가 접속된 콘센트 주변에서 불꽃이 발생하면, 표면의 유기절연재가 서서히 탄화되면서 흑연화되는 경향을 보인다. 그러나 불꽃의 생성만으로는 열용량이 작기 때문에 곧 냉각되며 전극 간의 절연파괴에까지 이르지 못한다. 그러나 일단 전극에 흑연의 도전로가 형성되면 이 부분을 통해 지속적으로 전류가 흐르게 된다. 흑연은 비금속으로 전기 전도도가 크지만 금속에 비해 고유저항이 크고 초기의 작은 전류라도 발열을 하며 발열에 의해 소실되는 순간에 불꽃을 발생시키기도 한다.

트래킹의 초기에는 전류가 작기 때문에 발열범위가 작고 절연재가 독립적으로 연소하는 것은 없으며 보다 깊게 심부(深部)를 향하여 무염연소의 상태로 현상을 진행시킨다. 그러나 이러한 과정이 일정단계를 거치게 되면 전류치와 발열량도 상당히 커지기 때문에 단번에 발화되어 독립화재로 이어지게 된다.

출화기구로는 벽면 매입형 콘센트와 플러그 사이 및 멀티탭에 플러그를 삽입한 상태로 장시간 일정 지점에 방치하여 사용하게 되면 발화요건을 충족시키게 된다. 또한 직사일광에 노출된 옥외 배전반과 차단기 등에서도 쉽게 출화가 일어난다.

보충학습 — 트래킹발생의 3대 조건

① 전기적인 열적(熱的) 스트레스가 존재할 것
② 습기나 먼지 등이 퇴적된 상태일 것
③ 절연재 사이 도전로가 형성되고 소규모 방전이 반복될 것

❸ 트래킹이 의심되는 경우의 조사 요점

도전로상에 흑연이 발생되었는지 수집한 탄화물의 저항을 테스터 등으로 측정하여 조사한다. 이때 목표치는 대략 $100\,\Omega$ 이하(테스터 봉의 간격은 약 10mm)이다. 그러나 흑연은 부스러지거나 작은 충격에도 소실되기 쉬우며 화재열로 생성될 수도 있기 때문에 탄화물의 저항측정만으로 트래킹에 기인한 것인지 단정하기 어렵다.

콘센트와 같은 배선기구는 주로 구석이나 가구 밑 등에 설치되어 먼지가 많이 쌓이며 먼지에 수분이 함유될 경우 (+)와 (−)극 사이에 수분에 의한 도전로(Track)가 형성되거나 미소 방전현상이 나타나고, 이때 흑연이 발생되어 전류가 통하게 되고 도전로가 형성된다. 이때 저항(R)이 증가되어 줄열$(Q = I^2Rt)$이 상승하고 상승된 열에 의해 발화점에 도달하면 화재로 발전한다.

트래킹에 의해 생긴 흑연은 전로와 가까운 기기의 내부, 배전선로 및 누전경로에 존재한다. 또한 트래킹에 의해 출화한 경우는 흑연부분에 전류가 흐를 때 발생하는 고열에 의해 도체에 용흔이 생겨 흑연부분이 깊게 타 들어가는 것이 보통이다. 단, 화재규모가 커지면 주위의 물질과 함께 소손형태도 강하게 나타나므로 깊게 연소한 흔적을 판별할 수 없는 경우도 있어 주의를 요한다.

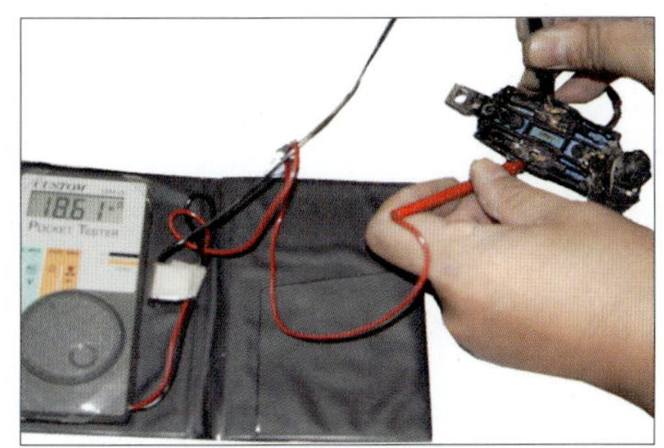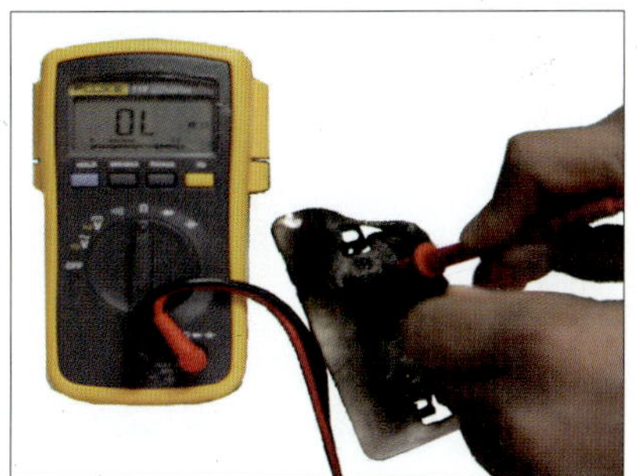

〈그림 4-54〉 저항값 측정으로 도전로 형성 여부 측정

(4) 단락

전압이 인가되어 있는 충전부에서 양극의 도체가 서로 접촉하거나 다른 도체와의 접촉으로 불꽃방전이 일어나는 것을 단락이라고 한다. 이 순간에는 순식간에 큰 전류가 흐르며 줄열이 상승하므로 착화가능한 물질만 주변에 있다면 충분히 착화할 수 있다. 단락은 화재열로 인해 2차적으로 손상된 것을 제외하면 양극의 전선에 물리적인 외력이 가해지거나 절연피복이 열화되어 단락되는 경우, 통전 중 한쪽 소선의 반단선 또는 접촉불량에 의해 국부적으로 발열하여 절연피복을 용융시키며 단락을 일으키는 경우일 것이다.

화재현장에서 가장 많이 발생하는 것으로 나타나고 있는 단락 출화의 종류는 다음과 같이 구별할 수 있다.

▮ 전선피복 손상에 의한 양극간 단락 종류

❶ 무거운 물건을 배선 위에 올려놓으면 발생하는 하중에 의한 짓눌림
❷ 배선상에 스테이플러나 못을 이용하여 고정
❸ 배선 자체의 열화 촉진으로 인한 선간 접촉
❹ 꺽여지거나 굽이진 굴곡부에 배선 설치
❺ 자동차의 진동이나 헐겁게 조여진 배선 방치
❻ 금속관의 가장자리나 금속케이스 등에 도체 접촉
❼ 쥐나 고양이 등 실지류에 의한 배선의 선촉 등

〈그림 4-55〉 굴곡부와 노후전선에서 나타나는 단락흔

▮ 단락 출화 시의 조사 요점

단락으로 인한 출화의 위험성은 있으나 단락 자체만 가지고 화재성격을 결정짓는 결정적인 단서는 되지 못한다.

따라서 현장에서 단락흔이 확인되더라도 전선의 배선경로와 취급상황, 발화개소의 소손상황, 용융흔의 형태 등 다른 요인과 결합시켜 판단하여야 한다. 특히 착화물의 성격과 관계를 주의 깊게 파악하여야 한다. 단락으로 발생한 열은 순간적으로 높은 온도일지라도 모든 가연물을 착화시키기에는 충분하지 않으므로 종합적인 판단이 뒷받침되어야 한다.

(5) 누전(漏電, electric leakage)

누전이란 절연이 불완전하여 전기의 일부가 전선 밖으로 새어 나와 주변의 도체에 흐르는 현상을 말한다. 오래된 노후전선의 절연이 불량하거나 어떤 원인에 의해 피복이 손상되어 발생하는 습기의 침입 등이 주된 원인으로 작용한다.

일반 가정에서 사용하고 있는 전기는 배전용 주상변압기에서 전압을 강하시켜 공급하고 있다. 이 변압기는 고압측(1차측)과 저압측(2차측)의 절연이 파괴되면 2차측 저압선로에 1차측 고압이 혼촉하여 전기기기가 손상되거나 인명사고가 발생할 위험이 있다. 이 때문에 일반적으로 배전용 주상변압기 저압측의 한 단자를 접지(제2종 접지공사)하는 방식을 채용하고 있다.

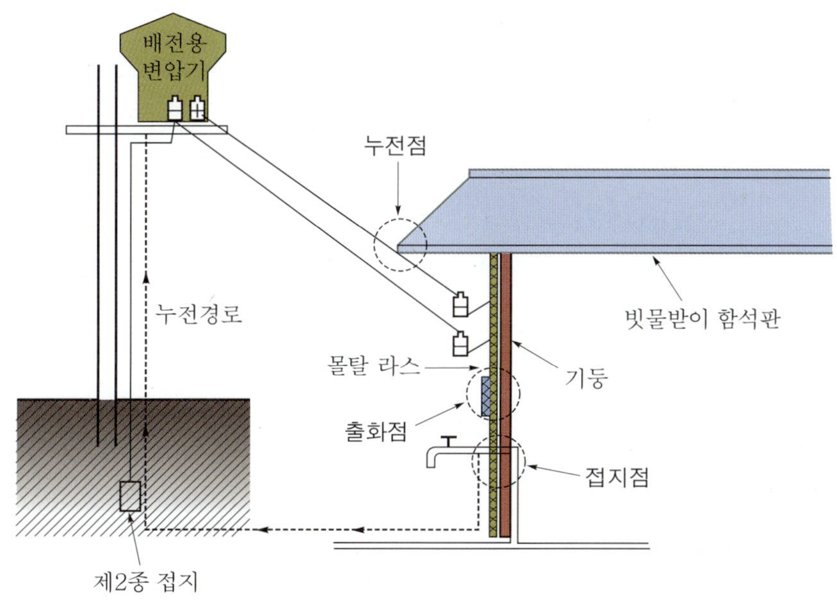

〈그림 4-56〉 누전화재 발생경로

〈그림 4-56〉과 같이 빗물받이 함석판과 몰탈 라스, 그리고 수도관이 접속되어 있는 건물에서 배전용 변압기에서 들어온 인입선의 1선(비접지측)이 빗물받이 함석판과 접촉하여 전선의 절연피복이 손상을 받아 누설되었다고 할 때, 전류는 접지도체인 수도관을 지나서 대지로 흘러 주상 변압기의 접지선을 통해 변압기로 되돌아가는 누전회로를 형성하게 된다. 그리고 이 누선경로 가운데 전류가 집중되어 저항이 비교적 큰 개소(함석판과 맞닿아 있는 몰탈 라스 이음매 부분)가 있으면 이 부분이 과열하여 출화에 이르게 되는 것이다.

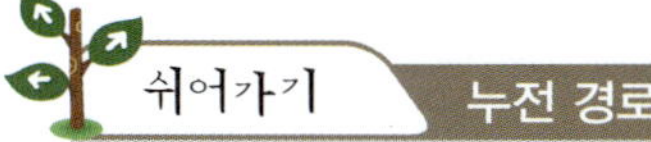

쉬어가기   누전 경로

배전용 변압기 2차측 → 인입선 → 누전점(빗물받이) → 출화점(몰탈 라스 이음매) → 접지점(수도관) → 대지 → 접지선

1 누전의 3요소(누전점, 출화점, 접지점)

❶ **누전점** : 비접지측 전선로의 절연이 파괴되고 접지된 금속 조영재 등과 접촉하는 것이 누전화재의 전제조건이다. 그러나 반드시 전선을 직접 접촉하는 경우에만 한정되지 않으며, 전기기기의 금속 케이스, 금속관, 안테나, 지선 등의 금속부재 또는 유기재의 흑연화 부분을 경유하여 누전되는 것도 있다. 또한 누전차단기가 설치되어 있으면 누전화재는 우선 방지할 수 있지만 누전점이 누전차단기보다 전원측에 있는 경우에는 차단기가 동작할 수 없기 때문에 누전을 방지할 수 없다.

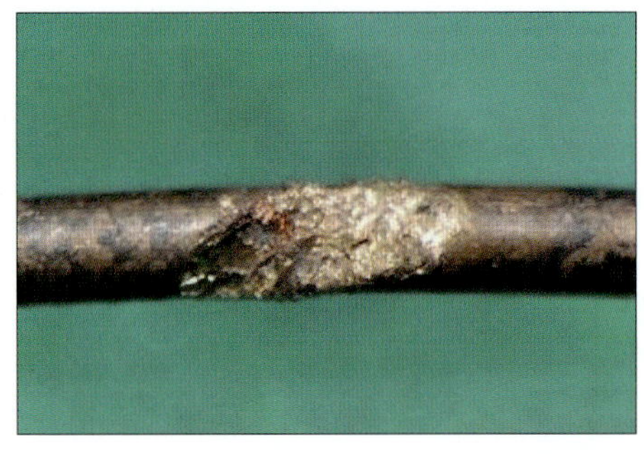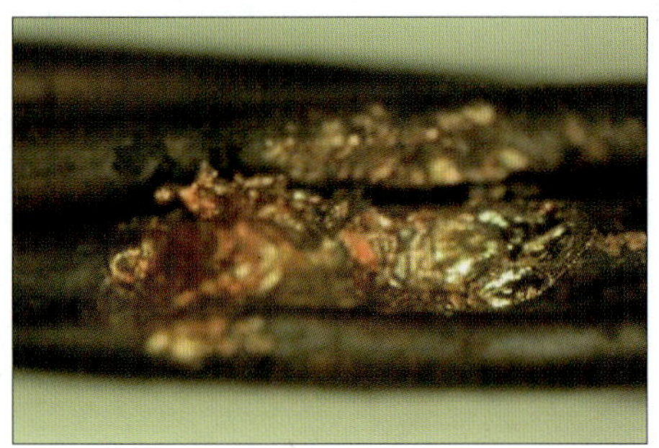

〈그림 4-57〉 금속 조영재와 맞닿은 누전점에서 형성된 용융흔

❷ **출화점** : 출화원인의 조사는 우선 출화개소를 한정하고 그 발화원을 규명해가는 순서로 진행된다. 누전화재의 경우에도 출화개소의 상황에서 누전화재의 가능성 유무를 판단하여 가능성이 있으면 누전점 및 접지점으로 논리짓기 위한 조사가 이행되어야 한다. 출화되기 쉬운 부분은 누설전류가 비교적 집중하는데, 다음과 같은 장소를 살펴볼 필요가 있다.

- 몰탈의 이음매 부분
- 금속관 몰탈의 접촉개소
- 못으로 고정한 함석판과 맞닿은 부분 등

누전점은 1개소이더라도 그 후 다수의 분기경로를 지나서 두 개 이상의 접지점에서 땅속으로 흘러들어가는 것이 보통이다. 따라서 출화점이 복수가 되는 경우도 있다. 또한 누전점 및 접지점이 그대로 출화점이 되는 경우도 있다. 특히 흑연화에 따라 유발된 경우라면 못 또는 철판 등이 전선피복에 눌리어 누전이 발생하는 경우와 누전점에서 출화하는 경우가 많다.

❸ **접지점** : 가스관 및 수도관 또는 소화전의 배관과 건물의 구조철골 등 건물로부터 연속하여 땅속에 매설된 금속체가 접지물이 되는 것이 일반적이다. 인접건물 또는 떨어져 있는 건물에 접지되어 있는 경우도 있다. 이들 접지물과 벽체 함석, 전선관 등의 건물 조영재와 접촉개소가 접지점이 되지만 접지점은 벽체의 속에 있는 경우가 대부분이고 실제로 특징을 발견하기가 매우 곤란하다. 접지점이 판명되지 않는 경우에는 출화점 근처 금속 조영재의 접지저항을 측정하여 접지의 사실을 밝힌다.

쉬어가기 **세상에 이런 일이 · · ·**

조그만 가게를 운영하는 K씨는 언제부터인가 자신의 가게 입구 안쪽 바닥면이 따듯하다는 것을 알게 되었다. 겨울이면 담요 한 장을 깔고 앉아 휴식을 취하거나 잠을 청하기도 했는데 따듯한 온기는 생각보다 온도가 높았다. 실험삼아 달걀을 풀어 놓았더니 어느새 먹음직스러운 계란 프라이로 둔갑을 하기도 하였다.

K씨는 혹시 이 자리가 온천수가 있는 자리가 아닌가 하는 기대감에 잠을 설치기까지 하였다.

어느 날 큰 마음먹고 포클레인 중장비를 동원하여 땅을 파보았는데 작업 도중 포클레인의 삽날 끝에서 불꽃이 발생하는 것을 확인하였다.

전문가를 불러 확인을 해본 결과 K씨의 건물로 들어온 인입선이 확인되지 않은 지점을 통해 대지로 전류가 흘러 들어간 것이며 땅속에 매설된 금속 골재와 맞닿아 누설전류로 인한 발열현상으로 판명되었다.

② 누전 출화 시의 조사 요점

누전화재는 누전점과 접지점, 출화점이 성립되어 회로망이 형성됨으로써 화재로 이어지는 현상으로 각 지점별 조사 요점은 다음과 같다.

❶ **출화점** : 출화점은 철망과 철판 상호간의 이음매 또는 이것들과 철사 등의 다른 금속의 접촉부로 대표되므로 라스 벽체 내부 및 이면 등에서 발생하는 특징을 가지고 있다. 또한 연소된 내부에는 흑연화가 형성되어 있는 것이 많다. 그러나 흑연화의 검출은 출화점을 한정하기 위한 근거 중 하나가 될 수 있지만 모든 곳은 아니다.

출화점을 확인할 수 있는 근거의 종류
- 출화개소 근처에 금속부재의 접촉점 등 전류가 집중하는 개소가 있다.
- 출화개소 부근에 망의 이음매 및 철사, 철판의 접촉개소 등에 전기적인 용흔이 있다.
- 금속부재의 발열에 의해서 출화된 경우 반드시 출화점에 용흔이 발생하는 것은 아니지만 출화점 이외의 개소에서 전기적 용흔 및 출화에 도달하지 않은 목재 등의 그을린 부분 등이 남게 된다. 즉, 출화점을 결정하기 위하여는 출화개소의 위치적 특징 및 연소상태, 흑연화 발생상태, 누설전류의 경로 및 금속재의 접속상태 등을 종합하여 판단해야 한다.

❷ **누전점** : 누전점은 전선의 비접지측과 접지된 금속 조영재 또는 이것에 접속한 금속체와의 접촉점이고, 접촉 시의 스파크로 용흔이 발생하기 쉽다. 그러나 누설전류치가 작은 경우에는 용융흔이 발생하지 않는다. 누전점 조사는 전선과 금속 조영재 등 접촉개소에 착안하는 것이 좋은데, 이때에는 인입선 부분과 옥내배선 및 전기기기로 나누어 조사하는 것이 좋다.

❸ **접지점** : 접지점은 복수의 점 또는 면에서 처음부터 접지물에 접하고 있는 경우가 많으므로 누전점과 같이 전기적인 용융흔을 형성하는 것은 드물다. 따라서 접지물과 발열체 또는 이것과 전기적으로 연결되어 있는 금속부재와의 접촉개소를 육안으로 확인하여 테스터 및 접지저항계를 이용하여 도통을 확인하고 접지저항을 측정한다.

(6) 접촉불량 및 아산화동 증식발열

도체의 접속부 접촉상태가 불량하면 전류가 흐를 때 발열이 일어나며 접촉부 근처 전선의 절연피복이 발화하는 경우가 있다. 발열요인으로는 접촉저항의 증가에 따른 줄열에 의한 것과 특수산화물의 생성에 의한 아산화동 증식발열 현상이 있다.

1 접촉불량

전기설비의 약점은 전선끼리의 이음부 또는 스위치나 콘센트 등 접점을 이루는 부분에 있다. 이러한 부분은 통전 중에 시각적으로는 확인이 어려운 불꽃방전 현상이 끊임없이 일어나고 있기 때문에 나사의 연결이 견고하지 않거나 단자끼리 접속이 헐거워진 경우, 콘센트의 탄성이 약화된 경우 등에 화재의 위험이 상존하고 있다. 특히 견고한 부분이라도 이동이 잦은 멀티탭이나 전기기기 등이 진동의 영향을 받거나 연결부가 이완되면 이러한 현상은 현격하게 증가한다. 접속부가 과열로 인해 발화되면 전기배선이 단락으로 이어지기 전까지는 차단기의 보호를 받기 어렵고 발화지점 근처에는 단락을 동반하는 것이 일반적이다.

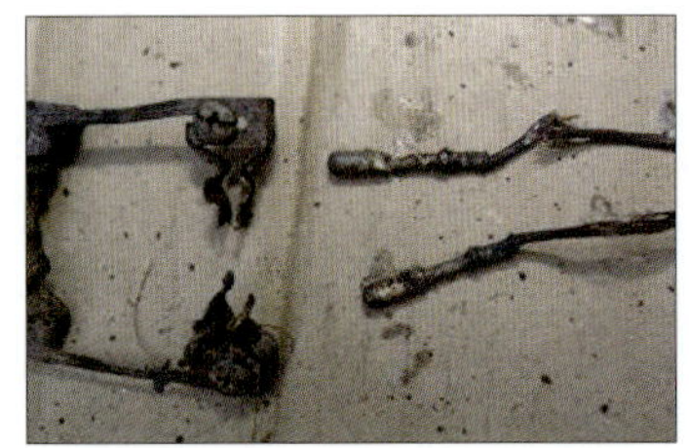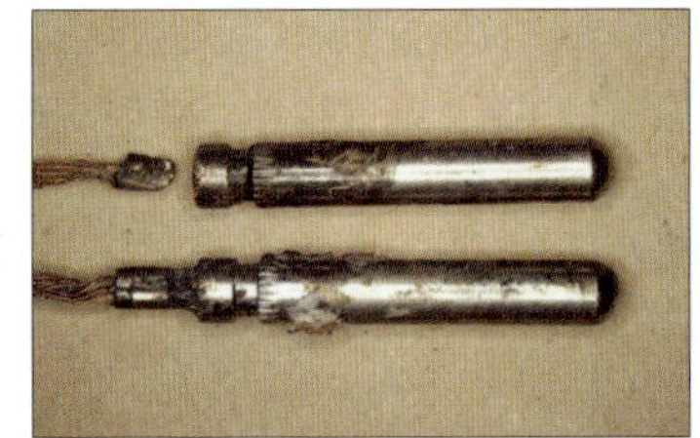

〈그림 4-58〉 접촉불량에 의한 탄화형태

접촉저항 증가에 의한 화재는 거의 모든 경우 한쪽 극의 통전 중 도체 접속부에서 발생하며, 많은 경우 플러그의 핀과 콘센트의 금속받이 접촉부, 각종 스위치류의 접점부분, 코드와 단자의 접촉부 등에서 발생한다.

전선 상호간 또는 전선과 배선기구의 접속방식으로는 기계적인 압력방식이 많이 사용되고 있는데, 분리 불가능한 방식과 분리 가능한 방식으로 구분한다. 이 방식은 도체 상호간이 결정적으로 일체화되지 않고, 작업 시에 기계적으로 가한 압력에 수반되는 잔류응력(스트레스)에 의해 접속이 유지되는 것이다.

따라서 분리 가능한 나사체결방식과 분리 불가능한 압축과 압착 등의 접속방법은 한번 잔류응력이 없어지면 접속품질이 곧바로 저하된다. 기계적 압력방식은 간단한 공구와 단순한 부품(링 슬리브 등)으로 능률을 높여 작업을 진행할 수 있으므로 배선공사에 많이 쓰이고 있는데 접속품질의 신뢰성을 보장할 수 없다는 한계가 있다.

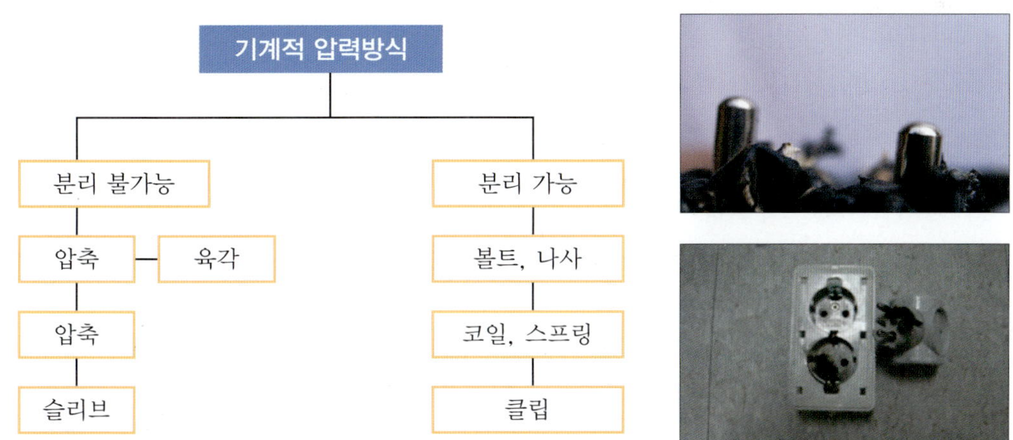

〈그림 4-59〉 기계적 압력방식의 종류

기계적 압력방식은 다음과 같은 순서로 진행된다. 어떤 원인에 의해 잔류응력이 이완되기 시작하면 도체 간에 간극이 생기고 그곳으로 공기가 들어간다. 공기가 도체면에 접촉하면 표면이 산화되어 전기저항이 올라가고 이 상태로 통전을 계속하면 접속부의 저하에 기초한 줄열에 의해 온도가 상승한다. 도체의 온도가 상승하면 산화는 촉진되고 저항은 더욱 더 올라간다. 저항이 올라가면 줄열의 증가로 접속부의 온도는 더욱 상승하게 된다. 이와 같은 악순환이 반복되면 마침내 접속부가 손상되고 최악의 경우에는 화재로 진전되는 것이다.

❶ 기계적 접속방법에 의해 접속부가 헐거워지는 원인

• 단순한 체결 토크(torgue) 부족

   나사 체결 시 자세, 부적당한 공구 사용, 연선을 역나사방향으로 조이는 등 체결방법의 잘못으로 규정 체결 토크를 얻지 못한 경우

- **체결 실패(삽입 부족)**
  콘센트와 플러그 또는 나사 없는 단자 등에서 규정 길이까지 꽂지 않아서 체결부의 접촉 면적이 부족한 경우

- **접속부품 불량**
  접속부의 체결 부품이 규격 등에 맞지 않은 것을 사용한 경우

- **부적절한 접속부 처리**
  스테드 볼트의 터미널부에 철재 와셔(Washer)를 사용하여 동과 철의 도전성이 달라 과열하는 경우, 연선 코드를 납땜하여 콘센트에 접속하면 납땜이 산화하여 과열하는 경우 등 중간처리부를 부적절하게 마감한 경우

- **열응력으로 크랙(crack) 발생**
  납땜 등으로 접속되어 있는 부분에서 열에 의한 수축이 발생하여 크랙(틈새)이 생기기 쉬운 구조로 되어 있는 경우

도체의 접속면이 플러그와 콘센트가 접촉하듯이 돌출된 부분과 오목한 부분이 있으면 그 부분에서 집중저항으로 인해 발열이 일어나고 발화하게 된다.

❷ **접속저항 증가의 주요 원인**
  - 접속부 나사 조임 불량
  - 전선 압착 불량
  - 접속부분 탄성 저하

2 접촉불량 출화 시의 조사 요점

❶ 연소된 부분에 접속부가 포함되어 있는지 확인하고 그 부분을 기점으로 연소확대된 상황을 살펴본다.
❷ 부하회로는 ON상태로 통전되고 있었음을 확인한다.
❸ 부하회로는 대전류가 흐르는 큰 부하를 갖고 있는 기기 등에 연결되어 있는 경우가 많다.
❹ 접속부의 용융면은 한쪽이 강하고 다른 쪽은 명백히 약한 경우가 많다. 또한 용융된 면은 충전부측이며 1차측인 경우가 많으므로 관찰 시 양방향의 소손상태를 확인한다.

3 아산화동 증식발열

접촉불량 지점에서 스파크가 발생하면 스파크의 고온에 노출된 도체의 일부가 산화되어 아산화동(Cu_2O)이 생기는 경우가 있다. 이 현상은 고온을 받은 구리의 일부가 대기 중의 산소와 결합하여 아산화동이 되는 것으로 아산화동은 반도체적 성질을 갖고 있어 정류작용을 함과 동시에 고체저항이 크기 때문에 국부적으로 발열을 동반하며 발생한다.

❶ **아산화동의 증식과정** : 〈그림 4-60〉을 살펴보면 상온부분에서는 수십KΩ의 전기저항을 갖고 있지만 1,050℃ 부근에서는 저항값이 작아지고 그 이후에는 역으로 증가한다. 이와 같은 온도특성을 가지고 있으므로 아산화동이 일단 고온부가 되면 저항값이 낮은 고온부분으로 전류가 집중해서 흐르고, 그 결과 고온 상태가 유지된다. 동의 용융점이 1,084℃이기 때문에 고온부 주위의 동이 녹아서 산화되어 아산화동이 증식해 가는 것이다.

아산화동의 특성에 대한 연구결과를 살펴보면 P형 반도체의 성질을 가지고 있어 정류작용을 함과 동시에 고유저항이 크기 때문에 아산화동 부분이 국부적으로 발열하여 화재의 위험이 있다고 한다. 동선의 접속부에서의 아산화동 증식은 교류의 경우 양극과 음극에서 동시에 생성되며, 직류의 경우에는 양극에서만 일어난다. 또한 이 열로 인하여 동이 서서히 산화하여 증식성장한다. 아산화동의 증식속도는 전기로 안에서 1,015~1,041℃로 가열한 경우 약 10분에 0.1mm 정도 성장한 사례가 있으며, 이 현상에 의한 화재 사례로 스위치 등의 스파크가 발생하는 장소나 그 밖에 코일의 층간단락, 반단선, 접촉저항의 증가 등에 의한 화재발생 과정의 일부를 형성하는 경우가 있다.

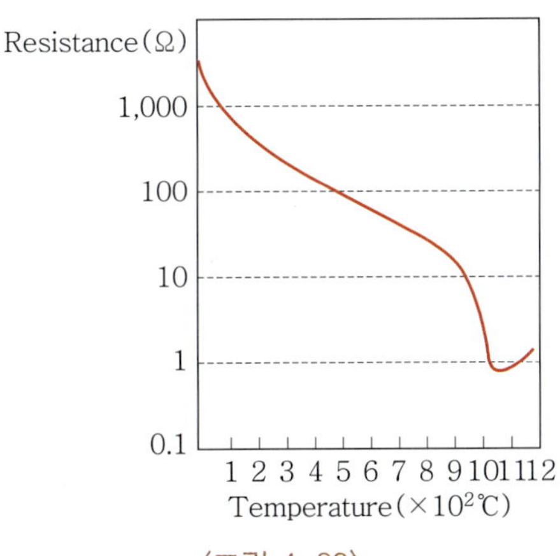

〈그림 4-60〉
아산화동 온도-저항 특성

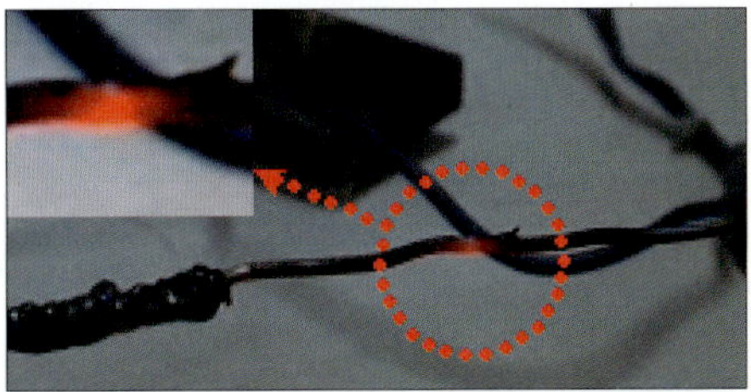
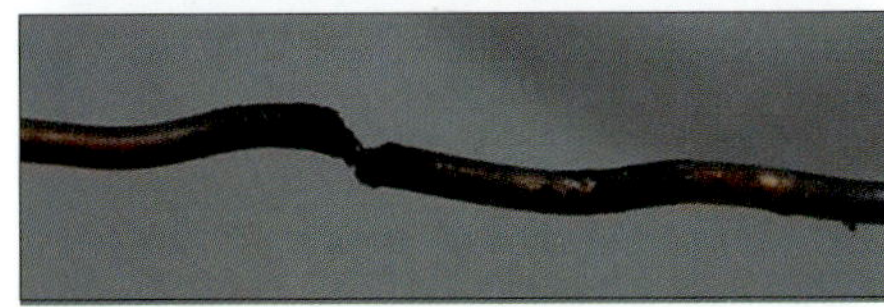

〈그림 4-61〉
아산화동 생성 발열실험

❷ **아산화동의 특징** : 아산화동의 외형적 특징을 살펴보면 대단히 무르고 송곳 등으로 가볍게 찌르면 쉽게 부서지며, 분쇄물의 표면은 은회색의 금속광택을 가지고 있다. 이것을 현미경으로 확대 관찰하면 적색의 유리질 결정으로 보인다. 특히 적색 결정은 아산화동 특유의 것으로 출화개소의 도체접촉부에서 이것을 발견하면 출화원인을 결정짓는 데 매우 유용한 증거자료가 된다. 아산화동의 용융점은 1,232℃이고 건조한 공기 중에서 안정하며 습한 공기 중에서 서서히 산화되어 산화동으로 변한다.

❸ 아산화동 증식발열 시의 조사 요점

- 부하전류가 흐르고 있는 것과 크기를 확인한다(부하가 없으면 배제 가능).
- 아산화동 표면에 산화동 피막이 형성되면 대단히 무르고 쉽게 부서지므로 도체의 잔존부분과 주변의 결손부분을 함께 회수한다.
- 분쇄물의 표면은 은회색의 금속광택이 있는데, 현미경으로 관찰하여 루비(ruby)와 닮은 글라스형의 적색 결정이 있는지 확인한다.
- 현미경이 없는 경우 산화물 덩어리의 저항측정을 하여 영(0) 또는 무한대가 아니면 건조기(dryer) 등으로 가열하여 온도상승에 따라 저항이 내려가는지 확인한다(저항값이 내려가면 아산화동이 함유되었다고 판단).

출화지점으로 확인된 접촉불량개소에 아산화동이 없다면 기본적으로 접촉저항에 의한 발열이 원인이 된다. 그러나 아산화동은 무르고 결손되기 쉽기 때문에 현장에서 확보하기란 용이하지 않다. 아산화동이 발견되지 않았더라도 즉시 다른 원인행위로 판단하지 말고 부하전류의 크기, 도체의 굵기 및 접촉면의 거친 상태 등 종합적으로 판단할 필요가 있다.

(7) 정전기 불꽃

정지상태의 전하에 의한 전기를 정전기라고 하는데 일반적으로 서로 다른 두 물체를 마찰시키면 두 물체의 표면에 정전기가 발생하기 때문에 마찰전기(triboelectricity)라고도 한다. 근본적인 원리는 서로 다른 이종(異種)의 물질이 접촉된 후 서로 분리되면서 정전기가 발생하는 것이다.

1 정전기 발생에 영향을 주는 요인

❶ 물체의 특성 : 정전기 발생은 대전 서열 중에서 가까운 위치에 있으면 작고 떨어져 있으면 크다.

❷ 물체의 표면상태 : 표면이 거칠면 정전기 발생이 쉽고, 수분이나 기름 등에 오염되어 있거나 부식되어 있으면 정전기 발생에 영향을 준다.

❸ 물체의 이력 : 정전기의 발생은 처음에 접촉과 분리가 일어날 때 최고로 크고, 접촉과 분리가 반복되면서 작아진다.

❹ 접촉면적 및 접촉압력 : 접촉압력이 증가하면 접촉면적도 증가하기 때문에 일반적으로 접촉압력이 크면 정전기 발생도 커지는 경향이 있다.

❺ 분리속도 : 분리되는 속도가 크면 전하분리에 주어지는 에너지가 커져서 정전기 발생이 커지는 경향이 있다.

2 정전기 대전

정전기 대전은 비대전체가 어떤 요인에 의해서 전하를 띠게 되는 현상을 말하는데, 발생형태에 따라 마찰대전, 박리대전, 유동대전, 분출대전 및 침강대전 및 유도대전 등으로 구분된다.

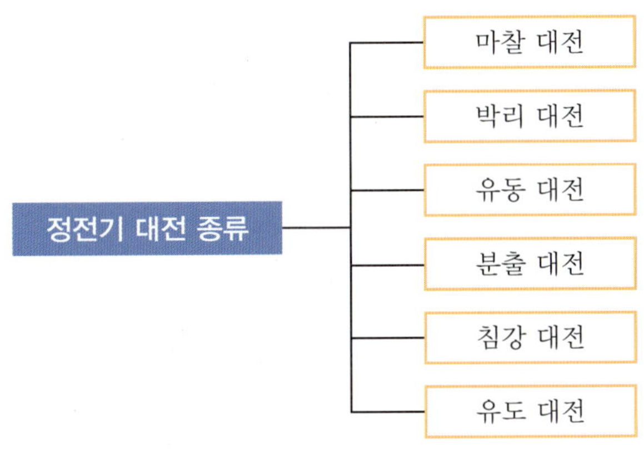

〈그림 4-62〉 정전기 대전의 종류

1 마찰대전 : 두 물체에 마찰이나 마찰에 의한 접촉위치의 이동으로 전하의 분리 및 재배열이 일어나서 정전기가 발생하는 현상을 말하며, 접촉과 분리의 과정을 거쳐 정전기가 발생하는 대표적인 예에 속한다. 고체, 액체류 또는 분체류에 의하여 발생하는 정전기는 주로 이러한 마찰에 기인한다.

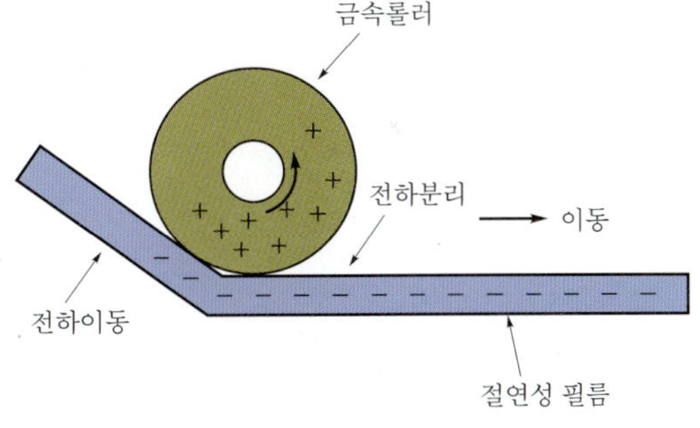

〈그림 4-63〉 접촉으로 인한 마찰대전

2 박리대전 : 서로 밀착되어 있는 물체가 떨어질 때 전하의 분리가 일어나 정전기가 발생하는 현상을 말한다. 이때에는 접촉면적, 접촉면의 밀착력, 박리속도 등에 의해 정전기 발생량이 변화하며, 일반적으로 마찰에 의한 것보다 더 큰 정전기가 발생한다는 것이 여러 실험에 의해 알려져 있다.

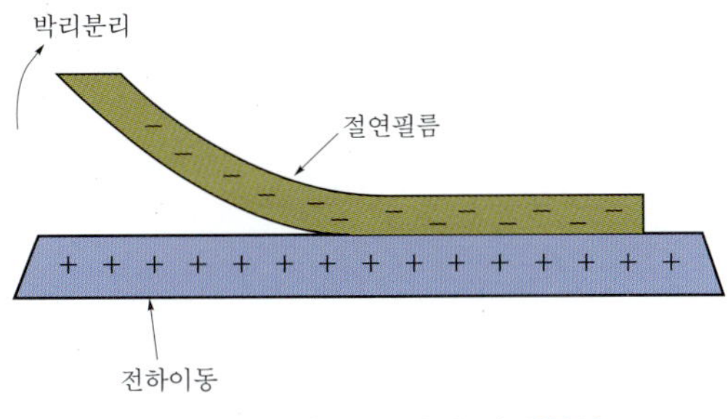

〈그림 4-64〉 박리대전 발생현상

❸ **유동대전** : 액체류가 파이프 등 내부에서 유동할 때에는 액체와 관벽 사이에 정전기가 발생한다. 이는 액체류가 파이프 등 고체와 접촉하면 액체류와 고체의 경계면에 전기 이중층이 형성되어 이때 발생된 전하의 일부가 액체류와 함께 유동하기 때문에 정전기가 발생하는 현상으로써 정전기의 발생에 가장 크게 영향을 미치는 요인은 액체의 유동속도이다. 또한 흐름의 상태(충류 또는 난류)와도 관계가 있으므로 굴곡, 밸브, 유량계의 오리피스, 스트레이너 등의 형태와 수에도 관계가 깊고 또 파이프의 재질과도 관계가 있다.

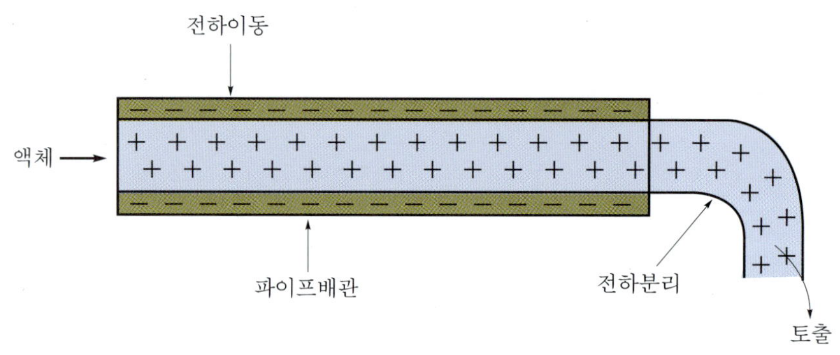

〈그림 4-65〉 유동대전발생 현상

❹ **분출대전** : 분체류, 액체류, 기체류가 단면적이 작은 분출구를 통해 공기 중으로 분출될 때 분출하는 물질과 분출구의 마찰로 인해 정전기가 발생한다.

이 경우 분출되는 물질과 분출구를 구성하는 물질의 직접적인 마찰에 의해서도 정전기가 발생하지만 실제로 더 큰 정전기를 발생시키는 요인은 분출되는 물질의 구성입자들 간의 상호충돌이다. 유체가 분사할 때 순수한 가스 자체는 대전현상을 나타내지 않지만 가스 내에 더스트(dust), 미스트(mist) 등이 혼입하면 분출 시에 대전한다.

❺ **침강대전** : 침강(沈降)대전은 액체의 유동에 따라 액체 중에 분산된 기포 등 용해성 물질(분산물질)이 유동이 정지함에 따라 비중 차에 의해 탱크 내에서 침강 또는 부상(浮上)할 때 일어나는 대전 현상이다. 이 현상은 분산물질의 침강, 부상에 따라서 분산물질과 액체의 경계면에 형성된 이온 전기 이중층이 분리되므로 정전기가 발생하여 액체가 대전한다.

❻ **유도대전** : 유도대전은 대전물에 가까이 대전될 물체가 있을 때 이것이 정전유도를 받아 전하의 분포가 불균일하게 되며 대전된 것이 등가로 되는 현상이다. 유도대전에서는 정전유도를 받은 도체의 형상 및 대전물체로부터 거리에 따른 큰 유도전위가 생긴다. 대전물체를 갖는 금속제 용기의 대전 및 대전한 석유류의 액면에 접근하는 금속제 시료채취용기의 대전은 유도대전의 대표적인 사례이며, 이와 같이 유도대전의 가능성이 있는 도체는 잊지 말고 접지를 실시할 필요가 있다.

❸ 방전현상의 종류

방전은 정전기의 전기적 작용에 의하여 일어나는 전리현상이다. 일반적으로 대전물체의 정전계가 공기의 절연파괴 전계강도에 달한 경우에 일어나는 기체의 전리현상이다. 방전이 일어나면 축적되어 있던 정전기 에너지가 방전에너지로서 공간에 방출되어 열, 파괴음, 발광, 전자파 등으로 소비된다.

❶ **코로나 방전(corona discharge)** : 대기 중에 발생하기 쉬운 방전으로 방전물체 혹은 대전물체 부근의 돌기상태 끝부분에서 미약한 발광이 일어나거나 보이는 방전현상 이다.

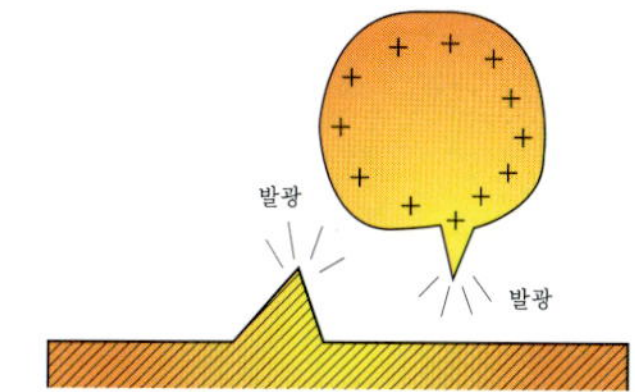

〈그림 4-66〉 코로나 방전현상

❷ **브러시 방전(brush discharge)** : 대전량이 큰 대전물체(일반적으로 부도체)와 비교적 평활한 형상을 가진 접지도체 사이에서 나타나는 방전으로 강한 파괴음과 발광을 동반하는 방전이다.

❸ **불꽃 방전(spark discharge)** : 대전물체와 접지도체의 형태가 비교적 평활하고 그 간격이 좁은 경우 그 공간에서 갑자기 발생하는 강한 발광이나 파괴를 동반하는 방전이다.

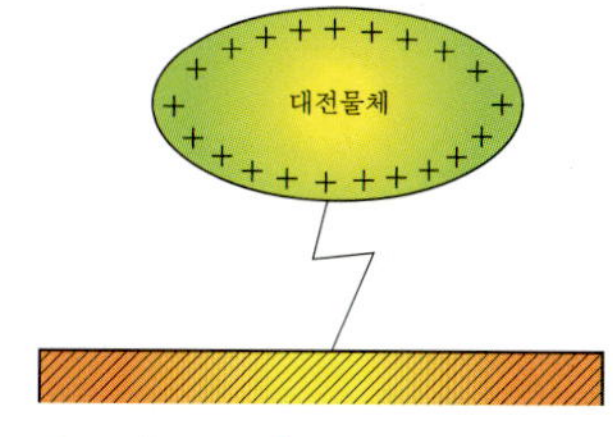

〈그림 4-67〉 불꽃 방전현상

❹ **전파브러시 방전(propagation brush discharge)** : 연면방전이라고도 하며 대전되어 있는 부도체에 접지체가 접근할 때 대전물체와 접지체 사이에서 발생하는 방전과 동시에 부도체 표면을 따라 발생하는 방전이다.

❹ 정전기의 조사 요점

정전기 불꽃에 의한 화재는 가연성 가스, 증기, 먼지 등에 인화되어 발생한다. 가장 큰 특징은 화재 후에 스파크 흔적 등의 물리적 증거가 거의 남지 않기 때문에 연소상태의 특징도 나타나지 않는다는 점이다. 따라서 원인의 입증은 상황증거에 입각하여 판단하여야 하는데 주요 조사요점은 다음과 같다.

❶ 정전기의 대전 및 방전에 대하여 취급 물건의 성형, 출화 시의 작업내용, 작업자의 행동, 접지 등 대전방지조치의 상황, 경과시간, 기상상황 등으로부터 그 가능성 유무를 판단한다.

❷ 착화물의 조사는 취급 물건, 취급 상태, 환경 조건 등으로부터 폭발 분위기를 형성하고 있었는지 판단한다.

❸ 가연성 기체 및 먼지가 위험한 분위기를 형성하고 있는 장소에서는 정전기 불꽃만이 아닌 릴레이 접점, 전동기의 브러시, 온도조절기 스위치류의 개폐 시 등에 발생하는 전기불꽃에 의해서도 쉽게 발화한다. 따라서 모든 가능성을 폭넓게 열어놓고 종합적으로 판단하여야 한다.

보충학습 **정전기화재 발생 3대 요건**

- 정전기 대전이 발생할 것
- 가연성 물질이 연소농도 범위 안에 있을 것
- 최소 점화에너지를 갖는 불꽃방전이 발생할 것

(8) 지락

지락(地絡)이란 상용전원의 충전부에서 대지로 흐르는 전류를 말한다. 지락은 고압의 전기설비나 케이블 등에서 발생하기 쉬운데, 이는 임피던스값에 비해 전압치가 크기 때문에 충전부에 도체가 접촉하였을 때 대규모 스파크가 발생하며, 그때 흐른 대전류나 발생한 열에 의해 접지선이 녹아내리거나 터져 나가기도 한다. 지락이 발생하면 충전부의 접촉점에서 단락의 경우와 마찬가지로 지락에 의한 용융흔이 발생하며, 지락의 영향을 받은 모든 전기기기나 도전체에 큰 영향을 끼친다. 특히 송전선과 같이 대규모 전류를 보내주는 전로에서는 크레인과 같은 도전성 외물(外物)과 접촉하게 되면 대지로 전류가 누설되고, 이로 인해 매설된 금속관, 통신선, 케이블 등에 치명적인 타격을 입히기도 한다.

따라서 송전선로와 같이 위험이 큰 곳에서는 사고 위험전압이 크기 때문에 유도 위험전압을 제한치 이내로 떨어뜨리기 위하여 차폐장치를 강화하거나 유도장치 등을 보강한다.

〈그림 4-68〉 **송전선 지락의 위험**　〈그림 4-69〉 **지락에 의한 볼트의 용융**

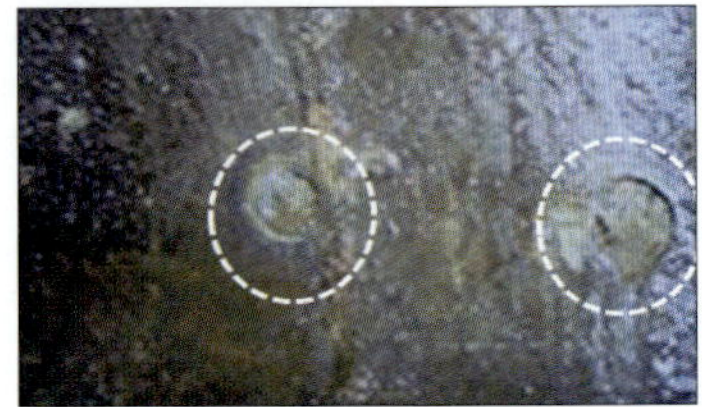

송전선 접지도선 용융흔　　가로등 안정기 용융　　상수도관 내부 핀홀 발생

〈그림 4-70〉 **송전선 지락에 의한 손상형태**

1 지락발생의 주요 원인

❶ 가공 송 · 배전선과 외물의 접촉
❷ 금속관 내부 케이블의 손상
❸ 전기설비 충전부의 빗물, 공구, 인체 등의 접촉
❹ 전동기 등 전기기기의 비접지 사용 등

2 지락발생 시의 조사 요점

지락사고 시 그 파급범위는 전류의 크기에 좌우되는데, 전류가 작을 경우 국부적이지만 송 · 배전선로와 같이 특고압이 흐르는 곳은 수 킬로미터에 이르기도 한다. 어떤 형태로든 대지와 전기적 통로가 이루어진 물체가 전력선에 섬락거리 이내로 근접하거나 접촉이 이루어지면 전력선의 대지 절연이 파괴되고, 전력선의 저하는 바로 전력선 → 물체(전도체) → 대지 → 전원 변압기 중성점이나 다른 상의 대지 충전용량을 통하여 회귀하는 순환회로를 구성함으로써 지락전류가 흐르게 된다. 이 지락전류가 곧 사고전류이며, 그 크기는 수십 KA에 이른다.

지락이 발생한 곳이 국부적일 경우 단락흔이 1~2개소 정도에 국한되지만 광범위한 경우에는 선로 전체에 영향을 미치기 때문에 조사구역을 확대시켜 살펴보아야 한다.

또한 화재로 확산되지 않았더라도 전기기기류에 기능이상 또는 탄화형태가 나타날 수 있으므로 함께 검토가 이루어져야 한다.

(9) 은 이동

직류전압이 인가된 은(도금 포함)의 이극 도체 간에 절연물이 있을 때 그 절연물 표면에 수분이 부착하면 은의 양이온이 절연물 표면의 음극 측으로 이동하여 그곳에 전류가 흘러 발열한다. 이 현상을 은 이동(silver migration)이라고 한다. 전극을 포함한 전류경로는 고온이 되기 때문에 트래킹과 같이 전극이 용융되기도 하고 반도체가 파손되는 것으로 알려져 있다.

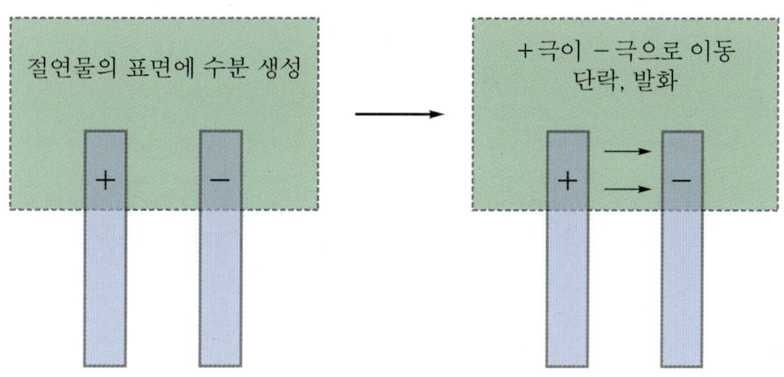

〈그림 4-71〉 은 이동의 발화과정

조사방법은 우선 직류전압과 은 이온을 확인하면 좋지만 전원은 교류를 직류로 정류하여 사용하는 것과 교류를 인가하고 있는 것이 반도체 히터와 같이 부하의 정류작용을 이용하는 경우가 있어 주의를 요한다. 은 이온의 검출에 대하여는 전극 간의 전류경로에 대하여 조사를 하여 은의 검출 여부를 확인하여야 한다. 이와 같은 현상을 촉진시키는 요인으로는 절연물의 흡습성, 고온다습한 사용환경, 산화 또는 환원성 가스의 존재 등을 생각할 수 있다.

〔표 4-7〕 은의 물리적 특성

원자번호	47	끓는점	2,212℃
원자량	107.868	비중	10.49
녹는점	961.9℃	전기저항률	$1.59 \times 10-8\Omega \cdot m$

Step 02 무염연소의 조사

1 개요

무염연소(無炎燃燒)는 유염연소(有炎燃燒)의 상대적 개념이며, 글자 그대로 불꽃 없이 타들어가는 극히 작은 화원(火原)을 지칭하는데, 일반적으로 담뱃불, 향불, 아궁이 재, 뜸쑥, 불꽃(용접불티, 그라인더, 절단기 등), 폭죽 등이 있다.

무염연소의 과정은 가연물이 열을 받아 분해되면 발생된 가스가 증발하여 탄소만 남은 상태에서 탄소가 공기 중의 산소와 결합하는 표면연소 현상이 일어나는 것으로, 이때 발생된 가스는 공기부족으로 연소범위를 벗어나 연소되지 않은 상태로 남는다.

무염연소는 자체 구조상 내포하고 있는 공기가 충분하고 표면연소에 의해 발생된 열이 인접한 가연물을 열분해시켜 탄소로 만들고 탄소가 표면에서 이탈할 수 있을 만큼 착화점 이상으로 높일 수 있을 때 훈소가 지속되며, 만약 가연물이 연소되어 발생된 열량이 인접한 가연물과 주변의 공기를 발화점 이상으로 올리는 데 충분하지 못하면 소화된다.

그러나 전체 발생열량이 충분하거나 기류가 연소율을 증가시킬 경우에는 갑자기 훈소화재가 유염화재로 바뀔 수 있다. 다시 말하면 발생된 열량이 외부로 방출되지 않고 축적된다면 가연물의 열분해에 의해 휘발성 성분이 발화온도에 도달되어 유염화재로 전환될 수 있다는 것이다. 또한 기류에 의해 산소량이 고체가연물 표면에 증가되어 산화반응이 촉진되면 그만큼 열발생률이 증가되어 전자와 같은 반응으로 불길화재로 전이될 수 있다.

(1) 무염연소와 유염연소의 구분

무염연소는 일종의 독특한 연소과정이다. 이것은 유염연소와 같지 않아서 대다수 고체상태에서 많이 연소하며, 화염 및 가연 물질의 표면 근처에서 일어나는 연소형식이다. 연소과정 중 가연물질은 매우 뜨거운 상태이기 때문에 무염연소 혹은 표면적열형 연소라고 부른다. 무염연소 과정은 매우 느리며, 단위시간 내에 방출되는 열량도 비교적 작고, 산화반응이 그 원리로 다공성 고체가연물, 혼합연료, 불침윤성 고체, 누적된 고체가연물인 쓰레기장에서 발생할 수 있다. 그때 공기가 필요하지만 많지 않아도 된다. 그 이유는 반응과정이 매우 느리기 때문이다.

유염연소는 무염연소에 비해 에너지 발열량이 크고 가연물과 접촉함과 동시에 바로 착화할 우려가 있으며 짧은 시간에 연소의 확산이 용이한 측면이 있다. 라이터불, 촛불, 버너불꽃, 가스레인지 불꽃 등은 대표적인 유염연소 현상으로 일명 나화(裸火)라고도 하며, 고체가연물 및 가연성 증기와 유류 등 액체류와 활발하게 연소한다.

〔표 4-8〕 **무염연소와 유염연소의 구분**

구 분	무염연소	유염연소
연소반응 속도	느리다	빠르다
발열량	작다	크다
가연물의 종류	고체	고체, 액체, 기체

(2) 무염연소의 특징

❶ 장시간 화염과 접촉하고 있었으므로 발화부를 향해 깊게 타들어가는 연소 현상이 나타난다.

❷ 발화원이 장시간에 걸쳐 훈소하기 때문에 유염연소하기 전까지 연기가 피어나며 타는 냄새가 확산된다.

❸ 이불이나 옷감류 등은 심부적(深部的)으로 탄화하여 타 들어가고 마루나 침대 등 바닥면을 태운 흔적이 있다.

❹ 기둥, 벽 등의 일부가 타서 떨어지거나 가늘어지기도 하며 두꺼운 나무판자에 구멍이 발생할 수도 있다.

❺ 대부분의 무염물질은 유기물이며, 무염 시 가연성 기체가 생기며, 또한 강한 다공탄 구조가 생긴다.

❻ 화학반응 또는 산화반응은 고체의 표면에서 생성된다(산화열 축적).

❼ 비교적 산소체적이 낮은 환경에서 전파되기 때문에 불완전연소 형태를 나타내는 경우도 있다.

(3) 무염연소 화재원인의 입증 요건

불꽃없이 깊게 타들어가는 무염연소는 흔적을 남기지 않는 특징을 가지고 있다. 발화원 자신의 열량이 높지 않기 때문에 가연물과 접촉하더라도 스스로 소멸해 버리는 경우도 있지만, 자신의 열량을 소비하는 과정에서 착화물과 혼재되면 그 흔적이 없어지거나 식별이 불가능해지기 때문이다. 그러나 발화원의 잔해가 배제되었더라도 일정한 요건이 충족되었는지 확인을 통해 입증이 가능하다. 무염연소를 일으키는 물질은 단면적이 작기 때문에 조그만 바람에도 불씨가 쉽게 꺼질 수 있기에 산소 체적이 낮은 구석진 곳이나 밀폐된 창고, 쓰레기통 내부, 재떨이 안 등에서 축열이 되어야 하는 전제조건이 따른다. 이러한 축열조건의 형성은 주변 환경을 둘러보아서 그 적합 여부를 판단한다.

그러나 축열조건이 형성되더라도 모든 현상이 화재로 발전하는 것은 아니다. 발화에 이른 시간적 경과가 충분한 범위 안에 있었는지와 착화가능한 물질의 존재 여부를 함께 규명하여야 한다.

환경적 요인과 시간적 요인이 확인되었더라도 착화된 가연물의 성격을 밝혀내기 어렵다면 원인조사는 미궁에 빠질 수밖에 없다. 왜냐하면 무염발화원은 모든 가연물을 착화시키기 어렵고 또 다른 요인이 작용했을 가능성이 열려 있기 때문이다.

보충학습 ▶ 무염연소의 입증 요건

① 환경적 요인(밀폐되었거나 퇴적된 상태 등 축열 가능한 상태였는가?)
② 시간적 요인(발화에 이른 시간적 경과가 충분하였는가?)
③ 가연물 확인(착화가능한 물질이 주변에 있었는가?)

❷ 담뱃불 화재

(1) 담배의 연소성

담배의 연소는 잘 알려진 훈소연소의 한 형태이다. 미세하게 분해된 연료입자는 단위질량당 넓은 표면적을 갖고 있으며, 이러한 특성은 산소에 의한 표면 공격을 용이하게 한다. 연료입자 덩어리의 투과성은 확산 및 대류에 의해 산소가 반응영역으로 전달될 수 있도록 한다. 그와 동시에 해당 입자덩어리는 상당히 효과적인 단열재의 역할을 함으로써 열손실 속도를 떨어뜨리고 낮은 열 방출률에도 불구하고 지속적으로 연소를 가능하게 한다.

담배의 연소형태는 연소부와 미연소부로 구분할 수 있는데 가장 많이 산소를 공급받는 부분은 선단부분이며, 종이가 말린 부분의 연소성에 크게 영향을 끼친다. 담배가 솜 표면에 떨어졌을 때 무염상태는 위로부터 아래로 퍼지는 상태이다. 무염이 계속적으로 확장됨에 따라 연료

표면의 열분해 지역과 탄화 지역이 점점 넓어지고 열분해로 생긴 연기와 가연성 휘발분이 점점 증가되는 동시에 탄화 지역은 비교적 높은 온도를 유지한다. 이때 휘발분 생성속도와 무염지역 통풍속도가 어떤 정해진 임계치를 초과할 경우 연료 표면에는 화염이 생긴다. 일반적으로 열을 받은 후 다공성 재료인 휴지류나 얇은 판자류 등과 접촉하면 착화물 스스로 무염을 유지할 수 있다.

(2) 담뱃불의 발화 가능성

담뱃불은 풍속 1.5m/sec이면 최적상태로 연소가 이루어지지지만 3/msec 이상이면 꺼지기 쉽다. 산소농도 16% 이하에서는 연소가 중단되고, 연소시간은 담배마다 차이가 있는데 레귤러 사이즈(84mm) 1개비는 수평상태에서 13~14분 소요되고, 수직상태에서 11~12분이 소요된다.

담뱃불의 연소실험은 국내 소방기관에서 다양한 형태로 연소실험을 측정한 바 있지만, 일본 동경 소방청의 카사하라 코이치(笠原孝一)가 연소실에서의 실험을 통해 담배꽁초가 솜 표면 위에서 무염연소를 지속한 후 유염연소로 전환되는 조건(주위의 바람 및 가연물의 영향)과 유염연소로 전환되는 원리를 관측한 것이 널리 알려져 있다. 실험에서 관측한 무염연소의 솜 표면은 풍속 0~1.4m/sec 환경에서는 유염연소로 발전하지 않았지만, 풍속 1.4~1.6m/sec 환경에서는 유염연소로 발전할 수 있다는 것을 관찰하였다. 그러므로 솜 표면의 무염연소를 지속한 후 화염을 조성할 수 있는 한계는 1.4~1.6m/sec라는 것을 알 수 있다.

담뱃불의 연소 선단부의 온도는 550~600℃ 정도이며, 각 부위별 온도와 흡연 시 온도는 다음과 같다.

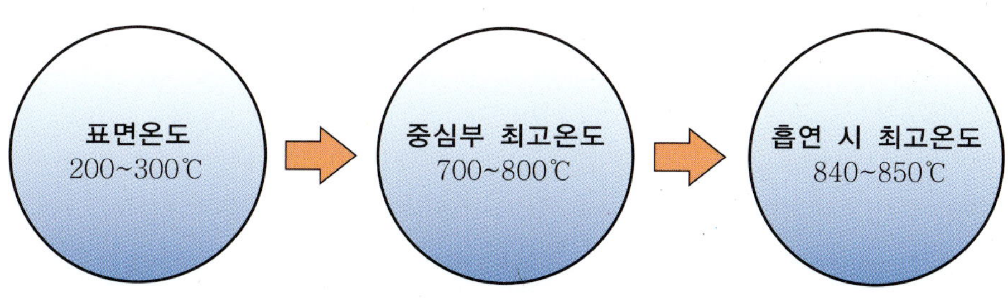

〈그림 4-72〉 담뱃불의 온도 분포

(3) 담뱃불 점화원의 특징

❶ 대표적인 무염화원이다.

❷ 이동이 가능한 점화원이다.

❸ 필터(합성섬유, 펄프)와 몸체(종이, 연초)로 구성되어 있는 가연물이다.

❹ 흡연자는 화인을 제공할 수 있는 개연성이 존재(인적 행위)한다.

❺ 자기 자신은 유염발화하지 않는다.

(4) 담뱃불의 착화 가능성

❶ **가솔린(착화 불가능)** : 가솔린의 착화점이 280~300℃로 이론상 착화가 가능하지만 담뱃불은 시시각각으로 타지 않은 부분으로 이동하며 발생 열량 대부분을 소비하므로 가솔린 증기가 접해 있는 부분을 착화점 이상으로 가열시키지 못한다.

❷ **도시가스(착화 불가능)** : 도시가스의 주성분인 수소의 착화점은 585℃, 일산화탄소 651℃, 메탄은 537℃로 표면온도가 300℃ 전후인 담뱃불로는 도시가스의 온도를 착화점 이상으로 가열시키기 어려워 착화되지 않는다.

❸ **방석, 이불, 의류 등 면제품(착화 가능)** : 불꽃없이 무염연소가 지속되다가 축열조건이 충분히 갖춰지면 면제품류에 불티가 옮겨 붙은 상태로 일정시간이 경과하면서 유염착화한다.

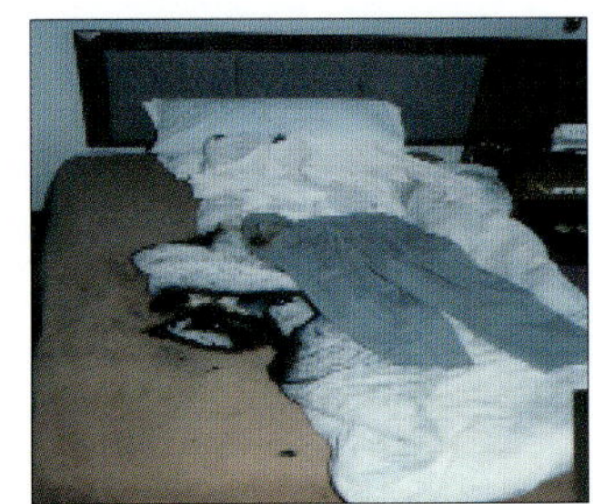

❹ **구겨진 신문지류(착화 가능)** : 구겨진 신문지 또는 휴지통 내부에 버려진 화장지류 등은 비교적 짧은 시간에 연기가 발생하며, 무염연소가 개시되고 시간이 경과하면서 축열이 성장하므로 착화하게 된다.
단, 접거나 펼쳐진 신문지류는 접촉부분만 탄화한다.

❺ **톱밥류(착화 가능)** : 톱밥류는 표면적이 매우 작고 축열된 열이 톱밥 분자들 사이를 통해 방출되기 때문에 무풍상태에서는 발염이 곤란하지만 풍속 0.5m/sec 전후의 조건에 유염착화한다.

❻ **고무 부스러기(착화 불가능)** : 부스러기 표면에 담뱃불을 접촉했을 때 10분 정도 경과 후 독립적으로 무염연소하며 연기의 발생량이 많아진다. 그러나 담뱃불을 고무 부스러기에 넣었을 때 무염연소나 발염없이 꺼져버린다.

❼ **카펫 및 스티로폼(착화 불가능)** : 나일론계 카펫 및 스티로폼은 접촉된 부분만 국부적으로 탄화되거나 용융되고 착화하지 않는다.
우레탄 폼 및 아크릴계 섬유류도 접촉부분만 탄화되며 착화하지 않는다.

(5) 담뱃불의 연소실험

담뱃불 투기(投棄)로 인한 연소 재현실험은 환경조건과 기상상태, 가연물의 표면적 등에 따라 결과가 상이하게 나타나기도 하지만, 가연물에 착화되어 출화에 이르는 전제 조건은 축열조건의 충족 여부에 달려있다. 대기 중에 마른 나뭇잎을 모아놓고 담뱃불을 투기하더라도 전부 화재로 발전하지 않는 것은 이것을 증명하고 있는 것으로 담뱃불씨와 나뭇잎의 접촉면적, 바람의 유입과 세기 정도, 건조상태 등에 따라 유염착화하거나 자연적으로 소멸되고 만다.

일반주택이나 사무실에서 발생하고 있는 담뱃불 화재는 쓰레기통이나 이불 사이 등 축열이 가능한 구석진 부분에서 발생하고 있으며, 신문지 위나 펼쳐진 서적류 위에서는 접촉된 부분만 탄화되고 소멸되는데, 이는 충분한 축열이 만들어지지 못한 결과이다. 그러나 가연물이 구겨진 상태로 휴지통 등에 담겨 있다면 축열조건이 갖춰져서 시간이 경과하면 충분히 유염 출화에 이를 수 있게 된다.

1 철재 쓰레기통 실험

뚜껑 없이 개방된 철재 쓰레기통에 폐휴지를 넣고 담뱃불을 투기하였더니 14분이 경과하였을 때 다량의 흰색 연기가 방출되기 시작하였다. 이때 쓰레기통의 내부는 무염 성장한 열에너지의 발생된 가스와 혼합상태로 더욱 열의 축적이 가속화되면서 열과 연기의 교란이 증가하며, 아직 타지는 않았지만 남아 있는 폐휴지도 연소의 영역권 안에 포함되어 가열되기 시작한다. 23분이 경과하자 빠른 속도로 유염 출화되는 현상이 나타났는데, 만약에 쓰레기통 주변으로 커튼이나 블라인드 등 수직재가 있다면 충분히 연소확산될 수 있을 만큼 열에너지가 충분하였다.

담뱃불 투기

연기 방출(14분 경과)

유염 출화(23분 경과)

〈그림 4-73〉 **철재 쓰레기통의 연소실험**

2 플라스틱 쓰레기통 실험

플라스틱 쓰레기통의 유염출화 형태는 철재 쓰레기통보다 시간적으로 3배 이상 빠른 연소형태를 보였다.

플라스틱 쓰레기통의 재질은 고분자 합성수지인 폴리프로필렌 계통이 가장 많은데 용융점이 158~168℃로 낮기 때문에 담뱃불이 폐휴지에 착화되면 빠른 시간에 연화가 이루어지고 용융되며 형체가 허물어진다. 지금까지 소방기관에서 실시된 연소실험결과의 평균치는 5분~7분대에 플라스틱에 착화가 개시된 것으로 나타나 주변에 착화가능한 물질로 열에너지가 확산될 경우 화재는 급속도로 확산될 가능성이 큰 것으로 보고되고 있다.

　　플라스틱의 바닥면까지 완전연소되는 데 20여분이 소진되었다는 실험결과도 있는데 실제 화재현장에서는 담뱃불에 의해 주변으로 연소확산되더라도 바닥재는 남아 있는 경우가 많다. 이것은 연소의 상승작용에 의해 천장과 벽면으로는 열의 확산이 빠르게 진행되는 과정에서 산소의 소비가 불길을 따라 활발하게 진행되는 반면, 아래쪽 바닥지역은 산소의 유입이 적거나 차단되는데, 이는 연소과정에서 낙하된 각종 연소물들에 의해 파묻혀지면 연소의 지속은 종료되기 때문이다.

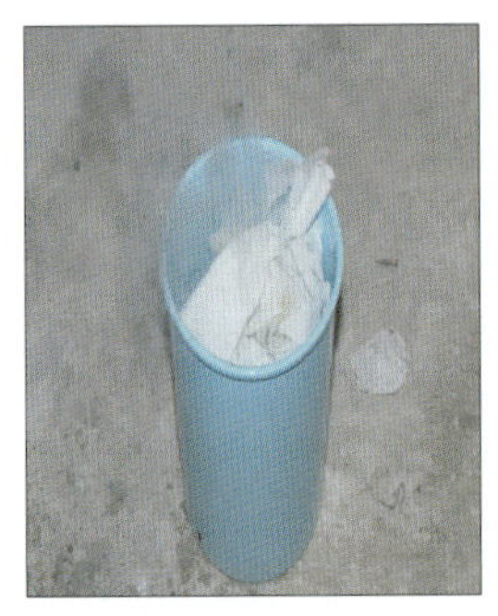

연기 발생(4분 경과)　　　유염출화(7분 경과)　　　플라스틱 용융

〈그림 4-74〉 플라스틱 쓰레기통의 연소실험

〈그림 4-75〉 플라스틱 쓰레기통이 놓여 있던 책상 위 탄화형태 및 잔해물

❸ 연소실험결과 및 실제 화재사례의 응용

　　무염연소의 대표주자격인 담뱃불의 에너지는 작지만 그 자체는 고온을 유지하기 때문에 충분히 다른 가연물로 열에너지를 전파시킬 수 있다.

　　무염의 지속은 열이 불꽃 없는 상태로 깊숙이 안쪽으로 파고 들어가거나 측면으로 퍼져 나가는 형태를 나타내는데, 플라스틱 쓰레기통 연소실험결과로 보면 생성된 열에너지의 출화에 걸리는 시간은 대략 10분 전후이며, 다른 가연물이 주변에 있다면 20분 전후하여 발생된 연기에 의해 실내 전체를 오염시킬 수 있다. 실내를 오염시킨 연기는 출입문이나 유리창 등 개구부를 통해 조금씩 연기가 밖으로 나오게 되는데 이때 발화지점 주변은 이전보다 에너지가 증폭되어 전면적인 화재양상이 전개되는 단계로 접어들게 된다. 결과적으로 20분 이상 화세가 지속되면 출화에 이르게 되고 사람이 이 시간 안에 탈출하지 못할 경우 치명적인 결과가 초래되기도 한다.

한편 담뱃불 화재는 발화원의 잔해가 소실되기 때문에 발화지점에 남겨진 착화물의 성격을 살펴볼 줄 아는 지혜가 필요하다. 착화된 가연물의 규명은 착화가능 여부는 물론 연소 지속시간과 축열이 가능한 것인지 등 종합적인 판단을 가능하게 하기 때문이다.

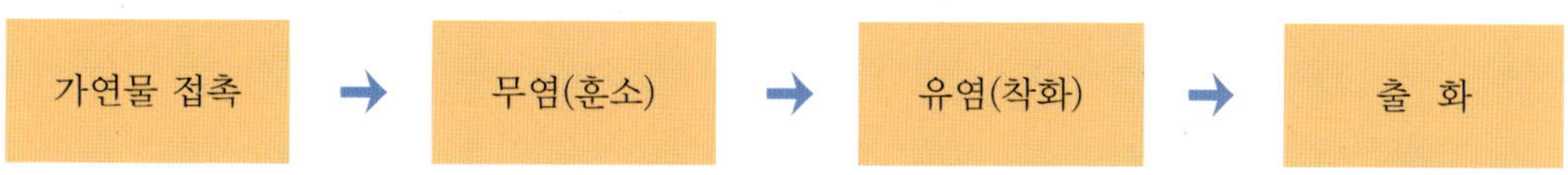

〈그림 4-76〉 A담뱃불의 연소과정

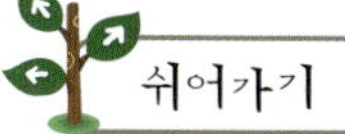

쉬어가기 — 여러 가지 발화 사례

① 소파에서 발화한 사례

섬유류 소파 위에서 담배를 피우면서 TV를 보던 70대 할머니가 깜박 잠이 들었는데 잠을 자다가 손에서 담배를 놓치게 되었다. 담배는 소파 위 한 켠에 떨어졌는데 소파와 접촉한 부분에서 서서히 무염연소하기 시작하였다. 연기의 발생량이 증가하면서 이웃에 의해 화재사실이 발견되었는데 할머니는 이미 질식한 상태에서 발견되었다. 할머니는 화재발생 전 며느리와 통화한 사실이 나중에 확인되었는데 불과 30여 분 만에 일이었다.

② 쓰레기통 발화 사례

오래간만에 만난 20대 고교 동창생끼리 자취방에서 지난 추억의 이야기를 하느라 밤새도록 맥주를 곁들여 가면서 이야기를 나누었다. 그리고 다음날 아침 8시 무렵이 되어 출근을 하기 위해 모두 집을 나섰는데 불과 30여 분 후 화재가 집안에서 발생하였다.

플라스틱 쓰레기통에 담배꽁초를 버린 것이 화근이었다.

③ 화장실에서 발화한 사례

공중화장실 내부 좌변기 뒤로 플라스틱 컵이 있었는데 담뱃불로 인해 완전히 용융되는 과정에서 세라믹 소재 타일이 열에 깨져버리고 말았다. 신원 미상인이 볼일을 보면서 담배를 피웠고 담배꽁초를 컵 속에 던져버렸던 것이다. 연소형태로 볼 때 30분 이내에 벌어진 사건이었다.

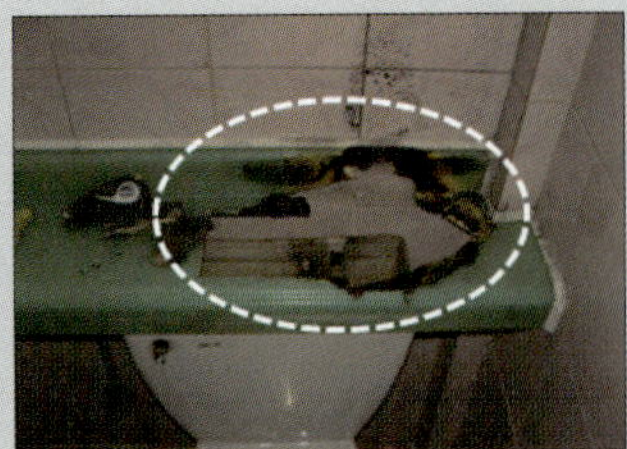
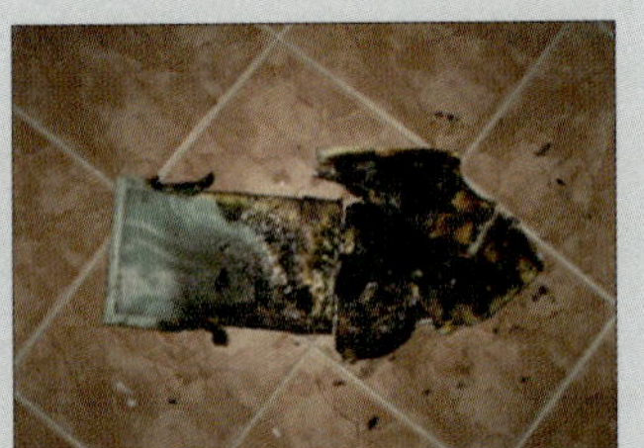

| 좌변기 뒤 컵의 형태 | 컵의 용융과 타일파괴 | 타일의 잔해 |

④ 화장실 쓰레기통 발화 사례

화장실에서 확산된 불길에 의해 60평 아파트가 오염되는 화재가 발생하였다.

현장을 둘러보니 좌측 벽면이 열에 의해 타일이 박리되었고 좌변기 하단 세라믹소재 도기류가 열에 깨져 나갔는데 벽면과 좌변기 사이 공간 바닥에서 플라스틱 쓰레기통 잔해가 발견되었다.

관계자를 입회시켜 확인한 결과 관계인이 화장실에서 흡연을 한 후 40여 분 전에 외출을 하였다는 진술을 확보하였다. 담뱃불은 10여 분을 전후하여 플라스틱 쓰레기통에서 출화할 경우 20분~40분 사이에 실내 공간 전체를 오염시킬 수 있다는 사실이 확인되었다.

4 담뱃불 화재의 감식 요점

❶ 담뱃불에 의해 착화될 수 있는 가연물을 밝혀 둔다. 펼쳐진 종이류나 옥외 목재 위에 투기된 담뱃불씨는 유염화되지 않고 접촉된 부분만 국부적으로 탄화된 형태를 남기거나 그대로 꺼져버린다. 착화물을 규명하기에 앞서 무염연소 후 유염연소가 가능한 환경적 조건이었는지를 먼저 판단한 후 최초 착화물이 어떤 것이었는지 좁혀 가면 효과적이다.

❷ 흡연행위를 특정시킬 필요가 없고 또한 행위자가 반드시 흡연행위를 했다고 단정할 필요성도 없다. 관계자 등을 대상으로 보강조사를 진행함으로써 조사 요점을 좀 더 구체화하는 것은 바람직하지만 화재원인이 반드시 특정인의 흡연행위에만 국한되는 것은 아니기 때문이다.

❸ 착화발염에 이르기까지 경과시간과 착화물과의 관계를 타당성 있게 밝혀간다. 가연물의 배열상태나 퇴적된 양에 따라 화재양상이 달라지므로 이것을 먼저 조사하면 발화에 이르게 된 경과시간의 추론이 가능해진다. 공기의 공급상태와 기상상황 등도 함께 고려하면 축열조건의 충족 여부도 확인이 가능하다.

3 모기향불

(1) 개요

모기향불의 단면적은 담뱃불보다도 작기 때문에 그만큼 발열량도 작다. 따라서 하나의 열원으로 간주하고 있어도 유염연소되어 출화하는 예는 찾아보기 힘들다. 모기향불은 발화의 위험보다는 곤충의 박멸효과를 노린 연기의 휘산작용으로 인해 밀폐된 곳일 경우 질식의 우려가 더 크다.

모기향이 연소되더라도 그 잔해는 불씨 없이 바닥으로 떨어지며, 적색의 고온 불씨는 타지 않는 부분으로 열이 지속적으로 가열되며, 이로 인해 열분해되면서 기체가 발생하고 새로이 탄화잔사를 만들어 낸다.

모기향불이 전도되어 휴지조각 등 가연물과 접촉한 상태가 연출되더라도 착화되기는 곤란한 것으로 나타나고 있다.

(2) 모기향불의 연소실험

모기향에 불을 붙이고 사각형태의 화장지(tissue) 조각을 올려놓고 3시간을 관찰하여 착화현상에 이르지 못함을 확인하였다. 모기향이 화장지와 접촉한 단면적 만큼 탄화되었을 뿐인데 열에너지가 증가하거나 감소되지 않고 일정하게 진행된 것임을 의미하고 있는 것이다.

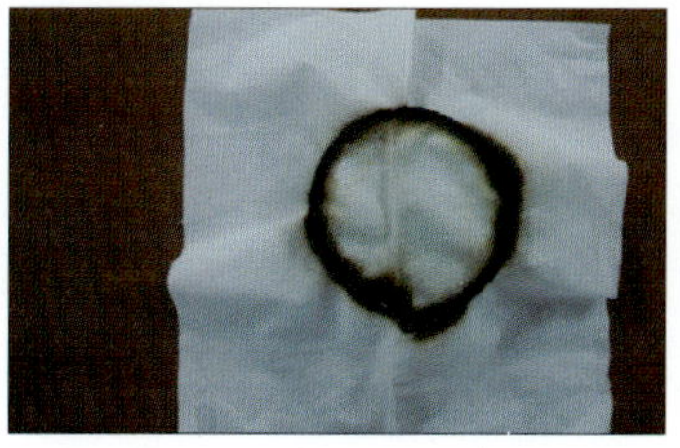

〈그림 4-77〉 모기향의 무염연소 형태

모기향이 전도된 경우를 가정하여 일회용 라이터 위에 모기향을 놓고 실험을 실시한 경우에도 모기향불과 접촉된 부분만 열분해가 이루어지고 용융되었다. 라이터 몸체와 접촉된 부분이 모기향불에 의해 용융되는 순간 대기압보다 압력이 높은 내부 부탄가스의 분출압력에 의해 모기향이 주변으로 튕겨져 나갔고 내부 기체가 모두 밖으로 밀려나오는 현상이 관찰되었다.

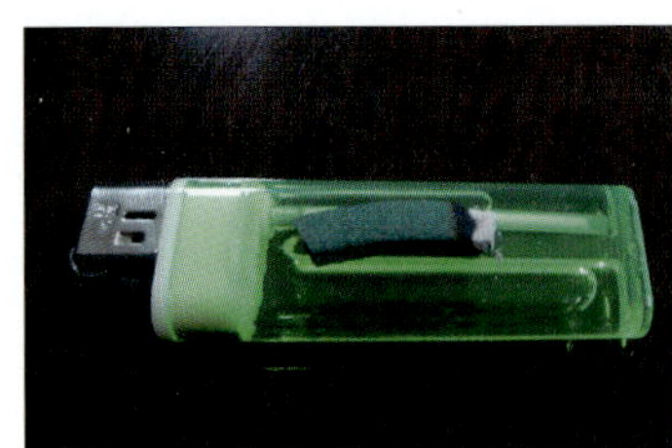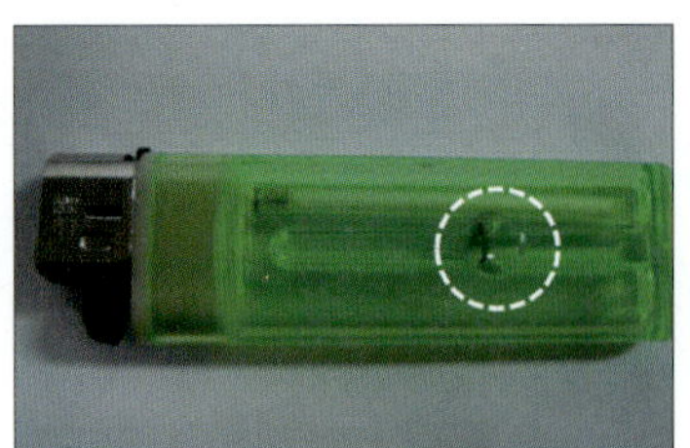

〈그림 4-78〉 모기향불과 라이터 접촉 시 용융흔

④ 용접불티

(1) 전기용접

1 전기용접의 원리

전기용접 방식으로는 아크용접이 가장 광범위하게 사용되고 있는데 모재(base metal)와 전극(electrode) 혹은 두 개의 전극 사이에 아크를 발생시켜 이 열에 의하여 접합부를 용융시켜 용접하는 방법이다. 아크라는 것은 큰 전류가 흘러 빛과 고온이 발생하는 것이고 아크용접이란 이 아크를 지속적으로 발생시켜 고온이 되게 하는 것으로 모재를 이용하여 접착하는 것이다

전기용접을 할 때 아크의 온도는 전원의 종류나 전류밀도 또는 용융되는 용접금속의 종류에 따라 다양하다. 그러나 통상 피복 아크용접봉을 이용하는 경우의 아크 온도는 4,000~7,000°K 정도이며, 화재와 관련이 있는 것은 아크에 의해 녹여지는 금속의 온도를 말한다.

2 전기용접 불꽃

용접불꽃이 발생하여 비산할 때는 용융된 상태의 금속으로 있지만 공기 중을 낙하하면서 표면장력에 의해 구(球)를 유지하려고 한다. 불꽃의 입자 직경이 작을 때에는 그대로 냉각되어 고체가 되어 낙하하지만, 입자의 직경이 클 경우에는 구(球)를 유지하려고 하는 동시에 철에 포함되어 있는 탄소가 공기 중의 산소와 결합하여 입자 내에 이산화탄소가 발생하고 고온 상태인 금속 입자 내에서 더욱 팽창하기 때문에 속이 비게 된다.

일반용접에서는 금속의 융점보다 높게 가열하면 용융한 스파터라는 슬래그나 금속입자, 또는 작업 시의 상태에서 발생하는 녹은 금속의 덩어리가 용적(불꽃)이 되어 낙하하므로 용접 중인 금속의 온도도 그 융점에 따라 다르다.

3 전기용접 중에 불꽃이 발생하는 현상

❶ 녹은 금속 중에 포함되어 있는 가스가 방출될 때 나온 것
❷ 녹은 금속 중에 플럭스(용접봉의 외측에 도포된 피복)로부터 급격하게 발생한 가스에 의해 불려 나온 것

❸ 용접 중에 녹은 금속이 용접봉과 피용접물의 사이에서 쇼트하여 큰 전류가 흘러 그 금속을 비산시키는 것

4 전기용접 연소실험

착화성이 좋은 화장지를 바닥면에 놓고 1.5m 위 높이에서 용접을 시도하여 비산된 불티에 의한 착화 여부를 관찰하였다. 불과 5초 만에 낙하된 불티에 의해 곧바로 착화가 개시되고 불꽃이 확산되어 고온의 금속입자 위험성이 확인되었다. 고체상태의 금속덩어리는 직경이 0.3~3mm 정도로 매우 작기 때문에 현장에서 금속 슬래그를 수집하기 위한 방법으로 대형 자석을 이용하면 매우 효과적이다.

〈그림 4-79〉 아크불꽃의 발생 및 화장지의 착화형태

유기질 단열재로 흔히 "스티로폼"으로 불리는 제품에는 발포폴리스티렌, 발포폴리우레탄, 발포염화비닐 등이 단열재로 많이 시공되고 있다. 스티로폼은 흡습성이 적고 시공이 간편하지만 열에 취약한 단점을 지니고 있기도 하다. 따라서 독자적으로 사용하지 못하고 샌드위치 패널의 보강재로 많이 사용하고 있는데 아크방전이 개시됨과 동시에 낙하한 불티에 의해 급속히 착화되는 것이 관찰되었다.

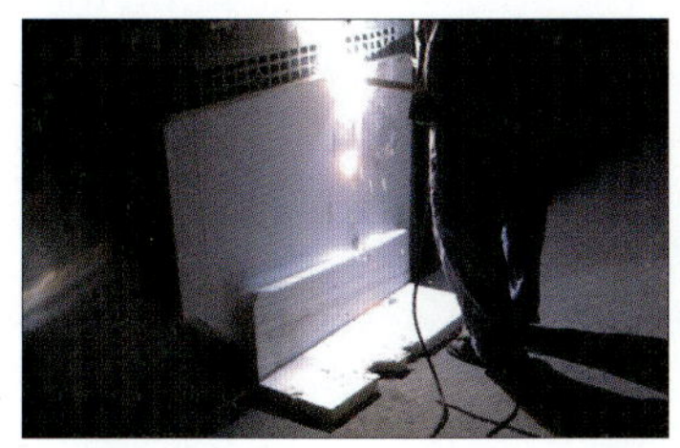

〈그림 4-80〉 불티로 인한 스티로폼의 착화 및 용융흔적

용적이 사방으로 비산되는 범위를 줄이고자 높이 0.8m의 높이에서 대팻밥과 신문지 및 톱밥의 착화 여부를 측정하여 대팻밥과 신문지에서 착화되는 것이 관찰되었다. 단면적이 비교적 크지만 두께가 얇은 대팻밥은 불과 17초 만에 착화하였고, 펼쳐진 신문지는 7초 만에 급속하게 착화되어 화재로 발전할 수 있음이 확인되었다. 한편 작은 알갱이 형태의 톱밥은 훈소가 진행

되다가 꺼져버렸으나 현장조사 시에는 외기의 흐름과 기타 다른 가연물과의 접촉 여부 등을 면밀하게 조사하여 종합적으로 판단하여야 할 것이다.

〈그림 4-81〉 용접불티로 인한 대팻밥 착화 및 펼쳐진 신문지 착화형태

5 용접작업 시 위험성

❶ 용접 시 발생하는 구슬모양의 직경 0.3~3mm의 불티는 수천 개가 생성되며 수평방향 약 10m 이상 비산한다.

❷ 밀폐공간에서 용접작업 시에 주변에 가연물이 있다면 용이하게 착화가능하며, 착화위험성은 예측을 불허한다.

❸ 최고온도 3,000℃ 이상의 고온체로 축열되면 상당시간이 경과한 후에도 화재가 발생한다.

(2) 가스용접

1 가스용접기의 원리

일반적으로 산소용접이라고 부르고 있으며, 절단 또는 용접하려고 하는 철 또는 저탄소강을 산소아세틸렌염 또는 산소프로판염 등으로 예열하여 모재를 용단 개시에 적당한 온도(1,350℃ 전후)로 가열한 후 산소를 분출시켜 가열된 철과 산소 사이에 급격한 화학반응을 발생시키면 모재가 급격하게 연소하여 산화철이 되어 용융한다. 이 용융에 의해 용접 또는 용융된 산화철은 분출하는 산소의 힘에 의해 불꽃을 내면서 연속적으로 비산되면서 절단되는 것이다.

2 가스절단 · 용접불꽃

일반적으로 가스 용접단에 사용하고 있는 아세틸렌 산소화염의 온도는 최고온도가 3,100~3,300℃에 이른다. 철의 용융점은 보통 1,400~1,500℃인데, 산소 중에서 덩어리 상태에서는 930℃ 이상에서 연소를 개시한다. 높은 온도에 방치된 철은 산화하기 쉬우며 수 기압의 고압산소에 의해 산화철이 되어 용융하며 비산한다. 이 때 불꽃의 온도는 모재인 철보다 낮다. 연강을 용단하는 경우에 발생하는 불꽃의 성분은 산화철이고, 적정상태의 절단에서는 용단불꽃의 입자 직경이 0.5mm 이하가 되는 경우가 많지만 아크용접과는 다르게 불꽃으로 적열된 산화철분이 연속적으로 다량 발생하기 때문에 불꽃이 비산한 장소에 있는 가연물에 착화하는 경우가 있다. 또한 절단 시에 산화철이 불꽃으로 날리는 이외에 잘린 부분에 부착되어 크게 성장한 후에 낙하하는 용융 산화철이 있고, 이 경우 입자 직경은 0.5mm 이상이다. 이 용융 산화철은 아크 용접에 의한 불꽃과 같이 완전히 구(球)에 가까운 모양으로 안쪽이 비어 있는 경우가 많다.

철의 가스용단은 철을 산화시킴으로써 절단하는 것이다. 이는 철과 산소를 화합시켜 산화철로 나오는 것으로 그 결과 생긴 용융입자도 용접할 때와 다르다. 가스 용단 시에 생기는 불꽃(산화철 입자)은 적정상태에서의 절단에서는 0.5mm 정도인 것이 많고 화재의 대상은 거의 되지 않는 것으로 생각할 수 있지만 용접과는 달리 적열된 산화철이 연속하여 대량으로 나오므로 불꽃이 비산된 장소에 있는 가연물에 착화하는 경우가 있다.

③ 용적의 발화 가능성

용적이란 용접 시에 용접봉이 녹아서 모재 쪽이나 주변으로 비산되며 떨어지는 용접봉 쇳물을 통상적으로 일컫는 말이다.

용적은 용접이나 절단 양쪽의 녹은 금속의 낙하거리가 30cm 전후 정도이면 그대로 응고되는 것이 많지만 높은 위치에서 낙하하여 지면에 닿게 될 때 수은을 떨어뜨린 것처럼 조그맣게 비산하며 큰 용적에서는 사방의 범위로 넓게 퍼지는 경우가 있다. 그러나 착지 장소에서 먼지 등이 쌓여 있을 때에는 비산하지 않고 먼지 등에 착화될 위험이 있다. 또한 낙하거리가 충분히 긴 경우에는 낙하 도중에 그대로 응고하지만 4m 높이에서의 낙하실험에서 비산한 불꽃이 직경 1mm 이내의 작은 구슬모양으로 굳어져 있는 것으로 알려져 있다.

낙하된 용적은 분진류나 종이, 나무부스러기 등 타기 쉬운 가연물에 접촉하면 출화의 위험이 대단히 크다. 또한 용적의 용융입자가 수평면을 구르고 있을 때보다는 정지 직전 또는 정지한 직후에 착화의 위험성이 높다. 그리고 휘발유나 벤젠과 같이 비교적 인화점이 낮은 물질과 도시가스, LPG 등에 용이하게 착화되지만 등유나 경유에 대한 인화는 어려운 것으로 알려져 있다.

④ 용적의 입자 수거 시 주의사항

❶ 금속입자는 형상이 파괴되기 쉽고 녹의 발생도 빠르게 진행되므로 조기에 채취할 필요가 있다.

❷ 채취할 때 잔류물의 여과나 자석을 이용하여 행하며 채취위치의 측정이나 사진촬영을 한 후에 용적의 입자를 선별한다.

❸ 용적입자는 작은 구슬모양이어서 굴러가기 쉽고 비좁은 틈새로도 들어가므로 전혀 생각하지 못한 곳에서 채취되는 경우가 있다.

5 용접화재 시 조사 요점

전기용접 및 가스 절단 불꽃(용적)에 의한 출화개소는 당연히 작업현장이나 또는 아래쪽 방향이며, 출화 전에 불꽃을 발하는 작업이 행해진 것을 확인한 후에 불꽃 입자의 채취작업을 실시한다. 화재현장에는 보통 용접기 및 용접두건과 용접봉 등의 잔해가 남아 있는 경우가 많으며, 용접이나 절단을 진행하던 잔해물 등이 함께 발견된다.

❶ 출화장소 부근에서 용접작업 등이 행해지고 있었던 경우 작업위치와 출화장소의 위치관계를 파악하고 출화장소로부터 불꽃 등이 비산할 가능성을 검토한다.

❷ 용접불꽃은 상당히 작고 눈에 쉽게 띄지 않기 때문에 자석 등을 활용하여 용적 입자를 수집하고 연소가 이루어진 장소 주변으로 비산된 범위를 확인한다.

❸ 출화장소 부근에서 용적 입자가 발견되었더라도 출화원인으로서 다른 요인이 생각되는 경우에는 다른 요인에 의한 출화의 가능성을 확실하게 검토한다.

❹ 아세틸렌가스 용단 작업 시 고무호스에서 출화한 경우 버너부의 공기조정 불량에 의한 역화가 발생하여 고무호스가 소손되는 경우도 있으므로 고무호스가 바깥쪽에서 소손된 것인지 아닌지를 면밀하게 관찰한다. 또한 역화의 경우에는 호스의 압력조정기와 접속부분에서 소손된 경우가 많고 호스 내부에 그을음이 남아 있게 된다.

❺ 타고 남은 고무호스의 탄화형태를 판단하여 호스의 균열에 의해 가스가 새어나와 출화한 것이지 아니면 용단 불꽃이 호스에 착하하여 가스가 누설된 것인지를 판단한다.

5 그라인더 불꽃

(1) 그라인더 발화 가능성

그라인더란 고속으로 회전하는 연삭숫돌을 사용하여 공작물의 단면을 깎는 기계로 연삭기(硏削機, grinder)라고도 한다. 보통 고정시켜 사용하는 탁상용과 이동 및 사용이 간편한 핸드 그라인더 등으로 구분하고 있다.

그라인더의 출화위험은 연마하거나 절단할 때 숫돌면의 마찰에 의해 가열된 절삭분이 용적이 되어 비산하는 것에 기인하며, 비산된 절삭분은 공기 중에 비산하는 사이에 산화되어 용해 온도까지 달하여 표면장력에 의해 구형(球形)이 된다. 용적 입자 직경은 0.1~0.2mm 정도의 것이 가장 많으며, 온도는 약 1,200~1,700℃에 이른다. 이 정도 온도이면 가연물을 착화시키는 데 충분한 온도지만 전열량이 작기 때문에 발화가 곤란한 경우가 많은데 가연성 가스, 셀룰로이드 부스러기, 분진류 등에 충분한 축열조건만 형성된다면 착화하기도 한다.

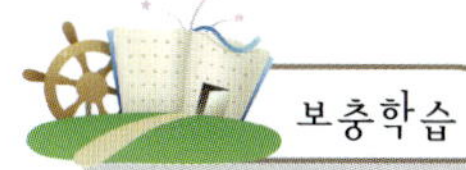

| 보충학습 | 그라인더 불티가 톱밥에서 발화? |

그라인더를 이용하여 금속의 한 단면을 절단하기로 하고 바로 뒤편에는 비산된 절삭분(불티)에 의해 착화 여부를 실험하기 위해 톱밥을 준비하였다. 그러나 톱밥에서 발화는 일어나지 않았다. 절삭분 자체는 고온 이었지만 단면적이 작아 톱밥과 접촉 즉시 냉각되었고 전열량이 부족하였기 때문이다.

(2) 그라인더 불꽃의 조사 요점

그라인더 불꽃은 4m 정도 떨어진 곳까지 비산되어 출화하는 경우도 있지만 1m 이내의 거리에서 작업 중에 발생하는 경우가 많다. 이는 불꽃 자체가 고온이기 때문이며, 인화성 가스나 즉시 연소될 수 있는 물질이 산업현장에서 많이 발견되기도 하기 때문이다. 그러나 퇴적된 상태의 낡은 가죽, 고무섬유 등에는 비산된 불티가 속에 박히기 쉬워 그라인더 사용 후 10시간이나 경과한 상태에서 출화된 사례도 보고되고 있다.

이와 같이 가연물에 따라 착화가 이루어지거나 그렇지 않은 경우가 있으므로 현장판단에 주의하여야 한다. 또한 비산된 절삭분은 보통 용접작업 시 발생한 용적보다 작기 때문에 흔적을 거의 찾아보기 힘들다. 절삭분의 흔적을 살펴보기 위하여 유리를 바닥면에 깔아놓고 그라인더와 원리가 똑같은 동력절단기를 사용하여 실시한 실험에 의하면 회전력 방향을 타고 뒤쪽으로 밀려나간 절삭분들은 길쭉한 형태로 유리면에 달라붙었고, 급속하게 냉각된 흔적을 남겼다. 절삭분의 잔해는 유리면을 미세하게 파고든 형태였으며, 그 단면은 미약하게 용융되었는데 손으로 만지거나 헝겊 등으로 닦아내더라도 지워지지 않았다.

그라인더로 인한 불꽃의 발생 여부 확인과 조사 요점은 다음과 같다.

❶ 작업장 또는 현장 작업반경 범위 안에서 불꽃을 발생시키며 작업을 실시한 사실을 확인한다.
❷ 불꽃의 비산 범위 안에서 출화된 것인지 확인한다.
❸ 착화가능한 물질이 어느 것이었는지 확인한다.
❹ 착화물의 소손상황과 출화에 이르게 된 시간적 경과 등을 살펴본다.

⑥ 굴뚝, 아궁이불, 모닥불 등 불티비화

불티에는 연기의 불티, 모닥불의 불티, 화재가옥에서 생성된 불티 등이 있다. 이러한 불티는 종류에 있어 약간씩 차이는 있으나 현상을 보면 본질적으로 다른 것은 없으며, 사람의 의지와 상관없이 비산하면서 또 다른 화재를 발생시킬 수 있다는 공통점을 가지고 있다.

불티에 의한 출화는 단순한 것처럼 보이지만 불티의 발생과 비산 및 착화라는 요소를 생각해 보면 그 물리적 성상과 착화형태는 여러 가지 조건에 의해 달라진다. 불티의 발생조건은 물체가 타면서 화염의 뜨거운 기류 영향을 받아 멀리까지 날라 가거나 열기를 발산하는 과정에서 파생된다. 그리고 열기류가 상승할 때 하부에서는 차가운 공기를 받아들여 소위 드래프트 현상이 생기게 된다. 불티는 물체가 연소했을 때 드래프트에 의해 생기는 상승기류와 바람의 영향을 받고 공중으로 흔들거리며 올라가게 된다. 연소면적과 열의 확산에 따라 차이가 있지만 보통 수십 미터까지 불티가 퍼지는 것으로 현장에서 나타나고 있다.

보충학습　　드래프트 효과

　굴뚝같은 곳에서 기체가 뜨거워지면 체적은 증가하지만 단위체적당 중량이 감소되어 더워진 공기는 부력이 생겨 바깥으로 빠져 나가고 연소실 내부에는 압력이 낮아져 새로운 공기가 유입된다. 이러한 통기력을 드래프트 효과(draft effect)라고 한다. 연소작용은 드래프트 효과에 따라 좌우되며 내부의 배기가스 온도가 높을수록 연통의 경우 직경이 굵고 높이가 높을수록 커진다.

드래프트 효과의 저해 요인
- 연통의 수평 길이가 긴 경우(수직 길이가 수평 길이의 1.5배 이상일 것)
- 굴곡이 많거나 예각으로 구부러져 통기 저항이 클 경우
- 균열이나 파손된 곳으로 외부의 찬 공기가 들어올 경우
- 통내에 그을음이 많이 쌓여 단면적이 감소되는 경우
- 통의 밑 부분에 습기가 많거나 연기의 온도가 떨어지는 경우

(1) 불티의 종류

❶ 굴뚝 불티 : 굴뚝에서의 불티는 불완전연소에 의해 발생한 연료의 미세한 탄화물 및 굴뚝 내에 부착되어 있던 그을음이 굴뚝 안에서 드래프트 현상에 의해 착화한 채 날아가는 현상이다. 불티의 비산은 풍속의 영향 및 굴뚝의 높이와 불티의 종류, 크기 등에 따라 크게 좌우된다.

❷ 모닥불 불티 : 모닥불 불티는 연소 시에 발생하는 드래프트에 의한 상승 기류와 강풍을 타고 상승하여 풍속과 바람의 흩날림의 세기에 의해 비산한다. 불티의 종류는 태우는 가연물에 의해 다르다. 또한 비산범위도 불티가 상승하는 높이와 관계가 깊기 때문에 모닥불의 연소규모에 따라서 차이가 생긴다.

❸ 화재가옥의 불티 : 가옥이 연소하기 때문에 발생하는 불티는 미분(微分) 상태의 가벼운 물질에서 비교적 무거운 물질까지 여러 가지 상태의 물질이 화염 회전바람으로 인해 상승하여 비산한다.

특히 목조주택의 기둥과 지붕 등 비교적 큰 구조체가 붕괴되거나 다른 물체를 타격할 경우 발생하는 불티는 연기 및 분진류와 혼합되어 주변으로 비산하는 경우가 많으며, 이런 경우 불티는 섬광처럼 잠시 세력이 확산되지만 또 다른 지점으로 연소하려는 파급효과까지는 이르지 못한다.

(2) 불티의 성상

1 불티의 현상

입자 상태의 불티는 화염을 동반하지 않고 가연물을 태우는 과정에 발생하여 무수히 비산하는데 단기간에 탄화되고 연소를 종료한다. 이 탄화물은 바람이 불어가는 방향으로 날아가 모든 주위 건물의 내·외부를 막론하고 조그만 틈만 있으면 침입할 가능성이 크고 지붕의 사이, 처마 아랫부분 등 다양한 지점에 쌓이는 특성을 가지고 있다. 이렇게 쌓인 상태로 분상(粉狀)의 불티가 날아와 무염연소하게 되면 예상치 못한 곳에서 출화하는 경우도 발생하게 된다. 이 분상의 불티가 날릴 때는 겨우 1m 미만의 거리밖에 날지 못하지만 화재가옥에서는 상승기류를 타고 불티가 높이 올라가기 때문에 2km 이상 비산하는 것이 있다. 그러나 일반적으로는 불티의 비산거리에는 한계가 있기 때문에 대체적으로 700m 전후가 된다.

2 불티의 성상

1 종이상태 : 종이상태의 불티는 장지, 맹장지, 신문지 및 각종 서적 등이 불에 타 비산하는 것으로 화재가옥 등에서는 상당히 먼 거리까지 옮겨지는데 그 대부분은 공중을 나는 사이에 완전히 연소하여 재로 변하기 때문에 덩어리 상태로 비산하는 경우를 제외하고는 분상 불티에 의해 착화하는 힘은 매우 약하다.

2 나뭇잎 상태 : 나뭇잎의 재 가루는 천장, 널빤지, 덧문 등의 두께 6mm 정도의 얇은 판이 연소되어 이러한 것들이 비산하기에 알맞은 만곡편이 되어 타오를 때 상승기류를 타고 적열된 채로 올라가고, 그 대부분이 중도에서 꺼져 탄화상태가 되어 멀리 비산하는데, 막대형의 불티에 비해 착화력은 약하다.

3 막대 상태 : 막대형의 불티는 수목, 압연, 격자 등과 같이 타다 남은 부분으로 이것이 적당한 길이로 부러져 있고 작고 가벼운 불이 붙어 있기 때문에 탄화물이 되고 비산한다. 이러한 것들은 대략 근거리에서 낙하하며 낙하장소에 쉽게 탈 수 있는 가연물이 있다면 바로 착화할 가능성이 높다.

4 판 상태 : 판형의 불티는 지붕재, 외벽재 등 판재나 얇은 금속판 등이 기류를 타고 적열상태로 비산한다. 두꺼운 판의 경우에는 거의 근거리로 낙하하는데 낙하 시의 충격으로 다량의 목탄을 흩뿌리는 상태가 되어 가연물로 쉽게 착화하는 성질을 가지고 있다. 브레이크 판 등의 금속판은 공중으로 높이 흔들리며 올라가 어떤 때에는 바람을 타고 상당한 거리까지 비산하여 건물의 창문 등을 파괴시키며 건물 안으로 침입하기 때문에 건물 내부수용물에 착화할 수도 있게 된다.

5 덩어리 상태 : 덩어리 상태의 불티는 기둥이나 대들보, 건물의 안채, 들보, 목조건축의 하층과 상층의 경계에 사용되는 두꺼운 수평재 및 마룻대 등 대략 가로와 세로의 크기가 12cm 전후의 크기로 적열한 탄화물이 되어 바람이 흘러가는 방향으로 낙하한다. 이것은 화염의 최성기 이후에 비산하는 것으로 다른 불티에 비해 더 멀리는 날아가지 않고, 많

게는 바람이 흘러가는 방향의 100m 이내에 존재하는 건물의 지붕, 물받이 혹은 건조대 등으로 낙하하여 화재를 발생시킨다. 이 불티는 덩어리 상태로 접촉면적이 넓기 때문에 착화력이 뛰어나 연소 확대요인으로 작용한다.

(3) 불티화재 현장의 조사 요점

❶ 발화장소 주변에 장작이나 폐자재 등을 태운 경우가 있었는지 연소행위의 유무를 확인한다.

❷ 주변에서 연소행위가 있었다면 시간적 경과와 연소규모와 가연물의 배치상황 등을 파악한다.

❸ 굴뚝 불티의 경우 연도(煙道) 내부 청소불량에 기인한 내부 탄화물에 착화 가능성과 고온 연통부 주변으로 가연물의 상태를 살펴 출화 가능성을 검토한다.

❹ 건물의 바깥 주변이 연소된 경우 연소의 타오름 방향을 살펴보고 풍향을 고려하여 불티가 외부에서 날아온 개연성을 검토한다.

❺ 출화장소 주변에 소각로 또는 쓰레기장 등이 있다면 그곳에서의 연소행위와 태우고 있던 가연물의 종류로 미루어 불티가 날릴 수 있는 조건 등을 검토한다.

❼ 수렴화재(Convergence Fire)

(1) 정의

렌즈상이 될 수 있는 볼록면, 구면(球面), 오목면상 물질을 매개로 하여 태양광선이 굴절 또는 반사가 지속되어 출화에 이르는 화재를 말한다.

(2) 렌즈역할을 할 수 있는 매개체

❶ 페트(PET)병
❷ 둥근 어항
❸ 유리병
❹ 비닐하우스 웅덩이(고여 있는 물)

(3) 수렴화재의 발화가능성

수렴(收斂)이란 자연광(自然光)인 태양으로부터 열이 한 곳으로 집중되는 현상을 말한다. 이때 열의 축열이 한 곳으로 용이하게 집중될 수 있도록 중간에 매개체가 작용하는데 페트병, 둥근 어항, 유리병 등을 예로 들 수 있다. 돋보기를 사용하여 종이나 목재에 발화현상을 일으키는 것도 수렴의 결과이며, 따라서 수렴화재를 일명 돋보기 효과라고도 하고 있다.

수렴화재가 발생할 가능성이 큰 장소로는 태양광의 집열(集熱)이 양호한 아파트 베란다 주변을 들 수 있는데 베란다 유리창으로 직접 유입된 태양열이 페트병이나 수족관 어항과 같은 매개물을 통해 물질을 착화시키기에 충분한 열이 형성되면 매개물의 뒤쪽 편 입사각에 맞춰진 가연물이 착화하기에 이르게 된다.

수렴화재로 성립시키기 위한 전제조건으로는 먼저 당일 기상상황으로 계절별, 지역별, 시간별로 태양의 고도를 확인하여야 한다. 태양의 고도란 지표면과 태양 간에 이루고 있는 각도를 말하는 것으로 태양의 고도는 계절별로 다르다. 하루 중 태양이 가장 높은 곳에 위치하는 주기는 하지(夏至)이며, 동지(冬至) 때는 지표면과 가장 가까운 거리를 유지하고 있다. 또한 착화물의 존재와 위치, 방향 등을 살펴 태양의 각도로부터 입사각의 형성 여부와 착화 정도에 관한 조건은 만족시켰는지 살펴보아야 한다.

쉬어가기 — 수렴화재 사례

일본 교토의 한 주택 베란다에서 화재가 발생하였다.

소방의 조사관이 현장을 살펴보니 베란다는 목재로 되어 있었고 국부적으로 벽면과 기둥이 조금씩 소손된 상태로 바닥에서 페트병이 발견되었다.

별다른 발화원은 없었는데 당시 시간이 정오인 점에 착안하여 수렴 발화의 가능성을 검토하여 국립천문대에 의뢰하니 당시 태양의 고도는 56.4°로 확인되었다. 즉시 동일한 조건으로 재현실험을 실시하여 페트병을 통해 124.6℃까지 온도 집열이 이루어졌음을 확인하였으며 충분히 목재에 착화할 가능성이 있음을 입증하였다.

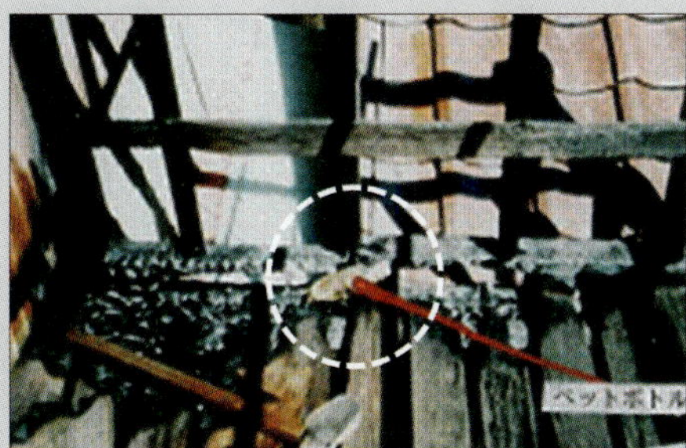

베란다 목재 탄화(페트병 발견)

페트병 수렴실험(124.6℃)

Step 03 사후조사

1 근거

사후조사(事後調査, late fire call)란 소방대가 출동하지 아니한 화재로 발화장소 및 발화지점의 현장이 보존되어 있어 조사가능한 경우를 말한다. 화재조사 및 보고규정 제52조 제2항에 의하면 화재피해자로부터 소방대가 출동하지 아니한 화재장소의 화재증명원 발급요청이 있는 경우 조사관 또는 조사자로 하여금 사후 조사를 실시하게 할 수 있다고 되어 있다. 이 경우 화재 당사자인 관계인은 사후조사 의뢰서를 작성하여 제출하여야 하며 화재조사관은 신고내용에 따라 발화장소 및 발화지점의 현장이 보존되어 있는 경우에만 조사를 실시하여야 한다.

2 사후조사의 특징

소방대가 출동하지 않았다는 의미는 화재발생과 동시에 이미 화재가 진화되었거나 즉소된 경우로 피해가 경미한 것을 의미한다. 이러한 사례는 화재 당시 인명피해 없이 피해가 적어 당사자가 자체적으로 묵인한 경우가 대부분인데 사후 화재보험 보상청구권 관련 또는 이해당사자간에 화재원인을 놓고 책임소재에 대한 분쟁의 소지가 농후하여 화재가 종료된 후 신고된 경우가 많다. 경우에 따라서는 발화징소가 훼손되거나 발화원이 이동되는 경우도 있는데 예를 들어 고속도로 상에서 엔진룸이 과열되어 화재가 발생한 경우 119에 신고되지 않고 운전자에 의해 자체 진화된 후 전후사정을 생각해 보지도 않고 차량을 폐차한 경우를 생각해 볼 수 있다. 이때 피해자는 화재 사후 소방서로부터 화재로 인한 피해 여부를 입증받기가 매우 곤란해질 수도 있는데, 차량이 발화장소로부터 이동되었고 불이 난 차량 자체가 소멸되어 원인조사가 사실상 불가능하기 때문이다.

사후조사는 피해자가 소방서를 방문하여 '사후조사 의뢰서'를 작성하여 제출하게 되면 3일 이내 화재조사관이 현장조사를 실시하여 처리함으로써 화재증명원을 발급받을 수 있고 사후 예측되는 각종 분쟁으로부터 사실증명이 가능해진다. 이때 사진기록 등 화재당시 증빙자료를 첨부하면 더욱 좋다.

〔표 4-9〕 **사후조사의 특징**

사후조사 특징	• 피해가 경미하다. • 분쟁발생 소지가 크다. • 발화장소가 훼손되거나 발화원이 이동되는 경우가 있다. • 발생확률이 적다.

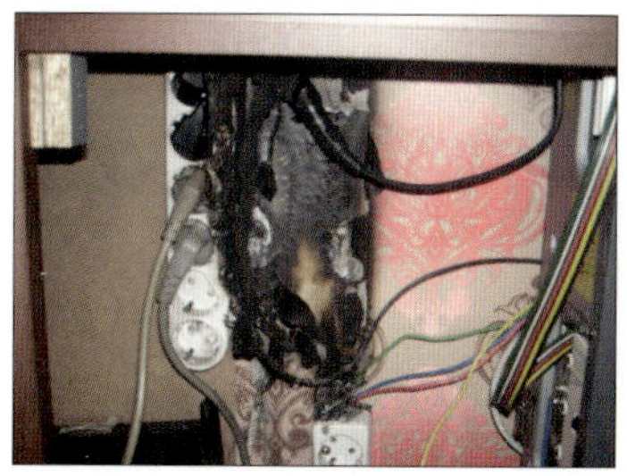 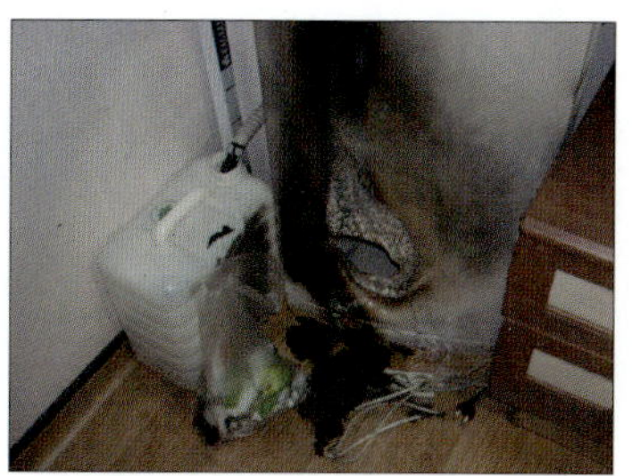 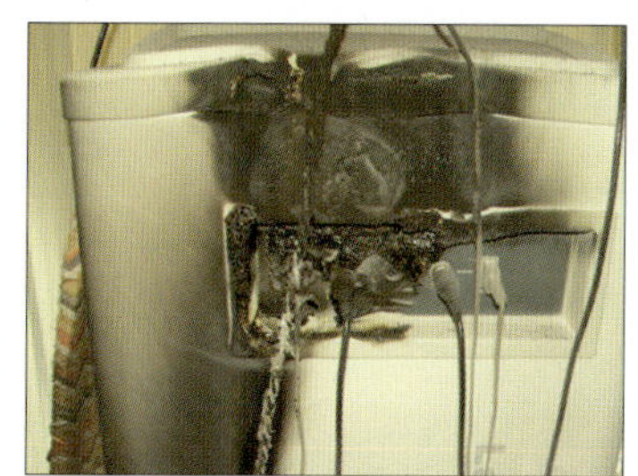

〈그림 4-82〉 **사후조사 의뢰된 제품별 연소형태**

③ 사후조사의 감식 요점

❶ 발화장소 주변으로부터 이동되었거나 훼손된 정도를 구분한다.

❷ 국부적으로 소실된 경우가 많으므로 기기로부터 출화인지 주변 다른 요소에 의해 발화
된 것인지 판별한다.

❸ 관계자로부터 발화시간과 발화요인에 대한 이상 징후 또는 사용 여부 등을 확인한다.

❹ 시간적 경과에 따른 변형, 부식, 파손 여부 등을 확인한다.

❺ 현장 보존상태 및 소실된 단면을 면밀하게 관찰하고 사진으로 기록한다.

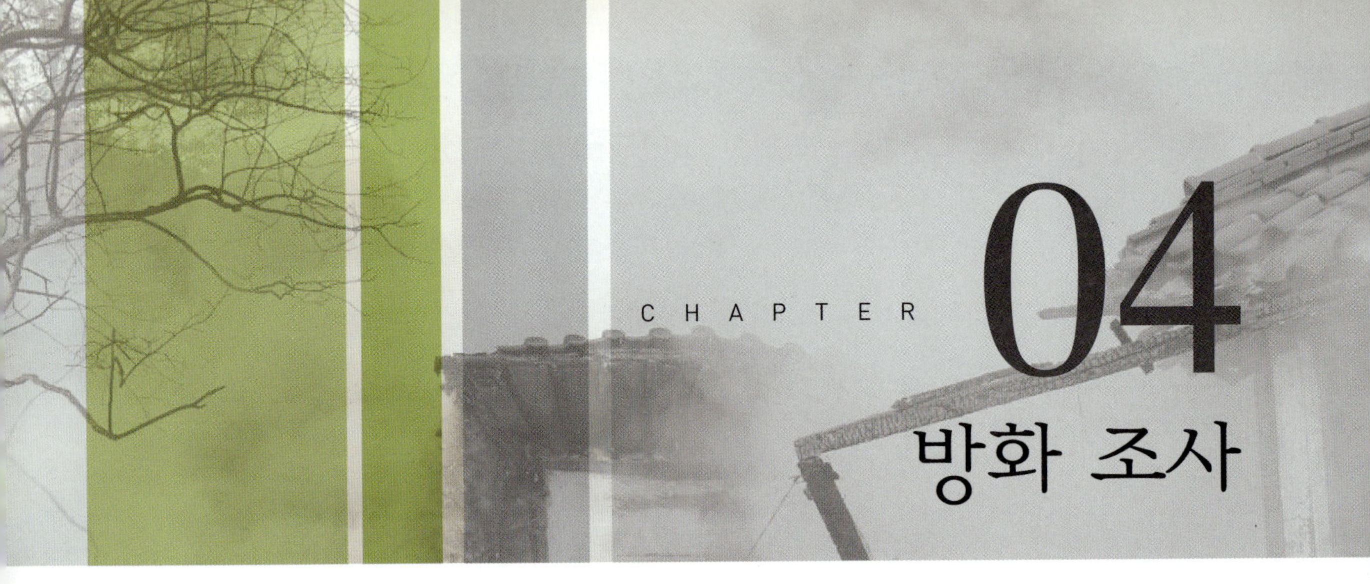

CHAPTER 04

방화 조사

The Fire investigation introduction

Step 01 · 방화의 역사성

방화(放火)는 인간의 통제조절 능력으로 제어가 가능함에도 불구하고 다분히 의도적이고 악의(惡意)를 품고 지행되는 반사회적 공공위험죄로 분류되고 있다. 때로는 조금 위험한 장난이나 단순히 재산상의 손실을 가져오는 가벼운 수준으로 인식하기 쉬우나 실제로 방화는 강력범죄에 속한다. 왜냐하면 방화로 인한 불안감은 사회 전체에 막대한 영향을 미치고 있어 단독행위에 의한 방화라 하더라도 고립된 범죄가 아니며, 사회근간을 흔들어 놓을 만큼 그 파장은 예측을 불허하기 때문이다. 방화는 인류 역사만큼이나 아주 오랜 세월 동안 인간의 삶 속에서 이어져 왔다. 지나온 우리의 역사만 뒤돌아보더라도 정복국가 시절 정복자는 촌락에 대규모적인 방화를 자행하여 민심을 흩어지게 하고 사찰, 관청 등 주요 건물에 불을 질러 국가적 사료를 말살함으로써 정신적 · 문화적으로 복속시키고자 하였다. 중국 진나라 시절 국가통치에 지장을 줄 것을 염려한 시황제에 의해 저질러진 분서(焚書)사건은 역사와 의술, 농경에 관한 책 이외의 모든 책들을 불살라버렸으며, 진나라 멸망 과정에 등장한 항우(項羽)는 진시황이 건설한 아방궁에 불을 질렀는데 그 불이 3개월간이나 지속되었다는 역사적 기록도 나온다. 방화는 일거에 모든 가연물을 태워버려 역사적 진실을 은폐하려는 의도로 자행되는 예가 많기도 했지만 극도의 흥분상태로 자아도취감에 저질러지는 경우와 감정을 통제하지 못해 분풀이 등 홧김에 보상심리 차원에서 자행되기도 하였다. 통일신라시대 선덕여왕을 사모하던 지귀(志鬼)라는 천민은 여왕을 사모한 나머지 불귀신이 되어 미친 듯이 돌아다니며 세상에 불을 질렀다는데 연정(戀情)에 매달린 고전적인 방화의 형태로 보인다.

한편 자신의 억울한 누명을 죽음으로 대변하고자 결백을 입증하는 행위로 자신의 몸에 불을 붙이거나 불사이군(不事二君)의 마음으로 행해지는 분신(焚身)도 전통적인 방화행위에 속한다. 과거 이러한 방화는 범죄행위임에 앞서 자신의 뜻을 표현하기 위한 강력한 수단으로 자살의 한

방편으로 해석될 수 있는 여지도 많지만 의도된 행위라는 점에서 방화와의 공통점을 찾을 수 있다.

자연에서 습득한 불의 이용방법은 사람의 손을 거치면서 인간의 불로 발전을 거듭한 기간만큼 방화의 역사성은 인류로부터 깊은 불가분의 관계를 맺고 있는 것이다.

Step 02 방화죄(放火罪)

1 방화죄의 의미

방화란 공용, 공익에 제공하는 건조물 또는 일반건조물, 일반물건에 불을 놓아 인적·물적 피해를 발생하게 한 행위를 말한다. 여기서 불을 놓는다는 것은 다분히 악의적이며 고의적으로 목적물이 연소하도록 하는 의도적 작위행위(作爲行爲)로 반사회적 공공위험죄를 의미한다.

과거 로마법에서는 방화죄를 살인죄의 일종으로 처벌하였으며, 게르만법에서는 생명과 재산에 대한 침해범으로 파악하였고, 미국에서는 1861년 악의로 인한 손괴조례에 방화죄를 규정하여 처벌하였다.

방화죄의 중점이 생명 또는 재산의 보호라고 하는 면으로부터 공공의 위험을 보호하는 것으로 변화된 것은 프로이센 일반란트법에서 비롯되었다. 즉, 1794년 프로이센 일반란트법이 방화죄를 통일적으로 규정한 이래 프로이센 형법은 공공위험죄의 장에 방화죄를 규정하고 있다.

오늘날 각 국의 제정법들은 방화죄에 대한 정의를 확대하여 재산 자체를 위태롭게 하는 행위도 포함하고 있으며, 방화로 사람이 죽은 경우 비록 방화범이 살인할 의도를 갖지 않았다 해도 살인죄를 적용하고 있다. 방화죄는 피해발생의 사실이 있는 한 방화 동기는 크게 정상참작의 고려대상이 되지 않는데 이는 방화죄의 본질이 공공위험죄인 까닭이다. 그러나 최근의 방화 범죄 동향을 보면 방화가 반사회적 중대 범죄임에도 불구하고 형량이 '고무줄식'으로 판결되거나 상대적으로 타범죄에 비해 기소율이 낮은 실정으로 나타나, 보다 객관적인 양형기준이 필요하다는 시각이 고개를 들고 있다.

우리나라에서의 방화에 대한 처벌은 형법상에 규정되어 있는데 예비, 음모, 미수도 처벌대상이다. 형법 제164조 내지 제167조에 적용할 수 있는 방화죄의 객체는 다음과 같다.

❶ 사람이 주거로 사용하거나 사람이 현존하는 건조물, 기차, 전차, 자동차, 선박, 항공기, 광갱

❷ 공공 또는 공익에 공하는 건조물외 건조물 기차, 전차, 자동차, 선박, 항공기, 광갱

❸ 일반건조물로서 ❶, ❷ 이외 건조물, 기차, 전차, 자동차, 선박, 항공기, 광갱 등과 자기 소유에 속하는 전 항의 물건

❹ 일반 물건으로서 ❶, ❷, ❸ 이외 물건

(1) 범죄의 개념

❶ **형식적 범죄개념** : 범죄의 구성요건에 해당하고 위법하고 책임 있는 행위라는 의미를 말한다.

❷ **실질적 범죄개념** : 범죄란 사회생활상의 보호이익을 침해·위협하는 반사회적 행위를 말한다.

(2) 추상적 위험범과 구체적 위험범

❶ **추상적 위험범** : 법익에 대한 일반적 위험성만 있으면 가별이 인정되는 범죄이다. 추상적 위험범은 구성요건에 규정된 행위만 하여도 그 행위 안에 위험성이 내포되어 있다고 보므로 대체로 거동범적 성질을 가지며, 별도의 구성요건이 요소가 아니며 고의의 인식대상도 되지 않는다.

❷ **구체적 위험범** : 법익침해의 현실적 위험의 발생을 구성요건으로 하는 범죄이다. 따라서 이 경우의 위험은 객관적 구성요건의 요소가 고의의 인식대상이 된다.

〔표 4-10〕 **추상적 위험범과 구체적 위험범의 차이**

구 분	추상적 위험범	구체적 위험범
위험의 발생	구성요건 요소가 아니다.	구성요건 요소이다.
위험의 인식	고의의 내용이 아니다.	고의의 내용이다.
범죄의 성질	형식범	결과범
위험발생의 입증	불필요	필요
적용 범죄	· 현주건조물방화죄 · 공용건조물방화죄 · 타인소유 일반건조물방화죄	· 자기소유 일반건조물방화죄 · 일반물건방화죄

방화죄는 다수인의 생명·신체·재산에 대한 위험성을 초래하는 공공위험죄로서의 성격과 방화에 의해 건조물이나 일반물건 등이 손괴되는 결과가 발생하므로 재산을 침해하는 성격도 지니고 있다. 따라서 공공의 위험과 재산침해라는 두 개의 법익에 중점을 두어 입법규정을 하고 있는데 독일, 오스트리아, 스위스 등 대륙법계 국가들은 공공의 위험에, 영미법계에서는 재산침해에 중점을 두어 방화와 실화에 관한 죄를 규정하고 있다.

2 방화에 대한 보호법익

공공의 안전과 평온이 방화·실화죄의 보호법익이라는 점에서 이론이 없지만 재산도 방화죄의 보호법익이 되는가에 대해서는 견해가 대립한다.

(1) 보호법익에 대한 학설

❶ **이중성격설** : 통설·판례는 방화죄의 주된 보호법익은 공공의 안전과 평온이지만 재산도 부차적 보호법익이다. 즉 방화죄는 공공위험죄인 동시에 재산죄의 이중성격(二重性格)을 지닌 범죄라고 한다. 이 견해는 ① 자기소유 물건에 대한 방화죄의 형벌이 타인소유 물건에 대한 방화죄의 형벌보다 낮고 ② 방화죄가 성립하기 위해서는 소훼(燒燬)라는 재산침해의 결과가 생겨야 하는 것으로 규정하고 있다는 것을 근거로 든다.

판례

> 현주건조물에의 방화죄는 공중의 생명·신체·재산 등에 대한 위험을 예방하기 위하여 공공의 안전을 그 제1차적인 보호법익으로 하고 제2차적으로는 개인의 재산권을 보호하는 것이다.(대판 1982.4.27. 82도2341)

❷ **공공위험죄설** : 이 견해는 방화죄는 재산적 법익을 보호법익으로 하지 않고 공공의 안전만을 보호법익으로 한다. 이 견해는 ① 현주건조물방화죄, 공용건조물방화죄에 대해서 소유권이 누구에게 있는가를 묻지 않고 ② 형법이 제166조와 제167조에서 타인소유 물건과 자기소유 물건에 대한 범죄의 형벌에 차이를 두고 있는 것은 그 불법의 차이를 고려한 것에 불과하다고 한다.

(2) 보호의 정도(程度)

현주건조물방화죄, 공용건조물방화죄, 타인소유의 일반건조물방화죄 및 이에 대한 실화죄는 추상적 위험범이고, 자기소유의 일반건조물방화죄, 일반물건방화죄, 이에 대한 실화죄 및 연소죄 등은 구체적 위험범이다. 이러한 범죄에서는 구체적 위험발생에 대한 고의를 필요로 한다.

부차적 보호법익인 재산에 대해서는 재산이 침해되어야 하는 침해범이다.

3 방화에 대한 형법규정 해설

1. 현주건조물등에의 방화죄

> **제164조 【현주건조물등에의 방화】**
>
> ① 불을 놓아 사람이 주거로 사용하거나 사람이 현존하는 건조물, 기차, 전차, 자동차, 선박, 항공기 또는 광갱을 소훼한 자는 무기 또는 3년 이상의 징역에 처한다.

(1) 의의 및 법적 성격

현주건조물방화죄는 불을 놓아 사람이 주거로 사용하거나 사람이 현존하는 건조물, 기차, 자동차, 선박, 항공기 또는 광갱(鑛坑)을 소훼하는 죄이다.

본 죄는 소훼의 결과를 필요로 하는 결과범이다. 본 죄의 보호법익은 공공의 안전에 있으며 보호의 정도는 추상적 위험범이다.

(2) 구성요건

1 행위의 객체

본 죄의 객체(客體)는 사람이 주거로 사용하거나 사람이 현존하는 건조물, 기차, 전차, 자동차, 선박, 항공기, 또는 광갱이다. 건조물은 사람이 주거로 사용하거나 사람이 현존하는 건조물이어야 하고 기차, 전차, 선박, 항공기 또는 광갱은 사람이 현존하는 것이어야 한다.

❶ 사람이 주거로 사용하거나 사람이 현존하는 건조물

- **사 람**

  본 죄에서 사람이란 '타인'을 의미한다. 따라서 자기가 주거로 사용하거나 자신만이 현존하는 건조물에 방화를 한 때에는 본 죄가 성립하지 않고 일반건조물방화죄가 성립한다. 타인이란 자신 이외의 모든 사람을 의미하므로 자신의 처나 자식이 주거로 사용하거나 현존하는 경우에도 본 죄가 성립한다.

- **주거로 사용**

  '주거로 사용하는'에서 주거는 주거침입죄의 주거개념과 같다. 주거란 기와침식(起臥寢食), 즉 일상생활의 장소에서 사용하는 것을 말한다. 그러나 주거침입죄에서 주거는 반드시 건조물일 필요는 없지만 본죄의 객체는 주거로 사용하는 건조물에 한정된다. 사실상 주거로 사용하는 것이면 장기간 사용·일시적 사용·적법한 사용·부적법한 사용을 불문한다.

  주거로 사용하는 건조물이면 방화 시에 사람이 현존하지 않더라도 본 죄가 성립한다. 건조물의 일부분이 주거로 사용된다고 하더라도 전체 건조물을 주거에 사용하는 건조물로 본다. 주거로 사용하는 것이면 자기소유이거나 타인소유이거나 관계가 없다.

- **사람의 현존**

사람이 현존한다는 것은 방화 시에 건조물, 기차 등의 내부에 행위자 이외의 사람이 존재하는 것을 말한다. 사람이 현존하는 건조물이면 족하고 주거로 사용하는 건조물이 아니어도 상관없다. 건조물 등의 일부에 사람이 현존하면 전체에 사람이 현존하는 것으로 보아야 한다.

사람이 현존하는 이유는 묻지 않는다. 사람을 모두 살해한 후 방화한 경우에도 본 죄가 성립하는가에 대해 긍정설과 부정설이 있는데 사람을 모두 살해한 후 방화할 계획이 있었다고 보는 경우에는 본 죄가 성립한다고 한다. 실행의 착수 시에 사람이 현존하면 족하기 때문이다.

- **건조물, 기차, 전차, 자동차, 선박, 항공기, 광갱**

건조물이란 주거침입죄에서의 건조물과 같은 개념으로서 가옥, 기타 이에 준하는 공작물로서 토지에 정착하여 사람이 출입·체류할 수 있는 것을 말한다. 가옥에 떨어져 있는 축사, 헛간 등은 사람이 체류할 수 없으므로 건조물이라고 할 수 없다는 견해가 있으나 사람이 체류할 수 있다는 것은 생활할 수 있다는 것과 다르므로 일반적으로 건조물이라고 본다.

지붕의 유무, 규모의 대소를 불문하므로 천막, 방갈로, 버스표 판매소 등도 건조물에 속한다. 자연적 토굴 등은 건조물이라 할 수 없으나 자연물에 인공적인 시설을 가미하였을 때에는 건조물이라 할 수 있다. 건조물의 부속물도 건조물과 일체를 이루고 있는 경우에는 건조물에 해당한다.

❷ 실행행위

본 죄의 실행행위는 불을 놓아 건조물, 기차, 자동차 등을 소훼(燒燬)하는 것이다.

- **불을 놓아** : 불을 놓는다는 것은 목적물을 소훼할 수 있는 일체의 행위를 말한다. 직접적으로 목적물에 불을 놓든지 매개물을 통해 불을 놓든지 상관없다. 작위(作爲)뿐만 아니라 부작위(不作爲)에 의해서도 가능하다. 즉 불을 꺼야 할 의무가 있는 자가 고의로 불을 끄지 않았을 경우에는 부작위에 의한 방화죄가 성립할 수 있다.

- **소훼** : 소훼란 '불태워(燒) 훼손시키는 것(燬)', 즉 목적물을 불태워 훼손시키는 것을 말한다.

❸ 주관적 구성요건

본 죄는 고의범이므로 불을 놓는다는 것, 사람이 주거로 사용하거나 사람이 현존하는 건조물, 기차 등이라는 것, 소훼한다는 것에 대해 의욕 또는 실행한다는 의도가 있어야 한다.

2. 현주건조물방화치사상죄

> ### 제164조 【현주건조물등에의 방화】
>
> ② 제1항의 죄를 범하여 사람을 상해에 이르게 한 때에는 무기 또는 5년 이상의 징역에 처한다. 사망에 이르게 한 때에는 사형, 무기 또는 7년 이상의 징역에 처한다.

(1) 의의 및 법적 성격

본 죄는 현주건조물방화죄를 범하여 사람을 상해나 사망에 이르게 하는 죄이다. 본 죄의 보호법익은 공공의 안전 이외에 사람의 생명·신체이고 생명·신체가 침해되어야 하는 침해범에 해당한다.

(2) 구성요건

❶ **행위의 주체** : 본 죄의 주체(主體)는 제1항의 죄인 현주건조물등방화죄를 범한 자이다.

❷ **상해 또는 사망 결과의 발생** : 본 죄가 성립하기 위해서는 사람의 상해 또는 사망의 결과가 발생해야 한다. 여기서 사람이란 정범 혹은 공동정범 이외의 사람을 말한다. 상해·사망의 결과는 방화에 의해 직접 발생한 경우뿐만 아니라 방화의 기회에 발생한 것이면 족한 것으로 본다.

❸ **인과관계와 예견 가능성** : 현주건조물방화죄와 상해·사망 사이에는 상당한 인과관계(因果關係)가 있어야 하고 상해·사망에 대한 예견가능성(豫見可能性)이 있어야 한다.

(3) 형벌

본 죄의 형벌은 사형, 무기 또는 7년 이상의 징역이다. 판례는 방화죄가 불특정 다수인의 생명·신체·재산에 대하여 위험을 발생시키고 공공의 평온을 해하는 공공위험죄인 까닭에 그 형이 무겁고 역사적으로는 나라마다 방화죄에 극형을 부과하였음이 일반적이었으므로 형법 제164조가 생명을 규정한 취지로 보아 사형이 반드시 피해야 할 형이라고 할 수 없다고 한 바 있다(대판 1983.3.8 82도3248).

3. 공용건조물방화죄

> **제165조【공용건조물등에의 방화】**
>
> 불을 놓아 공용 또는 공익에 공하는 건조물, 기차, 전차, 자동차, 선박, 항공기 또는 광갱을 소훼한 자는 무기 또는 3년 이상의 징역에 처한다.

(1) 의의 및 법적 성격

공용건조물방화죄는 불을 놓아 공용 또는 공익에 공하는 건조물, 기차, 전차, 자동차, 선박, 항공기 또는 광갱을 소훼하는 죄이다. 공용건조물 등이라는 점에서 현주건조물등방화죄의 형벌과 같고 일반건조물등방화죄에 비해 형벌이 무겁다. 본 죄의 보호법익은 공공의 안전과 평온이고 보호의 정도는 추상적 위험범이다.

(2) 구성요건

본 죄의 객체는 공용 또는 공익에 해당하는 건조물, 기차, 전차, 자동차, 선박, 항공기 또는 광갱 등이다. 사람이 주거에 사용하거나 사람이 현존하는 건조물 등이 아니어야 하고 주거에 사용하거나 사람이 현존한 때에는 본 죄가 성립하지 않고 현주건조물방화죄가 성립한다.

공용에 해당한다는 것은 국가 또는 공공단체 등이 사용한다는 것을 의미하고 공익에 해당한다는 것은 일반인들의 이익을 위해 사용된다는 것을 의미한다. 소방 순찰차나 관공서의 출퇴근용 버스 등은 공용이라고 할 수 있고 일반버스나 택시 등은 공익에 공하는 것이라고 할 수 있다. 공용 또는 공익에 해당하면 되며 누구의 소유인가는 묻지 않는다.

4. 일반건조물등방화죄

> **제166조【일반건조물등에의 방화】**
>
> ① 불을 놓아 전2조에 기재한 이외의 건조물, 기차, 전차, 자동차, 선박, 항공기 또는 광갱을 소훼한 자는 2년 이상의 유기징역에 처한다.
> ② 자기소유에 속하는 제1항의 물건을 소훼하여 공공의 위험을 발생하게 한 자는 7년 이하의 징역 또는 1천만원 이하의 벌금에 처한다.

(1) 의의 및 법적 성격

일반건조물등방화죄는 불을 놓아 사람의 주거에 사용하거나 사람이 현존하거나 공용 또는 공익에 해당하는 이외의 건조물, 기차, 전차, 자동차, 선박, 항공기 또는 광갱을 소훼하는 죄이다.

　　제1항의 타인소유의 일반건조물등방화죄의 보호법익은 공공의 안전과 평온 및 재산이고 보호의 정도는 공공의 안전에 대한 추상적 위험범이고, 재산에 대해서는 침해범이다. 제2항의 자기소유 일반건조물등방화죄의 보호법익은 공공의 안전과 평온이고, 보호의 정도는 구체적 위험범에 해당한다.

(2) 구성요건

❶ **타인소유 일반건조물등방화죄** : 본 죄의 객체는 사람의 주거에 사용하거나 사람이 현존하거나 공용 또는 공익에 해당하는 것 이외의 타인소유의 건조물, 기차, 전차, 자동차, 선박, 항공기 또는 광갱이다. 타인소유의 사람이 현존하지 않는 창고, 연구실, 차량 등이 여기에 해당한다.

자기소유의 건조물 등이라도 압류 기타 강제처분을 받거나 타인의 권리 또는 보험의 목적물이 된 때에는 타인의 건조물 등으로 간주된다. 강제처분에는 민사상의 강제집행뿐만 아니라 국세징수법상의 체납처분, 강제경매절차에 의한 압류, 형사소송법에 의한 압수, 또는 몰수물의 압류도 포함된다.

타인의 권리란 저당권, 질권 등 제한물권뿐만 아니라 임차권 등의 채권을 포함한다. 보험이란 목적물이 훼손되었을 경우 보상을 받을 수 있는 손해보험을 의미한다. 그러나 자동차보험 중 대인·대물보험에만 가입하고 자손이나 자기 차량보험에는 가입하지 않은 경우 타인소유로 간주되지 않는다. 이 경우 방화에 의해 자동차가 소훼되었어도 자동차에 대한 자기 차량보험이 가입되지 않았으므로 소훼로 인한 차량보상을 받을 수 없기 때문이다.

❷ **자기소유 일반건조물등방화죄** : 본 죄의 객체는 사람의 주거에 사용하거나 사람이 현존하거나 공용 또는 공익에 해당하는 것 이외의 자기소유의 건조물, 기차, 전차, 자동차, 선박, 항공기, 또는 광갱이다. 그러나 타인의 재산에 대한 침해가 없으므로 타인소유의 일반건조물등방화죄에 비해 불법이 감경된다.

자기소유의 재산에 대한 침해이므로 이를 추상적 위험범으로 넓게 규정하게 되면 재산처분의 자유를 지나치게 제한하는 측면이 발생하므로 공공에 대한 구체적 위험을 발생할 것을 요건으로 하는 구체적 위험범으로 규정하고 있다.

본 죄가 성립하기 위해서는 공공의 위험이 발생해야 한다. 공공의 위험이란 불특정 다수인의 생명·신체·재산에 대해 위험을 끼친 것을 의미한다. 공공의 위험 여부의 판단은 행위자를 기준으로 하지 않고 객관적으로 판단한다. 즉, 일반인들이 정상적인 상태에서 생명·신체·재산에 대한 위험을 느낄 수 있을 정도로 현저하여야 한다.

5. 일반물건방화죄

제167조【일반물건에의 방화】

① 불을 놓아 전3조에 기재한 이외의 물건을 소훼하여 공공의 위험을 발생하게 한 자는 1년 이상 10년 이하의 징역에 처한다.

② 제1항의 물건이 자기의 소유에 속한 때에는 3년 이하의 징역 또는 700만원 이하의 벌금에 처한다.

(1) 의의 및 보호법익

일반물건방화죄는 불을 놓아 현주건조물등방화죄, 공용건조물등방화죄, 일반건조물등방화죄의 객체 이외의 타인소유 또는 자기소유의 물건을 소훼하여 공공의 위험을 발생시키는 죄이다.

타인소유 일반물건방화죄의 보호법익은 공공의 안전과 평온 및 재산이고 보호의 정도는 공공의 안전에 대해서는 구체적 위험범, 재산에 대해서는 침해범이다. 자기소유 일반물건방화죄의 보호법익은 공공의 안전과 평온이고 보호의 정도는 구체적 위험범이 된다.

(2) 구성요건

본 죄의 객체는 타인소유 또는 자기소유의 일반물건이다. 자기소유의 물건이라도 압류 기타 강제처분을 받거나 타인의 권리 또는 보험의 목적물이 된 때에는 타인의 물건으로 간주된다. 무주물은 자기소유의 물건이라고 해야 한다. 타인소유에 비해 자기소유의 물건에 대한 방화죄의 형벌이 낮은 것은 타인의 재산에 대한 침해가 없어서 불법이 적기 때문인 것으로 보고 있다.

6. 연소죄

제168조【연소】

① 제166조 제2항 또는 전조 제2항의 죄를 범하여 제164조, 제165조 또는 제166조 제1항에 기재한 물건에 연소한 때에는 1년 이상 10년 이하의 징역에 처한다.

② 전조 제2항의 죄를 범하여 전조 제1항에 기재한 물건에 연소한 때에는 5년 이하의 징역에 처한다.

(1) 의의 및 법적 성격

연소죄란 자기소유의 일반건조물등방화죄 또는 자기소유의 일반물건방화죄를 범하여 현주건조물 등, 공용건조물 등, 타인소유의 일반건조물 등 또는 타인소유의 일반물건에 불이 옮겨 붙어 소훼케 하는 죄이다. 본 죄는 연소에 대한 과실이 발생한 경우에 성립하는 진정결과적 가중범이다.

(2) 구성요건

❶ **행위의 주체** : 본 죄의 주체는 자기소유 일반건조물등방화죄, 자기소유 일반물건방화죄를 범한 자이다.

❷ **연소** : 본 죄가 성립하기 위해서는 현주건조물 등, 공용건조물 등, 타인소유 일반건조물 등, 타인소유의 일반물건에 불이 옮겨 붙어야 한다. 또한 본 죄가 성립하기 위하여 불이 옮겨 붙는 정도에 족하지 않고 소훼의 결과 피해가 발생하여야 한다.

❸ **주관적 구성요건** : 본 죄가 성립하기 위해서는 자기소유 일반건조물 등이나 일반물건에 방화하여 공공의 위험을 발생시킨다는 것에 대해 고의가 있어야 하고, 연소의 결과에 대해 과실이 있어야 한다. 처음부터 현주건조물 등에 연소시킬 고의가 있는 경우에는 본 죄가 성립하지 않고 현주건조물등방화죄가 성립한다.

7. 방화예비 · 음모죄

> #### 제175조 【예비 · 음모】
>
> 제164조 제1항, 제165조, 제166조 제1항, 제172조 제1항, 제172조의2 제1항, 제173조 제1항과 제2항의 죄를 범할 목적으로 예비 또는 음모한 자는 5년 이하의 징역에 처한다. 난, 그 복적한 죄의 실행에 이르기 전에 자수한 때에는 형을 감경 또는 면제한다.

본 죄는 현주건조물등방화죄(제164조 제1항), 공용건조물등방화죄(제165조), 타인소유 일반건조물등방화죄(제166조 제1항) 등의 죄를 범할 목적으로 예비 · 음모하는 죄이다. 방화죄를 저지를 위험성이 크기 때문에 예외적으로 그 준비행위인 예비 · 음모를 처벌하는 것이다. 예비란 실행의 착수 이전에 준비행위를 말한다. 예를 들면 방화를 시도하기 위해 주택에 석유나 휘발유 등을 살포하거나 유류용기를 사전에 구입하는 행위 등이 있다. 음모란 방화를 목적으로 개인 또는 2인 이상이 비밀리에 범행을 기도(企圖)하는 등의 준비행위를 말한다.

본 죄를 범한 후 방화죄의 실행의 착수 전에 자수를 한 때에는 그 죄를 감경 또는 면제한다. 예비 · 음모 후 방화의 실행에 착수한 경우에는 본 죄는 방화죄에 해당된다.

Step 03 준방화(準放火)죄

1 준방화죄의 의미

형법은 방화의 죄 속에 진화방해죄, 폭발물파열죄, 가스 등의 공작물손괴죄도 포함하고 있는데, 이러한 죄는 화력과 밀접한 관계가 있고 또한 그 영향력도 화력에 필적하므로 방화죄에 준하여 처벌하고 있다. 이는 광의의 방화죄에 포함되며, 이를 준방화죄라고 한다.

2 준방화에 대한 형법규정 해설

1. 진화방해죄

> **제169조【진화방해】**
>
> 화재에 있어서 진화용의 시설 또는 물건을 은닉 또는 손괴하거나 기타 방법으로 진화를 방해한 자는 10년 이하의 징역에 처한다.

(1) 의의 및 보호법익

진화방해죄는 화재에 있어서 진화용의 시설 또는 물건을 은닉·손괴하거나 기타 방법으로 진화를 방해하는 죄이다. 본 죄의 성격에 대해 방화죄라고 하는 견해가 있으나 통설은 본 죄를 준방화죄라고 한다. 진화를 방해하는 행위를 직접적으로 방화행위라고 보기 어렵기 때문에 통설이 설득력을 얻고 있다.

본 죄의 보호법익은 공공의 안전이라고 할 수 있으며, 본 죄의 취지는 진화의 방해로 인해 공공의 위험이 발생하거나 그 위험이 증대되는 것을 막기 위한 것이라고 할 수 있다. 보호의 정도는 추상적 위험범이다.

(2) 구성요건

❶ **행위의 객체** : 본 죄의 객체는 진화용의 시설 또는 물건이다. 진화용의 시설이란 소화전, 소방용수시설, 소방통신시설 등과 같이 진화를 목적으로 만들어진 시설을 말한다. 진화용의 물건이란 소화기, 건조사, 소화용수 등과 같이 진화를 위해 만들어진 물건이 해당된다. 진화를 목적으로 만들어진 것은 아니지만 진화에 사용될 수 있는 물건은 본 죄의 객체가 될 수 없다. 자기소유이건 타인소유이건 불문하여 적용하고 있다.

❷ **실행행위** : 본 죄의 실행행위는 화재에 있어서 진화용의 시설 또는 물건을 은닉·손괴하거나 기타 방법으로 진화를 방해하는 것이다.

- **화재에 있어서** : '화재에 있어서'의 화재란 진화를 하지 않으면 꺼지지 않을 정도의 화재를 말한다. 화재가 완전히 발화한 상태 또는 발화가 개시된 초기상태 였는지 상황 여부에 구속되지 않는다. 또한 화재원인이 방화이든 실화이든 천재지변(天災地變)에 의한 것이든 상관이 없다.

- **은닉·손괴 기타 방법에 의한 진화방해** : 은닉이란 진화용의 시설이나 물건의 발견을 불가능하게 하거나 곤란하게 하는 것을 말한다. 손괴란 진화용의 시설이나 물건을 물질적으로 훼손하여 그 효용을 상실시키거나 감소시키는 것을 말한다. 기타 방법이란 진화를 방해할 수 있는 일체의 방법을 말한다. 소방차를 못 가게 하거나 진화하는 사람들을 폭행·협박하거나 화재장소를 다른 곳으로 알려 주는 것 등을 예로 들 수 있다.
  진화방해는 부작위에 의해서도 가능하다. 진화용 시설이나 물건의 은닉·손괴를 방지하여야 할 의무있는 자가 방지를 하지 않거나 화재신고를 하여야 할 의무가 있는 자가 화재신고를 하지 않거나 화재장소를 알려줘야 할 의무있는 사람이 알려주지 않은 경우 등은 부작위에 의한 진화방해가 성립될 수 있다.

- **인과관계** : 진화방해 행위와 진화방해의 결과 사이에는 인과관계가 인정되어야 한다. 양자 사이의 인과관계가 없는 경우에는 본 죄는 미수가 될 수 있을 뿐이며 손괴죄 등으로 처벌할 수밖에 없다.

❸ **주관적 구성요건** : 본 죄가 성립하기 위해서는 화재, 진화용의 시설 또는 물건, 손괴, 은닉, 기타 방법에 의한 진화방해에 대한 고의가 있어야 한다.

2. 폭발성 물건파열죄

> **제172조【폭발성물건파열】**
>
> ① 보일러·고압가스, 기타 폭발성 있는 물건을 파열시켜 사람의 생명·신체 또는 재산에 대하여 위험을 발생시킨 자는 1년 이상의 유기징역에 처한다.

(1) 의의 및 보호법익

폭발성 물건파열죄는 보일러·고압가스, 기타 폭발성 있는 물건을 파열시켜 사람의 생명·신체 또는 재산에 위험을 발생시키는 죄이다. 본 죄의 보호법익은 공공의 안전과 생명·신체 또는 재산이다. 보호의 정도는 구체적 위험범이다.

(2) 구성요건

❶ 행위의 객체 : 본 죄의 객체는 보일러 · 고압가스, 기타 폭발성 있는 물건이다. 폭발성 있는 물건이란 급격히 파열되는 성질을 가진 물건으로 보일러 및 고압가스 등이 있다. 보일러는 밀폐된 용기 안에서 물을 끓여 높은 압력으로 순환시키는 장치로 폭발 당시 연료의 종류는 무엇이든지 상관이 없다. 고압가스 또한 압축 또는 액화된 가스를 말하고 가스의 종류는 불문한다. 기타 폭발성 있는 물건으로는 기름탱크, 내연기관, 가스연결관 등을 들 수 있는데 화약이나 다이너마이트 등은 폭발성 있는 물건이라기보다는 제119조의 폭발물이라고 할 수 있다. 총포는 폭발성 있는 물건으로 보지 않는 것이 일반적인 정설이다.
보일러 · 고압가스 기타 폭발성 있는 물건의 소유관계는 불문한다.

❷ 실행행위 : 본 죄의 실행행위는 폭발성 있는 물건을 파열시켜 사람의 생명 · 신체 또는 재산에 대하여 위험을 발생시키는 것이다. 파열이란 급격한 팽창력을 이용하여 폭발시키는 일체의 행위를 말한다.

❸ 생명 · 신체 또는 재산에 대한 위험발생 : 생명 · 신체 또는 재산에 대한 위험이란 구체적 위험을 의미한다.

❹ 인과관계 : 폭발물건 파열행위와 위험발생 사이에는 인과관계가 인정되어야 한다. 인과관계가 성립하지 않는다면 본 죄는 미수가 될 수 있을 뿐이다.

❺ 주관적 구성요건 : 본 죄가 성립하기 위해서는 폭발성 있는 물건, 파열에 대해서 뿐만 아니라 생명 · 신체 또는 재산에 대해 위험을 발생시킨다는 점에서 고의가 있어야 한다. 과실로 위험을 발생시킨 경우에는 본 죄가 성립하지 않고, 과실폭발성물건파열죄(제173조의2)가 성립할 수 있을 뿐이다.

3. 폭발성물건파열치사상죄

제172조【폭발성물건파열】

② 제1항의 죄를 범하여 사람을 상해에 이르게 한 때에는 무기 또는 3년 이상의 징역에 처한다. 사망에 이르게 한 때에는 무기 또는 5년 이상의 징역에 처한다.

(1) 의의 및 보호법익

본 죄는 폭발성 물건파열죄를 범하여 사람을 상해나 사망에 이르게 하는 범죄이다. 본 죄의 보호법익은 공공의 안전과 사람의 생명 · 신체이다. 보호의 정도는 공공의 안전에 대해서는 구체적 위험범, 사람의 생명 · 신체에 대해서는 침해범이다. 폭발성물건파열치상죄는 상해에 대해 과실이 있을 때뿐만 아니라 고의가 있어도 성립하는 부진정결과적 가중범이고 폭발성물건치사죄는 사망에 대해 과실이 있어야만 성립하는 진정결과적 가중범에 해당한다.

(2) 구성요건

본 죄의 주체는 폭발성 물건파열죄를 범한 자이다. 사람을 사상케 한 경우에는 당연히 폭발성 물건파열죄도 성립하므로 폭발성 물건을 파열하여 생명·신체·재산에 대한 위험이 발생한 후 사상의 결과까지 발생할 필요는 없다.

4. 가스·전기 등 방류죄

> **제172조의2【가스·전기 등 방류】**
>
> ① 가스·전기·증기 또는 방사선이나 방사성 물질을 방출, 유출 또는 살포시켜 사람의 생명·신체 또는 재산에 대하여 위험을 발생시킨 자는 1년 이상 10년 이하의 징역에 처한다.

(1) 의의 및 보호법익

가스·전기등 방류죄는 가스·전기·증기 또는 방사선이나 방사성 물질을 방출, 유출 또는 살포시켜 생명·신체 또는 재산에 대해 위험을 발생시키는 죄이다.

본 죄의 보호법익은 공공의 안전과 생명·신체 또는 재산이다. 보호의 정도는 구체적 위험범이다.

(2) 구성요건

❶ **행위의 객체** : 본 죄의 객체는 가스·전기·증기 또는 방사선이나 방사성 물질이다. 방사선이란 전자파 또는 입자선 중 직접·간접으로 공기를 전리(電離)하는 능력을 가진 것(원자력법 제2조 제7호)을 말하며, 방사성물질이란 핵연료물질, 폐기된 핵연료, 방사성 동위원소 및 원자핵분열생성물 등을 말한다. 소유권의 주체는 누구인가를 묻지 않는다.

❷ **실행행위** : 본 죄의 실행행위는 방출, 유출 또는 살포행위를 말한다. 방출이란 외부에 노출시키는 것이며 유출이란 외부로 흘러 내보내는 것으로 본다. 또한 살포란 주변으로 널리 흩어지게 하는 행위를 말한다.

❸ **사람의 생명·신체 또는 재산에 대한 위험발생** : 본 죄가 성립하기 위해서는 실행행위뿐만 아니라 사람의 생명·신체 또는 재산에 대한 구체적 위험이 발생해야 한다.

❹ **인과관계** : 가스·전기 등을 방류하는 행위 등과 위험발생 사이에는 인과관계가 인정되어야 한다. 인과관계가 인정되지 않으면 본 죄는 미수가 적용될 수 있을 뿐이다.

❺ **주관적 구성요건** : 본 죄는 고의범이므로 가스·전기 등을 방류하여 생명·신체·재산 등에 대한 위험을 발생시킨다는 고의가 있어야 한다. 위험발생에 대한 고의가 없고 과실이 있는 경우에는 본 죄가 성립하지 않고, 과실 가스·전기등방류죄(제173조의2)가 성립될 수 있다.

5. 가스 · 전기 등 방류치사상죄

> ### 제172조의2 【가스 · 전기 등 방류】
>
> ② 제1항의 죄를 범하여 사람을 상해에 이르게 한 때에는 무기 또는 3년 이상의 징역에
> 처한다. 사망에 이르게 한 때에는 무기 또는 5년 이상의 징역에 처한다.

(1) 의의 및 보호법익

본 죄는 가스 · 전기등방류죄를 범하여 사람을 상해나 사망에 이르게 하는 범죄이다. 본 죄의 보호법익은 공공의 안전과 사람의 생명 · 신체이다. 보호의 정도는 공공의 안전에 대해서는 구체적 위험범이고, 사람의 생명 · 신체에 대해서는 침해범이다. 가스 · 전기등방류치상죄는 상해에 대해 과실이 있을 때뿐만 아니라 고의가 있어도 성립하는 부진정결과적 가중범이고, 가스 · 전기등방류치사죄는 사망에 대해 과실이 있어야만 성립하는 진정결과적 가중범이다.

(2) 구성요건

본 죄의 주체는 가스 · 전기등방류죄를 범한 자이다. 사람을 사상케 한 경우에는 당연히 가스 · 전기등방류죄도 성립하므로 가스 · 전기 등을 방류하여 생명 · 신체 · 재산에 대한 위험이 발생한 후 사상의 결과까지 발생할 필요는 없다.

6. 가스 · 전기 등 공급방해죄

> ### 제173조 【가스 · 전기 등 공급방해】
>
> ① 가스 · 전기 또는 증기의 공작물을 손괴 또는 제거하거나 기타 방법으로 가스 · 전기
> 또는 증기의 공급이나 사용을 방해하여 공공의 위험을 발생하게 한 자는 1년 이상
> 10년 이하의 징역에 처한다.
> ② 공공용의 가스 · 전기 또는 증기의 공작물을 손괴 또는 제거하거나 기타 방법으로 가
> 스 · 전기 또는 증기의 공급이나 사용을 방해한 자도 전 항의 형과 같다.

(1) 의의 및 보호법익

가스 · 전기등공급방해죄는 가스 · 전기 또는 증기의 공작물을 손괴 또는 제거하거나 기타 방법으로 가스 · 전기 또는 증기의 공급이나 사용을 방해하여 공공의 위험을 발생시키거나 공공용의 가스 · 전기 또는 증기의 공작물을 손괴 또는 제거하거나 기타 방법으로 가스 · 전기 또는 증기의 공급이나 사용을 방해하는 것이다. 제1항의 보호법익은 공공의 안전이고, 보호의 정도는 구체적 위험범이다. 제2항의 보호법익 역시 공공의 안전이며, 보호의 정도는 추상적 위험범이다.

(2) 구성요건

본 죄의 객체는 개인 혹은 공공용의 가스·전기 또는 증기의 공작물이다. 본 죄의 실행행위는 손괴 또는 제거하거나 기타 방법으로 가스·전기 또는 증기의 공급이나 사용을 방해하는 것이다. 손괴란 공작물을 물질적으로 훼손하여 효용을 상실시키거나 감소시키는 것을 말하며 제거는 공작물을 원래 설치되어 있던 장소에서 파괴하거나 다른 장소로 이동시키는 것을 말한다. 기타 방법이란 가스 등의 공급이나 사용을 불가능하게 하거나 곤란하게 하는 일체의 방법을 말한다.

제1항의 죄가 성립하기 위해서는 공공의 위험이 발생하여야 하고 실행행위와 공공의 위험 발생 사이에 밀접한 인과관계가 있어야 한다.

7. 가스·전기 등 공급방해치사상죄

제173조 【가스·전기 등 공급방해】

③ 제1항 또는 제2항의 죄를 범하여 사람을 상해에 이르게 한 때에는 2년 이상 유기징역에 처한다. 사망에 이르게 한 때에는 무기 또는 3년 이상의 징역에 처한다.

본 죄는 가스·전기등공급방해죄를 범하여 사람을 상해하거나 사망케 하는 죄이다. 가스·전기등공급방해치상죄는 상해의 결과에 대해 과실이 있을 때뿐만 아니라 고의가 있을 때에도 성립하는 부진정결과적 가중범이다. 가스·전기등공급방해치사죄 사망의 결과에 대해 과실이 있을 때에만 성립하는 진정결과적 가중범이므로 사망에 대해 고의가 있는 경우에는 가스·전기공급방해죄와 살인죄의 사상적 경합이 논쟁이 된다.

8. 과실폭발성물건파열죄 등

제173조의2 【과실폭발성 물건파열 등】

① 과실로 제172조 제1항, 제172조의2 제1항, 제173조 제1항과 제2항의 죄를 범한 자는 5년 이하의 금고 또는 1,500만원 이하의 벌금에 처한다.
② 업무상과실 또는 중대한 과실로 제1항의 죄를 범한 자는 7년 이하의 금고 또는 2천만원 이하의 벌금에 처한다.

본 죄는 과실, 업무상과실 또는 중과실로 폭발성물건파열죄, 전기·가스등방류죄, 전기·가스등공급방해죄를 범하는 것이다. 업무상 과실의 경우에는 업무수행 중이라는 신분으로 인해 책임이 가중되는 범죄이고, 중과실은 현저한 주의의무위반으로 인해 불법이 가중되는 범죄이다. 본 죄가 성립하기 위해서는 과실, 업무상 과실, 중과실과 결과발생 사이에 밀접한 인과관계가 있어야 한다.

판례

> 임차인이 자신의 비용으로 설치·사용하던 가스설비의 퓨즈콕을 아무런 조치없이 제거하고 이사를 간 후 가스공급을 개별적으로 차단할 수 있는 주밸브가 열려져 가스가 유입되어 폭발사고가 발생한 경우 임차인의 과실과 가스폭발사고 사이에 상당 인과관계가 있다.(대판 2001.6.1. 99도5086)

Step 04 산림방화죄

산불관련 처벌규정은 '산림자원의 조성 및 관리에 관한 법률'에 명시되어 있는데 산림방화죄를 형법규정 못지않게 중죄로 처벌하려는 규정을 두고 있다.

제71조 【벌칙】

① 타인 소유의 산림이나 보안림, 채종림, 산림유전자원보호림, 시험림, 수형목 또는 보호수에 방화한 자는 7년 이상의 징역에 처한다.
② 제1항의 미수범은 처벌한다.

제72조 【벌칙】

① 자기 소유의 산림에 방화한 자는 10년 이하의 징역 또는 2천만원 이하의 벌금에 처한다. 이 경우 징역과 벌금은 병과할 수 있다.
② 제1항의 경우 불이 타인 소유의 산림에까지 확산되어 피해를 입힌 경우에는 1년 이상 10년 이하의 징역에 처한다.
③ 과실로 타인 소유의 산림을 불에 타게 한 자 또는 과실로 자기 소유의 산림을 불에 타게 하여 공공의 위험을 발생하게 한 자는 3년 이하의 징역 또는 1,500만원 이하의 벌금에 처한다.
④ 제1항의 미수범은 처벌한다.

Step 05 방화죄와 실화죄의 상대적 구별

1 실화죄의 의미

어떤 화력에 의해 불이 발생하여 물건을 연소시킨다는 점에서 방화죄와 같지만 의도된 행위가 아니고 고의가 아니라는 점과 과실의 결과로 발생하는 화재라는 점에서 구별되고 있다.

과실이라 함은 일반인이 통상 지켜야 할 주의의무를 다하지 못한 결과 소홀함에 의해 빚어진 것을 말한다. 실화는 작위(作爲)에 의한 경우도 있으나 부작위(不作爲)에 의한 경우도 있다. 담뱃불을 함부로 버려 화재가 발생한 것은 작위적 행위이며, 전열기에 스위치를 꽂아두고 잊어버린 사이 과열로 인해 화재가 발생한 것은 부작위에 의한 화재이다. 이는 업무상 실화와 중실화로 구분되고 있다. 통상 실화의 경우 실화자의 입장에서 볼 때 자신의 실수로 본인의 재산이 불에 타서 손실된 것도 안타깝고 복구하려면 많은 시간과 노력을 기울여야 할 판국인데 실화의 책임에 정도에 따라 벌금을 강요받는 경우를 납득하지 못하는 경우가 종종 발생하고 있다. 즉, 자신의 재산에 고의없이 발생한 실화가 위법성(違法性) 조각(阻却)사유에 해당한다는 항변으로 생각하는 경우인데 실화죄의 입법목적은 합리성 및 법익균형성, 제한최소성 등을 고려한 것으로 법규는 실화자의 처벌을 명문화하고 있다.

2 실화에 대한 형법규정 해설

1. 실화죄

> **제170조 【실화】**
>
> ① 과실로 인하여 제164조 또는 제165조에 기재한 물건 또는 타인의 소유에 속하는 제166조에 기재한 물건을 소훼한 자는 1,500만원 이하의 벌금에 처한다.
> ② 과실로 인하여 자기의 소유에 속하는 제166조 또는 제167조에 기재한 물건을 소훼하여 공공의 위험을 발생하게 한 자도 전 항의 형과 같다.

(1) 의의

본 죄는 과실로 인하여 화재를 발생시켜 일정한 물건을 소훼시킴으로써 성립한다. 본 죄는 공공위험범으로서 결과의 발생이 과실에 기인한다는 점에서 방화죄와 구별된다.

(2) 구성요건

❶ 객체 : 제170조 제1항의 경우에는 건조물, 기차, 전차, 자동차, 선박, 항공기 또는 광갱으로서 사람이 주거로 사용하거나 현존하는 것과 공용 또는 공익에 공하는 것 또는 현주·공용건조물 등이 아닌 것으로서 자기의 소유에 속하지 않는 것이 객체이다.

제170조 제2항의 경우에는 현주·공용·공익용이 아닌 건조물, 기차, 전차, 자동차, 선박, 항공기 또는 광갱으로서 자기의 소유에 속하는 것과 건조물, 기차, 전차, 자동차, 선박, 항공기 또는 광갱 이외의 물건이 객체이다.

❷ 행위 : 제170조 제1항의 행위는 '소훼'이다. 추상적 위험범에 해당한다.

❸ 주관적 구성요건 : 본 죄의 주관적 구성요건은 과실이다. 여기서 과실은 화기나 불 자체의 관리에 요구되는 정상적인 주의를 태만히 함으로써 결과발생을 예견하지 못한 경우를 말한다. 여기서 과실행위와 결과 사이에 인과관계가 성립되어야 한다. 공동의 과실이 경합되어 각 과실이 소훼의 원인이 되었다면 각 자에게도 본 죄가 성립한다.

제170조 제2항의 경우에 '공공의 위험의 발생'에 대해서도 예견가능성이 인정되어야 한다.

2. 업무상 실화죄, 중실화죄

제171조【업무상 실화, 중실화】

업무상 과실 또는 중대한 과실로 인하여 제170조의 죄를 범한 자는 3년 이하의 금고 또는 2천만원 이하의 벌금에 처한다.

(1) 의의

본 죄는 업무상 과실 또는 중대한 과실로 실화죄를 범한 경우이다. 본 죄는 실화죄에 비하여 가중처벌된다.

(2) 구성요건

본 죄의 객체는 실화죄(제170조)의 객체와 동일하며 구성요건은 '업무상 과실 또는 중대한 과실'이다. '업무상 과실'은 업무자의 중대한 예견의무에 기하여 과실의 책임이 가중되는 것이다. 여기서 '업무'는 직무로서 화기의 안전을 배려해야 할 사회적 지위 즉 화재를 유발할 가능성이 있는 업무를 다루고 있거나 관리하고 있는 것을 가리킨다. 화기나 전기를 다루는 업무, 화재관련 방재업무 등이 이에 해당한다. '중대한 과실'은 행위자가 극히 근소한 주의만 기울였어도 결과의 발생을 예견, 회피할 수 있었음에도 불구하고 부주의로 인하여 결과를 발생시킨 경우로서 행위자의 책임이 실화죄에 비하여 가중된 구성요건이다.

중과실 여부는 사회의 일반적 통념에 의하여 판단하는 경우가 많다. 예를 들어 연탄아궁이로부터 80cm 떨어진 곳에 스펀지와 솜 등을 쓰러지기 쉽게 쌓아두어 방치한 경우(대판 1989.1.17 88도643)나 성냥불이 꺼진 것을 확인하지 아니한 채 플라스틱 휴지통에 던진 경우(대판 1993.7.27 93도135)에는 중대한 과실을 인정할 수 있는 것으로 보고 있으나, 건물 천장의 형광등 설치공사를 무자격 전기기술자에게 맡겼다는 것만으로는 중대한 과실을 인정하기 어렵다(대판1989.10.13 89도204)는 상반된 판례가 있다.

Step 06 방화조사

1 방화 일반이론

(1) 방화의 정의

방화의 정의에 대한 국내법 명문 규정은 없으나 통상 자신의 소유를 포함한 주거지, 건물, 구조물, 기타 자산 등에 의도적으로 불을 지르는 범죄행위로 표현하고 있다. 불을 지른다는 의미는 연소의 원인을 제공하는 것이며, 그 방법 여부는 어떤 것이었는지 중요하지 않다. 형법에서 말하는 소훼(燒燬)란 화력에 의해 물건을 손괴하는 것을 의미하는 것으로 판례는 화력이 매개물을 떠나서 목적물이 독립하여 연소할 수 있게 되었을 때를 취하는 독립연소설(獨立燃燒說)을 일관되게 취하고 있다. 이 설에 의하면 숯 가마니에 점화하여 가옥에 방화를 하였을 경우 그 숯 가마니가 완전연소되어 그 가옥이 그로부터 떨어져 있었어도 자연히 불이 붙을 수 있는 정도가 되면 소훼가 된다는 입장을 취하고 있다.

화재조사 및 보고규정(소방방재청)에 의하면 화재의 정의를 '사람의 의도에 반하거나 고의에 의한 연소현상'으로 규정함으로써 방화를 포함하는 의미로 보고 있으며, 미국 NFPA 921 Guide에서는 방화성 화재(Incendiary fires)란 '발화하지 않아야 했을 화재로 인식된 상황하에 고의로 발생한 화재'로 정의하고 있다.

(2) 방화의 배경

방화는 화재라는 현상적 개념에 앞서 범죄행위의 하나로 취급되고 있다. 급속한 도시발달은 생활수준의 향상으로 이어져 우리의 문화를 윤택하게 하는 데 기여하였다는 긍정적인 측면이 크지만, 사회결속력의 약화 및 문화변동에 따른 가치관의 혼란과 사회적 약자가 느끼는 사회적 불평등 및 이기주의 만연, 애정결핍, 학교 및 사회생활 부적응 등 일상생활에서 겪는 긴장과 좌절 등이 방화라는 극단적 행동으로 표출하기에 이르고 있다.

방화의 배경은 개인적 불만을 나타내기 위하여 자행되고 있는 경우 외에도 단순 재미를 위해 벌어지기도 한다. 환경오염의 심각성을 알리기 위해 박물관에 불을 지르는 외국의 사례가 있는가 하면 재개발구역의 실상을 알리기 위하여 집단행동도 불사하는 등 그 양상은 매우 다양한 형태로 나타나고 있다.

(3) 방화 심리

방화는 강력범죄임에도 불구하고 주변인의 무관심 속에 키워지고 확대되는 결과로 나타나는데, 범죄심리학에서는 방화범의 이상성격이나 이상심리에 그 원인을 두고 있다. 그 행위는 병적인 기분이 변성인격의 징후라고 여겨지기도 하며, 향수나 복수의 심적 복합체의 결과로 이해되기도 한다는 것이다. 프로이드(S, Freud)의 정신분석이론에 의하면 인간에게는 생득적인 충동(성, 공격 등의 본능)이 있기 때문에 인간의 내부는 이 충동에 의하여 끊임없이 흔들리고 있다고 한다. 따라서 자연인으로서 인간은 충동대로 움직이고 있지만 현실사회에 있어서는 그와 같은 즉흥적 움직임은 만족을 얻을 수 있는 길이 되지 못하고 오히려 고통을 불러들이는 결과가 되는 일이 많기 때문에 만족을 증가시키고 고통을 감소시키도록 행동을 통제하는 작용이 필요해진다. 그래서 인간의 내부에는 충동성의 발현을 억압하고 현실에 적합한 양식으로 수정하기 위해 현실을 음미하는 측면이 생기게 된다는 것이다.

한편 방화를 정신병의 일종으로 간주한 연구가 오랜 기간 지속되어 오고 있는데 정신적 충격을 견디지 못하고 발작적으로 자행되는 경우와 이상성격 소유자, 또는 병적인 강박관념에 사로잡힌 자가 괴로워하다가 표현하는 경우가 있다. 특히 정신박약 상태에서 방화가 벌어지고 있는 주요 원인은 방화가 정신박약자와 같이 지적으로 열등한 자에게도 실행이 용이하다는 점과 무능 때문에 타인으로부터 학대받거나 경멸당하는 경우가 많고 그 때문에 원한이나 분노의 감정을 품기 쉽다는 것이라고 설명하고 있다. 최근에는 나이 어린 청소년에 의한 방화가 증가하고 있는데 이들의 성격미숙, 저지능, 정신분열증 성격과 연관되어 자행되는 것으로 보인다. 사회의 기초집단을 이루는 가정에서 따뜻한 보살핌이 결여된 환경 즉 편모나 편부 슬하에서 성장을 하거나 애정결핍, 관심부족 등은 방화와 같은 비행으로 확대되어 사회적 인격장애를 초래할 가능성이 큰 것으로 보고 있다.

쉬어가기 — **열등감이 부른 방화**

일본 교토 금각사(金閣寺)는 3층 누각으로 외관을 금으로 장식하여 1398년 완공되었는데 1950년 7월 2일 보슬비가 내리는 새벽에 그 절의 어린 수도승의 계획적인 방화로 불타고 말았다. 당시 조사에 의하면 말더듬이 추남으로 외모에 심한 열등감을 지닌 어린 수도승이 제 또래 남자 관광객들이 여자와 함께 절을 구경하러 오는 것에 심한 부러움을 느낀 나머지 질투심으로 불을 질렀다고 한다.

(4) 방화의 동기별 유형

1 원한, 분노, 복수를 하기 위한 방화

대부분의 방화는 인간관계의 문제에서 발생하는 경우가 가장 많은데 연인, 부부, 친구, 가족, 건물주와 임차인의 관계, 고용자와 피고용자의 관계, 이웃 간의 다툼 등이 대표적이다.

이러한 범주는 사소한 감정에서 비롯되어 참을 수 없는 우발적 충동으로 빚어지는 경우도 있으나 좌절과 실망감으로 인해 스스로 희망과 기대를 포기하면서 자포자기 상태에서 사전에 계획적으로 자행하는 경우도 있으며, 원한이나 복수의 충족효과를 얻기 위한 목적이므로 일회성 단발로 그치는 경우도 있으나 주변의 반응이나 효과가 약하다고 느낄 경우 재차 시도하기도 한다.

원한이나 분노 등 복수를 하기 위한 방화의 유형은 다음과 같이 나뉜다.

1 개인적 복수 : 개인적인 감정을 참을 수 없어 불을 이용하여 감정을 표출하려는 방화로 사소한 언쟁, 싸움, 임금체불 등 개인적 감정과 복수심에 가득 차 자행하는 방화형태이다. 방화대상으로는 피해자의 집 또는 사무실과 창고, 자동차 등을 대상으로 하며 복수하고자 하는 대상자 주변에서 배회하다가 행동으로 표현한다.

2 집단에 대한 복수 : 집단에 대한 복수는 정부나 교육기관, 사회단체, 종교단체, 노동조합 등 자신이 몸담고 있던 조직에서 자신의 뜻이 관철되지 않거나 좀 더 좋은 조건을 얻어내고자 불을 지르는 경우에 해당된다. 집단의 상징물을 태우거나 특정 모임장소 등을 선택하여 행동으로 옮기려는 경향이 크다.

집단에 대한 복수는 개인 또는 소규모로 그룹화하여 이루어지기도 한다.

3 사회에 대한 복수 : 사회불안을 가중시키는 방화형태로 가장 위험하기도 하며 예측을 불허하는 특징이 있다. 사회생활 부적응, 외로움, 실직과 생활고에 따른 고립감 또는 학대받았다는 괴로움 등에 휩싸여 사회 전체를 불신하는 경향이 짙다. 때로는 개인적 복수감에서 촉발된 심경이 사회전체에 대한 불만으로 확산되어 불을 지르는 경우도 발생한다. 사회적 정서를 자극하여 동요를 일으키려는 의도가 다분히 잠재되어 있고 사회문제화하려는 경향이 있어 국가문화재, 다중이용시설 등 불특정 다수인이 운집하는 곳을 범행대상으로 선정하기도 한다.

쉬어가기　　　**사회에 대한 불만**

1999년 2월 16일 서울 중구 ○○동 상가에 불을 지른 이모(37세. 무직)씨는 11차례에 걸쳐 방화를 하였다고 자백을 하였다. 이씨는 공사현장에서 노동일을 해 오다가 일거리가 떨어지는 바람에 서울역 등에서 노숙을 하였으며 "세상이 싫어 충동적으로 불을 질렀다"고 진술하였다.

② 범죄 전·후 증거인멸 목적의 방화

살인이나 강도, 강간, 사체유기 후 증거인멸행위, 장부나 서류 등에 대한 폐기목적으로 자행되는 수단이다. 엄밀한 의미에서는 1차 범죄를 저지른 상태에서 남겨진 증거를 없애버릴 목적으로 제2의 범행을 또 다시 획책하는 유형이다.

1차 범행장소로부터 멀리 떨어진 곳에서 방화를 하기도 하며 제3자를 끌어 들여 자신의 알리바이를 성립시키기 위해 위장하기도 한다.

> **쉬어가기** **어처구니없는 범행**
>
> 1998년 경기도 ○○시에서 비디오가게를 운영하고 있던 A는 고향에 있는 B(당시 19살)를 가게 종업원으로 두었다. 몇 해가 지나고 B가 24살이 되었을 때 가게운영이 어려워져 빚을 지게 되었다. A는 생각 끝에 범행을 결심하고 생명보험에 들게 되었다. 이 보험은 머리에 상해를 입었을 경우에는 8천만 원의 보상을 받을 수 있고 사망하였을 경우에는 4억 원을 받을 수 있다는 것이었다. A는 종업원 B에게 공범할 것을 제의하였다. 범행계획은 A를 의자에 묶어 놓고 테이프로 입을 감아 둔기로 머리를 쳐 상처를 낸 후 강도에게 당한 것으로 위장하자는 것이었다. A는 B에게 8천만 원을 받으면 그 돈의 1/3을 주겠다는 약속을 하였다. B는 A의 제의를 받아 들여 두 사람이 합의하에 비디오를 설치해 놓고 범행을 하게 되었다. 그러나 B는 상해로 끝내지 않고 4억 원을 받아 가로채기 위한 욕심에서 A를 둔기로 때려 사망케 하고 가게에 불을 질러 화재로 인한 사망으로 위장을 하였다.

③ 보험사기 등 경제적 이득목적의 방화

경제적 이득 편취를 위한 방화는 주로 보험금 관련 기타 금전적 보상과 관련이 매우 깊다. 금전과 밀접한 관계가 있는 만큼 사전에 치밀한 계획에 의해 실행되며, 방화범죄 경력이 있거나 동업자나 가족명의로 과다하게 보험에 가입한 후 저지르는 등 대단히 지능적으로 자행되고 있다. 사전에 범행모의를 꾀한 후 이루어지는 경우가 많아서 화재현장의 증거물이 모두 소실될 가능성이 높은 만큼 증거확보가 사실상 불가능하여 범죄사실 입증이 곤란한 경우가 많다.

이러한 유형은 기존의 재산을 파괴하는 것이 그대로 보유하고 있는 것보다 더 큰 반사 기대이익을 바라고 이루어지는 경우가 많다.

④ 정신질환자, 방화광(放火狂)에 의한 방화

이 범주에 속하는 방화는 대단히 다양하고 복잡한 양상을 보인다. 술을 마시거나 본드, 부탄가스 등 약물에 취한 상태에서 이해할 수 없는 이유로 흥분하거나 감정을 억제하지 못해 범죄를 저지르는 약물중독형과 우울증, 조울증, 수집광 등 정신질환형 및 과대망상과 피해망상을 동반한 혼돈형 부류 등 그 양상이 매우 광범위하다. 최근에는 다른 사람의 감정과 권리를 무시하고 오직 자신의 이익이나 쾌락을 추구하기 위하여 수단과 방법을 가리지 않는 일명 사이코패스(Psychopath)도 이 범주에 해당한다. 정신병력이 있거나 사이코패스 성향을 가진 사람들은 거짓말과 변명에 능하고 충동적이며 불안정한 심리상태로 인해 공격적이고 폭력적인 성향까지 보이고 있다. 또한 범죄행위 후에도 자신의 범죄에 대해 반성 없이 오히려 자신이 피해자라는 항변을 하기도 한다.

한편 불을 지르고 싶은 충동을 견딜 수 없는 부류는 전형적인 방화광(放火狂, Vandalism)에 해당한다. 불과 관련되어 일종의 심리적 기쁨과 만족을 느끼는 것으로 연쇄방화로 이어져 자행하는 경우가 많다. 방화광은 화염을 바라보는 것으로 만족을 얻기도 하며 불이 난 현장의 군중들이 소란스러워하며 흥분하는 모습과 소방관들의 진화활동을 지켜보며 만족을 얻기도 한다. 때로는 변태적인 행동에 사로잡혀 불을 지르고 낄낄거리며 웃기도 하는데 실제로 이들은 스릴과 흥분 분위기를 조성하기 위하여 방화를 했다는 진술을 하기도 한다.

스릴을 추구하거나 장난을 위한 방화행위도 잠재된 부류에 해당한다. 처음에는 홧김이나 장난에서 시작된 방화행위는 죄의식 없이 이루어지는데 빈집이나 야산, 방치된 야적장 등은 손쉽게 방화를 할 수 있는 대상으로 꼬리가 잡힐 때까지 반복되는 경향이 짙다. 5세기 초 유럽의 민족 대이동 때 아프리카에 왕국을 세운 반달족이 지중해 연안에서 로마에 이르는 지역까지 약탈과 파괴를 거듭한 일에서 유래된 말인 반달리즘은 다음과 같이 3가지 성향으로 구분하기도 한다.

개인적 성향	방화범죄를 통해 개인적 만족 추구, 공명심, 반항심 등에 의한 무차별 방화 또는 어떤 상징성 있는 대상물에 방화를 하는 것으로 우체통 등에 불붙은 종이를 넣는 등 개인적 만족에 치중하려는 경향이 크다.
집단적 성향	청소년 불량모임이나 범죄집단 등에서 동료, 동종집단 승인, 인정을 받기 위한 수단으로 방화범죄를 이용한다. 일반적으로 사회이목을 집중시키는 대상보다 그렇지 않은 대상을 택하며 방치된 공장, 탄광촌, 빈민가, 숲, 폐차, 공원의 잔디, 쓰레기통 등이 주된 표적이 되기도 하지만 고급 승용차나 주택 등을 대상으로 하기도 한다.
무규범적 성향	미성년자나 정신질환자처럼 사회규범을 지킬 능력이 부족한 사람들의 단순한 호기심, 악의적인 장안과 유희(遊戱), 개인적 만족 등에 의하여 발생하는 흔히 불장난으로 표현되기도 한다.

 **쉬어가기**   소방관이 불 끄는 장면을 보고 싶어서

서울에서 선·후배 사이로 지내는 H군과 C군은 일정한 직업 없이 밤늦도록 돌아다니다가 차량과 포장마차 등에 불을 지른 혐의로 경찰에 체포되었다. 이들은 주로 술을 마신 후 방화를 저질렀으며, 별다른 이유 없이 승용차에 휘발유를 뿌리고 불을 붙이거나 포장마차, 쓰레기더미 등에 불을 붙였는데 방화를 한 후에도 현장을 떠나지 않고 불이 타오르는 모습을 지켜보면서 소방관들의 화재진압활동을 태연하게 구경을 하였다. 경찰에서 이들은 "불을 지른 후 소방차가 출동하는 모습과 소방관들이 불을 끄는 모습을 보면 짜릿한 쾌감이 생겨 이같은 일을 저질렀다."라고 진술하였다.

5 선전(宣傳), 선동(煽動)을 위한 방화

추구하고자 하는 목적달성을 위한 압력행사 방법의 하나로 사용되는 수단이다. 정치적 시위나 노사분규 등 사회적 관심을 이끌기 위한 행동이나 여론의 환기, 사회불안 조성과 공포심을 유발시켜 대치국면을 만들거나 정치적 이유 등으로 방화가 이뤄지는 경우가 많다. 보기에 따라서는 불을 이용하여 주위를 환기시킨다거나 이목을 집중시키기 위한 방편으로 이용되기도 하여 범죄라고 보기 힘든 측면도 지니고 있다. 왜냐하면 방화 그 자체가 추구하는 목적이 아니기 때문이며 선전, 선동을 위한 횃불사용 등 시선을 집중시킬 수 있는 효과적인 도구로 국한하여 이용한다면 방화범죄는 성립하기 어려울 수도 있다는 법적 취약성을 악용할 가능성이 있기 때문이다. 그러나 군중을 움직이기 방편으로 불을 이용한 세몰이 또는 과시 등을 앞세우다 보면 분신, 자해기도 등과 같은 사건을 촉발시키는 범죄행위로 간주될 수 있다.

쉬어가기 ｜ 청소년 선동 방화사례

2004년 ○○시 모여자고등학교에 재학 중인 S양 등 3명은 다가오는 중간고사 시험 때문에 며칠 전부터 고민을 하다가 학교에 방화를 하기로 모의를 하였다. 그리고 학교 주변 편의점에서 휘발유를 구입하여 3명이 함께 화염병을 제작하여 시험지가 보관되어 있는 교무실에 투척하기로 작정을 하였다. 이들은 시험 전날 새벽에 학교에 등교하여 교무실로 화염병을 던지고 달아났는데 탐문수사 끝에 편의점에서 휘발유를 구입하는 장면이 CCTV에 찍혀 경찰에 붙잡혔다.

---

2 방화의 형태

방화의 형태는 크게 2가지로 나누어 설명된다. 상대적 개념에서 하나는 단일방화와 연속방화로 구분되고 또 하나는 계획적인 방화와 우발적인 방화로 대별된다.

(1) 단일방화 및 연속방화

단일방화란 연속방화에 대응하는 개념이며, 연속방화란 동일인 또는 동일집단이 2건 이상의 방화를 행한 경우를 말한다.

방화의 형태를 설명하기 위하여 몇 가지 용어를 세분하기도 하는데 일반적으로 널리 사용되는 용어로는 불을 놓은 횟수와 정도에 따라 단일, 이중, 3중, 다중, 연속, 연쇄의 용어가 사용되기도 한다. 연쇄방화는 연속방화와 구별하기 위하여 방화범이 3회 이상 불을 지르고 각 방화시기 사이에 특이한 냉각기(cooling off period)를 가지면서 저지르는 방화로 구분하기도 한다.

1 단일방화

❶ 동기 : 부부, 친자간의 다툼, 채무변제관계, 자살방화 기도 등 방화자의 일상생활과 밀접한 주변에서 발생한다.

❷ 장소 : 옥내에서 일어나는 경우가 많은데 언쟁 또는 물리적 다툼을 하다가 자행되는 경우도 있으나 은밀하게 시도하기도 한다.

❸ 촉진제 : 휘발유, 시너 등 인화성 액체를 주로 사용하며 우발적인 충동에 의한 경우 LP가스를 사용하기도 한다.

2 연속방화

❶ 동기 : 불특정 대상을 상대로 한 사회적 관심유발, 불만 해소, 소동을 지켜보는 단순 장난 등

❷ 장소 : 빈집, 창고, 야산, 쓰레기통 및 공중전화 박스, 주차장 내 차량에 연속방화 등

❸ 촉진제 : 휘발유, 시너 등 인화성 물질과 신문지, 폐지 등을 이용하며 국부적으로 수개소에 연소시키며 소란을 유발시킨다.

(2) 계획적인 방화와 우발적인 방화

방화를 실행에 옮기는 단계에서 사전에 준비된 계획적인 방화와 충동과 감정을 조절하지 못해 일어나는 우발적인 방화로 구분된다.

1 계획적인 방화

❶ 금전적 이득 목적 : 금전적 이익 취득을 목적으로 방화를 저지르는 행위로 주로 보험금 관련 범죄가 주류를 이룬다. 소실된 실제 가액보다 금액을 부풀리거나 물건을 미리 빼돌린 후 주도면밀하게 실행에 옮기는 특징이 있다.

❷ 원한, 분노에 의한 경우 : 언쟁이나 다툼이 있을 경우 앙갚음을 하겠다는 차원에서 이루어지고 있으며 채무관계, 불륜행위 등 생활 깊숙이 쌓여있던 감정이 폭발하여 자행되는 경우도 있다. 원한과 분노에 의한 경우는 계획적으로 이루어지는 형태가 많지만 우발적인 행동으로 나타나기도 한다.

❸ 범죄행위 은폐를 위한 시도 : 가장 고도의 수법으로 위장하려는 형태이다. 살해 후 차량화재를 위장한 방화와 강도행위 후 집안 내부에 불을 질러 증거인멸을 하여 외부인의 침입 흔적을 없애려고 하는 수법 등으로 알려져 있다.

2 우발적인 방화

정신적 원인에 의해서 일시적으로 일어나는 비정상적인 흥분상태에서 갈등 증폭, 분노 폭발, 세상 모든 것이 갑자기 싫어지는 극단적 정신공황 상태 등에서 일어나는 경향이 있다.

① **주체할 수 없는 분노, 감정** : 상대방과 싸움, 분풀이, 피해의식 등 마음속에 있는 감정을 통제하지 못하고 순간적인 감정표출을 방화로 나타내는 형태이다. 전·후 사정을 고려하지 않은 채 이루어지는 행위로 방화가 저질러진 후 후회하는 성향도 있다.

② **정신질환에 따른 비이성적 행동** : 누군가 자신을 해치려고 한다거나 무시하고 있다는 강박관념에 사로잡혀 있거나 수면장애, 정서불안, 노이로제 등에 시달려 약물에 의지한 상태로 범행이 이루어진다. 뚜렷한 범의(犯意)가 있는 경우도 있으나 자기소유의 건물에 방화를 한다거나 가족에게도 위협을 가하는 등 비이성적 행동이 동반되기도 한다.

③ **원한, 보복성 방화** : 사람 사이의 갈등 속에서 키워진 유형이다. 우발적이라고는 하나 일정시간 잠복기를 갖고 있다가 불을 지르는 형태로 나타난다. 타협과 이해를 바탕으로 갈등이 해소되지 않을 경우 시기와 장소를 불문하고 위험한 돌출행동 특성을 보여 자살방화로 이어지기도 하며, 소심한 사람이 대담성을 보이기도 한다.

(3) 방화자의 특성

현장에서 체포된 방화용의자들은 대부분 자신은 죄가 없음을 주장하기 위해 나름대로 강변을 늘어놓는 경우가 많지만 현장 진술분석을 통해 보면 말실수나 머뭇거리는 현상 또는 말이 늘어지는 암초현상을 나타낸다. 진술분석은 수사나 재판과정에서 중요한 자료가 될 수 있으므로 초기에 진술을 얻어내어 신빙성을 높일 수 있도록 수사기관과 협조하여 조사가 진행될 수 있도록 한다.

① 방화 후 현장으로 다시 돌아와서 확인하거나 불이 난 상황을 주변에서 지켜본다.

② 현장에서 목격자 또는 소방관과 맞부딪친 경우 소화행위를 돕는 척 하지만 소극적으로 행동한다.

③ 진술 시 입술이 한쪽으로 치우쳐 떨리거나 눈길이 마주치는 것을 피한다.

④ 재산 편취를 노린 위장방화로 자신의 물건에 방화를 한 경우 당황해 하거나 안타까워하지 않으며 오히려 법적인 절차를 밟아 보험금 등을 수령하려는 태도를 보인다.

⑤ 자살방화는 평소 죽어 버리겠다는 말을 주변에 이야기하며 음주 후 자행된다.

⑥ 인화성 액체를 사용한 경우 방화자의 손이나 옷 등에 기름이 묻어 있을 수 있으며 머리카락이나 눈썹 등이 그을린 형태로 남아 있다.

③ 방화현장감식

방화는 짧은 시간에 목적달성을 위해 가연물 전체를 초토화시키려는 의도를 갖고 자행되는 범죄수법이기에 급속한 연소로 전소에 이르는 경우가 많다. 완전연소는 방화현장에 남아 있는 지문이나 혈흔, 범죄에 사용된 도구 등 물적 증거 대부분을 멸실(滅失)시킴에 따라 방화인지 여부를 확증해내기가 매우 어렵다. 또한 정황을 따져 방화의 심증을 굳히더라도 뚜렷한 물적 증거 없이 기소까지 성립시키기에는 더욱 어려움이 많아 세심한 관찰이 필요하고, 조사에 오랜 시간이 걸리기도 한다. 방화조사의 한계는 증거물이 소실되어 버린다는 사실 때문에 실상 많은 화재가 실화인 것처럼 덮어지는 경우가 많다는 것이다. 이는 방화범의 재범률을 높여주는 요인으로 작용할 수도 있으며, 간접적으로 제2의 방화를 획책할 수 있는 원인을 제공해 주는 꼴이 될 수 있다. 최근의 법원 판례는 직접적 증거가 아니더라도 간접 증거에 기초한 수사의지와 구속을 집행한 사례가 있으므로 초기 방화 혐의점에 대한 단서를 세심하게 확보할 필요성이 더욱 커지고 있다.

(1) 방화의 일반론적 특징

❶ 단독범행이 많고 검거가 어렵다.
❷ 주로 인적이 드문 야간이나 심야에 많이 발생하며 조기 발견이 어렵다.
❸ 착화가 용이한 인화성 물질(휘발유, 석유류, 시너 등)을 방화수단 촉진제로 사용한다.
❹ 피해범위가 넓고 인명을 대상으로 한 범죄가 많다.
❺ 계절이나 주기와 상관없이 발생한다.
❻ 음주를 하거나 약물복용을 한 후 비이성적 상태에서 실행에 옮기는 경향이 늘고 있다.
❼ 현장에서 발견된 용의자들은 극도의 흥분과 자제력을 상실한 상태로 폭력성을 보인다.
❽ 계획적이기보다는 우발적으로 발생하는 경우가 높다.
❾ 여성에 비해 남성이 실행하는 빈도가 상대적으로 높다.
❿ 옥내·외 구분 없이 발생하고 있으나 주택 및 차량에서 발생하는 비율이 가장 높고 개방된 건물계단과 방치된 쓰레기더미, 주택가 골목 등 남의 시선이 닿지 않는 곳에서 발생한다.

(2) 방화현장조사 착안점

1 초기 연소상황 및 기초자료 수집방법

대부분의 많은 화재는 초기에 많은 정보를 지니고 있다. 현장조사는 최초 소방대에 신고된 시점에서부터 개시되는데 출동 도중 신고자에게 전화를 하여 현재의 연소상황과 인명피해 여부, 화세의 정도를 파악할 수 있는 정보 등을 놓치지 않고 지속적으로 정보를 획득할 수 있는 시기를 적절하게 이용하여야 한다. 신고자는 당황하여 논리정연한 대답을 기대하기 힘들지만 조사자의 입장에서 짧고 핵심적인 단답형의 대화를 시도하면 연소상황을 목도한 신고자는 눈에 보이는 현상대로 진실에 가까운 대답을 하는 경향이 짙어 효과적인 정보를 의외로 손쉽게 얻을 수도 있다. 신고자의 진술을 바탕으로 현장조사를 통해 진술의 진위 여부와 연소 전개상

황 등을 대입해 보면 의외로 손쉽게 조사가 진행되는 경우도 접하게 된다. 소방이 가장 최우선으로 화재조사를 하여야 하는 당위성과 합리성은 바로 이런 이유에 연유한다.

　방화의 촉진제는 많은 경우 인화성 액체를 이용하는데 수용성 액체인 알코올을 화재현장에 살포한 방화일 경우 초기 조사의 중요성은 더욱 크다. 왜냐하면 알코올은 수용성이기도 하지만 휘발성이 커서 냄새나 잔유물을 남기지 않으므로 초기 화재진압활동과 조사과정에서 소홀히 할 경우 화재가 미궁으로 빠져들 공산이 크기 때문이다. 기초자료 수집은 관계자의 정보력에 좌우되는 경우도 많지만 발화장소 주변조사를 통해 유류용기나 외부인 침입흔적 또는 차량 통행이 빈번한 곳에 설치된 차량 방범카메라 등을 효과적으로 이용하면 용의자를 한정시키기 쉽고 범죄 단서를 포착하는 데 훨씬 수월해진다.

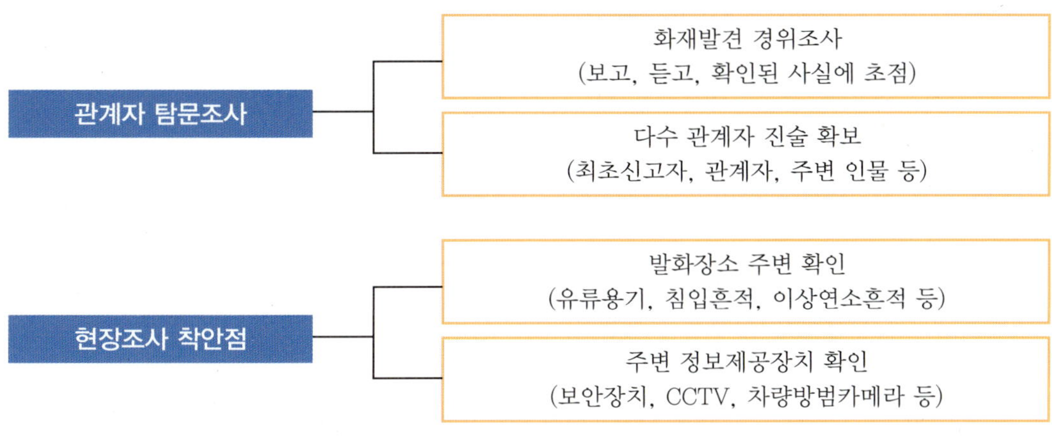

〈그림 4-83〉 **방화 기초자료 수집방법**

　기초자료 수집은 전체 화재조사 방향에 큰 영향을 미친다. 경우에 따라서는 잘못된 기초조사로 인해 방화가 실화로 둔갑하는가 하면 실화가 방화의심을 불러일으키는 등 엉뚱한 방향으로 조사가 전개될 수 있기 때문이다.

② 현장에 남겨진 방화 흔적조사

인간의 범죄행위 가운데 완전범죄란 과연 가능한 것일까? 이에 대한 연구는 오랜 세월을 두고 학자들 사이에 끊임없는 논의가 진행되어 왔는데 완전범죄를 형성하는 것은 매우 희박하다는 논리가 우세를 보여 오고 있다. 현장에 남겨진 물리적 흔적을 통해 대부분 검거에 이르고 있는데 설령 수사력의 한계로 사건이 미궁에 빠지더라도 다른 사건과 연루되어 체포되는 경우를 우리 주변에서 종종 볼 수 있다. 그리고 범인 스스로 사고현장의 기억과 악몽 속에서 몸부림치다가 자수를 하거나, 행동을 이상하게 여긴 주변인들에 의해 검거되기도 하는 것처럼 완전범죄를 꿈꾸는 범인들이 항상 불안에 떨고 있는 것만은 사실이다. 방화범들의 범죄유형은 다양한 형태로 현장에서 확인되고 있는데 방화현장별 유형을 살펴보면 다음과 같은 특징을 살펴볼 수 있다.

❶ **쓰레기더미, 야적장, 옥외 노상(路上)** : 쓰레기더미에 직접착화를 시도하거나 야적장에 쌓여있는 폐목재, 플라스틱류, 종이류 등에 시너, 휘발유 등을 이용한 방화행위를 통틀어 말하는 것으로 집적된 가연물의 양에 따라 피해면적의 양상도 다르게 나타난다. 주로 청소년들 사이에서 장난이나 호기심에서 비롯되는 경우가 많다. 방화행위 이전에 담배를 피운다거나 본드, 가스흡입 등을 한 환각상태에서 저질러지기도 한다. 일단 한번 방화에 성공하면 꼬리가 잡힐 때까지 하려는 경향이 크다. 도심에서 벌어지는 연쇄방화 또는 연속방화는 전형적인 이 부류에 속한다. 옷감류, 신발·고무류 등 가연물이 집적된 재활용품 수거함에 생활정보지나 전단지를 이용하여 직접 불을 붙이거나 우편함에 불을 집어넣는 등 도시 한복판에서 자행하는 대담성까지 보이고 있다.

〈그림 4-84〉 옥외 야적장 주변에서 발견되는 방화형태

〈그림 4-85〉 야적장 및 골목어귀, 이면도로에서 발견되는 방화흔적

❷ **건물 내부 계단참, 복도, 옥상** : 건물 내부에서 발생하는 방화는 주로 저녁 21시 이후나 새벽 시간대에 많이 발생한다. 사람의 인적이 적고 남의 이목을 피해 용이하게 실행에 옮길 수 있기 때문이다. 술에 취한 상태로 아무 건물에나 들어가 자신만의 화풀이를 위해 자행되는 경우도 있으며, 건물 안 입주자들의 소란스러워하는 소동과 불안감을 보고 느끼기 위해 자행하는 정신 이상자들에 의해 이루어지기도 한다. 이런 경우에는 보통 건물 안 복도나 계단참 등에 쌓여 있는 가연물을 활용하며 방화자가 스스로 가연물을 가지고 이동하는 경우는 매우 드물다. 따라서 연소면적은 크지 않지만 가연물에서 발생한 연기가 급속도로 전 구역을 오염시키기 때문에 많은 사람들을 불안에 떨게 하기에 충분한 효과를 가지고 있다. 단독행위에 의해 이루어지는 경우가 많지만 나이가 어린 청소년들 사이에서는 2인 이상으로 이뤄지는 경우도 있다.

〈그림 4-86〉 출입구의 국부적인 방화형태

〈그림 4-87〉 계단 및 계단참에서 탄화된 방화형태

옥상에서 이뤄지는 방화는 환기지배의 영향을 받아 전면적인 화재양상을 부른다. 건물구조가 이웃한 건물과 밀집되어 있다면 연소확산의 우려도 매우 높게 나타날 우려가 크다. 건물과 건물 사이의 좁은 공간에서 이뤄지는 방화는 초기 발견이 어려울 경우 양쪽 건물로 비화되어 연소의 경계선이 불분명해질 수 있다. 따라서 화재진압 후 책임소재 및 발화지점을 놓고 분쟁이 일어날 가능성이 크고 방·실화조사 행위도 쉽지 않다.

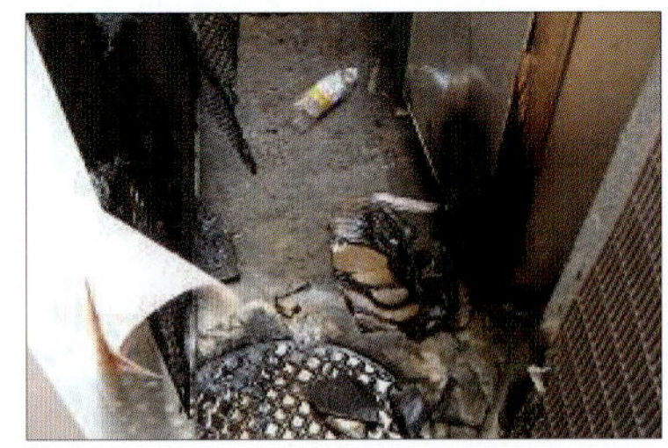

〈그림 4-88〉 건물 옥상과 골목의 연소잔해물

❸ **주차된 차량방화** : 차량방화의 형태는 전통적으로 장난 또는 홧김에 하거나 사회적 불만 세력에 의해 저질러지는 경향이 있다. 차량 유리창을 깨고 불을 지르거나 타이어에 종이류 등 가연물을 쌓아놓고 불을 저지르는 등 일단 착화시키기 쉽고 방화 후 도주가 용이하다는 점에서 방화범 검거가 어렵기도 하다. 차량을 파손하지 않고 외부에서 착화시킬 경우 방화인지 여부를 식별하기도 쉽지 않은데 화물차의 경우 공개된 화물칸에 불을 질렀을 경우와 차량이 주차된 후 엔진계통과 상관없는 바퀴나 트렁크 쪽에서 발화된 경우라면 방화의 가능성에 무게를 두고 조사를 진행할 필요가 있다.

〈그림 4-89〉 화물차량 적재함 및 승용차 앞부분에 방화

불량청소년 또는 가출청소년들과 노숙자들에 의해 개념 없이 저질러지는 어이없는 방화도 속출하고 있는데 화물차량 적재함 마감재로 덮여 있는 플라스틱 고무류가 얼마나 빨리 불에 탈 수 있으며, 승용차 백미러(back mirror) 플라스틱 커버가 라이터로 얼마 만에 불에 붙을 수 있는지 궁금하다며 불을 지른 어처구니없는 일도 있다. 이러한 사례는 탄화된 물건의 재질과 형태를 파악하고 발화원으로 사용된 기구나 도구를 고려해 보아야 한다.

차량방화의 주요 흔적 특징
- 유리창 또는 출입문 등 외부에서 강제적으로 파손한 흔적이 있는 경우
- 차량 내부 카오디오세트, 금품 등을 도난당한 경우
- 차량 주변으로 쓰레기더미를 쌓아 놓은 후 착화시켜 바퀴가 연소된 경우

- 시동이 꺼진 상태로 엔진룸 위에 인화성 액체를 뿌려 불을 붙인 후 엔진과열로 위장하는 경우
- 차량의 주차위치가 이동되었거나 트렁크, 차량문 등이 개방된 경우
- 2대 이상의 차량이 독립적으로 연소된 경우

〈그림 4-90〉 **주차된 차량의 방화 피해**

③ 발화원 및 연소확대물

방화조사의 어려움은 실화와 달리 발화원의 잔해 발견이 어렵다는 점에 있다. 즉, 방화의 심증은 있는데 물증이 없어 과학적인 입증에 한계가 있을 수 있다는 것이다. 화재의 특성은 연소가 개시되면 연소잔유물이 화학적·물리적으로 변화하여 잔유물을 남기지 않는 경우가 많음에 유념할 필요가 있다. 특히 기체나 액체의 연소는 완전연소되어 더욱 어려움에 봉착하게 되는데, 발화원이 어떤 것이었는지 집착하기보다는 착화에 이르게 된 연소확대물을 눈여겨볼 필요가 있다. 방화현장은 대다수 발화원의 잔해를 남기지 않지만 부분연소하거나 불완전연소할 경우 세심한 감식작업을 통해 연소에 이르게 된 착화물을 식별해 낼 수 있는 경우가 많다.

전문적인 방화가 아닌 경우 많게는 종이류나 박스 등을 이용하게 되며, 범죄행위 은폐 또는 집기류나 채권, 채무 등이 기재된 장부 등을 없애버릴 목적이라면 보편적으로 휘발유나 석유류 등 인화성 액체를 이용하여 의도한 것 이상으로 깨끗하게 태워버리려고 시도한다. 그러나 이때 현장 주변을 눈여겨 볼 경우 인화성 액체 용기를 발견할 수도 있으며, 유증채취기가 없더라도 초기 소방대에 의해 인화성 액체의 냄새를 후각으로 쉽게 인지할 수 있는 경우가 많다. 섣부른 현장조사 시 급하게 서두르다 보면 발화원이 무엇이었을까 하는 단면에만 의존하여 조사자 스스로 관점을 좁혀서 생각하는 경우가 있는데, 이런 경우 대다수 과학적인 원인결론을 이끌어내는 데 실패할 확률이 높다. 원인규명 절차는 탄화된 물체의 형상과 재질을 분석해가며 어떤 경로를 거쳐 탄화에 이르게 된 것인지를 선행조건으로 밝혀낼 때 비로소 발화원 종류에 접근할 수 있다.

한편 촛불은 지연 착화수단으로 종종 사용되고 있는데 서너 개의 촛불 주변에 가연물을 모아 놓고 일정 시간이 경과하면 착화되도록 조작해 놓는 수법으로 현장에서 연소확대가 이루어지기 전에 발견되기도 한다.

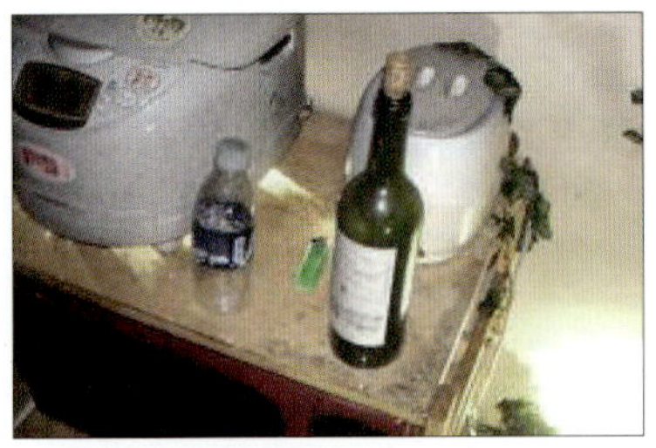

<그림 4-91> 방화현장에서 식별되는 유류용기 잔해

<그림 4-92> 촛불을 이용한 지연착화 시도 현장

(3) 방화 유형별 감식 요점

1 자살방화 감식

❶ 휘발유, 시너 등 유류를 사용한 흔적을 확인한다.

❷ 라이터 또는 기타 화원의 종류가 주변에 남아 있는지 확인한다.

❸ 소주병이나 맥주 등 음주를 한 행위가 있을 수 있다.

❹ 연소면적이 넓고 탄화심도가 깊지 않다.

❺ 유서가 발견되는 경우가 있고, 방화행위 전 주변인에게 신세 한탄 등 전화통화 기록이 있는지 확인한다.

2 다툼, 부부싸움으로 인한 방화 감식

❶ 집안 내부에 집기비품 등이 어지럽게 흩어져 있는 경우가 많다.

❷ 탈출을 시도한 흔적이 있고 유서가 발견되지 않는다.

❸ 방화행위 전 큰소리로 다투거나 집기류를 파손하는 등 소란을 피웠다는 주변 목격자가 있었는지 확인한다.

❹ 국부적으로 얼굴과 팔, 다리에 화상을 입은 흔적이 있다.

❺ 방화 전 다툼으로 인해 신체 찰과상이 있을 수 있고 방화 후 진술을 완강하게 거부하려는 행동이 있다.

③ 유류를 이용한 방화 감식

❶ 초기 발화지점에서 유류냄새가 심하게 나거나 주변에 유류용기가 있다.
❷ 연소시간에 비해 피해면적이 넓고 다른 발화원이 존재하지 않는다.
❸ 관계자의 몸에서 유류냄새가 나거나 머리카락 등이 그을린 흔적이 있다.
❹ 발화지점이 여러 군데로 나타나고 바닥면에 유류를 이용한 연소형태가 있다.
❺ 소방활동 시 불이 물 위에 떠 있었다는 증언이 있으며 바닥면에 물과 기름의 경계층이 남아 있다.

쉬어가기 | 신체에 남겨진 방화흔적

M씨는 자신의 집에 휘발유를 뿌리고 라이터로 불을 붙여 자신의 아버지와 어머니를 불에 타 숨지게 하고 태연하게 상주를 맡아 장례까지 치렀다. 그러나 M씨의 손에 화상이 있고 머리카락이 그을린 점을 수상히 여긴 경찰에 의해 범행일체를 자백하였는데 M씨는 식당을 차리려고 했는데 부모가 도와주겠다는 약속을 계속 미루자 이를 비관하여 범행을 저지른 것이다.

④ 범죄은폐 방화 감식

❶ 유류용기와 함께 망치, 칼 등의 흉기류가 현장에서 발견된다.
❷ 살인은폐 목적의 경우 사체가 다른 곳으로부터 이동된 흔적이 있고, 강도나 절도행위의 은폐를 위한 경우에는 물건 절취 후 집기류를 모아 놓고 태운 흔적 등이 보인다.
❸ 집안 내부 집기류가 어지럽게 널려 있으나 도난물품이 확인되지 않는다.

⑤ 불장난, 호기심으로 인한 방화 감식

❶ 쓰레기통, 재활용품 수거함, 아파트 편지함 등 발화원이 존재하지 않는 장소가 많다.
❷ 주로 노숙자, 불량 청소년, 실업자 계층으로 인근 가까운 거리에 살고 있는 경우가 많다.
❸ 유류 등 촉진제를 사용하지 않는 경향이 많고 착화물은 쉽게 구할 수 있는 신문지 등 종이류가 발견된다.

(4) 방화현장 증거품 관리

화재원인조사에 있어 현장에서 확인된 발화원의 잔해는 중요한 단서로 작용한다. 방·실화를 구분하거나 이해당사자들의 책임소재를 결정하는 요소로 작용하는 등 그 비중이 크기 때문이다. 이른바 화재현장에서 수거한 발화원의 잔해는 사건의 성격을 구분 짓는 중요한 증거품으로 민·형사상 소송으로 비화되었을 경우 유력한 증거로 채택되는 경우가 점차 증대되고 있는 상황이다.

1 증거품 수집과 관리

　실화와 달리 방화는 사전에 치밀한 계획하에 의도되는 경우가 많기 때문에 증거물을 남기지 않으려는 범죄자와 증거를 찾아내려는 조사자의 두뇌게임으로 표현되기도 한다. 화재현장 보존은 소방대가 최초 현장에 도착한 시점에서부터 시작되지만 연소현상에 의해 물리적 증거 가치가 있는 물건들이 훼손되거나 오염되고 심할 경우 탄화 잔해물 속에 묻혀 확인조차 어려운 경우도 있다. 따라서 잘못된 증거물 수집방법은 범죄 단서를 놓쳐 버리는 일이 될 수 있으므로 증거품의 수집은 현장에서 확인되는 모든 자료를 대상으로 해야 한다. 물리적 증거뿐만 아니라 화재와 관련된 주변사람들의 증언도 증거로 활용될 수 있다. 대부분 고체가연물은 현장에서 밀폐된 용기나 비닐 팩 등을 이용하여 수거하며 유리병이나 금속캔을 활용하기도 한다. 수거작업 시에는 1회용 장갑과 핀셋을 이용하고 관계자가 현장에 있을 경우 확인시킨 후 수거하는 방법도 무방하다.

　증거물 수집이 완료되면 증거물 수집용기 표면에 화재조사자의 이름과 수집일시 및 수집장소(지점)를 기재하고 내용물에 대한 설명도 간략하게 곁들여서 보관을 하도록 한다. 증거품의 관리는 소방과 경찰 양 기관이 공동으로 관여하고 있는데 범죄혐의점이 있는 방화의 증거품은 수사기관에서 다루고 실화와 관련된 화재 증거품은 소방에서 취급하는 것이 범인검거 활동 및 화재예방활동에 효과적일 것이다.

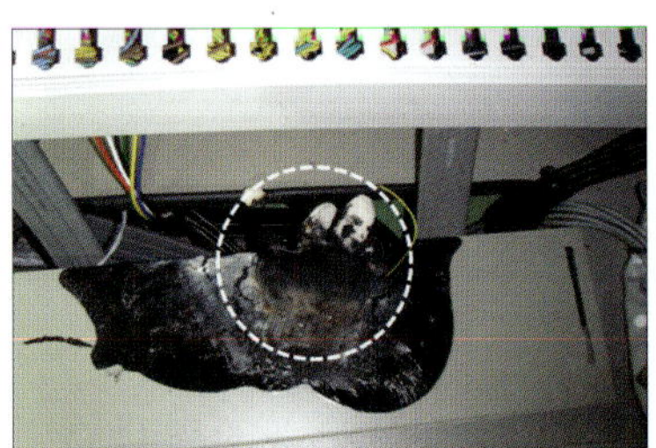

〈그림 4-93〉 면장갑에 경유를 적신 후 배전반에 착화 시도한 흔적

2 현장 증거품 수거 및 관리방법

❶ 1회용 장갑을 착용하고 밀폐된 용기나 비닐 팩 등에 옮겨 담는다.
❷ 한 개의 용기 속에 2종류 이상의 물건을 함께 담지 않으며 오염된 탄화잔해물이 붙어 있더라도 함부로 털어내지 않는다.
❸ 증거물은 임의로 절단, 제거하지 않으며 발견 당시의 원형이 보존되도록 한다.
❹ 현금뭉치나 귀중품 발견 시 관계자 또는 경찰 입회하에 사진촬영을 하고 금액과 수량을 확인하는 절차를 확보한다.
❺ 증거물 수거용기에는 일시, 장소, 담당자 이름 등을 기재하여 보관한다.
❻ 증거품의 보존기간을 설정하고 관계자에게 알려 반환 여부 의사를 확인하거나 보존 또는 폐기대상으로 구분해 관리한다.

 한편 범행현장의 증거품 중에는 현장사진도 유용하게 활용될 수 있다. 액체나 기체(가스류)를 이용한 방화는 증거물을 채집한다는 자체가 불가능할 수 있지만 탄화된 형태를 사진으로 담아 증거로서 유용하게 활용되는 경우가 있다. 대표적인 것이 범행현장 내부 구석구석 바닥면에 두루마리 화장지를 깔고 그 위에 휘발유를 살포한 후 불을 붙여 전면적으로 화재가 확산되게끔 시도한 현장에 남아 있는 트레일(trail) 흔적이다. 살아있는 쥐의 꼬리에 불을 붙였을 때 이리저리 돌아다니며 접촉하는 가연물마다 불을 붙여놓는 형태와 유사한 것으로 일단 착화되면 급속도로 화염이 확산되고 전면적인 현상을 불러 매우 위험하다. 이러한 현장은 바닥면에 남아 있는 트레일 흔적을 따라 동영상과 사진으로 기록해 놓으면 효과적이다.

보충학습 대한민국 화재보험의 효시

한국의 근대적 보험은 일제강점기 일본인에 의해 도입되었으며 그 뒤 광복을 거쳐 손해보험업으로 발전하였다.

정부는 1973년 2월 6일 법률 제2482호로 전문 24조와 부칙으로 구성된 〈화재로 인한 재해보상과 보험가입에 관한 법률〉을 제정, 화재보험의 법적 근거를 정비하였다.

또한 상법(商法)은 보험목적의 고유한 성질에 의한 손해 및 자연적인 소모, 보험계약자나 피보험자의 악의 또는 중대한 과실로 인하여 발생한 손해는 전보하지 않는다는 것과 전쟁이나 그 밖의 변란으로 발생한 손해는 특약이 없는 한 전보하지 않는다는 것을 규정하고 있다.

또한 보험금액이 보험가액을 초과하더라도 보험에서 지급되는 것은 보험가액이 한도가 되는데 이것은 화재보험이 손해의 전보를 목적으로 하는 계약이므로 손해 발생에 의해 이익을 얻는 것을 허용하지 않기 위해서이다.

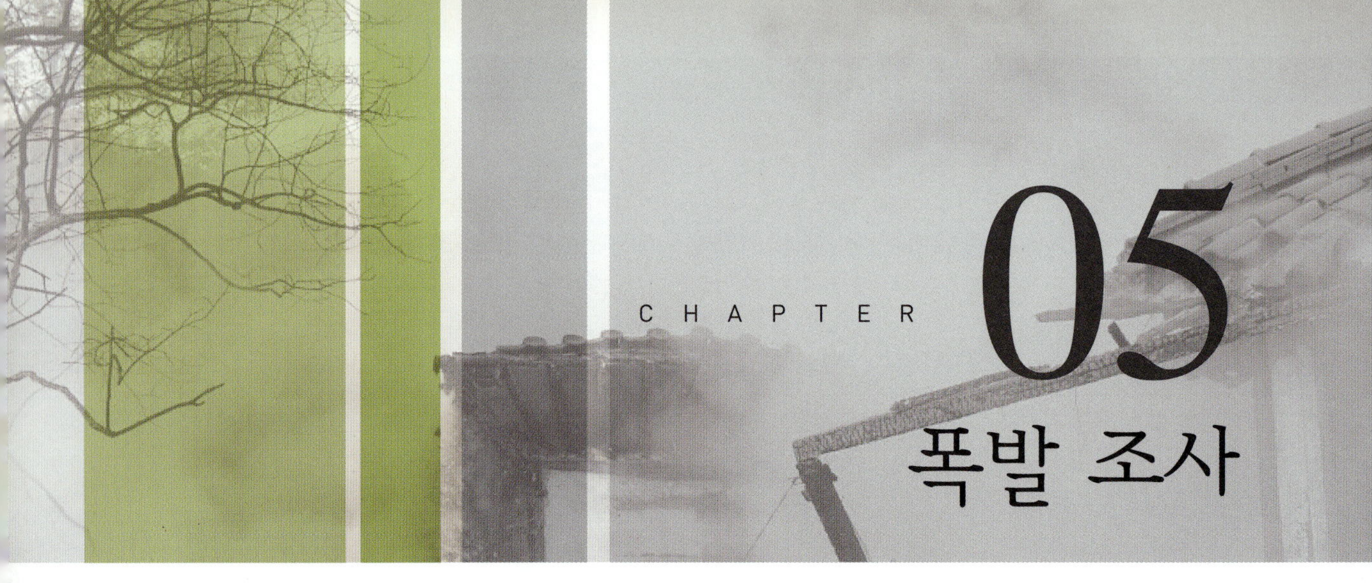

Step 01 개요

1 폭발의 정의

공학적 표현으로 폭발은 물리적 또는 화학적으로 잠재된 에너지가 급격하게 압력이 팽창하여 가스를 생성·방출하면서 운동에너지로 빠르게 변화하는 현상이다. 따라서 수압으로 인한 탱크나 용기의 파열은 가스에 의한 압력증가로 일어나는 현상이 아니므로 폭발이 아니다. 폭발은 본질적으로 연소의 한 형태인데 연소가 빛과 열을 수반하는 산화반응이라면 폭발은 그 반응이 급격하게 진행되어 빛과 열을 발산하는 것 이외에 압력 분출에 따른 폭음과 충격파를 발생시키며 순간적으로 반응이 완료되는 현상이다.

2 폭발과 화재의 차이점

화재와 폭발은 산화과정이라는 점에서 같지만 가장 큰 차이점은 에너지 방출속도 즉, 연소속도의 차이에서 비롯된다. 또한 화재는 연소범위가 확대되면 지속시간이 길게 이어지는 반면 폭발은 연소확대 범위가 극단적으로 크기도 하지만 지속시간이 매우 짧다는 특징이 있다.

3 폭발의 성립조건

❶ 가연성 가스, 증기 또는 분진이 공기 또는 산소와 혼합되어 폭발범위 내에 있어야 한다.
❷ 혼합가스 및 분진을 발화시킬 수 있는 최소점화에너지가 있어야 한다.

❸ 밀폐공간 또는 용기류 등에 존재하여야 한다. 가연성 가스가 폭발범위 내에 있고 최소점 화에너지에 의해 착화하더라도 개방된 공간에서는 화염이 발생하지만 개방된 공간으로 팽창된 기체가 빠져나가므로 압력의 상승은 일어나지 않기 때문이다.

4 폭발에 영향을 주는 인자

(1) 주위 온도

❶ **발화온도** : 가연성 가스가 발화하는 데 필요한 최저온도

❷ **최소점화에너지** : 가스가 발화하는 데 필요한 최소에너지로 가스의 온도 및 조성압력에 따라 다양하다.

❸ **외부점화에너지** : 화염, 불꽃, 충격마찰, 단열압축, 정전기, 방전 등

(2) 주위 압력

❶ 고압일수록 폭발범위가 확대된다.

❷ 압력이 높아지면 발화온도는 낮아져 위험하다.

(3) 폭발성 물질의 조성

가연성 가스와 지연성 가스의 혼합비율로 폭발범위를 말한다.

(4) 주위환경

개방 또는 밀폐의 정도에 좌우된다.

(5) 가연물의 양

가연물질의 많고 적음에 따라 피해양상이 다르다.

5 폭발의 형식

폭발은 형식에 따라 폭굉(detonation)과 폭연(deflagration)으로 구분한다. 폭굉과 폭연 의 차이는 폭발 시 발생하는 충격파의 속도에 있다. 압력파가 미반응 물질 속으로 음속보다 빠른 속도로 이동할 때를 폭굉이라고 하며, 음속보다 낮은 속도로 이동할 때를 폭연이라 한 다. 폭발할 때 연소파의 전파속도는 일반적으로 0.1~10m/s인 범위이고, 폭굉 시 폭굉파는 1,000~3,500m/s 정도로 빠르다.

(1) 폭연(deflagration)

폭연의 압력·밀도·온도 등의 연소특성은 모두 화염면 전후에서 연속적이며 압력변화도 거의 없고 화염 이동도 음속에 비해 매우 느리다. 따라서 폭연으로 높은 압력상승을 얻으려면 용기가 밀폐되어 있어야 한다. 압력상승은 초기 압력의 8배 이하이다.

(2) 폭굉(detonation)

폭굉은 연소전파가 가속되었을 때 압축파가 충격파가 되고 그것이 화염과 합쳐져 전파되는 현상이다. 이 파동은 폭굉파라 불리며 충격파를 동반하므로 온도·압력·밀도 등의 특성값은 불연속적으로 상승한다. 폭굉파는 파장이 짧은 단일 압력파로 급격한 파괴현상을 일으킨다. 폭굉파의 이동속도는 음속보다 빠르므로 압력전달은 방향성을 가지게 되고 압력효과로 인해 강한 파괴작용을 초래하는데, 압력상승은 초기 압력의 20배 이상이다.

(3) 폭굉과 폭연의 차이점

차이점	폭굉(Detonation)	폭연(Deflagrations)
폭발전달기구	충격파에 의한 에너지 반응	열분자 확산이나 난류확산에 의존하는 반응
전파속도	1,000~3,500m/s	0.1~10m/s
압력	초기 압력의 20배 이상(충격파 형성)	초기 압력의 8배 이하

Step 02 폭발의 종류

폭발의 종류는 크게 물리적 폭발과 화학적 폭발로 구분하며 물질의 상태에 따라 기상폭발과 응상폭발로 구분하고 있다.

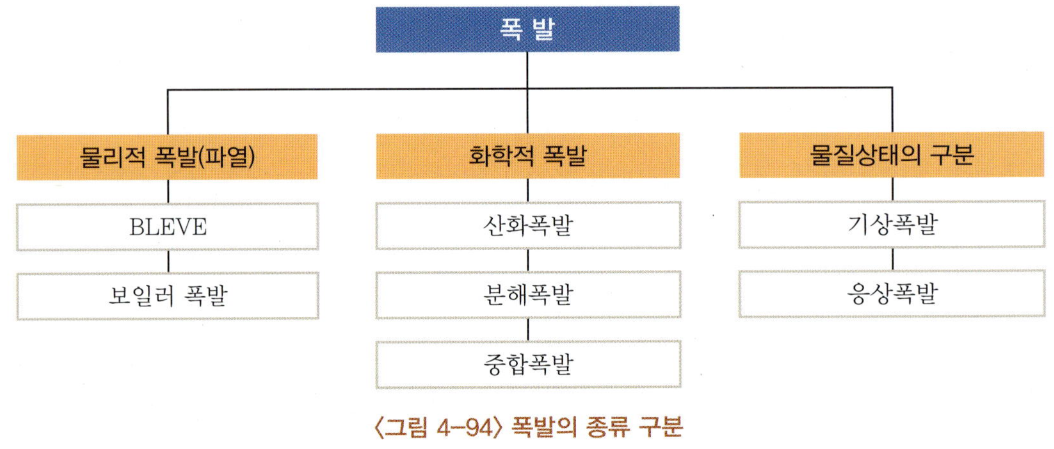

〈그림 4-94〉 폭발의 종류 구분

① 물리적 폭발(파열)

물리적 폭발은 화학적 반응을 수반하지 않는 팽창된 기체의 방출로서 대부분 기화현상에 의한 것으로 보일러, 가스 실린더, 저장탱크와 같은 저장용기와 관련하여 발생한다. 저장용기 안에 압력이 상승하면 용기의 약한 부분 또는 열에 집중적으로 노출된 지점이 더 이상 견딜 수 없는 온도까지 이르게 되고 부풀어 올라 파열에 이르게 된다.

저장용기에 있는 물질은 인화성일 필요는 없으나 인화성 물질일 경우 화재를 동반하게 되며, 파열됨과 동시에 액체가 유출되고 기화하게 된다. 일회용 라이터나 부탄가스 용기 등이 파열되는 것도 물리적 폭발에 해당하는데, 기계적 폭발이라고도 한다.

물리적 폭발의 형태
❶ **부피팽창에 의한 폭발** : 보일러의 물이 수증기로 일제히 변하면서 폭발
❷ **내부압력 증가** : 액화프로판탱크의 폭발, 컴프레서 압축공기 탱크의 폭발
❸ **원심력에 의한 폭발** : 고속회전체의 균열, 비산

(1) BLEVE(Boiling Liquid Expanding Vapor Explosion)

BLEVE란 인화점이나 비점이 낮은 인화성 액체가 가득 차 있지 않는 저장탱크 주위에 화재가 발생하여 저장탱크 벽면이 장시간 화염에 노출되면 윗부분의 온도가 상승하여 재질의 인장력이 저하되고, 내부의 비등현상으로 인한 압력상승으로 저장탱크 벽면이 파열되는 것인데, 물리적 폭발이 순간적으로 화학적 폭발로 이어지는 현상이다.

액화가스탱크의 외부에서 화재가 발생하면 탱크가 가열되어 내부 액체에 높은 증기압이 형성되고, 그 증기압이 탱크의 내압을 초과하면 결국 탱크는 파열된다. 이때 파열이 발생한 지점은 탱크의 기상부와 면하는 부분인데 그것은 액상부와 면하는 지점은 외부 화염에 의해 열을 받는다 하여도 그 열을 내부의 액상으로 효과적으로 전달시키지만, 기상부와 면하는 지점은 액체보다 낮은 기체의 열전도율로 인해 열을 효과적으로 전달하지 못하고 축적하여 결국 높아진 내압을 견디지 못하면 국부적인 가열에 의한 강도저하로 파열이 일어나기 때문이다. 파열이 일어나면 탱크 내부의 액화상태인 가스가 빠르게 기화하면서 파열점을 빠져나와 외부로 확산된다. 확산된 가스는 주변의 공기와 혼합되어 폭발성 혼합기를 형성하고 존재하는 화염을 착화에너지로 하여 다시 폭발하게 된다.

보통 프로판 용기에 사용되는 두께 13mm 강판은 보통 최저 인장응력이 414Mpa이고, 설계응력이 100Mpa인데, 화재에 노출되면 690℃에서 8분 후에 그 값에 도달하게 된다. 실제 화재현장에서는 탱크가 화염에 노출된 범위나 화염의 양에 따라 다르겠지만 보통 10~30분 정도로 알려져 있다. 1998년 발생한 부천 대성 LPG충전소 탱크로리 폭발의 경우 약 8mm 철판이 화염에 노출된 후 약 23분 정도 후에 폭발하였다.

BLEVE에 의해 발생된 화염은 점차 거대하게 성장한다. 반구형의 형태를 형성한 후 부력에 의해 상승하면서 버섯모양으로 변하게 되는데 이 화염을 파이어볼(fire ball)이라고 한다.

〈그림 4-95〉 액화석유가스 탱크로리 파열 및 폭발로 절단된 액화저장탱크

(2) BLEVE의 발생단계

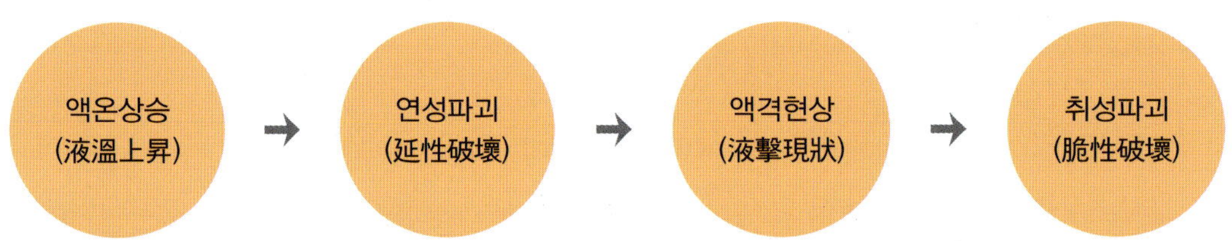

❶ **액온상승(液溫上昇)** : 탱크가 화염에 의하여 가열되면 액화가스의 온도가 상승하고 탱크 내부의 압력도 상승한다. 그 결과 안전밸브가 작동하여 증기가 방출하므로 탱크 내의 액면은 낮아진다. 또 탱크 내의 공간부가 커지고 화염에 의하여 계속 가열되면 상황은 악화된다.

❷ **연성파괴(延性破壞)** : 화염에 휩싸인 탱크의 기상(氣狀)부분은 액상(液狀)부분에 비하여 급속하게 가열되어 내압이 높아진다. 또 탱크벽은 접염 가열에 의하여 강도가 떨어지고 내부의 압력상승에 의하여 균열을 일으키게 된다. 그 결과 탱크 내의 증기가 방출되고 내부압력은 급격하게 내려간다.

❸ **액격현상(液擊現狀)** : 급격한 압력저하로 액화가스의 비점이 내려가고 과열상태가 된 액화가스는 격렬하게 증발하여 액체를 비산시키고 탱크 내벽에 강한 충격을 준다.

❹ **취성파괴(脆性破壞)** : 액격현상에 의하여 탱크가 파괴되고 파편이 사방으로 비산되는 과정이며, 동시에 파이어볼로 발전한다.

BLEVE 현상으로 탱크의 일부가 파열되면 그때까지 탱크 내부에서 평형상태에 있던 기상부와 액상부가 압력이 방출되기 때문에 평형이 깨진다. 이것을 보상하고 열역학적으로 평형이 되려면 상압고온의 액상부가 급격하게 증발하여 기체화되는 수밖에 없다. 이 때문에 내용물은 미세하지만 강한 힘으로 용기 벽에 충돌을 일으키며 용기 벽을 파괴함과 동시에 외부로 분출된다. 이때 주위에는 이미 화염이 존재하므로 폭발적으로 연소를 일으켜 화염이 확산된다.

(3) 파이어볼(fire ball)

파이어볼(fire ball)이란 "가연성 액체로부터 대량으로 발생한 증기운이 갑자기 연소할 때 생기는 구상(球狀)의 불꽃"으로 정의된다. 파이어볼의 형태에는 두 가지가 있는데 첫째는 가연성 액화가스가 탱크에서 누설되어 지면으로부터 열을 받아 급속하게 기화하고 확산하여 개방공간에서 증기운을 형성하고, 그것이 착화해서 연소한 결과 파이어볼을 형성하는 경우이다. 둘째는 가연성 액화가스 저장탱크가 화염에 노출되어 열을 받아 BLEVE 현상을 일으켜서 착화·폭발하면서 파이어볼을 형성하는 것으로 이 경우 재해규모가 가장 크게 나타나는데, 부천 대성 LPG충전소 폭발이 여기에 속한다. 파이어볼의 크기(D)와 계속되는 시간(t)은 물질량(W)과 다음과 같이 관계식으로 나타낼 수 있다.

$$D = 3.77W^{0.325}$$
$$t = 0.258W^{0.349}$$

보통 파이어볼이 형성될 경우 방사열은 비교적 멀리까지 전파되지 않지만 폭풍은 순간적으로 발생하기 때문에 대피할 여유가 없고 또한 멀리까지 영향을 미친다. 따라서 대규모 폭발현장을 조사할 경우에는 가스의 양에 따라 비산거리가 커지므로 폭발압력이 미치는 범위를 고려하여 파편 잔해와 피해규모 등을 조사하여야 한다. 현재 일본과 미국에서 사용하고 있는 안전거리 기준은 Hopkinson의 삼승근법칙을 사용하여 보안거리를 정하고 있다.

〔표 4-11〕 탱크폭발에 의한 피해범위

저장탱크용량 피해내용	10톤	20톤	30톤	50톤	100톤	500톤	1,000톤
유리창 파손	420	520	600	720	910	1,100	1,960
안전거리	240	300	340	410	520	860	1,100
주택 파손	100	130	140	170	220	370	480
전신주 등의 파손	31	39	45	54	68	115	14
주택의 완전파손	27	34	39	46	59	100	127
사람 1% 사망	18	23	26	31	39	66	84
사람 50% 사망	15	19	22	26	34	58	74

Hopkinson법칙 : $H = R/W^{3/1}$

H = 가스폭발압력이 미치는 거리(m)

R = 폭발 시 폭심에서 화염도달거리(m)

W = TNT 당량(kg)

〔표 4-11〕은 Hopkinson의 삼승근법칙에 따라 가스 저장탱크 폭발에 의한 피해 정도를 거리로 표시한 것이다. 저장탱크의 용량이 10톤인 경우 안전거리는 240m 이상 확보하라고 되어 있으며, 100m 안에 있는 주택들이 파손될 수 있음을 나타낸 것이다. 실제로 부천 대성 LP가스충전소 폭발규모를 보면 부탄 12톤 탱크로리가 연쇄폭발하여 거대한 불기둥과 함께 파편이 67.4m 이상 비산하여 주위 12개의 공장으로 화재가 확산되었고, 폭발 충격으로 500m 떨어진 상가의 창문도 부서진 것으로 보고되고 있다.

〈그림 4-96〉 액화석유가스 폭발로 형성된 화이어볼의 형태

2 화학적 폭발

화학적 폭발은 기본적으로 급격한 산화반응에 따라 화학적 특성이 변화하는 발열반응의 결과이다. 폭발을 유발하는 화학반응은 산화, 분해, 중합 등이므로 화학적 폭발은 다음과 같이 분류한다.

(1) 산화폭발

기계적인 일을 생성하는 에너지가 화학적인 변화로부터 발생되는 일반적인 경우이며, 폭발의 의미는 연소와 본질적으로 차이가 없는 것으로서 연소의 한 형태에 불과하다. 화학적으로 말하면 연소는 발열과 발광을 수반하는 산화반응이고, 폭발은 그 반응이 급격히 진행되어 빛을 발산하는 것 외에 폭음과 충격압력이 발생하고 순간적으로 반응이 완료되는 현상을 말한다.

산화폭발은 폭발의 주체가 되는 물질에 따라 가스, 분진, 분무폭발로 분류할 수 있다.

(2) 분해폭발

아세틸렌, 산화에틸렌 같은 분해성 가스와 디아조화합물 같이 자기분해성 고체류는 분해하면서 폭발한다. 특히 아세틸렌은 분해성 가스의 대표적인 것으로서 반응 시 발열량이 크고 산소와 반응하여 연소 시 3,000℃의 고온이 얻어지는 물질로서 금속의 용융절단, 용접에 사용된다. 고압으로 압축된 아세틸렌 기체에 충격을 가하면 직접 분해반응을 일으키므로 고압으로 저장할 때는 불활성 다공물질을 용기 내에 주입하고 여기에 아세톤액을 스며들게 하여 아세틸렌을 고압으로 용해 충전하는 방법을 사용한다. 용해 아세틸렌을 저장할 때는 용기 내의 가스층 간에 공간이 없도록 하고 아세틸렌의 충전 시 용기가 발열되는 경우에 냉각시키고 충전 후에도 온도가 안정될 때까지 냉각하여야 한다. 일반적으로 널리 사용되는 용해 아세틸렌 용기는 고열이 국부적으로 발생되고 다공물질이 변질 혹은 공간이 생성되는 이상이 발생될 때 분해증발이 일어나 국부적인 과열로 인한 용기가 폭발하는 경우가 있으므로 신중하게 취급해야 한다.

아세틸렌의 분해반응

$$C_2H_2 \rightarrow 2C + H_2 - \Delta H = 54kcal/mol$$

발열량이 커서 열손실이 없으면 화염온도는 3,100℃가 되며, 밀폐용기 내에서 분해폭발이 발생되면 초기압력의 9~10배가 된다. 배관 중에서 아세틸렌의 분해반응이 발생되면 화염은 가속되어 폭굉이 되기 쉽고, 폭굉의 경우 초기압력의 20~50배가 되어 파괴력도 크다. 분해폭발은 화염, 스파크, 가열 등의 열원에 의하여 발생되는 경우도 많지만 밸브의 개폐에 의한 단열압축열의 발화에 의한 경우도 있다. 아세틸렌은 구리, 은 등의 금속과 반응하여 폭발성 아세틸리드를 생성하며, 이것은 조그만 충격에도 폭발하여 아세틸렌을 발화시키므로 아세틸렌은 취급하는 장치에는 구리나 구리함유량(Cu 62% 이상)이 많은 금속(합금)을 사용해서는 안 된다. 또한 아세틸렌이 분해폭발을 하기 위해서 낮은 압력에서는 큰 에너지가 필요하지만 압력이 높게 되면 적은 에너지로도 발화된다. 따라서 아세틸렌이 25kg/cm²가 넘는 압력에 있을 때는 질소 등의 불활성 가스 등을 첨가하여 분해폭발을 방지해야 한다. 아세틸렌의 공기 중의 폭발한계는 2.5~100vol%이며, 아세틸렌 등 분해반응을 일으키는 물질이 산소 등 다른 조연성 물질의 존재 없이 단독으로 분해하면서 발열하여 유발되는 폭발이다. 따라서 분해폭발은 산소의 유무에 관계없이 발생한다.

(3) 중합폭발

중합반응에 따른 발열량이 유발하는 폭발이다. 시안화수소(HCN), 산화에틸렌 등이 중합폭발을 일으킬 수 있는 물질이며, 모노머(단량체 : 중합을 이루는 단위물질)가 폭발적으로 중합하면서 격렬하게 발열하여 압력이 급상승함으로써 발생한다.

③ 물질상태에 따른 구분

(1) 기상폭발

폭발의 주체가 되는 물질이 기체 상태인 폭발이다. 특이할 사항은 공기 중에 부유하고 있는 분진이나 액적의 상태는 고체와 액체, 즉 응상이지만 비교적 적은 에너지에 의해 쉽게 증기를 발생시키므로 분진폭발과 분무폭발도 기상폭발로 분류된다는 것이다. 기상폭발은 다음과 같이 분류된다.

1 가스폭발

가연성 가스가 폭발범위 내의 농도로 공기나 조연성 가스 중에 존재할 때 점화에너지에 의해 발생하는 폭발로서 가장 흔하게 발생하는 폭발이다.

그러나 가연성 가스와 지연성 가스의 혼합기체가 존재할 때 항상 폭발이 발생하는 것은 아니며 다음의 두 가지 조건이 동시에 만족될 때 발생한다.

제1조건은 농도조건으로서 혼합기체 중에 가연성 가스의 농도가 어떤 농도범위 내에 있어야 한다. 이 농도범위를 폭발범위라고 부르며, 폭발범위 내의 혼합기체를 혼합기체 또는 폭명기라고 한다. 따라서 가연성 가스의 저농도측의 한계를 폭발하한계라고 하며, 고농도측의 한계를 폭발상한계라고 한다. 가스폭발은 연소의 한 형태이므로 폭발범위, 폭발하한계, 폭발상한계를 각각 연소범위, 연소하한계, 연소상한계라고도 한다.

제2의 조건은 발화원의 존재로서 이것을 에너지 조건이라고 한다. 가연성 혼합기체는 그 상태로서는 폭발하지 않고 어떤 외부 에너지가 주어지면 그 부분에서 연소반응이 개시되어 화염이 발생하고 미연소 구역인 혼합기체로 전파하여 가는 것이다.

2 분해폭발

분해폭발은 혼합물이 자체적으로 분해하면서 발생하는 것으로 공기 또는 산소의 존재가 필요하지 않으므로 산소의 유무에 관계없이 발생할 수 있다. 아세틸렌, 산화에틸렌, 에틸렌, 히드라진, 모노비닐아세틸렌, 메틸아세틸렌, 오존, 이산화염소, 청산 등이 분해폭발성 물질이다. 분해폭발은 화염이나 스파크, 가열 등의 열원에 의해 발생하는 경우가 많지만 밸브의 개폐에 의한 단열압축열에 의해 발화하는 경우도 있다.

3 분진폭발

분진폭발은 분진 입자의 표면에서 산소와 반응이 일어나는 것으로, 가스폭발처럼 산화제와 가연물이 균일하게 혼합되어 반응하는 것이 아니고 어떤 굳어져 있는 가연물의 주위에 산화제가 존재하는 불균일한 상태로 반응이 일어나므로 가스폭발과 화약폭발의 중간 형태이다.

공기와 같은 산화성 기체 속에 고체의 미세한 분말이 떠 있어서 그 농도가 적당한 범위 안에 있을 때 불꽃이나 화염, 섬광 등 열원에 의하여 에너지가 공급되면 격심한 폭발이 일어나는 경우가 있는데 이것이 바로 분진폭발이다. 분진폭발은 가스폭발이나 화약폭발과는 달라서 발화에 필요한 에너지가 훨씬 크다.

❶ 분진폭발의 진행과정
- 입자 표면에 열에너지가 주어지고 표면온도가 상승한다.
- 입자 표면의 분자가 열분해 또는 건류작용을 일으켜서 기체가 되어 입자 주위에서 방출된다.
- 이 기체가 공기와 혼합되어 폭발성 혼합기체를 생성하고 발화하여 화염을 발생시킨다.
- 화염에 의해 생성된 열은 다시 다른 분말의 분해를 촉진시켜 차례로 가연성 기체를 방출시켜 공기와 혼합하여 발화, 전파된다.

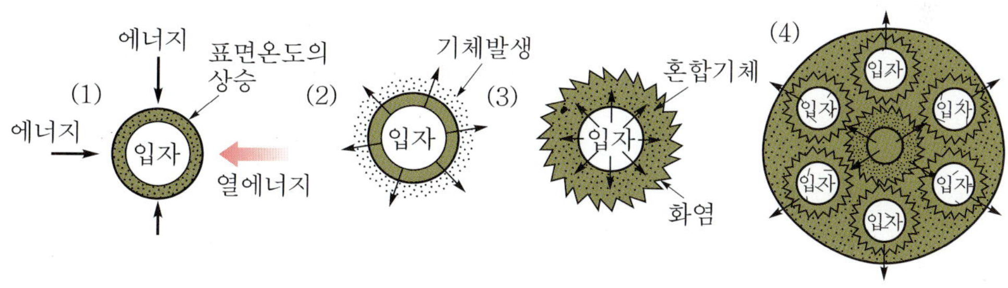

〈그림 4-97〉 분진의 폭발과정

❷ 분진폭발의 성립조건
- 가연성이며 폭발범위 내에 존재하여야 한다.
- 착화가능한 점화원이 있어야 한다.
- 분진이 화염을 전파할 수 있는 크기의 분포를 지녀야 한다.
- 지연성 가스 중에서 교반과 유동이 일어나야 한다.

❸ 분진폭발의 특징
- 연소속도나 폭발압력은 가스폭발보다 작지만 연소시간이 길고 에너지가 크기 때문에 파괴력과 그을음이 크다.
- 연소하면서 비산하므로 가연물에 국부적으로 심한 탄화를 발생시키고 특히 인체접촉 시 화상의 우려가 있다.
- 분진폭발에 의해 2차, 3차로 피해범위가 확산된다.
- 불완전연소를 일으키기 쉽기 때문에 폭발 후 일산화탄소가 다량으로 존재하고 가스 중독의 우려가 있다.

④ 분무폭발

분무폭발은 공기 중에 부유하고 있는 가연성 액체의 미세한 액적이 무상(霧狀)이 되어 폭발 범위 내에 있을 때 착화원에 의해 발생한다.

유압기계에 사용하는 압력유나 윤활유 등은 유기물로서 가연성이나 인화점이 상당히 높아 보통의 상태에서는 연소하기 어려우나 공기 중에 부유하면 분무폭발을 일으키는 경우가 있다. 분무폭발은 고압의 유압설비의 일부가 파손되어 내부의 가연성 액체가 공기 중에 분출되어 이 것이 미세한 액적이 되어 무상으로 되고, 공기 중에 존재할 때에 어떤 원인에 의하여 착화에너 지가 주어지면 발생한다. 원인으로는 가연성 액체의 온도가 인화점 이상으로 존재하는 경우에 는 액적의 주위에 가연성 혼합기체가 형성되어 이것이 폭발로 발전하지만 분출된 가연성 액체 의 온도가 인화점 이하로 존재하여도 무상으로 존재하는 경우에 폭발하는 경우가 있다.

⑤ 증기운폭발(UVCE)

대기 중에 대량의 가연성 가스 또는 가연성 액체가 유출되어 그것으로부터 발생하는 증기 가 공기와 혼합해서 가연성 혼합기체를 형성하고 발화원에 의하여 발생하는 폭발을 "증기운폭 발"이라고 한다. 개방된 대기 중에서 발생하기 때문에 자유공간 중의 증기운폭발(Unconfined Vapor Cloud Expansion)로서 UVCE라고 한다. 증기운폭발이 발생하는 과정은 유출된 물질 이 저장되어 있는 상태에 따라 특히 압력과 온도에 따라 달라진다.

(2) 응상폭발

응상폭발은 액체나 고체가 폭발을 일으키는 경우로서 다음과 같은 현상이 응상폭발에 해당 된다.

① 수증기폭발

용융금속이나 슬러그(slug)같은 고온 물질이 물속에 투입되었을 때에 그 고온 물질이 갖는 열이 저온의 물에 짧은 시간에 전달되면 일시적으로 물은 과열상태가 되고 조건에 따라서는 순 간적으로 급격하게 비등하여 이러한 상변화에 따른 폭발현상이 나타나게 된다. 또한 보일러의 배관이 어떤 사고에 의하여 일부분이라도 파손되면 대기압으로 방출됨으로써 평형상태가 파괴 되고 이때에 발생하는 상변화도 폭발현상을 나타내는 경우가 있다.

② 증기폭발

저온액화가스(LPG, LNG 등)가 사고로 인해 분출되었을 때에는 조건에 따라서는 급격한 기화에 동반하는 비등현상을 나타낸다. 액상에서 기상으로 급격한 상변화에 의한 폭발현상에 수증기폭발을 포함시켜 증기폭발이라고 부르며 RPT(rapid phase transition)라고 한다. 이 증 기폭발은 단순한 상변화에 의한 것으로서 폭발의 발생과정에 착화를 필요로 하지 않으므로 화

염의 발생은 없으나 증기폭발에 의하여 공기 중에서 기화한 가스가 가연성인 경우에는 증기폭발에 이어서 가스폭발이 발생할 위험이 있다.

❸ 전선폭발

전선폭발은 고체인 무정형 안티몬이 동일한 고상의 안티몬으로 전이할 때 발열함으로써 주위의 공기가 팽창하여 폭발하는 경우가 있다. 이것은 고상 간의 전이에 의한 폭발로 불린다.

또한 고상에서 급격히 액상을 거쳐 기상으로 전이할 때도 폭발현상이 나타나는 전선폭발이 있다. 이것은 알루미늄제 전선에 한도 이상의 대전류가 흘러 순식간에 전선이 가열되고 용융과 기화가 급속하게 진행되어 폭발을 일으켜 피해를 주는 경우이다.

Step 03 폭발손상 및 폭발효과

❶ 폭발손상

폭발의 피해특징을 구분하기 위하여 NFPA 921Guide에서는 낮은 등급과 높은 등급으로 나누어 설명하고 있다. 손상을 구분하는 차이점은 최대압력이 아니라 압력의 상승속도와 비율 그리고 구조물의 강도에 따라 달리 나타난다고 말하고 있다. 그러나 양자의 구분은 획일적으로 구분되는 것은 아니며, 현장조사를 통해 피해의 정도 차이를 구분하는 기준으로는 적절하게 응용될 수 있다.

(1) 낮은 등급 폭발(Low order damage)

낮은 등급 폭발은 느린 압력의 상승비로 나타나는데 구조물의 벽이 튀어 나오거나 문틀이 떨어져 나오기도 하지만 구조물의 형태를 유지하고 있는 경우가 많다. 창문은 종종 유리가 깨지지 않는 상태로 튕겨져 나가기도 하고 천장의 마감재가 내려앉기도 한다. 외부로 비산된 파편조각은 구조물로부터 짧은 거리에 떨어지며 잔해의 크기는 큰 것이 많다.

구조물의 약한 부분이 먼저 손상되기 때문에 지붕과 벽체 또는 지붕과 기둥의 접합부 등에서 균열이 발생하거나 공극(孔隙)이 발생한다.

〈그림 4-98〉 천장 마감재 및 폭발압력에 튕겨나간 출입문

(2) 높은 등급 폭발(High order damage)

높은 등급 폭발은 빠른 압력의 상승비로 나타나는데 구조물이 파괴되고 작은 잔해로 산산 조각 나는 형태가 특징이다. 벽과 지붕 그리고 다른 구조부재가 쪼개지고 완전히 파괴되며, 충격파가 크고 잔해가 작기 때문에 수백 미터까지 잔해가 날아가는 위험이 있다.

〈그림 4-99〉 건물 내·외부의 완전 손상형태

2 폭발효과

폭발효과는 4가지로 구분하고 있는데 압력효과, 비산효과, 열효과 그리고 지진효과로 설명할 수 있나.

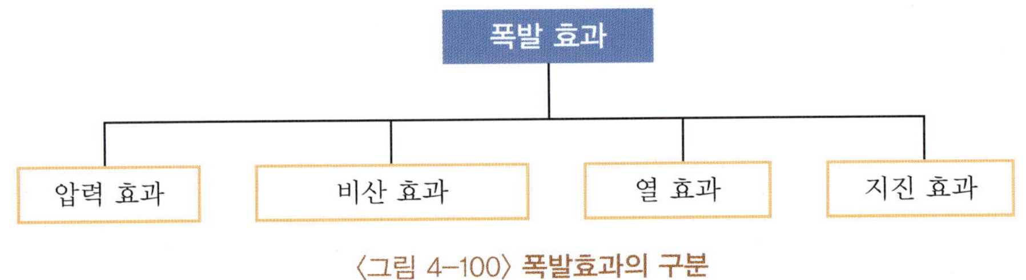

〈그림 4-100〉 폭발효과의 구분

(1) 압력효과

폭발압력은 물질이 폭발에 의해 생긴 막대한 기체의 양 때문에 생긴다. 기체는 발화지점으로부터 빠른 속도로 확산되려고 하는데, 이때 양성압력(positive pressure)과 음성압력(negative pressure)이 열의 방향을 따라서 생성된다. 기체가 밖으로 나가려고 하는 것과 교체된 공기는 양성압력이며, 낮은 압력으로 인해 발화지점으로 향하는 공기는 음성압력으로 알려져 있다.

발화지점 밖으로 나가려는 양성압력은 음성압력보다 힘이 세며, 대부분의 압력피해를 일으

키는 주원인이 되고 있다. 음성압력은 낮은 기압상태로 양성압력이 빠르게 밖으로 나가려는 성질 때문에 생긴다.

현장조사 시 조사자가 유의할 점은 음성압력이 아무리 약하다 할지라도 앞선 양성압력에 의해 약해진 구조물이 음성압력에 의해 추가적인 붕괴나 피해를 가져올 수 있다는 점이다.

폭발압력의 선단은 일반적으로 구(球)의 형태이며 발생지점으로부터 모든 방향으로 균등하게 팽창한다. 그러나 실제상황에서 밀폐된 공간일 경우 폭발 선단은 형태와 힘이 변형될 수 있으며, 발생지점으로부터 멀어질수록 위력은 감소하게 된다.

(2) 비산효과

비산효과는 압력효과의 결과로 나타나는데 압력이 클수록 비산범위도 넓어진다. 구조물과 용기 등은 부서지거나 쪼개져서 멀리까지 날아가서 또 다른 손상을 일으키거나 그 물체에 의해 사상자가 발생할 수도 있다. 비산효과는 물체의 재질과 압력에 따라 크거나 작은 입자 등으로 분산되는데 비산물은 전력선이나 주택, 상가 등 다른 외물(外物)에 직접적인 타격을 주어 폭발이 발생한 지점으로부터 범위를 벗어나 또 다른 재해를 발생시키는 것이다.

비산물이 파괴되어 날아가는 과정에서 그 추진력으로 파생되는 주변의 먼지 등 부유물의 비산효과는 화재진압활동을 하는 소방관이나 피난자들을 괴롭히는 또 다른 장애요소로 나타나고 있는데, 마치 소나기를 맞듯이 온몸이 분진가루로 뒤덮이기도 한다. 미국 911테러의 상징이 되어 버린 World Trade Center의 경우 주변에 있던 수백 명의 사람들이 분진가루에 파묻혔던 사실은 유명하다.

(3) 열효과

연소폭발은 폭발과 동시에 주변으로 많은 열을 방출시키고 에너지가 크기 때문에 근처의 다른 물질을 연소시키기도 하지만 사람이 있었다면 인명피해를 일으킬 수도 있게 된다.

열효과를 동반한 폭발은 화재와 폭발 중 어느 것이 선행된 것인지 판단하기 곤란할 때가 많지만 보통은 폭발과 동시에 화재를 수반하는 경우가 많이 존재한다. 열효과는 특히 화학적 폭발일 경우 더욱 많은 열이 발생시키는데, 폭굉폭발은 매우 짧은 시간에 높은 온도를 발생시키지만 폭연폭발은 낮은 열을 가지고 오랫동안 지속되는 특징이 있다.

특히 가연성 증기 BLEVE의 열효과는 대단히 크게 나타나는데 화구(fire ball)는 폭발 후 순간적으로 존재하는 화염 덩어리이다. 실제 폭발이 발생한 국내 사례로 1999년 부천 대성 LPG 충전소 폭발규모를 연구한 보고서에 의하면 파이어볼(fire ball)의 직경은 100m로 조사되었으며 지속시간은 12초이고 파이어볼(fire ball)의 중심부 높이는 약 110m까지 치솟은 것으로 알려지고 있다.

(4) 지진효과

폭발압력이 최고조로 팽창되어 더 이상 버틸 수 없는 상황에 이르게 되면 폭발지점을 중심으로 형성된 압력에 의해 구조물이 흔들리거나 균열이 발생하고 상황이 더욱 악화되면 붕괴에 이르게 될 것이다. 이때 폭발압력으로 인한 진동이나 충격은 직접적으로 건물에 손상을 불러오지만 진동현상이 땅으로 전달되면 주변에 취약한 다른 건물로 그 영향이 미칠 수 있게 된다. 특히 지면을 통해 진동이 전달되기 때문에 가스관로 또는 파이프 라인, 탱크와 연결된 배관 등에 영향이 미치게 된다.

③ 폭발한 자리

폭발로 인해 형성되는 구덩이를 보면 피해의 정도를 가늠할 수 있다. 폭발한 자리는 폭발물의 양과 강도에 따라 크기가 천차만별인데 높은 압력과 빠른 압력 상승률에 의해 좌우되며 에너지원의 종류로는 폭발물, 스팀 보일러, 고압축 연료 및 액체연료가 기화하거나 BLEVE에 의해서도 발생할 수 있다.

폭발한 자리를 분화구 또는 누두공(漏斗孔)이라고도 하는데 압력이 클수록 지면으로 깊이 파고들고 좌우로 넓게 형성되는 특징을 보이고 있다. 일반적으로 산소와 혼합된 상태로 연소범위 안에 있는 가스나 분진이 폭발하면 분화구가 생기지 않지만 산소가 필요없는 TNT 등이 폭발하면 푹 파인 분화구가 생긴다.

〈그림 4–101〉 폭발로 형성된 누두공 형태

④ 폭발한 자리가 없는 폭발

폭발한 자리가 없다면 에너지원이 폭발시점에서 흩어져 있거나 분산된 상태로 폭발과 함께 발산되었기 때문이다. 초음속 폭굉 일지라도 상황에 따라서 폭발한 자리가 없을 수도 있다. 천연가스나 액화석유가스는 보통 폭발한 자리가 없는 폭발을 만들어낸다. 왜냐하면 구획되거나 밀폐된 공간에서 폭발속도가 음속 미만(폭연)이기 때문이다.

고여 있는 인화성 액체와 가연성 액체의 증기가 폭발하더라도 대부분 폭발한 자리를 남기지 않으며 곡물, 재료가공공장, 석탄, 광산에서 발생하는 분진폭발도 격렬하게 손상을 주며 폭발하지만 폭발 흔적을 남기지 않는다. 폭발한 자리를 남기지 않는 것은 팽창된 가스가 음속 이상으로 빠르지 않기 때문이지만 그렇다고 하여 그 파괴력이 미약한 것은 아닌 것이다.

Step 04 가스의 일반적 성질

1 고압가스의 분류

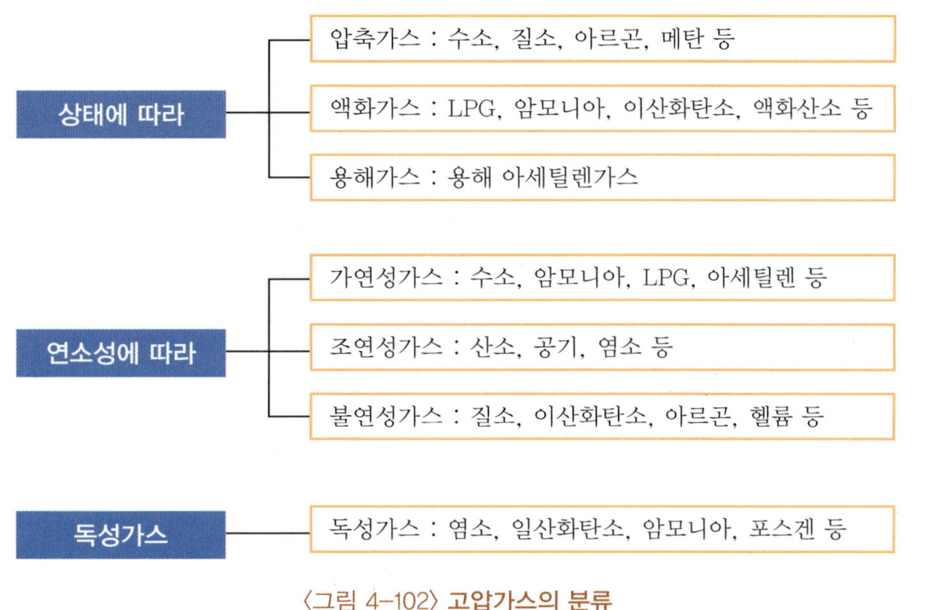

〈그림 4-102〉 **고압가스의 분류**

(1) 압축가스

압력을 가하여 부피를 수축시킨 기체로 보통 상온에서 액화하지 않을 정도로 압축한 고압가스를 말하는데, 압력 $10kg/cm^2$(35℃) 이상의 가스를 가리킨다. 기체를 판매하려면 보통 부피를 작게 하기 위해 압축가스로 만든 다음 봄베에 넣어 공급한다. 용접 · 인공호흡 · 실험 등에 쓰이는 압축산소나 고온가열에 쓰이는 압축수소 등이 잘 알려져 있으며 이 밖에 압축질소 · 압축공기 등이 있다.

(2) 액화가스

기체를 냉각 또는 압축하여 액체로 만든 것으로 프로판(C_3H_8), 암모니아(NH_3), 탄산가스(CO_2) 등은 상온에서 압축시키면 쉽게 액화된다. 따라서 용기 안에서는 액체상태로 저장된다.

(3) 용해가스

용해가스는 아세틸렌(C_2H_2)을 예로 들 수 있으며 매우 특별한 경우로서 압축하면 분해 · 폭발하는 성질 때문에 단독으로 압축하지 못하고 용기에 다공물질의 고체를 충전한 다음 아세톤과 같은 용제를 주입하여 이것에 아세틸렌을 기체로 압축한 것을 말한다.

(4) 가연성 가스

가연성 가스는 프로판, 일산화탄소, 석탄가스, 수소, 아세틸렌과 같이 공기와 혼합하면 빛과 열을 내면서 연소하는 가스를 말한다. 암모니아의 경우 연소하기 어려운 가스이나 조건에 따라서 연소하므로 가연성 가스로 취급한다.

고압가스 안전관리법 시행규칙(제2조 제1항 제1호)에서는 가연성 가스를 다음과 같이 분류하고 있다.

❶ 폭발한계의 하한이 10% 이하인 것
❷ 폭발한계의 상한과 하한의 차가 20% 이상인 것

(5) 조연성 가스

산소, 공기 등과 같이 다른 가연성 물질과 혼합되었을 때 폭발이나 연소가 활발하게 이루어질 수 있도록 도와주는 가스이다.

(6) 불연성 가스

불연성 가스는 질소, 아르곤, 탄산가스 등과 같이 스스로 연소하지 못하며 다른 물질을 연소시키는 성질도 갖지 않은 가스이다. 즉, 연소와 무관한 가스를 말한다.

(7) 독성 가스

독성 가스란 공기 중에 일정량 이상이 존재하는 경우 인체에 유해한 가스로서 허용농도가 100만분의 200 이하인 가스를 말한다.

건강한 성인 남자가 1일 8시간 또는 1주 40시간의 정상적인 작업 시 신체에 나쁜 영향을 미치지 않는 허용농도가 200ppm 이하인 가스를 말한다. 종류에는 일산화탄소(50ppm), 암모니아(25ppm), 염소(1ppm), 아황산가스(5ppm) 등이 있다.

2 폭발범위

가연성 가스는 산소와 같은 조연성 가스와 적당한 혼합범위 내에 있을 때 폭발로 이어질 수 있다. 적당한 혼합범위란 물질에 따라 다르지만 연소할 수 있는 일정한 한계치에 이르게 되면 연소나 폭발로 이어진다. 이 범위를 연소범위 또는 연소한계, 폭발범위라고 한다.

이 범위는 공기와 가연성 가스의 혼합물 중의 가연성 가스의 부피(%)로 표시되며, 연소할 수 있는 가장 높은 농도범위를 연소상한이라 하고 최저농도 범위를 연소하한이라고 한다.

가장 일상적으로 사용하고 있는 주요 가연성 가스의 연소범위는 다음과 같다.

〔표 4-12〕 **가연성 가스의 연소범위**

물질명	연소범위(%)		물질명	연소범위(%)	
	하한	상한		하한	상한
프로판	2.1	9.5	메탄	5	15
부탄	1.8	8.4	일산화탄소	12.5	74
수소	4.0	75	황화수소	4.3	45
아세틸렌	2.5	81	시안화수소	6	41
암모니아	15	28	산화에틸렌	3	80

천연가스와 액화석유가스의 주성분의 폭발범위는 메탄 5~15%이고 프로판은 2.1~9.5%, 부탄은 1.8~8.4%이다. 이 경우 연소범위를 보면 메탄의 경우 하한이 다른 가스와 비교하면 높은 쪽에 속하고 반면에 프로판과 부탄은 하한이 낮은 쪽에 속한다. 하한이 낮을 경우 가스가 조금만 누출되어도 연소나 폭발이 쉽게 일어날 수 있으며 하한이 높을 경우 많은 양의 가스가 누출되어야 연소나 폭발이 일어날 수 있게 된다. 즉, 프로판이나 부탄의 경우는 연소범위가 낮아 연소나 폭발이 자주 발생할 수 있으나 피해범위가 좁다는 것이며 메탄은 하한이 높아 프로판이나 부탄보다 연소나 폭발은 자주 일어나지 않지만 피해범위가 크다는 것이다. 그러나 피해양상은 밀폐된 공간의 면적, 수납물의 밀집정도, 내부 칸막이 격벽의 구조 등에 따라 다양하게 나타나는데 특히 지하공간에서 발생한 폭발은 압력이 외부로 분출하는 출구가 한정되어 있기 때문에 건물 전체에 영향을 미쳐 붕괴의 우려가 크게 나타날 수 있게 된다.

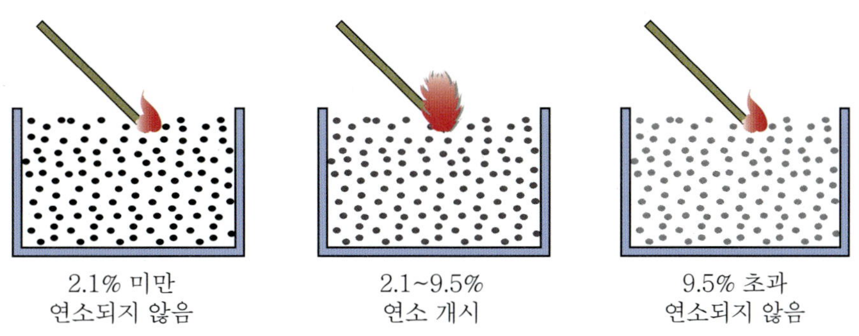

〈그림 4-103〉 **프로판의 연소범위**

가연성 가스 또는 분진 등이 공기 혹은 산소와 혼합되어 있는 상태가 어느 범위 이내에서만 점화되고, 그 밖의 범위에서는 점화시켜도 연소되지 않는 것이다. 2개 이상의 가스가 혼합된 경우 연소범위는 다음과 같은 식(Le Chatelier 법칙)으로 하한치와 상한치를 구할 수 있다.

$$L = 100/ \left\{ \frac{V_1}{L_1} + \frac{V_2}{L_2} + \frac{V_3}{L_3} + \frac{V_4}{L_4} + \cdots \right\}$$

여기서, L : 혼합물의 연소한계

L_1, L_2 : 단독성분의 연소한계

V_1, V_2 : 단독성분의 함량(%)

◎ **예제** 프로판 90%와 수소 10%가 혼합되어 있는 경우 폭발하한계와 폭발상한계를 각각 구하시오.(폭발한계 계산에 대한 문제임)

풀이 프로판의 연소범위는 2.1~9.5, 수소의 연소범위는 4.0~75이므로

① 폭발하한계 : $100/\left\{ \frac{90}{2.1} + \frac{10}{4.0} \right\} = 2.2\%$

② 폭발상한계 : $100/\left\{ \frac{90}{9.5} + \frac{10}{75} \right\} = 10.4\%$

③ 가스별 특성

(1) 액화천연가스(LNG · Liquefied Natural Gas)

일상생활에서 도시가스라고 불리고 있는 가스를 말하며 메탄(CH_4)이 주성분이다. 약간의 에탄을 비롯하여 프로판과 부탄 등을 함유하고 있고 특히 천연가스를 액화한 것을 LNG라고 하며, 우리나라의 경우 가스 전량을 외국의 수입에 의존하고 있다.

천연가스는 표준상태(0℃, 1atm)에서 메탄 1kg당 부피는 약 1.4m³지만 액상에서는 2.4 ℓ (−162℃, 1atm)로 600배 정도의 부피의 차이가 나타난다. 즉, 가스상태의 천연가스를 액화시키면 그 부피가 1/600로 줄어든다는 것이다.

1 일반적 성질

❶ 무색무취의 가스이다.

❷ 상온에서 기체이지만 가압하여 액화상태로 저장한다(비점 −162℃)

❸ 액체상태에서 기체로 되면 체적이 600배로 증가한다.

❹ 주성분은 메탄으로 전체 90% 정도를 차지하며, 그 밖에 약간의 에탄, 프로판, 부탄 등이 함유되어 있다.

❺ 발열량이 크고 공해가 없는 청정연료로 쓰인다.

❻ 주성분인 메탄은 공기보다 가볍고(비중 0.55) LNG도 질식작용이 있다.

❼ 유출되면 대기 중의 산소와 혼합되어 쉽게 폭발범위를 형성한다.

② LNG성분 조성 비율

구 분	메탄 (CH_4)	에탄 (C_2H_6)	프로판 (C_3H_8)	부탄 (C_4H_{10})	펜탄 (C_5H_{12})	질소 (N_2)
비율(%)	88.1	5.0	4.9	1.8	0.1	0.1

③ 폭발성 및 인화성

❶ 기화된 가스는 공기 또는 산소와 혼합하여 폭발성 혼합가스를 만든다.

❷ 기화할 때 기상 및 액상의 조성이 변할 수 있으므로 주의한다.

❸ 주성분인 메탄은 다른 지방족 탄화수소에 비해 연소속도가 느리지만 최소발화에너지, 발화점 및 폭발하한계 농도가 높다.

❹ 공기 중으로 누설되거나 유출될 경우 온도가 낮기 때문에 공기 중의 수분과 응축현상이 일어나 안개가 생기며 이러한 것은 폭발위험이 높다.

❺ 전기저항은 작지만 유동, 여과 또는 분무 등에 의해 정전기가 발생할 수 있다.

(2) 액화석유가스(LPG ; Liquefied Petroleum Gas)

LPG는 원유정제 시 나오는 탄화수소에 비교적 낮은 압력($6{\sim}7kgf/cm^2$)을 가하여 냉각·액화시킨 것이다. 기체를 액화시키면 그 부피가 약 1/250로 줄어들어 저장과 운송에 편리하다. LPG의 주성분은 프로판(C_3H_8), 부탄(C_4H_{10})이고, 소량의 프로필렌(C_3H_6), 부틸렌(C_4H_8) 등이 포함되어 있다. 발열량이 20,000~30,000kcal/m³로 다른 연료에 비해 열량이 높고 순수한 LPG는 공기보다 무겁다.

① 일반적 성질

❶ 프로판과 부탄은 원래 무색무취인데 가스가 누출되었을 경우 냄새로 누설 여부를 확인할 수 있도록 부취제인 메르캅탄을 첨가하고 있다.

❷ 프로판은 가스 상태일 때 공기보다 1.55배, 부탄은 약 2.08배 정도 무겁고 액체일 때는 프로판은 물보다 약 0.51배, 부탄은 약 0.58배 가볍다.

❸ 기화 및 액화가 쉬워 프로판은 약 $7kg/m^2$, 부탄은 약 $2kg/m^2$ 정도로 가압하면 액화된다.

❹ 프로판과 부탄을 액화하면 체적이 약 1/250로 부피가 작아져 저장고 수송이 편리하다.

❺ 완전연소에 필요한 이론 공기량이 프로판의 경우 가스량의 약 24배, 부탄은 약 31배 정도로 연소 시 다량의 공기를 필요로 한다.

❻ 발열량이 높아 프로판은 24,000kcal/Nm³, 부탄은 30,000kcal/N의 열량을 발생시킨다.

  • 프로판의 연소반응식 : $C_3H_8 + 5O_2 \rightarrow CO_2 + H_2O + 531$ kcal

  • 부탄의 연소반응식 : $C_4H_{10} + 13O_2 \rightarrow 4CO_2 + 5H_2O + 685$ kcal

> **보충학습**　부취제(腐臭劑)
>
> 부취제(Odorant)란 가스누출 시 사람이 냄새를 후각으로 인지하여 확인할 수 있게 양파 썩는 냄새나 마늘냄새가 나도록 첨가물질을 넣은 것으로 에틸메르캅탄(EM : Ethyl Mercaptan) 이외에 TBM(Tertiary Buthyl Mercaptan), DMS(Dimetyl Sulfide), EMS(Ethyl Methyl Sulfide) 등을 사용한다.

② 폭발성 및 인화성

프로판의 폭발범위는 공기 중에서 2.1~9.5%이고, 부탄은 1.8~8.4%로 폭발하한계가 낮고 상온·상압하에서는 기체 상태로 인화점이 낮기 때문에 소량이 누출되어도 인화되어 화재 및 폭발의 위험성이 있다. 또한 전기절연성이 높고 유동, 여과 분무 시 정전기가 발생할 수 있으므로 정전기 축적에 따른 폭발의 위험성이 있다.

③ 액화석유가스 누출 시 조치사항

❶ LPG는 공기보다 무거워 낮은 곳에 고이므로 신속히 환기조치를 할 것
❷ 착화에너지가 될 만한 것을 제거하고 용기밸브 또는 중간밸브 등을 차단할 것
❸ 배관에서 누출된 경우에는 즉시 누출된 배관의 앞쪽에 있는 밸브를 차단하고 화기를 멀리히며 누출부에 대한 교체작업을 실시 할 것
❹ 용기의 안전밸브에서 가스가 누출된 경우에는 용기에 물을 뿌려서 냉각시키고 이때 용기가 넘어지지 않도록 할 것

> **보충학습**　증발잠열
>
> LPG 용기에서 가스가 빠른 속도로 기화하게 되면 용기 표면에 이슬이 맺히게 된다. 이것은 가스가 증발하면서 주위의 열을 빼앗아 액체 상태에서 기체 상태로 상변화하는 데 필요한 열을 용기에서 빼앗기 때문이다. 이렇게 액체에서 기체로 변화하는 데 필요한 열을 기화열 또는 증발잠열이라고 한다.
> 액화프로판 1kg은 증발하면서 주위로부터 102kcal의 열을 빼앗아 가는데 이것을 프로판의 증발잠열이라고 한다.

(3) LNG와 LPG의 비교

구 분	LNG	LPG
주성분	메탄(CH_4)	프로판(C_3H_8), 부탄(C_4H_{10})
성질	상온에서 기체, 저온 시 액화	상온에서 기체, 가압 시 액화
비점	메탄($-162℃$)	프로판($-42.1℃$), 부탄($-0.5℃$)
체적변화	액체에서 기체로 600배 팽창	액체에서 기체로 250배 팽창
연소속도	빠르다.	느리다.
폭발한계	메탄(5~15%)	프로판(2.1~9.5%), 부탄(1.8~8.4%)
비중	기체 : 공기보다 가볍다(0.5배).	기체 : 공기보다 무겁다(1.5배). 액체 : 물보다 가볍다(0.5배).

(4) 기타 주요 가스별 위험성

명 칭	위험성
산소(O_2)	• 자신은 폭발위험이 없지만 강한 조연성 가스이다. • 수소와 격렬하게 반응하여 폭발하고 물을 생성한다.
염소(Cl_2)	• 수소와 염소가 혼합되면 혼합물은 폭발성을 지닌다. • 제1차 세계대전 때 살상용 독가스로 사용
암모니아(NH_3)	• 연산 수용액과 반응하면 흰 연기 발생 • 독성가스로 8시간 최대 허용농도 25ppm
수소(H_2)	• 염소 및 불소와 반응하면 폭발이 발생한다. • 미세한 정전기나 스파크로도 폭발 가능

아세틸렌(C₂H₂)	압력을 받으면 불안정하고 1kg/㎠ 이상에서는 불꽃, 가열, 마찰 등에 의해 폭발적으로 자기분해를 일으킨다.
시안화수소(HCN)	알카리와 접촉하면 폭발가능성이 있고 독성이 강하다.
염화수소(HCL)	염화수소 자체는 폭발성이 없지만 수소와 염소의 혼합기체는 폭발 가능하다.
이황화탄소(CS₂)	• 저온에서 강한 인화성이 있고 가열 시 폭발할 수 있다. • 폭발범위가 넓고 발화점이 100℃로 공기 중에서 쉽게 연소하며 증기는 폭발성이 있다.
일산화탄소(CO)	환원성이 강하며 폭발성과 연소성이 있다.

Step 05 가스사용 시설

① 가스사고의 정의 및 종류

일상생활 속에서 발생하는 가스는 대부분 연소기의 관리부실 또는 취급 부주의에 기인한 경향이 크며 이외에 LPG 저장용기의 누설 및 일회용 가스용기에서 사고가 빈발하고 있다. 가장 많은 비중을 나타내고 있는 폭발사고는 LNG와 LPG가 차지하고 있다.

LNG와 LPG는 자체 산소를 함유하고 있지 않기 때문에 자체적으로 폭발할 수는 없지만 흔히 말하는 폭발범위 안에 존재한다면 폭발가능성이 매우 높아진다.

가스사고의 정의는 매우 광범위할 수 있으나 보통 가스와 관계되는 모든 시설 또는 용기·용품 등에서 발생한 누설, 폭발, 질식, 중독 등의 사고를 총칭한다.

〔표 4-13〕 가스사고의 종류

구 분	내 용
누설사고	고의 또는 과실로 가스가 누설된 사고
누설·화재사고	고의 또는 과실로 누설된 가스가 점화원에 의해 발생한 사고
폭발사고	고의 또는 과실로 누설된 가스가 점화원에 의해 폭발한 사고
질식사고	누설된 가스 또는 가스의 화학반응 등에 의한 생성물에 의해 질식 또는 질식사한 사고
중독사고	누설된 가스 또는 가스의 화학반응 등에 의한 생성물에 중독 또는 중독사한 사고
화재·폭발사고	가스가 아닌 일반화재 등에 의하여 2차적으로 가스시설 등이 폭발한 사고

❷ 가스시설

(1) 가스용기의 구분

❶ 이음매 없는 용기(Seamless cylinder) : 이음매 없는 용기에는 산소, 수소, 질소, 아르곤, 천연가스 등 압력이 높은 압축가스를 저장하거나 상온에서 높은 증기압을 갖는 이산화탄소 등의 액화가스를 충전하는 경우에 사용되는 용기이다. LP가스용기로 이음매 없는 용기를 사용해도 무방하지만 경량이고 가격이 저렴한 용접용기에 저장하는 것이 유리하기 때문에 일반적으로 용접용기를 사용하고 있다.

❷ 용접용기(Welding cylinder) : 용접용기에는 LP가스, 프레온, 암모니아 등 상온에서 비교적 낮은 증기압을 갖는 액화가스를 충전하거나 용해 아세틸렌가스를 충전하는데 사용하는 용기이다. 용접용기는 제조비용이 적게 들어 가격이 저렴한 반면 용접 이음부에 결함이 발생할 가능성이 있다.

❸ 초저온용기 : −50℃ 이하인 액화가스를 충전하기 위한 용기로서 단열재로 피복하여 용기 내의 가스온도가 상용의 온도를 초과하지 않도록 조치한 용기로서 액화질소, 액화산소, 액화아르곤, 액화천연가스 등을 충전하는 데 사용하고 있다. 용기는 내조와 외조로 구성되어 있는데 내조는 강한 스테인레스강을 주로 사용하며 외조는 외부의 열 침입으로 인한 가스의 증발을 방지하기 위하여 고진공 단열처리하여 제작한다.

❹ 납붙임 접합용기 : 이동식 부탄연소기에 결합하여 사용하는 부탄가스용기 외에 각종 에어로졸, 살충제, 의약품 제품 등 다방면에 사용하고 있는 용기이다. 이들 용기는 재충전할 수 없고 1회용으로만 사용가능하며, 35℃에서 8kg/cm² 이하의 압력으로 충전하여야 한다. 내용적은 1,000㎖ 미만으로 제조하도록 되어 있고, 분사제로서 독성 가스는 충전할 수 없다.

(2) 용기 밸브

❶ 역할 : 용기의 연결부인 네크링에 부착되어 가스의 유로를 개폐하는 역할

❷ 핸들 : 시계바늘 방향으로 돌리면 가스유로가 닫히고 시계바늘 반대방향으로 돌리면 가스유로가 개방된다.

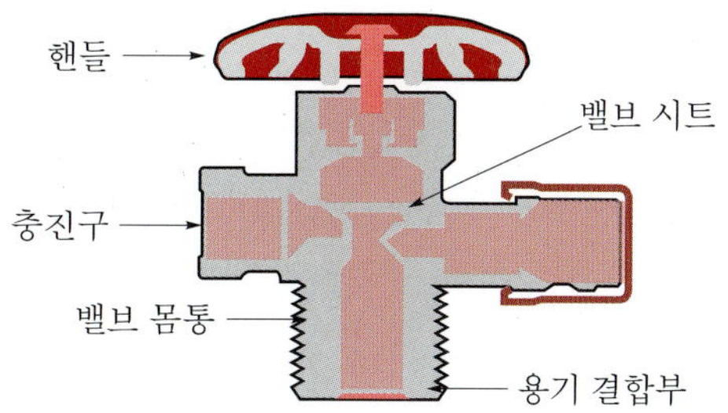

(3) 용기의 각인 및 도색

❶ **용기의 각인** : 고압가스용기는 어깨부분 또는 프로텍터와 같이 보기 쉬운 곳에 필요한 기재사항을 각인하고 용기의 외면에는 충전된 가스를 쉽게 알 수 있도록 규정된 색을 칠하며, 충전가스의 명칭을 표시해야 한다. 단, 납붙임 또는 접합 용기는 15mm×15mm 크기의 필증을 부착하거나 인쇄하여야 한다.

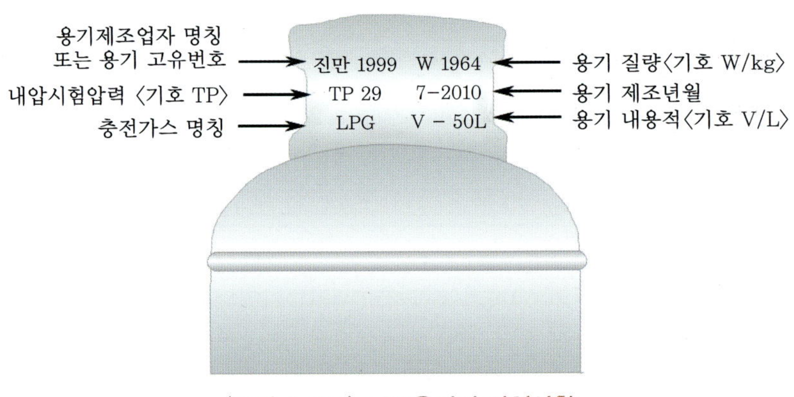

〈그림 4-104〉 LPG용기의 각인사항

❷ **용기의 도색**

가스의 종류	도색의 구분	가스의 종류	도색의 구분
액화석유가스	회색	액화암모니아	백색
수소	주황색	액화염소	갈색
아세틸렌	황색	그 밖의 가스	회색

(4) 압력조정기

용기 내의 LP가스는 온도의 조성에 따라서 압력이 변화하며, 변화된 압력은 그 압력이 높아서 그대로 연소기에 공급할 수 없다. 따라서 용기 내의 가스압력이 연소기에서 가스가 완전히 소비하는 데 필요한 최적의 압력으로 감압을 하는 동시에 가스소비량의 증감에 따라서 일정한 압력(정압)으로 공급이 가능하여야 하며 연소기 콕 또는 중간밸브를 닫았을 때 조정기의 내부압력이 상승되어 가스가 연소기로 공급되지 않도록 하는 것이 압력조정기이다.

조정기가 고장나면 불완전연소 현상이 생기거나 불이 꺼져 가스가 누출되며, 연소기의 고장원인이 되기도 한다. 폭발사고가 아니더라도 평상시 밸브시트가 열화된 경우 가스가 대기로 누출되어 쉽게 냄새를 통해 인식되는 경우도 있다.

(5) 용기의 저장량(충전량)

❶ **액화가스용기의 저장량** : 액화가스용기의 최대저장능력(충전량)은 다음 식으로 계산할 수 있는데 이것은 용기 내의 가스온도가 48℃가 되었을 때에도 용기 내부가 액체가스로 가득 차지 않도록 안전공간(15%)을 고려하여 정한 계산식이다. 즉, 온도가 올라가면 액화가스의 부피가 늘어나 용기가 파열되는 것을 방지하기 위하여 정한 계산식이며, 이 계산식에서 계산된 양 이상의 가스를 충전하면 안 된다.

$$W = \dfrac{V_2}{C}$$	여기서, W : 저장능력(kg) V_2 : 용기 내용적(l) C : 가스 종류별 충전정수(프로판 2.35, 부탄 2.05, 암모니아 1.86등)

❷ **압축가스용기의 저장량** : 압축가스용기의 최대저장능력(충전량)은 아래의 식과 같다. 압축가스용기에는 최고충전압력(기호 : FP)이 표시되어 있는데, 이 최고충전압력을 초과하여 충전해서는 아니 된다.

$$Q = (P+1)V_1$$	여기서, Q : 저장능력〔㎥〕 P : 35℃에서 최고 충전압력〔MPa〕(단, 아세틸렌의 경우에는 15℃) V_1 : 내용적〔㎥〕

❸ **퓨즈콕(fuse cock)** : 퓨즈콕은 가스가 다량으로 누출되었을 때 가스를 차단시키는 기능을 가지고 있다. 이 콕은 가스 사용 중 호스가 빠지거나 절단되었을 때 또는 화재 등으로 인해 규정량 이상의 가스가 흐르면 콕크에 내장된 볼이 떠올라 가스통로를 자동으로 차단하므로 안전상 유익한 장치이다.

정상적인 사용 시에는 퓨즈볼 과 실린더 사이로 가스가 흐르지만 호스가 빠져서 지나치게 많은 양의 가스가 흐르게 되면 퓨즈볼이 가스가 통과하는 구멍을 막아 가스를 차단한다.

퓨즈콕의 손잡이는 닫힌 상태에서 눌러서 회전시키면 열리는 구조로 되어 있으며 핸들의 열림 방향은 시계바늘 반대방향이다. 퓨즈콕의 사용 시에는 완전하게 열거나 닫아야 하며, 반 개방상태로 사용하는 경우에는 퓨즈콕의 기능을 상실하므로 주의하여야 한다.

보충학습   정전기화재 발생 3대 요건

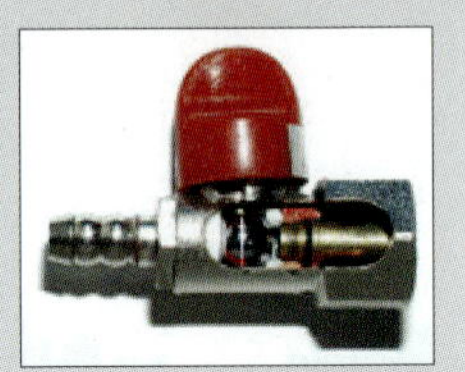

퓨즈콕의 몸체에는 F 1.2 또는 F 1.5라고 표시되어 있다. F는 퓨즈(Fuse)를 의미하는데 아무런 표시가 없거나 다른 표시가 되어 있는 것은 일반 중간밸브로 퓨즈콕의 기능이 없는 것이다.

F 1.2 의미 : 시간당 유량(가스량, m³/hr)을 의미하는 것으로 1.2m³ 이상이면 차단된다.

3 연소기구의 연소현상

가스레인지, 휴대용 버너 등은 LNG 또는 LPG를 가장 많이 사용하고 있다. 일반적으로 연소기의 염공에서 가스 유출속도와 연소속도가 균형을 이루어 연소가 안정적으로 진행되지만 안정된 불꽃에서도 내염이 저온의 물체에 접촉하면 불완전연소를 일으켜 일산화탄소나 알데히드류가 연소되지 않고 그대로 방출되어 가스중독사고의 원인이 될 수 있다.

연소기구의 이상연소 현상은 관리부실이나 사용연수 경과에 따른 제품이 노후되어 일어나는 경향이 많으며, 연소기를 사용함으로서 비로소 발견되는 현상이기 때문에 각별한 관리와 사용상 주의가 요구되고 있다

(1) 리프팅(lifting)

염공에서 가스 유출속도가 연소속도보다 빨라졌을 때 가스는 염공에 붙어서 연소하지 않고 염공을 이탈하여 연소하는데, 이러한 현상을 리프팅이라고 한다. 연소속도가 느린 LPG는 리프팅을 일으키기 쉬운데 리프팅의 원인은 다음과 같다.

❶ 버너의 염공에 먼지 등이 부착되어 염공이 작아졌을 때
❷ 가스의 공급압력이 지나치게 높은 경우
❸ 노즐 구경이 지나치게 클 경우
❹ 가스의 공급량이 버너에 비해 과대할 경우
❺ 연소된 폐가스의 배출이 불충분하거나 환기가 불충분하여 2차 공기 중의 산소가 부족할 경우
❻ 공기조절기를 지나치게 개방한 경우

(2) 역화(flash back)

가스의 연소속도가 염공에서 가스 유출속도보다 빨라졌을 때 또는 연소속도가 일정해도 가스의 유출속도가 느려졌을 때 불꽃이 버너 내부 염공 속으로 들어가 노즐 선단에서 연소하게 되는데 이러한 현상을 역화라고 하며 그 원인은 다음과 같다.

❶ 부식으로 인하여 염공이 커진 경우
❷ 콕이 충분히 열리지 않은 경우
❸ 노즐 구경 또는 연소기 콕의 구멍에 먼지가 묻어있는 경우
❹ 가스 압력이 낮을 때
❺ 가스레인지 위에 큰 냄비 등을 올려놓고 장시간 사용하는 경우

(3) 황염(yellow tip)

버너에서 황적색의 불꽃이 보이는 것은 공기량의 부족 때문이며 황염이 되면 불꽃이 길어지고 저온의 물체에 접촉하면 불완전 연소를 촉진하여 일산화탄소나 그을음이 발생할 우려가 있다.

황염이 발생하는 원인으로는 1차 공급공기가 부족할 때 발생한다.

(4) 불완전연소

가스의 연소는 산화반응으로서 이 반응이 지속하기 위하여 충분한 산소와 일정온도 이상이 유지되어야 한다. 이 조건이 성립하지 않는다면 반응 도중에 일산화탄소 등의 중간 생성물이 발생하여 불완전연소로 이어지게 되는 것이다. 불완전연소의 원인은 다음과 같다.

❶ 공기와의 접촉 또는 혼합이 불충분할 때
❷ 과대한 가스량 또는 필요량의 공기가 없을 때
❸ 불꽃이 저온물체에 접촉되어 온도가 내려갈 때
❹ 배기가스의 배출이 불량한 경우

(5) 블로우 오프(blow off)

불꽃이 바람에 날려서 꺼지는 현상이다. 연소기의 염공에서 연료가스의 분출속도가 연소속도보다 크거나 주위의 공기 유동에 영향을 받아서 불꽃이 꺼지는 것이다. 불꽃은 꺼지더라도 연료의 공급은 지속되기 때문에 사고의 위험이 증대된다.

보충학습   LPG 용기의 폭발현상

LPG 용기가 압력에 견딜 수 있는 한계는 31kg/cm²로 그 이상의 압력을 받게 되면 물리적으로 파열에 이르게 된다. 그러나 압력이 상승하더라도 내압의 80%의 압력에서 안전밸브가 개방되어 더 이상 압력이 상승하는 것을 방지하고 있는데 이때 작동압력은 24.8kg/cm²이다. 따라서 현장에서 LP용기가 화염에 노출되었다면 안전밸브의 작동 전·후에 상관없이 충분하게 적셔질 정도로 분무소화활동이 이루어져야 한다. 안전밸브가 작동하였더라도 용기에서 빠져나간 가스가 곧바로 화염을 형성하여 주변에 또 다른 화염과 결합하여 용기가 지속적으로 가열되면 용기 내부에서 팽창된 가스가 기화되기 전에 추진력을 얻어 사방으로 수십 미터 날아가기도 한다.

Step 06 폭발사고 조사

1 사고조사의 절차

〈그림 4-105〉 사고조사의 절차

(1) 현장 설정

폭발사고현장은 보통 화재현장보다 피해규모가 광범위하며 대단히 혼란스럽다. 따라서 초기부터 체계적인 접근이 이루어지지 않는다면 효과적인 조사를 수행하기가 곤란해지며, 어려움에 봉착하게 된다.

조사에 앞서 적절한 현장 설정과 통제는 올바른 조사를 수행하기 위한 전제조건이 된다. 인적 통제는 허가받지 않거나 관계자가 아닌 경우라면 임의적 출입에 제한을 두는 것이며, 특히 물건의 반출행위 등은 엄격한 통제하에서 이루어지도록 하여야 한다. 조사를 하기 위한 경계구역의 설정은 가장 멀리서 발견된 파편조각으로부터 1.5배 이상으로 설정하고 조사과정에서 더 멀리 날아간 파편조각이 또 다시 발견되었다면 경계구역을 좀 더 확대하여 조사할 필요가 있다.

(2) 기초자료 수집

사고가 발생한 대상물의 현황을 비롯하여 설비상황, 작업과정, 기상상황, 기타 증거가 될 만한 자료를 수집한다. 관계자에 대한 진술은 2명 이상의 복수의 관계자로부터 인터뷰를 실시하여 사고를 설명할 수 있는 어떤 특정한 위험조건이 있었는지를 확인할 필요가 있다. 폭발현장이 매우 넓어 한눈에 현장이 들어오지 않는 경우라면 폭발현장 전체의 도면을 요구하거나 작업 공정 시스템 등에 대한 이해를 돕기 위한 서면자료 등을 추가로 확보해 둔다.

(3) 현장 평가

1 폭발과 화재의 구분

폭발과 화재 가운데 어느 것이 먼저 발생한 것인지 또는 양자가 동시에 발생한 것인지를 파악한다. 연료가스의 힘이 약하거나 가연물이 주변에 없다면 화재를 동반하지 않고 물리적인 파열만 일어나는 경우도 있는데 구조물의 벽과 천장, 창문, 수납물의 손상 정도를 살펴보고 그을음의 부착상태 등을 확인한다. 지붕이나 유리창이 폭발로 개방되거나 깨져나간 경우 압력손상은 연료가 응축된 상태에 있다가 점화원에 의해 반응한 결과이다.

2 폭발유형

폭발로 인한 손상도를 확인하기 위해 기계적 폭발이었는지 또는 화학적 폭발이었는지 폭발의 유형을 확인한다. 연소가 활발한 진행으로 연소폭발이 발생하는 경우도 있으므로 모든 가능성을 확인하여 판단하여야 한다.

〈그림 4-106〉 물리적 폭발

〈그림 4-107〉 연소 폭발

3 폭발지점 설정

폭발지점은 보통 가장 손상이 큰 지점으로 확인된다. 바닥면에 분화구가 발생하기도 하며, 콘크리트 구조물이 약한 곳으로 터져나가거나 붕괴되기도 한다. 또한 폭발과 동시에 사방으로 물건이 튕겨져 나가기도 하며, 폭발지점을 기점으로 먼지 및 분진가루가 주변을 뒤덮여 폭발 발원지를 암시하는 경우가 있다.

〈그림 4-108〉 폭발지점 주변의 손상 형태

　폭발 시에 발생하는 폭발음은 공간을 따라 전파되는 압력파에 의한 것으로 압력상승에 기인하는데 개방된 공간에서는 비교적 압력상승이 어렵고 밀폐된 공간에서는 공간 면적, 환기구 및 가연성 가스의 종류와 발생상황 등에 따라 양상을 달리한다.

　밀폐된 공간에서 나타나는 폭발의 특징은 다음과 같다.

❶ 폭발에 의해 주위 벽면에 압력상승이 발생하며, 압력을 받는 방향은 일정하지 않고, 단위면적당 넓은 면적이 압력을 크게 받는다.

❷ 폭발압력이 벽면 등 구조물의 강도보다 클 경우 파괴를 동반한다.

❸ 구조적으로 약한 부분이 파괴되어 개구부가 생기며 보통 유리는 $0.04kg/cm^2$ 정도에서 파괴되는데 유리의 단면적이 클수록 먼저 파괴된다.

❹ 미연소가스가 개구부로 유출되기 때문에 화염도 가스의 흐름을 타고 전파되며 압력은 대기 중으로 방산된다.

(4) 연료 분석

　폭발을 일으킨 가스의 종류는 공기보다 무겁거나 가벼운 것으로 구별하고 있으며, 이 밖에 분진이나 유증기에 의한 폭발현상 등이 있다.

　연료의 특성치는 보통 증기비중으로 설명하는데, 물질의 분자량을 공기의 분자량으로 나눈 값이 1 이상이면 공기보다 무겁고 1 미만이면 공기보다 가볍다. 석유류의 증기는 대부분이 공기보다 무겁다. 따라서 1 이상인 가연성 증기가 벽 아래 또는 지면의 움푹 패여 있는 곳에 체류하고 있는 상태에서 위쪽으로 공기의 통풍이 원활하더라도 가연성 가스는 바닥면에 가라앉은 상태로 점화원에 의해 연소하거나 폭발할 수 있게 된다.

〔표 4-14〕 **물질별 증기 비중**

공기보다 무거운 가스		공기보다 가벼운 가스	
물질명	비 중	물질명	비 중
에탄	1.049	메탄	0.554
프로판	1.562	에틸렌	0.974
n-부탄	2.009	일산화탄소	0.97
이산화탄소	1.529	수소	0.069
염소	2.5	암모니아	0.597

(5) 발화에너지 분석

폭발 발생지점에서 연료가 확인되면 발화 수단을 분석하여야 한다. 발화원은 정전기를 비롯하여 아크방전, 스파크, 불티 등 다양한 원인이 존재하는 관계로 가장 어려운 조사부분이기도 하다. 현장 관계자로부터 작업환경은 물론 취급하던 물질의 성상을 조사하여 발화가능성을 면밀하게 검토하여야 한다. 연료와 발화원의 위치가 착화가능한 범위 내에 있었는지 또는 폭발 직전 이루어졌던 상황에 대한 목격자의 진술을 참고로 발화원인을 좁혀 나간다.

한편 연소범위 안에 있는 가연성 혼합가스 또는 폭발성 분진 등을 발화시키기 위한 최소 에너지원은 전기적 · 기계적 · 화학적 요인이 모두 해당되는데 가스 또는 분진의 종류와 농도(혼합비), 온도, 압력에 따라 크게 변화한다.

최소 발화에너지는 다음의 식으로 구할 수 있다.

$$E = CV^2 (\text{J}) = QV (\text{J})$$
여기서, C : 전기용량(F), V : 방전압(V), Q : 전기량(Coulomb)

일반적으로 상온 · 상압에서 구한 수치가 그 물질의 최소 발화에너지가 되며 분진폭발의 최소 발화에너지는 통상 혼합가스의 발화에너지보다 큰 것으로 알려져 있다.

〔표 4-15〕 **가연성 혼합가스의 최소 발화에너지**

가연성 가스 종류	분자식	최소 발화에너지(mJ)
메탄	CH_4	0.28
에탄	C_2H_6	0.25
프로판	C_3H_8	0.26
부탄	C_4H_{10}	0.25
아세톤	C_3H_6O	0.019
수소	H_2	0.019
이황화탄소	CS_2	0.019

2 폭발사고의 감식 요점

화학공장이나 위험물 창고와 같이 대규모 산업시설을 제외하면 생활 주변에서 가장 많이 발생하는 폭발사고는 LP가스가 대부분이다. 가정 및 식당 등에서 사용하고 있는 연소기구나 이동이 가능한 휴대용 가스레인지 등이 대표적으로 현장조사 시 착안사항을 살펴보면 다음과 같다.

(1) LP가스 사고 시 5가지 착안사항

1 LPG 저장용기

1. 용기밸브의 seat에 이물질 존재 여부 확인
2. 사고발생 전 용기의 교체나 취급상황이 있었는지 확인
3. 용기 외부 결로현상 발생여부 확인
4. 외부충격이나 손상이 있는지 확인

2 압력조정기

1. **기능** : 고압의 압력을 적정 사용압력으로 감압시켜 주는 장치
2. 압력조정기의 체결상태 확인
3. 다이어프램(diaphragm)의 손상 여부 확인(손상된 경우 상부의 캡으로 가스가 누출되며 화재가 발생할 경우 화염으로 소실된다.)

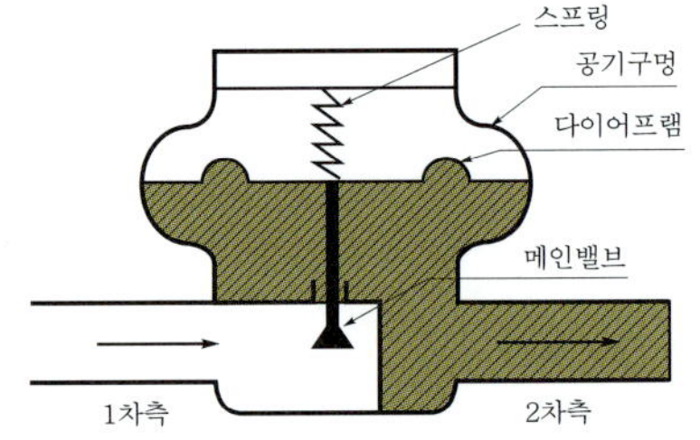

〈그림 4-109〉 **압력조정기 기본구조**

〔표 4-16〕 **입력조징기 주요 구성품**

다이어프램(감지부)	스프링(부하부)	메인밸브(제어밸브)
2차측 압력을 감지하여 그 압력 변동에 따라 상하로 움직이면서 메인밸브를 작동시킨다.	다이어프램에 걸리는 2차 압력과 균형을 유지시켜 2차측 압력을 조정한다.	가스의 유량을 그 열림의 정도에 따라 직접 조정한다.

3 배관(염화비닐호스)의 파손 및 연결상태

1. 연소기 또는 LP가스 용기와의 연결상태 확인
2. 호스를 2개소 이상 분기한 경우 사용하지 않는 배관 끝단의 막음조치 및 누설여부 확인
3. 인위적으로 절단되었거나 파손유무, 화염에 의한 손상 정도 확인

4 중간밸브

1. 밸브 시트링의 손상에 의해 손잡이를 통한 누설 여부 확인
2. 중간밸브가 퓨즈콕일 경우 규정 사용압력 및 공급유량 초과 여부 확인

5 연소기 사용 여부

1. 관계자 질문조사 또는 연소기의 ON/OFF 상태 확인

(2) 일반적 폭발사고의 감식 요점

1 발화원의 종류 확인

　　정전기 대전으로 인한 폭발과 유증기 폭발과 같이 열에너지와 접촉하였더라도 발화원의 잔해를 남기지 않는 현장은 정전기 대전이 일어날 수 있는 작업조건 및 유증기의 폭발범위 등이 밀폐된 공간에 충분히 집적될 수 있었는지 등을 살펴야 한다. 정전기 대전과 유증기 폭발 등은 불꽃 스파크나 라이터불 등 직접 착화에 많이 기인하지만 정전기 마찰열과 물체의 박리에 의해 발생하기도 하고 유증기의 배출설비 불량과 취급불량에 의한 사례가 많다. 이러한 경우 작업자의 인체에 화상이 동반될 가능성이 크기 때문에 작업자를 포함한 당시 작업환경을 조사하고 난 후 연소되거나 폭발이 일어난 지점의 탄화물을 살펴보면 구체적인 논증을 만들어낼 수 있다.

　　폭발에너지가 인식되는 경우의 사례로는 용접작업 현장과 같이 고온의 열을 이용한 상황에서 확인이 가능하다. 산소용접 작업 중에 토치의 좁은 구멍으로 산소가 미처 다 빠져 나가지 못하게 되면 LP용기 측으로 산소가 역류하여 혼합이 이루어지고 라이터로 점화를 하는 순간 불꽃이 LPG 배관 및 용기 측으로 역화가 일어나면서 폭발이 발생할 가능성이 농후해진다. 이때 발화원은 라이터 또는 토치에 점화된 불꽃이 되며 역화에 따라 가스용기 또는 호스 등의 파열현상을 통해 입증이 가능하다. 이때 현장 주변에 남아 있는 용접장비와 용접지점을 확인하고 용접작업의 실시상황 등을 사진과 메모 기록으로 남기고 폭발범위를 좁혀나갈 수 있도록 한다.

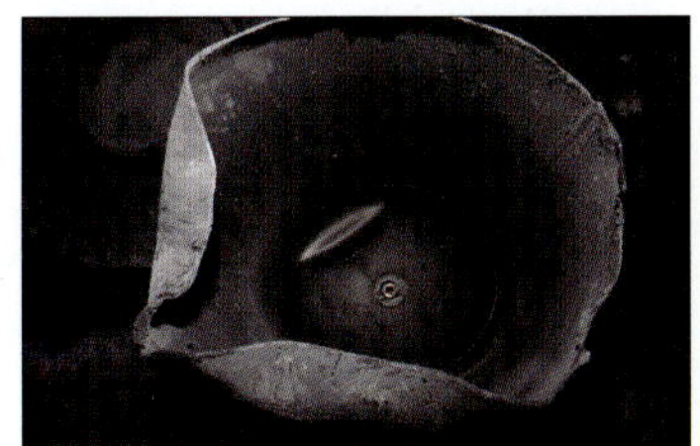

〈그림 4-110〉 폭발로 인한 용기 파열 및 가스배관과 용접기구 잔해

2 파편잔해의 비산범위 확인

　　폭발이 화재발생의 도화선으로 작용하여 화재와 동시에 발생하였다면 크나큰 압력파로 인해 폭발지점 주변의 물건들은 사방으로 날아가거나 그 잔해들이 산산조각이 난 형태로 식별되는 경우가 많다. 이러한 현상은 압력이 높고 누설된 가스의 양이 많을수록 가혹도가 크다.

　　가스가 용기에서 팽창된 상태로 폭발한 경우 내부에 있던 증기압의 영향으로 탄력을 받아 터져나간 부위를 통해 수십 미터까지 날아가고 벌어지거나 쪼개진 형태로 남는다.

밀폐된 공간이라면 지붕과 벽체에 손상을 주는 데 에너지의 대부분을 소비시켜 폭발구역으로만 피해가 한정되는 경우도 있다. 그러나 벽과 기둥, 천장면 등이 견고하지 않다면 작은 폭발에너지에도 붕괴를 초래하고, 주변 다른 구역으로 확산될 수 있으므로 가연성 증기의 폭발범위와 건물이 폭발압력에 견디는 내력 정도를 함께 검토할 필요가 크다. 파편 잔해의 비산거리 측정은 증기의 종류와 에너지의 힘을 가늠할 수 있는 판단자료로 쓰일 수 있다.

〈그림 4-111〉 폭발로 건물 벽체의 붕괴 및 용기의 지붕면이 날아간 형태

3 가스누출 흔적

가스가 누출된 흔적조사는 가스 용기를 포함하여 배관의 접속부와 압력조정기, 중간밸브의 개폐상태와 손상 유무 확인 등을 통해 규명해 나간다. 특히 가스누설은 접속지점 체결상태 불량과 기구불량에 의한 것도 있지만 용기의 교체과정에서 작업자의 과실에 기인하는 경우도 있으므로 복합적인 검토가 필요하다.

용기밸브와 중간밸브가 개방된 상태임이 확인되면 가스를 공급하는 데 핏줄역할을 담당하는 배관의 손상부를 확인한다. 배관의 어느 한 부분이 인위적으로 잘려나갈 수도 있고 열화가 진행되어 갈라지거나 균열이 생길 수도 있으며 특정부분에서 가스가 내어 나와 그 부분으로 탄화가 이루어진 흔적이 남는 경우도 있다.

〈그림 4-112〉 배관접속부 이탈 및 압력조정기 파손

(3) 용기파열 흔적의 다양성

1 용기의 팽창

가연성 또는 인화성 액체가 담겨 있는 용기가 화염에 의하여 가열되면 증기의 온도가 상승하고 탱크 내부의 압력도 동반하여 상승하게 된다. 용기가 세워져 있는 상태라면 증기는 용기 윗면으로 집적되고, 증기의 분자량이 증가하고 활발해질수록 용기 내의 공간부가 커지며 용기의 윗면과 측면이 부풀어 오른 형태로 변형된다. 용기가 겹겹이 쌓여있거나 조밀한 상태로 붙어있다면 균형이 어느 한 부분으로 기울어지게 되어 폭발 이전에 균형을 잃고 붕괴되기도 하며, 어느 한 곳에서 폭발이 발생하면 그 압력의 영향을 받아 동시다발적으로 밀려나거나 주변 바닥으로 튕겨나간 형태로 발견된다.

〈그림 4-113〉 폭발 직전 팽창된 용기의 상태

2 용기의 윗면과 밑면의 파열

용기가 폭발로 인해 멀리 날아가는 경우는 기상부의 증기가 팽창되어 더 이상 압력을 견디지 못함으로서 용기의 윗면을 파열시키며 증기가 박차고 나갈 때 추진력을 얻기 때문이다. 보통 용기가 세워진 상태일 때 윗면이 개방되는 경우가 자주 발생하지만 밑면이 개방되어 튕겨나가는 경우도 있다. 밑면이 개방되는 경우는 용기가 옆으로 누워있는 상태에서 위험성이 증대된다.

용기가 세워져 있을 때에는 증기압력이 윗면으로 집중되지만 옆으로 누워있는 경우에는 용기의 측면은 물론 윗면과 밑면으로도 기상부가 만들어진다. 이때 화염의 세기와 방향이 밑면에 집중되면 파열을 일으킬 수 있다. 밑면과 측면은 보통 용접이음 등으로 접합되어 있기 때문에 열에 취약하며, 수직방향보다 수평방향으로 튕겨져 나가게 된다. 이와 비슷한 경우는 휴대용 부탄가스용기의 파열형태에서도 확인이 되고 있다. 부탄가스용기는 변형압력이 13.0kg/cm² 이상이고 파열압력이 15.0kg/cm² 이상보다 높아질 경우 폭발하도록 설계되었는데 윗면과 밑면의 이음부를 통해 파열된 형태가 많이 나타난다.

결과적으로 용기가 폭발로 인해 파열되는 경우 내부 증기압력의 영향과 열에 취약한 부분이 파열됨으로서 증기가 분출되는 것으로 나타나는 현상이다.

〈그림 4-114〉 **용기의 밑면과 윗면의 파열형태**

❸ 용기의 측면 파열

용기의 측면이 파열되는 경우도 용기가 옆으로 누워 있는 경우에 볼 수 있다. 용기의 벽이 가열되면 강도가 떨어지고 내부압력이 지속적으로 상승되기 때문에 균열을 일으키게 된다. 균열을 일으키기 전에 용기는 내부에 있던 증기의 팽창으로 부풀어 오른 형태를 띠게 되며, 시간이 경과하면서 내부압력 균형이 무너지게 되어 파열이 일어나는데, 파열흔적은 작지만 날카롭게 찢겨진 형태가 많고 그 부분을 통해 높은 압력의 증기가 빠른 속도로 기화하게 된다.

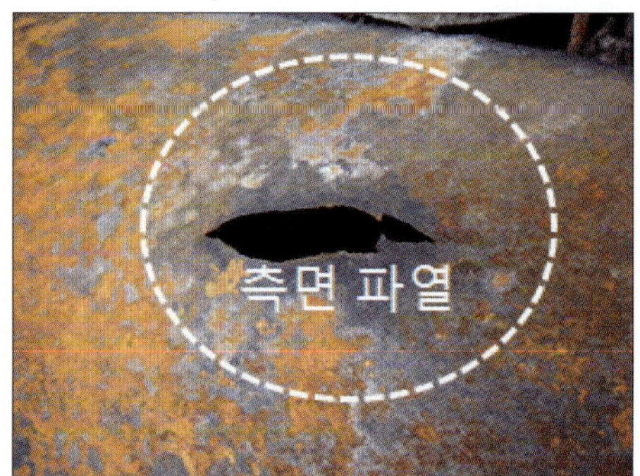

〈그림 4-115〉 **용기의 측면 파열형태**

LPG 용기에 85%만 충전하는 이유

액화석유가스의 안전관리 및 사업법에서는 LPG를 용기에 충전할 때 액체 상태로 내용적의 85%를 초과하지 못하도록 규정하고 있다. LPG를 용기에 85%를 충전하고 온도를 상승시킬 경우 온도가 60℃에 이르게 되면 액체상태의 가스가 용기에 충만하게 되고 60℃를 초과할 경우에는 용기가 파열되기 때문이다. 법령에서 용기의 온도를 40℃ 이하로 유지하라고 하는 것도 바로 이러한 이유 때문이다.

1 정의

　　화학화재는 연소의 형태와 가연물의 종류에 따라 다양한 분류체계를 갖고 있다. 우선 물질의 특성이 일반적인 가연물이 아닌 관계로 공장, 의료시설, 대규모 화학설비 단지 등에서 발생할 수 있는 화재로 분류하기도 한다. 보통 산화반응에 따른 발열작용이 반응속도를 제어하지 못할 정도로 규모가 클 때 화학적으로 불안정한 물질이 연소하거나 폭발의 위험성이 증대되는데, 이때에는 물리적인 충격이나 마찰, 유동 등에 기인하기도 하지만 물질 자체가 발화원으로 작용하기도 한다.

　　화학반응은 어떤 물질이 자체적으로 또는 다른 물질과 상호작용하여 화학적 성질이 다른 물질로 변하는 현상이라 할 수 있다. 이때 화학적 결합이 파괴되거나 생성되면서 분자를 이루는 원자들의 재배치가 일어난다. 이러한 현상은 물질을 취급하는 과정에서 이송 또는 교반, 폐기 시 발생하기도 하지만 자연발화와 같이 잠열이 응축되어 있다가 서서히 화학적 반응을 일으켜 발화에 이르기도 한다. 마찬가지로 성질이 다른 2종의 물질이 혼촉으로 화학반응이 일어나 연소하기도 하고 폭발과 같이 급격한 연소현상도 화학적 반응의 결과로 빚어지는 결과이다.

　　이렇게 볼 때, 화학화재는 일반적으로 인화 및 발화의 위험도가 높고 폭발과 연소반응의 속도가 빠르며, 유독성까지 포함하여 발화의 예측까지 어려운 매우 불안정한 화재라고 볼 수 있다.

② 화학물질의 위험성

화학물질의 대부분은 공기 중에 노출되었을 경우 유증기를 발생하거나 대기압 상온보다 높은 온도나 압력을 받게 되면 위험을 초래하는 것이 많다. 또한 연소범위가 넓을수록 피해범위가 확대되며 폭발하한이 낮을수록 조그만 누설에도 발화하거나 폭발을 일으킬 수 있다. 공기나 수분과의 접촉 시 발열작용을 하는 물질이 있고 충격이나 마찰에 민감한 물질도 있어 취급 시 특별한 주의를 필요로 하는 것이 많다.

화학물질의 일반적인 위험성은 다음과 같다.

〔표 4-17〕 **화학물질의 위험성 구분**

온 도	높을수록 위험하다.
압 력	높을수록 위험하다.
인화점, 착화점	낮을수록 위험하다.
융점, 비점	낮을수록 위험하다
연소범위	연소범위가 넓을수록, 폭발하한이 낮을수록 위험이 크다.
연소속도	반응속도가 빠를수록 위험하다.
연소열	연소 시 생성열이 많을수록 위험하다.
증발열, 표면장력	작을수록 위험하다.

③ 화학물질 화재조사의 절차

화학물질 화재현장의 피해 가혹도는 일반적인 화재현장과 같지 않다. 적은 연료에도 발열량이 크기 때문에 주변으로 연소확산이 용이하며 발화부 지점에 잔존물이 거의 남지 않기 때문이다. 그러나 소방대의 소화활동에서부터 나타난 연소형태와 관계자의 진술 및 작업상황, 취급물질 등을 일련의 절차에 따라 실시하면 효과적으로 조사를 진행할 수 있게 된다.

연소의 개시에서부터 화재현장에 남겨진 물리적 흔적을 추적하기 위한 효과적인 조사절차는 다음과 같다.

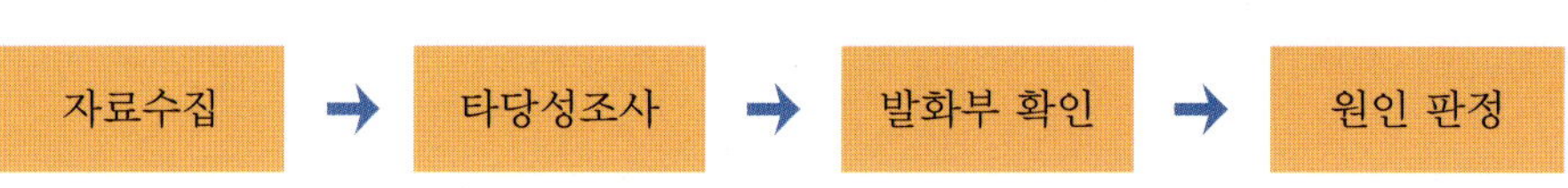

〈그림 4-116〉 화학화재 조사절차

(1) 자료의 수집

❶ 현장에 남겨진 화학물질의 종류, 수량, 보관상태 및 사용상태 확인
❷ 자연발화성 물질인지 또는 혼촉발화였는지 물질의 성상 확인
❸ 연소범위 또는 폭발범위와 파손된 경계구역의 범위 조사
❹ 화학물질의 폭발가능성 및 착화난이도 조사
❺ 목격자나 작업자의 취급상황과 발화요인 조사

(2) 타당성 조사

❶ 화학물질의 발화 및 연소확대의 용이성
❷ 물질의 물리적 · 화학적 성질(인화점, 점도, 최소 착화에너지 등)의 타당성
❸ 화재발생 전 물질의 취급상황과 안전관리 실태
❹ 물질과 열에너지의 상관관계 분석

(3) 발화부 확인

❶ 가연성 액체 또는 가연성 증기의 체류 가능성 검토
❷ 발화지점의 손상 정도와 탄화된 물질의 상관관계 확인
❸ 발화부 주변에서 착화원의 발생가능성(정전기, 스파크 등)

(4) 원인 판정

❶ 수집된 기초자료를 바탕으로 타당성 조사를 거쳐 논리적 완성도를 갖추었는지 확인
❷ 발화부 주변에서 최초 착화된 물질의 잔해 확인 및 열에너지의 종류와 착화가능성 제시
❸ 작업 당시의 상황과 관계자의 사실 인정, 증거자료 제시 등

〈그림 4-117〉 화학물질 공장 화재

Step 02 자연발화

1 정의

자연발화란 물질이 공기 중에서 발화온도보다 낮은 온도에서 서서히 발열하고, 그 열이 장시간 축적됨으로써 발화점에 도달하여 연소에 이르는 현상을 말한다. 자연발화 현상은 외부의 불씨나 가열 등 고온과 직접 접촉하지 않은 상태에서 물질 스스로 발열반응하는 것으로 점화에너지에 의한 일반적인 연소와 구별된다.

2 자연발화 조건

자연발화가 일어나기 위해서는 산화, 분해, 흡착, 발효 등에 의해 생긴 작은 열이 축적되어 반응계 안에서 자신의 내부온도가 상승하는 것이 필요하고 이 발열이 증가하여 결국 발화온도에 이르러 연소를 개시한다. 일반적으로 열이 물질의 내부에 축적되지 않으면 내부온도가 상승하지 않으므로 자연발화는 발생하지 않는다. 따라서 열의 축적 여부는 발화와 깊은 관계가 있으며 열의 축적에 영향을 주는 인자는 열전도율, 퇴적상태, 공기의 유동 및 열발생속도 등이다.

(1) 열의 축직

물질이 자연발화하기 위하여는 반응열이 상당히 크고 그 열이 축적되기 쉬운 상태에 있어야 한다. 물질 내부에 열이 축적되지 않으면 발열온도에 이르지 못함으로써 자연발화는 발생하지 않게 된다.

〔표 4-18〕 열의 축적에 영향을 주는 요소

열전도율	퇴적상태	공기의 유동
열전도율이 작을수록 보온효과로 인해 열 축적이 용이하다.	얇은 판상으로 여러 겹 겹쳐지면 중심부에 보온성이 좋아져 자연발화가 용이해진다.	공기의 흐름 변화가 적어야 한다. 통풍이 좋은 곳일수록 열의 축적이 어렵기 때문이다.

(2) 열의 발생속도

열의 발생속도는 발열량과 반응속도의 곱으로서 발열량이 크더라도 반응속도가 느리면 열의 발생속도는 작다.

〔표 4-19〕 **열의 발생속도에 영향을 주는 요소**

온 도	온도가 높을수록 반응속도가 빠르므로 열의 발생이 증가한다.
발열량	발열량이 클수록 좋다.
수 분	적당한 수분의 존재는 반응속도가 가속되는 촉매작용을 한다.
표면적	물질의 표면적이 클수록 반응속도가 증가한다.

③ 자연발화 형태

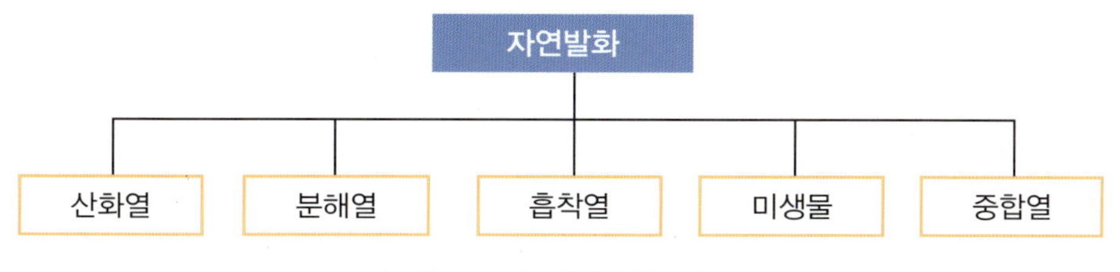

〈그림 4-118〉 **자연발화의 형태**

(1) 산화열에 의한 발열

불포화탄화수소 화합물, 또는 산화되기 쉬운 물질은 공기 중의 산소에 의해 산화되는데 건성유, 반건성유, 원면, 석탄, 기름찌꺼기, 기름걸레, 금속분말 등은 산화열이 축적되면 자연발화한다.

(2) 분해열에 의한 발열

셀룰로이드, 질화면, 니트로셀룰로오스, 유기과산화물 등은 분해열 축적으로 발열한다.

(3) 흡착열에 의한 발열

목탄, 활성탄, 탄소분말 등에 습기나 수분이 흡착하여 열의 축적으로 발열한다.

(4) 미생물에 의한 발열

퇴비나 먼지 속에 포함된 미생물은 퇴비 속의 단백질 등을 영양소를 섭취하며 생명력을 유지하고 나머지는 활동에너지로 사용하는데, 이 활동에너지의 열이 축적되면 자연발화한다.

(5) 중합열에 의한 발열

초산비닐[$CH_2 = CH(OCOCH_3)$], 아크릴로니트릴[$CH_2 = CH-CN$], 액화시안화수소[$H-CN$], 스틸렌[$C_6H_5-CH = CH_2$] 등의 모노머는 중합되기 쉽고 중합열에 의해 중합반응이 가속되면 발화한다.

4 물질별 현장감식 요점

(1) 산화열 축적에 의한 자연발화

1 동 · 식물유

❶ **연소 특징** : 유지의 주성분은 글리세린($C_3H_8O_3$)과 지방산 에스테르이다. 지방산은 포화지방산과 불포화지방산이 있는데 대부분의 유지는 이들의 혼합물로 구성되어 있다. 유지는 일반적으로 불포화지방산기의 이중결합을 갖는 정도에 따라 산소를 흡수하고 산화 · 건조되면 건조성을 나타내는 것으로 요오드가(유지 100g의 불포화기를 포화하는 데 필요한 요오드의 g수)가 있는데 이 요오드가의 비율로 자연발화의 대소를 추정할 수 있다. 요오드값이 높다는 것은 이중결합의 수가 많다는 것을 의미하는 것이며, 불포화지방산을 많이 포함하고 있는 지방일수록 요오드가가 크기 때문에 위험성이 증대되는 것이다.

요오드가가 100 이하를 불건성유, 100~130을 반건성유, 130 이상을 건성유라고 한다. 따라서 불포화지방산을 많이 포함하는 것은 상온 또는 잠열이 있는 상태에서 공기 중에 산소에 의해 산화되어 그 반응열이 서서히 축적되면 발화한다.

이들 유지류는 형겊이나 종이류 등 다공성 물질의 표면에 부착하는 성질이 좋아 공기와의 단위체적당 표면적이 크기 때문에 산화가 촉진된다. 또한 잠열이 존재하고 대량퇴적 조건하에서는 산화작용으로 생긴 열이 축적되기 쉬운 상태에 있으므로 빠르게 산화가 촉진되어 발화에 이르게 되는 것이다. 유지류가 발화하는 경우는 요오드가가 주요 판단 요소이지만 발열성과 실제로 발열하는 데에는 반드시 이 값만으로는 논하기 어렵다.

〈그림 4-119〉 식물성 식용유가 쓰레기봉투 안에서 자연발화한 탄화흔적

❷ 감식 요점

- 유지류가 섬유나 종이 등 다공성 물질에 침투되어 있었는지 확인하고 유지류의 종류, 성질, 함유율, 축열하는 데 충분한 양이었는지와 자연발화하기까지의 시간, 퇴적장소의 온도, 습도, 통풍상황, 잠열의 유무 등을 조사한다.
- 출화 직전에는 특유의 강한 냄새가 발생하므로 관계자로부터 초기 발견상황 등을 청취한다.
- 자연발화의 경우 퇴적되어 있는 발화부의 중심부가 탄화 또는 재가 되어 있고 연소가 진행된 주변으로 유지가 괴상으로 남아 있는 경우가 있다.
- 필요에 따라 탄화가 진행되지 않은 물질을 이용하여 가열에 의한 발열시험을 한다.
- 자연발화는 발화원에 대한 물적 증거가 남지 않기 때문에 다른 화원을 부정하는 상황증거를 제시할 필요가 있다.

② 튀김볼, 튀김찌꺼기

❶ 연소 특징 : 가정에서 사용하고 있는 대부분의 튀김기름에는 옥수수기름이 주성분인 샐러드유를 비롯하여 대두유, 채종유, 올리브유 등이 많이 사용되고 있다. 튀김볼은 소고기, 닭, 생선살 등에 적당하게 밀가루반죽을 혼합하여 만든 식품으로 가정에서뿐만 아니라 널리 상용화된 식품이다. 튀김볼과 기름찌꺼기는 식품을 만드는 과정에서 완성된 제품이거나 부산물로서 약 180~220℃의 튀김기름에서 가열을 받아 제조되는데 튀김볼과 튀김찌꺼기가 100℃ 이상의 고온상태에서 열의 발산이 불량한 은박지 호일이나 쓰레기더미 등 밀폐된 용기에 다량 축적되어 있으면 잠열에 의해 산화발열이 촉진되어 발화한다. 초기에는 흰 연기가 국부적으로 발생하지만 점차적으로 회색 연기로 변하며 연기의 발생량이 증가하고 연소의 중심부에는 통기공이 생겨 출화하기에 이르게 된다.

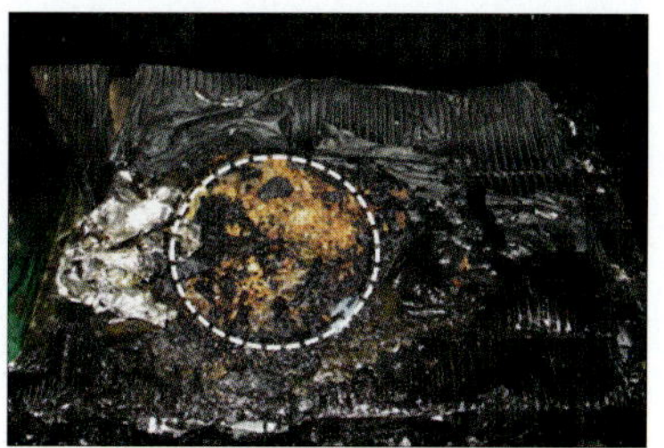

〈그림 4-120〉 2kg 정도의 튀김찌꺼기가 자연발화한 흔적

❷ 감식 요점

- 잠열이 있는 상태의 것이 발화가 용이하며 상온에서 냉각된 것은 발화되지 않는다.
- 화재로 손상된 잔유물의 중심부가 다공성의 덩어리로 되어 탄화되어 있고 내부는 재로 남아있는 상태로 되어 있는 것도 있다. 주위의 유지는 경화되어 있거나 탄화된 흔적이 남아 있을 수 있다.

- 튀김작업이 끝나고 발화하기까지 시간은 빠르면 30분 이내이고 일반적으로는 2~10시간 정도 소요된다.
- 기름찌꺼기 등의 양이 적으면 500g에서도 발화하지만 통상 4~5kg의 것이 화재가 되는 사례가 많다.

③ 기름이 스며든 섬유류 또는 기름걸레 등

❶ 연소 특징 : 동·식물유를 취급하던 걸레나 섬유류 등을 완전히 건조시키거나 기름을 제거하지 않았을 경우 적당하게 수분이 침투된 상태에서 축열이 이루어지면 잠열로 발화할 위험성이 있다.

연소는 기름걸레 등 내부로부터 서서히 탄화가 이루어지는데 초기에는 흰 연기를 발생시키지만 점진적으로 연기의 양이 증가하면서 주변의 물체를 검게 탄화시키고 목재나 고무류 등에 착화할 만큼 큰 에너지를 발생시킬 수 있게 된다.

〈그림 4-121〉 기름이 스며든 섬유류에 목재가 12시간 만에 자연발화한 흔적

❷ 감식 요점
- 발화물질로 보이는 섬유류와 걸레에 스며든 기름의 종류를 확인한다.
- 스며든 기름이 식물류일 경우 건성유 또는 반건성유인지 확인하고 동물유일 경우라면 종류와 요오드가를 조사하여 참고로 한다.
- 자연발화한 퇴적유 걸레는 중심부로부터 연소된 흔적이 남기 때문에 내부로부터 탄화된 것인지를 판정한다.
- 기름걸레가 축열하는 데 충분한 양이었는지 또는 수납장소의 환경, 온도, 잠열의 유무, 습기, 통풍상태에 대하여 조사한다.

(2) 분해열 축적에 의한 자연발화

분해열에 의한 자연발화로 대표적인 것은 셀룰로이드이다. 셀룰로이드는 분자 중에 니트로기를 갖고 있으므로 급격히 반응하며 밀폐용기 중 혹은 개구부의 좁은 곳에서 발화하는 경우에는 폭발적으로 연소한다. 또한 밀폐용기 내에서도 분자 중의 산소를 소비하여 연소한다. 일반적으로 화재로 손상된 잔유물은 표면이 그물눈 형태이고 중심부를 나이프 등으로 절단하면 내

부에서 장뇌냄새가 나는 타르상의 노랑, 보라, 백색 등의 심지모양이 발견된다. 이것은 셀룰로이드가 자연발화할 때의 특징 중 하나이다.

(3) 흡착열 축적에 의한 자연발화

1 활성탄

❶ 연소 특징 : 활성탄이란 그 성분의 대부분이 탄소이고 특별히 큰 흡착활성을 갖는 탄을 말하며, 분말상 활성탄과 조립상 활성탄으로 구별한다. 흑색의 미세분말 또는 입상(직경 2~6mm)으로 활성탄의 내부는 다공질이다. 연소 시에는 흡착열의 축적에 의해 초기에 약간의 발연과 내부온도의 상승이 보이며, 심하게 타지 않다가 내부에서 퇴적된 연기가 불완전연소하므로 일산화탄소가 발생한다.

❷ 감식 요점
- 활성탄이 흡착열을 축적하는 데 충분한 양이 존재하고 있는지를 조사한다.
- 발화한 것 같은 활성탄에서 다시 흡착활성이 되살아났는지 확인한다.

2 환원 니켈

❶ 연소 특징

니켈은 은백색의 빛을 발하는 금속으로 습기와 공기 중에서 안정하다. 그러나 니켈카르보닐[Ni(CO)$_4$]등의 미립자는 고온에서 수소 등의 환원분위기 중에서 환원되면 환원 니켈이 되어 공기 중에 노출된 것만으로 산소를 흡착하여 발열발화한다. 흑색의 미세분말이 빨갛게 타면서 표면연소하는 것이 특징이다. 막대기로 저으면 순간적으로 발화하고 반짝이면서 빨갛게 된다. 물을 뿌리면 튈 수가 있다.

❷ 감식 요점
- 진공 또는 질소가스 등으로 충진한 저장용기 내에 공기의 침입이 있었는지 조사한다.
- 화재 후 흑색 또는 연쥐색의 산화니켈의 분말이 남는다.
- 강하게 발열한 부분은 분말이 다소 녹으므로 괴상이 되는 수가 있다.
- 불꽃이 나지 않고 표면연소하므로 용기로부터 누출되는 목재 등에 접촉한 경우 그 부분에 깊이 타들어 갈 수 있다.
- 잔유물이 니켈가루인지의 판정은 기기분석에 의해 결정한다.

(4) 발효열 축적에 의한 자연발화

❶ 연소 특징 : 발효열에 의한 자연발화는 건조된 짚과 풀 등에서 발생한다. 건초에 대한 자연발화 원리에 대하여 아직 정설은 없지만 일단 다음의 2단계를 거치는 것으로 생각되고 있다. 제1단계는 미생물과 효소의 작용에 의한 발효 등으로 발열하여 80~90℃ 정도에 달하여 불안정한 분해생성물이 생기고, 제2단계에서는 제1단계에서 생긴 반응성이 큰 분

해생성물의 산화반응이 일어나고 온도상승을 계속하여 자연발화한다는 것이다. 즉 초기에 미생물과 효소의 작용에 의해 생긴 반응성이 큰 불포화결합을 갖는 분해생성물이 작용하는 것에 의해 미생물과 효소가 활성을 잃은 후에도 계속 온도가 상승하면서 자연발화한다는 것이다.

연소 특징은 연소는 심하지 않고 발연이 심하며, 화재 전에 발효열이 축적되고 수증기를 발생하므로 저장장소 내에 습기가 많아진다는 점이다.

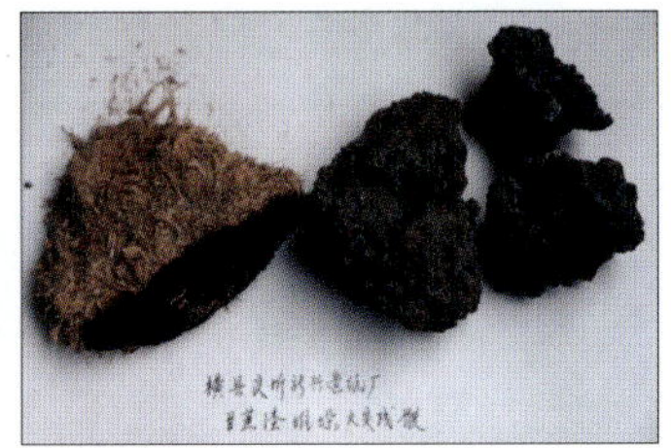

〈그림 4-122〉 발효열에 의한 사탕수수더미의 발연흔적

❷ 감식 요점

- 건조상태가 좋으면 발효가 진행되지 않은 오래된 것인지 또는 화재 전에 물을 뿌렸는지 수분을 포함하고 있었는지 확인한다.
- 화재 전에 발효되어 수증기가 발생한 것인지 또는 습기가 가득한 분위기였는지를 조사한다.
- 내부에서 화재가 발생한 것인지 혹은 표면에서 타고 들어간 것인지 판정한다.
- 자연발화하는 건초는 수입목초가 많다.

(5) 물질 자신이 발화하는 물질

공기 중에 발화점이 낮은 물질이 공기와 접촉하면 자연발화하는 물질을 일반적으로 발화성 물질이라고 한다. 그 대부분의 물질은 물과 접촉하면 발화하므로 금수성 물질이라고도 한다.

❶ 금속나트륨(Na)

❶ **연소특징** : 금속나트륨은 매우 활성인 금속으로 화합물의 합성, 유기합성의 환원제, 금속처리, 중합촉매 등에 이용된다. 공기 중에 소량의 수분에 의해서도 금속자체가 발화하고 건조한 공기 중에서도 산소와 반응해서 발화하는 경우가 있다. 물에 닿으면 수소를 발생하고 반응열에 의해 착화하여 폭발하는 수가 있다.

$$2Na + \frac{1}{2}O_2 \rightarrow Na_2O + 104 \text{ kcal/mol}$$

$$2Na + O_2 \rightarrow Na_2O + 124 \text{ kcal/mol}$$

$$Na + H_2O \rightarrow NaOH + \frac{1}{2}H_2 \uparrow + 44.1 \text{ kcal/mol}$$

연소 시 강한 자극성 물질인 과산화나트륨과 수산화나트륨의 흰 연기를 발생시킨다. 흰 연기는 피부, 코, 인후를 강하게 자극하고, 물과 반응 시 황색의 불꽃을 내며 격렬하게 튀든지 톡톡 튀는 상태를 나타낸다. 또한 나트륨은 물 위에서 격렬하게 반응하므로 주변으로 튕겨져 나가고 그 장소에서 다시 연소되기 시작한다. 양이 많아지면 폭발한다.

❷ 감식 요점
- 타고 남은 것에는 표면이 끈끈한 백색의 수산화나트륨이 부착되어 있다.
- 발화장소 근처에 남아 있는 물을 리트머스시험지, pH미터 등을 사용해서 조사하면 강알칼리성을 나타낸다.
- 칼륨, 리튬도 성상이 거의 같고 외관으로 식별하는 것은 곤란하므로 현장의 수분 등을 샘플링해서 기기분석에 의해 판정한다. 또한 연소 시의 불꽃색은 나트륨이 황색, 칼륨이 적자색, 리튬이 적색을 띤다. 따라서 화재 초기의 목격도 판단요소이다.

❷ 금속 칼륨(K)

❶ **연소 특징** : 금속나트륨과 보다 더 활성이 강하며 물과 반응하면 나트륨과 같이 급격히 발열하고 발화한다.

$$2Na + \frac{1}{2}O_2K + H_2O \rightarrow KOH + \frac{1}{2}H_2 \uparrow$$

물과 접촉 시 발생한 수소는 반응열에 의해 착화 또는 폭발하는 수가 있으며 금속칼륨을 공기 중에 노출시키면 급격하게 표면이 산화되어 발열한다. 습도가 높은 경우에도 발화하는 수가 있다. 염소가스 중에서도 연소하고 할로겐, 수은등과 격렬하게 반응하고 발열한다. 연소 시의 불꽃은 적자색을 띤다.

❷ 감식 요점
- 발화장소 근처에 남아 있는 물을 리트머스시험지, pH미터 등을 사용해서 조사하면 강알칼리성을 나타낸다.
- 금속나트륨은 공기 중에서 쉽게 표면이 산화되어 발열하므로 외관으로 식별하는 것은 곤란한 측면이 있으므로 최종적으로는 기기분석에 의해 조사한다.

❸ 금속가루

마그네슘, 알루미늄, 아연, 철분 등은 덩어리 상태에서는 안정하기 때문에 연소 위험성은 거의 없으나 미세한 분말상태 또는 가루가 되면 공기와 접촉하는 표면적이 증가하고 열전도도가 감소하게 된다. 표면적이 증가한다는 것은 공기 중의 습기나 산, 알칼리 등과 반응할 경우 화재위험성이 증대될 수 있다는 것을 의미하는 것이다.

❶ 연소 특징

- 마그네슘가루에 수분이 있는 상태로 착화하면 불꽃을 발하며 연소한다.
- 철분 등 대기 중에 비교적 안정한 물질은 산화열에 의해 분말 내부가 빨갛게 연소한다.
- 수분이 존재하면 표면산화물이 제거되거나 이온이 되어 수분에 용해하는 경우 발생한 수소에 착화하면 폭발을 일으킨다.
- 금속가루는 공기 중에서 산화되어 산화물이 되고 그 반응속도는 조건에 따라 다르지만 일반적으로 늦다. 따라서 발열도 느리다.
- 아연분말은 산, 알카리와 반응하여 수소를 발생시키며 공기 중의 수분과 반응해서 발화한다.

〔표 4-20〕 **주요 금속가루의 위험성**

성 분	위험성
마그네슘분말	• 끓는 물과 반응하여 수소가스를 발생시킨다. • 수분과 반응하고 산화·발열하고 폭발적인 발화를 한다. • 공기 중에 부유할 경우 분진폭발을 일으킬 수가 있다. • 산화제와의 혼합에 의해 발화폭발한다.
알루미늄분말	• 은백색 분말로 산, 알칼리, 끓는 물과는 반응하여 발화한다. • 공기 중에 떠다니는 경우 분진폭발을 일으킬 수가 있다.
아연분말	• 산, 알칼리와 반응하여 수소를 발생시킨다. • 공기 중의 수분과 반응해서 발열·발화한다. • 산화제와의 혼합에 의해 폭발하는 수가 있다. • 공기 중에 분말이 떠다니면 폭발하는 수가 있다.
철분말	• 산에 녹으면 수소가스를 발생한다. • 산화제와 혼합하면 가열, 충격에 민감해지고 폭발한다. • 건성유에 부착한 절삭가루는 자연발화한다.

❷ 감식 요점

- 금속가루의 종류 및 보관상태와 작업상황 등을 확인한다.
- 발화원 없이 습기 또는 수분과 접촉으로 발화하는 경우에 금속가루 자체만 연소하는 경우가 있으므로 남아있는 잔해와 탄화물을 비교 평가한다.
- 공기 중에 발화하면 외관으로 식별조사가 곤란하기 때문에 최종적으로는 기기분석에 의해 조사한다.

(6) 물질 자신이 발열하며 접촉된 가연물을 발화시키는 물질

1 생석회(CaO)

❶ 연소 특징 : 생석회는 물과 반응하여 수산화칼슘이 되는데 이때 발열작용을 동반한다.

$$CaO + H_2O \rightarrow Ca(OH)_2 + 15.2 \text{ kcal/mol}$$

생석회는 물과 접촉하였을 때 주변에 또 다른 가연물이 존재한다면 발화하는 경우가 많다. 생석회가 발열하고 화재가 발생하는 것은 생석회의 양과 축열이 좌우하며, 이때 발화에 이르는 온도는 200℃ 이상을 필요로 한다. 생석회가 다량인 경우 발생열의 축적이 좋고 가연물을 발화시킬 가능성이 많게 되지만, 소량이면 발열을 하더라도 열의 발산이 작기 때문에 가연물을 발화점까지 승온시키는 것은 어렵게 된다. 과거 화재사례에서는 100g이 가장 적은 양이었다는 보고가 있다.

〈그림 4-123〉 물과 접촉한 생석회의 부피가 증가한 상태

❷ 감식 요점

- 생석회가 물과 반응한 후에 수산화칼슘(또는 소석회라고 한다)이 남기 때문에 백색 분말의 잔해를 확인한다. 소석회는 물과 접촉하여 고체상태가 되기 때문에 확인이 용이하다.
- 볏짚류나 비닐 덮개 등에 덮힌 상태로 축열이 가능한 조건이었는지 확인한다. 생석회가 소량이거나 축열된 조건이 아니었다면 발화가 용이하지 않기 때문이다.
- 소석회는 강알칼리성이기 때문에 리트머스시험지 등으로 pH를 측정을 실시하여 확인하기도 한다.

〈그림 4-124〉 축열 조건을 만족시켰을 때 생석회로 인한 착화 형태

생석회 발열에 의한 화재

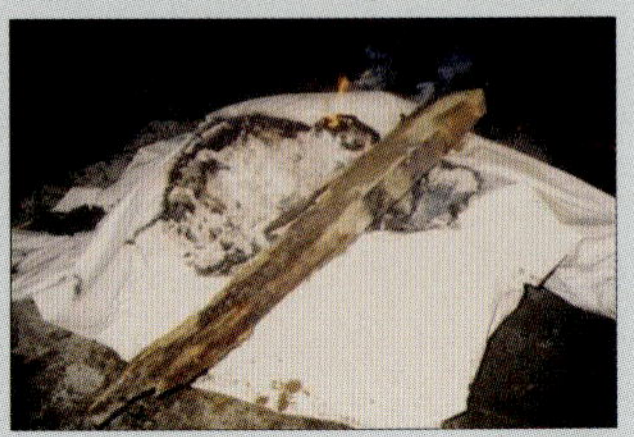

일본 교토의 한 공사장에서 생석회 발열로 화재가 발생하였다.
공사장에서 생석회를 비닐덮개로 덮어놓고 바람에 날리지 않도록 굵은 나무로 비닐을 눌러 놓았는데 전날 밤에 비가 내렸다.
빗물이 비닐덮개의 틈새로 스며들어 발열이 일어났고 비닐에 착화되었다.

2 표백분

① 연소 특징 : 표백분은 백색의 분말로 유효염소량에 따라 고순도 표백분(60~70%)과 보통 표백분(30~50%), 표백액(10% 정도)으로 분류되고, 화학식은 $Ca(ClO)_2 \cdot CaCl_2 \cdot H_2O$이며, 주성분은 $Ca(ClO)_2$ 차아염소산칼슘이다.

연소 특징으로 수분이나 습기를 흡수하면 발열하면서 산소를 방출하는데, 연소식은 다음과 같다.

$$Ca(ClO)_2 \rightarrow CaCl_2 + 2\ulcorner O \lrcorner$$

차아염소산 HClO 분해과정은 다음과 같다.

$$HClO \quad \rightarrow \quad HCl \quad + \quad O$$
차아염소산　　　염화수소　　　산소

이 반응은 빛과 열에 의해 진행되고 산소를 방출한다.

$$3HClO \rightarrow 2HCl + HClO_3$$
$$2HClO + 2H+ \rightarrow 2H_2O + Cl_2$$

이 반응은 차아염소산이 산의 존재에서 염소를 발생하는 반응이다.

차아염소산은 염소의 산화물로 염소산화물은 불안정하므로 분해하기 쉽고 분해의 결과 산소를 방출하여 산화제로서 작용한다. 고순도 표백분은 150℃ 이상에서 발열하고 그 이하 온도에서 일광의 직사광, 유기물과 중금속과의 접촉에 의해 분해가 촉진되고 폭발적으로 분해하는 성질이 있다.

물질 자신이 발열하며 접촉된 가연물을 발화시키는 주요 물질은 〔표 4-21〕과 같다.

〔표 4-21〕 물질 자신이 발열하며 접촉된 가연물을 발화시키는 주요 물질

물 질	화학식	물 질	화학식
생석회	CaO	발연황산	H_2SO_4
표백분	$Ca(OCl)_2$	농황산	H_2SO_4
오산화인	P_2O_5	질산	HNO_3
과산화칼륨	K_2O_2	아염소산나트륨	$NaClO_2$
과산화나트륨	Na_2O_2	삼에틸알루미늄	$Al(C_2H_5)_3$

❷ 감식 요점

- 물과 반응하면 용해해서 유리석회를 남기고 수용액은 리트머스 시험지를 청색으로 변색시키고 이어서 서서히 탈색하므로 이것들의 특징을 발견한다.
- 저장장소가 빗물 직사일광에 영향을 받는지 조사하고 혼합발화물질에 대하여도 조사한다.

Step 03 혼촉발화

❶ 개요

혼촉발화란 2종 또는 그 이상의 물질이 서로 혼합 또는 접촉하여 발열·발화하는 현상으로서 일반적으로 혼촉발화는 제조 중 또는 저장 중이나 운반 중에 전혀 예상하지 않은 곳에서 화재와 폭발을 일으키는 것이 원인이다. 그러나 혼촉발화를 일으키는 물질은 그 범위가 매우 광범위하여 모두 조합하여 설명한다는 것은 불가능하다. 따라서 실제로 혼촉발화가 일어난 경우는 개개의 물질상태, 혼합접촉위험성에 대하여 문헌 등을 조사하고 필요에 따라 혼촉실험을 실시하는 등 종합적으로 판단하여야 한다.

❷ 혼촉발화의 위험성

화학물질 또는 위험물의 위험성은 혼합된 조건이나 상태, 시간에 따라 다양하게 반응하는데 혼촉에 따른 위험성을 분류하면 대개 다음과 같이 분류한다.

❶ 혼촉하면 즉시 반응이 일어나 발화하거나 폭발에 이른다.
❷ 혼촉 후 일정시간이 경과하게 되면서부터 급격하게 반응이 일어나 발화하거나 폭발한다.
❸ 혼촉에 의해 폭발성 혼합물을 형성한다.
❹ 혼촉에 의해 발열, 발화하지만 본래의 물질보다 발화하기 쉬운 혼합물을 형성한다.

③ 혼촉발화 위험물질

(1) 산화성 물질

❶ **질산염류(MNO_3)** : 일반적으로 가열하면 분해하여 산소를 발생한다. 가연물과 유기물이 혼합하면 가열, 충격, 마찰 등에 의해 폭발할 수 있다. 질산나트륨과 가연물이 접촉하여 발화한 화재사례가 있다.

❷ **염소산염류($MClO_3$)** : 무색 또는 백색의 고체로 충격, 마찰, 강산과의 혼합으로 분해, 폭발한다. 유기물, 산화되기 쉬운 물질과의 혼합은 약간의 자극만으로 폭발의 위험이 있다.

❸ **과염소산염류($HClO_4$)** : 무색 또는 백색의 결정으로 염소산염류보다 안정하지만 가열과 충격에 의해 분해하고 산소를 발생시킨다. 가연물과 혼합하여 급격한 연소를 하고 경우에 따라 폭발한다.

❹ **아염소산염류($MClO_2$)** : 황색 또는 적색의 고체로서 은, 철, 수은 이외의 염은 모두 물에 녹는다. 가열과 충격에 의해 폭발하며, 중금속염은 상당히 예민하여 폭발성이 있고 기폭제로서 이용된다. 일반적으로 표백제, 염색제, 살충제 등에 이용된다.

❺ **중크롬산염류(MCr_2O_7)** : 무색 또는 적색의 결정으로 물에 잘 녹는다. 가열에 의해 산소를 방출하고 가연물 또는 유기물과 혼합되면 가열, 마찰에 의해 폭발한다.

❻ **요오드산염류(MIO_3)** : 무색의 결정으로 알칼리금속염은 물에 녹고 중금속염은 잘 녹지 않는다. 염소산염류, 브롬산염류보다는 안정하며 산화력은 강하고 가연물, 유기물과 혼합하고 있는 경우 가열에 의해 폭발하는 수가 있다.

❼ **삼산화크롬(CrO_3)** : 유기물과 접촉하거나 환원제와 혼합하면 격렬하게 반응하며 발화하고, 특히 강력한 환원제와의 접촉은 폭발할 수 있다. 알코올과 접촉한 경우에는 순간적으로 발화하고 격렬하게 연소한다.

(2) 환원성 물질

물질 자기 자신은 산화하면서 다른 물질은 환원시키는 물질로는 아민류, 아닐린, 알코올류, 유기산, 유지 등 대부분 유기물이고 이밖에 인, 황, 금속가루, 목탄, 활성탄 등도 있다.

(3) 산화성 염류와 강산의 혼촉

염소산염($MClO_3$), 과염소산염($HClO_4$), 질산염(MNO_3), 과망간산염($MMnO_4$) 등은 황산(H_2SO_4) 등 강산과 접촉하면 각각 염소산, 과염소산, 아질산칼륨, 과망간산을 발생시키므로 매우 강한 산화성을 나타내고, 유기물 및 기타 환원성물질에 닿으면 자연분해를 일으키며 발화 또는 폭발할 수 있다.

④ 혼촉발화의 감식 요점

❶ 혼합발화에 의한 화재는 혼합물질 자체가 발화원으로 작용하여 연소하기 때문에 잔해를 남기지 않는 경우가 많다. 따라서 관계자의 진술을 바탕으로 얻은 정보를 객관적으로 판단하고 다른 화원이 없었다는 상황증거를 명확하게 한다.

❷ 화재가 발생한 곳에서 존재하는 물질에 대한 성분·성질·형상·무게 등을 파악하고 관계자의 진술과 문헌자료 등 기초자료를 보강조사한다.

❸ 혼합발화하는 물질은 과학적으로 불안정한 물질이 많으므로 단독으로 발화했는지 또는 혼합에 의해 발화했는지 재현실험 등을 통하여 규명한다.

❹ 물질의 용도, 저장취급의 상황, 화재가 발생한 장소의 환경조건에 대하여 조사한다.

❺ 화재 초기의 목격자로부터 화염과 연기의 색, 냄새, 강도, 화재진행 상황을 청취한다.

화재 피해조사

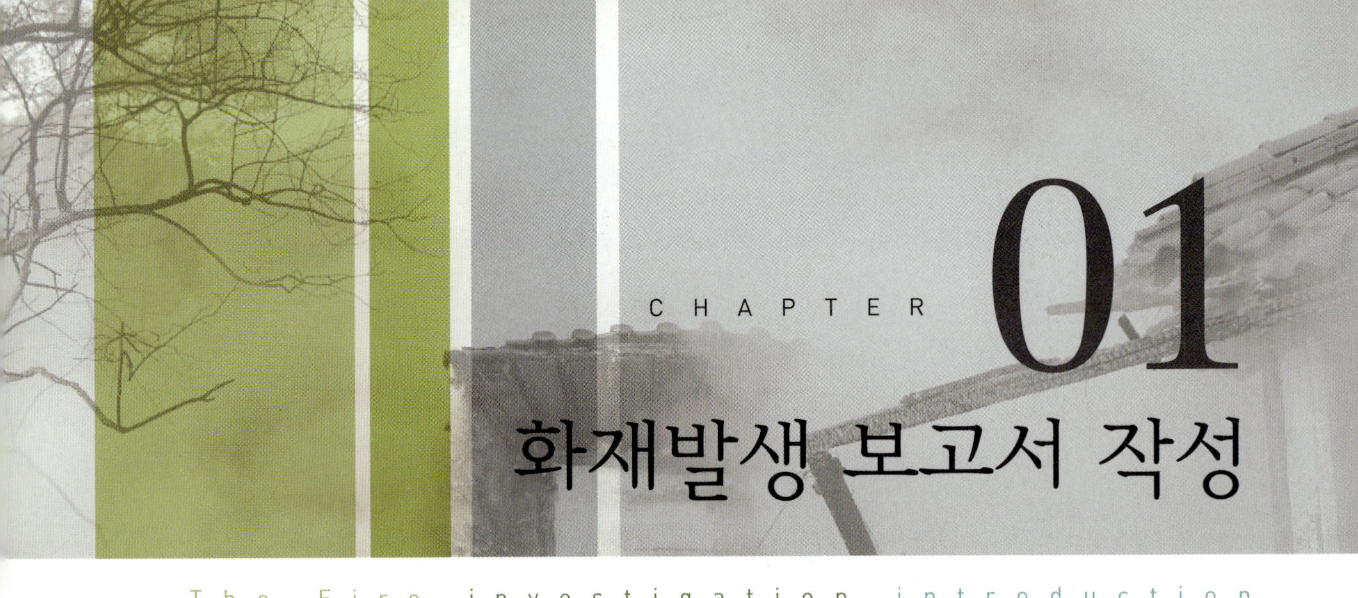

화재발생 보고서 작성

Step 01 기록물 관리

　　단일 화재가 종료되는 시점은 보고서를 비롯한 관련 서류의 작성으로 완성되고 마무리된다. 조사 서류의 작성은 처리절차를 투명하게 하고 책임 있는 행정을 구현하는 데 바탕을 두고 있으며 이를 효율적으로 사용하는 데 가치를 띠고 있다. 화재조사 및 보고규정 제51조는 조사서류(사진포함)를 문서로 기록하고 전자기록 등 영구보존의 방법에 의해 보존하여야 한다고 명시하고 있다. 공공기록물 관리에 관한 법률에서는 기록물이란 공공기관이 업무와 관련하여 생산 또는 접수한 문서·도서·대장·카드·도면·시청각물·전자문서 등 모든 형태의 기록정보 자료와 행정박물을 포함하는 것으로 정의하고 있다.

　　현재 화재조사 관련 서류는 전자문서시스템 또는 행정정보시스템 방식으로 관리되고 있으며 조사서류는 각종 수사상 증거자료로 채택되기도 하지만 시기별, 원인별, 대상별로 공통점이나 문제점을 찾아내어 분석하거나 평가 자료로 활용되어 중요한 정책을 이끌어내는 데도 기여하고 있는 등 중요성이 크다. 따라서 화재조사관은 화재관련 기록물을 보호·관리할 의무와 책임을 지니고 있다.

보충학습　　화재발생 보고서 기록물 관리 원칙

- 진본성(眞本性) : 화재조사자가 직접 작성 기록할 것
- 무결성(無缺性) : 흠결이나 결함이 없을 것
- 신뢰성(信賴性) : 거짓이나 꾸밈이 없을 것
- 이용 가능성 : 평가, 분석 등에 활용가치가 있을 것

현행 법률에 의하면 기록물의 보존기간은 7종(영구, 준영구, 30년, 10년, 5년, 3년, 1년)으로 구분하고 있는데 화재발생 보고서는 영구문서로 관리되고 있으며 보존기간이 있는 문서는 그 기산일을 기록물의 처리가 완결된 날이 속하는 다음 연도의 1월 1일로 하고 있다. 다만 여러 해에 걸쳐서 진행되는 단위과제의 경우에는 해당 과제가 종결된 날이 속하는 다음 연도의 1월 1일부터 보존기간을 기산한다.

◎ 예제 보존기간이 5년인 문서가 2010년 9월 24일 완결되었다. 이 문서의 보존기간이 소멸되는 시점은 언제인가?

풀이 공공기록물 관리에 관한 법률 시행령 제26조(보존기간) ③항에 따라 처리가 완결된 날이 속하는 다음 연도의 1월 1일부터이므로 2011년 1월 1일부터 기산하면 2015년 12월 31일까지 보관한 후 소멸된다.

보존중인 기록물이 전자적 형태로 생산되지 아니한 기록물 중 보존기간이 준영구 이상인 경우에는 다음 각 호의 어느 하나의 방법으로 보존하여야 한다.

❶ 원본과 보존매체를 함께 보존하는 방법
❷ 원본을 그대로 보존하는 방법
❸ 원본은 폐기하고 보존매체만 보존하는 방법

원본은 폐기하고 보존매체만 보존하는 방법으로 보존하고자 하는 경우에는 마이크로필름 등 육안으로 식별이 가능한 보존매체를 수록하여야 한다.

화재발생 보고서 등이 담고 있는 내용은 개인의 신상기록과 화재발생 대상물에 대한 정보가 상세하게 담겨 있고 화재 당시 실황적 사실기록이 생생하게 기록된 것으로 개인의 인권보호 또는 사생활 존중 등을 위하여 세심하게 관리할 필요성이 크다. 데이터의 집중관리 방식은 담당자 이외에는 보안이 유지되어야 하며 화재의 직접 당사자 외에는 정보의 공개를 신중하게 판단하여 처리하여야 한다. 화재발생 종합보고서의 공개 여부는 비공개를 원칙으로 하고 있다. 또한 사진이나 도면류 등은 데이터 저장과정에서 손상되거나 한 저장매체에 오랫동안 보관할 경우 바이러스 등에 오염될 수도 있으므로 이중 보존방법을 강구하는 것도 효과적일 수 있다.

Step 02 화재발생 종합보고서 작성방법

화재발생 종합보고서 작성 체계도

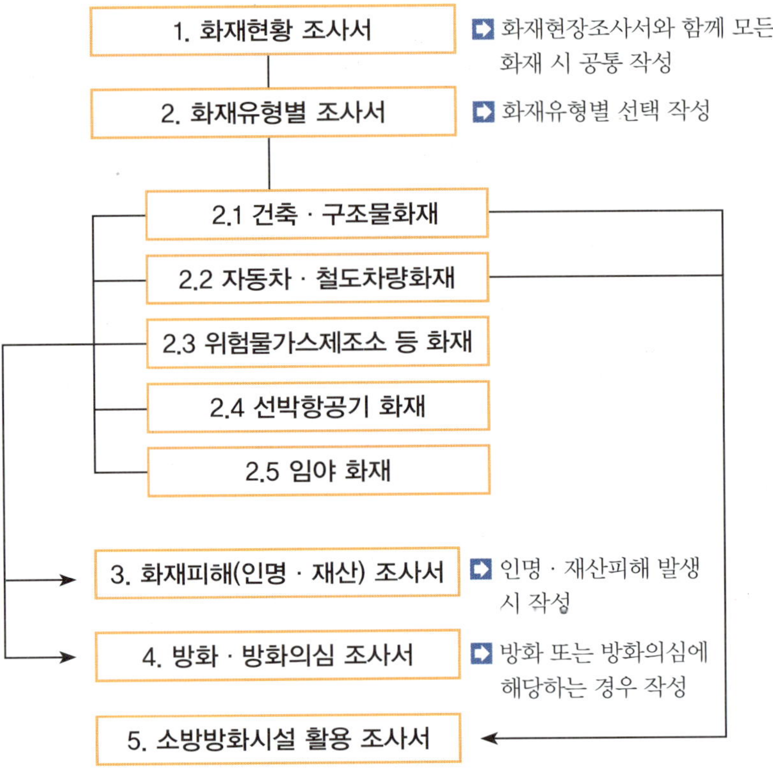

쉬어가기 — 화재발생 시 보고 기한(期限)

① 화재조사 및 보고규정 제45조(긴급상황보고)에 해당하는 화재 : 각지로부터 7일 이내 다만, 화재의 정확한 조사를 위하여 조사기간이 필요한 때는 총 30일 이내

② 기타 일반화재 : 화재 각지로부터 5일 이내

※ 제①항 및 제②항에 규정된 조사기간을 초과하여 조사가 필요한 경우 그 사유를 사전보고 후 추가 조사를 할 수 있다.

① 화재현황 조사서

년　　　월　　　연번

화재번호 |＿|＿|＿|＿|＿|－|＿|＿|－|＿|＿|＿|＿|　　　　　　□ 수 정

① 소방관서

① |＿＿＿＿| 소방서　　|＿＿＿＿| 119안전센터　　|＿＿＿＿| 119지역대

② 화재발생 및 출동

발 생 일 시　|　|　|　|　년　|　|월　|　|일　|　|시　|　|분　　|　|요일

① 접 수 |년|월|일|시|분|　　　　② 출 동 |년|월|일|시|분|

③ 도 착 |　|　|　|　|　|　　　　④ 초 진 |　|　|　|　|　|

⑤ 완 진 |　|　|　|　|　|　　　　⑥ 귀 소 |　|　|　|　|　|

③ 화재발생장소 및 유형

① 주 소 |　시·도　|　시·군　|　구　|　읍·면·동·리(로)　|　번지　|　마을　|

② 대 상 |　　　　　|　　/　　|　　　|　　　　　　|

　　　대상(도로)명　　　건물층수(지하/지상)　발화층　　　　　발화지점

③ 유 형 □ 건축·구조물　　□ 자동차·철도차량　　□ 위험물·가스제조소 등

　　　　　□ 선박·항공기　　　□ 임 야　　　　　　□ 기 타

④ 거 리 소방서 |　|.|　|km, 119안전센터 |　|.|　|km, 119지역대 |　|.|　|km

④ 화재원인

① 발화열원

□ 작동기기　　　□ 담뱃불, 라이터불　□ 마찰, 전도, 복사　□ 불꽃, 불티　　□ 폭발물, 폭죽

□ 화학적 발화열　□ 자연적 발화열　　□ 기타　　　　　　□ 미상

　　　　　　　　　　　　　　→ 소분류 |　|　|　|　|　|

② 발화요인

□ 전기적 요인　　□ 기계적 요인　　□ 가스누출(폭발)　□ 화학적 요인　□ 교통사고

□ 부주의　　　　□ 자연적 요인　　□ 기타　　　　　□ 미상

　　　　　　　　　　　　　　→ 소분류 |　|　|　|　|　|

③ 최초착화물

□ 가 구　　　　□ 침구, 직물류　　□ 종이, 목재, 건초 등　□ 합성수지　　□ 간판, 차양막 등

□ 식 품　　　　□ 전기, 전자　　　□ 위험물 등　　　　□ 가연성 가스

□ 자동차, 철도차량, 선박, 항공기　□ 쓰레기류　　　　□ 기타　　　　□ 미상

　　　　　　　　　　　　　　→ 소분류 |　|　|　|　|　|

④ 발화개요

____

____

<table>
<tr><td>

⑤ **발화관련 기기**   ☐ 해당 없음

　① 발화관련 기기

　☐ 계절용기기 ☐ 생활기기 ☐ 주방기기 ☐ 영상·음향기기 ☐ 사무기기 ☐ 조명, 간판 ☐ 배선,배선기구
　☐ 전기설비 ☐ 산업장비 ☐ 농업용 장비 ☐ 의료장비 ☐ 상업장비 ☐ 차량·선박부품 ☐ 기타 ☐ 미상

　　　　　　　　　　　　　　　　　　　⟶ 소분류 ☐☐☐☐☐ ☐☐☐☐☐☐☐

　② 제품 및 동력원

　　• 제품 회사명 ______ 제품명 ______ 제품번호 ______ 제조일 ☐ 년 월 일 ☐
　　　　　☐ 확인불가능
　　• 동력원 ☐ 전기 ☐ 가스 ☐ 유류 ☐ 고체 ☐ 기타 ⟶ 소분류 ☐☐☐☐☐ ☐☐☐☐☐☐☐

</td></tr>
</table>

<table>
<tr><td>

⑥ **연소확대**

　① **연소확대물**　　　　　☐ 해당 없음

　☐ 가 구　　☐ 침구, 직물류　☐ 종이, 목재, 건초 등　☐ 합성수지　☐ 간판, 차양막 등
　☐ 식 품　　☐ 전기, 전자　　☐ 위험물 등　　　　　☐ 가연성 가스
　☐ 자동차, 철도차량, 선박, 항공기 ☐ 쓰레기류　　　☐ 기타　　☐ 미상

　　　　　　　　　　　　　⟶ 소분류 ☐☐☐☐☐ ☐☐☐☐☐☐☐

　② **연소확대 사유(★ 복수선택 가능)**　　☐ 해당 없음

　☐ 화재인지·신고 지연　　☐ 가연성물질의 급격한 연소　☐ 현장진입 지연(불법주차)
　☐ 현장도착 지연(교통혼잡)　☐ 원거리 소방서　　　　　☐ 방화구획 기능 불충분
　☐ 덕트·샤프트의 연통 역할　☐ 인접건물과의 이격거리 협소　☐ 목조건물의 밀집 등
　☐ 기상(건조, 강풍 등)　　☐ 기타　　　　　　　　　☐ 미상

</td></tr>
</table>

<table>
<tr><td>

⑦ **피해 및 인명구조**

　(인명피해)　총계 ☐☐☐ 명
　① 인명피해 사망 ☐☐☐ 명, 부상 ☐☐☐ 명　② 이 재 민 ☐☐☐ 세대, ☐☐☐ 명

　(재산피해) 총계 ☐☐☐,☐☐☐,☐☐☐ 천원 (예상피해액 ☐☐☐,☐☐☐,☐☐☐ 천원)

　① 부 동 산 ☐☐☐,☐☐☐,☐☐☐ 천원　② 동 산 ☐☐☐,☐☐☐,☐☐☐ 천원
　③ 소실면적 ☐☐☐,☐☐☐,☐☐☐ ㎡
　④ 소실동(대)수 •건축·구조물 ☐☐☐ 동 •차량 등 ☐☐☐ 대
　⑤ 소실정도 •건축물 ☐☐ 동, ☐☐ 동, ☐☐ 동 •차량 등 ☐☐ 대, ☐☐ 대, ☐☐ 대
　　　　　　　전소　　반소　　부분소　　　　　　전소　　반소　　부분소

　(인명구조)　① 구조 ☐☐☐ 명,　② 유도대피 ☐☐☐ 명

</td></tr>
</table>

⑧ 관 계 자

① 소 유 자 성명 [______] 연령 [___] 세 □ 남, □ 여 전화 [______]

② 점유(운전)자 성명 [______] 연령 [___] 세 □ 남, □ 여 전화 [______]

③ 방화관리자 성명 [______] 연령 [___] 세 □ 남, □ 여 전화 [______]
 (위험물안전관리자)

⑨ 동원인력

① 인 원 [___] 명 [___] [___] [___] [___] [___] [___] [___]
　　　　총계　　　소방　의소대　경찰　일반직　군인　한전,가스등　유관기관　기타

② 장 비 [___] 대 [___] [___] [___] [___] [___] [___] [___] [___]
　　　　총계　　펌프,물탱크　고가(굴절)　화학　구조　구급　헬기　선박　기타

③ 사용 소방용수　소화전 [. . .]　　급수탑 [. .]

　　　　　　　　　　저수조 [. . .]　　기 타 [. .]

⑩ 보험가입　　　　　□ 해당 없음

① 가입회사 [______]

② 보험금액 [____],[____],[____] 천원

　• 부동산 [____],[____],[____] 천원　• 동 산 [____],[____],[____] 천원

③ 계약기간 [____], [__] ~ [____], [__]
　　　　　　　　년　　　월　　　　년　　　월

④ □ 화재보험 의무가입대상(특수건물)

⑪ 기상상황

① 날 씨 [______]　　② 온 도 [____] ℃

③ 습 도 [____] %　　④ 풍 향 [______]

⑤ 풍 속 [____] m/s　　⑥ 기상특보 [______]

⑫ 첨부서류

① **화재 유형별 조사서**

　□ 1.1 건축ㆍ구조물 화재　　□ 1.2 자동차ㆍ철도차량 화재　　□ 1.3 위험물ㆍ가스제조소 등 화재

　□ 1.4 선박ㆍ항공기 화재　　□ 1.5 임야화재　　□ 1.6 기타 화재(첨부 없음)

② **화재피해 조사서**

　□ 2.1 인명피해　　□ 2.2 재산피해

③ **방화ㆍ방화의심 조사서** □　④ **소방방화시설 활용 조사서** □　⑤ **화재현장 조사서** □

⑬ 작 성 자

소 속	계 급	성 명	비 고

(1) 화재현황 조사서 작성방법

1 일반 원칙

❶ 년, 월, 일 및 시간과 인원 등의 표기는 아라비아 숫자로 표기한다.
❷ 화재원인 및 발화관련 기기, 연소확대 요인의 표기는 체크(∨) 방식으로 작성한다.
❸ 누락되거나 오기(誤記), 탈자(脫字)가 없어야 한다.
❹ 작성자의 소속과 계급, 성명을 기록하여야 한다.

2 화재 일련번호 작성

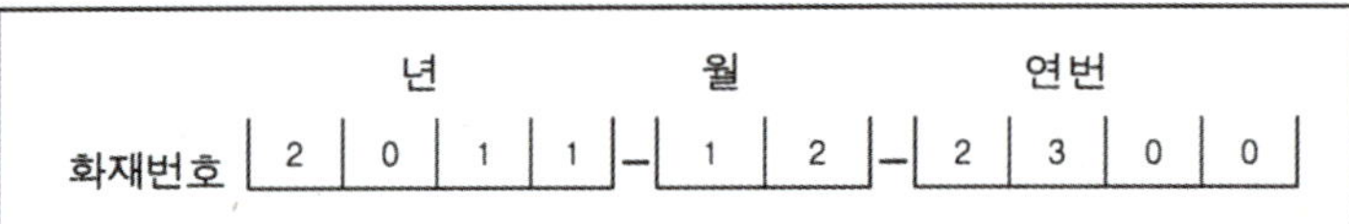

화재가 발생한 년, 월과 연번을 기록한다. 연번은 당해 연도 화재부터 시작되는 일련번호를 기재한다. 예를 들어 2011년 12월 31일자로 화재발생 건수 연번이 3001이었다면 2011년의 총 화재발생 건수는 3001건으로 종료되는 것이며 2012년부터는 1번부터 새로이 시작된다.

보고서를 수정한 경우라면 반드시 수정 칸에 체크(∨) 표시를 하여야 한다. 한편 화재 일련번호 작성란에는 일일(日日) 날짜를 기록하는 빈칸이 없다.

3 소방관서 기록

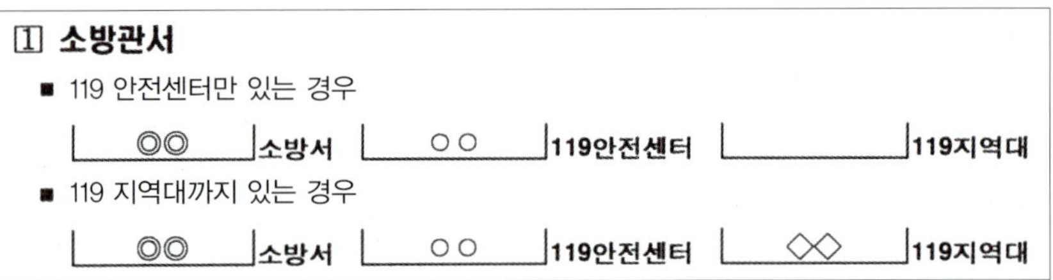

화재가 발생한 지역을 관할하는 소방서 및 119안전센터를 기재하고 화재발생 지역을 관할하는 119지역대가 있을 경우에는 지역대까지 기록하여야 한다.

④ 화재발생 및 출동

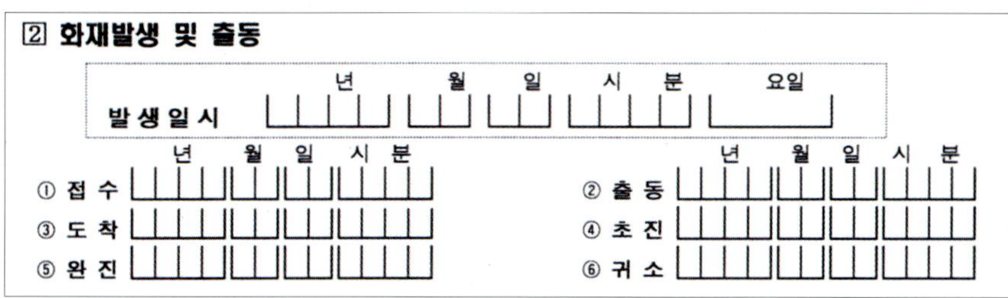

화재가 발생한 시간 및 소방서에서 출동한 년, 월, 일, 시, 분 단위로 기재하여야 하며 24시간제로 표시한다. 화재발생일시가 정확하지 않는 경우 추정시간을 기재하며 발생일시는 화재 신고시간과 차이가 날 수 있다.

- ❶ **접수** : 상황실에 화재신고가 접수된 일시
- ❷ **출동** : 화재신고를 접수한 뒤 소방차가 차고를 나간 시간
- ❸ **도착** : 선착대의 소방차가 화재현장에 도착한 시간
- ❹ **초진** : 지휘관이 판단하여 화재가 충분히 진압되어 더 이상 연소확대나 화재로 인한 추가 인명피해와 재산손실이 없을 것으로 판단되는 시점의 시간
- ❺ **완진** : 화재가 완전히 진압되어 더 이상의 화염·불씨 또는 연소중인 물질로부터 나오는 연기가 없는 상태의 시간
- ❻ **귀소** : 화재진압을 마치고 화재현장에서 소방관서로 출발하는 시간

⑤ 화재발생장소 및 유형

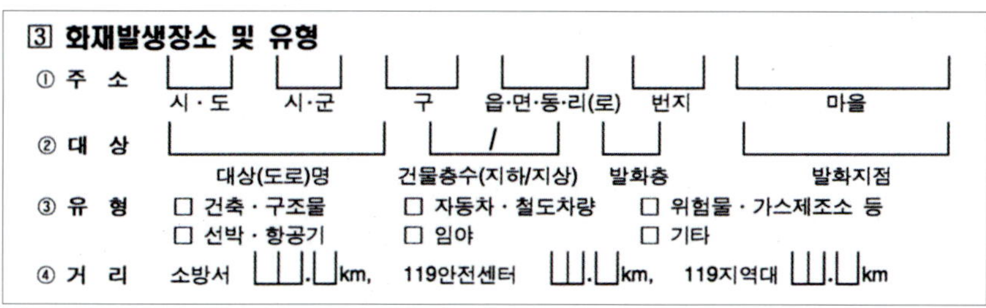

- ❶ **주소** : 화재가 발생한 장소의 주소를 기재
- ❷ **대상** : 대상은 건물명 또는 상호를 기재하고 주택인 경우에는 소유자의 성명을 포함하여 주택란에 기록하고 도로상인 경우에는 고속도로, 국도, 일반도로의 명칭과 도로번호를 기재

```
♣ 예 시 ♣

예 시 1   강감찬주택        2/1      2        2층 화장실
          대상(도로)명    건물층수(지하/지상)  발화층      발화지점

예 시 2   경부고속도로                           하행선 수원IC
                                               1km지점
          대상(도로)명    건물층수(지하/지상)  발화층      발화지점
```

❸ **유형** : 유형은 화재가 발생한 대상물을 구체화한 것이다. 해당 유형에 체크를 한 후 보고서를 작성한다.

❹ **거리** : km단위로 작성한다.

6 화재원인

```
④ 화재원인
  ① 발화열원
    □ 작동기기      □ 담뱃불, 라이터불    □ 마찰, 전도, 복사   □ 불꽃, 불티   □ 폭발물, 폭죽
    □ 화학적 발화열  □ 자연적 발화열      □ 기타            □ 미상
                              ──→ 소분류 └┴┴┴┘ └─────┘

  ② 발화요인
    □ 전기적 요인    □ 기계적 요인       □ 가스누출(폭발)    □ 화학적 요인   □ 교통사고
    □ 부주의       □ 자연적 요인       □ 기타            □ 미상
                              ──→ 소분류 └┴┴┴┘ └─────┘

  ③ 최초착화물
    □ 가 구        □ 침구, 직물류      □ 종이, 목재, 건초 등   □ 합성수지    □ 간판, 차양막 등
    □ 식 품        □ 전기, 전자       □ 위험물 등          □ 가연성 가스
    □ 자동차, 철도차량, 선박, 항공기  □ 쓰레기류           □ 기타       □ 미상
                              ──→ 소분류 └┴┴┴┘ └─────┘

  ④ 발화개요
    ________________________________________________
    ________________________________________________
    ________________________________________________
```

❶ **발화열원** : 발화에 이르게 된 최초 원인이 되는 불꽃 또는 열

※ **방화 불장난으로 인한 화재의 발화열원** : 발화열원을 화재현장의 증거 및 화재 정황, 목격자의 진술 등으로 정확히 알 수 있을 때에는 해당 항목에 체크하고 확인할 수 없는 경우에는 미상에 체크한다.

❷ **발화요인** : 발화열원에 의하여 연소현상에 영향을 미친 인적 · 물적 · 자연적 요인을 말한다.

❸ **최초착화물** : 발화열원에 의해 최초로 불이 붙고 이 물질을 통해 제어하기 힘든 화세로 발전한 가연물을 말한다.

❹ **발화개요** : 화재원인 규명과 관련하여 발화열원, 발화요인, 최초착화물의 유형, 연소확대 관련 항목 등 위에서 조사한 내용 이외에 서술할 필요가 있는 세부사항 및 중요사항을 기재한다.

7 발화관련 기기

```
⑤ 발화관련 기기          □ 해당 없음
① 발화관련 기기
  □ 계절용기기 □ 생활기기 □ 주방기기 □ 영상·음향기기 □ 사무기기 □ 조명, 간판 □ 배선, 배선기구
  □ 전기설비 □ 산업장비 □ 농업용 장비 □ 의료장비 □ 상업장비 □ 차량·선박부품 □ 기타 □ 미상
                              ──▶ 소분류 └┴┴┴┴┘
② 제품 및 동력원
  • 제품  회사명 └────┘ 제품명 └────┘ 제품번호 └────┘ 제조일 └ 년  월  일 ┘
         □ 확인불가능
  • 동력원 □ 전기 □ 가스 □ 유류 □ 고체 □ 기타 ──▶ 소분류 └┴┴┴┴┘
```

❶ **발화관련 기기** : 발화에 관련된 불꽃 또는 열을 발생시킨 기기, 또는 장치와 제품을 말한다. 발화관련 기기가 없는 화재인 경우 "해당 없음"으로 기록한다.

❷ **제품 및 동력원** : 제품란에는 발화관련 기기의 제조회사명, 제품명, 제품번호와 제조일을 기록하며 제품의 사용연수를 초과하여 제품정보를 알 수 없을 경우에는 "확인 불가능"에 체크한다. 동력원이란 발화관련 기기나 제품을 작동시킬 때 사용한 연료 또는 에너지를 체크한다.

8 연소확대물

```
⑥ 연소확대
  ① 연소확대물                    □ 해당 없음
   □ 가  구      □ 침구, 직물류   □ 종이, 목재, 건초 등   □ 합성수지     □ 간판, 차양막 등
   □ 식  품      □ 전기, 전자     □ 위험물 등           □ 가연성 가스
   □ 자동차, 철도차량, 선박, 항공기 □ 쓰레기류          □ 기타        □ 미상
                              ──▶ 소분류 └┴┴┴┴┘

  ② 연소확대 사유(★ 복수선택 가능)        □ 해당 없음
   □ 화재인지·신고 지연      □ 가연성 물질의 급격한 연소    □ 현장진입 지연(불법주차)
   □ 현장도착 지연(교통혼잡)  □ 원거리 소방서              □ 방화구획 기능 불충분
   □ 덕트·샤프트의 연통 역할   □ 인접건물과의 이격거리 협소   □ 목조건물의 밀집 등
   □ 기상(건조, 강풍 등)     □ 기타                     □ 미상
```

❶ **연소확대물** : 최초착화물에 불이 붙어 화재가 발생한 후 연소가 확대되는 데 결정적 영향을 끼친 가연물을 말한다. 최초착화물과 연소확대물이 동일한 경우에도 연소확대물을 표시하여야 한다.

❷ **연소확대 사유** : 복수 선택이 가능한 항목으로 화재 발견 사실이 늦어 119 신고가 지연된 경우와 가연성 물질의 급격한 연소가 함께 이루어졌다면 두 가지 항목을 함께 표시한다.

⑨ 피해 및 인명구조

```
⑦ 피해 및 인명구조

  (인명피해)    총계 □□□명

   ① 인명피해 사망 □□□명, 부상 □□□명   ② 이 재 민 □□□세대, □□□명

  (재산피해) 총계 □□□,□□□,□□□천원 (예상피해액 □□□,□□□,□□□천원)

   ① 부 동 산 □□□,□□□,□□□천원   ② 동 산 □□□,□□□,□□□천원
   ③ 소실면적 □□□,□□□,□□□㎡
   ④ 소실동(대)수 •건축·구조물 □□□동 •차량 등 □□□대
   ⑤ 소실정도  •건축물 □□동, □□동, □□동 •차량 등 □□대, □□대, □□대
               전소    반소,   부분소           전소    반소   부분소
  - - - - - - - - - - - - - - - - - - - - - - - - - - - - - - - - - - - - - -
  (인명구조)  ① 구조 □□□명,      ② 유도대피 □□□명
```

❶ 인명피해
- 사망자 및 부상자 수를 기재
- 당해 화재로 인한 이재민의 세대 수와 이재민 수를 기재한다.

❷ 재산피해
- **부동산** : 토지 및 건축물의 화재로 인한 **피해금액**을 천원 단위로 기재
- **동산** : 물건, 기기, 자동차 등의 화재로 인한 피해금액을 천원 단위로 기재
- **소실면적** : 토지 및 건축물의 소실면적을 평방미터(㎡) 단위로 기재
- **소실동(대)수** : 건축물과 차량의 소실 동수와 대수를 기재
- **소실정도** : 전소는 70% 이상, 반소는 30% 이상~70% 이하, 부분소는 30% 미만 소실된 경우를 말한다. 소실 정도에 따른 건축물의 소실 동수와 차량 등의 소실 대수를 기재

❸ 인명구조 : 구조한 인원과 유도 대피한 인원을 기록한다. 인명구조 인원 산정은 화재 발생 이후 발생한 인원으로 소방관에 의해 구조된 인원과 유도 대피시킨 인원을 포함한다.

⑩ 관계자

```
⑧ 관 계 자

   ① 소 유 자 성명 □□□   연령 □□□세 □ 남, □ 여 전화 □□□□
   ② 점유(운전)자 성명 □□□   연령 □□□세 □ 남, □ 여 전화 □□□□
   ③ 방화관리자 성명 □□□   연령 □□□세 □ 남, □ 여 전화 □□□□
      (위험물안전관리자)
```

❶ 소유자 : 건물에 대한 소유권을 가지고 있는 소유주
❷ 점유(운전)자 : 건물에 대한 소유, 임대 등을 통하여 실제로 거주하고 있는 자를 말한다.

소유자가 점유하고 있는 경우에는 점유자 칸에 소유자 인적사항을 기재하고 승용차, 선박, 항공기 등은 운전자를 기재

❸ **방화관리자** : 소방법규에 의한 방화관리자 및 위험물안전관리자로 선임된 자를 말하며 건축물 화재인 경우에는 방화관리자를 기재하고 위험물 화재는 안전관리자를 기재

11 동원인원

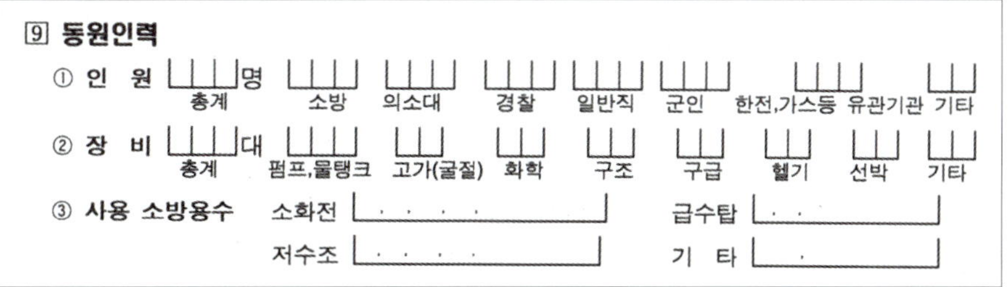

❶ **인원** : 화재진압에 동원된 소방, 의소대, 경찰, 일반직, 군인, 한전, 가스 등의 유관기관과 기타로 구분하여 기재

❷ **장비** : 화재진압을 위해 동원된 장비를 펌프차, 탱크차, 고가(굴절)차, 화학차, 구조차, 구급차, 헬기, 선박, 기타 차량으로 구분하여 동원된 차량의 숫자를 기재

❸ **사용 소방용수** : 현장에 출동한 소방대가 화재진압을 위해 사용한 소방용수시설의 고유번호를 기재

12 보험가입

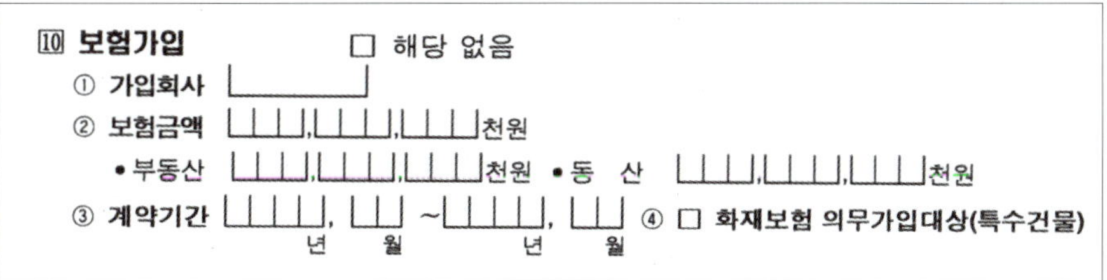

보험가입 여부의 조사목적 : 화재피해액 산정 및 방화가능성 여부를 조사하기 위한 자료로 활용

❶ **가입회사** : 가입한 보험회사를 기록하되 가입된 보험이 다수인 경우 보험가입액이 가장 많은 회사명 1개사를 기재한 후 기타 가입보험 수를 기재한다.

❷ **보험금액** : 보험에 가입된 금액을 부동산과 동산으로 구분하여 천원 단위로 기재한다.

❸ **계약기간** : 가입회사의 계약기간을 기재

❹ **화재보험 의무가입대상(특수건물)** : 보험가입 유무 확인 시 화재건물이 화재보험 의무가입대상(특수건물)에 해당하는지 여부를 확인하여 체크

⑬ 기상상황

```
⑪  기상상황
    ① 날  씨 |______|        ② 온  도 |______| ℃
    ③ 습  도 |___| %          ④ 풍  향 |______|
    ⑤ 풍  속 |___| m/s        ⑥ 기상특보 |________|
```

화재진압을 위해 출동한 시점에서 화재현장의 날씨, 온도, 습도, 풍향, 풍속을 기재하고 당일 기상청에서 발표한 기상특보(한파주의보, 강풍주의보, 건조주의보 등)가 있으면 특보상황을 기재한다.

⑭ 첨부서류

```
⑫  첨부서류
    ① 화재 유형별 조사서
       □ 1.1 건축·구조물 화재    □ 1.2 자동차·철도차량 화재    □ 1.3 위험물·가스제조소 등 화재
       □ 1.4 선박·항공기 화재    □ 1.5 임야화재              □ 1.6 기타화재(첨부없음)
    ② 화재피해 조사서
       □ 2.1 인명피해           □ 2.2 재산피해
    ③ 방화  방화의심 조사서 □  ④ 소방방화시설 활용 조사서 □  ⑤ 화재현장 조사서 □
```

첨부서류는 화재현황 조사서를 구체화시켜주는 뒷받침 자료로 화재유형별 조사서 및 화재피해조사서, 방화·방화의심 조사서, 소방방화시설 활용 조사서, 화재현장 조사서로 구성하고 있다.

※ 화재현장 조사서는 모든 화재에 공통적으로 작성하여야 한다.

② 화재유형별 조사서

(1) 건축 · 구조물 화재

---

① 건축 · 구조물 현황

① 건물구조
　　|　|　|　| 식 |　|　|　| 조 |　|　|　| 즙 / |　|　| 동

② 층　수　지상 |　|　| 층,　　지 하 |　|　| 층

③ 면　적　연면적 |　|　|　|,|　|　|　|,|　|　|　| ㎡　바닥면적 |　|　|,|　|　|　|,|　|　|　| ㎡

---

② 건물상태

☐ 사용중　　　　☐ 철거중　　　　　　☐ 공　가

☐ 공사중 ➡　　☐ 신 축　☐ 증 축　☐ 개 축　☐ 기 타

---

③ 장　소

① 시설용도　　　　☐방화관리대상　　☐다중이용업　　■특정소방대상물

대분류	중분류	특정소방대상물
☐ 주거시설	○ 단독주택　○ 공동주택　○ 기타주택	☐ 근린생활시설
☐ 교육시설	○ 학교　　　　　○ 연구, 학원	☐ 위락시설
☐ 판매, 업무시설	○ 판매　○ 공공기관　○ 일반업무　○ 숙박시설	☐ 문화집회 및 운동시설
	○ 청소년시설　○ 군사시설　○ 교정시설	☐ 판매시설 및 영업시설
☐ 집합시설	○ 관람장　○ 공연장　○ 종교　○ 전시장　○ 운동시설	☐ 숙박시설　☐ 노유자시설
☐ 의료, 복지시설	○ 건강　　　○ 의료　　　○ 노유자	☐ 의료시설　☐ 공동주택
☐ 산업시설	○ 공장시설　○ 창고　○ 작업장　○ 발전시설	☐ 업무시설
	○ 지중시설　○ 동식물시설　○ 위생시설	☐ 통신촬영시설
☐ 운수자동차시설	○ 자동차시설　○ 항공시설　○ 항만시설　○ 역사,터미널	☐ 교육연구시설
☐ 문화재시설	○ 문화재	☐ 청소년시설　☐ 공장
☐ 생활서비스	○ 위락　○ 오락　○ 음식점　○ 일반서비스	☐ 창고시설
☐ 기타 건축물	○ 기타 건축물	☐ 운수자동차관련시설

특정소방대상물 (계속):
☐ 관광휴게시설　☐ 동식물관련시설　☐ 위생 등 관련시설　☐ 교정시설　☐ 위험물저장 및 처리시설　☐ 지하가　☐ 지하구　☐ 문화재　☐ 복합건축물

　　　➡ 소분류 |　|　|　|　| |　　　　　|

■ 부속용도　　　　☐ 해당 없음

☐ 후생복리　　☐ 교육복지　　☐ 업무　　☐ 일반생활　　☐ 기타

　　　➡ 소분류 |　|　|　|　|

② 발화지점　　　　　　　　　　　　　　　　　　　　　　☐ 미상

☐ 구조　☐ 기능　☐ 설비, 저장　☐ 생활공간　☐ 출구　☐ 공정시설　☐ 기타

　　　➡ 소분류 |　|　|　|　|

③ 발화층수 ☐지상 |　|　| 층 / ☐ 지하 |　|　| 층　　④ 소실면적 |　|　|,|　|　|　|,|　|　|　| ㎡

⑤ 연소확대 범위

☐ 발화지점만 연소　　☐ 발화층만 연소　　☐ 다수층 연소

☐ 발화건물 전체 연소　　☐ 인근 건물 등으로 연소 확대

---

1 건축 · 구조물현황

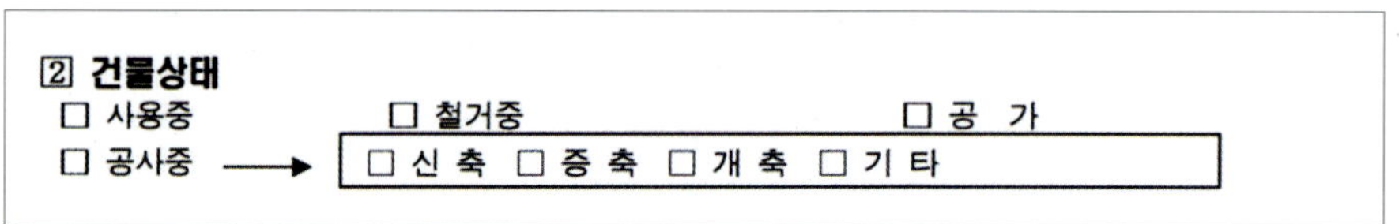

① 건물구조의 종류와 동수를 기재

② 건축물의 층수를 기재

※건축물의 층수가 명확하지 않은 경우 : 건축법 시행령 제119조 제1항 제9호
- 승강기탑 · 계단탑 · 망루 장식탑 · 옥탑 기타 이와 유사한 건축물의 옥상부분으로서 그 수평투영면적의 합계가 당해 건축물 건축면적의 8분의 1 이하인 것과 지하층은 층수에 산입하지 않는다.
- 층의 구분이 명확하지 아니한 건축물은 당해 건축물의 높이 4m 이하마다 하나의 층으로 산정하며 건축물의 부분에 따라 그 층수를 달리하는 경우에는 그중 가장 많은 층수로 한다.

③ 면적 : 하나의 건축물 각 층의 바닥면적 합계로 한다. 단 용적률의 산정에 있어서 다음 각 목에 해당하는 면적은 제외한다.
- 지하층의 면적
- 지하층의 주차용(당해 건축물의 부속용도인 경우에 한한다)으로 사용되는 면적

2 건물상태

① "공가"란 사람이 장기간 주거하지 않는 상태로 주거에 필요한 살림시설이 없어야 한다.

② "공사중"은 신축, 증축, 개축, 기타로 나누어 체크한다.

③ 장소

```
③ 장  소
① 시설용도          □방화관리대상    □다중이용업      ■특정소방대상물

□ 주거시설      ○ 단독주택   ○ 공동주택   ○ 기타주택         □ 근린생활시설
□ 교육시설      ○ 학교              ○ 연구, 학원             □ 위락시설
□ 판매.업무시설  ○ 판매  ○ 공공기관  ○ 일반업무  ○ 숙박시설   □ 문화집회 및 운동시설
               ○ 청소년시설 ○ 군사시설 ○ 교정시설            □ 판매시설 및 영업시설
□ 집합시설      ○ 관람장 ○ 공연장 ○ 종교 ○ 전시장 ○ 운동시설  □ 숙박시설  □ 노유자시설
□ 의료,복지시설  ○ 건강      ○ 의료      ○ 노유자              □ 의료시설  □ 공동주택
□ 산업시설      ○ 공장시설 ○ 창고 ○ 작업장 ○ 발전시설         □ 업무시설
               ○ 지중시설 ○ 동식물시설 ○ 위생시설            □ 통신촬영시설
□ 운수자동차시설 ○ 자동차시설 ○ 항공시설 ○ 항만시설 ○ 역사,터미널 □ 교육연구시설
□ 문화재시설    ○ 문화재                                    □ 청소년시설  □ 공장
□ 생활서비스    ○ 위락 ○ 오락 ○ 음식점 ○ 일반서비스         □ 창고시설
□ 기타 건축물   ○ 기타 건축물                               □ 운수자동차관련시설
                                                           □ 관광휴게시설
                                                           □ 동식물관련시설
                                                           □ 위생 등 관련시설
                                                           □ 교정시설
                                                           □ 위험물저장 및 처리시설
                                                           □ 지하가  □ 지하구
                                                           □ 문화재  □ 복합건축물

                        → 소분류 └┴┴┴┘

  ■ 부속용도          □ 해당없음
   □ 후생복리   □ 교육복지   □ 업무   □ 일반생활   □ 기타

                        → 소분류 └┴┴┴┘

② 발화지점                                                    □ 미상
   □ 구조   □ 기능   □ 설비, 저장   □ 생활공간   □ 출구   □ 공정시설   □ 기타

                        → 소분류 └┴┴┴┘

③ 발화층수 □지상 └┴┴┘층 / □ 지하 └┴┴┘층   ④ 소실면적 └┴┴┘,└┴┴┘,└┴┴┘㎡
⑤ 연소확대 범위
   □ 발화지점만 연소        □ 발화층만 연소        □ 다수층 연소
   □ 발화건물 전체 연소     □ 인근 건물 등으로 연소 확대
```

❶ **시설용도** : 화재발생 장소를 "방화관리대상" 및 "다중이용업"과 "특정소방대상물"로 구분하여 해당 항목에 체크할 수 있도록 하며, 용도별로 두 개 이상에 해당할 경우 중복 체크 가능

❷ **부속용도** : 주된 용도에 부속된 시설

❸ **발화지점** : 화재가 최초로 발생한 지점을 가리키며 방 또는 방의 구체적인 지점과 자동차 안의 구체적인 지점, 야외의 특정한 지점 등이 될 수 있다.

❹ **발화층수** : 지상과 지하로 구분

❺ **소실면적** : 최초 발화가 개시된 구역 및 연소확산된 결과로 나타난 모든 소실면적을 기재

❻ **연소확대 범위**

- 아파트, 주택, 창고 등과 같이 구획된 장소에서 발생한 화재를 "발화지점만 연소"로 본다.
- 구획된 장소에서 화재가 발생하여 옆방 또는 옆 사무실로 확대되었으나 다른 층으로 연소 확대되지 않은 화재를 "발화층만 연소"로 본다.

- 다수층 연소 : 발화층 이외 상층 및 하층으로 연소확대된 화재
- 발화건물 전체 연소 : 면적과 층에 관계없이 발화지점을 중심으로 건물 전체가 연소된 화재(70% 이상)
- 인근 건물 등으로 연소 확대 : 화재가 발생한 건물로부터 불길이 출화하거나 불티의 비화 등으로 인근 건물의 지붕, 처마, 옥외에 쌓아둔 물건 등에 착화한 경우를 말한다.

(2) 자동차 · 철도차량

① 구 분

① 자 동 차
- ☐ 승용자동차　　☐ 화물자동차
- ☐ 승합자동차
- ◯ 버스　　◯ 소형 승합차
- ◯ 캠핑용 자동차 또는 캠핑용 트레일러
- ◯ 기타
- ☐ 특수자동차　☐ 오토바이
- • 장소 ☐ 고속도로 ☐ 일반도로
　　　 ☐ 주차장 ☐ 공지 ☐ 기타

② 농업기계
- ☐ 트랙터　☐ 경운기　☐ 기타

③ 건설기계
- ☐ 굴삭기　☐ 덤프트럭　☐ 기타

④ 군용차량
- ☐ 군용차량　☐ 기타

⑤ 철도차량
- ☐ 전 동 차　　☐ 기 관 차
- • 철도구분 ☐ 국철 ☐ 지하철 ☐ KTX

② 형 식

① 제조회사 |＿＿＿＿＿|

② 차량번호 |＿＿＿＿＿|

③ 연　식 |＿|＿|＿|＿| 년

④ 차 량 명 |＿＿＿＿＿＿|

③ 발화지점　　　　☐ 미상

① 자동차 · 농업 · 건설 · 군용차량
- ☐ 앞 좌 석　　☐ 뒷 좌 석
- ☐ 엔 진 룸　　☐ 트 렁 크
- ☐ 바　퀴　　☐ 적 재 함
- ☐ 연료탱크　　☐ 기 타

② 철도차량
- ☐ 객실 (좌석)　☐ 기 관 실
- ☐ 바 퀴　　☐ 연 료 탱 크
- ☐ 화 물 실　　☐ 화 장 실
- ☐ 객차연결통로　☐ 기 타

④ 참고사항

1 구분

❶ **자동차** : "자동차"란 원동기에 의하여 육상에서 이동할 목적으로 제작한 용구 또는 이에 견인되어 육상으로 이동할 목적으로 제작한 용구를 말한다(항공기 제외).
❷ **농업기계** : 경운기, 트랙터 등 농사를 위한 기계를 말한다.
❸ **건설기계** : 굴삭기, 덤프트럭 등을 말한다.
❹ **군용차량** : 군부대 등 군에서 사용하는 차량
❺ **철도차량** : 기차(KTX, 새마을 무궁화, 화물용 기차) 및 지하철을 말한다.

2 형식

해당 화재와 관련된 자동차, 철도, 기타 차량의 제조회사, 연식, 차량명 등을 기재한다.

3 발화지점

❶ **자동차 · 농업 · 건설 · 군용차량** : 일반 자동차, 농업, 건설, 군용차량의 구체적인 발화지점을 체크한다. 예를 들면 앞좌석 바닥, 콘솔박스 주변, 뒷좌석 시트 위 등으로 체크하고 원인을 알 수 없을 때에는 미상으로 체크한다.
❷ **철도차량** : 철도차량 내부 객실좌석, 기관실, 화장실 등 구체적인 발화지점을 체크한다.

4 참고사항

기타 당해 화재로 인한 추가사항이나 중요사항 등을 별도로 기재해둔다.

(3) 위험물 · 가스제조소 등 화재

```
① 대  상      □ 건 축 물      □ 시 설 물(탱크)      □ 차  량

  ① 구  조
    └┴┴┘ └┴┴┘식 └┴┴┘ └┴┴┘조 └┴┴┘ └┴┴┘즙 └┴┘ 동
  ② 층  수 지상 └┴┴┘층,   지 하 └┴┴┘층
  ③ 면  적 연면적 └┴┴┴┘,└┴┴┴┘,└┴┴┴┘㎡ 바닥면적 └┴┴┴┘,└┴┴┴┘,└┴┴┘㎡

② 제조소 등의 구분
  ① 위험물제조소 등
    □ 제 조 소       □ 옥내 저장소      □ 옥외탱크 저장소    □ 옥내탱크 저장소
    □ 지하탱크 저장소  □ 간이탱크 저장소   □ 이동탱크 저장소    □ 옥외 저장소
    □ 암반탱크 저장소  □ 주유 취급소      □ 판매 취급소       □ 이송 취급소
    □ 일반 취급소      □ 기타
  ② 가스제조소 등
    □ 고압가스 제조시설     □ 고압가스 저장시설     □ 액화산소를 소비하는 시설
    □ 액화석유가스 제조시설  □ 액화석유가스 저장시설  □ 가스 공급시설  □ 기  타
  ③ 완공 년 · 월 · 일  └┴┴┴┘년,└┴┘월,└┴┘일   ④ 차량번호 └──────┘
  ⑤ 허가품명  └──┘류,└──────┘   ⑥ 허가량 └──────┘

③ 발화지점                                          □ 미상
  ① 위험물 취급시설
    □ 주 입 구   □ 펌  프    □ 탱크 본체  □ 작 업 실   □ 보 관 실
    □ 반 응 기   □ 고정수유설비 □ 토 출 구   □ 차  량    □ 기  타
  ② 부속시설
    □ 사 무 실   □ 점  포    □ 식당 · 휴게소 □ 전 시 장  □ 정 비 소
    □ 세 차 기   □ 대기실/주거시설 □ 외  부   □ 기  타

④ 화재경위
    □ 제조소 등 내부에서 (□ 발화, □ 폭발)하여 당해 제조소 등 내부에서 그친 경우
    □ 제조소 등 내부에서 (□ 발화, □ 폭발)하여 당해 제조소 등 외부로 확대된 경우
    □ 제조소 등 외부에서 (□ 발화, □ 폭발)하여 당해 제조소 등으로 전이된 경우
    □ 제조소 등의 위험물이 누출되어 제조소 등 외부에서 (□ 발화, □ 폭발)한 경우

⑤ 참고사항
    ________________________________________________
    ________________________________________________
    ________________________________________________
```

1 대상

대상은 건축물과 시설물(탱크), 차량으로 구분하여 체크한다.

❶ 대상이 건출물일 경우 구조와 동수를 기재

❷ 층수와 면적을 기재하되 지상층과 지하층을 구분하여 기재

❷ 제조소 등의 구분

❶ **위험물제조소 등** : 허가증에 기재된 제조소의 종별을 구분하여 기재
❷ **가스제조소 등** : 허가증에 기재된 가스제조소 등을 기재
❸ **완공 연·월·일** : 허가증에 기재된 완공 연·월·일을 기재
❹ **차량번호** : 위험물 이동탱크의 차량번호를 기재
❺ **허가품명** : 허가증에 기재된 위험물의 허가품명을 기재
❻ **허가량** : 허가증에 기재된 위험물의 허가량을 기재(단위 : ℓ)

❸ 발화지점

❶ **위험물 취급시설** : 위험물 취급시설 가운데 최초 발화된 지점을 체크한다. 주입구, 펌프, 작업실, 보관실 등으로 구분되고 있다.
❷ **부속시설** : 위험물 시설에 부속된 사무실, 점포, 휴게소 등을 말한다.

❹ 화재경위

화재가 발생한 이후 발화구역에서만 연소된 것인지, 외부로 확대되고 전이된 것인지를 연소현상을 파악하여 체크한다.

(4) 선박·항공기 화재

```
┌────────────────────────────────────────────────────────────────┐
│ ① 구  분                                                        │
│  ① 선    박                    ② 항 공 기                       │
│   □ 유 람 선   □ 여 객 선       □ 비 행 기   □ 회전익항공기(헬리콥터) │
│   □ 화 물 선   □ 유 조 선       □ 비 행 선   □ 활 공 기(글라이더)  │
│   □ 바 지 선   □ 어   선        □ 경 비 행 기  □ 기      타       │
│   □ 수상 레저기구(보트 등)                                       │
│   □ 함정(군함 등)                                               │
│   □ 특수작업선(해양관측선 등)                                    │
│   □ 기    타                                                    │
└────────────────────────────────────────────────────────────────┘
┌────────────────────────────────────────────────────────────────┐
│ ② 형  식                                                        │
│  ① 제조회사 [        ]        ③ 톤  수 [   ,    ] TON          │
│  ② 연  식 [    ] 년           ④ 기종/명칭 [        ]            │
│                               ⑤ 수용인원 [   ] 명               │
└────────────────────────────────────────────────────────────────┘
```

③ 발화지점   □ 미상

① 기기 작동실

□ 기 관 실   □ 전 기 실
□ 갑 판   □ 조타실(조정실)
□ 취 사 실   □ 엔 진
□ 기 계 실   □ 기 타

② 부속시설

□ 계 단   □ 식 당
□ 사 무 실   □ 화 장 실
□ 화 물 실   □ 무 대 부
□ 객 실   □ 기 타

④ 참고사항

(5) 임야화재

① 구 분

① 산 불   □ 국유림   □ 공유림   □ 사유림
       (□ 국립공원   □ 도립공원   □ 시·군립공원   □ 자연휴양림)

② 들 불   □ 숲 □ 들판 □ 논밭두렁 □ 과수원 □ 목초지 □ 묘지 □ 군사격장 □ 기타

② 방·실화자   □ 미 상

① 성 명 ______

③ 연 령 ____세

③ 성 별 □ 남 □ 여

④ 전 화 ______

③ 발화지점   □ 미 상

□ 산정상   □ 산중턱   □ 산아래   □ 평 지

④ 화재경위

① 구 분
□ 입산자 실화 ──→ [□ 담뱃불   □ 모닥불   □ 취사행위   □ 기타]
□ 논·밭두렁으로부터 확대   □ 쓰레기 소각장에서 확대   □ 성묘객으로부터 화재
□ 건물로부터 확대   □ 자동차로부터 확대   □ 축사, 비닐하우스로부터 확대
□ 군사격장으로부터 확대   □ 기 타   □ 미 상

② 발생개요

⑤ 피해사항

① 산림피해면적 ____,____ ㎡   ② 건 물 ____ 동   ③ 기 타 ____

⑥ 발견(신고) 사항   □ 미상

① 일 시 ____ 년, ____ 월 ____ 일 ____ 시, ____ 분

② 인적사항 성명 ______ 연령 ______ 세 성별 □ 남 □ 여

⑦ 참고사항

❸ 화재피해 조사서

(1) 인명피해

① **사 상 자**	☐ 소방공무원

① 인적사항　성명 [　　　]　　　연령 [　｜　｜　] 세　성별 ☐ 남 ☐ 여
② 주　　소 [　　] [　　] [　　] [　　] [　　]
　　　　　　　시도　　시군구　　읍면동　　번지　　대상명(APT 0동000호)

② **사상정도**　☐ 사망　　　☐ 중상　　　☐ 경상

③ **사상시 위치·행동**
① 발 화 층 [　　　　　　　]
　(건축구조물, 위험물·가스제조소 등 화재시　☐ 지상　☐ 지하 [　｜　] 층)
② 사상위치 [　　　　　　　]
　(건축구조물, 위험물·가스제조소 등 화재시　☐ 지상　☐ 지하 [　｜　] 층)
③ 사상시 행동 ☐ 피난중　☐ 구조요청중　☐ 화재진압중　☐ 화재현장 재진입
　　　　　　　 ☐ 행동불가능　☐ 비이성적 행동　☐ 기타　☐ 미상

④ **사상원인**
☐ 연기·유독가스 흡입　☐ 연기, 유독가스 흡입 및 화상　☐ 화상　☐ 넘어지거나 미끄러짐
☐ 건물붕괴　☐ 피난중 뛰어내림　☐ 갇힘　☐ 복합원인　☐ 기 타　☐ 미 상

⑤ **사상전 상태(★ 복수선택 가능)**

① 인적
☐ 수면중　　☐ 음주상태
☐ 약물복용 상태　☐ 정신장애
☐ 지체장애　☐ 관리자 부재
☐ 해당 없음

② 물적
☐ 출구 잠김　☐ 출구 장애물
☐ 출구위치 미인지　☐ 연기(화염)로 피난불가
☐ 출구 혼잡　☐ 방범창(문)
☐ 차량충돌, 전복　☐ 기타　☐ 미상

⑥ **사상부위 및 외상**

① 부 위
☐ 머　　리　☐ 목과 어깨
☐ 가　　슴　☐ 복　부
☐ 척　　추　☐ 팔
☐ 다　　리　☐ 다수 부위
☐ 내 과 계　☐ 얼　굴
☐ 기　　타　☐ 미　상

② 외 상
☐ 찰 과 상　☐ 열 상
☐ 타 박 상　☐ 염 좌
☐ 탈　구　☐ 골 절
☐ 기　타　☐ 미 상

③ 화상정도
☐ 1도 화상
☐ 2도 화상
☐ 3도 화상
☐ 기도 화상

⑦ **참고사항**
____
____

🟧 1 사상자

　부상 또는 사망자 발생 시 당해 사건의 사상자 수에 따른 일련번호 순번을 기재한다. 소방
공무원이 소방활동중 사상을 당한 경우에도 기재한다.

2 사상정도

화재로 인한 사망, 중상, 경상환자로 구분하여 체크한다.

구 분	판단기준
사망	화재현장에서 사망 또는 부상을 당한 후 72시간 이내 사망한 경우
중상	3주 이상 입원치료를 필요로 하는 부상
경상	중상 이외의(입원치료를 필요로 하지 않는 것 포함) 부상

3 사상자 위치 · 행동

건축물과 위험물제조소 등의 화재에 한하여 사상자가 사고를 당할 경우 당시 위치와 행동을 기재한다. 발화층은 화재가 최초 발생한 층수와 위치를 기재하며 사상위치는 사상자가 위치한 층수와 지점을 체크하고 옆 칸에 구체적인 지점을 간단하게 기술한다.

사상 시의 행동은 피난 중, 구조요청 중, 화재진압 중 등으로 구분하는데 사상을 당하게 된 사상자의 주요 행동을 해당 빈칸에 표기한다.

4 사상원인

사상을 당하게 된 직접적인 원인 중에서 해당 사항을 표기한다.

5 사상전 상태

사상을 당하기 전 사상자의 육체적 · 정신적 상태를 표기한다.

6 사상부위 및 외상

❶ **부위** : 신체의 각 부위별로 손상당한 부분을 체크한다.
❷ **외상** : 신체의 각 부위별로 손상당한 정도를 찰과상 및 타박상, 열상, 염좌, 골절 등으로 구분한 것이다.
❸ **화상 정도**
　• 1도 화상(표피화상) : 피부 표피층에 화상을 당한 경우
　• 2도 화상(부분층 화상) : 피부 표피층이 완전히 손상되고 내피층까지 손상을 당한 경우
　• 3도 화상(전층 화상) : 모든 피부층은 물론 피하지방과 근육층까지 손상된 심한 화상
　• 기도 화상(호흡기 화상) : 연기 흡입 또는 화염의 열기가 호흡기를 손상시켜 기도부가 손상된 화상

(2) 재산피해

대상명 :

1 건물 피해산정

신축단가×소실면적×〔1-(0.8×경과연수/내용연수)〕×손해율

□ 수정

구 분	용 도	구 조	소실면적 (m^2)	신축단가 (m^2당, 원)	경과연수	내용연수	잔가율(%)	손해율(%)	피해액 (천원)
건물	용도 1								
	용도 2								
	※ 산출과정을 서술								

2 부대설비 피해산정

단위당 표준단가×피해단위×〔1-(0.8×경과연수/내용연수)〕×손해율, 또는
신축단가×소실면적×설비종류별 재설비 비율×〔1-(0.8×경과연수/내용연수)〕×손해율

구 분	설비종류	소실면적 또는 소실단위	단가 (단위당, 원)	재설비비	경과연수	내용연수	잔가율(%)	손해율(%)	피해액 (천원)
부대 설비	설비 1								
	설비 2								
	※ 산출과정을 서술								

3 영업시설 피해산정

m^2당 표준단가×소실면적×〔1-(0.9×경과연수/내용연수)〕×손해율

구 분	업 종	소실면적 (m^2)	단가 (m^2 당, 원)	재시설비	경과연수	내용연수	잔가율(%)	손해율(%)	피해액 (천원)
영업 시설									
	※ 산출과정을 서술								

④ 가재도구 피해산정

재구입비×〔1-(0.8×경과연수/내용연수)〕×손해율

구 분	품 명	규격·형식	재구입비	수 량	경과연수	내용연수	잔가율(%)	손해율(%)	피해액(천원)
가재도구	품명 1								
	품명 2								
	※ 산출과정을 서술								

⑤ 집기비품 피해산정

m²당 표준단가×소실면적×〔1-(0.9×경과연수/내용연수)〕×손해율, 또는
재구입비×〔1-(0.9×경과연수/내용연수)〕×손해율

구 분	품 명	규격·형식	재구입비	수 량	경과연수	내용연수	잔가율(%)	손해율(%)	피해액(천원)
집기비품	품명 1								
	품명 2								
	※ 산출과정을 서술								

⑥ 가재도구 간이평가 피해산정

〔(주택종류별·상태별 기준액×가중치)+(주택면적별 기준액×가중치)+(거주인원별 기준액×가중치)+(주택가격(m²당)별 기준액×가중치)〕×손해율

구 분	주택종류		주택면적		거주인원		주택가격(m²당)		손해율(%)	피해액(천원)
	기준액(천원)	가중치	기준액(천원)	가중치	기준액(천원)	가중치	기준액(천원)	가중치		
가재 도구		10%		30%		20%		40%		
	※ 산출과정을 서술									

7 기타 피해산정

(기타 물품별 피해산정방식을 적용)

구 분	품 명	규격·형식	단가(단위당, 원)	재구입비	수 량	경과연수	내용연수	잔가율 (%)	손해율 (%)	피해액 (천원)
가재 도구	품명1									
	품명2									
	※ 산출과정을 서술									

8 잔존물 제거비

잔존물 제거	산정대상 피해액	원 (항목별 대상피해액 합산과정 서술)	잔존물 제거비용 (산정대상피해액×10%)	원

9 총 피해액

별첨 : 산정근거로 활용한 회계장부 등 관계서류

구 분	부동산	원	총 피해액	원
	동 산	원		

4 방화 · 방화의심 조사서

□ 수 정

□ **구　분**　　□ 방화　　　　　　　□ 방화의심 (추정)

② **방화동기**
□ 단순 우발적　□ 불만해소　□ 가정불화　□ 정신이상　□ 싸움
□ 비관자살　　□ 보험사기　□ 보복(손해목적)　□ 범죄은폐　□ 사회적 반감
□ 채권채무　　□ 시위　　　□ 기타　　　□ 미상

③ **방화도구**
① 연　료　□ 인화성 액체　□ 가연성 가스　□ 점화가능 고체　□ 일반가연물
　　　　　□ 폭약　　　　　□ 기타　　　　□ 미상
② 용　기　□ 유 리 병　□ 플라스틱병　□ 컵　　□ 압력용기　□ 캔
　　　　　□ 유 류 통　□ 박　스　□ 기　타　□ 미　상
③ 점화장치　□ 심　지　□ 촛　불　　□ 담　배　□ 전기부품
　　　　　□ 기계 장치　□ 리 모 컨　□ 화학약품　□ 성냥·라이터
　　　　　□ 시한·지연장치　□ 기　타　□ 미　상

④ **방화의심 사유**
- □ 외부 침입흔적 존재　□ 유류사용 흔적　□ 범죄은폐
- □ 거액의 보험가입　□ 2지점 이상의 발화점　□ 연소현상 특이(급격 연소)
- □ 기　타

⑤ **도착 시 초기상황**
- ① 화재상황　□ 화재초기　□ 성장기　□ 최성기　□ 말기
- ② 초기정보　□ 창문이 열려 있음　□ 창문이 잠겨 있음　□ 현관문이 열려 있음
　　　　　　□ 현관문이 잠겨 있음　□ 소방서 강제 진입　□ 소방서 도착전 강제진입 흔적
　　　　　　□ 보안시스템 작동　□ 보안시스템 미작동

⑥ **방화연료 및 용기**　　　□ 현장주변에서 획득　□ 현장에서 획득　□ 미확인

⑦ **방화자**　　　　　　　　　　　　　　　　　　　□ 미상
- ① 인적사항　성명 ________　연령 ________ 세　성별 □ 남 □ 여
- ② 주　소 ________ ________ ________ ________ ________
　　　　　　시도　　시군구　　읍면동　　번지　　대상명(APT 0동000호)

⑧ **참고사항**

____
____
____

1️⃣ 구분

방화 또는 방화로 의심되는 화재가 발생한 경우에 작성한다.

방화와 방화의심의 구분

구 분	방 화	방화의심(추정)
정 의	방화범 검거, 증거 확보 및 방화를 뒷받침할 만한 목격자 등의 진술이 확보된 경우를 말한다.	방화와 관련된 증거는 확보하지 못했으나 방화를 제외한 원인이 존재하지 않으며 정황으로 보아 방화가 의심되는 경우를 말한다.

2️⃣ 방화동기

방화를 실행에 옮기게 된 주된 동기를 조사하여 해당 항목에 표기한다.

3️⃣ 방화도구

화재현장에서 확인되는 인화성 액체의 확인 또는 가연성 가스나 촛불 등 매개체를 확인하여 표기한다. 현장에서 유증기에 의한 시료를 채취하였다면 유류분석 결과를 바탕으로 체크한다.

④ 방화의심 사유

뚜렷하고 확실한 증거는 확인되지 않았으나 외부인의 침입, 현장 주변에서 유류용기의 확인 등 방화의심에 해당하는 의심사유에 체크한다.

⑤ 도착 시 초기상황

소방대의 현장도착 시 화염의 세기 또는 화재의 성장단계를 구분하여 체크하고 화재현장 주변의 초기 정보를 체크한다.

⑥ 방화연료 및 용기

방화에 사용한 방화연료 및 용기 등 방화증거물을 확보한 장소를 기록한다.

⑦ 방화자

방화자 · 방화의심자의 인적사항을 기재한다.

⑤ 소방 · 방화시설 활용 조사서

③ ☐ 누전경보기
- ☐ 작동　　　☐ 미작동　　　☐ 미상

④ ☐ 자동화재탐지설비
- ☐ 작 동 →
  - ☐ 거주자 대응　　☐ 거주자 대응 실패
  - ☐ 거주자 없음　　☐ 미 상
- ☐ 미작동 →
  - ☐ 수신기 고장　　☐ 전원차단
  - ☐ 설비불량　　☐ 회로불량
- ☐ 소규모 화재로 미작동 ☐미상
  - ☐ 감지기불량　　☐ 기타　☐ 미상
- 감지기 종류 ⌷⌷⌷⌷⌷

⑤ ☐ 단독경보형감지기
- ☐ 작동 ☐ 미작동 →
  - ☐ 건전지 방전　　☐ 건전지 없음
  - ☐ 전원차단　　☐ 기 타
- ☐ 미상

⑥ ☐ 가스누설경보기
- ☐ 경보 ☐ 미경보 →
  - ☐ 전원차단　☐ 기기불량　☐ 기 타
- ☐ 미상

---

③ 피난설비

① ☐ 피난기구
- ☐ 사용 ☐ 미상 ☐ 미사용 →
  - ☐ 거치대 미비　　☐ 사용법 미숙지
  - ☐ 탈출공간 미확보　☐ 기 타
- ☐ 사용 필요 없음
- 종 류 ☐ 피난사다리 ☐ 완강기(간이완강기 포함) ☐ 구조대, 공기안전매트 ☐ 피난밧줄

② ☐ 유도등
- ☐ 작동　　　☐ 미작동 →
  - ☐ 전원차단　　☐ 전구불량
  - ☐ 충전지 불량　☐ 기 타
- ☐ 미상
- 종 류 ⌷⌷⌷⌷⌷

③ ☐ 비상조명등
- ☐ 작동　　　☐ 미작동 →
  - ☐ 전원차단　　☐ 전구불량
  - ☐ 기 타
- ☐ 미상

---

④ 소화용수설비

① ☐ 사용　☐ 미사용　☐ 미상　② 종류　☐ 소화전　☐ 소화수조 / 저수조　☐ 급수탑

---

⑤ 소화활동설비

① ☐ 제연설비
- 작동 및 효과성 ☐ 작동　☐ 작동하였으나 효과 없음 ⌷⌷⌷⌷ ⌷⌷⌷
  - ☐ 소규모 화재로 미작동　☐ 미작동 ⌷⌷⌷⌷ ⌷⌷⌷ ☐ 미상

② ☐ 연결송수관설비
- ☐ 사용　　　☐ 미사용 →
  - ☐ 송수구 불량　　☐ 배관불량
- ☐ 사용 필요 없음 ☐ 미상
  - ☐ 시설노후　　☐ 기 타

③ ☐ 연결살수설비
- ☐ 사용　　　☐ 미사용 →
  - ☐ 송수구 불량　☐ 헤드불량 ☐ 배관불량
- ☐ 사용 필요 없음 ☐ 미상
  - ☐ 시설노후　　☐ 기 타

④ ☐ 비상콘센트설비
- ☐ 사용　　　☐ 미사용 →
  - ☐ 콘센트 불량　　☐ 배선불량
- ☐ 사용 필요 없음 ☐ 미상
  - ☐ 시설노후　　☐ 기 타

⑤ ☐ 무선통신보조설비

⑥ ☐ 연소방지설비

---

⑥ 초기소화활동　　☐ 해당 없음

☐ 소화기사용　☐ 옥내 · 옥외소화전사용　☐ 피난방송 및 대피유도　☐ 양동이, 모래사용　☐ 미상

---

⑦ 방화설비

① ☐ 방화셔터　☐ 작동(닫힘)　☐ 미작동(열림) ⌷⌷⌷⌷⌷ ☐ 미상

② ☐ 방 화 문　☐ 정상　　☐ 비정상 ⌷⌷⌷⌷⌷ ☐ 미상

③ ☐ 방화구획

---

⑧ 참고사항

____

____

1 소화시설

❶ 소화기구 : 소화기구의 사용 여부를 체크하고 종류를 기재한다.

---

1. 수동식 소화기
2. 자동식 소화기
3. 자동확산 소화용구
4. 캐비닛형 자동소화기기
5. 소화약제에 의한 간이소화용구

---

❷ 옥내소화전 : 전 옥내소화전의 사용 여부 및 효과, 효과미비 원인 등을 기재
❸ 스프링클러설비 : 스프링클러설비 사용 여부 및 작동과 효과성, 종류를 기재
❹ 옥외소화전 : 옥외소화전의 사용 여부, 소화전설비 펌프의 기동 여부, 각종 밸브류 상태
(개방/폐쇄 여부)를 확인

2 경보설비

❶ 비상경보설비 : 비상경보설비의 경보 여부를 확인하고 기재
❷ 비상방송설비 : 수신반에 연결된 비상방송설비의 동작 여부를 확인
❸ 누전경보기 : 누전경보기의 작동 여부를 체크
❹ 자동화재탐지설비 : 경계구역 내 감지기에 의해 자동화재탐지설비의 작동과 효과성을 체크
❺ 단독경보형 감지기 : 단독경보형 감지기의 동작 여부를 확인하는데 건전지의 방전, 전원
차단 등으로 미경보될 수 있으므로 음향장치에 의해 경보가 울렸는지 확인

3 피난설비

피난기구의 설치 및 사용 여부와 유도등, 비상조명등의 점등과 동작상태 확인

4 소화용수설비

소방공무원에 의해 소화용수설비의 사용 여부를 체크

5 소화활동설비

제연설비, 연결송수관설비, 연결살수설비, 비상콘센트설비, 무선통신보조설비, 연소방지설
비 및 방화벽의 작동과 설치 여부를 확인

6 방화설비

방화셔터 및 방화문과 방화구획 여부를 확인

6 화재현장 조사서 작성방법

화재현장 조사서는 서술식으로 작성하는 보고서이며 전반적으로 화재성격을 들여다 볼 수 있도록 하는 작용을 한다. 화재현황 조사서를 비롯한 화재유형별 조사서는 화재를 데이터화하고 계량화하기 위한 체크리스트식 자료로 충실한 기능을 하지만 논리나 설명 등의 뒷받침이 없어 화재성격을 일목요연하게 파악하는 데 한계가 있는데 화재현장 조사서가 이를 보충해주며 명확성을 더욱 확고하게 유지시켜 주고 있다.

보고서로서 화재현장 조사서의 내용을 작성하는 기준으로 특별히 정해진 바는 없으나 알기 쉽고 논리정연하게 작성하는 바람직한 방법은 다음과 같다.

(1) 완전성의 원칙

철저한 정보(자료) 수집을 통하여 관련된 사실을 완전하게 정리한다. 궁금증이 발생하지 않도록 하며 책임 한계를 명확히 하여야 한다.

(2) 명확성 원칙

구체적인 용어를 사용하여 주된 내용이 무엇인지를 명확하게 한다. 내용을 구성하는 모든 단락들이 상호 연관성을 가지고 조리 있게 구성되어야 하고 의미상으로 걸림이 없어야 한다.

(3) 논리성 원칙

보고서는 논리적으로 모순이 없어야 한다. 논리의 비약이나 앞뒤 문맥이 상충되는 경우는 금물이며 논리적 배열의 완성으로 신뢰감을 높여야 한다.

(4) 정확성 원칙

내용이나 형식이 정확하여야 하며 맞춤법이나 외래어 표기법, 단어의 띄어쓰기가 어법에 맞아야 하고 오·탈자가 없어야 한다.

(5) 단어선택 원칙

화재조사 전문용어뿐만 아니라 기술 용어, 정보통신 용어 등 생소한 부분은 풀어서 설명할 수 있어야 하며 하나의 개념에 하나의 단어를 사용하여야 한다.

(6) 수정의 원칙

문장은 직접적이면서 단호하여야 하지만 잘못 작성된 내용이나 문자는 수정이 가능하여야 하며 이해하기 쉬운 방법으로 표현한다.

7 화재현장 조사서 작성 예시

(1) 화재발생 개요

❶ **일시** : 2000. 00. 00. 00:00경 (완진 00:30)
❷ **장소** : ○○시 ○○동 ○○번지 ○○○모텔
❸ **대상물 구조** : 철근콘크리트 슬래브조 4/1층 1동 2,475m²
❹ **재산피해** : 23,000천 원(부동산 13,000천 원, 동산 10,000천 원)

(2) 화재조사 개요

❶ **조사일시** : 2000. 00. 00
❷ **조사자** : 화재조사담당 ○○○외 3명
❸ **화재원인**

- 발화열원(담뱃불)
- 발화요인(부주의)
- 최초착화물(종이)

〈개　요〉

화장대 위에 있는 플라스틱 통에 담뱃불을 투기(投棄)하여 일정시간 축열이 이루진 상태에서 화장대를 비롯한 주변 거울 등으로 연소확대된 화재임.

(3) 동원 소방력

❶ **인원** : 34명(소방 29, 경찰 2, 기타 3)
❷ **장비** : 9대(펌프 4, 물탱크 2, 구조 1, 구급 1, 기타 1)

(4) 화재건물 현황

❶ **건축물 현황**

- 건축준공 : 2000. 12. 22
- 면적 : 건축면적 1,945m², 연면적 2,475m²

❷ **보험가입 현황**

- 가입회사 : ○○화재보험(주)
- 15억 상당 보험가입(부동산 10억, 동산 5억)

❸ **소방시설 및 위험물 현황**

- 자동화재탐지설비 134/8
- 옥내탱크 저장소 2001. 2. 12 설치허가(2001. 2. 28 완공검사)

❹ **화재발생 전 상황**

30대 남녀 투숙객이 만취상태로 새벽 05:00경 2층 000호실에 입실한 이후 05:45경 자동화재탐지설비 경보가 울려서 주인이 살펴보니 30대 남녀 투숙객이 입실한 방에서 연기가 나와 만취상태의 투숙객을 다른 방으로 안내한 후 119 신고한 상황임.

(5) 화재현장 활동상황

❶ 신고 및 초기조치

【05:45】119 신고 접수 및 출동 지령

【05:50】선착대 현장 도착

【05:51】초 진

【05:52】완 진(소화기 이용 자체진화)

❷ 화재진압활동

2인 1조로 4개조가 건물내부로 진입하여 발화층 및 발화지점 확인 후 소화기를 이용하여 초기진화 및 완진에 성공

❸ 인명구조활동

발화층 및 기타 층에 입실한 요구자들을 1층으로 대피 유도하였으며 4층에 있는 요구조자들은 옥상으로 안전하게 대피조치함.

(6) 현장관찰

❶ 건물 위치도

- 왕복 8차선 도로의 이면에 위치하여 출동 원활하게 유지되었음.
- 모텔 앞 도로상은 왕복 2차선으로 협소하였으나 새벽 시간대 차량의 방해는 없었음.
- 주거지역 안에 있는 모텔로서 도착 당시 건물 전면 2층 유리창을 통해 흰 연기가 분출하고 있는 상황이 전개되고 있었음.

❷ 건물 평면도

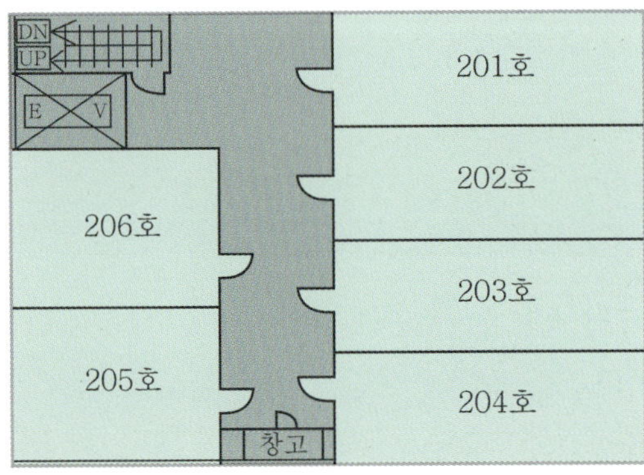

❸ 건물 내부상황

발화지점(원형점선)

화장대 및 거울 탄화

⑧ 발화지점 판정

❶ 관계자 진술

- **최초 신고자** : 모텔 주인에 의하면 자동화재탐지설비 감지기 작동에 의한 경보가 울려 확인을 해보니 2층 000호실에서 흰 연기를 보고 119 신고함.
- **선착대 소방활동** : 건물 외부 2층에서 흰 연기가 나오는 것을 발견하고 2층 000호실로 들어가 소화기를 이용하여 초기진화 시도함.
- 술에 만취된 상태로 입실한 남성에 의하면 화장대 부근에서 불길과 연기가 발생하는 것을 목격하고 밖으로 대피하려고 문을 나서던 중 주인과 마주쳤으며 주인의 안내에 따라 피난하였음.

❷ 발화지점 및 연소확산 경로

- **발화지점** : 화장대 위
- **연소확산 경로** : 출입구 기준 우측에 있는 화장대 바닥이 탄화되었고 벽면 거울이 열에 노출되어 깨진 상태였으며 플라스틱 통이 용융되면서 발생한 연기로 인해 실내 전체가 연기응축물에 오염된 상태로 출입문과 창문으로 열기류가 확산된 형태를 띠고 있었음.

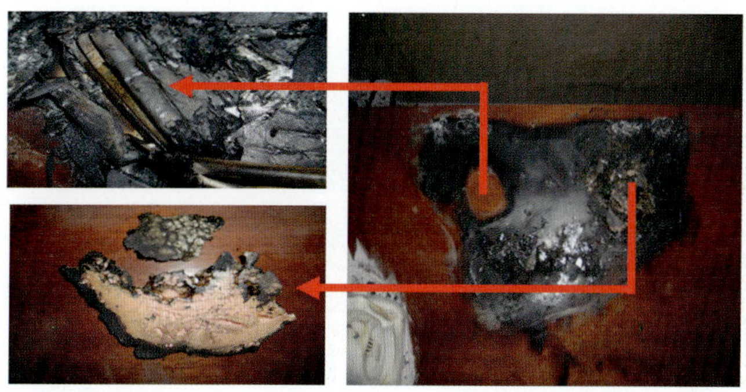

담배 및 플라스틱 용기 잔해   발화지점 흔적

⑨ 화재원인 검토

❶ 방화의 가능성

외부인의 출입흔적이 없고 영업을 개시한지 6개월밖에 되지 않았다는 주인의 진술과 화재사실 발견 즉시 000호실 손님을 안전한 곳으로 대피시키고 119 신고한 상황으로 볼 때 보험금 편취 또는 외부인의 소행에 의한 방화가능성은 배제할 수 있다고 판단됨.

❷ 전기적 요인

화장대 주변 냉장고와 TV, 정수기, 헤어드라이어와 연결된 4구형 멀티탭이 있었으나 화염의 확산방향과 동떨어진 상태로 단락, 발열 등 에너지가 출화된 흔적이 식별되지 않아 배제 가능하다고 판단됨.

❸ 인적 부주의

000호실에 입실한 손님은 만취상태로 2명 모두 흡연을 하는 사람이었으며 재떨이를 사용하지 않고 아무렇게나 담배꽁초를 방안에 버린 흔적이 2개소 이상에서 확인되었고, 화장대 위에 있던 플라스틱 통에 담배꽁초를 투기(投棄)한 후 잠이 든 상태로 플라스틱 그릇에서 축열된 열에 의해 플라스틱안에 있던 종이류에 착화된 후 주변으로 연소확산된 것으로 조사됨.

⑩ 결론

❶ 현장조사 결과

- 000호실 내부 화장대 윗부분만 부분 연소된 상황으로 소방대에 의해 초진 및 완진이 이루어진 사실 확인
- 만취상태의 손님이 입실한 후 흡연을 한 사실이 확인되었고 화장대 위에 있던 플라스틱 통 안으로 아무렇게나 던져진 담배 불씨에 의해 일정시간 축열상태가 지속되다가 플라스틱 내부에서 착화되어 주변으로 연소확산된 것으로 조사됨.
  ※ 플라스틱 통 : 폴리프로필렌(용융점 158℃~168℃) 소재로 머리빗을 넣어두는 통으로 사용 중 이었음.

❷ 문제점 및 대책

- 담뱃불 등 화기단속 및 취급 소홀
- 소화기 작동법 등 초기 소화능력 미흡
- 영업장 관계자 소방안전교육 및 대응방법 강구

⑪ 기타

대상물이 화재보험에 가입된 상태로 화재증명원 발급 처리 및 원상복구 절차가 담긴 안내책자 교부

CHAPTER 02

화재피해액 산정

The Fire investigation introduction

Step 01 개요

1 화재피해 조사

화재로 인한 피해는 크게 인명피해와 재산피해로 구별되며, 원인조사 분야와 더불어 전문성을 가지고 조사를 하여야 하는 분야로 자리잡고 있다. 불에 타 버린 물건의 형상과 재질, 사용연수 등을 파악하는 과정은 생각보다 쉽지 않으며 특히 연소된 상태에 따라 재사용이 가능한 범위까지 산정하여 금액으로 산출하여야 하는 어려움 때문에 장시간을 필요로 하는 조사과정이다. 더구나 최근에는 개인의 재산권 보호 강화와 자신의 권리를 침해당하지 않으려고 밀고 당기는 이권다툼이 화재발생 현장에서 자주 발생하는 부분이기도 하기에 합리적이고 현실성 있는 피해액 집계방식이 요구되고 있는 것이다.

화재로 인한 피해는 직접 화염에 의한 피해뿐만 아니라 화재진압과정에서 불가피하게 발생하는 수손피해를 비롯하여 영업중단에 따른 손실과 신용거래 상실, 복구비용 발생 등 간접적인 무형의 피해도 나타나지만 이는 피해금액을 계량화하기 곤란하여 우리나라에서는 유형의 직접피해만 피해액으로 집계하고 있다. 간접피해에는 일산화탄소 및 시안화수소, 염화수소 등 연소의 부산물로 파생되는 유해가스로 인한 대기오염과 소화수 사용에 따른 토양오염 및 폐기물 처리비용 등이 있어 직접피해보다 그 비용이 더 크게 나타날 수도 있다.

피해액의 산정절차는 추정치에 의존하는 경향이 크지만 사회 정세 및 물가동향 등을 반영한 현실성이 있어야 하고 피해물품이 누락되거나 부풀려지는 등 어긋남이 없어야 한다. 물류창고나 공장같이 대규모로 연소된 건물은 보관중인 물품이 다양하고 많을뿐더러 피해면적이 광범위하기 때문에 물품이 소실되어 형체가 없어지면 누락될 공산이 크며, 이를 틈타서 관계자 등은 피해품목을 부풀려 진술하려는 등 입장차이가 서로 다르게 나타날 수 있으므로 초기 화재진압 단계부터 조사자가 깊이 관여하여 세심하게 관찰할 필요가 있다.

　피해조사 결과는 보험료 산정에 필요한 기초자료로 활용될 수 있어야 하고 화재 경각심을 널리 알리는 데 이바지하여 궁극적으로 국민 생활안정을 도모하는 데 기여하여야 한다.

② 화재피해액 산정의 필요성

❶ 화재피해 정도를 알리기 위한 대국민·홍보
❷ 손해상황 등을 통계화하여 소방정보를 수집하고 행정시책 자료로 활용
❸ 유사화재 방지 및 피해를 경감시키는 데 기여

③ 화재피해 조사방법

　화재로 인한 피해액을 조사할 때에는 신속하고 합리적이며 객관적으로 산정하여야 한다. 피해액 산정과 관련된 직무순서는 〈그림 5-1〉과 같다.

| 화재현장 조사 | • 화재발생장소 피해규모 파악
　－이재동 수, 사상자 수, 건물 명칭 및 피해면적
• 피해규모에 따른 조사인력, 조사범위, 순서 판단 |

↓

| 기본현황조사 | • 피해내용 및 범위 확인
　－ 건물, 부대설비, 구축물, 영업시설, 기타 동산의 피해여부
• 건물 용도, 구조, 규모 확인
　－ 건축물 대장 및 실측에 의한 도면 작성 등 |

↓

| 피해정도 조사 | • 건물, 부대설비, 영업시설의 피해정도, 피해면적 확인
• 기계장치, 공구기구, 집기비품, 가재도구, 차량 및 운반구, 재고자산, 예술품 및 귀중품, 동물 및 식물의 피해유무, 품목별 피해정도, 수량 확인 |

↓

| 재구입비 산정 | • 피해내용별 재구입비의 산정 |

↓

| 화재현장 조사 | • 피해내용별 피해액 산정
• 잔존물 제거비 산정
• 피해액 합산 |

〈그림 5-1〉 화재피해액 산정 순서

(1) 화재현장 조사

화재피해 조사는 소방활동이 종료된 후에 시작하는 것으로 생각하기 쉽다. 물론 소방활동이 우선이겠지만 화재현장에서 소방활동과 더불어 선행되어야 할 사항들이 있다. 즉 화재피해 조사에 필요한 기본적인 사항들에 대하여 미리 파악해두면 피해액 산정절차가 훨씬 용이할 것이다. 화재현장 소재지 및 사상자 수, 이재 동 수 파악, 건물 명칭, 면적 등 화재피해의 정도를 파악하고 피해규모에 따른 조사인력과 조사범위, 조사순서를 사전에 판단해두는 것이다.

❶ **피해 동 수 및 피해면적 확인** : 화재로 인한 피해는 구획된 공간에서 화염면의 확산과 불티의 비화 등으로 손쉽게 다른 구역으로 확대되고 멀리 이동한다. 발화건물로부터 수십 미터 떨어진 곳에서 또 다른 발화가 일어난 경우도 있을 수 있으므로 피해조사 경계구역은 폭넓게 설정할 필요가 있다. 발화구역과 관계없이 비화에 의해 경미한 피해가 발생한 피해자 중에는 화재 직후 발화가 개시된 곳 보다는 피해가 가볍다는 이유로 신고를 망설이다가 조사 종료 후 피해사실을 신고하는 경우가 있다. 이러한 경우 피해사실의 확인을 위해 현장을 다시 나가더라도 수손피해부분이 건조해졌거나 오손부분을 청소한 경우가 많이 생길 수 있어 손해의 확인이 불가능해진다. 또한 복합건물의 경우 하나의 건물에서 화재가 발생했더라도 계단과 통로를 통해 또 다른 구역으로 연기와 소화수 등이 흘러들어갈 공산이 크므로 세심한 조사가 이루어져야 한다. 하나의 건물에 관계자가 많이 얽혀 있다는 것은 그만큼 복잡한 피해조사과정이 뒷받침되어야 한다는 것으로 빠짐없이 조사가 이루어져야 한다.

❷ **관계자로부터 정보 입수** : 화재발생 전 건물구조와 물건의 배열상태 및 구조, 형태 등은 누구보다 앞서 관계자가 가장 많이 알고 있는 부분이기 때문에 현장에 입회시켜 진술을 들어보면서 현장조사를 실시하면 효과적이다. 물건이 소실되었더라도 현장구조를 살펴보면 물건의 크기와 수량 등을 가늠할 수 있으며 타고 남은 물건을 통해 비교평가와 분석도 가능하기 때문이다.

〔표 5-1〕는 정확한 피해액 산정을 위해 관계자 등으로부터 확인하여야 할 정보 내용이다.

〔표 5-1〕 피해액 산정을 위해 관계자 등으로부터 정보입수 내용

① 건물의 건축 연월과 구입 단가를 확인한다.
② 개략적인 평면도에 피해부분을 명시함과 동시에 잔존부가 있는 경우에는 재질, 손모 정도 등을 확인한다.
③ 목조, 방화조 등으로 불에 타서 무너져 잔존부를 확인할 수 없는 경우는 관계자 질문을 통해 배치도를 작성하고 화재발생 전의 상황을 판단한다.
④ 물건이 소실되어 확인이 불가능한 경우 질문을 통해 품명, 수량 등을 기록해 둔다.

⑤ 귀금속, 서화, 골동품에 대해서는 사진촬영을 해 두는 것은 물론 그 가치에 대한 설명을 구하고 고미술품 등에 대해서는 작가, 시대 등도 기록해 둔다.

⑥ 기계류는 구입연차, 제조사, 형식 등을 확인하고 수리하여 재사용할 수 있는지 여부도 확인한다.

⑦ 화재피해자에 대하여 화재보험이나 공제 등의 가입상황을 확인한다.

⑧ 화재를 당한 동산, 부동산의 권리관계를 확인한다. 부동산에 대한 임대 관계나 저당권 설정상황, 동산에 대한 리스, 렌탈관계 등 권리관계를 명확하게 하지 않으면 후일 화재증명원을 발급할 때 권리관계의 확인이 불가능하게 된다.

(2) 기본현황 조사

화재피해 조사는 화재가 진압된 후 본격적으로 실시된다. 화재현장의 전체적인 피해내용 및 범위를 확인하고 조사방침을 정하게 되는데 산정기준에 따라 피해내용을 구분하여 피해정도를 확인하는 등 건물의 기본적인 현황에 대해 조사를 하여야 한다.

산정기준에 따라 피해대상은 건물, 부대설비, 구축물, 영업시설, 기계장치, 공구·기구, 집기비품, 가재도구, 차량 및 운반구, 재고자산, 예술품 및 귀중품, 동물 및 식물 등으로 구분된다.

(3) 피해정도 조사

화재피해의 기본현황 조사가 완료되면 피해 대상물별로 분류하여 본격적인 피해 정도를 조사한다. 즉 건물, 부대설비, 구축물, 영업시설, 기계장치, 공구 및 기구, 집기비품, 가재도구, 차량 및 운반구, 재고자산, 예술품 및 귀중품, 동물 및 식물로 분류하여 피해 여부, 피해 정도, 피해수량을 확인하는 것이다.

건물의 경우 기본현황 조사서에서 작성한 건물도면 등을 토대로 피해면적을 줄자 또는 레이저 거리측정기 등을 통해 실측하여 그려 넣을 수 있으며 부대설비 및 영업시설에 대하여는 건물에 포함하여 피해액을 산정해야 하는지 별도로 피해액을 산정해야 하는지 그 여부를 먼저 판단하여야 한다.

전기설비 중 기본적인 설비(전등, 전열설비, 전화설비 등)는 건물에 포함시키며 특수설비(자동화재탐지설비, 방송설비, TV공시청설비, 피뢰침설비, DATA설비, H/A설비 등)가 있는 경우에 한하여 별도로 부대설비 피해액을 산정해야 하므로 별도 피해액 산정대상이 되는 경우에는 피해 정도 조사를 실시하여야 한다.

한편 피해 정도는 바닥, 벽, 천장의 6면의 피해 여부와 피해면적, 피해 정도를 확인하여야 한다.

동산(기계장치, 공구, 기구, 집기비품, 가재도구, 차량 및 운반구, 재고자산, 예술품 및 귀중품, 기타)에 대하여는 피해품목 또는 수량이 많지 않을 경우에는 그 품목과 수량, 규격, 제조회사, 구입시기, 구입금액 및 피해정도를 확인하며, 피해품목 및 수량이 많을 경우에는 동산의 피해내용별 품목, 수용면적, 수량, 구입금액 등에 대하여 확인하고 특히 가재도구의 경우에 있어서는 주택 종류 및 상태, 주택 면적, 거주인원, 주택가격(m²당) 등을 확인해야 한다.

피해정도를 조사할 때에는 피해내용별 품목 및 수량, 규격, 구입시기, 제조회사, 구입금액 등에 대하여 현장조사 시 관계자로부터 진술을 통해 확인할 수도 있겠으나 회계장부, 고정자산 대장 등에 의해 확인하거나 관련 서류를 제출받아 확인할 수 있다.

4 화재피해액 관련 용어의 정의

(1) 현재가(시가)

피해물품과 같거나 비슷한 물품, 용도, 구조, 형식 시방능력을 가진 것을 재구입하는 데 소요되는 금액에서 사용기간 손모 및 경과기간으로 인한 감가공제를 한 금액 또는 동일하거나 유사한 물품의 시중거래 가격의 현재의 가액을 말한다.

$$\text{현재가(시가)} = \text{재구입비} - \text{감가수정액}$$

(2) 재구입비

화재 당시의 피해 물품과 같거나 비슷한 것을 재건축(설계감리비를 포함한다) 또는 재취득하는 데 필요한 금액을 말한다.

(3) 소실면적

건물의 소실면적 산정은 소실 바닥면적으로 산정한다. 다만 화재피해 범위가 건물의 6면 중 2면 이하인 경우에는 6면 중의 피해면적의 합에 5분의 1을 곱한 값을 소실면적으로 한다.

예제 1 난방기 과열로 화재가 발생하여 바닥면 $3m^2$와 1면의 벽 $5m^2$가 연소되는 피해가 발생하였다. 소실면적은 얼마인가?

풀이 $(3m^2 + 5m^2) \times 1/5 = 1.6m^2$

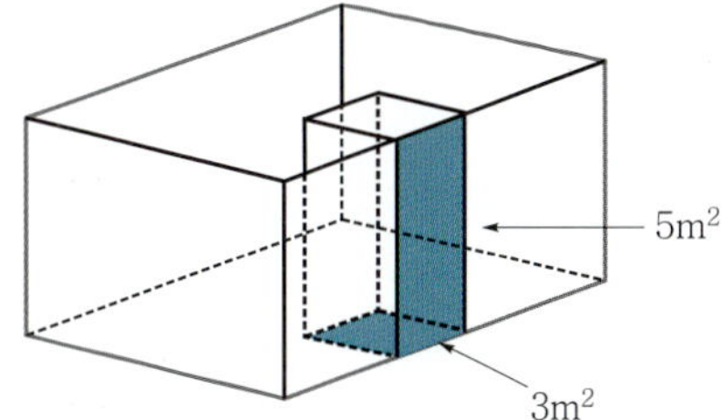

예제 2 벽면 매입형 콘센트에서 발화되어 2면의 벽이 각각 $5m^2$씩 연소되는 피해가 발생하였다. 소실면적은 얼마인가?

풀이 $(5m^2 + 5m^2) \times 1/5 = 2m^2$

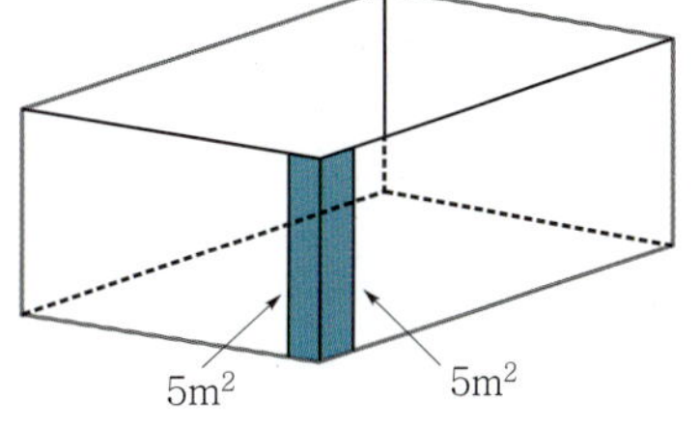

(4) 잔가율

화재 당시에 피해물의 재구입비에 대한 현재가의 비율을 말한다. 이는 화재 당시 피해물에 잔존하는 경제적 가치의 정도로서 피해물의 현재가치는 재구입비에서 사용기간에 따른 손모 및 경과기간으로 인한 감가액을 공제한 금액이 되므로 잔가율은 다음과 같다.

> 현재가(시가) = 재구입비 × 잔가율
> 잔가율 = (재구입비 − 감가수정액)/재구입비
> 잔가율 = 100% − 감가수정율
> 잔가율 = 1−(1−최종잔가율)×경과연수/내용연수

(5) 내용연수(내구연한)

내용연수란 고정자산을 경제적으로 사용할 수 있는 연수(年數)를 말한다. 이는 사용의 필요에 따라 물리적 내용연수와 경제적 내용연수로 구분하는데 물리적 내용연수는 고정자산을 정상적인 방법으로 관리했을 경우 기술적으로 이용 가능할 것으로 예측되는 기간을 말하고 경제적 내용연수는 고정자산의 사용가치 및 교환가치 등을 고려한 경제적으로 이용 가능한 기간을 말한다. 통상적으로 물리적 내용연수에 비해 경제적 내용연수가 더 짧은 것이 보통이다.

화재피해액 산정에 있어서 보통 물리적 내용연수는 관심의 대상에서 제외되며 실무상 피해액의 산정에는 경제적 내용연수를 적용하게 된다.

한편 일반적으로 사용하고 있는 내용연수는 이용목적에 따라 연한을 달리하고 있는데 법인세법에 의한 내용연수는 징세정책 목적을 위해 정한 것이고 한국감정원의 내용연수는 채권확보라는 금융업무의 특성을 고려하여 정한 것으로서 현실적으로 경제적인 내용연수를 반영하지 않고 있다는 점에서 차이가 있다.

(6) 경과연수

피해물의 사고일 현재까지 경과기간을 말하는데 건물의 경우 신축일로부터 하고 기타 재산의 경우 구입일로부터 시작하여 사고일 현재까지의 경과한 기간을 의미한다. 경과연수는 연(年) 단위까지 반영하는 것을 원칙으로 하고 연 단위의 반영이 불합리한 경우에는 월(月) 단위까지 반영할 수 있다.

(7) 최종 잔가율

피해물의 경제적 내용연수가 다한 경우 잔존하는 가치의 재구입비에 대한 비율을 말한다. 고정자산에 있어서 피해물이 경제적 내용연수를 다했더라도 다른 용도로 사용될 수 있으므로 당해 피해물의 경제적 가치가 잔존하게 된다. 예를 들면 차량의 경우 중고부품과 고철로 재활용될 수 있는데 이렇게 해당 피해물의 최종적인 잔존가치를 비율로 나타낸 것을 최종 잔가율이라고 하며 화재 등으로 인한 피해액 산정에 있어 최종 잔가율은 현실을 감안하여 건물, 부대설비, 구축물, 가재도구는 20%로, 그 밖의 자산은 10%로 정한다.

(8) 손해율

피해물의 종류, 손상상태 및 정도에 따라 피해액을 적정화시키는 일정한 비율을 말한다.

(9) 신축단가

화재피해 건물과 같거나 비슷한 규모, 구조, 용도, 재료, 시공방법 및 시공상태 등에 의해 새로운 건물을 신축했을 경우 m²당 단가로서 보통 한국감정원의 건물신축단가표를 기준으로 사용하고 있다.

Step 02 화재피해액 산정대상

화재피해액 산정대상은 화재가 발생하여 유체물 등이 소손된 직접적 손실만을 대상으로 한다. 간접적 손해액은 산정하지 않는다.

보충학습 화재발생 시 간접피해를 산정하지 않는 이유

영업 중단에 따른 손실, 신용 상실, 정신적 피해 등은 무형의 간접피해로 계량화가 까다롭고 손해액을 산정하는 자의 주관이 개입할 여지가 많기 때문이다.

1 화재피해액 산정대상 종류

(1) 건물

건물이란 토지에 정착하는 공작물 중 지붕과 기둥 또는 지붕과 벽이 있는 것으로 주거, 작업, 집회, 영업, 오락, 저장 등의 용도로 사용하기 위하여 인공적으로 축조된 건조물을 말한다. 구체적으로 목조 및 방화구조 건물의 지붕을 기와 등으로 완성한 시점 이후의 것과 준내화 및 내화건물의 슬래브에 콘크리트를 부어 넣은 시점 이후의 것은 건물이지만 해체중의 건물에 대하여는 벽, 바닥 등의 주요구조부의 해체가 시작된 시점부터는 건물로 취급하지 않는다.

특별한 경우로 오래된 차량, 선박, 항공기, 기차 등을 개조하여 일정한 장소에 고정하고 점포나 영업장으로 이용하는 경우 건물화재로 본다.

독립된 건물에는 건물의 부속물과 부착물을 포함하여 피해액을 산정하여야 한다.

본 건물	부속물	부착물
철근콘크리트, 벽돌조, 석조, 블록조 등으로 된 건물을 말한다.	칸막이, 대문, 담, 곳간 및 이와 비슷한 것은 건물의 부속물로 보아 건물에 포함하여 피해액을 산정한다.	간판, 네온사인, 안테나, 선전탑, 차양 및 이와 비슷한 것은 건물의 부착물로 보아 건물에 포함하여 피해액을 산정한다.

(2) 부대설비

건물의 전기설비, 통신설비, 소화설비, 급배수 위생설비 또는 가스설비, 냉방, 난방, 통풍 또는 보일러설비, 승강기설비, 제어설비 및 이와 비슷한 것은 건물과 분리하여 별도로 피해액을 산정한다.

※전기설비 중 기본적인 설비로 분류되는 전등, 전열설비, 전화설비는 건물에 포함시켜 피해액을 산정한다는 차이점에 유의할 것

(3) 구축물

구축물이라 함은 건축법으로 규정하고 있는 건축물 외의 제반 건조물 전반을 말하며 인공으로 축조된 건조물 중 건물로 분류할 수 없는 것으로서 이동식 화장실, 버스정류장, 다리, 철도 및 궤도, 사업용 건조물, 발전 및 송·배전 건조물, 방송 및 무선통신 건조물, 경기장 및 유원시용 선소물, 성원, 노로(고가노로 포함) 등 기타 이와 유사한 것을 말한다.

(4) 영업시설

영업시설이란 건물의 주사용 용도 또는 각종 영업행위에 적합하도록 건물 골조의 벽, 천장, 바닥 등에 치장하고 설치하는 내·외부 마감재나 조명영업시설 및 부대영업시설로서 건물의 구조체에 영향을 미치지 않고 재설치가 가능한 고착된 영업시설을 말한다.

(5) 기계장치

기계라 함은 일반적으로 물리량을 변형시키거나 전달하는 인간에게 유용한 장치를 뜻하며 장치라 함은 연소장치, 냉동장치, 전기장치 등 기계의 효용을 이용하여 전기적 또는 화학적 효과를 발생시키는 구조물을 말한다.

(6) 공구·기구

공구라 함은 작업과정에서 주된 기계의 보조구로 사용되는 것을 말하며 기구라 함은 기계 중 구조가 간단한 것 또는 도구일반을 표시하는 단어로 표시하는 것을 말한다.

(7) 집기비품

집기비품이라 함은 일반적으로 작업상의 필요에서 사용 또는 소진되는 것으로 점포나 사무실, 작업장에 소재하는 것을 말한다.

(8) 가재도구

가재도구라 함은 일반적으로 개인이 일상의 가정생활용구로서 소유하고 있는 가구, 집기, 의류, 장신구, 침구류, 식료품, 연료, 기타 가정생활에 필요한 일체의 물품이 포괄된다.

(9) 차량 및 운반구

철도용 차량, 특수 자동차, 운송사업용 차량, 자가용 차량(이륜, 삼륜차 포함) 및 자전차, 리어카, 견인차, 작업용차, 피견인차 등을 말한다. 여기서 차량이란 구체적으로 원동기를 사용하여 육상을 이동하는 것을 목적으로 제작된 용구이며 자동차, 전차 및 원동기가 부착된 자동차를 말하고 등록의 유무는 상관없지만 완구 혹은 놀이 기구용으로 제공된 것은 포함하지 않는다.

피견인 차량은 차량에 의해 견인되는 목적으로 만들어진 차 및 차량에 의해 견인되고 있는 리어카, 그 밖의 경차량을 포함한다.

(10) 재고자산

재고자산이라 함은 원·부재료, 반제품, 제품, 부산물, 상품과 저장품 및 이와 비슷한 것을 말한다. 그중 상품은 판매를 목적으로 한 경제적 가치를 지닌 동산으로서 포장용품, 경품, 견본, 전시품, 진열품 등을 포함하며, 저장품은 구입 후 사용하지 않고 보관중인 소모품 등을 말하고, 제품은 판매를 목적으로 제조한 생산품이며 반제품은 자가제조한 중간제품을 말한다.

(11) 예술품 및 귀중품

예술품 및 귀중품이라 함은 개인이나 단체가 소장하고 있는 예술적·문화적·역사적 가치가 있는 회화그림, 골동품, 유물 등과 금전적인 가치가 있는 귀금속 보석류 등을 말한다. 현실적 사용가치보다는 주관적 판단이나 희소성에 의해 그 가치가 평가되는 물품에 있어서는 피해액의 산정기준이 달라지므로 별도로 분류하여 피해액을 산정할 필요가 있으며 이는 보석류 등의 귀중품에 있어서도 같다.

(12) 동물 및 식물

동물 및 식물이라 함은 영리 또는 애완을 목적으로 기르고 있는 각종 가축류와 관상수, 분재, 산림수목, 과수목 등 사회에서 거래되거나 재산적 가치를 인정할 수 있는 것을 말한다. 다만 화분은 가재도구 또는 영업용 집기비품으로 분류하고 정원은 구축물로 분류한다.

(13) 임야의 임목

임야의 임목이라 함은 산림, 야산, 들판의 수목, 잡초 등 산과 들에서 자라고 있는 모든 것을 말하며 경작물 피해까지 포함한다.

Step 03 화재피해액 산정방법

화재로 인한 물건 등의 직접적 손실에 대한 피해액 산정은 사고시점에서 피해물의 경제적 가치와 피해 후의 경제적 가치를 판단하는 것으로부터 시작한다. 화재로 인한 피해액은 사고 당시 피해물의 현재시가에서 화재 후 피해물의 잔존가치를 뺀 금액이 되는 것이다. 따라서 화재로 인한 피해액의 산정이란 피해물의 현재시가와 화재 후 피해물품의 잔존가치를 확인하고 평가하는 것이다.

현재시가를 쉽게 알 수 있는 방법에는 다음과 같이 4가지의 방법이 있다.

❶ 구입 시의 가격
❷ 구입 시의 가격에서 사용기간 감가액을 뺀 가격
❸ 재구입 가격
❹ 재구입 가격에서 사용기간 감가액을 뺀 가격

◎ **예제** 5년 전에 100만 원을 주고 구입한 컴퓨터가 현재는 80만 원에 재구입이 가능하고 5년간 사용한 감가액이 30만 원이라고 할 경우 화재발생일 현재 현재시가는 얼마인가?

풀이 ❶의 방법에 현재시가를 정할 경우 = 100만 원
❷의 방법에 현재시가를 정할 경우 = 70만 원(100만 원−30만 원)
❸의 방법에 현재시가를 정할 경우 = 80만 원
❹의 방법에 현재시가를 정할 경우 = 50만 원(80만 원−30만 원)

❶ 대상 및 물품별 현재시가를 정하는 방법

❶ 재고자산, 원재료, 부재료, 제품, 반제품, 저장품, 부산물 등
⇒ 구입 시의 가격으로 산정한다.

❷ 항공기 및 선박 등
⇒ 구입 시의 가격에서 사용기간 감가액을 뺀 가격으로 산정한다.

❸ 상품 등
⇒ 재구입 가격으로 산정한다.

❹ **건물, 구축물, 영업시설, 기계장치, 공구, 기구, 차량 및 운반구, 집기비품, 가재도구 등**
⇒ 재구입 가격에서 사용기간 감가액을 뺀 가격으로 산정한다.

② 화재피해액 산정 시 유의사항

(1) 간이평가방식에 의한 산정 도입

화재피해액은 화재 당시 피해물과 동일한 구조, 용도, 질, 규모를 재건축 또는 재구입하는 데 소요되는 가액에서 사용손모 및 경과연수에 따른 감가공제를 하고 현재가액을 산정하는 실질적·구체적인 방식에 의한다. 단, 회계장부상 현재가액이 입증된 경우에는 그에 따른다.

그럼에도 불구하고 정확한 피해물품을 확인하기 곤란하거나 기타 부득이한 사유에 의하여 실질적·구체적인 방식에 의할 수 없는 경우에는 소방방재청장이 정하는 화재피해액 산정매뉴얼의 간이평가방식으로 산정할 수 있다. 그러나 간이평가방식에 의한 피해액 산정결과가 실제 피해액과 차이가 클 경우에는 간이평가방식을 사용해서는 안 된다. 따라서 간이평가방식을 사용하는 경우에는 그 결과와 실질적·구체적 방식에 의해 산정한 결과를 상호 비교해 보아야 한다.

(2) 특수한 경우의 피해액 산정 우선 적용사항

❶ 건물에 있어 문화재의 경우 별도의 피해액 산정기준에 의한다.
❷ 철거건물 및 모델하우스의 경우 별도의 피해액 산정기준에 의한다.
❸ 중고구입 기계장치 및 집기비품의 제작연도를 알 수 없는 경우에는 신품가액의 30~50%를 재구입비로 하여 피해액을 산정한다.
❹ 중고 기계장치 및 중고 집기비품의 시장거래가격이 신품가격보다 높을 경우 신품가액을 재구입비로 하여 피해액을 산정한다.
❺ 중고 기계장치 및 중고 집기비품의 시장거래가격이 신품가액에서 감가수정을 한 금액보다 낮을 경우 중고 기계장치의 시장거래가격을 재구입비로 하여 피해액을 산정한다.
❻ 공구·기구, 집기비품, 가재도구를 일괄하여 피해액을 산정할 경우 재구입비의 50%를 피해액으로 한다.
❼ 재고자산의 상품 중 견본품, 전시품, 진열품에 대해서는 구입가의 50~80%를 피해액으로 한다.

③ 손해액 또는 피해액을 산정하는 방법

① 복성식 평가법	• 사고로 인한 피해액을 산정하는 방법 • 재건축 또는 재취득하는 데 소요되는 비용에서 사용기간의 감가수정액을 공제하는 방법으로 부분의 물적 피해액 산정에 널리 사용

② 매매사례 비교법	• 당해 피해물의 시중매매 사례가 충분하여 유사매매 사례를 비교하여 산정하는 방법으로서 차량, 예술품, 귀중품, 귀금속 등의 피해액 산정에 사용
③ 수익환원법	• 피해물로 인해 장래에 얻을 수 있는 수익액에서 당해 수익을 얻기 위해 지출되는 제반비용을 공제하는 방법에 의하는 방법 • 유실수 등이 수확기간에 있는 경우에 사용 • 단, 유실수의 육성기간에 있는 경우에는 복성식 평가법을 사용

물적 피해의 산정방법은 위의 3가지 방법을 사용하고 있는데 화재피해액의 산정은 복성식 평가법을 사용하는 것을 원칙으로 하고 복성식 평가법이 불합리하거나 매매사례 비교법 또는 수익환원법이 오히려 합리적이고 타당하다고 판단되는 경우에는 예외적으로 매매사례 비교법 및 수익환원법을 사용한다.

또한 현재시가 산정은 재구입(재건축 및 재취득) 가액에서 사용기간의 감가액을 공제하는 방식을 원칙으로 하되 이 방법이 불합리하거나 다른 방법이 오히려 합리적이고 타당한 경우에는 예외적으로 구입 시 가격 또는 재구입 가격을 현재시가로 인정한다.

(1) 특수한 경우의 피해액 산정

1 문화재에 대한 피해액 산정

문화재보호법 및 전통건조물 보존 등에 의해 문화재로 지정되었거나 보존대상 건물인 경우에는 해당 건물의 현재가치가 재건축비 및 내용연수와 경과연수 등에 의해 결정되지 않는다. 오히려 내용연수가 오래되고 보존가치가 높을수록 현재가치 또한 높아지는 경우가 많다. 따라서 화재로 인한 피해액 산정에 있어 일반적인 건물의 경우와 같이 적용할 수 없다. 문화재로 지정되었거나 보존가치가 높은 건물의 경우에는 전문가(문화재 관계자 등)의 감정에 의한 가격을 현재가로 하며 내용연수 및 경과연수 등에 의한 감가액의 공제 없이 현재가를 화재로 인한 피해액으로 한다.

2 철거건물에 대한 피해액 산정

퇴거 또는 철거가 예정된 건물은 철거예정일 이후의 사용·수익은 불가능한 것으로 보아야 하므로 사고일로부터 철거일까지 기간을 잔여 내용연수로 보아 잔여 내용연수 기간의 감가율에 최종잔가율 20%를 합한 비율을 당해 건물의 잔가율로 피해액을 산정한다.

> 철거건물의 피해액
> = 재건축비×[0.2+(0.8×잔여 내용연수/내용연수)]

③ 모델하우스 등에 대한 피해액 산정

모델하우스 또는 가설건축물 등 일정기간 존치하는 건물은 실제 존치할 기간을 내용연수로 하여 피해액을 산정한다. 이 경우 존치기간 종료일 현재의 최종잔가율은 20%이며 내용연수 및 경과연수는 연 단위까지 산정한다. 모델하우스 등에 대한 피해액 산정을 달리하는 것은 그 내용연수가 비교적 짧은 존치기간에 한정되기 때문이며 모델하우스라 하더라도 사용주택 전시장이나 상설 주택문화관 등으로서 그 구조를 유지한 채 장기 사용하는 경우에는 일반 건물에서와 동일한 내용연수를 적용하여 피해액을 산정하되 상용주택 전시장 및 상설 주택관 내부를 수시로 개조하는 경우에는 해당 부분에 대해 모델하우스 등에 대한 피해액 산정기준을 따른다.

④ 복합구조 건물에 대한 피해액 산정

화재피해액 산정 대상 건물이 구조, 건축시기, 용도가 서로 다른 경우에는 각각의 연면적에 대한 내용연수와 경과연수를 고려한 잔가율을 산정한 후 합산평균한 잔가율을 적용하여 피해액을 산정한다. 다만 복합구조, 용도, 증축 또는 개축한 부분이 건물 전체면적(증축 및 개축한 부분을 포함한 면적)의 20% 이하인 경우에는 주된 건물의 잔가율을 적용한다.

구 조	용 도	내용연수	경과연수	잔가율	면적(m²)	가중치
철골조 슬래브지붕	점포	60년	20년	73.33%	200	14,666
치장벽돌조 슬래브지붕	여관	50년	10년	84.00%	100	8,400
계					300	23,066
평균 잔가율	23,066 ÷ 300 = 76.89%					
비 고	1. 가중치 : 잔가율에 면적을 곱한 수치 2. 평균 잔가율 : 가중치를 총면적으로 나눈 수치					

(2) 건물피해액 산정방법

화재로 인한 건물의 피해액은 화재피해 대상 건물과 동일한 구조, 용도, 질, 규모의 건물을 재건축하는 데 소요되는 금액(재건축비)에서 사용손모 및 경과연수에 대응한 감가공제를 한 다음 손해율을 곱한 금액이 된다. 천원 단위로 기재하며 소수점 첫째 자리에서 반올림한다.

> 화재로 인한 피해액
> = 소실면적의 재건축비 × 잔가율 × 손해율
> = 신축단가 × 소실면적 × [1－(0.8 × 경과연수/내용연수)] × 손해율

1 소실면적

화재피해액을 산정하기 위한 피해면적으로서 화재피해를 입은 건물의 연면적(건물 각 층의 상면적의 합계)을 말한다. 소실면적은 m^2 단위로 기재한다.

◎ **예제** 철근콘크리트 슬래브지붕 4층 건물의 2층에서 화재가 발생하여 1층 점포 25m²(바닥면적 기준)가 그을음 및 수손피해를 입고 2층과 3층, 4층 70m²(바닥면적 기준) 내부가 전소하는 피해가 발생하였다. 소실면적은 얼마인가?

풀이 화재로 인한 피해면적이 1층 25m², 2층 및 3층과 4층이 각각 70m²이므로 25+70+70+70=235m²이다.

다만 건물의 소실면적 산정은 소실된 바닥면적으로 산정하며 화재피해 범위가 건물의 6면 중 2면 이하인 경우에는 6면의 피해면적 합에 5분의 1을 곱한 값을 소실면적으로 한다.

2 소실면적의 재건축비

소실면적의 재건축비는 소실면적에 신축단가를 곱한 금액으로 한다.

3 잔가율

화재 당시에 피해물의 재구입비에 대한 현재가의 비율로 화재 당시 건물에 잔존하는 가치의 정도를 말한다. 건물의 현재가치는 재구입비에서 사용손모 및 경과기간으로 인한 감가액을 공제한 금액이 되므로 잔가율은 1-(1-최종잔가율)×경과연수/내용연수이며 건물의 최종잔가율은 20%이므로 이를 위 식에 반영하면 건물의 잔가율은 〔1-(0.8×경과연수/내용연수)〕가 된다. 단위는 %로 표시하며 소수점 셋째자리에서 반올림하여 기재한다.

◎ **예제** 목조 지붕틀 대골슬레이트잇기가 15년 경과된 일반공장의 잔가율은 얼마인가?
(단, 일반공장의 내용연수는 30년으로 한다)

풀이 잔가율 공식 〔1-(0.8×경과연수/내용연수)〕에 대입하면 〔1-(0.8×15/30)〕=60%이다.

4 신축단가

화재피해 건물과 같거나 비슷한 규모, 구조, 용도, 재료, 시공방법 및 시공상태 등에 의해 새로운 건물을 신축했을 경우의 m^2당 단가로서 한국감정원의 건물신축단가표를 기준으로 하였다.

5 내용연수

화재피해액 산정에 있어 내용연수는 해당 건물의 용도, 구조 및 마감재 등을 기준하여 대한손해보험협회에서 발행한 보험가액 및 손해액의 평가기준을 따른다.

6 경과연수

화재피해 대상 건물이 건축일로부터 사고일 현재까지 경과한 연수이다. 화재피해액 산정에 있어서는 연 단위까지 산정하는 것을 원칙으로 하며 연 단위로 산정하는 것이 불합리한 결과를 초래하는 경우에는 월 단위까지 산정할 수 있다. 건축일은 건물의 사용승인일, 또는 사용승인일이 불분명한 경우에는 실제 사용한 날부터로 한다. 건물의 일부를 개축 또는 대수선한 경우에 있어서는 경과연수를 다음과 같이 수정하여 적용한다.

❶ **재건축비의 50% 미만 개·보수한 경우** : 최초 건축연도를 기준으로 경과연수를 산정한다.

❷ **재건축비의 50~80%를 개·보수한 경우** : 최초 건축연도를 기준으로 한 경과연수와 개·보수한 때를 기준으로 한 경과연수를 합산 평균하여 경과연수를 산정한다.

❸ **재건축비의 80% 이상 개·보수한 경우** : 개·보수한 때를 기준으로 하여 경과연수를 산정한다.

7 손해율

❶ **주요구조체의 재사용이 불가능한 경우** : 소손정도에 따른 손해율을 정함에 있어 건물의 주요구조체라 함은 내력벽, 기둥, 보, 주계단을 말하며 주요구조체의 재사용이 불가능한 경우라 함은 사실상 건물의 전부가 소실된 경우라 할 것이나 건물의 전부가 소실된 경우에 있어서도 기초공사 부분의 경우 재활용이 가능한 경우가 대부분이므로 손해율은 90%로 하되, 기초공사 부분의 재활용 가능 여부에 따라 10%를 가산할 수 있다.

❷ **주요구조체는 재사용 가능하나 기타 부분의 재사용이 불가능한 경우** : 주요구조체의 재사용은 가능하나 주요구조체를 제외한 부분의 재사용이 불가능한 경우(기타 부분의 재시공이 불가피한 경우)에 있어 손해율은 60%로 한다. 이는 주요구조체의 재건축비 구성비가 약 40%를 차지하기 때문인데 주요구조체를 제외한 부분의 재건축 구성비는 60%가 된다. 다만, 손해율의 적용에 있어 건물의 용도, 건물구조, 손상상태 및 정도에 따라 5% 범위 내에서 가감할 수 있다.

❸ **천장, 벽, 바닥 등 내부마감재 등이 소실된 경우** : 건물의 천장·벽·바닥·전기설비(건물의 기본적인 전기설비를 말함)·위생설비 등 내부마감재 및 건물 내 영업시설물 등이 소실된 경우에 있어 손해율은 40%로 한다. 이는 내부마감재 및 건물 내 영업시설물의 재건축비 구성비가 40%를 차지하기 때문이다. 다만, 건물의 용도, 건물구조, 손상상태 및 정도에 따라 5% 범위 내에서 가감할 수 있다.

❹ **지붕, 외벽 등 외부마감재 등이 소실된 경우** : 지붕 및 외벽 등 외부마감재가 소실된 경우에 있어 손해율은 20%로 한다. 지붕 및 외벽 등 외부마감재의 재건축비 구성비는 약 20% 정도이기 때문이다. 다만, 나무구조 및 단열패널조 건물의 공장 및 창고에 있어서는 5~10% 가산할 수 있다.

❺ **화재로 인한 수손 시 또는 그을음만 입은 경우** : 건물의 내 · 외부 등이 수손 또는 그을음 피해만 입은 경우 손해율은 10%로 한다. 다만, 손상부위, 손상상태, 손상정도에 대해서는 조사자의 판단에 따라 5% 범위 내에서 가감할 수 있다.

〔표 5-2〕 주요구조체의 손해율

화재로 인한 피해 정도	손해율(%)
주요구조체의 재사용이 불가능한 경우	90.00
주요구조체는 재사용이 가능하나 기타 부분의 재사용이 불가능한 경우	65
주요구조체는 재사용이 가능하나 기타 부분의 재사용이 불가능한 경우	60
주요구조체는 재사용이 가능하나 기타 부분의 재사용이 불가능한 경우	55
천장, 벽, 바닥 등 내부마감재 등이 소실된 경우	40
천장, 벽, 바닥 등 내부마감재 등이 소실된 경우(공장, 창고)	35
지붕, 외벽 등 외부마감재 등이 소실된 경우	25, 30
지붕, 외벽 등 외부마감재 등이 소실된 경우	20
화재로 인한 수손 시 또는 그을음만 입은 경우	5, 10

(3) 부대설비 피해액 산정방법

1 간이평가방식

간이평가방식에 의한 부대설비 피해액은 신축단가에 소실된 면적 및 설비종류별 재설비 비율(다음 공식에 의한 5~20%)을 곱한 후 손해율을 곱하는 방식으로 산정한다.

❶ **기본적 전기설비 외에 화재탐지설비 · 방송설비 · TV공시청설비 · 피뢰침 설비 · DATA설비 · H/A설비 등의 전기설비와 위생설비가 있는 경우**

= 소실면적의 재설비비 × 잔가율 × 손해율

= 신축단가 × 소실면적 × 5% × 〔1 − (0.8 × 경과연수/내용연수)〕 × 손해율

❷ **위 전기설비 및 위생설비에 추가하여 난방설비가 있는 경우**

= 소실면적의 재설비비 × 잔가율 × 손해율

= 신축단가 × 소실면적 × 10% × 〔1 − (0.8 × 경과연수/내용연수)〕 × 손해율

❸ 위 전기설비 · 위생설비 · 난방설비에 추가하여 소화설비 및 승강기설비가 있는 경우

= 소실면적의 재설비비 × 잔가율 × 손해율

= 신축단가 × 소실면적 × 15% × 〔1−(0.8 × 경과연수/내용연수)〕× 손해율

❹ 위 전기설비 · 위생설비 · 소화설비 · 승강기설비에 추가하여 냉난방설비 및 수변전설비가 있는 경우

= 소실면적의 재설비비 × 잔가율 × 손해율

= 신축단가 × 소실면적 × 20% × 〔1−(0.8 × 경과연수/내용연수)〕× 손해율

※ 전등 및 전열설비 등 기본적인 전기설비만 되어 있는 경우에는 해당 기본 전기설비는 건물 신축단가표의 표준단가에 포함되어 있으므로 간이평가방식에 의한 산정에서는 별도로 부대영업시설 피해액을 산정하지 아니한다.

❷ 실질적 · 구체적 방식

부대설비의 피해액 산정이 간이평가방식으로 곤란한 경우 실질적 · 구체적 방식에 의한다.

화재로 인한 부대설비 산정방식은 건물의 피해액 산정기준과 비슷하여 부대설비의 사고 전과 동일한 종류, 품질, 구격, 재질로 원상회복하는데 소요되는 재설비비를 구한 다음 사용손모 및 경과연수에 대응한 감가액을 공제한 후 손해율을 곱한 금액으로 한다. 천원 단위로 기재하며 소수점 첫째 자리에서 반올림한다.

실질적 · 구체적 방식에 의한 부대설비 피해액

= 소실 단위(면적, 개소 등)의 재설비비 × 잔가율 × 손해율

= 단위(면적, 개소 등)당 표준단가 × 피해단위 × 〔1−(0.8 × 경과연수/내용연수)〕× 손해율

보충학습 | 부대설비 산정 대상

전기설비 중 특수설비인 화재탐지설비, 방송설비, TV공시청설비, 피뢰침설비, DATA설비, H/A설비, 수변전설비, 발전설비, 전화교환대, 플로어덕트설비, System Box 설비, 주차관제설비 등과 위생 · 급배수 · 급탕설비, 냉난방설비, 소화설비, 자동제어설비, 승강기설비, 주차설비, 볼링장 영업시설물, Clean Room 설비 등

❸ 수리비에 의한 방식

부대설비의 수리가 가능하고 그 수리비가 입증되는 경우에는 수리에 소요되는 금액에서 사용손모 및 경과연수에 대응한 감가공제를 한 금액으로 한다. 단, 수리비가 부대설비 재설비비의 20% 미만인 경우에는 감가공제를 하지 아니한다.

수리비에 의한 부대설비 피해액

= 수리비×〔1−(0.8×경과연수/내용연수)〕

부대설비 수리비는 관련 전문업자의 견적서를 토대로 하되 2곳 이상의 업체로부터 받은 견적금액을 평균하여 재설비비로 산정한다. 단, 수리비에 잔존물 또는 폐기물 등의 제거 처리가 포함되었는지 수리비 내역을 살펴 중복되지 않도록 한다.

(4) 구축물 피해액 산정방법

구축물의 피해액 산정방식은 구축물의 재건축비 표준단가를 활용한 간이평가방식과 회계장부에 의한 방식, 최초 건축비 확인이 가능한 경우인 원시건축비에 의한 방식, 수리비에 의한 방식 등 4가지로 분류된다.

1 간이평가방식

구축물의 재건축비 표준단가표의 단위당 표준단가에 소실단위를 곱한 금액으로 산정한다. 천원 단위로 기재하며 소수점 첫째 자리에서 반올림한다.

간이평가방식에 의한 구축물 피해액

= 소실단위(길이·면적·체적)의 재건축비×잔가율×손해율

= 단위(m, m², m³)당 표준단가×소실단위×〔1−(0.8×경과연수/내용연수)〕×손해율

구축물의 재건축비 표준단가는 다음과 같다.

구 분	종 류	재 질	단 위	단위당 단가(천원)
지하 구축물	저장조	철근콘크리트	m³	350
	수조		m³	280
	공동구		m³	320
지상 구조물	석축	토사 및 콘크리트	m²	80
	옹벽	암석 및 콘크리트	m²	110
	철도	레일, 받침목	m	800
	철탑	철재형 감류	m	2,500

② 회계장부에 의한 피해액 산정방식

구축물은 종류가 다양할 뿐만 아니라 구조, 규모, 재료, 질, 시공방법 등이 일률적이지 아니하여 실질적·구체적 방식에 의한 피해액 산정이 쉽지 않으므로 구축물 사고 당시 현재가액이 회계장부에 의해 확인이 가능한 경우에는 회계장부상의 구축물 가액에 손해 정도에 따른 손해율을 곱한 금액을 해당 구축물의 피해액으로 산정한다.

회계장부에 의한 구축물 피해액

= 소실단위(길이·면적·체적)의 현재가액×손해율

= 소실 단위의 회계장부상 구축물가액×손해율

다만, 회계장부상 구축물의 현재가액을 화재피해액으로 산정하는 경우 회계장부상 구축물의 현재가액에는 사용손모 또는 경과연수에 대응한 감가공제가 이미 이루어진 상태이므로 다시 감가공제를 하지 않는다.

③ 원시건축비에 의한 방식

대규모 구축물의 경우 설계도 및 시방서 등에 의해 최초 건축비의 확인이 가능한 경우가 있으므로 최초 건축비에 경과연수별 물가상승률을 곱하여 재건축비를 구한 후 사용손모 및 경과연수에 대응한 감가공제를 하는 방식에 의해 구축물의 피해액을 산정할 수 있다.

원시건축비에 의한 구축물 피해액

= 소실단위(길이·면적·체적)의 재건축비×잔가율×손해율

= 소실 단위의 원시건축비×물가상승률×〔1−(0.8×경과연수/내용연수)〕×손해율

④ 수리비에 의한 방식

구축물의 수리가 가능하고 수리·복원비가 입증되는 경우에는 수리·복원에 소용되는 금액에서 사용손모 및 경과연수에 대응한 감가공제를 한 금액으로 한다.

다만, 수리·복원비가 구축물 재건축비의 20% 미만인 경우에는 감가공제를 하지 아니한다.

수리비에 의한 구축물 피해액

= 수리비×〔1−(0.8×경과연수/내용연수)〕

구축물 수리비는 관련 전문업자의 견적서를 토대로 하되 2곳 이상의 업체로부터 받은 견적금액을 평균하여 재건축 비용으로 산정한다. 단, 수리비에 잔존물 또는 폐기물 등의 제거 처리가 포함되었는지 수리비 내역을 살펴 중복되지 않도록 한다.

(5) 영업시설 피해액 산정방법

1 간이평가방식

건물과 별도로 내부 영업시설에 대하여 피해액을 산정해야 하는 경우는 건물의 기본적인 구조 외에 벽, 천장, 바닥 등에 내·외부마감재나 조명영업시설 등을 별도로 설치한 경우를 말한다.

사무실 등 영업시설의 경우에 피해액을 건물 피해액과 별도로 산정해야 하는 경우가 있을 수 있으며 대개는 판매영업시설 등의 점포 및 상가 등이 이에 해당한다. 영업시설은 업종별, 용도별로 다양하며 금액 또한 다양하므로 설계도면이나 시방서 등의 확인 및 현장 실사에 의하여 당해 영업시설의 용도, 구조, 재료, 규모, 시공방법, 시공상태 등을 파악하여 영업시설물의 재시설에 필요한 각종 재료의 종류와 수량, 노동시간을 적산하여야 한다. 또한 시중물가와 시중 노임을 적용하여 영업시설의 공사원가를 구하고 이것에 부대하는 제반 경비를 가산하는 실질적·구체적 방법에 의해 재시설비를 구하여 이를 기초로 피해액을 산정하여야 한다. 그러나 시간이 많이 소요되고 산정이 곤란하므로 해당 업종별로 재시설비 금액을 추정하여 사용손모 및 경과연수에 대응한 감가공제를 한 후 손해율을 곱하는 방식에 따라 영업시설의 피해액을 산정한다.

간이평가방식에 의한 영업시설 피해액

= 소실 면적의 재시설비 × 잔가율 × 손해율

= m²당 표준단가 × 소실면적 × [1−(0.9 × 경과연수/내용연수)] × 손해율

2 수리비에 의한 방식

영업시설의 수리가 가능하고 그 수리비가 입증되는 경우에는 수리에 소요되는 금액에서 사용손모 및 경과연수에 대응한 감가공제를 한 금액으로 한다. 다만, 수리비가 재시설비의 20% 미만인 경우에는 감가공제를 하지 않는다.

수리비에 의한 영업시설 피해액

= 수리비 × [1−(0.9 × 경과연수/내용연수)]

(6) 기계장치 피해액 산정방법

화재피해액 산정 대상의 기계는 통상 공장 등에서 생산 또는 가공 등에 사용되는 기계를 말한다. 예컨대 재봉틀의 경우 의류생산 공장에서 이용하는 경우에는 기계장치에 해당하지만 가정집에서 의류 보수용으로 사용하는 경우에는 가재도구에 해당되는 것이다.

한편 기계의 가액(재구입비 등)에는 기계 본체 외에 부속품, 예비품, 치구 등의 가격을 포함시킴은 물론 운반비, 설치비, 시운전비 등도 포함된다. 그러나 기계의 운전에 필요한 기계유, 연료, 잉크, 톱날 등은 소모품 내지 소모 공기구로서 기계에 포함되지 않으며 변압기의 절연유

와 같이 기계의 일부가 되는 경우에는 기계에 포함되는 것으로 본다. 동력배선의 경우 건물 구조체에 설치된 것은 건물로 분류하고 건물의 구조체(분전반 또는 콘센트)에서 기계까지의 배선은 기계의 일부로 본다.

1 실질적 · 구체적 방식

피해 대상 기계와 동일하거나 유사한 기계의 재구입비에서 사용손모 또는 경과연수에 대응한 감가공제를 한 금액으로 산정한다. 천원 단위로 기재하며 소수점 첫째 자리에서 반올림한다.

실질적 · 구체적 방식에 의한 기계장치 피해액

= 재구입비 × 잔가율 × 손해율

= 재구입비 × 〔1−(0.9 × 경과연수/내용연수)〕 × 손해율

그런데 기계장치는 실질적 · 구체적 방식에 의한 재구입비의 확인이 아주 까다롭고 곤란하다. 기계의 종류가 워낙 다양하고 같은 기계에 있어서도 제조회사, 구조, 형식, 능력 등에 따라 가격이 달라질 수 있어 포괄적인 시장가격 판정 자체가 곤란한 경우가 많기 때문이다. 따라서 재구입비의 산정 방식은 다음과 같이 나눌 수 있다.

❶ **시중거래가격 파악에 의한 재구입비** : 화재피해액 산정 대상 기계의 기종, 용도, 제작회사, 형식, 시방능력과 구입 당시의 가격 등을 기계대장 또는 고정자산대장 등에 의해 확인한 후 당해 기계의 제조회사나 판매회사 또는 해당 조합이나 협회 등 관련단체에 거래가격 등을 조회 또는 대조하여 재구입비를 구한다.

❷ **추정방식에 의한 재구입비** : 화재피해액 산정 대상 기계의 시중거래(구입)가격 파악이 곤란한 경우 추정방식으로 재구입비를 구한다.

유사품에 의한 추정	단위능력당 가격에 의한 추정
화재피해액 산정 대상 기계와 구조, 형식, 시방능력 등이 비교적 유사한 다른 기계의 거래(구입)가격을 참고하여 해당 기계의 재구입비를 산정하는 방식이다. 예컨대 동일 기종, 동일 회사 제품인 다이캐스팅 기계의 형체능력이 3톤과 5톤인 기계의 거래(구입)가격을 안다면 이를 근거로 10톤인 기계의 구입가격을 추정할 수 있을 것이다.	화재피해액 산정 대상 기계의 출력 수, 작업능력 등 일정 단위당 시장거래가격이 형성되는 기계의 경우는 해당 기계의 단위능력을 조사 · 확인하여 이에 시장거래가격을 곱한 금액으로 재구입비를 추정하는 방식이다. 이는 기계당 100만 원 미만의 소액 기계 또는 공구 및 기구류에 적용할 수 있는 방법으로 고정자산대장에 기재되지 아니한 경우에 있어 유용한 방법이 된다.

② 감정평가서에 의한 피해액 산정방식

기계장치에 감정평가서가 있는 경우 감정평가서상의 현재가액에 손해율을 곱한 금액을 피해액으로 산정하는 방식이다.

감정평가서에 의한 기계장치 피해액
= 감정평가서상의 현재가액×손해율

기계장치 등을 담보로 금융기관에 대출을 받은 경우 해당 기계장치에 대해 감정평가를 받는 것이 보통이므로 금융기관에 보관된 감정평가서를 제출받아 감정평가서상의 현재가액에 손해율을 곱한 금액을 기계장치의 피해액으로 한다.

③ 회계장부에 의한 피해액 산정방식

당해 기계장치에 회계장부에 의한 현재가액이 확인되는 경우 회계장부상의 현재가액에 손해율을 곱한 금액을 피해액으로 산정한다.

회계장부에 의한 기계장치 피해액
= 회계장부상의 현재가액×손해율

④ 수리비에 의한 방식

기계장치의 수리가 가능하고 그 수리비가 확인되는 경우에는 수리에 소요되는 금액에서 사용손모 및 경과연수에 대응한 감가공제를 한 금액으로 한다. 다만, 수리비가 기계 재구입비의 20% 미만인 경우에는 감가공제를 하지 않는다. 또한 수리비에 해당 기계의 해체비·재조립비·검사비·운반비 등이 포함된 경우에 이들 비용은 감가공제 여부를 결정하는 데 있어 수리비에 반영하지 않는다.

수리비에 의한 기계장치 피해액
= 수리비×〔1−(0.9×경과연수/내용연수)〕

⑤ 특수한 경우의 기계장치 피해액 산정

❶ 중고구입 기계로서 제작연도를 알 수 없는 경우
⇒ 기계의 상태에 따라 신품 재구입비의 30~50%를 당해 기계의 가액으로 피해액을 산정한다.

❷ 중고품 기계의 시장거래가격이 신품 가격보다 비싼 경우
⇒ 신품 가격을 재구입비로 하여 피해액을 산정한다.

❸ 중고품 기계의 시장거래가격이 신품 가격에서 감가공제를 한 금액보다 낮을 경우

⇒ 중고품 기계의 시장거래가격을 재구입비로 하여 피해액을 산정한다.

(7) 공구 · 기구 피해액 산정방법

공구는 작업과정에서 주된 기계의 보조구로 사용되는 것으로 절삭공구, 작업공구, 측정공구 등을 말하며 기구는 기계 중 구조가 간편한 것 또는 도구 일반을 표시하는 단어로 사용되는 것으로 측정기구류 등을 말한다. 다만, 연구소 또는 영업소 내의 실험기구 및 측정기구는 집기비품으로 분류하고 공장 실험실 및 작업장 내의 실험기구와 측정기구 등에 한해 공구 · 기구류로 분류하여 피해액을 산정한다.

■ 실질적 · 구체적 방식

화재로 인한 공구 · 기구의 피해액 산정은 공구 · 기구와 동일하거나 유사한 것의 재구입비에서 사용손모 또는 경과연수에 대응한 감가공제를 한 금액으로 산정한다. 천원 단위로 기재하며 소수점 첫째 자리에서 반올림한다.

> **실질적 · 구체적 방식에 의한 공구 · 기구 피해액**
> = 재구입비 × 잔가율 × 손해율
> = 재구입비 × [1−(0.9 × 경과연수/내용연수)] × 손해율

■ 회계장부에 의한 피해액 산정

일정규모 이상의 사업장으로서 공구 · 기구에 대해 회계장부에 의한 현재가액이 확인되는 경우 회계장부상의 현재가액에 손해율을 곱한 금액을 피해액으로 산정한다.

> **회계장부에 의한 공구 · 기구의 피해액**
> = 회계장부상의 현재가액 × 손해율

■ 수리비에 의한 방식

공구 · 기구의 수리가 가능하고 그 수리비가 확인되는 경우에는 수리에 소요되는 금액에서 사용손모 및 경과연수에 대응한 감가공제를 한 금액으로 한다. 다만, 수리비가 기계 재구입비의 20% 미만인 경우에는 감가공제를 하지 않는다. 공구 · 기구의 수리비는 관련 전문업자의 견적서를 토대로 하되 두 곳 이상의 업체로부터 받은 견적금액을 평균하여 수리비용으로 산정한다.

> **수리비에 의한 공구 · 기구의 피해액**
> = 수리비 × [1−(0.9 × 경과연수/내용연수)]

(8) 집기비품 피해액 산정방법

집기비품은 일반적으로 작업상의 필요에서 사용 또는 소지하는 것으로 점포나 사무실에 소재하는 것이다. 기계기구라고 호칭되는 경우라도 의료용 기계나 세탁소의 프레스 기계 등은 판매나 서비스 업무용으로 사용되고 있기 때문에 집기비품의 범위에 해당하며 여관에서의 이불류 등과 같은 소모품 역시 영업용에 사용되는 경우 집기비품에 해당한다.

1 실질적 · 구체적 방식

집기비품의 품목이 적거나 고가인 집기비품이 포함되어 있어 집기비품의 개별성이 인정되어야 하는 때에는 개개의 품목별로 피해액을 산정하여야 한다.

집기비품 피해액 산정은 피해 대상 물품과 동일하거나 유사한 것의 재구입비에서 사용손모 또는 경과연수에 대응한 감가공제를 한 금액으로 산정한다. 천원 단위로 기재하며 소수점 첫째 자리에서 반올림한다.

실질적 · 구체적 방식에 의한 집기비품 피해액

= 재구입비×잔가율×손해율

= 재구입비×〔1−(0.9×경과연수/내용연수)〕×손해율

2 간이평가방식

집기비품 전체에 대하여 총체적 · 개괄적 재구입비를 산정하여 사용손모 및 경과연수에 대응한 감가공제식에 의해 피해액을 산정한다.

총괄적 · 개괄적인 재구입비의 산정은 업종별 m^2당 단가에 소실면적을 곱한 금액으로 한다.

간이평가방식에 의한 집기비품의 피해액

= 재구입비×잔가율×손해율

= m^2당 표준단가×소실면적×〔1−(0.9×경과연수/내용연수)〕×손해율

3 회계장부에 의한 피해액 산정

일정규모 이상의 사업장으로서 집기비품에 대해 회계장부에 의한 현재가액이 확인되는 경우 회계장부상의 현재가액에 손해율을 곱한 금액을 피해액으로 산정한다.

회계장부에 의한 집기비품의 피해액

= 회계장부상의 현재가액×손해율

4 수리비에 의한 방식

집기비품의 수리가 가능하고 그 수리비가 확인되는 경우에는 수리에 소요되는 금액에서 사

용손모 및 경과연수에 대응한 감가공제를 한 금액으로 한다. 다만, 수리비가 기계 재구입비의 20% 미만인 경우에는 감가공제를 하지 않는다. 집기비품의 수리비는 관련 전문업자의 견적서를 토대로 하되 두 곳 이상의 업체로부터 받은 견적금액을 평균하여 수리비용으로 산정한다.

수리비에 의한 집기비품의 피해액

= 수리비×〔1−(0.9×경과연수/내용연수)〕

5 특수한 경우의 집기비품 피해액 산정

❶ 중고 집기비품으로서 제작연도를 알 수 없는 경우

⇒ 집기비품의 상태에 따라 신품 재구입비의 30~50%를 당해 재구입비로 하여 피해액을 산정한다.

❷ 중고품 가격이 신품 가격보다 비싼 경우

⇒ 신품 가격을 재구입비로 하여 피해액을 산정한다.

❸ 중고품 가격이 신품 가격에서 감가공제를 한 금액보다 낮을 경우

⇒ 중고품 가격을 재구입비로 하여 피해액을 산정한다.

(9) 가재도구 피해액 산정방법

가재도구의 범위는 소유자나 사용자의 직종에 따라서 일반 사회통념의 기준에 따라야 한다. 똑같은 책상이더라도 가정에서 사용하는 것은 가재도구로 분류하며 영업용으로 사용하는 경우에는 집기비품으로 분류한다.

1 실질적·구체적 방식

가재도구의 일부가 소실되어 그 품목 또는 수량이 많지 않거나 고가의 가재도구가 있는 경우에는 피해 대상 물품과 동일하거나 유사한 것의 재구입비에서 사용손모 또는 경과연수에 대응한 감가공제를 한 금액으로 산정한다. 천원 단위로 기재하며 소수점 첫째 자리에서 반올림한다.

실질적·구체적 방식에 의한 가재도구의 피해액

= 재구입비×잔가율×손해율

= 재구입비×〔1−(0.8×경과연수/내용연수)〕×손해율

2 간이평가방식

가재도구 구성에 관련되는 요소 중 주택종류, 주택면적, 거주인원, 주택가격(m²당)의 4가지 요인을 조사하여 약식에 의해 피해액을 산정한다. 또한 4가지 평가항목별 기준액에 가중치를 곱한 후 모두 합산한 금액으로 한다.

간이평가방식에 의한 가재도구의 피해액

= 〔(주택종류별 · 상태별 기준액×가중치)+(주택면적별 기준액×가중치)+(거주인원별 기준
액×가중치)+주택가격(m²당)별 기준액+가중치)〕×손해율

❸ 수리비에 의한 방식

가재도구의 수리가 가능하고 그 수리비가 입증되는 경우에는 수리에 소요되는 금액에서 사용손모 및 경과연수에 대응한 감가공제를 한 금액으로 한다. 다만, 수리비가 기계 재구입비의 20% 미만인 경우에는 감가공제를 하지 않는다.

수리비에 의한 가재도구의 피해액

= 수리비×〔1-(0.8×경과연수/내용연수)〕

(10) 차량 및 운반구 피해액 산정방법

여기서 차량이란 구체적으로 원동기를 사용하여 육상을 이동하는 것을 목적으로 제작된 용구이며 자동차, 전차 및 원동기가 부착된 자동차를 말하고 등록의 유무는 상관이 없다.

선박이라는 것은 독행기능을 가진 범선, 기선, 입선 및 독행기능을 갖지 않는 주거선, 창고선, 거룻배(등록, 엔진등재의 유무와 관계없음) 등을 말하나 미취항의 것으로 육상에 있는 것은 선박이 아니다. 그러니 수리 등을 위해 육상에 일시적으로 있는 선박과 독행기능을 갖고 있는 선박에 의해 끌어진 물건에 화재가 발생했을 경우에는 선박화재에 속한다.

① 자동차의 피해액 산정기준

자동차의 피해액 산정은 피해 대상 자동차와 동일하거나 유사한 자동차의 시중 매매가격을 피해액으로 한다.

중고자동차의 시중 매매가격은 피해 대상 자동차와 차종, 형식, 연식, 주행거리, 상태 등이 동일하거나 유사한 자동차의 시중 매매가격 중 '중'의 가격을 기준으로 하며 이는 중고자동차매매협회에 조회하거나 보험개발원에서 제공하고 있는 열린자료실 차량 기준액을 확인하여 정한다. 천원 단위로 기재하며 소수점 첫째 자리에서 반올림한다.

자동차의 피해액

= 시중 매매가격(동일하거나 유사한 자동차의 '중' 가격)

자동차가 부분적으로 소손되어 수리가 가능한 경우에는 수리에 소요되는 금액을 자동차의 피해액으로 한다. 이때 특별한 경우를 제외하고는 감가공제는 하지 않는다. 자동차의 수리비는 자동차 수리업소의 견적서를 참고하여 산정한다.

자동차의 부분 소손 시 피해액

= 수리비

② 기타 운반구의 피해액 산정기준

항공기, 선박, 철도차량, 특수작업용 차량 등 시중 매매가격이 확인되지 아니하는 자동차에 대하여는 기계장치의 피해액 산정기준에 따른다. 다만, 감정평가서가 있는 경우 감정평가서상 현재가액에 손해율을 곱한 금액으로 하며 회계장부가 있는 경우에는 회계장부상의 현재가액에 손해율을 곱한 금액으로 한다. 감정평가서와 회계장부 모두 없는 경우에는 제조회사, 판매회사, 조합 또는 협회 등에 조회하여 구입가격 또는 시중 거래가격을 확인하여 피해액을 산정한다. 수리가 가능한 경우에는 수리비에 감가공제를 한 금액으로 한다.

(11) 재고자산 피해액 산정방법

재고자산은 상품, 저장품, 제품, 반제품, 재공품, 원재료, 부재료, 부산물 등을 말하며 구입비용이 화재로 인한 피해액이 되기 때문에 감가공제는 하지 않는다.

① 회계장부에 의한 피해액 산정

일정규모 이상의 사업체로서 재고자산에 대하여 회계장부에 의한 가액이 확인되는 경우 회계장부상의 재고자산 구입가액에 손해율을 곱한 금액을 피해액으로 한다. 다만, 견본품, 전시품, 진열품의 경우 재고자산 종류에 따라 구입가격의 50~80%를 피해액으로 한다. 천원 단위로 기재하며 소수점 첫째 자리에서 반올림한다.

회계장부에 의한 재고자산의 피해액

= 회계장부상의 구입가액 × 손해율

② 추정에 의한 방식

화재피해 대상 업체의 매출액에 의해 화재 당시의 재고자산을 추정하는 것으로 매출액을 업종별 재고자산 회전율로 나눈 후 손해율을 곱한 금액이 피해액이 된다. 매출액은 피해액 조사 시 확인하여야 하며 재고자산 회전율은 한국은행이 매년 1회 발표하는 '기업경영 분석'에 의한다. 천원 단위로 기재하며 소수점 첫째 자리에서 반올림한다.

추정에 의한 재고자산 피해액

= 연간매출액 ÷ 재고자산 회전율 × 손해율

재고자산 회전율

= 매출액 ÷ 재고자산

　　재고자산은 다소 경미한 오염(연기 또는 냄새 등이 포장지 안으로 스며 든 경우)이나 소손에도 100%의 손해율을 적용해야 하는 경우가 있다. 재고자산은 상품, 반제품, 원재료, 부재료 등으로서 그을음 피해 또는 수손피해 등으로 폐기되거나(식품류 등) 상품으로서의 가치를 상실하는 경우가 많기 때문이다.

　　따라서 피해물의 품목, 용도, 손상상태, 손상정도, 재사용 가능 여부 등을 확인하여 적정한 손해율을 적용하여야 한다.

　　경미한 손상이나 오염에 의해 100%의 손해율을 적용하는 경우 당해 재고자산의 잔존가치가 있는지 여부 및 처분 또는 매각 등이 가능한지 여부를 확인하여 환입된 금액이 있을 경우에는 이를 피해액에서 공제하여야 한다.

(12) 예술품 및 귀중품 피해액 산정방법

　　예술품 또는 귀중품을 별도로 구분하여 피해액을 산정하는 이유는 그 사용가치의 판단이 아닌 소장가치 등에 의해 피해액을 판단하려는 것이다. 따라서 비록 예술성이 있다 하더라도 대량적 생산에 의해 상품으로서 판매되는 경우 또는 개인이 취미로 만든 것 등에 대해서는 재고자산으로 분류하여 재고자산의 피해액 산정기준을 적용한다.

　　예술품 및 귀중품은 공인 감정기관에서 인정하는 금액을 피해액으로 산정한다. 따라서 복수의 전문가(전문점, 학자, 감정인 등)의 감정을 받거나 감정서 등에 의한 금액을 피해액으로 인정하며 감가공제는 하지 않는다.

　　또한 예술품 및 귀중품이 그 가치를 손상하지 않고 원상태로 복원이 가능한 경우에는 원상회복에 소요되는 비용을 피해액으로 한다. 천원 단위로 기재하며 소수점 첫째 자리에서 반올림한다.

예술품 및 귀중품의 피해액
= 감정서의 감정가액
= 전문가의 감정가액

(13) 동물 및 식물의 피해액 산정방법

　　화재피해액 산정대상으로 동물 및 식물은 가축(가금류 포함), 애완동물, 관상수, 조경수, 가로수 등이 된다. 다만, 화분은 가재도구 또는 영업용 집기비품으로 분류하고 정원은 구축물로 분한다.

　　동물 및 식물은 시중 매매가격이 형성되는 것이 보통이며 시중 물가정보에 의해서도 가격의 확인이 가능하므로 시중 매매가격을 피해액으로 한다. 다만, 가축에 있어서 시중 매매가격은 종류, 크기, 사육연수뿐만 아니라 번식용 및 육용 여부에 따라 가격의 차이가 있으며, 식물의 경우 수종, 용도(관상용, 조경용, 과수용 등) 수령, 상태(조형의 여부 등), 수고(樹高) 및 수폭(樹幅), 근원경 또는 흉고경 등에 따라 가격차이가 있으므로 관련 기관이나 협회에서 가격 형성에 관한 사항을 확인하여 시중 매매가격을 산정하여야 한다. 예를 들면 돼지나 소의 경우 농

협이나 양돈협회에서 가격을 알아볼 수 있다. 천원 단위로 기재하며 소수점 첫째 자리에서 반올림한다.

④ 잔존물제거비 산정방법

화재로 인한 건물, 부대설비, 영업시설, 기계장치, 공구·기구, 집기비품, 가재도구 등의 잔존물(잔해 등) 내지 유해물 또는 폐기물을 제거하거나 처리하는 비용은 화재피해액의 10% 범위 내에서 인정된 금액으로 한다. 천원 단위로 기재하며 소수점 첫째 자리에서 반올림한다.

잔존물제거비

= 화재피해액 × 10%

부 록

Step 01 — 가스채취기 (Gas Aspirating Pump) AP-20

1 정의

가스채취기(Gas Aspirating Pump)는 크게 채취기와 검지관으로 구성된다. 검지관에 일정량의 시료가스를 흡입시켜 변색유무로 판별하는 핸디타이프 방식의 채취기이다. 가스채취기와 함께 쓰이는 유리검지관 내부에는 가스검지제와 흡착제(실리카겔 입자)가 봉입되어 있는데 검지제와 샘플 속에 포함되어 있는 가스와의 화학반응에 의한 색깔의 변화 정도를 살펴 샘플 속의 가스 농도를 판독하는 방법이 주류를 이루고 있다. 이 시스템은 300개 이상의 기체와 기화물질의 생성을 감지할 수 있도록 되어 있다.

2 사용 방법

❶ 검지관의 양 끝을 자른다.

검지관의 끝을 Tip cutter에 삽입하고 검지관 끝을 1회 돌려서 상처를 낸 후 검지관 몸체를 잡고 끊어낸다.

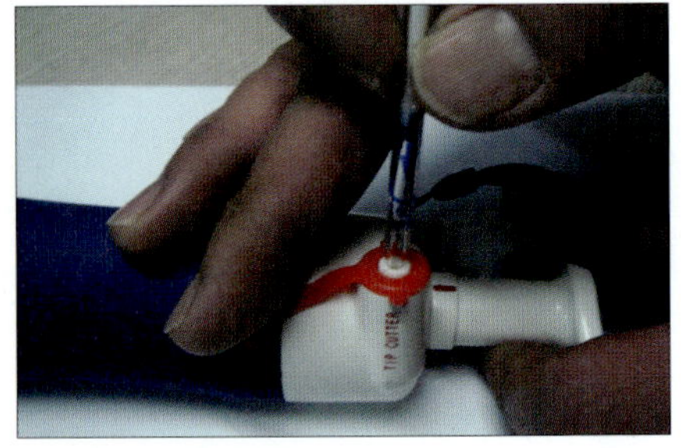

❷ 검지관을 흡착펌프에 연결한다.

샘플링 기체가 검지관에 표기된 화살표 방향으로 들어갈 수 있도록 검지관을 펌프 쪽으로 똑바로 꽂는다.

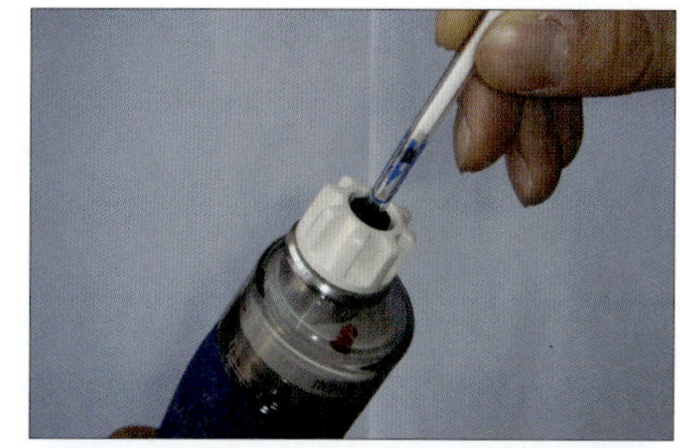

❸ 화살표 방향으로 핸들을 잡아당긴다.

핸들의 적색선과 펌프의 적색선을 맞추고 핸들을 잡아당긴다.

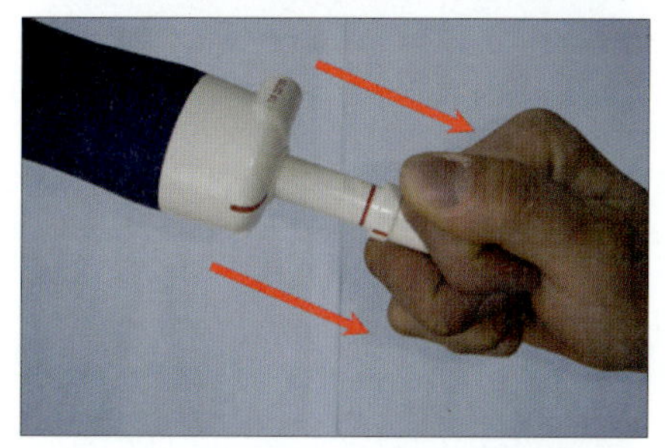

❹ 샘플 기체를 채취한다.

샘플을 채취하고 시료채취의 종료 여부는 흐름표시기로 확인한다.

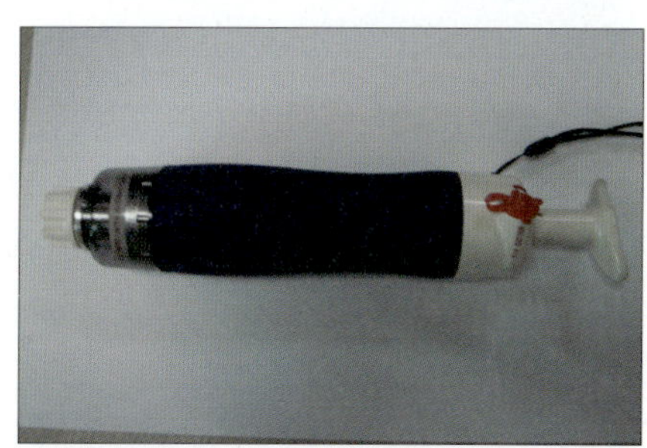

❺ 핸들을 돌려서 진공을 해제시킨다.

시료 채취 후 오른쪽 또는 왼쪽으로 90° 돌려서 해제시킨다.

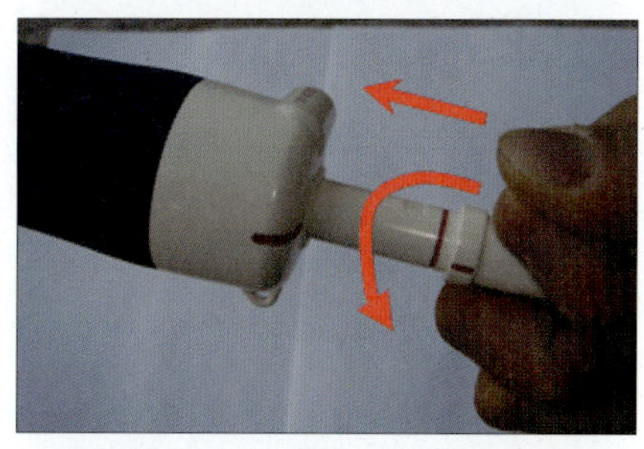

❻ 채취한 샘플을 측정한다.

샘플 채취가 종료되면 가스채취기에서 검지관을 분리하여 농도를 읽는다.

③ 성능 및 명칭

- **샘플링 시간** : 1분 30초(100$m\ell$, 펌프 1회)
- **적정 온도** : 0~40℃(32~104℉)
- **적응성** : 석유 및 등유 등에 포함되어 있는
  방향성 탄화수소에 반응

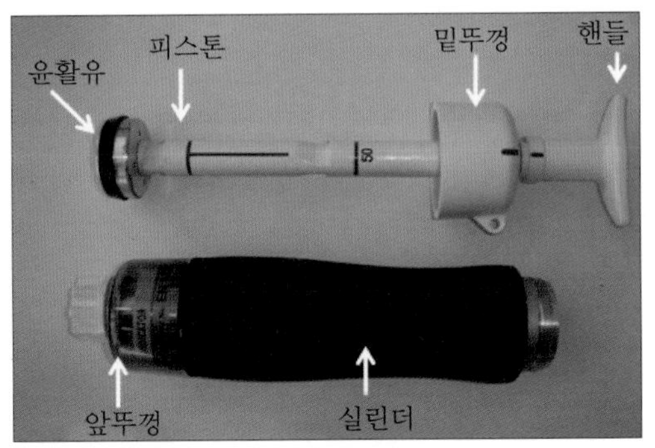

❶ **핸들** : 가스채취기로 시료를 채취하기 위하여 핸들을 당기면서 압력을 높이는 부분으로 50$m\ell$와 100$m\ell$를 선택하여 측정할 수 있다. 작동방법은 검지관을 실린더 펌프 앞부분에 끼우고 50$m\ell$ 또는 100$m\ell$까지 당겨서 빨간색 밑줄 부분이 일치하는 부분에서 손을 뗀다. 그렇게 하지 않으면 피스톤이 고정되지 않는다.

❷ **Tip Cutter(유리검지관 절단)** : 검지관은 내부에 시약이 포함되어 있기 때문에 변질 또는 오염을 방지하기 위하여 양쪽 끝이 막혀 있는 구조로 되어 있다. 현장에서 검지관을 사용하기 직전에 Tip Cutter를 이용하여 검지관의 양쪽 끝을 절단하고 사용하는데, 유리 파편은 절단 후 안전한 곳에서 폐기하여야 한다.

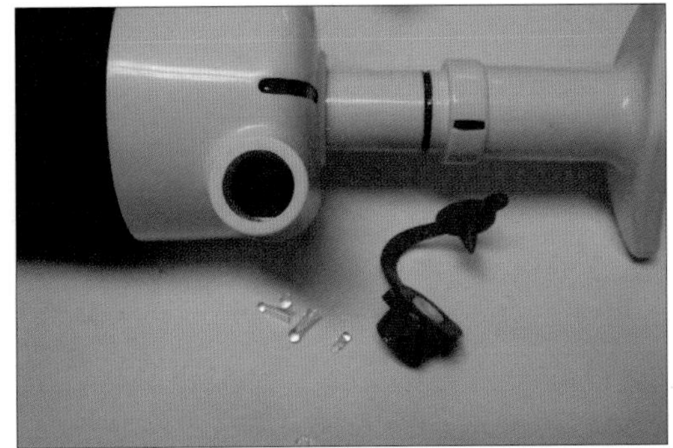

❸ **흐름표시기(Flow Indicator)** : 채취기와 검지관이 결합되는 앞쪽 유리관을 보면 "INDICATOR"라고 표시된 부분 위쪽으로 적색 단추(원형 점선)가 있는데 이 단추의 상태를 보고 샘플링의 진행과 종료를 확인할 수 있다. 검지관을 꽂고 피스톤을 당기면 적색 단추가 들어가게 되면서(진공상태) 시료를 샘플링 중이라는 것을 알 수 있고 시료 채취가

끝나면 적색 단추가 다시 밖으로 튀어나오면서 시료 샘플링이 종료되었음을 알 수 있다. 채취시간은 검지관의 종류에 따라 다양하다.

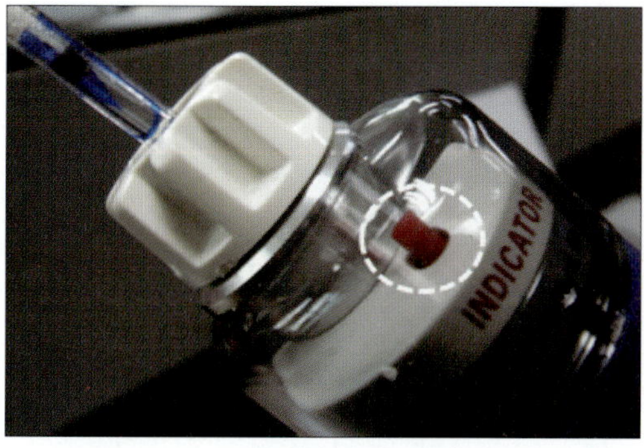
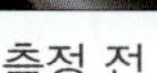

측정 전

측정 중

4 시료의 식별방법

❶ 휘발유 : 모든 시료가 갈색과 초록빛 갈색으로 변하고 노란색 염료가 우측 그림처럼 검지관 튜브의 입구에 생성된다.

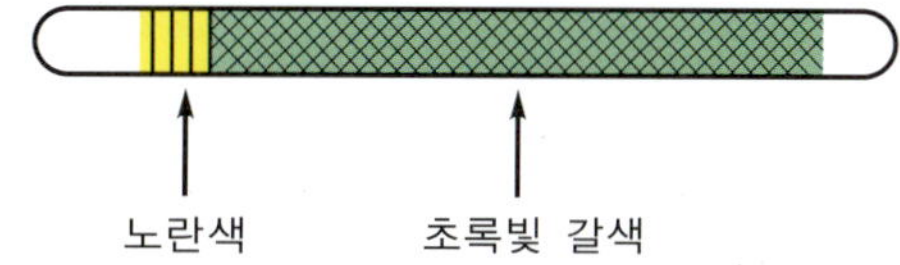

❷ 등유 : 모든 시료가 분홍색과 흐린 갈색으로 변하고 갈색/검정계열 갈색염료가 우측 그림처럼 검지관 튜브의 입구에 생성된다.

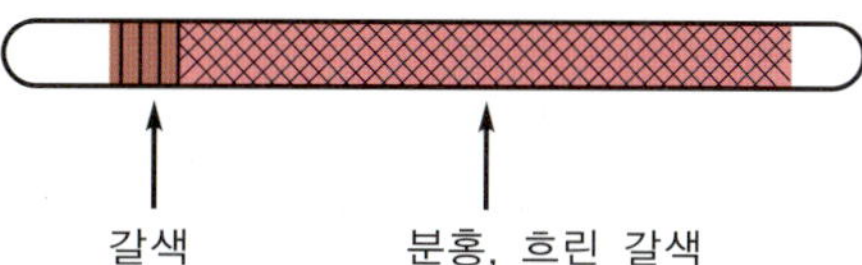

❸ 경유와 등유는 비슷한 변색을 나타낼 수 있다. 톨루엔과 크실렌은 짙은 갈색, 에틸 벤젠은 초록빛 갈색 염료층을 나타낸다.

❹ 검지관 튜브 안 화학반응 : 요오드 펜톡시드가 감소한다.

⑤ 특수상황에서 사용방법

고무 연장호스나 샘플링 막대를 이용하여 맨홀이나 탱크 내부같이 한정된 공간에 있는 유해한 가스를 측정하고자 할 때 펌프와 검지관 사이에 설치한다. 호스는 보통 5~10m 길이에서 유효하게 사용된다.

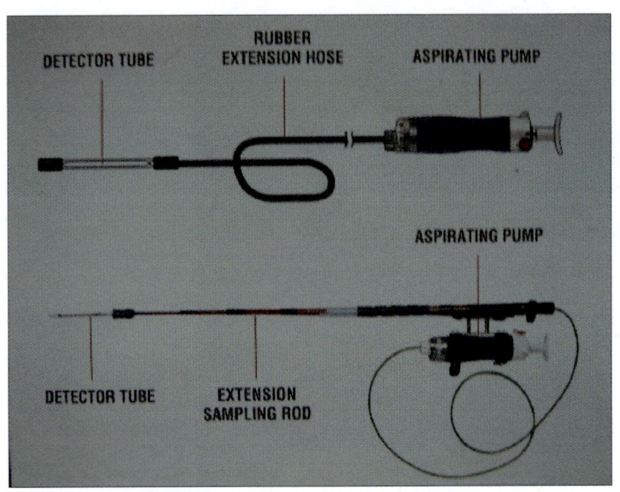

⑥ 주의사항

❶ 검지관 튜브가 삽입되고 핸들을 당겼을 때, 펌프의 실린더는 고진공상태가 된다. 이때 핸들 정지장치가 진공상태에서 풀리게 되면 갑자기 뒤로 빠지게 된다. 늘어뜨려진 손잡이로 펌프를 잡는 것은 부상을 초래할 수 있으니 절대 손잡이가 아닌 실린더로 펌프를 잡아야 한다.

❷ 검지관의 끊어진 유리 끝은 펌프를 사용할 때 바깥으로 떨어질 우려가 있으니 유리로 인한 오염을 방지하는 조치가 필요하다.

❸ 검지관 유리를 Tip-cutter로 절단할 때 보안경과 보호장갑을 착용할 것을 권장한다.

❹ 검지관 내부에는 소량의 독성 시약이 담겨 있으니 눈 또는 피부와의 접촉을 피해야 한다.

❺ 검지관은 1회용이므로 절대로 재사용하지 않아야 한다.

❻ 검지관은 끝을 부러뜨린 후 즉시 사용해야 한다. 부러뜨린 후 공기 중에 오래 방치하면 잘못된 결과가 나오거나 시료에 반응하지 않을 수도 있다.

❼ 실린더 펌프를 타격하거나 떨어뜨리지 않도록 한다. 손상이 되면 핸들 동작을 방해하고 누출을 유발할 수 있다.

❽ 펌프의 청소는 마른 수건을 이용하고 물이나 용해력이 있는 물질과의 접촉을 피한다.

❾ 시료 채취가 완료되면 즉시 측정결과를 읽어야 한다. 즉시 읽지 않으면 얼룩이 길어지거나 흐려져서 잘못된 판독을 할 수 있다.

Step 02 レ레이저 거리측정기 (Laser Distance Meter)

1 용도

레이저를 목표물을 향해 발사한 뒤 반사되어 되돌아 온 광선을 원래의 광파와 비교하여 거리를 측정하는 것으로 화재현장의 면적을 관측하거나 건물 내부의 높이를 측정하는 용도로 쓰인다.

2 특징

❶ 거리뿐만 아니라 면적과 체적을 측정할 수 있다.

❷ 손쉽고 빠르게 배울 수 있다.

❸ 소형 · 경량으로 휴대가 간편하고 사용이 편리하다.

3 조작부의 명칭 및 기능

❶ 전원켜기/측정키
❷ 더하기
❸ 타이머
❹ = 결과도출/확인
❺ 면적/체적
❻ 보관

❼ 측정 기준면
❽ 삭제/off
❾ 메뉴
❿ 간접측정(피타고라스)
⓫ 조명
⓬ 빼기

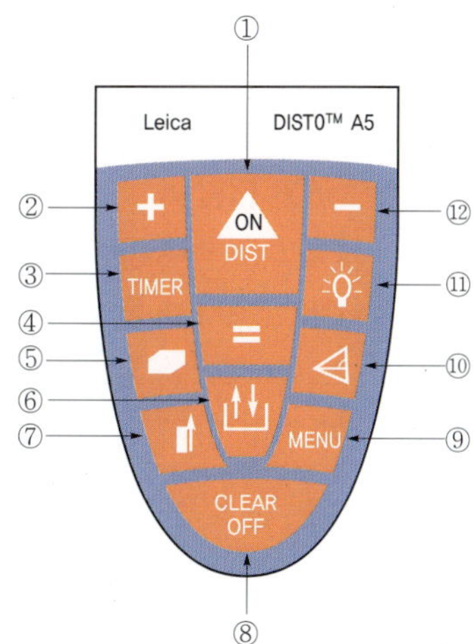

③ 액정 디스플레이

❶ 잘못된 측정에 대한 정보

❷ 레이저 작동

❸ 둘레

❹ 연속측정의 최대값

❺ 연속측정의 최소값

❻ 측정 기준면

❼ 저장된 값 호출

❽ 상수 저장

❾ 주 라인

❿ 단위 및 지수$(2/3)$

⓫ 천장 면적

⓬ 벽 면적

⓭ 보조 3행(예를 들어, 이전 결과)

⓮ 하드웨어 오류

⓯ 간접측정 – 피타고라스

⓰ 간접측정 – 피타고라스 – 부분 높이

⓱ 면적/체적

⓲ 오프셋 설정

⓳ 배터리 표시

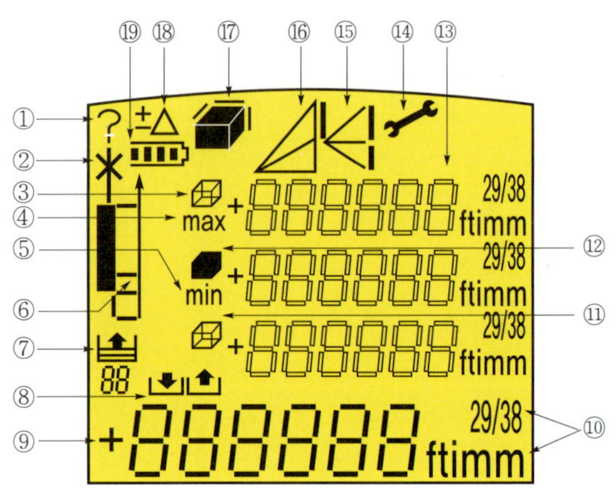

④ 조작(측정) 방법

❶ **On/Off 전환**

- **On** : 조작부 ①을 가볍게 누른다. 레이저가 자동으로 작동된다.
- **Off** : 조작부 ⑧을 누른다. 배터리 수명을 최대화하기 위해 장비를 3분간 사용하지 않으면 레이저 광선이 꺼지고 6분간 사용하지 않으면 전원이 꺼진다. 또한 삭제기능을 겸하고 있어 측정된 값을 삭제하고자 할 때 사용한다.

❷ **조명** : 조작부 ⑪을 누르면 디스플레이 백라이트가 켜지거나 꺼진다.

❸ **측정 기준면** : 기준면 설정은 장비의 후면에서 시작한다. 조작부 ⑦을 누르면 설정이 변경되어서 다음 측정 작업을 장비의 전면에서 시작할 수 있게 된다. 그 다음에 기준면 설정은 자동으로 후면으로 돌아가게 된다.

❹ **측정** : 조작부 ①을 누르면 레이저가 켜지며 원하는 대상을 조준하고 조작부 ①을 다시 누르면 측정된 거리가 원하는 단위로 표시된다.

❺ **최소/최대 측정** : 이 기능은 일반적으로 사선거리(최대값) 또는 수평거리(최소값)를 측정하기 위하여 사용된다. 장비가 연속측정 모드에 있다는 것을 알리는 신호음이 들릴 때까지 조작부 ①을 누른다. 그 다음에 레이저를 원하는 대상 위치를 지나서 전후면의 상향 및 하향으로 천천히 주사하면 된다. 방 안의 구석진 면을 측정하고자 할 때 유용하다. 그러고 나서 조작부 ①을 다시 누르면 연속측정이 중지되는데 디스플레이에 최대 및 최소 거리가 표시되며 주 라인에는 최종적으로 측정된 값이 표시된다.

❻ **더하기/빼기** : 두 개 이상의 측정값을 더하거나 빼는 기능으로 조작부 ④를 누르면 수식이 끝나고 주 라인에 결과값이 표시된다. 실제 측정값은 디스플레이 위쪽방향으로 스크롤된다.

❼ **면적** : 조작부 ⑤를 누르면 디스플레이에 해당 기호가 나타난다. 2회의 측정이 완료되면 결과값이 자동으로 계산되어 주 라인에 표시된다.

❽ **체적** : 체적을 구하는 기능을 사용하려면 조작부 ⑤를 두 번 누른다. 디스플레이 상에 해당 기호가 나타나고 3회의 측정이 완료되면 결과값이 자동으로 계산되어 주 라인에 표시된다. 천장/바닥면적, 벽의 표면적, 둘레 등과 같은 추가 실내정보를 표시하려면 Area/Volume - 조작부 ⑤를 계속 누르고 이전의 체적 측정으로 돌아가려면 면적/체적 - 조작부 ⑤를 다시 계속 누르고 있으면 된다.

❾ **상수의 저장** : 자주 사용하는 값(방의 높이 등)을 저장하고 불러올 때 사용한다. 원하는 거리를 측정하고 장비에서 신호음이 울릴 때까지 조작부 ⑥을 누르고 값이 저장되는 것을 확인한다. 저장된 상수값은 조작부 ⑥를 눌러 다시 불러올 수 있으며, 조작부 ④를 눌러서 향후 계산에 사용하면 된다.

❿ **타이머** : 원하는 시간을 지연(5~60초)시키고 싶을 때 조작부 ③을 계속 누른다. 그리고 조작부 ①를 누르다가 키에서 손을 떼면 측정시까지 남은 시간(초)이 표시된다. 최종 5초는 신호음과 함께 카운트 다운이 개시된다. 그리고 마지막 신호음이 울리게 되면 측정이 개시된다.

⑤ 배터리 삽입/교체

❶ 위치 조정 브래킷을 연다.

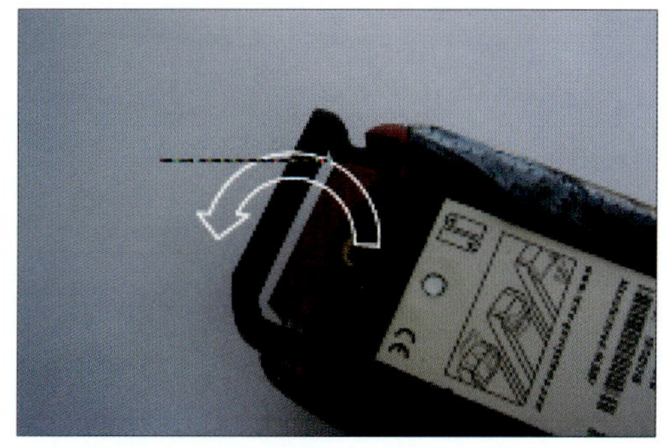

❷ 잠금 클립을 개방하고 엔드피스를 측면으
로 밀면서 아래로 밀어 내린다.

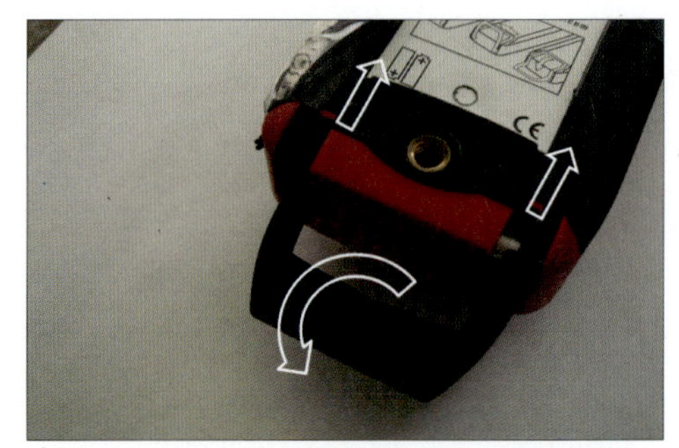

❸ 엔드피스 몸체를 잡아당기면 배터리케이스
덮개가 보인다.

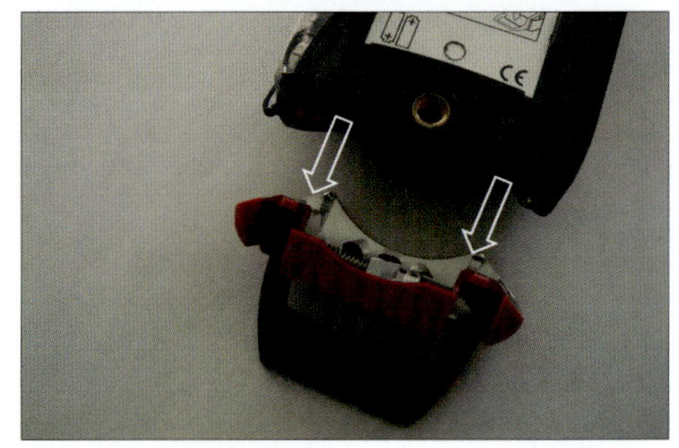

❹ 배터리 케이스 덮개를 개방하고 배터리를
교체한다.

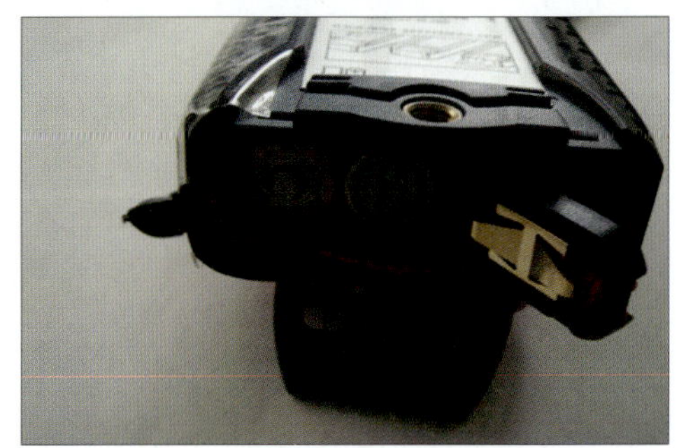

❻ 주의사항

❶ 장비는 물과 접촉을 피하고 부드러운 천을 이용하여 먼지를 제거한다. 마모성 세척제나
용액을 사용하지 말고 안경 또는 카메라를 취급할 때와 동일한 방법으로 렌즈표면을 관
리하여야 한다.

❷ 표면이 거친 불규칙한 목표물은 평균값을 측정한다.

❸ 물과 같은 액체 또는 유리 등 투명한 물체 표면은 색상이 없으므로 측정할 때 반드시 시
험측량을 거쳐 오류를 방지한다.

❹ 레이저 광선을 직접 쳐다보거나 불필요하게 사람을 향해 조준하지 않는다.

❺ 장비를 떨어뜨리거나 물리적 충격을 가하면 측정에 오류가 생길 수 있다.

❻ 고광택 표면을 조준하면 레이저 광선이 산란작용을 일으켜 오류가 발생할 수 있고, 무반
사 및 어두운 표면을 조준하면 측정시간이 증가할 수 있다.

Step 03 검전기(Electroscope)

1 정의

콘센트나 전기 단자 등에 통전 여부를 식별하기 위하여 사용되는 기구

2 사용법

(1) 저압용 검전기

장갑을 끼고 사용하면 네온관이 점등되지 않는 경우가 있으므로 맨손으로 사용하되 고압이상의 검전은 반드시 고무장갑을 착용하여야 한다.

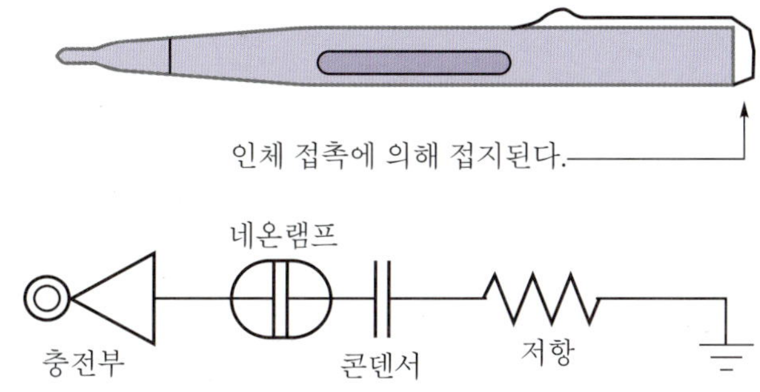

(2) 고압용 검전기

네온램프 점등식으로 옥외에 사용하려고 할 때 주위가 밝으면 잘 보이지 않으므로 가드를 끼울 수 있도록 되어 있으며 검전기능을 개선하기 위해 경보음을 겸용하는 경우도 있다.

(3) 특고압용 검전기(TK-1500V)

특고압은 상용전압이 높아 위험을 초래할 수 있으므로 음향·발광식이 주로 사용되고 있으며 사용하기 전에 검전 전압범위를 확인 후 사용하여야 한다.
❶ 사용 시에는 상단의 LED 점멸부위를 시계 반대방향으로 돌려 3단을 낚시대처럼 뽑는다.
❷ 검전하기 전에 레인지를 'T'(Test)로 향하게 하면 '삐 삐 삐 삐'하는 경보음과 함께 4개의 LED가 번갈아가며 점멸한다.

❸ 실제 검전 시에는 사용전압의 범위를 확인하여야 한다.

❹ 건전지의 규격은 AAA 1.5V 4개이며, 경보음이 늘어지거나 LED 빛이 어두워지면 건전지를 교체하여 준다.

검전 시 사용범위		
라인전압의 사용범위		3KV~44KV
레인지별 사용전압 범위	L(Low)	3KV 이상
	H(High)	35KV 이상

구조와 명칭	건전지 교환
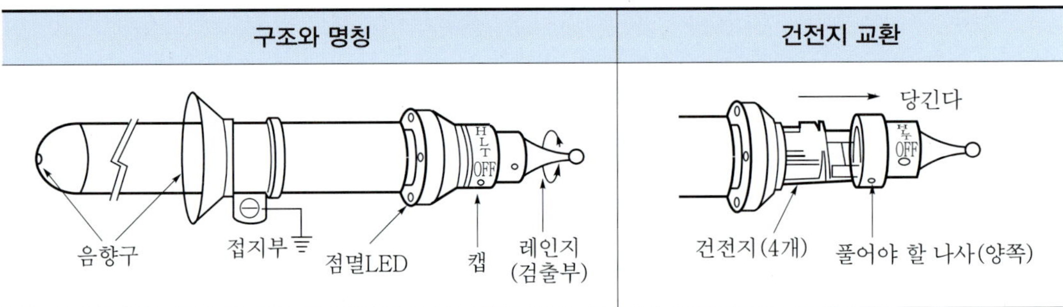	

(4) 검전용 드라이버

비접지측 전압의 활성화 유무를 구분하는 간단한 장비로 이용되고 있다.

단상 220V 전선 2가닥 가운데 검전 드라이버와 접촉했어도 램프가 들어오지 않는 경우가 있는데, 그 선은 접지가 되어 있는 중선선으로 전기가 통하지 않는다. 전선 2가닥 모두 램프가 작동하는 경우는 있지만, 전선 2가닥 모두 램프가 동작하지 않는 경우는 없다. 만약 2가닥 모두 램프가 동작하지 않는다면 그 전원선에 전기가 들어오지 않거나 검전 드라이버 램프가 나갔거나 검전 드라이버의 불량이므로 교체하여야 한다.

몸체에는 측정 가능한 가용 볼트(Volt) 수가 적혀있는데 보통 100~500V 사이를 검전할 수 있다.

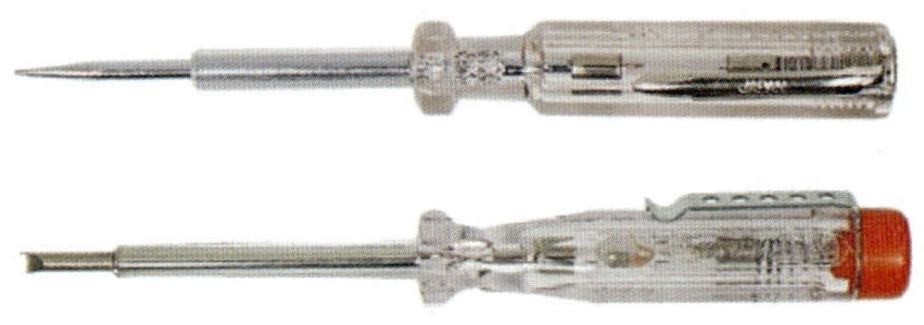

Step 04 — 교류전압전류계

1 용도

휴대용 교류전압전류계는 교류 전압과 전류를 일반 테스터기
보다 정밀하게 측정하는 데 쓰인다.

2 사용법

1 측정단자 : 2개의 측정단자를 통해 측정하는데 교류의 경우에는 극성을 구별할 필요가
없으므로 단자에 리드선을 접지시킬 때 특별한 주의를 요하지 않는다.

2 범위(Range) 설정 : 측정기에는 전류의 크기를 측정할 수 있는 설정 탭이 8개 있으며, 전
압을 측정할 수 있는 설정 탭이 5개가 있다. 측정하고자 하는 대상의 설정값을 알고 있다
면 금속키를 사용하여 측정범위를 정하면 된다.

3 금속키 : 측정하고자 하는 설정 탭에 금속키를 삽입하면 그 범위 안에서 측정이 이루어
진다.

4 눈금 측정 : 눈금은 위쪽과 아래쪽으로 구분되어 있는데, 위의 눈금은 최대치가 300, 150
아래눈금은 최대치가 75로 설정되어 있다. 눈금을 측정하는 방법은 전압과 전류 공통적
으로 3이 들어간 경우에는 300을 읽고 1과 5가 들어간 경우에는 150의 눈금을 읽어주면
된다. 7과 5의 경우에는 아래 눈금으로 75를 최대치로 놓고 읽어주면 된다.

Step 05 — 디지털 카메라 (Nikon D300)

1 특징

촬영 후 카메라에 내장된 디지털 저장매체에 저장하여 카메라와 스캐너의 역할을 대체할
수 있는 장비이다. 컴퓨터와 호환성이 높아 편집 및 수정이 용이한 장점이 있다.

② 촬영 및 재생

❶ 전원을 ON 한다. 이때 표시패널 창에서 배터리 잔량을 동시에 확인한다.

❷ 촬영에 필요한 기본적인 설정을 확인한다. 화질모드 및 화상사이즈, ISO감도, 화이트밸런스, 노출 모드 등을 확인하여야 의도한 피사체를 확보할 수 있게 된다.

❸ 오른손으로 카메라의 그립을 감싸듯이 잡고 왼손으로는 렌즈를 받쳐준다.

❹ 겨드랑이를 몸에 붙이고 가로 또는 세로방향으로 피사체의 구도를 잡는다.

❺ 셔터를 반누름 상태로 조작하여 초점을 맞춘 후 노출을 확인한다. 피사체가 너무 밝거나 어두운 경우에는 표시패널 창에 "Hi" 또는 "Lo" 형식의 표시등이 점등된다.

❻ 피사체의 노출이 적정하게 확보되면 셔터버튼을 반누름상태에서 더욱 깊이 누른다. 이 때 셔터가 작동하고 화상이 메모리카드에 기록된다.

❼ 촬영한 화상의 재생은 카메라 뒷면의 액정모니터에 표시된다.

쉬어가기　　'셔터의 반누름'이란?

셔터버튼을 가볍게 저항이 느끼는 곳까지 누르고 그대로 손가락을 정지하는 것을 '셔터 반누름'이라고 한다. 반누름을 하면 초점이 맞춰지고 반누름을 지속하고 있는 동안 그 초점으로 고정이 된다. 그 상태에서 완전히 누르게 되면 셔터의 작동으로 촬영이 이루어진다.

③ 응용촬영 방법

(1) 동작모드 조작

❶ **한 컷 촬영(S)** : 셔터버튼을 누를 때마다 촬영과 기록이 1컷씩 이루어지고 기록 중에는 액세스램프가 점등된다. 연속촬영 컷수가 0으로 될 때까지 즉시 다음 촬영이 가능하다.

❷ **저속 연속촬영(CL)** : 셔터버튼을 계속 누르면 1~4컷/초로 연속하여 촬영을 할 수 있다.

❸ **셀프타이머** : 손떨림을 경감시키고자 하는 경우와 촬영자 자신도 피사체가 되고자 하는 경우에 사용하는 기능이다.

(2) 어두운 곳에서 촬영을 해야 하는 경우

야간에 화재현장을 촬영해야 하는 경우와 실내일지라도 탄화된 물체의 형상을 적절하게 표현한다는 것은 쉽지 않은 일이다. 이때 카메라의 감도를 조절하여 효과적인 피사체를 얻어낼 수 있는 기능이다.

ISO 감도는 표준(ISO 100 상당)보다 높게 설정함으로써 어두운 곳에서 촬영이 가능하게끔 한다. 그러나 ISO를 너무 높게 설정하면 낮게 설정하였을 때보다 다소 거친 화상으로 되는 경우가 있다.

(3) 촬영 의도에 맞추어 이미지를 조정하고 싶을 때

화재현장에서 연소되고 있는 장면이나 그을음에 오염된 소방관이나 요구조자 등의 안타까운 모습을 효과적으로 담는 데 유용하게 쓰이는 수단이다. 촬영할 피사체 및 기호에 따라 '표준', '부드럽게', '선명하게', '더욱 선명하게', '인물' 등으로 구분하여 응용할 수 있다.

❶ **'표준'** : 초기 설정되어 있는 모드로 다양한 피사체에 대응할 수 있다.

❷ **'부드럽게'** : 피사체의 윤곽을 부드럽게 재현한다. 인물의 피부를 매끄럽게 표현하고자 하는 경우와 촬영 후에 컴퓨터에서 화상을 가공하고자 하는 경우에 적합하다.

❸ **'선명하게'** : 채도와 컨트라스트를 높여 샤프하고 선명한 화상 표현에 적합하다.

❹ **'더욱 선명하게'** : 채도와 컨트라스트를 더욱 높여 보다 샤프하고 선명하며 강렬한 화상을 재현한다.

❺ **'인물'** : 컨트라스트를 억제해 피부의 질감이나 입체감을 자연스럽게 마무리한다.

Step 06 　루페(Lupe)

1 정의

　육안으로는 자세히 볼 수 없는 물체의 미세한 부분을 확대하여 관찰하기 위한 볼록(凸)렌즈를 말하며, 확대경〔擴大鏡, magnifying glass〕이라고도 한다.

　광학적 기능은 눈 바로 가까이에 놓인 물체를 먼 데에 떨어져 있는 상(像:虛像)으로 바꿔 놓음으로써 그 물체를 명시거리(明視距離)에 놓아 육안으로 보는 것보다도 큰 시각(視角)으로 볼 수 있게 한다. 렌즈에 대한 눈이나 물체의 위치에 의해서 확대율은 달라지나 눈을 렌즈에 접근시켜 물체를 렌즈의 초점 약간 안쪽에 놓았을 때 가장 크고 똑똑한 상을 볼 수 있다.

2 루페의 종류

❶ 접안 루페 : 한쪽 눈만 사용하여 물체를 판별하는 장비로 연선의 단락흔 및 금속재질, 유리의 파단면에 대한 충격 방향 등을 식별하는 데 쓰이고 있다. 화재조사분야뿐만 아니라 기생충의 움직임, 작은 해충의 부식상태 식별 등 자연과학분야에 광범위하게 사용되고 있다. 보통 물체의 확대배율은 10배율이 많이 사용되고 있다.

❷ 헤드 루페 : 머리에 착용하고 사용하는 양안 사용 확대경을 말한다.

❸ 스탠드식 조명루페 : 스탠드식이므로 안정감 있게 사용할 수 있으나 현장 활동용으로는 부적합한 단점이 있다.

Step 07 | 마이크로미터 (Micrometer)

1 용도

측정하고자 하는 물체의 내경 또는 외경 치수를 측정하는 장비로서 버니어 캘리퍼스보다 정밀하게 측정할 수 있다는 장점이 있다.

2 주요 명칭 및 기능

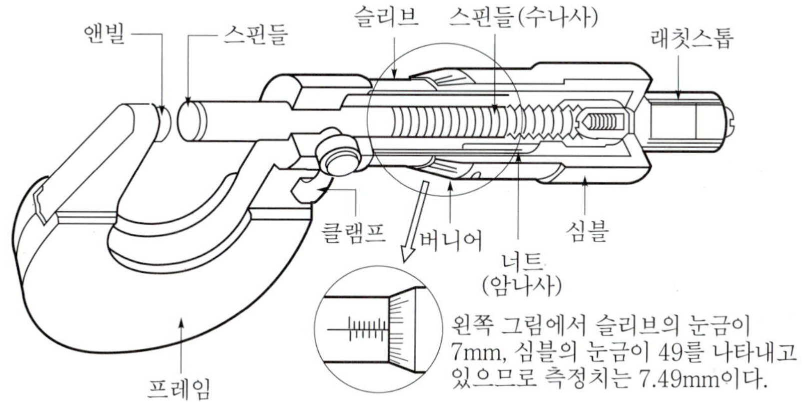

① **앤빌** : 측정하고자 하는 물체의 고정 축

② **스핀들** : 측정하고자 하는 물체의 고정 축

③ **프레임** : 마이크로미터 장비의 기본적인 몸체

④ **슬리브** : 원통형으로 된 마이크로미터의 기본적인 틀 안에는 스핀들과 너트로 구성되어 있다. 축 방향으로는 눈금이 표기되어 있다.

⑤ **클램프** : 스핀들을 고정시켜주는 기능

⑥ **버니어** : 치수를 측정해 주는 측정 기능

⑦ **너트** : 암나사

⑧ **심블** : 원주방향으로 원주를 50등분한 눈금이 매겨져 있다. 1눈금으로 0.01mm를 읽을 수 있다.

⑨ **래칫스톱** : 측정압을 일정하게 하기 위한 역할(치형에 잘린 톱니모양을 스프링으로 눌러서 밀어 올리듯이 되어 있고, 이같은 모양이 한 쌍의 톱니로 맞대어 있어서 어느 정도 측정력이 될 때까지 스핀들이 함께 회전하지만 측정력이 초과하면 공회전하게 된다.)

③ 측정방법

❶ 마이크로미터의 앤빌과 스핀들의 측정 부분에 이물질을 제거하여 치수 오차가 발생하지 않도록 한다.

❷ 측정할 물체를 마이크로미터의 앤빌에 축 직각으로 정확히 맞춘다.

❸ 래칫스톱을 딸깍소리가 날 때까지 정확하게 돌리되 스핀들이 공작물에 닿기 전에는 천천히 돌려 관성에 의해 스핀들이 돌아가지 않도록 한다.

❹ 눈금을 읽을 때에는 슬리브 어미자의 눈금을 먼저 읽고 심블의 아들자 눈금을 추가로 읽어 합산한다.

❺ 슬리브의 눈금은 위쪽이 1mm 간격으로 표시되어 있으며 5mm마다 굵은 선으로 표시되어 있고, 슬리브의 아래쪽에는 위쪽 눈금 사이마다 0.5mm를 표시하는 눈금이 새겨져 있다.

❻ 심블의 눈금은 1회전 시 0.5mm를 표시한다.

④ 마이크로미터의 영점(0점) 조정방법

❶ 앤빌과 스핀들의 측정할 면을 깨끗이 닦아낸다.

❷ 래칫스톱을 회전시켜 앤빌과 스핀들의 측정면을 접촉시켜 일단 정지하고 래칫스톱을 1회전 반 또는 2회전 정도 공전시켜 측정력을 가하다

❸ 슬리브의 기선과 심블의 영점 눈금선을 완전하게 일치시키고 동시에 슬리브의 영점 눈금선이 절반 정도 보일 정도로 한다. 이러한 확인은 2~3회 반복하여 조정을 정확하게 한다.

⑤ 눈금 읽는 방법

눈금 읽는 방법은 슬리브의 눈금을 읽고 심블의 눈금과 기선이 만나는 심블의 눈금을 읽어 슬리브의 읽음 값에 합산하면 된다.

슬리브의 눈금이 12와 13 사이에 있으며 심블의 눈금 40이 슬리브와 일치하고 있으므로 측정값은 12.40mm이다.

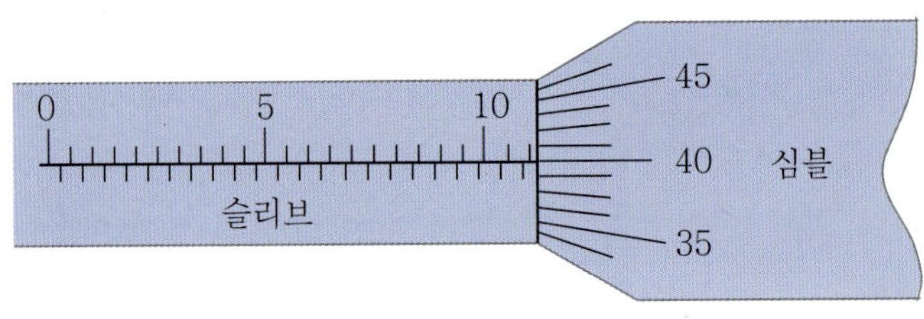

Step 08 버니어 캘리퍼스 (Vernier Calipers)

1 특징

일명 현장에서는 노기스라고도 하는데 이것은 독일어의 노니우스(Nonius)라는 발음이 잘못된 것이라고 한다. 원형으로 된 것의 지름, 원통의 안지름 등을 측정하는 데 주로 사용된다. 본척(本尺)과 본척 위를 이동하는 버니어(副尺)로 되어 있으며 본척의 선단과 버니어 사이에 측정할 물체를 끼우고 본척 위의 눈금을 버니어를 사용해서 읽는다. 보통 사용되고 있는 것은 본척의 한 눈금이 1mm이고 버니어의 눈금은 본척의 19눈금을 20등분한 것이다.

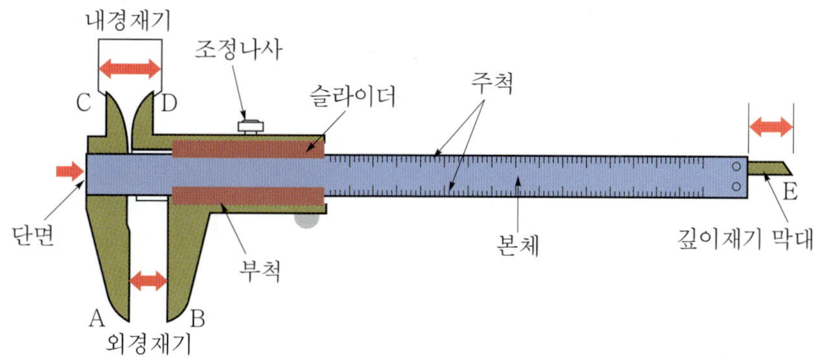

2 읽는 방법 예시

❶ 먼저 버니어의 0 눈금이 본체의 어느 곳에 위치하고 있는지 알아야 한다. 버니어의 0눈금이 본체의 10mm 와 11mm 사이에 있으면 10mm부터 읽는다.

❷ 그 다음에 버니어의 눈금이 본체의 눈금과 일치하는 부분을 읽는다.

❸ 위의 그림은 버니어의 0 눈금 앞에 10이 있으므로 10을 정수값으로 한다.

❹ 본체와 버니어의 일치점 수치는 0.35이므로 소수값으로 한다.

❺ 두 값을 합하여 10.35로 읽는다.

Step 09 보이스레코더 (Voice Recorder)

1 특징

초소형 · 경량화되고 있는 보이스레코더는 휴대가 간편하고 사용이 편리하다는 장점 때문에 사용분야도 널리 확장되고 있는데, 주요특징은 다음과 같다.

1 소형 · 경량으로 휴대가 편리하고 조작이 쉽다.
2 부피가 작고 저장용량이 커 장시간 사용할 수 있다.
3 아날로그 손목시계형 녹음기를 비롯하여 원거리 녹음기, 볼펜형 녹음기 등 종류가 다양하다.
4 MP3, FM라디오 기능 등 겸용이 가능하다.

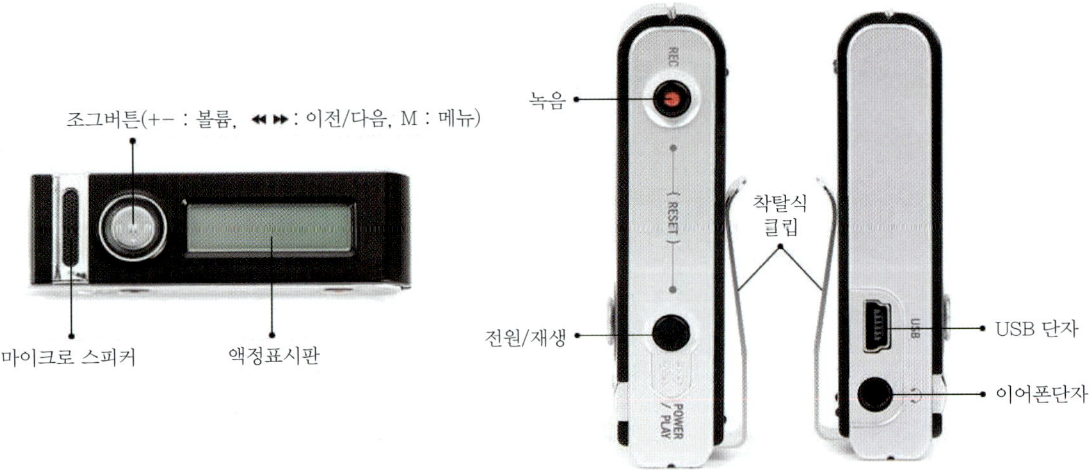

2 사용방법

보이스 레코더의 사용법은 종류에 따라 약간의 차이는 있지만 일반적으로 휴대용 미니카세트 사용법과 매우 흡사하다. 전원버튼을 비롯하여 재생기능, 되감기기능, 녹음기능 등이 있으며 일반화된 기능을 살펴보면 다음과 같다.

1 일체형 배터리 또는 보조배터리를 결합하는 경우 연속 3일 이상 녹음이 가능하다.
2 초강력 ALC(자동감도조절기) 기능이 내장된 경우 녹음 마이크 감도를 3단계(1m, 4m, 8m 등)로 설정하여 원거리에서도 녹음이 가능하다.
3 녹음은 MP3 파일형식으로 어느 컴퓨터에서나 재생이 가능하여 호환성이 우수하다.
4 녹음과 재생속도를 임의 조절할 수 있어 부분 청취가 가능하다.

Step 10 | 조도계 (illumination meter)

1 용도

화재현장에서 빛의 밝기를 측정하거나 실내·외의 밝기 등을 측정하여 보다 선명한 사진을 찍거나 동영상 촬영이 가능하도록 도와주는 장비이다.

장비마다 조금씩 차이는 있으나 보통 0에서 200,000lx 사이의 넓은 범위의 빛을 측정할 수 있으며, 반응속도가 빠르기 때문에 현장에서 유용하게 사용될 수 있다.

TES 1330

2 기능 및 사용방법

❶ 전면의 빨간색 전원 버튼으로 ON/OFF 한다.

❷ HOLD : 1회 누르면 data가 holding되면서 측정이 중지되고 한 번 더 누르면 holding기능이 해제되고 측정이 계속된다.

❸ RANGE : 한 번씩 누를 때마다 측정범위가 순차적으로 변환된다.

❹ 측정 준비 : 센서의 보호캡을 벗긴 후 power ON 시킨다. 피측정체에 수직이 되도록 센서의 평형을 유지한다.

❺ 측정 : LCD에 표시되는 수치가 조도값(lx)이 되는 것이다. 측정 시 LCD에 '1'이 표시되면 실제 조도가 설정된 조도 RANGE보다 높은 것이므로 설정 RANGE를 상향조정한다.

Step 11 | 적외선 온도계 (TESTEK-307)

1 용도

비접촉식 적외선 온도계는 측정물체와 접촉없이 물체의 표면온도를 측정할 수 있는 장비로 각종 연소실험 및 화재현장에서도 내부온도를 측정할 수 있는 등 간단한 방법으로 사용이 가능한 측정 장비이다.

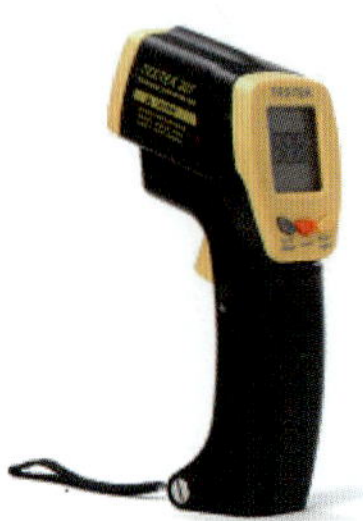

2 명칭 및 기능

1 방아쇠
2 배터리 커버
3 ℃/℉ 선택버튼
4 레이저 선택버튼
5 백라이트 선택버튼
6 레이저 광선표시
7 측정치 홀드(HOLD) 표시
8 배터리 전압부족 표시
9 섭씨, 화씨 온도표시

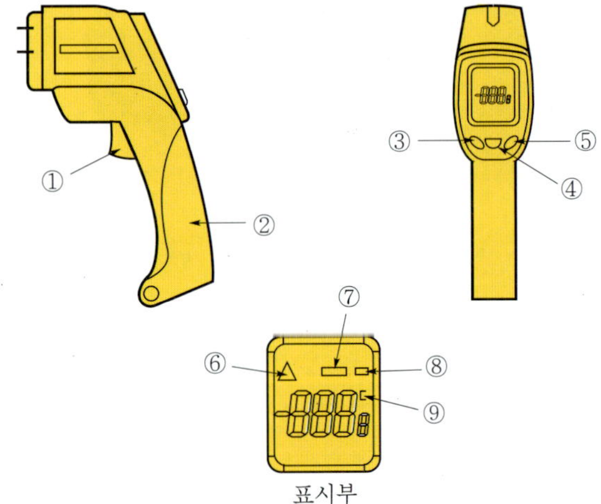

3 측정방법

1 손잡이를 잡고 방아쇠를 당겼다 놓으면 표시부가 나타난다(단, 이때 배터리 전압부족 표시가 나타나면 배터리 커버를 열고 새것으로 교환해 주어야 한다).

2 방아쇠를 잡아당긴 상태에서 레이저 선택버튼을 누르면 표시부에 삼각형의 레이저 심벌이 나타난다.

3 레이저 관선으로 측정 포인트를 마킹하고 방아쇠를 당기면 얻고자 하는 측정치가 표시부 화면에 나타난다.

4 자동으로 마지막에 측정한 온도를 확인하고 방아쇠를 놓으면 표시부 화면에 그때의 측정치가 정지된 상태로 15초 동안 보여진다(HOLD기능).

5 이 장비는 측정 후 15초 이내에 재측정이 이루어지지 않으면 자동으로 전원이 꺼진다 (AUTO OFF기능).

6 **℃/℉ 선택방법** : ℃/℉ 선택버튼을 한 번씩 누르면 섭씨/화씨로 전환된다.

❼ **백라이트 기능** : 백라이트 선택버튼을 누르면 디스플레이에 백라이트가 ON/OFF되며, 측정장소가 어두운 곳에서 사용하면 효과적이다.

④ 측정거리와 측정물체 간 사이즈

온도측정을 위해 측정하고자 하는 물체 표면의 측정점에 온도계의 적외선 센서를 향하게 하고 방아쇠를 당긴다. 측정점 주변 표면의 값이 측정값에 영향을 주어 오차가 발생할 수 있으니 적외선 센서의 방향을 정확하게 측정점 안으로 향하게 하여야 한다.

적외선 온도계의 측정거리 대비 측정점 크기의 비율은 8:1이다. 예를 들면 측정기기가 800mm에서 측정할 경우 적외선은 10mm의 원형면적(물체)을 측정하는 것이다.

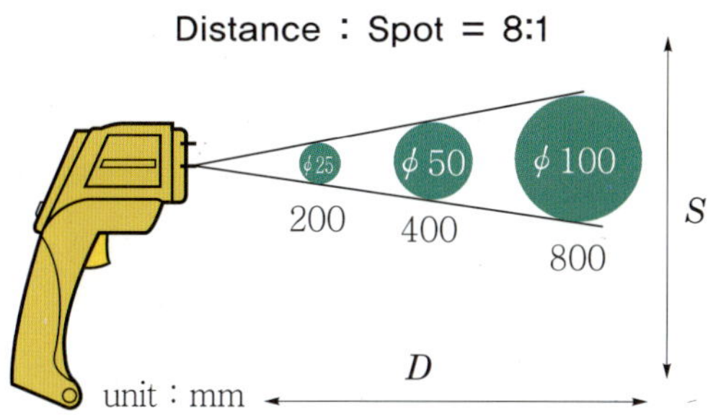

⑤ 적외선온도계 제원

❶ **측정온도 범위** : −20~520℃

❷ **정확도** : −20~300℃ ± 2% of reading or ± 2℃

❸ **측정거리(D)와 측정면적(S)의 비율** : 8 : 1

❹ **응답시간(95%)** : 0.8sec

❺ **작동온도** : 0~50℃

❻ **보관온도** : −20~50℃

❼ **자동 꺼짐** : 15sec

❽ **전원** : 6F22(9V) × 1

❾ **크기(mm) 및 무게** : 172mm×118mm×46mm, 220g(건전지 포함)

Step 12 접지저항계 (클램프식 PROVA-5601/5637)

1 특징

클램프식 접지 저항계는 도전(導電) 루프를 갖는 전기시스템의 저항을 측정하는 장비로 특히 송전탑이나 통신탑 등 보호선에 의하여 연장된 접지 등과 같이 도통 도체와 다른 접지 극들이 직렬로 루프를 형성할 경우 접지저항을 측정할 수 있는 계측기이다.

❶ 죠(클램프)

❷ HOLD 버튼

❸ ROTARY 스위치 : 전원 ON/OFF
   또는 다른 기능 선택 시 사용

❹ LCD 화면

❺ REC▲ 버튼 : 측정값 메모리

❻ 알람값 설정 기능

❼ JAW TRIGGER :
   죠(클램프) 개폐시 사용

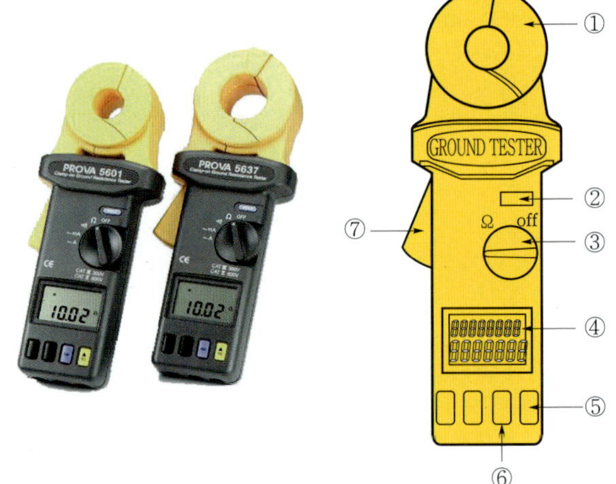

2 접지저항의 측정 목적

전기제품에 이상이 있어 누전이 되는 제품에 인체가 접촉하면 전류는 그 사람의 몸속을 통해 대지로 흘러나가게 되는데 이러한 현상을 두고 감전이라고 한다.

이때 전류의 세기가 약하면 쇼크(Shock)로 끝나지만 큰 전류일 경우에는 치명적인 신체손상 또는 사망에까지 이르게 될 수도 있다. 이러한 위험한 조건을 차단하기 위하여 사전에 접지(Earth) 조치를 하여 누전으로부터 안전할 수 있도록 하고 있다. 바로 이 접지상태를 판단할 수 있도록 설계된 것이 접지저항계로서 누설전류 측정을 용이하게 할 수 있다.

주요 용도는 전선로의 접지저항 측정과 교류전류 및 직류전류를 측정할 수 있다.

3 작동방법

(1) ON/OFF 작동

OFF 상태에서 다른 기능을 선택하면 POWER ON이 된다.

(2) SELF CALIBRATION

POWER OFF 상태에서 저항 모드 스위치를 선택하면 몇 초간 SELF CALIBRATION이 실시되며, 완료되면 부저음과 함께 LCD에 "OL" 이 표시되서 측정 대기상태가 된다.

※주의 : CALIBRATION이 완료되지 않고 계속 반복되면 클램프 개폐상태의 이상이 의심되므로 클램프의 청결 상태와 전극판의 상태를 점검한다.

측정 단위를 선택하고 피측정체를 가급적 클램프의 정중앙에 오도록 물린 후 정확한 측정을 위하여 몇 차례 클램프를 여닫는다. 그러고 나서 값이 안정된 후 화면의 측정값을 읽는다.

(3) 측정 단위 선택

❶ **저항측정** : 로터리 스위치를 Ω에 놓는다.
❷ **전류측정** : 로터리 스위치를 A 에 놓는다.
❸ **누설전류측정** : 로터리 스위치를 mA에 놓는다.
❹ **화면의 측정값 HOLD 작동** : 측정모드에서 HOLD 버튼을 누르면 작동한다.

(4) 알람기능

❶ 로터리 스위치를 ◀◀◀ 에 놓는다.
❷ FUNC 버튼을 누르면 알람값 설정 모드가 된다.
❸ REC▲ 버튼을 이용하여 원하는 HI 알람값과 LO 알람값을 설정하고 다시 몇 차례 FUNC 버튼을 눌러 설정 초기 화면으로 돌아가서 측정을 하면 설정된 알람 값을 벗어나면 아래와 같은 화면과 함께 부저음이 들린다.

※주의 : 알람값 지정은 상향 설정만 가능하다(0~1500Ω)
HI 알람값은 LO 알람값보다 작게 설정할 수 없다.

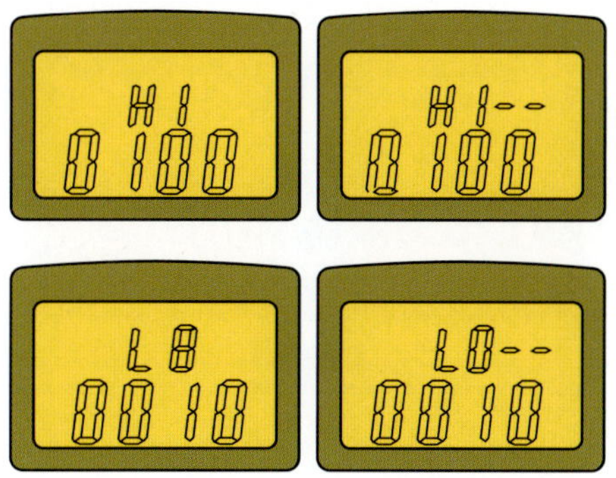

(5) DATALOGGING

❶ **SAMPLING TIME 설정**
- FUNC 버튼을 몇 차례 누르면 "SEC"가 표시된다.
- 화면에는 이전의 설정값이 표시된다.

- REC▲ 버튼을 눌러 원하는 SAMPLING TIME을 설정한다(0~255초).
- 다시 FUNC 버튼을 몇 차례 눌러 설정 초기화면으로 돌아간다.
- 원하는 측정단위를 선택한 후 REC▲ 버튼을 누르면 자동 메모리가 시작되며, 다시 REC▲ 버튼을 누르면 메모리가 종료된다.

❷ 저장된 메모리 읽기

- FUNC 버튼을 몇 차례 누르면 "NO"가 표시된다.
- REC▲ 버튼을 누를 때마다 가장 먼저 저장된 값부터 표시된다.

❸ 저장된 메모리 삭제

POWER OFF 상태에서 FUNC 버튼을 누른 채로 POWER ON시키면 화면에 "CL"이 표시되면서 모든 메모리가 삭제된다.

❹ 사용방법 예시

전기 공급 회사에서 최종 사용자까지의 송전망에서 전원선 LIVE, NEGATIVE 와 함께 접지선이 가설되어 있을 경우 송전망 전체에서 양질의 접지를 확보하기 위하여 각 지점의 접지들을 광범위하게 루프로 병렬연결한다(송전탑 접지, 건물 접지 등).

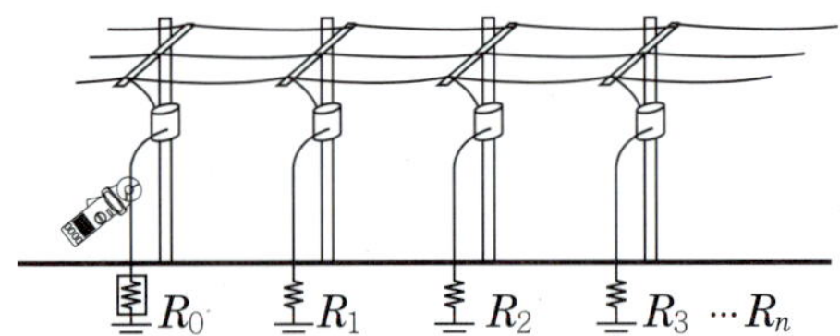
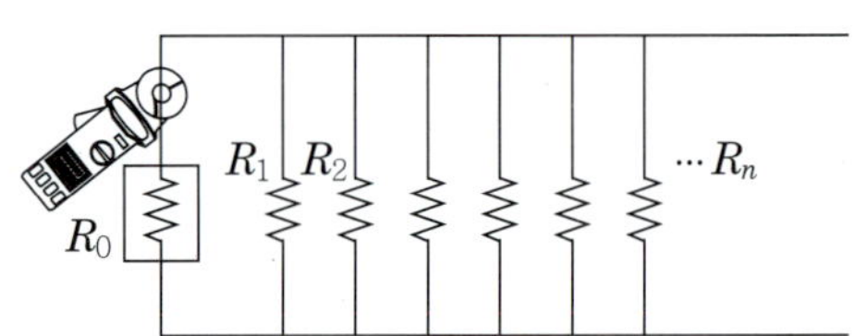

광범위 접지에 연결된 루프 시험

Step 13 | 회로시험기(Circuit Tester)

❶ 용 도

직류 및 교류전압과 전류의 측정, 저항, 도통시험, 다이오드, 트랜지스터 등 전기회로와 부품에 대한 성능측정까지 가능한 기기로 멀티 테스터기라고도 부른다. 정밀도는 그다지 높지 않지만 텔레비전이나 라디오, 컴퓨터 등의 조립과 수리 등 약전(弱電) 관계에 널리 사용되고 있는 전기 계측기이다.

2 구조 및 명칭

❶ + 측정단자 : 리드선 소켓

❷ – 측정단자 : 리드선 소켓

❸ 0Ω 조정기 : 저항값을 측정하고자 할 때 시험막대를 단락시킨 상태에서 지침이 정확하게 0〔Ω〕을 나타내도록 조정하는 데 사용된다.

❹ 0점 조정기 : 회로시험기의 측정단자에 아무것도 연결하지 않고 수평으로 놓았을 때 지침이 전압 및 전류눈금의 0을 나타내도록 조정하는 데 사용된다.

❺ 지침 : 전압 및 전류값 등을 나타내는 침

❻ 눈금판 : 전압 및 전류와 저항, 교류전압 눈금 등 여러 가지 측정값이 표기된 계기판

❼ 케이스

❽ 전환스위치 : 저항(Ohm), 직류전압(DCV), 직류전류(DCmA), 교류전압(ACV) 등 측정범위에 맞춰 선택할 수 있는 스위치

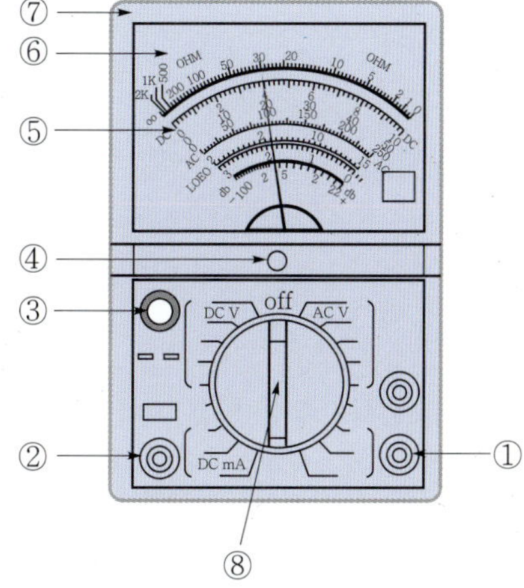

3 사용방법

(1) 저항측정

❶ 전환스위치 : 측정하려는 저항값을 예상하여 적당한 저항의 측정범위(Ohm)에 놓는다.

❷ 0Ω 조정 : 시험막대의 끝을 단락시켜 저항 눈금이 0〔Ω〕을 나타내고 있는지 확인하고 지침이 0〔Ω〕을 나타낼 수 있도록 조정한다.

❸ 측정 : 저항을 시험막대의 양단에 접촉시킨 후 읽는다.

측정범위 읽는 방법 예시

- ×10Ω일 때 : 30×10Ω(300Ω)

- ×RΩ일 때 : (30Ω)

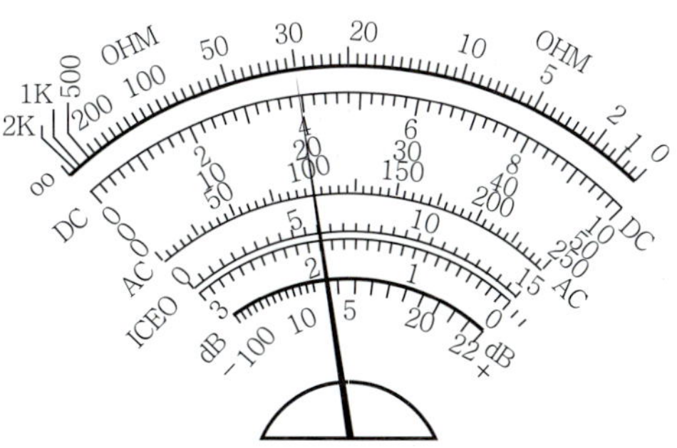

(2) 직류전압 측정

❶ **전환스위치** : 측정하려는 직류전압을 예상
하여 적당한 직류전압의 측정범위(DCV)에
놓는다.

❷ 시험막대의 극성에 주의하여 직류전압의
(+) 쪽에 빨간 막대를 꽂고 (−) 쪽에는 검
은색 막대를 병렬로 대고서 직류전압을 측
정한다.

측정범위 읽는 방법 예시
- DC 2.5V일 때 : 100×0.01V(1V)
- DC 50V일 때 : 20V

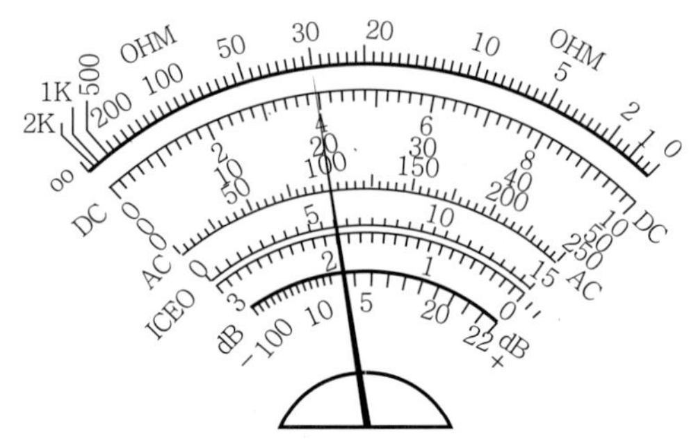

(3) 직류전류 측정

❶ **전환스위치** : 측정하려는 직류전류의 크
기를 예상하여 적당한 직류전류의 측정
범위(DCmA)에 놓는다.

❷ 전류가 빨간색 시험막대를 거쳐서 회로
시험기의 내부를 거쳐 검은색 시험막대
를 통해 나오도록 직렬로 연결하고 직류
전류를 측정한다.

측정범위 읽는 방법 예시
- DC 250mA일 때 : 100mA
- DC 25mA일 때 : 100×0.1mA (즉 10mA)

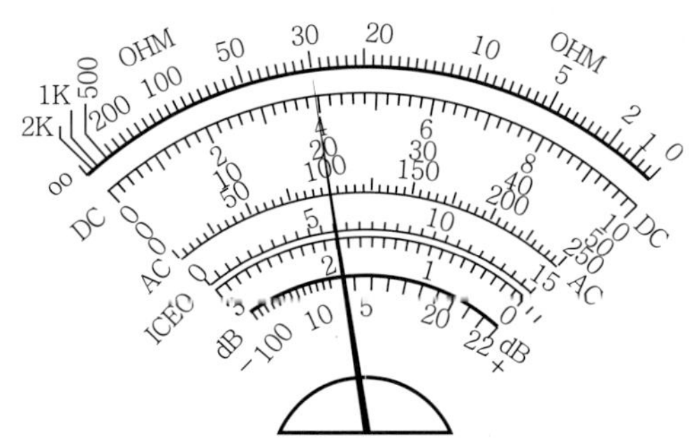

(4) 교류전압 측정

❶ **전환스위치** : 측정하려는 교류전압의 크기
를 예상하여 적당한 교류전압의 측정범위
(ACV)에 놓는다.

❷ 측정하고자 하는 교류전압의 양 끝에 시험
막대의 극성에 관계없이 병렬로 대고 교류
전압의 눈금을 측정한다.

측정범위 읽는 방법 예시
- AC 50V일 때 : 20V
- AC 1,000V일 때 : 4×100(즉 400V)

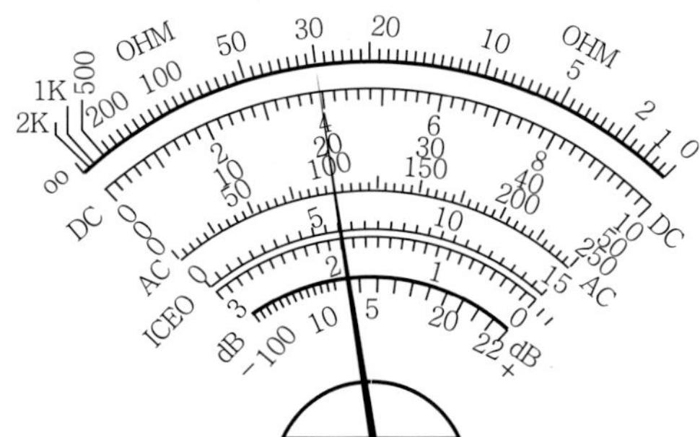

④ 측정 시 주의사항

❶ 1KVA 이상을 초과하는 회로에는 사용하지 말 것

❷ 최대 입력전압 이상 측정하지 말 것

❸ 최대 허용전압을 초과하는 순간전압이나 유도전동기는 측정하지 말 것

❹ 측정 리드가 손상된 상태에서는 사용하지 말 것

❺ 케이스를 임의로 분해하지 말고 분해된 상태에서 측정하지 말 것

❻ 측정 시에는 흑색 리드를 먼저 접속하고 측정이 끝난 후에는 적색 리드를 먼저 분리할 것

❼ 측정하기 전에 전환스위치가 적당한 위치에 있는지 확인할 것

❽ 젖은 손이나 습기가 많은 장소에서는 사용하지 말 것

❾ 배터리를 교환하는 것 외에는 본체를 열어보지 말 것

❿ 정확한 측정과 안전을 위하여 1년에 1회 이상 점검을 받을 것

⓫ 충격을 가하지 말고 바닥에 떨어뜨린 경우 오차가 있을 수 있으므로 점검을 받을 것

Part 01

Part 02

Part 03

Part 04

Part 05

부록

Step **14** | 열화상 카메라 (Thermal Imaging Camera) Argus 4

① 작동원리

열화상 카메라의 센서가 각 물체의 온도 또는 온도변화를 감지한 후 모니터상으로 이미지를 나타내어 온도를 측정하는 기기이다.

가장 큰 장점은 짙은 연기나 어두운 공간에서 사람의 시각으로 판별하기 곤란한 물체를 대상으로 열을 감지하여 온도차이를 알 수 있으므로 인명구조나 열기로 가득 찬 옥내로 진입할 경우 위험성 여부를 파악하는 데 효과적으로 쓰인다는 것이다.

② 주요 명칭 및 기능

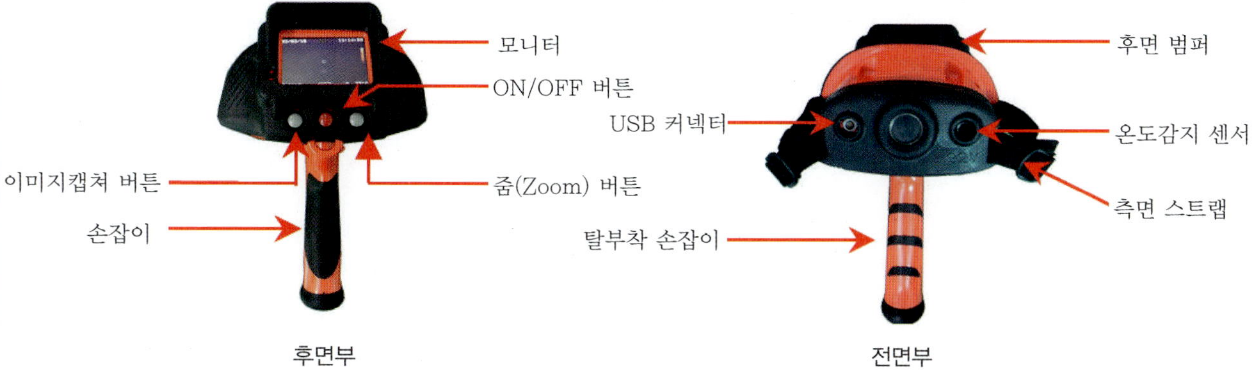

③ 사용 방법

❶ 후면부 빨간 버튼을 눌러 장비를 ON하고 OFF 할 때는 약 3초간 눌러준다. 전원이 ON 하는 데 약 5초의 시간이 소요되며, 이 시간 동안 열화상 카메라는 자가진단을 한다.

❷ 모니터 화면에는 중앙 하단부에 배터리 잔량을 표시하는 트레이닝 바와 시간, 날짜, 화점온도가 각각 좌우측 상단과 하단에 표시된다.

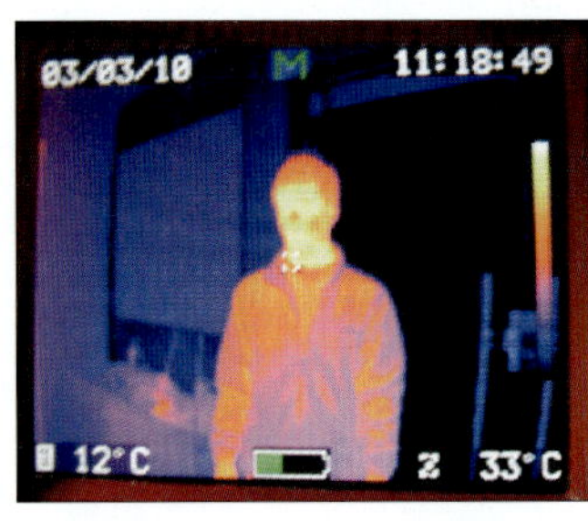
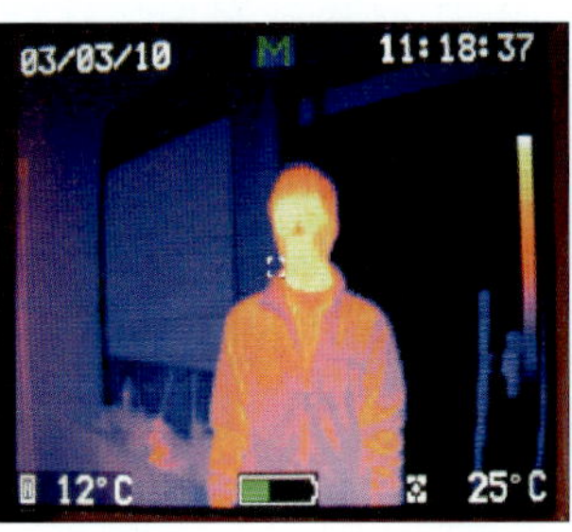
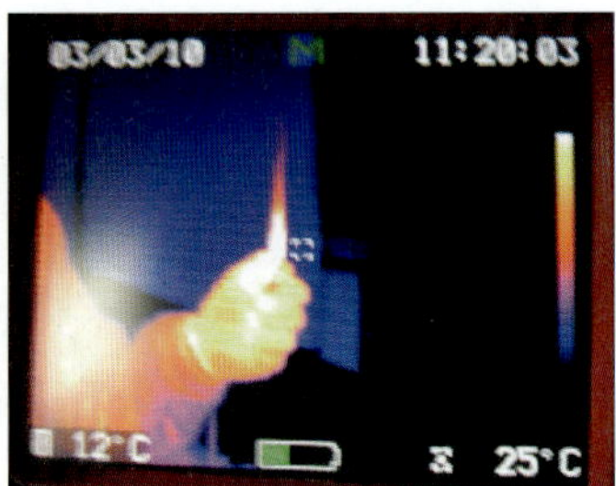

- 좌측 상단 : 날짜 (년,월,일)
- 좌측 하단 : 주변 온도
- 우측 상단 : 시간(시,분,초)
- 우측 하단 : 화점 온도

❸ 열화상 카메라는 필요에 따라 자동으로 자가조정을 하며 이때 약 0.2초간 화면이 정지할 수 있다.

❹ 사용자의 편의에 따라 칼라선택이 가능하며 화점온도의 측정범위는 −40~800℃ 이다.

❺ 이미지 캡쳐 버튼을 눌러 약 100장의 이미지를 저장하여 교육 및 분석 훈련용으로 사용할 수 있다.

❻ 모니터 화면 좌측 하단의 주변온도 측정범위는 −15~150℃이다.

④ 보관 및 관리방법

❶ 사용 전후에 부드러운 천에 따뜻한 비눗물을 등을 적셔 부드럽게 닦아내도록 한다. 단, 솔벤트 등 유기용제를 사용하지 말아야 한다.

❷ 직사일광 및 습기가 많은 곳에서 장기간 보관하지 않아야 하며 만일 장기간 사용하지 않고 보관할 경우에는 매월 약 10분 정도 작동시켜 주어야 한다.

⑤ 열화상 카메라를 이용한 현장조사 사례

화재현장에서 숨어 있는 불씨나 열기는 화재조사관의 시각으로 식별이 어렵기 때문에 완전히 진화된 것인지 선뜻 판단하기 곤란한 경우에 열화상 카메라가 그 진가를 발휘한다. 또한 화재현장에서 농연을 마신 채 정신을 잃고 쓰러진 요구조자의 인명검색장비로도 응용되고 있는

데, 이는 인체의 온도를 모니터가 감지하거나 사람의 형체임을 나타내어 즉각적으로 반응하기 때문이다.

(1) 현장조사 사례

❶ 가정집에서 촛불로 인해 화재가 발생하였다.

❷ 진압과정에서 집안 내부에 있는 가연물들을 밖으로 들어내었다.

❸ 열화상 카메라로 잔불 여부를 확인하였다.

❹ 유난히 열이 높은 지점이 발견되어 다시 방수를 하였다.

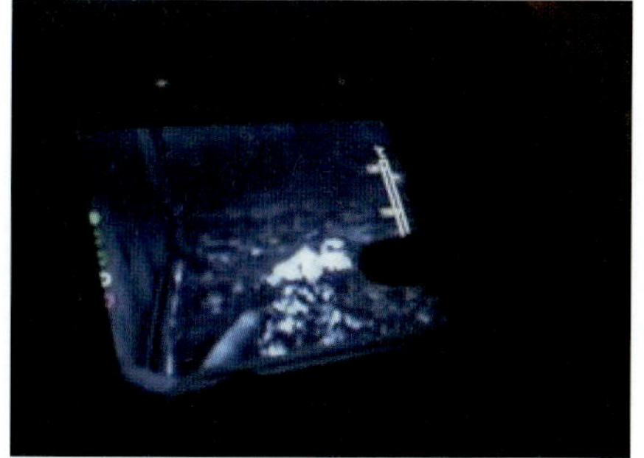

(2) 현장조사 사례

야적장에서 연기가 피어 오른다는 신고를 받고 출동을 하여 열화상카메라로 측정해 보니 온도가 미약해 화재가 아닌 것으로 판단하고 철수하였는데 결국 화재는 발생하지 않았다.

Step **15** # 잔류전류 감지기 (Will-Burt TAC)

1 용도

감전사고의 우려가 있는 화재현장을 비롯하여 침수된 지하실, 어둠 컴컴한 창고 등 사람이 진입하기에 앞서 전기의 활선(活線) 유무를 파악하는 데 쓰이는 감지장비이다. TAC 스틱은 100Hz 이하의 주파수 범위를 가지고 있어 매우 넓은 진폭의 교류전기 신호를 받아들여 경고음을 울려 알려주기 때문에 각종 재해나 사고현장에서 활용되고 있다.

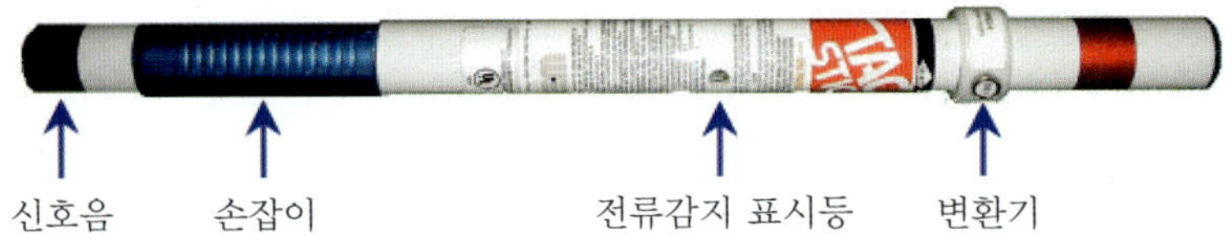

2 사용방법

① 변환기 부분을 '높은 감지' 모드로 선택한다. '높은 감지' 모드를 선택하면 최소 3초간 장비 스스로 자기 테스트를 하는데 삐–하는 소리와 함께 전류감지 표시등이 작동한다. 만약 삐–하는 소리와 전류감지 표시등이 동작하지 않는다면 사용하지 않아야 한다.

② 자기 테스트가 멈춘 후에 TAC 스틱을 여러 방향으로 천천히 움직여 가며 전류를 감지하도록 한다. 전류의 방향이 대강 잡힐 때까지 '높은 감지'를 유지하여야 하며 TAC 스틱이 노출된 전류에 가까이 가게 되면 삐–하는 소리와 함께 전류감지 표시등이 반짝거리게 된다.

③ 삐–하는 소리와 전류감지 표시등의 반짝거림은 노출된 전류가 감지된 장소에 가까워질수록 더 빨라지게 된다. 그러나 가끔 주위에 노출된 전류가 없더라도 삐–하고 울릴 수 있는데 이것은 정상적인 현상이며 빈번하게 일어날 수 있는 현상이다. 이것은 주위에 다른 전기적 요소들 때문에 발생하는 것이며, 노출된 전류가 있는 것으로 감지되면 전류를 체크하는 동안 장비의 움직임은 최소화하여야 한다.

④ TAC 스틱을 공중으로 높이 들고 있으면 노출된 전류의 장소를 더 빨리 탐지할 수 있다. 일단 노출된 전류가 명확하게 감지되고 TAC 스틱의 삐–하는 소리가 빨라졌다면 '낮은 감지' 모드나 '전면 집중' 모드로 전환시켜 전류가 노출된 정확한 지점을 찾아야 한다.

③ 주의사항

❶ TAC 스틱은 전기나 열의 전도가 발생할 수 있는 곳에 접촉시키지 않아야 한다.

❷ 노출전류 탐지활동 중에는 생활방수 기능이 있으나 습기나 액체가 있는 장소에 보관을 하지 않아야 한다.

❸ **경고** : '전면 집중' 모드에서 기계는 전면 끝쪽에서만 신호를 받는다. '전면 집중' 모드나 '낮은 감지' 모드를 탐색의 시작부터 사용하지 않아야 한다.

이러한 모드에서는 감지도가 매우 감소하기 때문에 더 이상 약간의 거리나 방향으로부터도 신호를 받지 못한다. 가장 주의하여야 할 것은 이러한 모드상태에서 탐지가 어려운 고압전선과의 접촉이다.

④ 모드별 읽는 방법

전원 OFF	전면 집중	낮은 감지	높은 감지

⑤ 감지도/범위

탐색범위와 민감도는 아래와 같은 조건에서 달라질 수 있다.

❶ 만약 전류의 신호가 금속접지로 된 절연전선에 의해 완전히 가려져 있다면 그러한 전류신호는 TAC 스틱에 감지되지 않을 것이다. 금속으로 된 문이나 접시 또한 전류신호의 방출을 막을 수 있다. TAC 스틱은 이러한 경우 잠재적인 전류의 존재를 알려 줄 수 있으며 젖은 잎이나 넝쿨, 나무도 전류의 존재와 감지를 방해할 수 있다. 그러나 물웅덩이 속에 전류가 숨어 있을 경우 TAC 스틱은 일정한 거리에서 경고음으로 알려 준다.

❷ 지면으로부터 TAC 스틱의 높이는 전류의 감지와 거리에 영향을 미친다. 즉 TAC 스틱을 위로 높이 할수록 더 멀리 감지할 수 있고 지면과 가까울수록 그 감지거리는 매우 제한적이 된다.

❸ 전류가 흐르고 있는 도체의 물리적 크기 또한 감지거리에 영향을 준다. 만약 전류가 자동차와 같이 큰 물체에 흐르고 있다면 단면이 작은 전선보다 훨씬 빠르게 전류신호가 탐지될 것이다.

❻ 화재현장 또는 재난현장 수색 시 효과적인 사용방법

시작할 때는 언제나 '높은 민감도' 설정을 하라.

❶ **장소 탐색** : TAC 스틱을 위, 아래, 옆으로 움직여 가며 앞으로 수색을 한다. 전류감지 표시등이 깜박이는지 삐-소리가 나는지 살펴보고 신호가 감지되면 그대로 들고 있는다. 전류 신호가 강해지고 전류가 흐르고 있는 곳과 가까워지면 삐-소리의 빈도는 더욱 증가하게 된다. 좀 더 정확한 전류의 흐름을 알고 싶으면 감지도를 낮추거나 '전면 집중' 모드로 바꾼다.

❷ **차량화재** : 차량이 전봇대나 전압기 건물, 신호등 또는 알 수 없는 물건과 충돌했을 때 TAC 스틱으로 차량과 구조물, 난간 등에 전류가 흐르지 않는지 확인하여야 한다. 만약 전류가 흐르는 것으로 의심된다면 그 지역의 전력을 차단하는 기관에 통보조치를 하고 전원차단 절차를 따르도록 한다.

❸ **저수지, 늪지대** : 감전사의 주요 원인은 불안전하게 늘어진 전선이나 배터리의 설치 등에 기인하는 경우가 많다. 특별한 증상이 없너라도 전류가 흐르는 경우가 있으므로 희생사를 구하기 전에 TAC 스틱으로 잔류전류를 확인하여야 한다. 이때 전류를 확인하기 위해 저수지나 늪지대의 물 안쪽에서 몸에 장비가 접촉되지 않도록 주의하여야 한다.

❹ **야간수색** : 거센 바람이 부는 야간수색이나 송전선로가 있는 산속에서의 활동은 위험을 안고 행해지는 작업이다. 특히 정해지지 않은 등산로를 수색하거나 계곡이나 비탈진 경사 등은 누출된 전류를 측정해 가는 활동이 병행되어야 한다.

❺ **건물 붕괴** : 폭발, 지진, 폭풍의 영향 등으로 붕괴된 건물은 지하 전선이나 보조 전력의 사용 등으로 여전히 전기가 통전되고 있는 상황이 있다. 이러한 건물의 진입 또한 잔류전류가 존재한다는 생각을 갖고 현장활동을 수행하여야 한다.

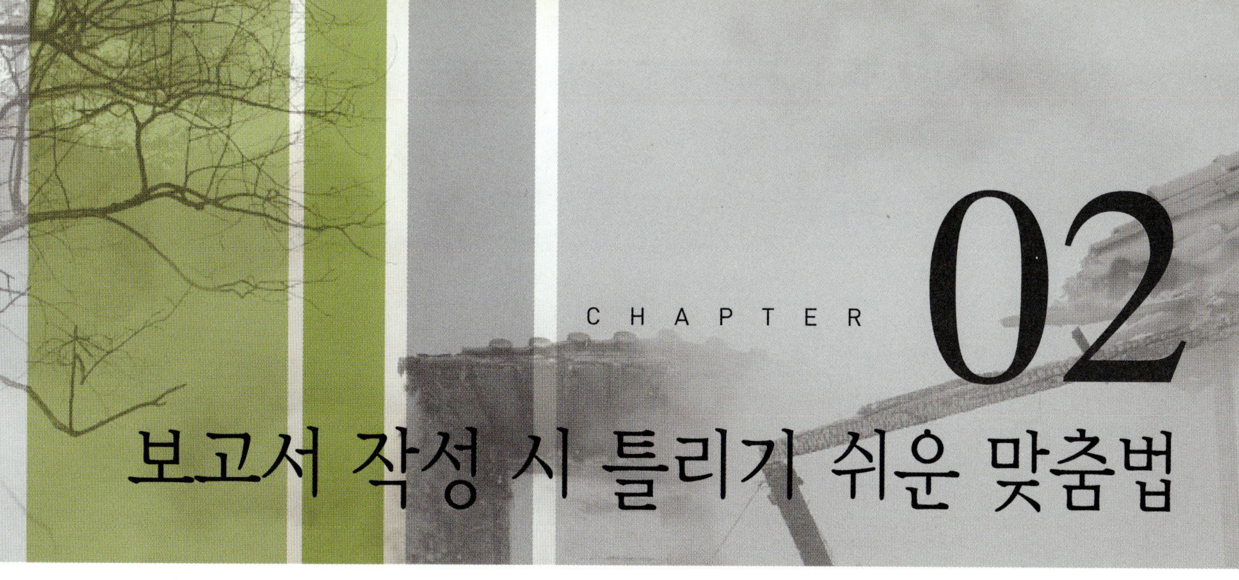

보고서 작성 시 틀리기 쉬운 맞춤법

The Fire investigation introduction

틀린 표현	바른 표현	내 용
강남콩	강낭콩	
곱배기	곱빼기	예) 자장면 곱빼기
결제	결재	
걸맞는	걸맞은	두 편을 견줄 때 어울릴 만큼 알맞다.
게제	게재	신문·잡지 등에 글이나 그림 따위를 싣는 것
-고저	-고자	의도·욕망을 나타내는 연결 의미
귀절	구절	
(담배 한)개피	(담배 한)개비	
구두딱기	구두 닦기	구두를 닦는 일
금새	금세	지금 바로
-길래	-기에	원인이나 이유를 나타내는 연결 어미
끼여들기	끼어들기	차가 옆 차선에 무리하게 비집고 들어서는 일
꼬시다	꼬이다	그럴듯한 말이나 행동으로 남을 속이거나 부추겨서 자기 생각대로 끌다.
꼭둑각시	꼭두각시	남의 조종에 따라 움직이는 사람이나 조직을 비유적으로 이르는 말
깨끗히	깨끗이	
꺼림직하다	꺼림칙하다	

틀린 표현	바른 표현	내 용
나뭇꾼	나무꾼	
나무가지	나뭇가지	
나이롱	나일론	
널판지	널빤지	
넉넉치 않다	넉넉지 않다	
네째	넷째	
넓다랗다	널따랗다	꽤 넓다.
년월일	연월일	
남비	냄비	
더우기	더욱이	
닥달하다	닦달하다	남을 단단히 윽박질러서 혼을 냄
덥썩	덥석	
덮게	덮개	뚜껑
딮띡	들띡	
돌맹이	돌멩이	
돌뿌리	돌부리	땅 위로 내민 돌멩이의 뾰족한 부분
두리뭉실하다	두루뭉술하다	말이나 행동이 이것도 저것도 아니어서 철저하지 못하다.
뒷탈	뒤탈	어떤 일의 뒤에 생기는 탈
뒷편	뒤편	
깨뜨리다	깨트리다	
리후렛	리플릿	홍보하기 위해 만드는 작은 책자
미류나무	미루나무	버드나뭇과의 낙엽 활엽 교목
마후라	머플러	소음기
막을려고	막으려고	
무우	무	십자화과의 한해살이풀 또는 두해살이풀
메꾸다	메우다	
메뉴얼	매뉴얼	어떤 기계의 조작방법을 설명해 놓은 지침서
맨날	만날	나아지거나 새로워지지 않고 언제나 늘

틀린 표현	바른 표현	내 용
머릿말	머리말	머리글
몇일	며칠	
먹거리	먹을거리	
목아지	모가지	목을 속되게 이르는 말
멋장이	멋쟁이	멋있거나 멋을 잘 부리는 사람
멋적다	멋쩍다	하는 짓이나 모양이 격에 어울리지 않다.
메스컴	매스컴	대중 매체를 통하여 정보를 전달하는 일
밀어부치다	밀어붙이다	
바램	바람	어떤 일이 이루어지기를 기다리는 간절한 마음
비로서	비로소	어느 한 시점을 기준으로 이루어지거나 변화하기 시작함을 나타내는 말
브라인드	블라인드	창에 달아 볕을 가리는 물건
복숭아뼈	복사뼈	발목 부근에 안팎으로 둥글게 나온 뼈
번번히	번번이	매 때마다
벌칙금	범칙금	
뺏지	배지	휘장
산수갑산	삼수갑산	가장 험한 산골이라 이르던 삼수와 갑산
살고기	살코기	뼈 따위를 발라낸, 순 살로만 된 고기
설겆이	설거지	먹고 난 뒤의 그릇을 씻어 정리하는 일
성대묘사	성대모사	
삭월세	사글세	남의 집을 빌려 쓰는 값으로 다달이 내는 세
설레여	설레어	
수도물	수돗물	
솔직이	솔직히	
쇼파	소파	등받이와 팔걸이가 있는 길고 푹신한 의자
숨박꼭질	숨바꼭질	
스치로폼	스티로폼	
스폰지	스펀지	
신나	시너	페인트를 칠할 때 도료의 점성도를 낮추기 위하여 사용하는 혼합 용제

틀린 표현	바른 표현	내 용
심벌	심볼	상징
심포지움	심포지엄	
아랫층	아래층	
아뭏튼	아무튼	형편, 상태 따위가 어떻게 되어 있든
아지랭이	아지랑이	
알콜	알코올	
알송달송	알쏭달쏭	
오뚜기	오뚝이	
오손도손	오순도순	의좋게 지내거나 이야기하는 모양
으시대다	으스대다	어울리지 아니하게 우쭐거리며 뽐내다.
으시시	으스스	크게 소름이 돋는 모양
오랫만	오랜만	오래간만의 준말
앙케이트	앙케트	의견을 조사하기 위하여 같은 질문을 여러 사람에게 물어 회답을 구함.
앰블렘	엠블럼	상징, 기장
어느듯	어느덧	
엇그저께	엊그저께	바로 며칠 전에
여지껏	여태껏	
우뢰	우레	천둥
윗어른	웃어른	
육계장	육개장	
역활	역할	마땅히 하여야 할 맡은 바 직책이나 임무
연말년시	연말연시	
움추리다	움츠리다	
웬지	왠지	
했읍니다	했습니다	
이서	배서	뒷보증, 이서는 일본식 표현
이하여백	아래빈칸	
인수인계	인계인수	넘겨주고 이어받음

틀린 표현	바른 표현	내 용
일곱여덟	일고여덟	
일찌기	일찍이	일찍
있슴	있음	있+음(명사형 어미)
자그만치	자그마치	자그마하게
장마비	장맛비	
전자렌지	전자레인지	
절대절명	절체절명	어찌할 수 없는 궁박한 경우를 비유적으로 이르는 말
접촉율	접촉률	
정종	청주	
주착	주책	일정한 줏대가 없이 되는대로 하는 짓
찌게	찌개	
짜장면	자장면	
짜집기	짜깁기	
쭈구러지다	쭈그러지다	눌리거나 우그러져서 부피가 몹시 작아지다.
재털이	재떨이	
출석율	출석률	
천정	천장	
촛점	초점	
카렌다	캘린더	달력
카달로그	카탈로그	선전을 목적으로 설명을 붙여 만든 상품목록
커텐	커튼	
캐비넷	캐비닛	
코사지	코르사주	가슴이나 앞 어깨에 다는 꽃다발
콤프레샤	컴프레서	압축기
콘테이나	컨테이너	
콤퓨터	컴퓨터	
크라치	클러치	한 축에서 다른 축으로 동력을 끊었다 이었다 하는 장치
트름	트림	

틀린 표현	바른 표현	내 용
타올	타월	
택도 없다	턱이 없다	
토막	도막	예) 토막소식(×) ⇒ 도막소식
통채로	통째로	
통털어	통틀어	있는 대로 모두 합하여
판넬	패널	
팜플렛	팸플릿	
팡파레	팡파르	축하 의식이나 축제 때에 쓰는 트럼펫의 신호
평양감사	평안감사	
포스타	포스터	
프라스틱	플라스틱	
플랑카드	플래카드	
필림	필름	
한 웅큼	한 움큼	한 손으로 움켜진 만큼의 분량
해꼬지	해코지	남을 해치고자 하는 짓
호루루기	호루라기	
호치키스	스테이플러	
홀타	홀더	서류 따위의 보관철
후덥지근하다	후텁지근하다	
후레온가스	프레온가스	
휠터	필터	여과기
화일	파일	서류철
휴계실	휴게실	
휴즈	퓨즈	
흐뜨러지다	흐트러지다	여러 가닥으로 흩어져 이리저리 얽히다.
히타	히터	
희노애락	희로애락	
햇님	해님	

영국 화재조사 기록서 및 조사와 증거수집 절차

화재조사 기록서

This document is intended for use at incidents to assist officers during an investigation into a fire. It is intended to perform a number of functions:

이 문서는 화재 속에서 화재사건을 조사하는 조사관이 이용할 수 있는 여러 기능들을 소개해줍니다.

It will enable officers to gather together at a single point all of the many pieces of information that are acquired during an investigation may be collated. It is not intended that every section of the report must be used on every occasion.

또한 현장에서 화재조사를 통해 얻은 수많은 정보를 하나의 논리로 이끌어낼 수 있게 해줄 것입니다. 이 보고서의 모든 섹션을 모든 경우에 사용해야 하는 것은 아닙니다.

It is not intended to tell officers how to carry out an investigation rather to act as a prompt as they scrutinise the scene so that all aspects are addressed. It is accepted that many officers are experienced investigators who will have their own methods and approach which they will wish to retain. The intention is to offer a convenient working tool to expedite the swift production of standardised reports which will be comprehensible to Brigade personnel and others.

이 문서는 화재조사를 어떻게 수행해야 하는지를 말해주려고 하기보다는 현장에서 문제를 해결하는 데 가장 적절한 방법을 즉시 취하게 해주는 법을 말해주려고 합니다. 이 문서는 경험이 풍부한 많은 조사관들이 자신만의 조사방법과 접근법을 고수하고 싶어한다는 것을 이해합니다. 이 문서의 목적은 단체 구성원들과 그 밖의 다른 사람들이 이해하기 쉬운 규정화된 보고서의 더 빠른 작성을 위한 편리한 작업방식을 제공하기 위한 것입니다.

Once the work at the scene is concluded, the information contained in the booklet can be used to assist in the compilation of the fire investigation report and combined with other documents such as FDR1 and incident logs. Appendix A of the Fire Investigation Protocol is attached at the rear of this document for guidance to the appropriate format for reports.

일단 현장에서 작업을 마치면, 책자에 포함된 정보는 화재조사 보고서의 편찬에 도움을 주는 데 이용될 수 있고, 또한 FDR1, 사건기록들과 같은 문서들을 통합할 수 있게 합니다. 이 문서 뒤에 첨부되어 있는 화재조사 프로토콜 부록은 적절한 보고서 서식의 예시입니다.

When compiling a Fire Investigation report staff must always have regard to the following:

화재조사 보고서를 작성할 때 담당자는 항상 다음 사항을 고려하여야 합니다.

- It is not acceptable to speculate upon motive

동기를 추측해서는 안 됩니다.

- Where an opinion is expressed, this must be clearly indicated and differentiated from statements of fact

의견이 제시되었을 때, 제시된 의견은 반드시 사실에 입각하여야 하고 구별되야 합니다.

- All material created during the investigative process must be retained, this includes initial notes, rough drafts, and any revisions. This material may be needed later as evidence during legal proceedings (legal or civil) and must be kept in a secure place.

조사과정에서 발견한 모든 자료는 반드시 보존해야 합니다. 여기에는 초기 기록, 수정 중인 초안, 수정안들이 포함됩니다. 이 자료들은 후에 법정에서 증거자료로 이용될 수 있기 때문에 반드시 안전한 장소에 보관하여야 합니다.

Section One – The Premises
섹션 1 – 건물

1.1 Full address of the premises – include post – code if possible
   건물의 전체주소 – 가능하다면 우편번호를 포함할 것

1.2 Owners and occupiers names and contact numbers or addresses
   소유주와 점유자의 이름과 연락 가능한 전화번호 및 주소

1.3 Insurers names and contact number or address
   보험사의 이름과 연락 가능한 번호와 주소

섹션 1 – 건물

1.4 Description of the premises
건물에 대한 설명

1.4.1 Semi-detached 연립	Terraced 계단식	Detached 단독	

1.4.2 Number of floors 층수	

1.4.3 Number of basements 지하실 수	

	Length 길이	Height 높이	Width 너비
1.4.4 Dimensions of building 건물면적			

1.4.5 Materials and method of construction
건축재료와 건축방식

Roof 지붕	
Walls 벽	
Floors 층	

1.4.6 If there have been any relevant alterations to premises, for example creation of extra rooms, floors or doors, give a brief description
건물의 변경사항(예를 들어 방, 층, 문의 추가)이 있는 경우 간단히 설명하시오.

1.4.7 Approximate year of construction
건축연도

1.4.8 Use of premises including any processes carried out
건물의 사용 용도

1.4.9 Description of materials and goods on premises
건물에 있는 사물과 물건에 대한 설명

Are there items present which are not commensurate with the normal use of the building?
건물의 사용 목적에 맞지 않는 것이 있는가?

1.4.10 Previous fires if known
이전의 화재 발생 여부

1.4.11 Any other previous relevant incidents (vandalism, burglaries)
이전의 관련 사건(기물파손, 도난)

Section two – the fire
섹션 2 – 화재

<table>
<tr><td>

2.1 Time of discovery
발견시각

</td><td></td></tr>
<tr><td colspan="2">

2.2 How was the fire discovered? – if by person give their name and contact number or address. If by apparatus, location of first head activated.
어떻게 화재가 발견되었는가? – 만약 사람에 의해서라면 발견자의 이름이나 연락 가능한 번호나 주소, 장치에 의해서라면 장치의 첫 활성 위치

</td></tr>
<tr><td colspan="2">

2.3 Persons in the premises at the time of discovery – in the case of larger premises, persons in the vicinity of the fire
화재 발견시기에 건물에 있던 인명 – 큰 건물의 경우 화재발생 주변에 있던 사람

</td></tr>
<tr><td colspan="2">

2.4 Extent and description of fire when first noticed, including what was involved and any unusual aspects of the fire.
처음 화재가 발견 되었을 때의 범위와 종류, 무엇이 포함되었는지와 화재의 비정상적인 측면

</td></tr>
<tr><td colspan="2">

2.5 Description of any first aid firefighting carried out
첫 긴급 화재진압에 대한 설명

</td></tr>
</table>

2.6 Who was the last person to leave the building before the fire was discovered?
화재가 발견되기 전에 가장 마지막에 건물을 떠난 사람은 누구인가?

2.7 Who was the last person to leave the building after the fire was discovered? (Names and contact number or address)
화재가 발견된 후에 가장 마지막에 건물을 떠난 사람은 누구인가?(이름과 연락 가능한 번호나 주소)

2.8 Names and brief comments of witnesses (Include contact number or address)
목격자의 이름과 간단한 증언(연락 가능한 번호와 주소 포함)

2.9 Time of arrival of first appliance
선착대의 도착시간

2.10 OIC & appliance call sign
OIC & 호출신청

2.11 Extent of fire on arrival – make use of a plan on additional sheets where appropriate
도착했을 때 화재의 범위 – 적절한 종이에 계획을 적어 첨부할 것

2.12 Non Fire Brigade personnel visiting the incident
소방대원이 아닌 자의 사건현장 방문

2.13 Comments from personnel regarding the development, appearance or direction of travel of the fire – this section is for brief notes only and, if necessary, should be augmented later by full statements.
화재의 발전, 모습 또는 진행방향에 대한 대원의 의견 – 이 섹션은 간단하게 기술하고 필요한 경우 추가하여 작성할 것

2.14 Security of premises 건물의 안전성
Were premises secure on arrival of Brigade? 소방대가 도착했을 때 건물은 안전했는가?
Any signs of forced entry? 무리한 진입의 명령이 있었는가?

2.15 Origin of fire 화재의 원인
Were any machine, equipment or electrical appliances left on?
기계, 장비 또는 전자기기 등이 남아 있었나?
Previous history of faults with machines or equipment
기계 또는 장비와 관련된 과거의 사례

<table>
<tr><td colspan="2">2.16 Elimination of possible causes of fire
화재 발생원인의 배제 – once discounted give brief reason</td></tr>
<tr><td>2.16.1 Smoking materials
흡연 물질</td><td></td></tr>
<tr><td>2.16.2 Electrical appliance
전자기기</td><td></td></tr>
<tr><td>2.16.3 Electrical installation
전자장치</td><td></td></tr>
<tr><td>2.16.4 Open/radiant fire
난방기</td><td></td></tr>
<tr><td>2.16.5 Explosion
폭발</td><td></td></tr>
<tr><td>2.16.6 Secondary fire
이차 화재</td><td></td></tr>
<tr><td>2.16.7 Spontaneous ignition
자연발화</td><td></td></tr>
</table>

2.16.8 Elimination of possible causes of fire 화재 발생원인의 배제 – once discounted give brief reason	
2.16.9 Process 과정	
2.16.10 Deliberate 방화	
2.16.11 Accidental 우연한	
2.16.12 Investigation of other possible causes 다른 가능 원인의 조사	

2.17 Fire Safety 화재 안정장치
Were Fire Safety measures in order – doors wedged, sprinklers and detection operating?
스프링클러, 화재감지 장치 등이 작동하였는가?

INVESTIGATION AND EVIDENCE GATHERING PROCEDURES
조사와 증거수집 절차

Brief : Guidance to inspectors on types of evidence, contemporaneous notes, use of notebooks, photographs, exhibits and disclosure.

개요 : 증거물, 현장 노트, 노트의 사용, 사진, 증거(서류), 발표(공개)의 이용법에 관한 조사관 지침

INTRODUCTION(서문)

Fire safety inspectors are charged with the enforcement of fire safety and associated health and safety legislation.

화재안전 조사관들은 '화재 안전, 건강과 안전에 관한 법률'을 집행해야 하는 임무가 있다.

In the majority of cases this will be carried out with the co-operation and assistance of the responsible person to achieve a suitable level of safety which is appropriate to the risks for all persons within the building in the event of fire.

주로 이러한 임무는 화재발생 시 건물 안에 있는 모든 사람의 안전을 적절히 지키기 위해 신뢰할 수 있는 사람의 협조와 도움으로 이루어진다.

It is when this "informal" dialogue fails to achieve the appropriate level of fire safety orwhere failings are so serious as to require immediate enforcement action that the formal process begins.

그러나 이러한 비공식(약식의) 대화가 화재안전을 적절히 달성하는 데 실패하거나 안전상 결점이 너무나 심각하여 즉각적으로 법을 집행해야 할 필요가 있을 때, 정식적인 절차가 시작된다.

Inspectors must be aware that offences under fire safety legislation will be treated as a criminal offence in a court of law and must be proven "beyond reasonable doubt".

조사관들은 화재안전 법률에 대한 위법행위가 범죄로서 법원에서 다루어질 것이며, 반드시 '의문의 여지가 없음'이 증명되어야 함을 지각해야 한다.

It is with that purpose in mind that the investigation and evidence gathering process should commence.

조사와 증거수집 과정은 이 점을 목표로 삼고 시작해야 한다.

The investigation process and the gathering of evidence is for the purpose of presenting "the facts of the case " to assist the Magistrate, Judge and/or Jury in reaching a decision with respect to the law

조사과정과 증거수집은 '그 사건의 사실들'을 보여줌으로써 변호사, 판사 및 배심원이 법에 대한 결정에 이르는 것을 돕는 데 그 목적이 있다.

THE INVESTIGATION (조사)

The conduct of investigations and evidence gathering must be carried out in accordance with procedures contained in Criminal Procedures and Investigations Act 1996 Code of Practice.

조사업무 수행과 증거수집은 반드시 1996년 발효된 형사소송과 조사법에 포함된 절차에 따라 진행되어야 한다.

EVIDENCE (증거)

Evidence can be defined as "Information that may be presented to a court to help weigh up the probability of a fact asserted before it.

증거란 자신이 주장하고 있는 사실의 개연성을 판사(법원)가 가늠하는 데 도움을 주는 정보로 정의될 수 있다.

In law the term "Evidence" is used to indicate the means by which any:

법률 용어로서 "증거"는 아래의 방법으로 나타난다.

- Fact 사실

- Inference from fact 사실로부터의 추론

- Point in issue 문제의 요점

- Question 질문

Oral evidence − The statement of a witness made orally in court presented as evidence of the truth of what he/she states.

증언 − 그 자신이 말했던 사실에 대한 증거로서 법원에 출두한 증인의 진술

Real evidence – This will usually take the form of a material object produced for inspection by the court (exhibit), either to prove the existence of the object, or to allow the court to form an opinion as to its condition or value.

(진짜)증거물 – 증거물은 보통 법원의 검토를 받기 위한 물질적 개체의 형태로 나타나며, 그 개체의 존재를 증명하거나 혹은 법원으로 하여금 그것의 상태나 가치에 관해 의견을 형성하도록 하는 목적을 가지고 있다.

Documentary evidence – Documents produced for inspection by the court as items of real evidence (exhibits)

서류상 증거 – 증거물의 하나로 법원의 검토를 위해 작성된 서류

Photographic evidence – Photographs, the authenticity of which can be verified by testimony.

사진으로 된 증거 – 사진은 어떠한 사항이 진짜임을 입증할 수 있는 증거이다.

- NOTE : Evidence gathering is the collecting and recording of facts – not inferences!
 註 : 증거 수집은 사실을 모으고 기록하는 것이다. – 추론이 아니다!

RECORDING EVIDENCE (증거 기록)

Evidence may be in physical, photographic or oral form.
증거는 물질, 사진 혹은 구두 진술의 형태일 것이다.

To ensure a successful prosecution evidence will be necessary.
성공적인 기소 증거를 확보하는 것은 필수적일 것이다.

Skills in producing reports and statements can only be achieved by practice, but whether skilful or not, an inspector must at all times exercise care so that written work is accurate, legible, clear in meaning and to the point.

보고서와 진술서 작성 기술은 오직 현장에서만 얻을 수 있으나, 작성 기술이 능숙하건 아니건 간에 조사자는 항상 보고서 작성에 있어서 그것이 의미와 요점을 정확하고, 또렷하고, 명확하게 나타내고 있는지 염두에 두어야 한다.

This is essential as much of an inspector's report writing in relation to an offence or incident will follow up on the notes taken at the time the offence or incident was first known.

이것은 조사관이 위법행위나 사고에 관한 보고서 작성 시, 사건이 처음 인지되었을 때 작성된 메모를 기본으로 정보를 더 알아보고, 진척시키는 것만큼 중요하다.

"THE CONTEMPORANEOUS NOTE" (APPENDIX C) 현장 노트 (부록 C)

A formal notebook should be used to record a "contemporaneous note" of an event or sequence of events that may be relevant to a formal investigation and/or prosecution.

공식적인 노트는 공식적인 조사나 기소에 관련 있을 수 있는 사건(혹은 사건의 연속) 현장 노트를 기록하는 데 사용되어야 한다.

It is an accurate record, made at the time, or as soon after the event as practicable. It is a record of what was seen, heard or done, by or to any persons or property.

이는 그 당시에 혹은 사건을 조사할 수 있을 만한 때가 된 시기에 만들어진 정확한 기록이다. 또한 어떠한 사람이나 물건에 의해 무엇이 보였으며, 들렸고, 행해졌는지에 관한 기록이다.

A typical example of the use of a contemporaneous note would be where, on inspection, it is apparent that an offence or series of offences are suspected of being committed.

위법행위 혹은 위법행위의 연속이 누군가에 의해 (고의적으로) 저질러졌다는 의심이 명확한 경우 현장 노트 사용의 전형적인 사례를 볼 수 있다.

The facts that give rise to the potential offences should be recorded accurately in the inspector's notebook together with any relevant information or observations.

잠재적인 위법행위를 생기게 하는 사실들은 조사관의 노트에 모든 관련 정보와 관찰 자료와 함께 정확하게 기록되어야 한다.

It is from the contemporaneous record that the inspector will produce a formal statement if the matter is to proceed to a formal prosecution.

그 사건(사고)이 공식 기소로 진행되었을 때, 조사자가 하는 공식적인 진술은 현장 기록으로부터 나온다.

It therefore follows that such notes should be a full and accurate account of the circumstance as they unfold.

그러므로 기록은 사건이 전개된 상황을 완전하고 정확하게 설명해야 한다.

THE NOTEBOOK (노트)

The object of a formal notebook is to record the inspector's first hand knowledge of an offence or incident, and to provide a basis for thecompletion of any subsequent report.

공식 노트의 목적은 위법행위 혹은 사고에 대해 조사자가 접한 첫 번째 정보를 기록하고 차후에 작성될 보고서의 완성에 주춧돌을 제공하는 것이다.

The notebook contains lined numbered pages and an inspector, when making an entry, should only write on the line and complete all lines and pages.

노트는 줄이 있으며, 번호가 매겨진 페이지로 이루어져 있으며 조사관은 어떠한 사항을 기재할 때 오직 줄 위에 써야 하며, 모든 줄과 페이지를 완성해야 한다.

All entries must be made in permanent ink and to ensure entries are legible, they should conform to the ELBOWS model:

모든 기재사항은 영구적인(지워지지 않는) 잉크로 써야 하며, 알아볼 수 있도록 명확해야 한다. 그리고 기재사항은 아래의 ELBOWS 모형에 따라 쓰여야 한다.

E	No Erasures 삭제하지 말 것
L	No Leaves torn out 낱장을 뜯어버리지 말 것
B	No Blank spaces 빈 칸을 만들지 말 것
O	No Overwriting 중복 기재하지 말 것
W	No Writing in margins 종이 여백에 쓰지 말 것
S	Statements to be written in direct speech 진술 내용은 실제 말한 내용만을 직접화법으로 쓸 것

The start of the note should be dated and timed.

노트는 날짜와 시간을 기재하는 것으로 시작한다.

The end of the note should be signed dated and timed.

노트의 끝은 사인과 날짜 및 시간으로 이루어져야 한다.

New reports should commence on the line following the signature; date and time of the previous report (see Appendix A).

새로운 보고서는 이전 보고서의 서명, 날짜, 시간이 기재된 바로 뒤에 오는 줄에서 시작해야 한다.

All entries in the notebook should be made:

모든 노트의 기재사항은 다음과 같이 작성해야 한다.

At the time of the offence, or as soon as is practicable after the offence.

위법행위 발생 당시 혹은 위법행위 발생 후 조사 가능해지는 가장 빠른 시점에 작성되어야 한다.

Notes should always be taken where the offence/incident is likely to lead to a report or statement being required.

노트는 보고서나 진술을 이끌어낼 수 있는 위법행위 혹은 사고가 있는 장소에서 언제나 지니고 있어야 한다.

A witness may not refer to their statement when giving evidence in court but may refer to a note.

법원에 증거를 제출할 때 목격자는 그들의 진술을 하지 않을 수도 있지만, 노트는 제출할 수 있을 것이다.

For a note to be used in court to refresh a witness's memory it must have been made contemporaneously, or verified as such by the court in each case.

목격자의 기억을 되살리기 위해 쓰이는 노트는 반드시 현장에서 기록되었거나 그러한 것이라고 법원에 의해 인정되어야 한다.

Where such entries are made at the time or as soon as practicable after the event they are more likely to be accurate as the events will be fresh in the writer's mind and the notes will appear more accurate if challenged.

사고 당시 혹은 조사 가능해진 시점에 최대한 신속하게 기록된 노트의 항목들은 조사자의 머릿속에 생생하고 정확하게 기억될 것이며, 그러한 노트는 그 유효성을 검토할 때 더욱 정확해 보일 것이다.

Accuracy must be achieved at all costs and whilst neatness is important it should be sacrificed if necessary in the cause of accuracy.

노트는 어떠한 경우에도 정확해야 하며, 반면 깔끔함은 중요하기는 하나 필요하다면 정확성을 위해 희생될 수 있다.

The next step is to identify the suspect(s) and gather the following information:

다음 단계는 용의자를 확인하고 아래에 제시된 정보를 모으는 것이다.

- Full name of the suspect(s) 용의자의 이름
- Date of birth 생일
- Address 주소

The notes that are required to be taken at the scene of an offence/incident should always include:

위법행위 혹은 사고의 현장에 가져가는 노트는 언제나 아래의 사항이 포함되어야 한다.

- Time, day and date
  시간, 요일, 날짜

- Name of person/business and address of the premises
  그 사고 부지의 소유자나 기업체의 이름과 현장 주소

- Where applicable, the name and address of the registered company
  현장에 등록된 회사의 이름과 주소

- Name of person(s) present
  지금 있는 사람(들)의 이름

- Address of person(s) present
  지금 있는 사람(들)의 주소

- Name of inspector(s) present
  현재 조사관(들)의 이름

The next step is to gather any evidence connected with the offence, which may include:

다음 단계는 아래와 같은 정보를 포함하는 위법행위와 연관된 모든 증거를 모으는 것이다.

- Photographs
  사진

- Sketch drawings made in pocket notebook where applicable
  주머니에 넣을 만한 작은 노트에 현장의 모습을 그린 그림

- Viewing of documents
  서류

- The record of any conversations
  대화 내용의 기록

The record of conversations must be verbatim.

대화 내용의 기록은 반드시 받아 적듯이 직접적으로 기재되어야 한다.

Interviews with suspects should be carried out under caution, and with the additional requirements of PACE.

용의자와의 질의는 조심스러운 태도로 수행되어야 하며 추가적인 보조가 필요하다.

The inspector taking the notes should enter the time and sign his/her notebook after the last word.

노트를 작성하는 조사관은 그 시간을 기재하고 작성한 내용의 마지막 단어 뒤에 자신의 서명을 해야 한다.

The person questioned must also be requested to sign each relevant page, confirming that it is a true and accurate record of events.

대면 질의 역시 사고에 관한 이 기록이 진실이며 정확하다는 것을 확인하는 의미에서 관련된 각 페이지에 서명할 것이 요구된다.

Any statement should be a factual account of the case using notes where necessary from the notebook to ensure accuracy.

정확성을 보장하기 위해 노트로부터 사용된 모든 진술은 사실의 근거가 될 수 있다.

A record of the issue ofa formal verbal caution shall be made together with the time the caution was given and any reply.

공식적 구두 경고의 요점 기록은 경고가 주어지고 답변이 온 때에 함께 제출하여야 한다.

When the note taking at the immediate scene of an occurrence has been completed and the persons concerned have departed, the inspector may require subsequent notes, for the purpose of recording any additional personal observations.

사건이 일어난 직후 현장에서 노트를 완성하고 이해관계자가 떠나고 나면, 조사관은 추가적이고 개인적인 관찰의 기록을 목적으로 하는 또 하나의 다른 노트가 필요할 것이다.

These subsequent notes should be made as soon as practicable.

이러한 추가적인 노트는 가능한 한 가장 빠른 시간 안에 작성되어야 한다.

Subsequent notes should be confirmed as being a true and accurate record of events by an appropriate witness.

추가적인 노트는 그 내용이 진실이고 사건의 정확한 기록이라는 것을 적절한 목격자를 통해 확인되어야 한다.

Where two or more inspectors are involved in an inspection/investigation. Joint notes may be made.

둘 혹은 그 이상의 조사관이 합동 조사를 할 때는 합동으로 작성된 노트가 만들어질 것이다.

The reasons for joint notes are

합동 작성 노트 작성의 이유는 다음과 같다.

- Note taking is not desirable at the time because it may inhibit free speech
  그러한 때에는 자유로운 발언을 막을 수 있기 때문에 노트 작성은 바람직하지 않다.

- It is only necessary for one inspector to keep an accurate record.
  정확한 기록을 하기 위해서는 한 사람의 조사관만이 필요하다.

When a note has been taken by one of the inspectors present, both inspectors will sign at the end of the note, adding date and time. This then becomes a joint note.

노트가 한 사람의 조사관에 의해 작성될 때, 작성자와 나머지 조사관들은 노트의 끝에 날짜와 시간을 기재 후 서명해야 한다.

Where written errors are made in a notebook, the following procedure must be followed:

노트에 작성된 내용 중 오류가 있을 때, 다음의 과정을 거쳐야 한다.

- The offending word(s) struck out by a single stroke.
  잘못 작성된 단어(들)는 한 획에 삭제해야 한다.

- The deleted word(s) to remain legible and initialled.
  삭제된 단어(들)는 알아볼 수 있도록 유지되어야 한다.

- The correct word written in above the deleted word.
  수정할 내용은 삭제된 단어보다 위에 적어야 한다.

Where part or complete pages are accidentally left blank, the following procedure must be followed:

노트 페이지의 부분 혹은 전체가 실수로 빈 칸으로 남아 있을 경우, 다음의 절차를 수행해야 한다.

The blank area should be struck through with a diagonal line and Endorsed, 'Omitted in error'.

그 빈 칸은 대각선으로 줄을 치고 '오류로 인해 빠뜨렸다'고 배서해야 한다.

Gaps should not be left in notebooks.

노트에 빈 곳이 남아서는 안 된다.

Particular regard is to be paid when describing persons who refuse to allow access or respond to questions.

접근을 거부하거나 질문에 답하기를 거부하는 사람을 묘사할 때는 각별한 주의를 기울여야 한다.

Notebooks should be uniquely numbered before they are issued and a register of the book, number and name of inspector to whom issued should be maintained.

노트에는 발표되거나 책으로 등록되기 전에 번호를 매겨야 하며, 노트를 발행한 조사관의 고유 번호와 이름 역시 등재되어야 한다.

Inspectors should be permitted (when dealing with numerous and detailed investigations) to have more than one notebook in use at any one time to ensure security and continuity of evidence in relation to any particular investigation.

다수의 상세한 조사를 처리하고 있을 때 조사관은 안전과 특정 조사와 관련된 증거의 연속성을 확보하기 위해 하나 이상의 노트를 사용해야만 한다.

Notebooks should be kept secure when not in use.

노트는 사용되고 있지 않을 때 안전하게 보관해야 한다.

Completed notebooks may remain in the custody of the inspector or should be returned to the issuing department for safe keeping and archiving.

완성된 노트는 조사관에 의해 보관되거나, 안전한 보관을 위해 발행(발표) 부서에 보내질 것이다.

PHOTOGRAPHS (사진!)

If photographs are taken, this is to be recorded in the notebook with a comprehensive note and a witness statement confirming the following.

사진을 찍었다면, 그 사진은 아래의 항목을 참고로 하여 사진의 내용을 내포한 메모와 목격자 진술과 함께 기록될 것이다.

- Who took each photograph
  각 사진을 찍은 사람

- The precise time each one was taken
  각 사진이 찍힌 정확한 시간

- The precise location each one was taken
  각 사진을 찍은 정확한 장소

- A description of what they are intended to show
  각 사진이 보이는 의도(왜 찍은 사진인가)

- The reference number of the photograph
  사진의 참고 번호

Where possible the location and direction of each photograph should be plotted on a plan

각 사진의 위치와 방향은 계획적으로 구성되어야 한다.(부록 B 참고)

To confirm the continuity of the photographic evidence a witness statement will be required from the processor of conventional photographic film.

사진 증거가 (논리적) 연속성을 가지기 위해서는 재래식 사진 (필름) 현상 과정을 목격한 사람의 진술이 필요하다.

Polaroid instant cameras may be used as an alternative to conventional cameras.

재래식 카메라 사용 대신 폴라로이드 즉석 카메라의 사용도 가능하다.

Digital images are acceptable as evidence providing the procedures contained in Digital Imaging Procedure published by the Home Office are followed.

디지털 사진이 증거로 받아들여지기 위해서는 영국 내무부가 출판한 '디지털 사진 처리 순서(과정)' 라는 과정을 따라야 한다.

EXHIBITS (증거물)

Any object, photograph, document or any other item which it is intended to produce to the Court for inspection, are referred to as exhibits.

법원의 검토를 위해 제출된 모든 개체, 사진, 서류 혹은 물건은 증거물이라 부를 수 있다.

All exhibits must be indexed and given a unique identification reference (This consists of the initials and number allocated by the person producing the exhibit, i.e., ABC/1, ABC/2, etc.).

모든 증거물들은 반드시 색인 가능해야 하며 각각 식별 참조 번호를 붙여야 한다.(증거물을 제공하는 사람에 의해 이니셜(頭문자)과 번호가 할당되어야 한다. 〈예〉 ABC/1, ABC/2 등)

An Exhibits label indicating the reference number will be affixed to each exhibit.

참조 번호를 나타내는 증거물 부착물(라벨)을 각 증거물에 부착해야 한다.

The exhibit index and the exhibits will form part of the legal "bundle".

증거물 색인과 증거물들은 법률이 요구하는 "큰 덩어리"의 부분을 구성해야 한다.

DISCLOSURE (공개)

Material of any kind, including information and objects obtained during the course of an investigation and which may be relevant to that investigation is the domain of the Disclosure Officer.

정보를 가진 모든 종류의 물질과 조사 과정에서 얻은 개체 중 조사 내용과 관련된 것은 공개관(公開官)의 영역이다.

The Disclosure Officer is the person responsible for examining the material retained during the investigation and for revealing material to the prosecutor or defendant in accordance with Criminal Procedures and Investigation Act 1996 and associated Code of Practice.

공개관이란 수사과정에서 보관된 물질을 검토하고 1996년 통과된 형사소송 및 조사법과 종합 직업규약에 따라 검사 혹은 피고 측에게 그 물질을 공개하는 역할을 수행한다.

The function of the officer in charge of the investigation, the disclosure officer and investigator are separate, therefore depending on the complexity of the case may be undertaken by two or more persons

조사관과 공개관의 역할은 서로 다르기 때문에, 사건의 복잡성에 따라 두 명 이상의 인원에 의해 수행되어야 한다.

Material may be relevant if it appears to an investigator, the officer in charge of an investigation or the disclosure officer, that it has some bearing on the investigation, any person being investigated or on the surrounding circumstances of the case unless it is incapable of having any impact on the case.

조사와 관련된 자료는 조사관이나 공개관에게 보여질 때 사건과 관련성을 갖는다. 사건에 영향을 끼칠 수 있는 모든 사람은 조사되거나 그 사건의 주변 상황에 놓일 수 있다.

APPENDIX A 부록 A
SPECIMEN NOTEBOOK ENTRY (노트 견본)

	2003년 4월 6일 토요일
	뉴캐슬 월드가(World Street)에 있는 '엄청난 슈퍼마켓'
0930	나는 화재보고서를 받고
	2003년 4월 6일 09시45분에 '엄청난 슈퍼마켓'으로 갔다.
0945	나는 가게로 들어가서 양쪽으로 여닫는 화재비상문을 관찰했다.
	빵집에 인접하였고, 1층 세일 코너에 있는 (화재비상문)
	비상문은 자물쇠와 체인으로 잠겨 있었으며
	각 문의 문고리는 누르면 열리는 형식이었다.
	이는 점원들과 손님들이 긴급 상황에서 가게 밖으로 대피하는 것을 막는 위험한 행위였다.
	나는 이것을 사진 찍었으며 일련번호는 엄청난 슈퍼마켓 6/4/03이다.
	나는 자물쇠와 체인을 잠가 놓은 당직 관리자가 도착하자마자 그를 불렀다.
	우리는 그의 사무실로 가서 아래 질문을 통해 그의 신원을 확인했다.
문	"당신의 이름은?"
답	"존 스미스"
문	"생년월일은?"
답	"19**년 7월 16일"
문	"주소는?"
답	"월드가(World Street) 16블럭"
문	"회사에서 당신의 위치는?"
답	"나는 이 지점의 관리자다."
	나는 존 스미스에게 자물쇠로 잠긴 화재 비상구는 화재안전법을 위반한 것이고,
	그 위법행위에 대해 조사할 것이라고 통보를 했다.
	그리고 조사를 위해 아래와 같은 문서에 대해 제출을 요구하였다.
	화재안전에 관한 회사 정책, 화재 위험 평가, 화재 측정 및 훈련 일지.
	나는 그것들을 검토하여 다음과 같은 사항을 확인하였다.
	안전에 관한 회사 정책은 1999/ 07/ 17 안전매뉴얼을 통해 구체화되어 있었다.
	위험 평가는 F회사를 통해 2002/03/24에 이루어졌다.
	화재 측정 일지 중 최근에 기입된 사항 – 화재경보기 이상 없음 02/04/01

	비상 경광등 – 이상 없음 02/01/02, 대피훈련 – 02/01/03
	직원 훈련 – 02/02/05
	위법행위에 대한 조사는 계속되었으며 이후에 면담이 있을 것이라는 사실을
	존 스미스에게 통보하고 회사가 해야 할 일에 대해 알려주었다.
1040	나는 가게를 나와서 귀소하였다.
1045	케네스 존스 (화재 안전 조사관) 2003년 4월 6일

APPENDIX B 부록 B
SPECIMEN PLAN OF PHOTOGRAPH RECORDING (사진 기록 계획 견본)

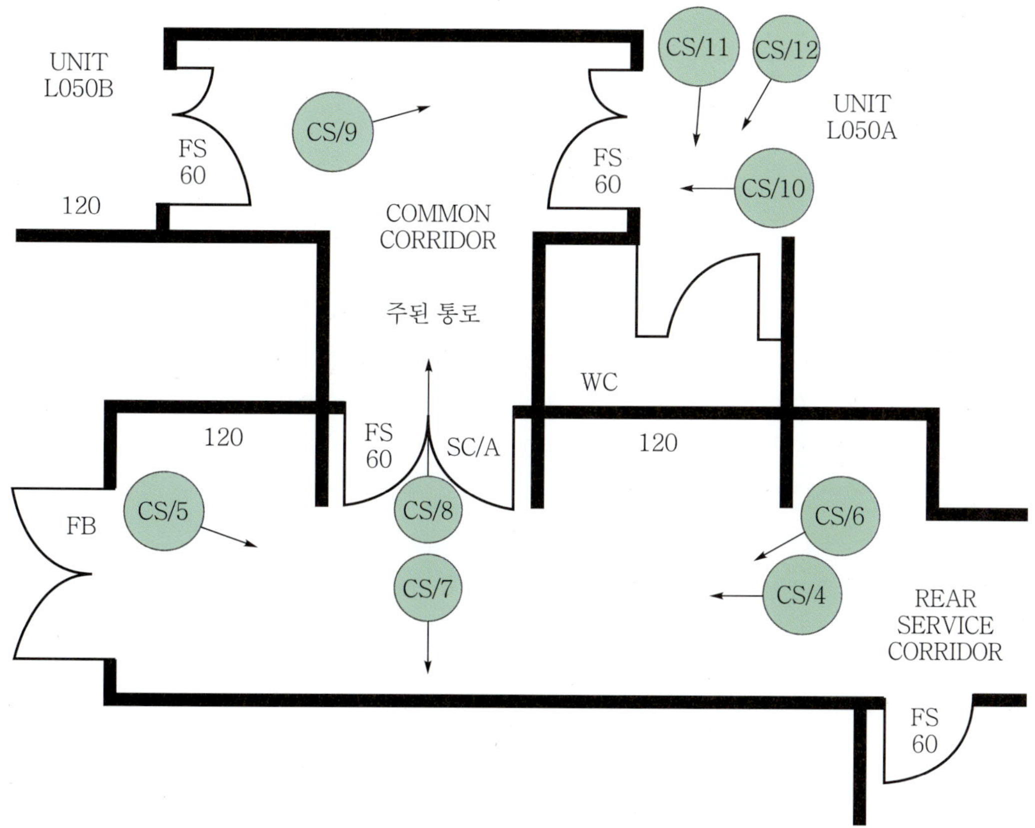

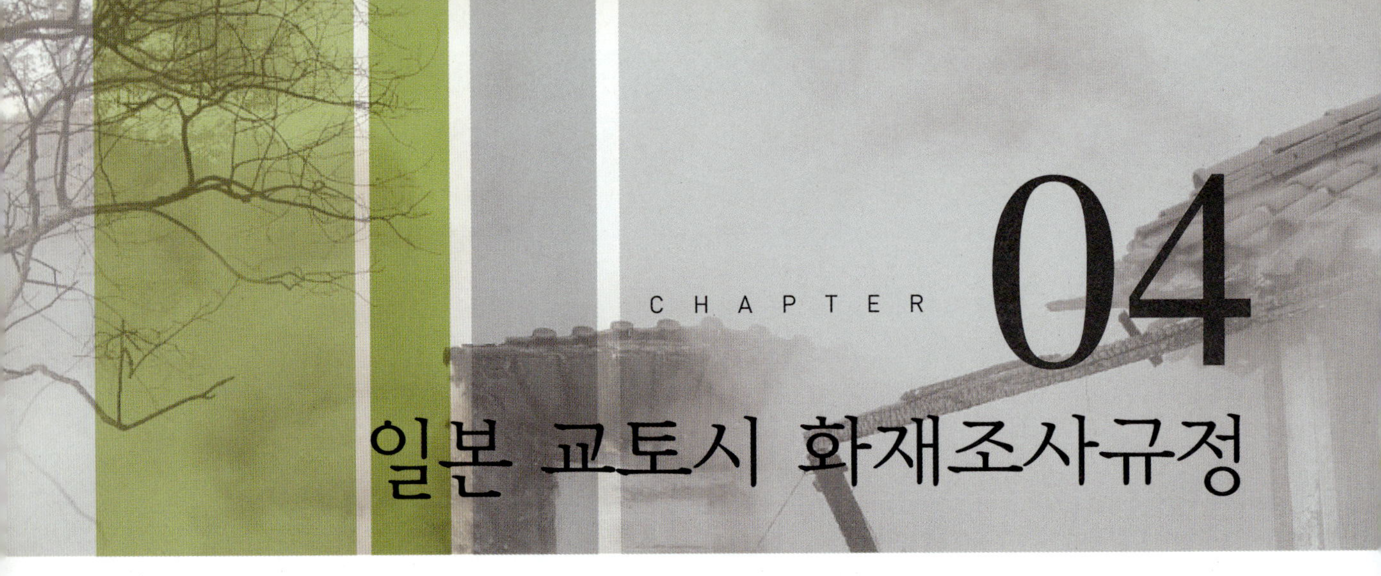

일본 교토시 화재조사규정

제1장 총 칙

(취지)
【제1조】 이 훈령은 소방법(이하 '법'이라고 한다) 제7장의 규정에 근거하여 행하는 화재원인 및 손해의 조사(이하 '조사'라고 한다)에 관련하여 그 실시방법 및 절차, 그리고 화재통계에 관해 필요한 사항을 정하는 것으로 한다.

(화재의 정의 등)
【제2조】 화재란 사람의 의도에 반하여 발생하고 또는 확대하며 또는 방화에 의해 발생하여 소화의 필요성이 있는 연소현상이며, 이를 소화하기 위해 소화시설 또는 이와 같은 정도의 효과를 가지는 것을 이용할 필요가 있는 것 또는 사람의 의도에 반하여 발생하고 또는 확대된 폭발현상(화학적변화에 의한 연소 중 하나로 급속히 진행하는 화학 반응에 의해 다량의 가스 및 열을 발생하여 폭명, 화염 및 파괴작용을 동반하는 현상을 말한다)을 말한다.

2. 전 항에서 규정하는 것 외에 조사 및 화재통계에 사용하는 용어의 의의는 별표에 기술한 것으로 한다.

【제3조】 화재의 종별은 다음 각 호에 기술된 구분에 따른다.

① **건물화재** : 건물 또는 그 수용물이 파손되거나 파괴된 것
② **임야화재** : 임목, 벌판, 초원, 목야 또는 산지가 파손되거나 파괴된 것
③ **차량화재** : 자동차차량, 철도차량 및 피견인차 또는 이들의 적재물이 파손되거나 파괴된 것
④ **선박화재** : 선박 또는 그 적재물이 파손되거나 파괴된 것
⑤ **항공기화재** : 항공기 또는 그의 적재물이 파손되거나 파괴된 것
⑥ **그 밖의 화재** : 앞의 각 호에 해당하는 화재 이외의 것

2. 화재의 종별이 2가지 이상 복합되는 경우는 소화의 필요가 있는 연소현상에 의한 화재에 대해서는 소실손해액이, 폭발현상에 그친 화재에 대해서는 폭발손해액이 큰 것의 종별로 한다. 다만, 그 상태에 따라 손해액이 큰 것의 종별에 의한 것이 사회통념상 적절하지 못하다고 인정되는 경우는 그러지 아니하다.

(조사의 원칙)

【제4조】 조사는 법 제7장에 규정하는 사항에 한해 행하는 것으로 범죄수사를 해서는 안 된다.

2. 조사의 권한을 행사함에 있어서 개인의 자유 및 권리를 부당하게 침해하지 않도록 필요 최소한도에 그쳐야 한다.

제2장 조사의 주체 및 체제

제1절 조사의 주체

(조사의 주체)

【제5조】 조사의 주체는 화재가 발생한 장소를 관할하는 소방서장(이하 '서장'이라고 한다)으로 한다.

2. 소방국장(이하 '국장'이라고 한다)은 전 항의 규정에 관계없이 대규모 화재 또는 특이화재에서 소방행정상 특히 필요하다고 인정되는 때 조사의 주체가 되는 경우가 있다.

(국장의 조언 및 지시)

【제6조】 국장은 필요에 따라 조사와 관련된 사항에 대해 서장에게 조언하거나, 지시하는 것으로 한다.

(총괄책임)

【제7조】 서장은 소속직원을 지휘하여 조사를 실시하며 조사에 관한 사무전반을 총괄하지 않으면 안 된다.

(조사원의 지명 등)

【제8조】 국장 및 서장은 각각 국 본부소속직원 또는 소방서소속직원 중에서 화재조사원(이하 '조사원'이라고 한다)을 지명해 두지 않으면 안 된다.

2. 서장이 지명한 조사원(이하 '서조사원'이라고 한다)은 당해 서장이 조사의 주체가 되는 화재조사에 임하는 것으로 하며, 다음 각 호에 기술된 사무를 처리하는 것으로 한다.

① 조사에 관한 서류작성에 관한 일
② 조사자료에 관한 일

③ 화재통계에 관한 일

④ 조사에 관련된 조회 및 회답에 관한 일

⑤ 이재증명서의 발행에 관한 일

⑥ 조사용 기자재의 관리에 관한 일

⑦ 조사에 관련된 문서의 정리 및 보관에 관한 일

⑧ 그 밖에 조사에 필요한 사항에 관한 일

3. 국장이 지명한 조사원(이하 '본부조사원'이라고 한다)은 국장의 지시에 따라 조사에 임하는 것으로 한다.

4. 조사원의 지명기준은 별도로 정한다.

(조사원의 마음가짐)

【제9조】 조사원은 조사를 위해 필요한 관계법령에 관한 연구, 지식의 습득 및 관계자료의 정비를 행하여 조사능력 향상에 매진하여야 한다.

제2절 조사의 체제

(본부조사원의 파견요청)

【제10조】 서장은 조사에 착수하는 경우 필요하다고 인정되는 때에는 본부조사원의 파견을 요청할 수 있다.

2. 국장은 전항의 규정에 따라 파견요청을 받은 경우 필요하다고 인정되는 때에는 본부조사원을 파견 할 수 있다.

(본부조사원의 출장)

【제11조】 국장은 필요하다고 인정되는 화재에 대해 본부조사원을 출장시키는 것으로 한다.

(담당업무의 지시 등)

【제12조】 서장은 조사를 행함에 있어서 당해조사의 현장책임자를 지명함과 동시에 조사현장(법령 34조 제1항에 규정하는 관계가 있는 장소를 말한다)에서 조사에 종사하는 조사원 및 그 밖의 소방직원(이하 '조사원 등'이라고 한다)의 담당업무를 지시하는 것으로 한다.

(조사본부의 설치)

【제13조】 국장 또는 서장은 대규모 화재 또는 특이화재의 발생 시 필요하다고 인정되는 때에는 조사본부를 설치하는 것으로 한다.

2. 조사본부에서 처리하는 사항은 다음 각 호에 해당하는 것으로 한다.

① 화재상황 파악

② 조사대상구역의 설정

③ 관계기관과의 협의

④ 조사방침 및 진행계획의 수립

⑤ 조사결과의 검토

⑥ 보도기관에의 정보제공

⑦ 앞의 각 호에 해당하는 것 외에 필요하다고 인정되는 사항

3. 국장 또는 서장은 제1항 규정에 따라 조사본부를 설치했을 때에는 그 조직을 지휘하는 것으로 한다.

제3장 조사의 실시

제1절 통 칙

(조사의 착수)

【제14조】 서장은 관할구역 내에서 발생한 화재를 각지했을 때에는 즉시 조사에 착수하지 않으면 안 된다.

(경찰에의 통보)

【제15조】 서장은 방화 또는 실화의 범죄가 있다고 인정되어 법 제35조 제2항의 규정에 따라 화재가 발생한 현장을 관할하는 경찰서(이하 '경찰서'라고 한다)에 그 사항을 통보할 때에는 구두 또는 문서로 행하는 것으로 한다.

2. 전항의 규정에 따른 통보가 문서에 의한 경우 화재원인인정통지서(제1호 양식)에 따라 행하는 것으로 한다.

(조사의 입회)

【제16조】 서장은 조사실시에 있어서 조사원 등에게 현장검사를 명할 때 필요에 따라 조사현장의 소유자, 관리자 또는 점유자 또는 이들 대리자의 입회를 요청하도록 한다.

(조사상 필요사항의 기록)

【제17조】 조사원 등은 조사현장외의 장소에서 조사 상 필요가 있다고 인정되는 사항을 각지했을 때는 그 때마다 이를 기록해 두지 않으면 안 된다.

(조사용 기자재의 활용)

【제18조】 서장은 배치된 조사용기자재를 유효하게 활용함과 동시에 그 관리에 적정을 기하지 않으면 안 된다.

제2절 현장보존

(현장보존)
【제19조】 조사현장에 출동한 소방직원은 현장 보존에 힘쓰지 않으면 안 된다.

(소방활동 중 보존)
【제20조】 조사현장에 출동한 소방직원은 소방활동 시 물품을 이동하거나 파괴할 경우 최소한도에 그쳐야 한다. 이에 대해 어쩔 수 없이 물품을 이동하거나 파괴할 때는 필요에 맞게 계측하거나 사진촬영을 행하여 변경 전의 상태를 기록하도록 한다.

(사망자 발견 시의 조치 등)
【제21조】 교토시소방국 재해활동조직규정 [별표 4]에 기술되어 있는 최고지휘자(이하 '최고지휘자'라고 한다) 및 지휘자는 조사현장에 명확하게 사망한 사람이 있는 경우는 다음의 조치를 취하는 것으로 한다.

① 소방지령센터장에게 신속하게 연락할 것
② 조사현장에 경찰관이 도착하고 있지 않는 경우 경찰서에 통보할 것
③ 필요에 따라 계측, 사진촬영 등을 행하여 사망자 상황을 기록해 둘 것

2. 조사현장에 출동한 소방직원은 사망자에 대한 예의에 어긋나지 않도록 조심해야 한다.

(진화 후의 보존)
【제22조】 조사현장에서 설정하는 법 제28조 제1항의 규정에 따른 소방경계구역(이하 '현장보존구역'이라고 한다)은 다음 각 호에 해당하는 바에 따라 조치를 강구한다.

① 현장보존구역의 범위를 결정하여 로프, 표식 등으로 이를 명시할 것
② 필요에 따라 현장보존구역에 감시원을 배치할 것
③ 필요에 따라 계측, 사진촬영 등을 행하여 조사현장상황을 기록해 둘 것

(현장보존구역의 해제)
【제23조】 현장보존구역은 조사의 추이에 따라 축소하거나 해제하는 것으로 한다.
2. 현장보존구역을 해제할 때에는 관계자에의 인계를 충분히 행하지 않으면 안 된다.

제3절 조사항목

(조사항목)
【제24조】 조사항목은 다음 각 호에 기술된 바와 같다.
① 화원, 연소건물 등의 이재 전 상황
② 출화장소 및 화원책임자
③ 출화(추정)시각 등
④ 출화개소 및 출화점
⑤ 출화원인
⑥ 연손 또는 손괴 결과
⑦ 사상자 상황
⑧ 그 밖에 필요한 사항

제4장 원인조사

제1절 원인조사

(원인조사의 원칙)
【제25조】 화재 원인조사(이하 '원인조사'라고 한다)를 실시할 때에는 선입관념에 사로잡혀서는 안 된다.
2. 조사원은 원인조사를 행할 때 화재와 관계된 현상 또는 물건에 대해 과학적 논리와 합리적 판단에 따라 귀납적으로 연소과정을 도출하여 출화개소 및 출화점을 찾아내어 화재원인을 규명하지 않으면 안 된다.

(원인조사의 방침)
【제26조】 원인조사는 물적 조사 및 인적 조사를 행하는 것으로 하며, 화재원인의 결정에 대해서는 물적 조사에 중점을 두지 않으면 안 된다.

(사진촬영)
【제27조】 서장은 조사현장에서 조사상 필요한 사진촬영을 행하는 것으로 한다.
2. 촬영한 사진은 사진설명서(제2호 양식)에 첨부하여 필요한 설명을 부가해 두는 것으로 한다.

(관계자에 대한 질문)
【제28조】 서장은 법 제 32조 제1항 규정에 따라 화재와 관계된 자에 대한 질문을 조사원

등에게 지시할 수 있다.

　2. 조사원 등은 관계자에게 질문할 때에는 자유로운 상태에서 진술할 수 있도록 할 것이며 무턱대고 사적인 일에 관여하지 않도록 한다.

　3. 화재발생에 관련이 있는 18세 미만인 사람에 대한 질문은 필요에 따라 보호자 또는 이를 대체할 수 있는 사람의 입회하에 실시하는 것으로 한다.

(질문결과기록서)

【제29조】 조사원 등은 제17조 규정에 따라 조사상 필요한 사항을 인지했을 때 또는 앞 조 제1항의 규정에 따라 관계자에게 질문을 할 때는 그 진술내용을 질문결과기록서(제3호 양식) 에 기록해두는 것으로 한다.

(체포된 사람에 대한 질문 및 압수물에 대한 조사)

【제30조】 서장은 법 제35조 제1항의 규정에 따라 경찰관에게 체포된 사람에 대해 질문하 거나 압수된 증거물에 대한 조사를 행할 때는 질문·증거물조사통지서(제4호 양식)에 따라, 경찰서장에게 그 사항을 통보한 후 실시하는 것으로 한다.

(관공서 등에의 조회)

【제31조】 서장은 법 제32조 제2항 규정에 따라 관련이 있는 관공서 또는 개인단체(이하 '관공서 등'이라고 한다)에 대해 필요한 사항의 통보를 요청할 때에는 화재조사 관계사항조회 서(제5호 양식)에 따라 행하는 것으로 한다.

제2절 조사자료

(조사자료의 수집원칙)

【제32조】 서장은 조사를 위해 필요한 자료(이하 '조사자료'라고 한다)를 수집할 때는 관계 자에 대해 임의제출을 유도하도록 한다.

　2. 전 항의 규정에 따라 수집한 조사자료는 원칙적으로 관계자에게 반환하는 것으로 한다.

(조사자료 제출승낙서)

【제33조】 서장은 전 조 제1항의 규정에 따라 관계자로부터 자료제공을 받을 경우 미리 조 사자료 제출승낙서(제6호 양식)에 따라 승낙을 얻어두지 않으면 안 된다.

(자료 제출명령)

【제34조】 서장은 법 제34조 제1항 규정에 따라 관계자에 대해 자료제출을 명할 때에는 자 료제출명령서(제7호 양식)에 따라 행하는 것으로 한다.

(조사자료 보관서)

【제35조】 서장은 제 33조 또는 제34조 규정에 따라 조사자료 제출이 있는 경우 관계자에게 조사자료보관서(제8호 양식)를 교부하지 않으면 안 된다. 다만 당해 조사자료가 소멸된 경우 그러지 아니하다.

(조사자료의 보관)

【제36조】 서장은 제33조 또는 제34조 규정에 따라 제출된 조사자료를 적절한 장소에 보관하고 신중하게 취급하지 않으면 안 된다.

　2. 조사자료는 개개에 보관표(제9호 양식)를 붙여 두지 않으면 안 된다.

(조사자료의 감식)

【제37조】 서장은 조사자료를 조사할 때 전문적인 지식 및 기술을 필요로 하는 경우 국장에게 감식의뢰를 할 수 있다.

　2. 국장은 전 항 규정에 의한 의뢰에 기초하여 감식을 행할 때에는 그 결과를 서장에게 회답하는 것으로 한다.

　3. 감식에 관해 필요한 사항은 별도로 정한다.

(조사자료의 반환)

【제38조】 서장은 조사가 종료되어 조사자료를 보관할 필요가 없다고 인정될 때에는 신속하게 관계자에게 반환하지 않으면 안 된다.

　2. 서장은 전 항의 규정에 따라 조사자료를 관계자에게 반환할 경우 보관자료수령서(제10호 양식)를 징수하는 것으로 한다.

(조사자료 처리 경과기록서)

【제39조】 서장은 조사자료의 인도 및 그 밖의 처리상황에 대해 조사자료 처리 경과기록서(제11호 양식)에 필요한 사항을 기재하여 두지 않으면 안 된다.

(보고징수요령)

【제40조】 서장은 법 제34조 제1항의 규정에 따라 관계자에 대해 보고를 요구할 때에는 조사관계사항 보고징수서(제12호 양식)에 따라 행하는 것으로 한다.

제5장 손해조사

(조사의 대상)

【제41조】 손해조사는 화재 및 소화로 인해 입은 직접적인 손해 전부에 대해 행하지 않으면 안 된다.

(이재의 보고)

【제42조】 서장은 손해액 결정을 위한 자료로서 법 제34조 제1항 규정에 따라 관계자로부터 손해 정도에 대한 보고를 요청할 때에는 이재신고서(제13호 양식) 및 이재상황표(제14호 양식)에 따라 행하는 것으로 한다.

(손해액의 산정)

【제43조】 손해액은 조사현장에서 수집한 자료 및 이재신고서를 기초로 시가에 따라 결정하지 않으면 안 된다.

2. 손해액의 산정기준은 별도로 정한다.

(화재에 의한 사상자)

【제44조】 서장은 화재에 의한 사상자가 발생했을 때에는 사망자가 발생한 경과, 부상자의 부상원인 등 필요한 조사를 행하는 것으로 한다.

제6장 서류의 작성

(서류의 작성)

【제45조】 서장은 제14조 규정에 따라 조사를 행할 때에는 화재의 규모, 화재의 종별에 맞춰 별도로 정하는 바에 따라 다음 각 호에 해당하는 서류를 60일 이내에 작성하는 것으로 한다.

① 화재조사서 (제15호 양식)
② 현장조사경과기록서 (제16호 양식)
③ 소손(손괴)결과 등 기록서 (제17호 양식)
④ 소손건물 등의 화재 전 상황 조사결과서 (제18호 양식)
⑤ 피해(손괴)상황 등 기록서 (제19호 양식)
⑥ 연소상황 등 설명서 (제20호 양식)
⑦ 출화점 등 인정서 (제21호 양식)
⑧ 출화원인 인정서 (제22호 양식)
⑨ 사상자 조사결과서 (제23호 양식)
⑩ 피난상황 조사결과서 (제24호 양식)
⑪ 출화점 부근의 복원도 (제25호 양식)
⑫ 현장약도 (제26호 양식)
⑬ 부근약도 (제27호 양식)
⑭ 질문결과기록표
⑮ 사진설명서
⑯ 손해액산정서(제28호 양식)
⑰ 그 밖의 필요한 서류

(서류의 작성기일 변경)

【제46조】 국장은 화재의 규모, 화재의 종별 등에 따라 필요하다고 인정되는 때에는 전 조에 규정되어 있는 작성기일을 변경할 수 있는 것으로 한다.

제7장 보고 등

제1절 보 고

(즉보)

【제47조】 서장은 조사현장에서 조사를 종료했을 때에는 7일 이내에 그 개요를 화재조사즉보(제29호 양식)에 따라 국장에게 즉보하지 않으면 안 된다.

(보고)

【제48조】 국장은 필요하다고 인정되는 때에는 조사결과에 대해 서장으로부터 보고를 요구하는 것으로 한다.

2. 서장은 제45조에 규정하는 서류작성을 종료한 때에는 신속하게 국장에게 그 사항을 보고하지 않으면 안 된다.

제2절 화재의 통계

(화재의 통계)

【제49조】 서장은 화재통계에 대해서 국장에게 보고하지 않으면 안 된다.

2. 화재통계의 요령은 별도로 정한다.

제8장 잡 칙

(관공서 등에의 회답)

【제50조】 서장은 화재원인 및 그 밖의 조사한 사항에 관해 관공서 등으로부터 조회가 있을 경우 그 내용을 심사하여 필요한 사항을 회답할 수 있다.

2. 서장은 전 항 규정에 의한 조회가 있을 경우 국장과 협의하지 않으면 안 된다.

3. 서장은 제1항의 규정에 의한 회답을 할 때는 사생활보호 등에 대해 충분히 배려하고 신중을 기하지 않으면 안 된다.

(증인 등)

【제51조】 소방직원은 화재의 원인 및 그 밖의 조사한 사항에 대해 법령에 의한 증인, 감정

인 등으로서 출연(出廷) 등을 요구할 때에는 서장에게 보고함과 동시에 사전에 국장과 협의하지 않으면 안 된다.

(이재의 증명)
【제52조】 서장은 동산 또는 부동산이 화재에 의해 피해를 입은(수손, 오손 및 손괴를 포함) 사항의 증명에 대해 이재증명신청서(제30호 양식)에 의한 신청이 있는 경우 그 내용을 심사하여 지장이 없다고 인정될 때에는 이재증명서(제31호 양식)를 교부하는 것으로 한다.

2. 서장은 전 항의 규정에 따라 이재증명서를 교부할 때에는 이재증명서교부기록부(제32호 양식)에 필요한 사항을 기재하여 두지 않으면 안 된다.

(시행의 세목)
【제53조】 이 훈령의 시행에 관해 필요한 사항은 별도로 정한다.

부 칙

(시행기일)
1. 이 훈령은 1995년 1월 1일부터 시행한다 다만 제8조 제2항 및 제4항의 규정은 1995년 4월 1일부터 시행한다.

(화재조사원에 관한 경과조치)
2. 이 훈령의 시행 : 현재 구 교토시화재원인 및 손해조사규정(이하 '舊규정'이라고 한다) 제5조 제1항 규정에 의해 지명된 화재조사원은 제8조 제1항의 규정에 따라 지명된 조사원으로 간주한다.

(서류 및 화재통계에 관한 경과조치)
3. 이 훈령의 시행 : 현재 발생하고 있는 화재에 대해서는 제6장, 제47조 및 제49조의 규정은 적용하지 않으며, 舊규정 제4장 규정 및 舊화재통계規程의 규정은 이 훈령 시행 후에도 종전의 예에 따른다.

(조사자료에 관한 절차에 관한 경과조치)
4. 이 훈령의 시행 현재 제출된 조사자료의 취급에 대해서는, 제32조 2항, 제33조, 제35조, 제36조, 제38조 및 제39조 규정은 적용하지 않으며, 舊規程 제3장 제4절의 규정은 이 훈령 시행 후에도 종전의 예에 따른다.

(이재증명에 관계되는 신청에 관한 경과조치)

5. 이 훈령의 시행 : 현재 舊規程 제40조 제1항의 규정에 의한 이재증명에 관계되는 신청은 제52조 제 1항의 규정에 의한 이재증명에 관계하는 신청으로 간주한다.

[별표] (제2조 관계)

1. 화재종별

건물	토지에 정착한 공작물 중 지붕 및 기둥 혹은 벽이 있는 것, 관람을 목적으로 하는 공작물 또는 지하 또는 고가 공작물에 설치한 사무소, 점포, 창고 그 밖에 이와 유사한 시설(저장고 그 밖에 이와 유사한 시설을 제외한다)을 말한다.
수용물	원칙적으로 기둥, 벽 등의 구획 중심선으로 둘러 쌓인 부분에 수용되어 있는 물건을 말한다.
산림	목죽(木竹)이 집단으로 생육되고 있는 토지 및 그 토지 위에 있는 목죽과, 이들 토지 이외에서 목죽의 집단적인 생육을 위해 제공되는 토지를 말한다.
원야(原野)	잡초, 관목류가 자연적으로 생육하고 있는 토지로 사람이 이용하지 않는 것을 말한다.
牧野	주로 가축의 방목 또는 가축사료의 채취를 목적으로 사용되는 토지(농지목적으로 사용되는 토지를 제외)를 말한다.
산지	장작, 석탄 등에 사용할 목적으로 육성되고 있는 잡목림 또는 원야 이외에서 잡초 혹은 관목류가 육성되고 있는 것을 말한다.
자동차차량	철도차량 이외의 차량으로 원동기에 의해 운행하는 것이 가능한 차량을 말한다.
철도차량	철도사업법에서의 여객 또는 화물의 운송을 행하기 위한 차량 또는 이들과 유사한 차량을 말한다.
선박	독행(獨行)기능을 가지는 범선, 기선 및 보트 및 독행기능을 가지고 있지 않은 주거선, 창고선, 거룻배 등을 말한다.
항공기	사람이 타서 항공용으로 제공 가능한 비행기, 회전익항공기, 활공기, 비행선 등의 기기를 말한나.

2. 화재손해

화재손해	화재 및 소화에 의한 직접적인 손해를 말하며, 소화를 위해 필요한 경비, 연소흔적 정리비, 이재로 인한 휴업으로 발생한 손실 등의 간접적 손해를 제외한다.
탄화손해	화재에 의해 소실된 물건 및 열에 의해 파손된 물건 등의 손해를 말한다.
소화손해	소화활동으로 인해 입은 수손, 파손, 오손 등의 손해를 말한다.
폭발손해	폭발현상의 파괴작용에 의해 입은 탄화손해 또는 소화손해 이외의 손해를 말한다.
손해액	화재 및 소화활동에 의해 입은 손해를 시가로 산출한 것

3. 건물구조 및 업태

목조건축물	기둥 및 들보가 주로 목조인 것을 말하며, 방화구조인 것을 제외
방화구조 건축물	지붕, 외벽 및 처마안쪽이 건축기준법 제2조 제8호에 규정되어 있는 구조인 것을 말한다.
준내화건축물 (목조)	건축기준법 제2조 제9호의 3에 규정되어 있는 것 중, 기둥 및 들보가 주로 목조인 것을 말한다.
준내화건축물 (非목조)	건축기준법 제2조 제9호의 3에 규정되어 있는 것 중, 전 호에 해당하는 것 이외의 것을 말한다.
내화건축물	건축기준법 제2조 제9호의 2에 규정되어 있는 것을 말한다.
그 밖의 건축물	목조건축물, 방화구조건축물, 준내화건축물(목조), 준내화건축물(非목조) 및 내화건축물 이외의 건축물을 말한다.
건물의 업태	출화동에 있어서 건물이 사용되고 있는 모양을 말한다. 다만, 출화동이 부속동 (변소, 창고 등을 말한다)인 경우 주요동의 모양을 말한다.

4. 출화 시간 등

출화시각	소방기관(소방국 또는 소방서〔소방분서, 소방출장소, 소방관리주재소를 포함〕를 말한다)이 화재가 발생했다고 인정한 시각을 말한다.
각지방법	소방기관이 최초에 화재를 각지한 방법을 말한다.
각지시각	소방기관이 화재를 각지한 시각을 말한다.
수보시각	통신회선이 소방기관에 접속한 시각을 말한다. 통신회선을 사용하지 않은 통보인 경우, 접수를 개시한 시각을 말한다.
지령시각	소방대 등에 대해 출동지령이 내려진 시각을 말한다.
화세진압 시각	현장의 최고지휘자가 화세가 소방대의 제어 하에 들어와, 확대위험이 없어졌다고 인정한 시각을 말한다.
진화시각	현장 최고지휘자가 재연소의 우려가 없다고 인정한 시각을 말하며, 각지방법이 사후문지(事後聞知)인 경우, 실제로 재연의 우려가 없다고 추정되는 시각을 말한다. 다만, 폭발에 의한 화재인 경우, 현장의 최고지휘자가 출화 또는 재폭발의 위험이 없다고 인정 또는 추정된 시각으로 한다.

5. 출화장소 등

출화장소	화재가 발생한 장소를 말한다. 다만 차량화재, 선박화재 및 항공기화재에 대해서는 그 화재를 주요방어한 장소로 한다.
출화개소	화재가 발생했다고 인정 또는 추정되는 개소를 말한다.

출화점	발화원이 착화물에 착화하여 화재에 이른 지점을 말한다.
화원책임자	출화한 소방대상물에 대해 관리책임이 있는 사람을 말한다.
출화책임자	화재를 발생시킨 사람을 말한다.

6. 출화원인 등

출화원인	발화원, 출화경과 및 착화물 3가지의 요소를 종합한 것을 말한다.
발화원	화재를 발생시킨 열원을 말한다.
출화경과	발화원에 의해 화재에 이른 경과를 말한다.
착화물	화재원에 의해 최초로 착화한 가연물을 말한다.
화재원인	출화원인을 총칭한 것을 말한다.
판단	각 자료의 증명력을 종합함으로써 의심의 여지가 전혀 없고, 매우 구체적이며, 과학적으로 그 원인이 결정된 것을 말한다.
판정	각 자료의 증명력을 종합하는 것만으로는 구체적, 과학적으로 그 원인을 판정하는 것이 불가능하나 당해 자료를 기초로 전문적 입장에서 보아 합리적으로 그 원인을 판단할 수 있는 것을 말한다.
추정	각 자료의 증명력에 의한 것만으로는 그 원인을 직접 판정하는 것이 불가능하나, 당해 자료를 기초로 전문적 입장에서 보아 합리적으로 그 원인이 추측 가능한 것을 말한다.
불명	원인을 결정하기 위한 자료가 전혀 없을 때, 또는 약간의 자료가 있어도 그 자료들의 증명력이 매우 약하고 전문적 입장에서 보아도 그 원인이 합리적으로 판단할 수 없는 것을 말한다.

7. 탄화 정도 등

소실	화열에 의해 , 건축물, 수용물, 차량 등의 효용을 잃거나 형태가 파괴되어 그 가치가 제로(0)가 된 것을 말한다.
소손	화열에 의해, 건축물, 수용물, 차량 등의 일부가 파손되어 수리를 요하는 것, 또는 수리를 요하지 않아도 사용상 지장은 없으나, 원형 혹은 미관을 해친 것을 말한다.
초소(焦燒)	화열에 의해 표면만 탄화된 경우로, 소위 그을림 현상을 말한다.

8. 소손 정도 등

소손 정도	건물 또는 그 수용물의 화재로 인한 소손결과 상태를 말한다.
소손 동	화재에 의해 소손되었으며 손해를 입은 건물 동을 말한다.

폭발손해 동	폭발현상의 파괴작용에 의해 파손 등의 손해를 입은 동을 말한다.
전소	건물의 화재손해액이 화재 전 건물의 평가액의 70% 이상인 것, 또는 그 미만이어도 잔존부분을 보수하여 재사용이 불가능한 것을 말한다.
반소	건물의 화재손해액이 화재 전 건물의 평가액의 20% 이상인 것으로 전소에 해당하지 않는 것을 말한다.
부분소	건물의 화재손해액이 화재 전 건물의 평가액의 20% 미만인 것으로, 소화재에 해당하지 않는 것을 말한다.
소화재	건물의 화재손해액이 화재 전 건물의 평가액의 10% 미만이며 소손 바닥면적이 $1m^2$ 미만인 것, 건물의 화재손해액이 화재 전 건물의 평가액의 10% 미만이며 소손표면적이 $1m^2$ 미만인 것, 또는 수용물만 소손된 것을 말한다.

9. 소손면적 등

소손바닥면적	건물의 소손이 입체적인 경우, 소손으로 인해 기능을 잃은 부분의 연면적을 말한다.
소손표면적	건물의 소손이 입체적이지 않은 경우, 벽, 천장 등의 소손된 부분의 면적을 말한다.
임야소손면적	임야의 소손된 부분의 수평투영면적을 말한다.
연소	출화한 소방대상물로부터 다른 소방대상물에 불이 옮겨 붙는 것을 말한다.

10. 이재 정도

이재세대	화재에 의해 손해를 입은 세대를 말한다.
이재인원	이재세대를 구성하는 인원을 말한다.
전소	세대가 점유하는 건물부분 및 그 수용물(이하 '세대물건'이라고 말한다)의 화재손해액이 이재 전 세대물건 평가액의 70% 이상인 것을 말한다.
반소	세대물건의 화재손해액이 이재 전 세대물건 평가액의 20% 이상인 것으로, 전소에 해당하지 않는 것을 말한다.
소손	세대물건의 화재손해액이 이재 전 세대물건 평가액의 20% 미만인 것을 말한다.

11. 화재에 의한 사상자

화재에 의한 사망자	화재현장에서 화재에 직접 기인하여 사망한 자(병사자를 제외) 및 화재에 의한 부상자로 부상 후 48시간 이내에 사망한 사람을 말한다.
화재에 의한 부상자	화재현장에서 화재에 직접 기인하여 부상을 입은 사람을 말한다.
30일 사망자	부상자로 부상 후 48시간을 넘어 30일 이내에 사망한 사람을 말한다.

일본 교토시(京都市)의 화재조사 사무처리요령

(制定 昭和 45年 8月 1日 發消消第 567號)

(最終改正 平成 19年 1月 26日 發消調第 2號)

(1) 취지

이 요령은 교토시 화재조사규정(이하 '규정'이라고 한다)의 시행에 관하여 필요한 사항을 정하는 것으로 한다.

(2) 정의

이 요령에 있어서 사용하는 용어는 규정에 있어서 사용하는 용어의 예에 의한다.

(3) 조사원의 지명

규정 제8조 제4항에 규정하는 지명기준은 다음과 같다.

1 조사원의 지명

❶ 규정 제8조 제4항에 규정하는 화재조사원(이하 '조사원'이라고 한다)은 국본부(局本部)에서는 경방부조사과의 소방직원을, 소방서에서는 본서(소방분서를 포함) 경방과 각 부마다 3명(그중 1명은 대장으로 지명된 자) 및 소방출장소 각 부마다 1명을 각각 지명하는 것으로 한다.

❷ 소방서장(이하 '서장'이라고 한다)은 필요하다고 인정될 때에는 전 호 규정에 관계없이 조사원의 수를 변경하는 것이 가능하도록 한다.

2 조사원으로서 적임자라고 인정되는 자

조사원은 다음에 기술된 사람 중 지명하는 것으로 한다.

❶ 소방학교에서 행하는 화재조사에 관한 전문적인 교육과정을 수료한 자
❷ 전 호에 해당하는 자 외에 소방국장(이하 '국장'이라고 한다) 또는 서장이 화재조사에 관해 동등 이상의 지식 및 기술을 보유하고 있다고 인정하는 자

(4) 조사의 체제

1 현장책임자의 지명

규정 제12조에 규정하는 현장책임자는 화재가 발생한 장소를 관할하는 소방서(이하 '소관서'라고 한다)의 경방과장, 담당과장, 담당과장보좌 혹은 담당계장 중 서장이 지명하는 것으로 한다.

❷ 현장책임자의 지명기준

현장책임자의 지명기준은 [별표 1]과 같다

(5) 조사용 기자재의 관리

조사용 기자재의 점검은 다음 각 호에 기술하는 구분에 따르며 각각 당해 각 호에 기술된 바에 따라 실시하는 것으로 한다.

- ❶ **정기점검** : 매월 1회, 조사원이 행하는 점검
- ❷ **사용후 점검** : 전 호의 점검 외에 사용할 때마다 조사원 그 밖의 소방직원(이하 '조사원 등'을 말한다)이 행하는 점검

(6) 감식의 입회

서장은 감식이 행해질 때는 필히 조사원 등을 입회시키는 것으로 한다.

(7) 손해액의 산정

❶ 산정기준

규정 제43조 제2항에 규정하는 산정기준은 화재보고취급요령에 의한 것으로 한다.

❷ 손해액의 결정

조사원 등은 손해액을 산정할 때는 결정서 · 공람서양식에 따라 신속하게 서장의 결정을 받지 않으면 안 된다.

(8) 서류의 작성

❶ 작성책임자 및 작성자의 지명

- ❶ 서장은 규정 제45조에 규정하는 서류(이하 '서류'라고 한다)를 작성하기 위해 조사현장에서 조사에 종사하는 조사원 중 서류 작성책임자 및 작성자를 지명하는 것으로 한다.
- ❷ 작성책임자 및 작성자의 지명기준은 [별표 2]와 같다.
- ❸ 작성자는 소관서의 조사원 중 본서 조사담당구역에 있어서는 본서조사원을, 출장소의 조사담당구역에 있어서는 출장소의 조사원을, 각각 지명하는 것으로 한다. 다만 조사원을 지명하는 것이 불가능한 경우는 당해 조사현장에서 조사에 종사한 그 밖의 소방직원을 지명하는 것이 가능하다.
- ❹ 제1호 규정에 따라 서류의 작성자로 지명된 자는 서류의 작성에 임하는 것으로 한다.

다만, 규정 제12조 규정에 의해 담당업무를 지시받은 자가 있는 경우 그 자가 작성하는 서류를 제외한다.

❺ 규정 제12조 규정에 따라 담당업무를 지시받은 자는 필요한 서류를 작성하여 신속하게 작성책임자 또는 작성자에 제출하지 않으면 안 된다.

❻ 작성책임자는 서류가 적정 또는 신속하게 작성되도록 작성자 및 담당업무를 지시받은 자에 대해 필요한 조언 및 지시를 행하는 것으로 한다.

② 서류의 결정

❶ 서류는 작성이 종료되는 대로 결정서 · 공람서 양식을 이용하여 신속하게 서장의 결정을 받지 않으면 안 된다.

❷ 결정서의 기안자는 작성자로 한다.

③ 서류의 작성이 지연된 경우의 조치

❶ 작성책임자 및 작성자는 규정 제45조에 규정하는 60일 이내에 서류작성이 완결되지 않는 경우 60일이 되는 날부터 3일 이내에 조사서류작성지연이유서(제2호 양식)에 따라 당해 조사의 주체가 되는 서장에게 그 사항을 보고하지 않으면 안 된다. 이 경우 완결 예정 연월일은 보고하는 날부터 30일 이내로 한다.

❷ 전 호에 규정하는 조사서류작성지연이유서에 의한 완결 예정 연월일을 넘어 아직 완결하지 않은 경우에도 동일한 형식으로 한다.

④ 서류의 작성기준

규정 제45조에 규정하는 서류 작성하는 기준은 [별표 3]에 기술하는 바와 같다.

다만, 경방대책 및 화재예방대책 등에 관한 자료가 포함되어 있다고 인정되는 경우는 그러지 아니하다.

⑤ 서류작성상의 유의사항

서류작성상의 유의사항은 다음 각 호에 기술된 바와 같다.

❶ 평이하고 간단명료한 문장을 사용하고 사실을 명료하게 표현하며 요점을 정확히 기술할 것

❷ 용어는 상용한자를 사용하여 현대표준말로 작성할 것

❸ 문자를 정정할 때는 볼펜 등 쉽게 지워지지 않는 필기구를 사용할 것

❹ 문자를 추가할 때는 추가할 개소를 명확히 표시하고 상부에 추가할 문자를 기재하여 압인할 것

❺ 문자를 삭제할 때는 삭제할 문자에 2줄의 횡선을 그서 압인할 것
❻ 출화원인인정서 등 정해진 양식만으로는 모두 기재할 수 없을 때는 보조용지(제3호 양식)를 이용할 것

⑥ 보고의 방법

별도로 정하는 바에 따라 교토시 소방지령시스템의 서단말기(이하 '서단말기'라고 한다)로부터 필요항목을 입력하는 것으로 보고가 있었다는 것으로 간주한다.

⑦ 서류의 수정 및 추기(追記)

서장은 旣決된 조사결과의 내용에 대해, 새로운 사실이 판명됨에 따라 변경이 발생된 경우 신속하게 당해 서류의 수정 또는 추기를 행함과 동시에 그 사항을 국장에게 보고하지 않으면 안 된다.

(9) 화재의 즉보

규정 제47조 규정에 의한 즉보는 별도로 정하는 바에 따라 서단말기에서 필요항목을 입력함으로써 보고가 있었다는 것으로 간주한다.

(10) 화재의 통계

① 화재의 통계

규정 제 49조에 규정하는 화재의 통계는 다음에 기술된 바에 따라 보고하는 것으로 한다.

② 보고의 시기

화재를 각지한 일로부터 30일 이내로 한다.

❶ **보고의 방법** : 별도로 정하는 바에 따라 서단말기에 필요항목을 입력함으로써 보고가 있었다는 것으로 간주한다.
❷ **작성요령** : 화재보고취급요령에 의해 작성한다.

③ 산정방법 등

화재의 통계에 있어서의 산정방법은 [별지 1]과 같다.

(11) 관공서 등에의 회답

관공서 등으로부터 조사결과 등에 대한 조회가 있을 경우 그때마다 조회사항 등에 대해 경방부조사과로 연락하는 것으로 한다.

(12) 이재증명서의 교부 등

1 이재증명의 신청서

규정 제52조 제1항에 규정하는 이재증명의 신청이 가능한 자(이하 '신청자'라고 한다)는 다음 각 호에 기술된 자로 한다.

❶ 이재물건의 소유자 및 그 동거가족
❷ 이재물건의 소유자의 혈족 2촌 이내의 자
❸ 이재물건을 소유하는 법인의 관리자
❹ 그 밖에 서장이 특별히 인정하는 자

2 이재증명서의 교부

❶ 이재증명서에는 서장 명을 기명, 압인하고 신청자 본인에게 교부한다.
❷ 신청자의 대리인이 신청하러 왔을 때 또는 찾으러 왔을 때는 위임장을 제출토록 한다. 다만 전 항 제 1호에 규정하는 신청자의 대리인이 그 동거가족인 경우 및 동항 제3호에 규정하는 신청자 대리인이 그 법인의 종업원인 경우에 대해서는 제출을 요하지 않는다.
❸ 재교부 신청이 있는 경우 새로 이재증명교부신청서를 제출하도록 한다.
❹ 이재증명교부를 신청자가 우편으로 신청해왔을 경우 신청자 본인확인을 행함과 동시에 우송에 필요한 우표가 동봉되어 있지 않은 경우 필요한 우표를 제출토록 요구하도록 한다.
❺ 신청하러 온 자 또는 수취하러 온 자의 본인확인은 면식이 있는 등 명확한 경우를 제외하고 다음에 기술된 바에 따라 행하는 것으로 한다.
   1. 운전면허증, 주민등록증, 납세통지서, 건강보험증, 국민연금수첩 등에 의한 확인
   2. 신청서에 기재된 사항 등의 질문을 통한 확인

3 이재증명서의 결정서

❶ 이재증명서 문안에 대안문서처리인을 찍고 경방과장의 결정을 받는 것으로 한다.
❷ 전 호에 규정하는 이재증명문서안에는 이재증명교부신청서를 첨부하는 것으로 한다.

4 화재 이외의 이재증명서의 교부

소방사고 중 무손사고, 파열사고 또는 전기사고에 의해 이재증명에 관해 신청이 있는 경우 화재에 의한 이재증명서에 준해 교부하는 것이 가능한 것으로 한다.

5 이재증명서의 기입요령

이재증명서의 기입요령은 [별지 2]와 같다.

(13) 그 밖의 사항

❶ 이 요령에 정하는 것 외에 조사사무집행상 의심스러운 부분이 있을 때는 신속하게 경방 부조사과장과 협의하는 것으로 한다.

❷ 이 요령에 있어서 별도로 정하는 것으로 되어있는 사항 및 이 요령의 시행에 관해 필요한 사항은 별도로 정한다.

부칙

이 요령은 1970년 8월 1일부터 시행한다.

부칙

이 요령은 2007년 1월 26일부터 시행하며 동월 1일 이후에 각지한 화재에 대해 적용한다.

[별표 1](제4관계) : 현장책임자의 지명기준

구 분	현장책임자
제2출동(교토시 소방국지령관제규정 제15조 제3항에 규정하는 출동구분을 말한다) 미만인 부대수의 부대가 출동한 재해현장	① 본서의 담당구역에 있어서, 본서의 각부 담당과장, 담당과장보좌 또는 담당계장 (이하 〔담당과장 등〕이라고 한다) ② 출장소의 담당구역에 있어서는 당해출장소를 담당하는 담당과장, 담당과장보좌 또는 담당계장
제2출동 이상 제3출동 미만인 부대수의 부대가 출동한 재해현장	담당과장 등
제3출동 이상인 부대수의 부대가 출동한 재해현장	경방과장

注 : 표에 게시된 자에 사고가 있을 경우 지명기준을 변경하는 것이 가능하다.

[별표 2](제8관계) : 서류의 작성책임자 및 작성자의 지명기준

구 분	작성책임자	작성자
제3출동 미만인 부대수의 부대가 출동한 재해현장	① 본서의 담당구역에 있어서는 본서 각부의 담당과장, 담당과장보좌 또는 담당계장 (이하 '담당과장 등'이라고 한다) ② 출장소의 담당구역에 있어서는 당해출장소를 담당하는 담당과장, 담당과장보좌 또는 담당계장	조사원
제3출동 이상인 부대수의 부대가 출동한 재해현장	담당과장 등	조사원

注 : 표에 게시된 자에 사고가 있을 경우 지명기준을 변경하는 것이 가능하다.

제2호 양식 (제8관계)

조사서류작성 지연이유서

(수신처)	소 방 서 장	년 월 일
		작성책임자소속 · 직함 · 성명 작성자소속 · 직함 · 성명

조사서류의 작성이 다음과 같은 이유로 인해 지연되고 있습니다.		
당해 화재의 발생장소 등	각지시각	년 월 일 시 분
	발생장소	
이유 및 진척상황		
완결예정 년 월 일		년 월 일
비 고		

제3호 양식 (제8 관계)

보조용지

제3호 양식 (제8 관계)

별지 1 (제10관계)

화재통계의 산정방법 등

(1) 화재건수의 산정

❶ 1건의 화재란 하나의 출화점으로부터 확대한 것으로, 출화로 시작하여 진화되기까지를 말한다.

❷ 현장으로부터 소방대가 철수 한 후 비화(飛火)에 의한 화재가 발생하였다면 당해 화재는 별건으로 취급한다.

❸ 동일한 소방대상물에 출화점이 2개소 이상인 다음 각 호에 기술된 화재는 1건의 화재로 취급한다.

1. 동일인 또는 의사(意思)의 연락(連絡)이 있는 2인 이상의 방화 또는 불장난에 의한 화재
2. 누전점이 동일한 누전에 의한 화재
3. 지진, 낙뢰 등 자연현상에 의한 화재

(2) 손해액의 산정

❶ 화재로 인해 입은 손해는 시가로 산정하는 것으로 한다.

❷ 손해액은 천 엔 단위로 하며, 천 엔 미만의 우수리가 있을 경우 이를 4사5입하는 것으로 한다.

(3) 건물의 바닥면적 및 연면적의 산정

❶ 건물의 바닥면적 및 연면적의 산정은 건축기준법시행령 제2조 제1항 제3호 및 제4호에 규정하는 바에 따르는 것으로 한다.

❷ 건축면적 및 연면적은 평방미터 단위로 하며 평방미터 미만의 우수리가 있는 경우 이를 4사5입하는 것으로 한다.

(4) 동수의 단위

동수의 단위는 건물의 대소에 관계없이 독립한 동을 기준으로 삼기로 한다. 다만 다음 각 호에 해당하는 경우 당해 각 호에 기술된 바에 따라 산정하는 것으로 한다.

❶ 지붕부가 2개 이상인 동(棟) 또는 능지붕으로 형성되어 있어도 기둥을 공유하는 것은 한 채로 본다. 다만 긴 건물에서 기둥이 따로 있어도 동목(棟木)이 공통으로 되어있는 것은 한 채로 간주한다.

❷ 2개 이상의 동(棟)을 연결하는 통로는 그 부분을 절반으로 나눠 각각의 동과 동일한 동으로 취급한다.

(5) 층수의 산정

층수의 산정은 건축기준법 시행령 제2조 제1항 제8호에 규정하는 바에 따르는 것으로 한다.

(6) 기상상황

기상상황은 출화시각 또는 이와 근접한 시각에 있어서의 교토시 지방기상대의 기상관측 기록에 의하는 것으로 한다.

(7) 소손면적의 산정

❶ 건물소손면적의 산정

건물소손면적은 평방미터 단위로 하며, 평방미터 미만의 우수리가 있는 경우 이를 4사5입하는 것으로 한다.

❷ 임야소손면적의 산정

임야소손면적은 아르 단위로 하며, 아르 미만의 우수리가 있는 경우 이를 4사5입하는 것으로 한다.

(8) 이재세대의 산정

이재세대란 화재에 의해 손해를 입은 세대를 말하며 이재세대를 산정할 때는 다음 각 호에 기재된 기준에 따라 산정하는 것으로 한다.

❶ 일반세대, 시설 등의 세대에 대해서는 다음에 기술된 바에 따라 국세조사(國勢調査)의 예에 준하여 산정하는 것으로 한다.

　1. 일반세대란 다음에 기술된 것으로 하며, 각각을 1가구로 본다.
　　• 주거와 생계를 함께하고 있는 사람의 집단 또는 1가구를 형성하여 살고 있는 단신자(單身者). 다만, 이들 세대에 고용되어 주거를 함께하는 단신(單身)고용인은 그 수에 관계없이 고용주의 세대에 포함한다.
　　• 상기 세대와 주거를 함께하며 별도로 생계를 유지하고 있는 세입단독자 또는 하숙집 등에 하숙하고 있는 단신자(單身者).
　　• 회사, 단체, 상점, 관공서 등의 기숙사, 독신기숙사 등에 주거하고 있는 단신자(單身者).

　2. 시설이란 다음에 해당되는 것으로 한다. 이 경우에 있어서 세대단위의 산정방법은 원칙적으로 ㉠ 및 ㉡은 동을, ㉢은 시설을, ㉣ 및 ㉤은 조사단위를, ㉥은 한 사람 한 사람을 하나의 세대로 본다.
　　㉠ **기숙사의 학생** : 학교의 기숙사에서 기거를 함께하며 통학하고 있는 학생의 집단
　　㉡ **병원ㆍ진료소의 입원자** : 병원ㆍ진료소 등에, 이미 3개월 이상 입원하고 있는 입원환자의 집단
　　㉢ **사회시설의 입소자** : 노인홈, 지체부자유자 복지시설 등의 입소자의 집단
　　㉣ **자위대관사거주자** : 자위대관사 내 또는 함선 내 거주자의 집단
　　㉤ **교정시설의 입소자** : 형무소 및 구치소의 수용자 및 소년원, 부녀자교정원의 재원자(在院者) 모임
　　㉥ **그 외** : 주거 불특정자나 육상에 주소를 두고 있지 않은 선박승무원

3. 1 및 2에서 정하고 있는 것 외에, 세대수의 산정방법에 관해서는 國勢調査관계법령 및 이들 법령 규정에 근거하는 세칙 등의 예에 의한 것으로 한다.

❷ 공동주택의 공용부분만 손해를 입은 경우는 이재세대수를 계상하지 않는 것으로 한다.

(9) 이재인원의 산정

이재인원의 산정은 다음 각 호에 기술된 바에 따라 산정하는 것으로 한다.

❶ 일반세대가 재해를 입은 경우는 당해 세대 모두의 인원을 이재인원으로 본다. 다만, 공동주택의 공용부분만 재해를 입은 경우는 이재인원을 계상하지 않는다.

❷ 시설 등의 세대가 재해를 입은 경우 피해를 입은 '방'에 주거하는 인원 또는 실제로 화재 피해를 입은 인원만을 이재인원으로 본다.

(10) 화재에 의한 사망자 및 부상자의 범위

화재에 의한 사망자 또는 부상자의 범위는 다음 각 호에 기술된 바에 따르는 것으로 한다.

❶ 소방관리, 의용소방대 및 소방활동에 관계된 사람(소방법시행규칙 제48조 제1항 제3호 및 제4호에 규정하는 사람을 말한다)에 대해서는 화재를 각지한 때부터 현장철수하기까지의 기간 동안 死傷했을 때

❷ 응급소화의무자(소방법 (이하〔법〕이라고 한다)는 제25조 제1항에 규정하는 것으로 한다. (다만 폐질환 등의 사유에 의해 소방작업을 행할 수 없는 자를 제외)응급소화의무자에 대해서는 화재 발생부터 진화까지의 기간 동안 사상(死傷)했을 때

❸ 소방협력자 (법 제25조 제2항 및 제29조 제5호에 규정하는 자를 말한다)에 대해서는 그 활동 중에 사상(死傷)했을 때

(11) 각지시각

각지시각은 다음에 기술된 바에 따르는 것으로 한다.

❶ 사후문지(事後聞知, 귀로 듣는 것) 이외의 화재에 대해서는 지령시각으로 한다.
❷ 사후문지(事後聞知)의 화재에 대해서는 수보시각으로 한다.

별지 2 (제12 관계)

이재증명서의 기입요령

❶ 주소, 성명란은 이재증명신청서에 기입된 주소, 성명을 기재한다.

❷ 증명서 번호란은 문서 좌측에 이재증명서를 교부하는 소방서의 두문자(頭文字)를 기입하고, 년을 기준으로 일련번호를 기재한다. 이 경우에 이재증명신청서 1통으로 2통 이상의 이재증명서를 교부할 경우 지번을 기재한다(기재 예 : O證 제1호의 1).

❸ 이재일시란은 각지시각을 기재한다. 다만 각지방법이 사후문지(事後聞知)인 화재에 대해서는 조사결과 추정한 출화시각을 기재한다.

❹ 이재장소란은 이재증명신청서에 기입된 이재장소를 기재한다.

❺ 이재물건 및 이재상황란은 다음 각 호에 기술된 바에 따라 기재한다.
　　1. 건물에 있어서는 이재전 건물구조, 층수, 연면적, 소손개소, 건물소손바닥면적, 건물소손표면적 순으로 기재한다.
　　2. 수용물에 있어서는 이재전의 건물구조, 층수, 연면적, 소손물건 순으로 기재한다.
　　3. 임야에 있어서는 소손결과를 기재한다.
　　4. 차량, 선박, 항공기에 있어서는 차종, 등록번호 및 소손결과를 기재한다.
　　5. 그 밖의 물건에 있어서는 소손결과를 기재한다.

❻ 기재 예는 다음 표와 같다.

건물	• 목조기와즙 2층 건물 연면적 약 ○○평방미터 소실 및 同건물에 수용 중인 가재 등 소실 • 방화구조 2층 건물 연면적 약 ○○평방미터 중, ○층 ○○평방미터소실, 벽체 ○평방미터 소실, 천장 ○평방미터 소손 및 同건물에 수용 중인 상품 등 일부 소실 (수손 또는 오손) • 내화구조 5층 건물 연면적 약 ○○평방미터 중, ○층 ○○평방미터 손괴 및 同건물에 수용 중인 상품 등을 손괴, 오손
수용물	• 목조기와지붕 단층 건물 약 ○○평방미터에 수용 중인 가재 등 일부소실 • 준내화구조 3층 건물 연면적 ○○평방미터에 수용 중인 가재 등 손괴
임야	• 잡목, 잡초 ○○아르 소실 • 수목 ○○아르 소실 • 수목 ○○그루 소실
차량, 선박, 항공기	• 소형승용차(○○거 ○○○○) 소실 • 소형화물자동차(○○너 ○○○○) 소실, 짐칸 적재물 소실
그 외	• 전기세탁기 1기 소실 • 짚단 약 500개 소실

火災事故調査規定

공안부령 제37호
1999년 3월 15일 시행

제1장 총 칙

제1조 | 화재사고조사업무를 강화하고 규범에 맞게 하기 위하여, 화재사고조사의 직책과 임무를 명확하게 하기 위하여 '중화인민공화국소방법(中華人民共和國消防法)'의 관련 규정에 근거하여 본 규정을 제정한다.

제2조 | 화재사고조사의 주요 임무는 조사, 화재원인 검증, 화재손실에 대한 심사결정, 화재 사고 책임의 검증이다(소방 제39조 참고).

제3조 | 화재사고 조사업무는 실사구시와 과학존중의 원칙을 견지해야 한다.

제4조 | 지방 각 급 인민정부 공안기구는 해당 행정구역 내의 화재사고의 조사업무에 대해서 관리감독을 실시하고 소요되는 조사기구, 교통편, 통신 및 기술설비, 개인방호용품에 대한 지급을 보장해야 한다.

제5조 | '중화인민공화국소방법(中華人民共和國消防法)' 제39조 제2항 규정의 상황을 제외하고 모든 기업(단체), 개인은 화재사고조사에 불법적으로 참여할 수 없다.

제2장 화재사고조사의 관할

제6조 | 화재사고의 조사는 공안소방기구의 책임하에 실시한다(소방 제39조 참고).

제7조 | 화재사고의 조사는 아래에 따라 분담하여 진행한다.
　(1) 일반 화재사고의 조사는 화재가 발생한 지역의 현(시, 구, 기) 공안소방기구가 진행한다.
　(2) 중대 화재사고의 조사는 화재가 발생한 지역의 현(시, 구, 기), 혹은 지방(시, 주, 맹) 공안소방기구가 진행한다.
　(3) 특대화재사고의 조사는 화재가 발생한 지역(시, 주, 맹), 혹은 성(省)급 공안소방기구가 진행한다.
　(4) 행정구역이 겹치는 지역의 화재사고조사는 최초 발화지점의 공안소방기구에서 진행하며, 이 화재현장과 관련이 있는 공안소방기구는 이를 협조해야 한다.

제8조 | 상급 공안소방기구는 필요 시 하급 공안소방기구가 조사한 화재사고에 대하여 재조사를 실시할 수 있다. 공안부소방국은 특대 화재사고의 조사업부를 녹족, 검사, 지도할 수 있다(소방 제39조 참고).

제9조 | 공안소방기구는 대형 인명사상사고, 정치·사회적으로 큰 영향을 미친 화재, 혹은 방화(放火)가 의심되는 사건에 대해서는 형사 조사관이 화재원인 조사에 참여하도록 적시에 통보해야 한다. 가령 방화(放火)가 의심되는 건을 구성할 때는 안건을 공안 형사조사부로 입안하여 조사해야 한다.

제3장 화재사고조사관의 조건

제10조 | 각 급 공안소방기구는 전진, 혹은 겸직 화재조사관을 배치하여야 한다. 화재사고조사관은 공안소방감독원 자격관리에 관한 관련 규정에 따라 직책에 해당하는 자격을 취득해야 한다.

제11조 | 화재사고조사관과 해당 화재사고에 직접적인 이해관계, 혹은 기타 관계가 있는 사람은 공정한 조사에 영향을 미칠 수 있기 때문에 화재사고에 대한 조사와 심의에 참가할 수 없다.

제4장 화재원인의 조사 및 검증

제12조 | 화재사고 조사관은 조사임무를 하달 받은 후에 바로 화재현장으로 출동해서 조사 업무를 시작해야 한다.

제13조 | 공안소방기구는 화재현장을 통제할 수 있는 권한이 있으므로 관련 기업(단체)이나 개인은 화재현장 보존에 적극적으로 협조하여 이를 따르도록 한다.

제14조 | 중·특대 화재사고조사는 화재사고조사팀을 구성하여 화재사고조사의 필요에 따라 관련 부문과 과학기술전문가의 참가를 요청해야 한다.
화재사고조사팀의 임무는
(1) 사고발생의 원인과 사상자 수 및 재산피해상황 조사
(2) 사고의 성질 및 책임조사
(3) 사고책임자에 대한 처리의견 제출
(4) 사고처리 및 유사사고 재발생 방지를 위해 취해야 할 조치에 대한 건의서 제출
(5) 사고조사보고서의 작성 및 제출

제15조 | 화재사고조사관은 적시에 조사자문업무를 실시하고 화재가 발생한 기업(단체)과 개인은 주동적으로 화재사고의 정황을 설명해야 한다(소방 제39조 참고).

제16조 | 조사자문관은 2명보다 적어서는 안 된다. 자문 기록은 반드시 조사, 혹은 자문받은 자의 조사 확인한 후에 서명, 혹은 날인해야 한다. 조사자문관도 반드시 서명, 혹은 날인해야 한다.

제17조 | 공안소방기구는 필요에 따라 관련 책임자를 소환할 수 있다. 소환 시에는 소환장을 사용해야 한다. 사고현장을 발견한 책임자는 구두로 소환할 수 있다. 소환을 받지 않았거나 소환에 불응하고 도피한 경우 강제 소환할 수 있다.

제18조 | 화재사고 조사관은 화재현장에 대해서 녹화 및 사진촬영을 해야 하며, 적시에 현장탐사를 실시해야 한다.
현장탐사는 환경탐사, 초기탐사, 세부적인 탐사와 주(主)탐사 순서로 진행한다.

제19조 | 현장탐사 중 발견한 관련 흔적 및 물증은 채취 전후에 녹화, 사진촬영 등 각종 형태의 기록을 해야 하며, 적절히 보관한다.
물증을 채취할 때에는 반드시 2명 이상의 화재사고조사관을 동석하며, 기록에 이들의 서명을 받아야 한다. 물증을 밀봉한 후 공안소방기구의 인장으로 봉인한다.

제20조 | 구급대원, 사고확대 방지, 교통 분산 등의 이유로 현장물품을 이동시켜야 한다면, 표지를 만들고 현장 간략 지도를 제작해야 하며, 이를 서면으로 기록하고 현장의 중요 물증과 흔적을 적절히 보존한다.

제21조 | 화재현장에서 채취한 흔적물증에 기술적인 검증이 필요하면 공안소방기구 기술검증팀이나 기타 위탁한 전문기술팀에 보내서 진행해야 한다.
화재사고 중 사망한 사람은 법의학자를 거쳐 검증을 진행해야 한다.

제22조 | 화재사고 조사의 필요에 따라 공안소방기구는 복잡하고 의문이 남는 화재사고에 대해 모의실험을 진행할 수 있다.

제23조 | 현장탐문수사가 마무리되면 화재사고 조사관은 적시에 현장탐문기록, 현장사진, 현장지도 등 객관적인 자료를 작성하여 화재현장에 대한 정황을 기록해 반영해야 한다.

제24조 | 공안소방기구는 화재현장 자문, 현장탐문수사, 기술검증 등 조사정황에 근거하여 화재원인을 검증하고 '화재원인인정서(火災原因認定書)'를 작성한다.
'화재원인인정서(火災原因認定書)'는 작성한 날로부터 7일 이내에 관련 당사자에게 발송한다.

제5장 화재손실의 심사결정

제25조 | 화재손실은 피해를 입은 기업(단체)이나 개인의 실제통계여야 하며 피해를 입은 기업(단체)이나 개인이 서명한 후에 공안소방기구에 보고된다.

제26조 | 공안소방기구는 국가 관련규정에 따라 적시에 화재사고 조사관을 파견하여 보고된 화재손실 정황에 대한 검증을 실시한다.

제27조 | 모든 기업(단체)과 개인은 화재손실액 검증업무를 방해해서는 안 되며, 화재손실액을 허위로 보고하거나 은닉, 혹은 낮은 수치로 보고해서는 안 된다.

제6장 화재사고 책임의 검증

제28조 | 공안소방기구는 화재원인, 화재손실 등 조사상황, 화재사고 책임조사에 따라 '화

재사고책임서(火災事故責任書)'를 제작한다. '화재사고책임서(火災事故責任書)'는 작성일로부터 7일 이내에 관련 당사자에게 발송한다.

제29조 | 화재사고를 일으킨 기업(단체)이나 개인에 대해서 주요 화재사고 책임은 다음의 4가지이다.
  (1) 직접적인 책임
  (2) 간접적인 책임
  (3) 직접적인 지도책임
  (4) 지도책임

제30조 | 공안소방기구는 화재사고책임을 조사한 후, 화재사고를 일으킨 기업(단체)이나 개인에 대해 아래와 같은 조치를 취한다.
  (1) 행정처분을 내려야 하며, 공안소방기구는 처리의견을 제출하고 관련부서에서 처리한다.
  (2) 소방법률, 법규 및 관련 규정을 어긴 경우 공안소방기구가 법에 의해 처벌할 수 있다.
  (3) 범죄성립의 경우 법에 의해 형사책임을 규명한다.

제31조 | 화재원인, 화재사고 책임검증에 대해 당사자가 인정하지 않는 경우에는 '화재원인인정서(火災原因認定書)', '화재사고책임서(火災事故責任書)'를 수령한 날로부터 15일 이내에 화재사고 발생지점의 담당공안기관, 혹은 한 단계 상위 공안소방기구에 재검증을 신청할 수 있다. 성급 공안소방에서 작성ㆍ제출한 화재원인, 화재사고 책임검증에 대해 인정할 수 없는 경우에는 성급 공안기구에 재검증을 신청할 수 있다.
화재사고 발생지역의 담당 공안기구나 한 단계 상위 공안소방기구는 재검증신청서를 접수한 후 2개월 이내에 기존 입장을 유지, 변경 혹은 철회한다는 결정을 내려야 한다.
재검증의 결정이 내려진 후 '화재원인 재검증결정서(火災原因 再檢證決定書)', '화재사고책임 재검증결정서(火災事故責任 再檢證決定書)'를 작성하여 신청자와 1차 검증기관에 각각 송부한다.
화재원인, 화재사고 책임에 대한 재검증 결정은 최종결정으로 마무리한다.

제32조 | 공안소방기구는 화재사고책임에 대한 처리정황을 한 단계 상위 공안소방기구에 적시에 보고해야 한다. 특대화재사고의 경우 화재사고 책임을 밝히고 처리의견서를 제출한 후 15일 내에 성급 공안소방기구에서 특대화재사고 조사보고를 작성하여 공안부소방국에 기록을 등록해야 한다.
특대화재사고의 조사보고에 있어 주요내용은 다음과 같다.
(1) 화재가 발생한 기업(단체)

(2) 화재발생 경과 및 구급상황

(3) 화재손실액

(4) 화재원인에 대한 조사, 검증에 대한 정황

(5) 화재사고책임

(6) 경험 교훈

제7장 상 벌

제33조 | 화재사고조사 중 성적이 현저하게 좋은 기업(단체) 및 개인은 공안소방기구, 상급 주무부서, 혹은 기업(단체) 자체에서 표창한다(소방 제7조 참고).

제34조 | 공안소방기구 및 그 업무담당자는 다음과 같은 행위에 한 가지라도 해당하는 경우에는 관련규정에 따라 책임자에게 행정처분을 내린다. 범죄가 성립되는 경우 법에 따라 형사책임을 규명한다.

(1) 타인에 의해 화재원인을 잘못 검증하였거나 고의로 화재원인 및 화재사고 책임을 잘못 검정한 경우

(2) 화재원인, 화재사고 책임의 조사검증 중 발생한 엄중한 실수가 중대한 영향을 초래한 경우

(3) 직무상의 편리를 이용하여 타인의 재산을 취하거나 불법으로 타인의 재물을 수령한 경우

(4) 기타 직권남용, 직무소홀, 사리사욕을 취하기 위해 부정을 저지른 경우, 국가나 인민의 이익에 손해를 입히는 행위

제8장 부 칙

제35조 | 본 규정 중 당사자라는 것은 화재원인 검증 및 화재사고 책임검증에 직접적인 이해관계가 얽혀있는 기업(단체)이나 사람을 가리킨다.

제36조 | 본 규정에서 언급한 법률문서는 관련규정을 집행하는 것을 제외하고는 모두 공안부에서 통일해서 제정한 것이다. 집행 중 기타 문서를 첨부해야할 경우 성급 공안소방기구의 결정에 따라 공안부소방국에 보고하고 문건을 등록·보관한다.

제37조 | 공안소방기구는 본 규정에 따라 법률문서를 발행할 시에 해당 급 공안소방기구의 인장을 날인하여야 한다.

제38조 | 이전에 관련 화재사고를 조사하던 규정과 본 규정이 모순되면 본 규정에 따라 집행
한다.

제39조 | 본 규정은 공안부에 의해 해석된다.

제40조 | 본 규정은 공포일로부터 시행한다.

신화재조사총론 www.cyber.co.kr

新 화재조사총론

2010. 9. 27   초판 1쇄 인쇄
2010. 10. 5   초판 1쇄 발행

지은이 ｜ 최진만
펴낸이 ｜ 이종춘
기획 ｜ 최옥현
진행 ｜ 이용화
교정·교열 ｜ 박혜림, 노예주
편집 ｜ 비엘기획
표지 ｜ 정희선
제작 ｜ 구본철
펴낸곳 ｜ BM 성안당
주소 ｜ 경기도 파주시 교하읍 문발리 출판문화정보산업단지 536-3
전화 ｜ 031) 955-0511
팩스 ｜ 031) 955-0510
등록 ｜ 1973.2.1 제13-12호
독자 상담 서비스 ｜ 080-544-0511
출판사 홈페이지 ｜ www.cyber.co.kr

ISBN ｜ 978-89-315-0728-7 (93500)
정가 ｜ 32,000원